面向CS2013计算机专业系列教材



# 软件工程概论

第3版

郑人杰 马素霞 王素琴 齐林海 编著

An Introduction to Software Engineering

Thrid Edition

机械工业出版社
China Machine Press

**图书在版编目（CIP）数据**

软件工程概论 / 郑人杰等编著 . —3 版 . —北京：机械工业出版社，2020.1（2024.12 重印）
（面向 CS2013 计算机专业系列教材）

ISBN 978-7-111-64257-2

I. 软…　II. 郑…　III. 软件工程 – 高等学校 – 教材　IV. TP311.5

中国版本图书馆 CIP 数据核字（2019）第 266724 号

本书注重结合实例讲解软件工程的理论与方法，兼顾结构化方法与面向对象方法，完整涵盖软件开发生命周期。全书分成五部分：第一部分是软件工程概述；第二部分介绍结构化分析与设计方法；第三部分讲述面向对象分析与设计方法；第四部分讲解软件实现与测试；第五部分介绍软件维护与软件管理。在第 3 版更新中，作者补充了对面向服务和面向数据软件工程方法的概述，以及自动化测试技术、逆向工程、重构、质量管理等内容，尤其是新增第 15 章讨论的软件人员的职业道德和社会责任，在人才培养中已越来越引起人们的重视。

本书结构合理、内容丰富，讲解通俗易懂、由浅入深，适合作为计算机科学与技术、软件工程等专业的本科生教材。

出版发行：机械工业出版社（北京市西城区百万庄大街 22 号　邮政编码：100037）
责任编辑：刘立卿　　责任校对：殷　虹
印　　刷：中煤（北京）印务有限公司　　版　　次：2024 年 12 月第 3 版第 10 次印刷
开　　本：185mm×260mm　1/16　　印　　张：24.75
书　　号：ISBN 978-7-111-64257-2　　定　　价：59.00 元

客服电话：（010）88361066　68326294

# 前　言

当今，软件业是社会经济发展的先导性和战略性产业，它已成为信息产业和国民经济新的增长点和重要支柱。软件工程在软件开发中起着重要的作用，对软件产业的形成及发展起着决定性的推动作用。采用先进的工程化方法进行软件开发和生产是实现软件产业化的关键技术手段。与其他产业相比，软件产业具有自己的特殊性。软件产业的发展更加依赖于人力资源，因此软件产业的竞争越来越集中到对人才的竞争。然而，刚毕业的大学生往往要经过半年到一年的培训才能适应软件企业的工作。长期以来，我国软件人才的现状远远不能满足软件产业发展的要求。因此，软件工程人员队伍的成长，特别是高层软件工程人员队伍的成长显得更为紧迫。

自从软件工程概念诞生以来，学术界和工业界做了大量的研究与实践工作，也取得了许多重要成果。尤其是20世纪90年代以后，随着网络技术及面向对象技术的广泛应用，软件工程取得了突飞猛进的发展。软件工程已从计算机科学与技术中脱离出来，逐渐形成了一门独立的学科。软件工程教育所处的地位也越来越重要，软件工程课程已成为软件工程、计算机科学与技术等专业的必修课程。

软件工程课程实践性比较强，如果学生没有实践经验，则很难理解相关的理论知识。因此，教师普遍感到软件工程课程难教，而学生则普遍感到难学。近年来，软件工程学科的发展非常迅速，新的理论、方法和工具层出不穷，其中很多已经应用到企业的实际工作中。软件工程的教学面临越来越大的压力。我们认为，除了需要在教学内容、教学方法方面进行改革之外，实践能力的培养对建设一支企业需要的合格软件工程人才队伍尤为关键。

本书在编写中力图遵循以下原则：

(1) 既要强调和突出基本概念、基本方法，又要尽可能使材料内容的组织符合读者的认识规律，在讲解概念、方法的过程中尽量结合实例，并且注重软件工程方法、技术和工具的综合应用，避免只是抽象和枯燥地讲解。

(2) 在介绍传统的结构化方法和面向对象方法的同时，兼顾当前广为采用的流行方法，如面向服务的方法和面向数据的方法，以突出教材的实用性以及学科当前的发展。

(3) 既要充分重视技术性内容，使初学者掌握必要的工程知识和方法，同时也应兼顾软件工程实践中必不可少的管理知识，例如项目管理、质量管理、人员管理等内容。

本书在第2版的基础上进一步对内容做了调整和充实，所做改动概述如下：

(1) 更新了第1章，在1.3节“软件工程的目标”中提供了国际标准的软件质量特性及其子特性作为软件产品的质量目标。在1.5节“软件工程方法概述”中增加了面向服务的方法和面向数据的方法。在1.6.4节“常用软件工具介绍”中对代表性的软件工具进行了修订。

（2）第 10 章“软件测试方法”中增加了 10.7 节“自动化测试”，原 10.7 节“调试”后移为 10.8 节。

（3）第 11 章“软件维护”中增加了 11.3 节“逆向工程”和 11.4 节“重构”，原 11.3～11.5 节依次后移为 11.5～11.7 节。

（4）第 13 章“软件项目管理”中增加了 13.7 节“质量管理”。

（5）本书最后增加了第 15 章“软件人员的职业道德和社会责任”。

（6）新增加了一个附录，其中列举了近年国内外软件引起的系统重大事故，目的是让读者从实际案例中吸取教训，提高对软件质量的重视。

总之，本书力争做到结构合理、内容丰富，讲解由浅入深，既体现知识点的连贯性、完整性，又体现其在实际中的应用。

# 教学建议

## 第 1 章　软件与软件工程的概念（3～4 学时）

本章主要是概念性和基础性的内容，包括软件的概念、特性及软件危机的主要表现，软件工程的概念及软件生存期。对软件工程方法进行了简要介绍，包括传统的结构化方法、面向对象方法、面向服务方法、面向数据方法及形式化方法。鉴于软件工具是软件工程的三个要素之一，而且在软件开发中起着越来越重要的作用，本章对软件工具进行了介绍。

最后一节是软件工程知识体系及知识域的介绍，它把软件工程的全景图展现给读者，属于了解性的内容，可以让学生课后阅读相关的参考文献。

## 第 2 章　软件生存期模型（3～4 学时）

本章介绍应用比较广泛的传统软件生存期模型及现代软件生存期模型。传统软件生存期模型包括瀑布模型、快速原型模型、增量模型、螺旋模型、喷泉模型等；现代软件生存期模型包括统一过程、基于构件的开发模型、敏捷过程等。

## 第 3 章　软件需求获取与结构化分析方法（4～6 学时）

3.1 节和 3.2 节需要详细讲解，同时也要求学生较好地准确掌握。3.1 节的内容不仅适用于传统方法，而且也适用于面向对象方法。3.2 节对数据流分析方法做了较详细的介绍，画分层的数据流图、E-R 图及状态图是本节的重点，书中结合实例进行了讲解。学生在课后应该进行实践才能逐渐掌握上述知识。在实践中最容易出现的问题是数据流的分层，由抽象到具体的程度难以把握。很多同学一开始就画出非常详细的数据流图，往往图太复杂，看不清楚，失去了建模的意义。如果层次难以把握，最起码应强调先画出顶层数据流图，正确的顶层数据流图是一个好的开端，也是设计阶段中外部接口设计和交互设计的依据。

## 第 4 章　结构化设计方法（5～6 学时）

在传统方法中，体系结构设计实质上就是软件结构设计或模块结构设计。4.3 节讲解了基于数据流的设计方法，重点讲解了如何使用变换型映射方法和事务型映射方法生成初始模块结构，以及如何对模块结构进行改进，最后给出了一个设计与改进的例子。这部分内容需要重点讲解。

对于大多数应用系统来说，人机交互（用户）界面设计是接口设计的主要内容。人机交互界面的设计越来越受到重视，因为很多使用方面的特性都体现在用户界面上，用户往往会根据界面来评价软件。这方面是最难于把握的，因为不同的人会有不同的审美观点和不同的使用习惯。4.4 节介绍了界面设计类型及人机交互的设计准则。

4.5 节介绍了文件设计和数据库设计。在数据库设计部分主要讲解了如何将 E-R 图映射到数据库中的表。考虑到数据库的具体设计在数据库原理与应用等课程中学过，因此本节没有再展开。

4.6 节是需要重点讲解和实践的内容。老师可能会认为算法的描述在程序设计类课程、数据结构与算法课程中都学习和实践过，在软件工程课程中不需要重点介绍。但在实际项目开发中，大多数学生在这方面都表现不佳。算法图中的错误很多，很多情况下都不是结构化的，往往要经过多次修改才能符合要求。自顶向下、逐步细化的方法也运用得不好，致使在描述复杂算法时很困难。

### 第 5 章　面向对象方法与 UML（4 学时）

本章对面向对象概念与开发方法进行了介绍，对 UML 的基本模型、事物、关系及建模时用到的各种图进行了介绍。由于采用面向对象方法建模普遍使用 UML 来描述，因此本章需要重点讲解。虽然后面在面向对象分析、面向对象设计中还会涉及这些内容，但在那里基本上都是使用，细节的地方没有再讲解。

在组织教学时教师可以根据需要对顺序进行调整，将有些部分移到后面的章节，与分析和设计结合起来讲解。

### 第 6 章　面向对象分析（4 学时）

本章主要讲解面向对象分析的 3 种模型，即功能模型（用例模型）、静态模型（对象模型）和动态模型（交互模型）。在讲解中结合实例，避免了理论讲解太抽象和枯燥。

本章的内容需要重点讲解，学生需要在课后进行实践。

### 第 7 章　软件体系结构与设计模式（4～6 学时）

本章内容比较抽象，大多数本科生接受起来比较困难，教师可以根据具体情况有选择地进行讲解，如认为不必要或学时有限也可以不讲。

### 第 8 章　面向对象设计（4～6 学时）

面向对象设计是面向对象分析的继续，也是面向对象分析的深入和细化，重点是对面向对象分析时建立的对象模型进行调整和细化，另外需要考虑与实现有关的方面，如数据存储设计、人机交互界面设计等。

从总体上来说，与传统的结构化方法相比，面向对象设计与面向对象分析具有更好的连续性，在方法和工具的使用上保持了高度的一致性。

### 第 9 章　软件实现（3～4 学时）

本章重点讲解程序设计风格和编码规范。大多数初学者和软件工作新手喜欢学习编码技术，但不愿意花时间写注释，很多方面喜欢随心所欲，不愿意受规范的束缚。主要原因是他们并没有认识到风格和规范的重要性，认为实现了功能就万事大吉了。对于学生完成作业和练习来说，这种想法无伤大雅，因为别人不需要看，以后也不需要再修改了。但对于企业开发的系统来说，完成了功能才只是开始，以后面临的是漫长和繁重的维护任务。

况且现代软件开发都是团队开发，如何使很多人开发的代码就如同一个人开发的一样，使得互相都能读懂且易于阅读，解决的办法就是要遵循统一的规范。

### 第 10 章　软件测试方法（6 学时）

本章需要学生了解与软件测试相关的概念、软件测试的重要性及软件测试与开发各个阶段的关系，同时也要了解穷举测试是不可能的，测试只能证明软件存在错误，而不能证明软件中不存在错误。白盒测试技术及黑盒测试技术是需要重点讲解的内容，也是读者必须掌握的内容。

### 第 11 章　软件维护（2～4 学时）

本章对软件维护的任务、维护活动及维护方法进行了介绍。要求学生了解为什么要对软件进行维护，有哪些种类的维护以及软件维护的重要性。维护不仅仅是修改程序，也需要遵循一定的过程。这章内容也可由教师根据教学安排的实际情况做裁剪和取舍。

### 第 12 章　软件过程与软件过程改进（2～3 学时）

本章介绍了软件过程的定义、分类以及软件过程改进模型 CMM/CMMI。这章属于了解性内容，如果学时有限，可以有选择地介绍。

### 第 13 章　软件项目管理（4～6 学时）

本章重点讲解软件生产率和质量的度量、软件项目的时间管理、软件项目的成本管理及软件配置管理和质量管理。人员管理和风险管理部分可以让学生课后阅读。

### 第 14 章　软件工程标准及软件文档（2 学时）

软件工程的标准化工作对于推动软件的产业化具有重要意义，而文档是软件不可分割的一部分，对软件的维护起着重要作用。本章要求学生了解软件工程标准的分类和意义，从而增强软件工程项目的标准化意识，为今后工作中的应用打下基础。此外，通过这章的学习，读者还应了解文档的作用与分类以及文档的管理与维护。

### 第 15 章　软件人员的职业道德和社会责任（2 学时）

鉴于近年来软件在社会上的地位和作用日益突出，人们对软件产品的质量自然也提出了更高的要求，而得到高质量的软件产品则必定要求开发和研制软件产品的专业人员有好的业务素质。除了在技术、知识和经验方面的要求以外，软件人员在职业道德和社会责任方面也必须有一定要求。本章对这方面的要求给出了简要的介绍。

# 目 录

## 第三部分 面向对象分析与设计方法

## 第四部分 软件实现与测试



## 第五部分 软件维护与软件管理

第一部分
PART ONE

# 软件工程概述

CHAPTER 1

# 第 1 章 软件与软件工程的概念

计算机技术经过了 60 多年的发展历程，取得了突飞猛进的发展。计算机的应用领域从单纯的科学计算发展到军事、经济、教育、文化等社会生产及生活的各个方面，推动了其他行业及领域的发展，改变了人们学习、工作及生活的方式。

计算机软件系统是信息化的重要组成部分。计算机软件已形成了独立的产业，成为国民经济新的增长点和重要支柱。软件工程在软件开发中起着重要的作用，对软件产业的形成及发展起着决定性的推动作用。

进入 21 世纪，人类已从工业社会跨入了信息社会。软件工程本身也取得了突飞猛进的发展，逐渐从计算机科学与技术学科中分离出来，已经形成了比较完整的软件工程学科体系。

本章将对软件工程相关的概念、软件生存期、软件开发方法及工具进行简要介绍，使读者对软件工程的总体框架获得初步的了解。

## 1.1 软件的概念、特性和分类

### 1.1.1 软件的概念及特性

**1. 软件的概念**

我们国家 20 世纪 80 年代初的大学生知道软件的人并不多，甚至很多人从未听说过这个词，即使是当初软件专业毕业的学生也不曾想到软件的发展速度如此之快。今天的软件已无处不在，渗透到了各个行业之中，并在很大程度上提高了各个行业的自动化水平。随着计算机大量进入家庭，计算机已经成为我们日常生活、学习和工作都离不开的工具。

虽然软件对于现代人来说并不陌生，但很多人对于软件的理解并不准确，“软件就是程序，软件开发就是编程序”这种错误观点仍然存在。因此，仍然有必要给软件一个明确的定义。

软件的一种公认的传统定义为：软件是计算机系统中与硬件相互依存的另一部分，包括程序、数据及其相关文档的完整集合。其中，程序是按事先设计的功能和性能要求执行的指令序列；数据是使程序能够正确地处理信息的数据结构；文档是与程序开发、维护和使用有关的图文材料。

在结构化程序设计时代，程序的最小单位是函数及子程序，程序与数据是分离的；在面向对象程序设计时代，程序的最小单位是类和接口，在类中封装了相关的数据及指令代码。

**2. 软件的特性**

当今已有的人工制品数不胜数，然而计算机软件却与任何传统的制造业产品不同，它具有许多突出的特性，概括如下。

（1）形态特性

软件是无形的、不可见的逻辑实体，度量常规产品的几何尺寸、物理性质和化学成分对它是毫无意义的。

（2）智能特性

软件是复杂的智力产品，其开发凝聚了人们大量的脑力劳动，产品本身也体现了人类的知识、实践经验和智慧，具有一定的智能。它可以帮助我们解决复杂的计算、分析、判断和决策问题。

（3）开发特性

尽管已经有了一些工具（也是软件）来辅助软件开发工作，但到目前为止尚未实现自动化。软件开发中仍然包含了相当分量的个体劳动，使得这一大规模知识型工作充满了个性化行为和特征。

传统制造业的工艺都已经相当成熟，早已摆脱了手工作坊式的生产而大规模采用自动化的生产。虽然软件工作者希望软件的生产也能够像硬件生产那样基于已有的零部件进行组装，但很多软件产品是根据用户的需求进行定制开发的个性化产品。

（4）质量特性

软件产品的质量控制存在着一些难于克服的实际困难，表现在以下方面：

- 软件的需求在软件开发之初常常是不确切的，也不容易确切地给出，并且需求还会在开发过程中出现变更，这就使软件质量控制失去了重要的可参照物。
- 软件测试技术存在不可克服的局限性。任何测试都只能在极大数量的应用实例数据中选取极为有限的数据，致使我们无法检验大多数实例，也使我们无法得到完全没有缺陷的软件产品。
- 已经长期使用或多次反复使用的软件没有发现问题，但这并不意味着今后的使用也不会出现问题。

这一特性提醒我们：一定要警惕软件的质量风险，特别是在某些重要的应用场合，需要提前准备好应对策略。

（5）生产特性

与硬件或传统的制造业产品的生产完全不同，软件一旦设计开发出来，如果需要提供给多个用户，它的复制十分简单，其成本也极为有限。因此，软件产品的成本主要是设计开发成本，同时也不能采用管理制造业生产的办法来解决软件开发的管理问题。

（6）管理特性

由于上述的几个特点，使得软件的开发管理显得更为重要，也更为独特。这种管理可归结为对大规模知识型工作者的智力劳动管理，其中包括必要的培训、指导、激励、制度化规程的推行、过程的量化分析与监督，以及沟通、协调，甚至是过程文化的建立和实施。

（7）环境特性

软件的开发和运行都离不开相关的计算机系统环境，包括支持其开发和运行的硬件和软件。软件对于计算机系统的环境有着不可摆脱的依赖性。

（8）维护特性

软件投入使用以后需要进行维护，但这种维护与传统产业产品的维护在概念上有着很大差别。如建筑物、机械和电子产品的维修大都是由于使用（也包括非正常使用）中造成了材料的老化、腐蚀或机械性磨损等，有待于通过维修恢复其功能或性能，而软件产品使用中出现的问题并非是使用造成的，也不是使用时间久形成的，软件维护往往是为了修正开发时遗留下来的、隐蔽的、那些在特定运行条件才暴露的缺陷，也可能是为了扩展与提升软件的功能或性能以及为了适应运行环境的改变。

对软件的维护往往不能像硬件那样通过更换零件来解决，而需要对不适应的部分软件进行修改。

(9) 废弃特性

当软件的运行环境变化过大，或是用户提出了更大、更多的需求变更时，如果再对其实施适应性维护已不划算，那么软件将走到其生存期终点而被废弃（或称退役），此时用户将考虑采用新的软件代替。因此，与硬件不同，软件并不是由于“用坏”而被废弃的。

(10) 应用特性

软件的应用极为广泛，如今它已渗入国民经济和国防的各个领域，现已成为信息产业、先进制造业和现代服务业的核心，占据了无可取代的地位。

### 1.1.2 软件的分类

不同类型的工程对象，对其进行开发和维护有着不同的要求和处理方法，所以还找不到一个统一的严格分类标准。按照软件的作用，一般可以将软件做如下分类。

(1) 系统软件

系统软件是能与计算机硬件紧密配合在一起，使计算机系统各个部件、相关的软件和数据协调、高效地工作的软件。例如，操作系统、数据库管理系统、设备驱动程序以及通信和网络处理程序等。系统软件在运行时需要频繁地与硬件交互，以提供有效的用户服务、资源共享，其间伴随着复杂的进程管理和复杂的数据结构处理。系统软件是计算机系统必不可少的一个组成部分。

(2) 支撑软件

支撑软件亦称为工具软件，是协助用户开发软件的工具性软件，其中包括帮助程序人员开发软件产品的工具，也包括帮助管理人员控制开发进程的工具。支撑软件可分为纵向支撑软件和横向支撑软件。纵向支撑软件是指支持软件生存期某阶段特定软件工程活动所使用的软件工具，如需求分析工具、设计工具、编码工具、测试工具、维护工具等，横向支撑软件是指支持整个软件生存期各个活动所使用的软件工具，如项目管理工具、配置管理工具等。20 世纪 90 年代中后期发展起来的软件开发环境以及后来开发的中间件则可看成现代支撑软件的代表。软件开发环境主要包括环境数据库、各种接口软件和工具组，三者形成整体，协同支撑软件的开发与维护。

(3) 应用软件

应用软件是在系统软件的支持下，在特定领域内开发，为特定目的服务的一类软件。例如，在国民经济领域使用最广泛的商业数据处理软件、工程与科学计算软件、ERP 软件；计算机辅助设计/制造（CAD/CAM）、系统仿真、实时控制、智能嵌入产品（如汽车油耗控制、仪表盘数字显示、刹车系统）、人工智能（如专家系统、模式识别）等方面所使用的软件；事务管理、办公自动化、电子商务等方面的软件。

2000 年以后，由于互联网技术的发展，传统 C/S（Client/Server，客户机/服务器）结构的软件逐渐向 B/S（Browser/Server，浏览器/服务器）结构迁移，称为 Web 应用系统。同时，互联网软件（如门户网站、移动应用）大量出现，已经成为与我们的日常生活息息相关的应用软件，对传统商业模式造成了很大的冲击。

(4) 可复用软件

最初实现的典型的可复用软件是各种标准函数库，通常是由计算机厂商提供的系统软件的一部分。后来可复用的范围扩展到算法之外，数据结构也可以复用。到了 20 世纪 90 年代，作为复用的基础，可复用的范围从代码复用发展到体系结构复用、开发过程复用。面向对象开发方法的核心思想就基于复用，为此，建立了可复用的类库、应用程序库，以及可复用的设计模式等。

其中的可复用成分称为可复用构件。在开发新的软件时，可以对已有的可复用构件稍加修改或不加修改，复用所需的属性或服务。

## 1.2　软件危机与软件工程

### 1.2.1　软件危机

20 世纪 60 年代，计算机已经应用在很多行业，解决问题的规模及难度逐渐增加，由于软件本身的特点及软件开发方法等多方面问题，软件的发展速度远远滞后于硬件的发展速度，不能满足社会日益增长的软件需求。软件开发周期长、成本高、质量差、维护困难，导致 20 世纪 60 年代末软件危机的爆发。

这些矛盾表现在具体的软件开发项目上，最突出的实例就是美国 IBM 公司在 1963 年至 1966 年开发的 IBM 360 机的操作系统。这个项目的负责人 F. D. Brooks 事后在总结开发过程中的沉痛教训时说："正像一只逃亡的野兽落到泥潭中做垂死的挣扎，越是挣扎，陷得越深。最后无法逃脱灭顶的灾难……程序设计工作正像这样一个泥潭……一批批程序员被迫在泥潭中拼命挣扎……谁也没有料到问题竟会陷入这样的困境……"

除了软件本身的特点，软件危机发生的原因主要有以下几个方面：

1）缺乏软件开发的经验和有关软件开发数据的积累，使得开发工作的计划很难制定。主观盲目地制定计划，往往与实际情况相差太远，致使常常突破经费预算，工期一拖再拖。而且对于软件开发工作，给已经拖延了的项目临时增加人力只会使项目更加拖延。

2）软件人员与用户的交流存在障碍，除了知识背景的差异，缺少合适的交流方法及需求描述工具也是一个重要原因，这使得获取的需求不充分或存在错误，存在的问题在开发初期难以发现，往往在开发后期才暴露出来，使得开发周期延长，成本增高。

3）软件开发过程不规范，缺少方法论和规范的指导，开发人员各自为战，缺少整体的规划和配合，不重视文字资料工作，软件难以维护。

4）随着软件规模的增大，其复杂性往往会呈指数级升高。

5）缺少有效的软件评测手段，提交用户的软件质量差，在运行中暴露出大量的问题，轻者影响系统的正常使用，重者发生事故，甚至造成生命财产的重大损失。

与 50 年前相比，当前的软件开发技术已经有了长足的进步，但由于目前软件要解决的问题越来越复杂和庞大，同时，用户对软件的质量和开发周期提出了更高的要求，因此软件开发人员依然面临开发周期长、成本居高不下、无法达到质量要求等问题。

### 1.2.2　软件工程

为了克服软件危机，1968 年 10 月在北大西洋公约组织（NATO）召开的计算机科学会议上，Fritz Bauer 首次提出"软件工程"的概念，试图将工程化方法应用于软件开发。

许多计算机和软件科学家尝试，把其他工程领域中行之有效的工程学知识运用到软件开发工作中来。经过不断实践和总结，最后得出一个结论：按工程化的原则和方法组织软件开发工作是有效的，是摆脱软件危机的一条主要出路。

虽然软件工程概念的提出已有 50 多年，但到目前为止，软件工程概念的定义并没有统一。在 NATO 会议上，Fritz Bauer 对软件工程的定义是：“为了经济地获得可靠的和能在实际机器上高效运行的软件，而建立和使用的健全的工程原则。”除了这个定义，还有几种比较有代表性的定义。

Boehm 给出的定义是：“运用现代科学技术知识来设计并构造计算机程序及开发、运行和维护这些程序所必需的相关文件资料。”此处“设计”一词广义上理解应包括软件的需求分析和对软件进行修改时所进行的再设计活动。

1983 年 IEEE 给出的定义是：“软件工程是开发、运行、维护和修复软件的系统方法。”其中“软件”的定义为：计算机程序、方法、规则、相关的文档资料以及在计算机上运行时所必需的数据。

后来尽管又有一些人提出了许多更为完善的定义，但主要思想都是强调在软件开发过程中应用工程化原则的重要性。

我国 2006 年的国家标准 GB/T 11457—2006《软件工程术语》中对软件工程的定义为：“应用计算机科学理论和技术以及工程管理原则和方法，按预算和进度，实现满足用户要求的软件产品的定义、开发、发布和维护的工程或进行研究的学科。”

概括地说，软件工程是指导软件开发和维护的工程性学科，它以计算机科学理论和其他相关学科的理论为指导，采用工程化的概念、原理、技术和方法进行软件的开发和维护，把经过时间考验且证明是正确的管理技术和当前能够得到的最好的技术方法结合起来，以较少的代价获得高质量的软件并维护它。

## 1.3 软件工程的目标

软件工程的目标是运用先进的软件开发技术和管理方法来提高软件的质量和生产率，也就是要以较短的周期、较低的成本生产出高质量的软件产品，并最终实现软件的工业化生产。生产率与成本密切相关，生产率的提高往往意味着成本的下降，开发周期的缩短。生产率与质量之间也有着内在的联系，表面上看，追求高质量会延长软件开发时间，并因此增加了成本，似乎降低了生产率。但如果生产的软件质量差，虽然开发的时间可能缩短，但之后可能会造成返工，总的开发时间可能会更长。即使不返工，也无疑会增加维护代价。另外，低质量的软件很有可能给用户造成重大损失，这方面的历史教训已有很多。

任何工程项目的最重要目标就是要得到好的产品，所谓好的产品就是产品能满足用户的需求。

通常评价软件产品质量是参考有影响力的国际标准 ISO/IEC 9126《软件产品评价——质量特性及其使用指南》，该标准是由两个国际机构联合制定和发布的。这两个机构是 ISO（International Standards Organization，国际标准化组织）和 IEC（International Electronical Commission，国际电工委员会）。近年我国将该国际标准转化为国家标准，标准号为 GB/T 16260。

该标准从六个方面给出软件产品的质量特性，这些质量特性在表 1-1 中给出了较详细的解释。

表 1-1　软件质量特性及其子特性

| 质量特性 | 含　意 | 质量子特性 |
|---|---|---|
| 功能性 | 软件所实现的功能达到它的设计规范和满足用户需求的程度 | 适合性、正确性、安全保密性 |
| 可靠性 | 在规定的时间和条件下，软件能够正常维持其工作的能力 | 成熟性、恢复性、容错性 |
| 易用性 | 为了使用该软件所需要的能力 | 易理解性、易学习性、易操作性 |
| 效率 | 在规定的条件下用软件实现某种功能所需要的计算机资源的有效性 | 时间特性、资源特性 |
| 维护性 | 当环境改变或软件运行发生故障时，为使其恢复正常运行所做努力的程度 | 易分析性、易修改性、易测试性 |
| 可移植性 | 软件从某一环境转移到另一环境时所做努力的程度 | 适应性、易替换性 |

## 1.4　软件生存期

如同任何其他事物一样，软件也有一个孕育、诞生、成长、成熟、衰亡的生存过程，我们称这个过程为软件生存期（或软件生命周期）。概括地说，软件生存期由软件定义、软件开发和运行维护三个时期组成，每个时期又可划分为若干个阶段。

软件定义时期的主要任务是解决“做什么”的问题。包括：确定工程的总目标和可行性；导出实现工程目标应使用的策略及系统必须完成的功能；估计完成工程所需要的资源和成本；制定工程进度表。该时期的工作也就是常说的系统分析，由系统分析员完成。它通常又分为三个阶段：问题定义、可行性研究和需求分析。

软件开发时期的主要任务是解决“如何做”的问题，即具体设计和实现在前一个时期定义的软件。它通常由概要设计、详细设计、编码和测试四个阶段组成。

运行维护时期的主要任务是使软件持久地满足用户的需要。通常有四类维护活动：改正性维护，也就是诊断和改正在使用过程中发现的软件错误；适应性维护，即修改软件以适应环境的变化；完善性维护，即根据用户的要求改进或扩充软件使它更完善；预防性维护，即修改软件为将来的维护活动预先做准备。

通常，这些活动与要交付的产品是密切相关的，如开发文档、源程序代码与用户手册等。

里程碑指可以用来标识项目进展状态的事件。例如，完成用户手册的事件可以是里程碑。由于管理人员用里程碑来评价软件开发的进展情况，所以，里程碑对于软件开发的管理非常重要。

开发过程中的典型文档包括：

- 软件需求规格说明书：描述将要开发的软件做什么。
- 项目计划：描述将要完成的任务及其顺序，并估计所需要的时间及工作量。
- 软件测试计划：描述如何测试软件，确保软件应实现规定的功能，并达到预期的性能。
- 软件设计说明书：描述软件的结构，包括概要设计及详细设计。
- 用户手册：描述如何使用软件。

下面分别简要介绍上述各个阶段所要完成的基本任务。

（1）问题定义与可行性研究

本阶段要回答的关键问题是：到底要解决什么问题？在成本和时间的限制条件下能否解决问题？是否值得做？为此，必须确定待开发软件系统的总目标，给出它的功能、性能、约束、接口以及可靠性等方面的要求；由软件分析员和用户合作，探讨解决问题的可能方案，针对每一个候选方案，从技术、经济、法律和用户操作等方面，研究完成该项软件任务的可行性，并对可利用的资源（计算机硬件、软件、人力等）以及成本、可取得的效益、开发进度做出估算，制定出完成开发任务的实施计划，连同可行性研究报告，提交管理部门审查。

（2）需求分析

本阶段要回答的关键问题是：目标系统应当做什么？为此，必须对用户要求进行分析，明确目标系统的功能需求和非功能需求，并通过建立分析模型，从功能、数据、行为等方面描述系统的静态特性和动态特性，对目标系统做进一步的细化，了解系统的各种需求细节。基于分析结果，软件分析人员和用户共同讨论决定哪些需求是必须满足的，并对必须满足的需求进行确切的描述，然后编写出软件需求规格说明或系统功能规格说明，确认测试计划和初步的系统用户手册，并提交管理机构进行分析评审。

（3）软件设计

设计是软件工程的技术核心。本阶段要回答的关键问题是：目标系统如何做？为此，必须在设计阶段制定设计方案，把已确定的各项需求转换成相应的软件体系结构，结构中的每一组成部分都是意义明确的构件，此即所谓概要设计。进而具体描述每个构件所要完成的工作，为源程序编写打下基础，此即所谓详细设计。所有设计中的考虑都应以设计规格说明的形式加以描述。此外，基于设计结果编写单元测试计划和集成测试计划，再执行设计评审。

（4）程序编码和单元测试

本阶段要解决的问题是：如何正确地实现已做的设计，即如何编写正确的、可维护的程序代码？为此，需要选择合适的编程语言，把软件设计转换成计算机可以接受的程序代码，并对程序结构中的各个模块进行单元测试，然后运用调试手段排除发现的错误。要求编写出的程序应当是结构良好、清晰易读的，且与设计一致。

（5）集成测试和系统测试

测试是保证软件质量的重要手段，本阶段的主要任务是做集成测试和系统测试。集成测试的任务是将已测试过的模块按设计规定的顺序组装起来，在组装过程中检查模块连接中的问题。系统测试的任务是根据需求规格说明的要求，对必须实现的各项需求逐项进行确认，判定已开发的软件是否符合用户需求，能否交付用户使用。为了更有效地发现系统中的问题，通常这个阶段的工作由开发人员和用户之外的第三者承担。

（6）软件运行和维护

已交付的软件一旦投入正式使用便进入运行阶段，这一阶段可能持续若干年。软件在运行中可能由于多方面的原因需要对它进行修改。其原因可能有：运行中发现了软件中的错误需要修正；为了适应变化了的软件工作环境需做适当变更；为了增强软件的功能需做变更。通常有四种类型的维护：改正性维护、适应性维护、完善性维护和预防性维护。维护贯穿于软件的运行和维护阶段，所需工作量极大，因此在开发时必须考虑将来的维护，使软件具有一定的可维护性。

## 1.5　软件工程方法概述

通常把软件开发生命周期全过程中使用的一整套技术的集合称为方法学（methodology），也称为范型（paradigm）。在软件工程范畴中，这两个词的含义基本相同。

软件工程方法学包含三个要素：方法、工具和过程。

软件工程方法（method）为建造软件提供技术上的解决方法（“如何做”）。方法覆盖面很广，包括沟通、需求分析、设计建模、编程、测试和支持。软件工程方法依赖于一组基本原则，这些原则涵盖了软件工程中包括建模和其他技术等在内的所有技术领域。目前使用得最广泛的方法是传统方法（结构化方法）和面向对象方法。

工具为方法的运用提供自动的或半自动的软件支撑环境，如 CASE（Computer Aided Software Engineering）工具。

过程是获得高质量的软件所需要完成的一系列任务的框架，它规定了完成各项任务的工作步骤。

### 1.5.1 传统方法

传统方法也称为生命周期方法或结构化范型。它采用结构化技术来完成软件开发的各项任务。这种方法学把软件生命周期的全过程依次划分为若干个阶段，然后顺序地逐步完成每个阶段的任务。每个阶段的开始和结束都有严格的标准，对于任何两个相邻的阶段而言，前一阶段的结束标准就是后一阶段的开始标准。在每一个阶段结束之前都必须进行正式评审，评审通过之后这个阶段才结束，评审未通过就需要返工，返工之后还要评审。评审的一条主要标准就是每个阶段都应该交出高质量的工作产品，其中，前面阶段的工作产品主要是文档，如需求规格说明书、软件设计说明书等。

将软件开发过程划分为若干个阶段，每个阶段的任务比较明确且相对独立、复杂性不高，便于不同人员分工协作，从而降低了整个软件开发过程的难度；在软件开发过程的每个阶段都进行技术评审，合格之后才开始下一阶段的工作，这就使软件开发的全过程以一种有条不紊的方式进行，从而有效保证了软件开发的质量，特别是提高了软件的可维护性。

在面向对象方法之前，传统方法一直是使用最广泛也是历史最悠久的软件工程方法，在使软件开发摆脱混乱和无序方面起到了重要作用。其主要缺点是在适应需求变化方面不够灵活，另外，结构化方法要么面向行为，要么面向数据，缺乏使两者有机结合的机制。众所周知，软件系统在本质上是信息处理系统，数据和对它的操作是密不可分的，将数据和操作人为地分离成两个独立的部分，不符合自然界事物的组成规律。

### 1.5.2 面向对象方法

面向对象方法是从面向对象的程序设计发展起来的。面向对象程序设计代表了一种全新的程序设计思路，与传统的面向过程的开发方法不同，面向对象的程序设计和问题求解更符合人们日常的思维习惯。

面向对象的程序设计最早起源于 20 世纪 60 年代末挪威的 K. Nyguard 等人推出的编程语言 Simula 67。在这个语言中引入了数据抽象和类的概念，但真正为面向对象程序设计奠定基础的是由 Alan Keyz 主持推出的 Smalltalk 语言，1981 年由 Xerox Learning Research Group 所研制的 Smalltalk-80 系统，全面地体现了面向对象程序设计语言的特征。

1986 年，Grady Booch 首先提出“面向对象设计”的概念，从那以后，越来越多的人投入到面向对象的研究领域。一方面，面向对象方法向软件开发的前期阶段发展，包括面向对象设计（Object-Oriented Design，OOD）、面向对象分析（Object-Oriented Analysis，OOA），目前面向对象方法已经应用到软件开发生命周期的各个阶段，形成了一整套完善的技术；另一方面，面向对象方法在越来越广泛的计算机软硬件领域得以发展，如面向对象程序设计方法学、面向对象数据库、面向对象操作系统、面向对象软件开发环境、面向对象的智能程序设计、面向对象的计算机体系结构等。面向对象方法已经成为软件开发的主流技术。

20 世纪 80 年代中期到 90 年代中期的 10 年间，发布了 50 多种面向对象的方法学，形成了百家争鸣的局面。其中最成功的是以该领域三位著名专家 Grady Booch、Ivar Jacobson 和 James Rumbaugh 为代表的 Booch 方法、Jacobson 方法和 Rumbaugh 方法。后来这三位专家将各自独立的 OOA 和 OOD 方法中最优秀的特性组合在一起，于 1996 年提出了 UML（Unified Modeling Language，统一建模语言）的概念。1997 年 11 月，UML1.1 被 OMG（Object Management Group，对象管理组织）采纳，成为面向对象技术的标准建模语言。目前，UML 已经成长为一个事实上的工业标准。不论在计算机学术界、软件产业界还是在商业界，UML 已经逐渐成为人们为各种系统建模，描述系统体系结构、商业体系结构和商业过程时使用的统一工具。

面向对象方法把数据和行为看成同等重要，它是将数据和对数据的操作紧密地结合起来的方法，这也是面向对象方法与传统方法的重要区别。

面向对象方法的出发点和基本原则，是尽量模拟人类习惯的思维方式，使开发软件的方法和过程尽可能接近人类认识问题和解决问题的方法与过程，从而使描述问题的问题空间与其解空间在结构上尽可能一致。

用面向对象方法开发软件的过程是多次反复迭代的演化过程。面向对象方法在概念和表示方法上的一致性，保证了各项开发活动之间的平滑过渡。对于大型、复杂及交互性比较强的系统，使用面向对象方法更有优势。

### 1.5.3　面向服务方法

软件系统不断增加的规模和复杂度已经给软件开发工作带来了巨大挑战，为了提升快速构建软件系统以及响应业务变化的能力，充分复用（或者说重用）已有资源，以及实现跨平台的数据共享和业务协同，面向服务的软件工程方法应运而生。

简单地说，服务是指与业务相关且独立于技术的业务接口。面向服务的方法通过组合各种服务来构建软件系统，它具有如下特点：

1）企业内部或者外部的服务提供者都可以提供服务，只要这些服务符合特定的标准要求，企业就可以将这些服务有机组合起来构建软件系统。

2）服务的绑定可以延迟到这些服务被部署或者执行的时候，因此能够非常灵活地更换服务提供者以及服务。

3）由于计算密集型的处理可以迁移到外部的服务上，因此软件系统的规模会大大降低。这一点对于移动设备来说更为重要，因为移动设备的处理能力和存储空间都有限。

面向服务的方法是由标准驱动的，众多企业都积极参与到标准的开发和制定工作中，推动了一整套标准以及面向服务的体系结构（Service-Oriented Architecture，SOA）的产生。

国际咨询机构 Gartner 公司于 1996 年首次提出了面向服务的体系结构，初衷是为企业提供一种构建软件系统的标准和方法，通过可组合、可重用的服务体系减少业务冗余，加快项目开发的进程。由于当时的技术和市场环境方面的限制，SOA 并没有得到广泛的关注，后来随着 Web 服务的出现，异构系统的交互成为可能，SOA 的推广和普及工作才开始加速。

很多组织和个人都对 SOA 给出过定义，万维网联盟（W3C）将 SOA 定义为：一套组件或者服务，能够被调用且接口描述能够被发布和发现。结构化信息标准促进组织对 SOA 的定义是：SOA 是为组织和运用存在于不同所有者或领域的分布式功能而提供的一种软件架构的范例。总的来说，SOA 强调的是一种体系结构模型，根据企业的业务需求通过网络对松耦合的不同服务进行灵活的分布式部署、整合和使用，这些服务独立于编程语言、实现方式和运行平台。

SOA 的关键特性有：

1）服务之间的松耦合特性。不同服务的功能不要互相依赖，一个服务应该能够自己实现所提供的接口功能，而不依赖于其他的服务。

2）服务的抽象性。服务接口的定义及描述与系统实现硬件平台、操作系统和编程语言无关，服务的使用者也无须关心服务的具体实现逻辑。

3）服务的粗粒度。在相对较粗的粒度上对应用服务或业务模块进行封装与重用。

4）服务的复用性。真正复用的是服务本身，而不是代码段或模块的复用，也不是对象或组件内部行为的复用，而是可被发布、发现和使用的服务级别的复用。

SOA 的概念模型如图 1-1 所示，包含服务提供者、服务注册中心（服务管理者）和服务请求者三个角色。服务提供者设计并实现服务，并将服务的信息发布到服务注册中心，服务请求者需要使用某个业务功能的服务时，先在服务注册中心查找符合要求的服务，然后将自己的应用绑定到特定的服务上，并使用标准的服务协议与之通信。这种结构具有简单、动态和开放的特性。

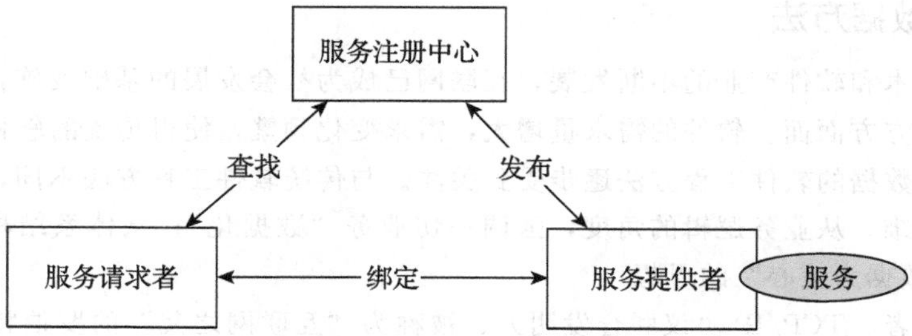


图 1-1　SOA 概念模型

从技术层面看，基于 SOA 构建应用系统时特别重视系统体系结构的设计，强调标准化应用。SOA 系统的技术体系包含如下层次及内容，如图 1-2 所示。

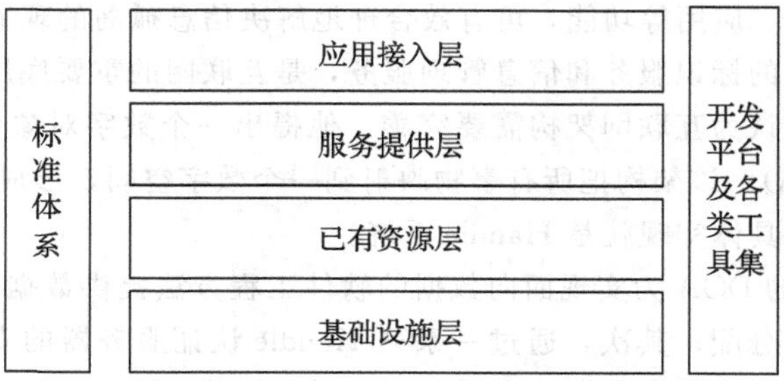


图 1-2　SOA 系统技术体系框架

1）基础设施层：是系统运行的基础平台，包括服务器、网络设备、操作系统、数据库管理系统等。

2）已有资源层：指当前已经拥有的资源，包括软件系统、数据、组件等。

3）服务提供层：主要职责是服务的规划与设计，以及封装已有资源并以服务的形式展现出来。这一层是 SOA 系统中最关键的，直接影响系统的性能和扩展能力。

4）应用接入层：包括各种应用系统，依靠服务提供层提供的服务及服务的组合来具体实现这些系统。

5）标准体系：SOA 的实现必须基于统一的标准，SOA 系统是建立在大量的开放标准和协议之上的。这套标准体系对统一用户与企业对 SOA 的理解、加快项目实施的规范化、增强 SOA 系统间的互操作能力等方面都具有重要意义。

6）开发平台及各类工具集：用于对 SOA 系统进行分析、设计、实现、运维管理等工作的软件平台及工具集。

基于 SOA 来构建的系统具有如下特点：

1）以业务为中心：消除了开发部门与业务部门沟通的鸿沟，能够快速响应业务需求的提出与变更。

2）灵活适应变化：系统是由一系列松耦合的服务组合而成的，因此可以根据需求变化灵活地替换和组合所需要的服务，加强了系统的可维护性，提升了系统开发的敏捷性。

3）重用已有资源，提升开发效率：企业将其拥有的大量已有资源转化为可重用的服务，在构造新系统时通过服务的组合来实现，显著提高了系统开发效率，体现了"构造就是集成，集成就是构造"的先进理念。

### 1.5.4 面向数据方法

随着信息技术和软件产业的不断发展，互联网已成为社会发展的基础设施，软件应用已经覆盖社会生活的方方面面。软件的需求量增大，需求变化频繁，使得传统的软件工程开发方法面临挑战，面向数据的软件工程方法逐步受到关注。与传统软件工程方法不同，面向数据的方法是基于数据思维。从业务逻辑的角度，强调一切业务"数据化"；从体系结构的角度，突出"面向数据和以数据为核心"的思想。

图灵奖获得者、TCP/IP 协议联合发明人、被称为"互联网之父"的罗伯特·卡恩于 1994 年提出构建 Handle 系统。该系统是一套起源于互联网，以实现信息系统的互联互通为目标，对目标对象进行标识注册、解析、管理的技术体系。Handle 系统定义了一套成熟、兼容的编码规则，并拥有后台解析系统和全球分布式管理架构。它赋予网络上的各种对象（文档、图像、多媒体等）一个唯一、合法、安全和永久的标识，通过标识的解析实现对被标识对象的解读、定位、追踪、查询、应用等功能，可有效合理地解决信息孤岛的现象，为互联网提供符合国际标准的、全球统一的标识服务和信息管理服务，是互联网的重要底层共性技术。

罗伯特·卡恩同时认为互联网架构需要完善。他提出一个数字对象体系结构（Digital Object Architecture，DOA）。该架构把所有事物映射到一个数字空间，形成一个数字对象（Digital Object，DO）。DOA 的具体实现就是 Handle 系统。

基于 Handle 系统的 DOA 为实现面向数据的软件工程方法提供数据支撑。首先，每个 DO 有唯一标识，全球统一分配；其次，通过一系列 Handle 认证服务器的安全解析，数据安全可信；第三，由数据拥有者来决定数据的应用，实现利益保证；第四，具有权限的使用者可以通过互联网直接获取数据。

DOA 代表了互联网环境下，大数据时代以服务器为主体向以数据为主体演变的发展趋势，为促进跨信息系统的互联互通以及系统间信息的可控共享和管理奠定了坚实基础，解决了异构、异地、异主信息系统之间的数据按需交换、共享和开放等问题，可有效支撑面向数据软件工程方法的实现。

近年来，面向数据的软件工程（Data-Oriented Software Engineering，DOSE）越来越受到学术界、产业界的关注。与数字对象体系结构理念相一致，面向数据的软件工程方法认为业务流程的基础是数据流向，始终面向数据和一切以数据为核心，将面向数据贯穿到整个软件工程过程中。与 Handle 系统相类似，建立数据注册机制和权限管理机制，实现数据的安全、高效管理，并在此基础上采用数据驱动应用模式和基于构件的软件开发模式，建立一系列的应用模块，满足用户大量的应用需求和频繁的需求变化。

传统的应用信息系统构建逻辑大都是面向业务的逻辑，按照业务流程进行需求分析、系统设计和开发。这就要求信息处理流程、数据结构等都按照业务流程的要求进行设计，因此，信息流程与业务流程一致性较强，而一旦业务流程发生变化，信息处理流程、数据结构等都要做相应的变化，给系统开发和维护带来不可预测的困难。DOSE 要求面向数据，将业务逻辑转换为数据逻辑，建立面向数据的流程，再将这些流程整合成面向业务的流程，完成应用系统的开发。因此，基于数据注册机制和权限管理机制形成的数据资源，使得面向数据的业务流程构建更加便捷，而且业务流程发生变化的时候不会影响整个数据逻辑和数据流程，只需增加变化的部分或调整一些数据流程就可以适应新的变化。

### 1.5.5 形式化方法

形式化方法是一种基于形式化数学变换的软件开发方法，它可将系统的规格说明转换为可执行的程序。该过程的具体描述如图 1-3 所示。为简化模型，过程的迭代在图中没有画出。

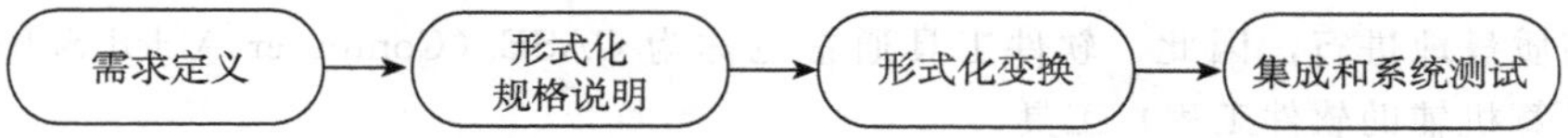


图 1-3 形式化方法

形式化方法的主要特点是：

1）软件需求规格说明被细化为用数学记号表达的详细的形式化规格说明。

2）设计、实现和单元测试等开发过程由一个变换开发过程代替。通过一系列变换将形式化规格说明细化成为程序。这种细化的过程如图 1-4 所示，其中，$M_i$ 表示任意变换中的阶段形态。

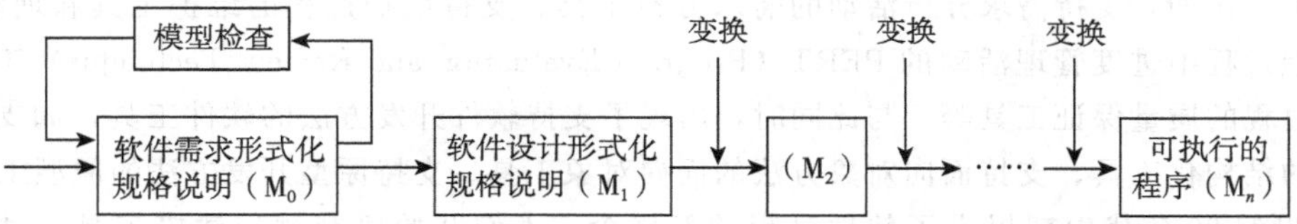


图 1-4 形式化变换

在变换过程中，系统的形式化数学表示被系统地转换为更详细正确的系统表示，每一步加入一些细节，直到形式化规格说明被转换为等价的程序。从图 1-4 可以看到，软件需求确定以后，可用某种形式化语言描述软件需求规格说明，进而生成形式化的设计规格说明。为了确认形式化规格说明与软件需求的一致性，往往以形式化设计规格说明为基础开发一个软件原型。用户可以从人机界面和系统主要功能、性能等几个方面对原型进行评审。必要时，可以对软件需求、形式化设计规格说明和原型进行修改，直到原型被确认为止。这时软件开发人员可以对形式化规格说明进行一系列的变换，直到生成计算机可执行的程序为止。

多步变换过程的一个重要性质是：每一步变换对相关的模型描述是“封闭的”。即每一步变换的正确性仅与该步变换所依据的规格说明（如 $M_i$）以及变换后的规格说明（如 $M_{i+1}$）有关，在此意义上，变换步骤独立于其他变换步骤。这称为变换的独立性。若没有这种独立性，就不能控制错误的蔓延。

## 1.6　软件工具概述

自 1968 年软件工程诞生已经过去了 50 多年，人们在软件工程领域做了大量的工作，也取得了一些成果。为了在一定的时间和预算内构造高质量的软件产品，人们一直在研究和寻找某种有效的方法及工具来让软件开发变得容易。本节介绍软件工具的概念、发展、分类及常用的软件工具。

### 1.6.1　软件工具的概念

软件工具是指能支持软件生存期中某一阶段（如系统定义、需求分析、设计、编码、测试或维护等）的需要而使用的软件。早期的软件工具主要用来辅助程序员编程，如编辑程序、编译程序、排错程序等。在提出了软件工程的概念以后，又出现了软件生存期的概念，出现了许多开发模型和开发方法，同时软件管理也开始受到人们的重视。与此同时，出现了一批软件工具来辅助软件工程实施，这些软件工具涉及软件开发、维护、管理过程中的各项活动，并辅助这些活动高质量地进行。因此，软件工具通常也称为 CASE（Computer Aided Software Engineering，计算机辅助软件工程）工具。

### 1.6.2　软件工具的发展

在计算机诞生的头几年中，人们在计算机控制台面板上操纵程序的运行，那时只是利用一些标准子程序，完全没有软件工具的支持。到 20 世纪 50 年代末期出现了程序设计语言，当时的软件开发主要是编程，因此，出现了编辑程序、汇编程序和各种程序语言的编译程序或解释程序、连接程序、装配程序、排错程序等辅助软件编程活动的工具。

到 20 世纪 60 年代末提出软件工程的概念后，支持软件开发、维护、管理等过程的工具也应运而生。例如，支持需求分析活动的需求分析工具、支持维护过程的维护工具和理解工具、支持管理过程中进度管理活动的 PERT（Program Evaluation and Review Technique）工具、支持软件过程的质量保证工具等。与此同时，出现了支持软件开发方法的软件工具，如支持结构化方法的结构化工具、支持面向对象方法的面向对象工具、支持原型开发方法的原型工具等。

20 世纪 80 年代中期提出了软件过程的新概念，人们开始研制过程建模工具、过程评价工具。

如今，软件工具重视用户界面的设计，不断地采用新理论和新技术，正由单个工具向多个工具集成的方向发展，且注重工具间的平滑过渡和互操作性。

### 1.6.3　软件工具的分类

软件工具的种类繁多，很难有一种统一的分类方法，通常从不同的观点来进行分类。由于早期的软件工具大多数仅支持软件生存期过程中的某些特定的活动，所以通常可以按软件过程的活动来进行分类。如：

1）支持软件开发过程的工具。主要有需求分析工具、设计工具（通常还可以分为概要设计工具和详细设计工具）、编码工具、排错工具、测试工具等。

此外，还可以根据工具所支持的开发方法进行细分，如可将需求分析工具分为结构化需求分析工具及面向对象需求分析工具。

2）支持软件维护过程的工具。主要有版本控制工具、文档分析工具、信息库开发工具、逆向工程工具、再工程工具等。

3）支持软件管理过程和支持过程的工具：主要有项目管理工具、配置管理工具、软件评价工具等。

### 1.6.4 常用软件工具介绍

下面扼要介绍支持软件开发过程的常用工具。

**1. 需求分析与设计工具**

需求分析与设计工具的功能是与所采用的系统开发方法密不可分的。传统上将需求分析工具分为两类：结构化图形工具箱，面向对象模型化工具及分析工具。结构化图形工具箱需要通过数据流程图（Data Flow Diagram，DFD）进行功能分析。面向对象模型化工具及分析工具需要通过对象建立构造系统的抽象模型，一般包括图形工具、对象浏览器及类库管理系统。

用以辅助软件设计活动的软件称为设计工具。设计阶段分为概要设计阶段和详细设计阶段。概要设计的主要任务是进行系统总体结构设计；详细设计的主要任务是设计软件算法和内部实现细节。对应于概要设计活动和详细设计活动，设计工具通常可分为概要设计工具和详细设计工具。

目前使用的大多数工具既支持需求分析工作，也支持软件设计工作，还有的软件工具支持软件开发的全过程，如 Enterprise Architect（EA）。从软件开发方法的角度，目前的工具普遍支持面向对象方法，也有的工具既支持面向对象方法，也支持传统方法，如 Microsoft Office Visio。

有代表性的需求分析与设计工具有：

- **IBM Rational Requirement Composer**。需求获取与分析工具，由 IBM 公司开发。
- **Enterprise Architect**。支持软件开发的全过程，由 Sparx Systems 公司开发。
- **IBM Rational Software Architect**。支持面向对象的软件架构设计和实现，由 IBM 公司开发。
- **Microsoft Office Visio**。支持各种图形的绘制及部分 UML 模型，由 Microsoft 公司开发。
- **PowerDesigner**。支持数据库分析与设计的全过程，由 Sybase 公司开发。
- **Axure RP**。支持需求规格说明定义、快速原型设计、多人协作设计及版本控制，由 Axure公司开发。

**2. 编码工具与排错工具**

辅助程序员进行编码活动的工具有编码工具和排错工具（排错工具也称调试工具）。编码工具辅助程序员用某种程序设计语言编制源程序，并对源程序进行翻译，最终转换成可执行的代码。因此，编码工具通常与编码所使用的程序语言密切相关。排错工具用来辅助程序员寻找源程序中错误的性质和原因，并确定出错的位置。

源程序一般以正文的形式出现，因此，必须利用编辑器输入它们，并进行浏览、编辑和修改。源程序的编写往往不可能一次成功，需要不断寻找其中的错误，并加以纠正。因此，编码工具和排错工具是编程活动的重要辅助工具，也是最早出现的软件工具。

早期程序设计的各个阶段使用不同的软件工具进行处理，一般先用字处理软件编辑源程序，然后用链接程序进行函数、模块连接，再用编译程序进行编译。开发者需要在几种软件间来回切换操作。

现代软件开发则使用集成开发环境（Integrated Development Environment，IDE）。IDE 是

用于提供程序开发环境的应用程序，一般包括代码编辑器、编译器、调试器和图形用户界面工具，它集成了代码编写功能、分析功能、编译功能、调试功能等，是一体化的开发软件工具。

比较典型的集成开发环境有：

- **Visual Basic**。是包含协助开发环境的事件驱动及可视化的编程语言，由 Microsoft 公司开发。
- **Visual C++**。是支持 C/C++编程的可视化集成开发工具，由 Microsoft 公司开发。
- **Microsoft Visual Studio**（简称 VS）系列。是一个比较完整的开发工具集，包括整个软件生命周期中所需要的大部分工具，如 UML 工具、代码管理工具以及支持 C++、VB、C#、Java 等语言的集成开发环境，由 Microsoft 公司开发。
- **JBuilder**。是 Java 集成开发环境，由 Borland 公司开发。
- **Eclipse**、**MyEclipse**。是 Java 集成开发环境，由 IBM 公司开发。
- **Netbeans**。是 Java 集成开发环境，由 Sun 公司开发。
- **HomeSite**、**Adobe Dreamweaver**（简称 DW）。用于开发 HTML 应用软件，由 Adobe 公司开发（其中，Dreamweaver 由 Macromedia 公司开发，该公司后被 Adobe 公司收购）。

**3. 测试工具**

可将测试工具分为程序单元测试工具、组装测试工具和系统测试工具。

（1）程序单元测试工具

早期的程序单元测试工具有三类：程序静态分析工具、动态分析工具和自动测试支持工具。

目前流行的单元测试工具是 xUnit 系列框架，根据语言不同分为 JUnit（Java）、CppUnit（C++）、DUnit（Delphi）、NUnit（.net）、PhpUnit（Php）等。该测试框架的第一个和最杰出的应用就是由 Erich Gamma（《设计模式》的作者）和 Kent Beck（XP 的创始人）提供的开放源代码的 JUnit。

（2）组装测试工具

组装测试也称为集成测试或联合测试。在单元测试的基础上，将所有模块按照设计要求组装成为子系统或系统，进行组装测试。实践表明，一些模块虽然能够单独工作，但并不能保证连接起来也能正常工作。程序在某些局部反映不出来的问题，在全局上很可能暴露出来，影响功能的实现。

有代表性的组装测试工具有：

- **WinRunner**。由 Mercury Interactive 公司开发，是一种企业级的功能测试工具，用于检测应用程序是否能够达到预期的功能及正常运行。
- **IBM Rational Functional Tester**。是自动化功能测试工具，可以支持如下领域的被测应用程序：基于 Java 平台的程序、基于 .Net 平台的程序、HTML 程序，以及基于 Siebel、SAP、Flex 等特定平台的应用程序。
- **Borland SilkTest 2006**。属于软件功能测试工具，是 Borland 公司所提出的软件质量管理解决方案的套件之一。这个工具采用精灵设定与自动化执行测试，无论是程序设计新手还是资深专家，都能用它快速进行功能测试，并分析功能错误。
- **TestDirector**。是业界第一个基于 Web 的测试管理系统，它可以在公司内部或外部进行全球范围内的测试管理。通过在一个整体的应用系统中集成了测试管理的各个部分，包括需求管理、测试计划、测试执行以及错误跟踪等功能，极大地加速了测试过程。

- **Web 应用自动化测试框架 Selenium**。是 ThoughtWorks 公司开发的一套适用于 Web 应用的自动化测试框架，支持多种浏览器（IE、Firefox、Safari、Google Chrome、Opera 等）和多种开发语言（Java、C＃、Python、Ruby、Javascript 等），允许分布式并行测试，具有很好的扩展性。
- **移动应用自动化测试框架 Appium**。是一个跨平台的移动端自动化测试框架，可以看成是 Selenium 在移动端的实现。它支持 Android 和 iOS 等平台上的原生应用、Web 应用和混合应用的测试，支持 Java、Python、Objective-C、JavaScript 等多种语言编写的测试脚本，功能强大，使用方便。

(3) 系统测试工具

系统测试是对整个基于计算机的系统进行一系列不同的考验，因此它通常耗费测试资源最多。除了功能测试之外，负载测试、性能测试、可靠性测试和一些其他测试一般也都是在系统测试期间进行的。

有代表性的系统测试工具有：

- **IBM Rational Robot**。是功能及性能测试工具，集成在测试人员的桌面 IBM Rational TestManager 上，可以让测试人员对.NET、Java、Web 和其他基于图形用户界面（GUI）的应用程序自动进行功能性回归测试，测试人员可以计划、组织、执行、管理和报告所有测试活动。
- **IBM Rational Quality Manager**。是基于 Web 的、手工测试及自动测试工具相结合的、用于集成测试规划的协作性质量管理软件。
- **LoadRunner**。是一种预测系统行为和性能的负载测试工具，通过模拟上千万用户实施并发负载及实时性能监测来确认和查找问题，能够对整个企业架构进行测试。

## 1.7 软件工程知识体系及知识域

自从软件工程概念诞生以后，学术界和工业界做了大量的研究与实践，也取得了大量成果。尤其是 20 世纪 90 年代以后，随着网络技术及面向对象技术的广泛应用，软件工程取得了突飞猛进的发展。软件工程教育所处的地位也越来越重要。James E. Tomayko 曾将软件工程教育分为三个历史时期：

1）1978 年以前，软件工程教育以计算机专业的一门孤立的课程形式存在；

2）1978～1988 年期间，早期的研究生学位教育，开始建立软件工程专业的研究生学位教育项目；

3）1988 年以后快速发展的研究生学科教育，软件工程的理论快速发展，其中，卡内基·梅隆大学软件工程研究所（SEI）的影响不可忽视。

软件工程已从计算机科学与技术中脱离出来，逐渐形成一门独立的学科。对其知识体系的研究从 20 世纪 90 年代初就开始了，标志是美国 Embry-Riddle 航空大学计算与数学系的 Thomas B. Hilburn 教授的“软件工程知识体系指南”研究项目。他于 1994 年 4 月完成了《软件工程知识本体结构》的报告。该报告发布后在世界软件工程界、教育界和一些政府机构中反响热烈，人们认识到建立软件工程本体知识的结构是确立软件工程专业至关重要的一步。1995 年 5 月，ISO/IEC/JTC1 启动了标准化项目——“软件工程知识体系指南”（Guide to the Software Engineering Body of Knowledge）。IEEE 与 ACM 联合建立的软件工程协调委员会（SECC）、加拿大魁北克大学以及美国 MITRE 公司（与美国 SEI 共同开发 SW-CMM 的软件工程咨询公司）等共同承担了 ISO/IEC/JTC1 “SWEBOK 指南”项目。

SWEBOK 项目自 1994 年开始分三阶段完成。先是稻草人阶段（1994～1996），在充分调查的基础上建立了软件工程本体知识指南的原型。2001 年 4 月 8 日发布的 SWEBOK 0.95 版标志着石头人阶段（1998～2001）开发完成，并由世界范围内 42 个国家近 500 位软件工程专家评审。此时正是另一项目（CC2001 课程体系）发布之时，并作为四大学科（计算机科学、计算机工程、软件工程、信息系统）知识/课程体系之一。在完成两年试用之后，启动了该指南的“铁人阶段”（2003～2004），在 Web 调查基础上做了修订，按统一风格改写，此外还征集了 21 个国家 120 位专家的评审意见。2004 年 6 月，IEEE 和 ACM 的联合网站上公布了软件工程知识体系指南（SWEBOK）2004 版全文，2005 年 9 月 ISO/IEC JTC1/SC7 正式发布为国际标准，即 ISO/IEC TR 19759—2005 软件工程知识体系指南（SWEBOK）。这标志着 SWEBOK 项目的工作告一段落，软件工程作为一门学科，在取得对其核心的知识体系的共识方面已经达到了一个重要的里程碑。

**1. 软件工程知识体系指南的目标**

SWEBOK 指南的目的是确认软件工程学科的范围，并为支持该学科的本体知识提供指导。SWEBOK 指南的目标是：

1）促使软件工程本体知识成为世界范围的共识；

2）澄清软件工程与其他相关学科，如计算机科学、项目管理、计算机工程以及计算机数学的关系，并且确定软件工程学科的范围；

3）反映软件工程学科内容的特征；

4）确定软件工程本体知识的各个专题；

5）为相应的课程和职业资格认证材料的编写奠定基础。

为达到上述目标 1，SWEBOK 指南完成的每一阶段都要广泛征求业界各方人士意见。而目标 2 和 3 则有一个知识深浅程度的定位问题，也就是软件工程师应具有什么样的知识，知识定位深了（如数学建模），一般人达不到，知识定位浅了，不敷使用。SWEBOK 定位在大学毕业后有四年工作经验的人。这是因为如果没有参与过软件系统开发全过程，不了解如何与用户沟通，不理解延误交付期遭受的罚款压力，不理解没完没了的质量纠纷，就很难对其中的知识点有深入的了解和体验。

**2. 软件工程知识体系指南的内容**

SWEBOK（SoftWare Engineering BOdy of Knowledge）指南将软件工程知识体系划分为 15 个知识域（Knowledge Area，KA），这些知识域又可划分为三类：软件工程基础类、软件生存期过程类和软件工程管理类，其中每一类分别包含着 4 个、6 个和 5 个知识域（参看图 1-5）。

软件生存期过程类和软件工程管理类的知识域通常有软件工程标准的支持。从图中还可看到，管理类和基础类是支持软件生存期过程类的。

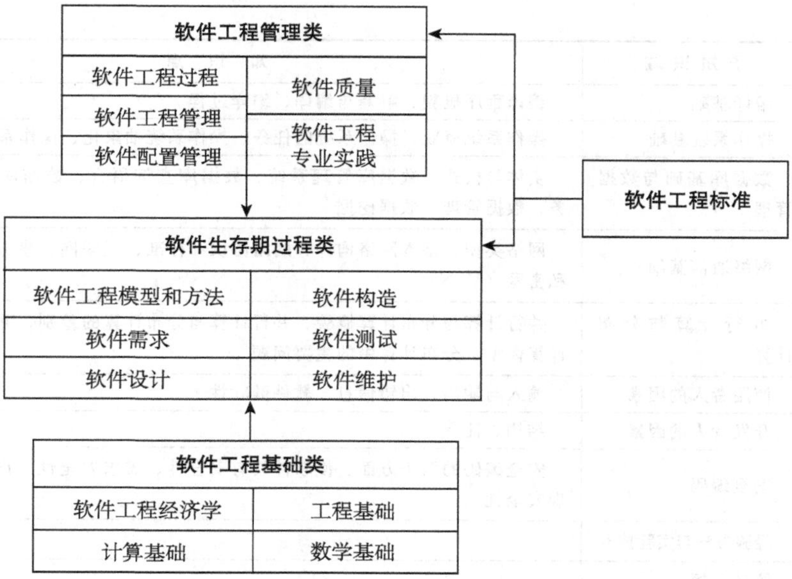


图 1-5　软件工程知识体系的三类知识域

在每个知识域中含有若干子知识域，各个子知识域又含有一些知识点。通过知识点我们便能够了解到知识域的具体内容。三类知识域的知识点分别在表 1-2～表 1-4 中列出。

**表 1-2　软件工程基础类知识域和知识点**

| 知　识　域 | 子 知 识 域 | 知　识　点 |
|---|---|---|
| 软件工程经济学 | 软件工程经济学基础 | 金融、会计、调控、现金流、决策过程、估值、通胀、贬值、税收、货币的时值、效率、有效性、生产率 |
| | 生命周期经济学 | 产品、项目、方案、业务量、产品的生命周期、建议、投资决策、策划范围、价格与定价、成本、性能测量、挣值管理、终止决策、替换与退役决策 |
| | 风险与不确定性 | 目标、预测与计划、选择的不确定性、优先性、风险中做决策、不确定性中做决策 |
| | 经济分析方法 | 赢利决策分析、最小回报率、投资回报、资金使用回报、成本利润分析、成本效益分析、无亏损分析、业务实例、多属性评估优化分析 |
| | 实际考虑 | 满意原则、无冲突经济、生态系统、外包业务 |
| 计算基础 | 解题方法 | 解题定义、真实问题表述、分析问题、设计求解策略、用程序解题 |
| | 抽象 | 抽象的层次、封装、层次体系 |
| | 编程基础 | 编程过程、编程范例、防护式编程 |
| | 编程语言基础 | 编程语言概貌、编程语言的语法和语义、低级编程语言、高级编程语言、说明性编程语言与命令性编程语言 |
| | 排错工具与方法 | 错误类型、排错方法、排错工具 |
| | 数据结构及表示 | 数据结构概貌、数据结构类型、数据结构的运算 |
| | 算法复杂性 | 算法概貌、算法的属性、算法分析、算法设计策略、算法分析策略 |
| | 系统的基本概念 | 紧急系统的性质、系统工程、计算机系统概貌 |
| | 计算机组成 | 计算机组成概貌、数字系统、数字逻辑、数据的计算机表示、中央处理器、存储系统组成、输入与输出 |

（续）

| 知 识 域 | 子知识域 | 知 识 点 |
| --- | --- | --- |
| 计算基础 | 编译基础 | 编译程序概貌、解释与编译、编译过程 |
| | 操作系统基础 | 操作系统概貌、操作系统的任务、操作系统抽象化、操作系统分类 |
| | 数据库基础与数据管理 | 实体与模式、数据库管理系统、数据库查询语言、数据库管理系统的任务、数据管理、数据挖掘 |
| | 网络通信基础 | 网络类型、基本网络构件、网络协议和标准、互联网、事务互联网、虚拟私密网（VPN） |
| | 并行计算与分布计算 | 并行计算与分布计算概貌、并行计算与分布计算的差别、并行计算与分布计算模型、分布计算中的主要问题 |
| | 使用者人的因素 | 输入与输出、出错信息、软件健壮性 |
| | 开发者人的因素 | 结构、注释 |
| | 安全编码 | 安全编码的两个方面、使软件具有安全性、需求安全性、设计安全性、实现安全性 |
| 工程基础 | 经验方法与实验技术 | |
| | 统计分析 | |
| | 度量 | |
| | 工程设计 | |
| | 建模、建立原型与仿真 | |
| | 标准 | |
| | 根本原因分析 | |
| 数学基础 | 集合、关系、函数 | |
| | 基本逻辑 | |
| | 证明技术 | |
| | 计数基础 | |
| | 图与树 | |
| | 离散概率 | |
| | 有穷状态机 | |
| | 文法 | |
| | 数值精确度 | |
| | 数论 | |
| | 代数结构 | |

注：知识域“工程基础”和“数学基础”在指南中未提供知识点。

**表 1-3　软件生存期过程类知识域和知识点**

| 知 识 域 | 子知识域 | 知 识 点 |
| --- | --- | --- |
| 软件工程模型与方法 | 建立模型 | 建模原则、模型的性质及表示、语法、语义及语用学、前置条件、后置条件及不变式 |
| | 模型分类 | 信息建模、行为建模、结构建模 |
| | 模型分析 | 完整性分析、一致性分析、正确性分析、可追溯性、交互分析 |
| | 软件工程方法 | 启发式方法、形式方法、原型方法、敏捷方法 |

（续）

| 知识域 | 子知识域 | 知识点 |
| --- | --- | --- |
| 软件需求 | 软件需求基础 | 软件需求的定义、产品与过程需求、功能与非功能需求、应急特性、可量化需求、系统需求与软件需求 |
| | 需求过程 | 过程模型、需求涉及的人员、过程支持与管理、过程质量与改进 |
| | 需求导出 | 需求来源、导出技术 |
| | 需求分析 | 需求分类、概念建模、总体结构设计与需求分配、需求协商、形式分析 |
| | 需求规格说明 | 系统定义文档、系统需求规格说明、软件需求规格说明 |
| | 需求确认 | 需求评审、建立原型、模型确认、验收测试 |
| | 实际考虑 | 需求过程的交互特性、变更管理、需求属性、需求追踪、度量需求 |
| | 软件需求工具 | |
| 软件设计 | 软件设计基础 | 设计的概念、软件设计相关方面、软件设计过程、软件设计原则 |
| | 软件设计的关键问题 | 并发性、事件控制与处理、数据保留、组件的分布、错误及异常处理和容错、交互和表述、安全性 |
| | 软件结构与体系结构设计 | 总体结构和观点、体系结构风格、设计模式、体系结构设计决策、程序族与框架设计 |
| | 用户界面设计 | 用户界面设计原则、用户界面设计相关问题、用户交互方式的设计、信息表述的设计、用户界面设计过程、地域化与国际化、隐喻与概念模型 |
| | 软件设计质量与评价 | 质量属性、质量分析与评估技术、度量 |
| | 软件设计的表达 | 结构描述、行为描述（动态观点） |
| | 软件设计策略和方法 | 一般策略、面向功能的（结构）设计、面向对象设计、针对数据结构的设计、基于构件的设计（CBD）、其他方法 |
| | 软件设计工具 | |
| 软件构造 | 软件构造基础 | 复杂性最小化、预防变更、验证的设计、复用、构造所用标准 |
| | 管理构造 | 生存期模型的构造、构造策划、构造度量 |
| | 实际考虑 | 构造设计、构造语言、编码、构造测试、复用的构造、借助复用实施构造、构造质量、集成 |
| | 构造技术 | 应用编程界面（API）设计与使用、面向对象的运行时间问题、参数化与通用性、命题、按合同设计及防御编程、出错处理、异常处理及容错、基于状态和表格驱动构造技术、运行时构造及国际化、基于语法的输入处理（语法分析）、并行原语、中间件、分布式软件的构造方法、构造多机种系统、性能分析与调谐、平台标准、先测试编程 |
| | 软件构造工具 | 开发环境、图形用户界面（GUI）构造工具、单元测试工具、成型工具、性能分析及切片工具 |
| 软件测试 | 软件测试基础 | 测试相关术语、测试关键问题、测试与其他活动的关系 |
| | 测试的层次 | 测试的目标、测试的任务 |
| | 测试技术 | 基于软件工程师直觉和经验的测试、根据输入域测试、基于代码的测试方法、基于错误的测试方法、基于使用的测试方法、基于模型的测试方法、基于应用问题特性的测试、选择和综合方法 |
| | 测试相关的度量 | 对测试所用程序的评价、对执行测试的评价 |
| | 测试过程 | 实际考虑、测试活动 |
| | 软件测试工具 | 测试工具支持、工具分类 |

（续）

| 知识域 | 子知识域 | 知识点 |
| --- | --- | --- |
| 软件维护 | 软件维护基础 | 定义与术语、维护的性质、对维护的要求、维护成本、软件的演化、维护分类 |
| | 软件维护中的关键问题 | 技术问题、管理问题、维护成本估算、软件维护度量 |
| | 维护过程 | 维护过程、维护活动 |
| | 维护技术 | 程序理解、再工程、逆向工程、迁移、退役 |
| | 软件维护工具 | |

注：子知识域“软件需求工具”“软件设计工具”及“软件维护工具”在指南中未提供知识点。

**表 1-4 软件工程管理类知识域和知识点**

| 知识域 | 子知识域 | 知识点 |
| --- | --- | --- |
| 软件工程过程 | 软件过程定义 | 软件过程管理、软件过程基础设施 |
| | 软件生存期 | 软件过程分类、软件生存期模型、软件过程适合性、实际问题的考虑 |
| | 软件过程评估与改进 | 软件过程评估模型、软件过程评估方法、软件过程改进模型、持续的及按阶段的软件过程定级 |
| | 软件工程过程 | 软件过程度量及产品度量、度量结果的质量、软件信息模型、软件过程度量技术 |
| | 软件工程过程工具 | |
| 软件工程管理 | 项目启动与范围确定 | 需求的确定与协商、可行性分析、需求评审与修订过程 |
| | 软件项目策划 | 项目过程策划、确定交付物、工作量、进度及成本估算、资源分配、风险管理、质量管理、计划管理 |
| | 软件项目规制 | 计划的实施、软件接收与供应者合同管理、度量过程的实施、监督过程、控制过程、提交通报 |
| | 评审与评价 | 确定需求的满意度、对性能的评审与评价 |
| | 项目终结 | 确定项目终结、终结活动 |
| | 软件工程度量 | 度量承诺的建立与保持、计划度量过程、实施度量过程、评估度量 |
| | 软件度量工具 | |
| 软件配置管理 | 软件配置管理过程管理 | 软件配置管理组织问题、软件配置管理的约束与导引、软件配置管理策划、软件配置管理计划、对软件配置管理的监控 |
| | 软件配置管理标识 | 受控标识项、软件库 |
| | 软件配置控制 | 软件变更要求的提出、评估及批准、实施软件变更、偏差与放弃 |
| | 软件配置状态 | 软件配置状态信息、软件配置状态报告 |
| | 软件配置审核 | 软件功能配置审核、软件实际配置审核、软件基线在过程中的审核 |
| | 软件发布管理与交付 | 软件组装件、软件发布管理 |
| | 软件配置管理工具 | |

（续）

| 知　识　域 | 子知识域 | 知　识　点 |
|---|---|---|
| 软件质量 | 软件质量基础 | 软件工程文化与道德、质量的价值与成本、模型与质量特性、软件质量改进、软件安全 |
| | 软件质量管理过程 | 软件质量保证、验证与确认、评审与审核 |
| | 实际考虑 | 软件质量需求、缺陷特征、软件质量管理技术、软件质量度量 |
| | 软件质量工具 | |
| 软件工程专业实践 | 职业特性 | 鉴定、认证与许可、道德规范和职业操守、专业协会的性质和作用、软件工程标准的性质和作用、软件对经济的影响、雇佣合同、法律问题、文档编制、综合分析 |
| | 群组动力学与心理学 | 团队/小组工作动力学、个体认知、处理问题的复杂性、与利益相关方的交互、应对不确定性与歧义性问题、应对多元文化环境 |
| | 沟通技能 | 阅读、理解与概括、写作、团队及小组沟通、表述技能 |

注：子知识域“软件工程过程工具”“软件度量工具”“软件配置管理工具”及“软件质量工具”在指南中未提供知识点。

值得注意的是，在修订后的 SWEBOK 中增加了一些新的内容，同时也对部分内容做了一些调整，包括：

1）在知识域“软件工程模型与方法”的子知识域“软件工程方法”中增加了“敏捷方法”这一知识点。

2）明确列出了 4 个基础类知识域：软件工程经济学、计算基础、工程基础和数学基础。

3）增加了知识域“软件工程专业实践”，它所包括的子知识域有“职业特性”“群组动力学与心理学”“沟通技能”。这些都是软件工程专业人员在工作中应该掌握和履行的要求，只是在过去的软件工程教学中未予关注。

4）原来“软件工具”被看成一个子知识域，列在知识域“软件工程工具和方法”中，现已作为多个子知识域，被分散地列到若干个相关的知识域中。

此外，SWEBOK 中软件工程管理类和软件生存期过程类的一些知识域，其内容还得到许多软件工程国际标准的支持，特别是 SWEBOK 本身就已成为标准：ISO/IEC TR 19759：2005 Software Engineering-Guide to the Software Engineering Body of Knowledge（SWEBOK）。知识域“软件工程专业实践”的支持标准是 ISO/IEC 24773：2008 Software Engineering-Certification of Software Engineering Professionals，等等。在 SWEBOK 文本的最后列出了相关的国际标准，这些标准有 68 项之多。

## 习题

1.1　举出你所知道的传统应用软件的例子。

1.2　“软件就是程序，软件开发就是编程序”这种观点是否正确？为什么？

1.3　如果将软件开发比作高楼大厦的建造，可以将软件的设计比作什么？

1.4　简述软件的分类，并举例说明。

1.5　请给出你所知道的互联网应用软件的例子。传统应用软件与互联网应用软件有哪些不同之处？

1.6　什么是软件危机？它有哪些典型表现？为什么会出现软件危机？

1.7　什么是软件工程？软件工程要解决的核心问题是什么？

1.8　简述软件生存期由哪些主要阶段组成。每一阶段的主要任务是什么？

1.9　区分单元测试、集成测试和系统测试。

1.10　软件工程的三种基本要素是什么？各自的作用是什么？

1.11　简述传统方法和面向对象方法的特点。

1.12　形式化方法的特点是什么？

1.13　软件开发过程中的常用软件工具有哪些？

1.14　在软件工程知识体系中，将软件工程划分为哪些知识域？

CHAPTER 2
# 第 2 章

# 软件生存期模型

软件生存期模型也称为软件过程模型，是从软件项目需求定义直至软件运行维护为止，跨越整个生命周期的系统开发、运行和维护所实施的全部过程、活动和任务的结构框架。到目前为止，已经提出了多种软件生存期模型，典型的包括瀑布模型、原型模型、增量模型、螺旋模型、统一过程、敏捷过程等。

## 2.1 瀑布模型

在 20 世纪 80 年代之前，瀑布模型一直是唯一被广泛采用的软件生存期模型。传统软件工程方法学的软件过程基本上可以用瀑布模型来描述。传统的瀑布模型如图 2-1 所示，其特点如下：

1）阶段间具有顺序性和依赖性。其中包含两重含义：

- 必须等前一阶段的工作完成之后，才能开始后一阶段的工作。
- 前一阶段的输出文档就是后一阶段的输入文档。

2）推迟实现的观点。

- 瀑布模型在编码之前设置了系统分析和系统设计的各个阶段。分析与设计阶段的基本任务规定，在这两个阶段主要考虑目标系统的逻辑模型，不涉及软件的物理实现。
- 清楚地区分逻辑设计与物理设计，尽可能推迟程序的物理实现，是按照瀑布模型开发软件的一条重要的指导思想。

3）质量保证的观点。

- 每个阶段都必须完成规定的文档，没有交出合格的文档就是没有完成该阶段的任务。
- 每个阶段结束前都要对所完成的文档进行评审，以便及时发现问题，改正错误。

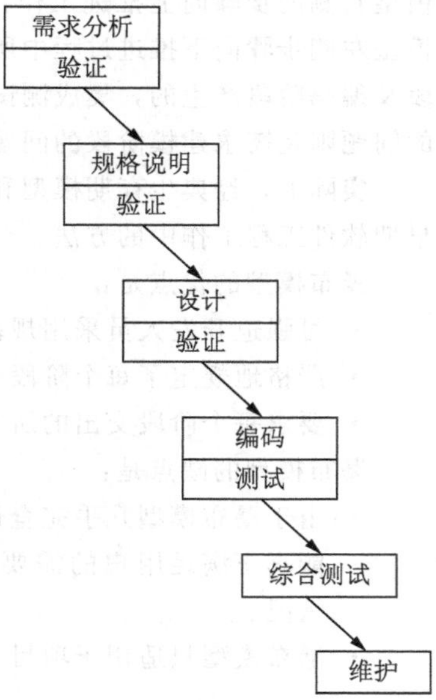

图 2-1 传统的瀑布模型

实际的瀑布模型是带“反馈环”的，如图 2-2 所示（图中实线箭头表示开发过程，虚线箭头表示维护过程）。当在后面阶段发现前面阶段的错误时，需要沿图中左侧的反馈线返回前面的阶段，修正前面阶段的产品之后再回来继续完成后面阶段的任务。

瀑布模型的一个变体，称为 V 模型，如图 2-3 所示。V 模型描述了测试阶段的活动与开发阶段相关活动（包括需求建模、概要设计、详细设计、编码）之间的关系。

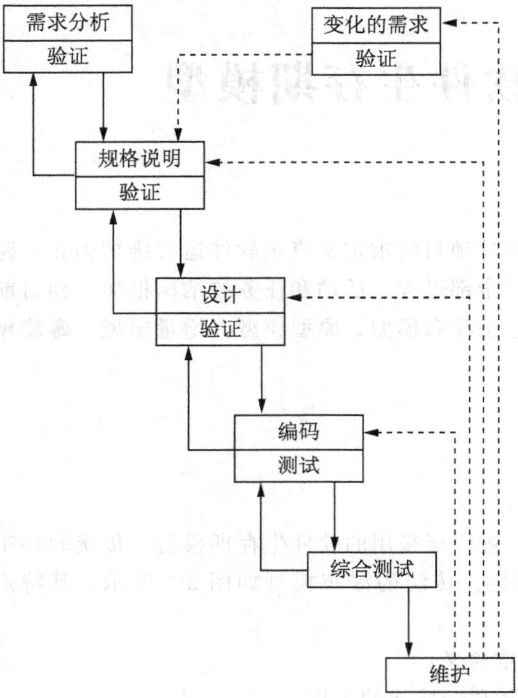


图 2-2 实际的瀑布模型

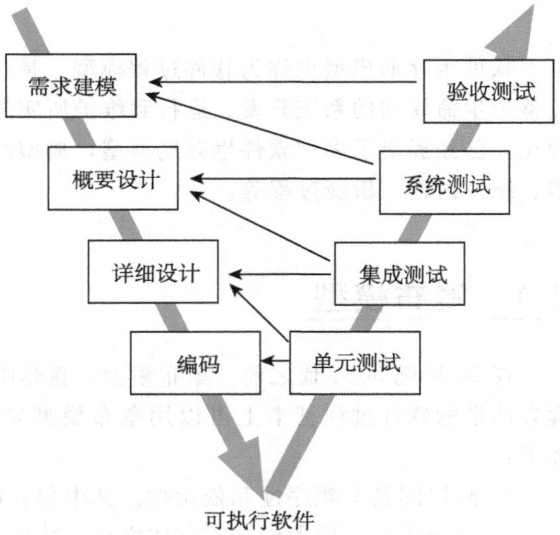


图 2-3 V 模型

随着软件团队工作沿着 V 模型左侧步骤向下推进，基本问题需求逐步细化，建立需求模型，形成问题及解决方案的技术描述，进行概要设计及详细设计。一旦编码结束，团队沿着 V 模型右侧的步骤向上推进工作，其本质上是执行了一系列测试，这些测试验证了团队沿着 V 模型左侧步骤向下推进过程中所生成的每个模型。例如，单元测试中发现的问题是详细设计阶段及编码阶段产生的，集成测试发现的问题是概要设计及详细设计阶段产生的，验收测试发现的问题则是需求建模阶段的问题。

实际上，经典生存期模型和 V 模型没有本质区别，V 模型提供了一种将测试活动应用于早期软件工程工作中的方法。

瀑布模型的优点是：

- 可强迫开发人员采用规范化的方法。
- 严格地规定了每个阶段必须提交的文档。
- 要求每个阶段交出的所有产品都必须是经过验证（评审）的。

瀑布模型的缺点是：

- 由于瀑布模型几乎完全依赖于书面的规格说明，很可能导致最终开发出的软件产品不能真正满足用户的需要。如果需求规格说明与用户需求之间有差异，就会发生这种情况。
- 瀑布模型只适用于项目开始时需求已确定的情况。

## 2.2 快速原型模型

快速原型是快速建立起来的可以在计算机上运行的程序，它所能完成的功能往往是最终产品功能的一个子集。快速原型模型如图 2-4 所示，图中实线箭头表示开发过程，虚线箭头表示维护过程。从图中可以看到，开发过程基本上是不带反馈环的。

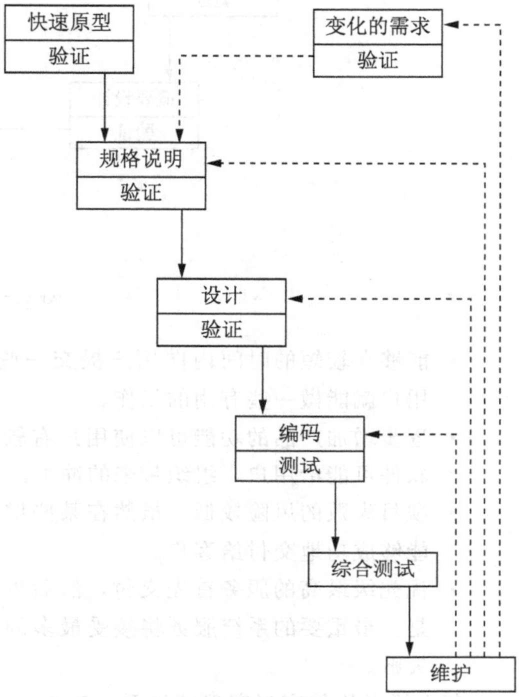

图 2-4 快速原型模型

快速原型模型的优点是：

- 有助于满足用户的真实需求。
- 原型系统已经通过与用户的交互而得到验证，据此产生的规格说明文档能够正确地描述用户需求。
- 软件产品的开发基本上是按线性顺序进行。
- 因为规格说明文档正确地描述了用户需求，所以在开发过程的后续阶段不会因发现规格说明文档的错误而进行较大的返工。
- 开发人员通过建立原型系统已经学到了许多东西，因此，在设计和编码阶段发生错误的可能性比较小，这自然减少了在后续阶段需要改正前面阶段所犯错误的可能性。
- 快速原型的本质是“快速”。开发人员应该尽可能快地建造出原型系统，以加速软件开发过程，节约软件开发成本。原型的用途是获知用户的真正需求，一旦需求确定了，原型就可以抛弃，当然也可以在原型的基础上进行开发。

## 2.3 增量模型

增量模型也称为渐增模型，是 Mills 等人于 1980 年提出来的。使用增量模型开发软件时，把软件产品作为一系列的增量构件来设计、编码、集成和测试。每个构件由多个相互作用的模块构成，并且能够完成特定的功能。使用增量模型时，第一个增量构件往往实现软件的基本需求，提供最核心的功能。例如，使用增量模型开发字处理软件时，第一个增量构件将提供最基本的文件管理、编辑和文档生成功能；第二个增量构件提供更完善的编辑和文档生成功能；第三个增量构件实现拼写和语法检查功能；第四个增量构件完成高级的页面排版功能。增量模型如图 2-5 所示。

将软件产品分解成一系列的增量构件，在增量开发迭代中逐步加入。为此，要求构件的规模适中，并且新构件集成到已有软件所形成的新产品必须是可测试的。

增量模型的优点是：

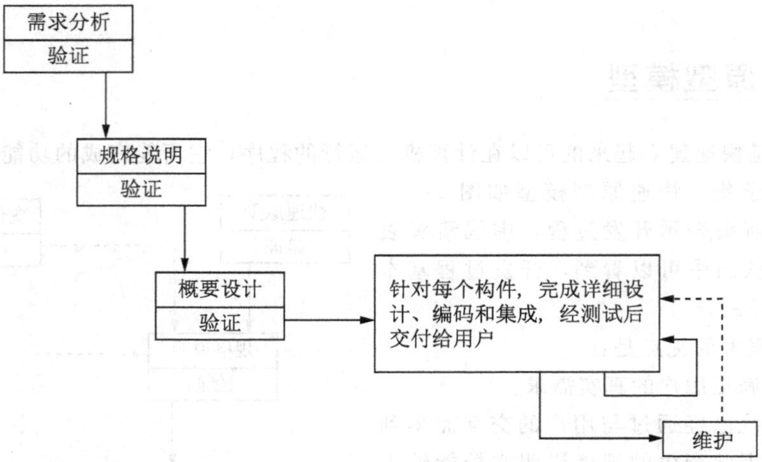


图 2-5　增量模型

- 能够在较短的时间内向用户提交一些有用的工作产品，即从第一个构件交付之日起，用户就能做一些有用的工作。
- 逐步增加产品的功能可以使用户有较充裕的时间学习和适应新产品，从而减少全新的软件可能给用户、组织带来的冲击。
- 项目失败的风险较低，虽然在某些增量构件中可能遇到一些问题，但其他增量构件将能够成功地交付给客户。
- 优先级最高的服务首先交付，然后再将其他增量构件逐次集成进来。一个必然的事实是：最重要的系统服务将接受最多的测试。这意味着系统最重要的部分一般不会遭遇失败。

每个增量构件应当实现某种系统功能，因此增量构件的开发可以采用瀑布模型的方式，如图 2-6 所示。

采用增量模型需注意的问题是：

- 在把每个新的增量构件集成到现有软件体系结构中时，必须不破坏原来已经开发出来的产品。
- 软件体系结构必须是开放的，即向现有产品中加入新构件的过程必须简单、方便。

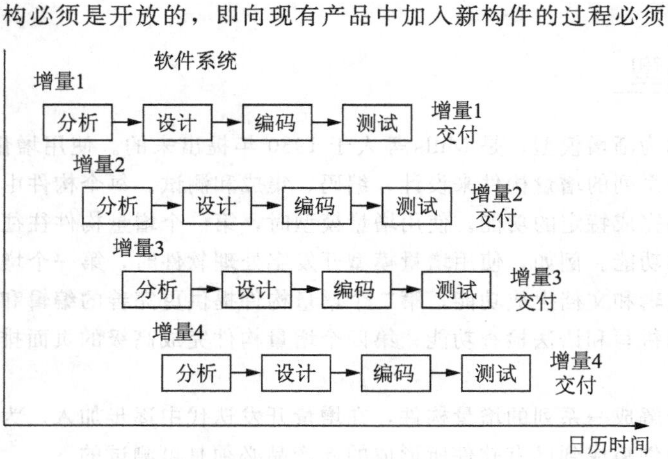


图 2-6　增量构件开发

因此，采用增量模型比采用瀑布模型和快速原型模型更需要精心的设计。

## 2.4 螺旋模型

软件开发几乎总要冒一定风险，因此，在软件开发过程中必须及时识别和分析风险，并且采取适当措施以消除或减少风险的危害。

螺旋模型最初是 Boehm 于 1988 年提出来的。该模型将瀑布模型与快速原型模型结合起来，并且加入两种模型均忽略了的风险分析。螺旋模型的基本思想是，使用原型及其他方法来尽量降低风险。理解这种模型的一个简便方法，是把它看作在每个阶段之前都增加了风险分析过程的快速原型模型，如图 2-7 所示。

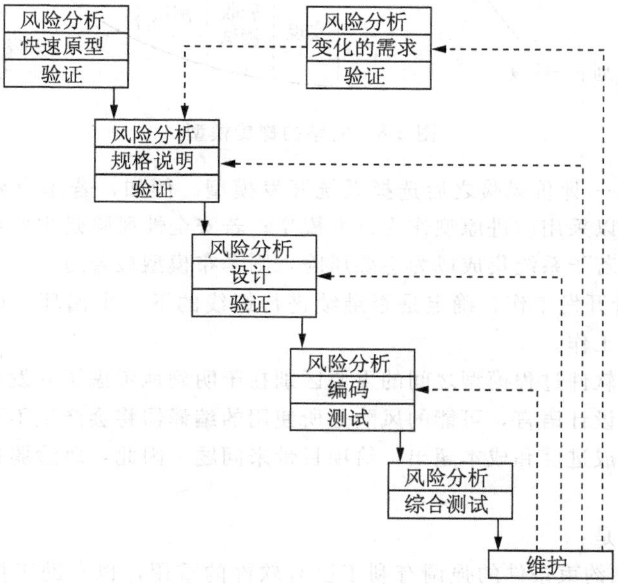


图 2-7 简化的螺旋模型

完整的螺旋模型如图 2-8 所示。在螺旋模型中，软件过程表示成一个螺线，而不是像以往的模型那样表示为一个具有回溯的活动序列。螺线上的每一个循环表示过程的一个阶段。最内层的循环可以是处理系统可行性，下一层循环是研究系统需求，再下一层循环是研究系统设计，等等。

每个阶段开始时的任务是确定该阶段的目标、为完成这些目标选择方案及设定这些方案的约束条件。接下来的任务是，从风险角度分析上一步的工作结果，努力排除各种潜在的风险，通常用建造原型的方法来排除风险。如果成功地排除了所有风险，则启动下一步开发步骤，在这个步骤的工作过程相当于纯粹的瀑布模型。最后是评价该阶段的工作成果并计划下一阶段的工作。

螺线上的每个循环可划分为四个象限，分别表达了四个方面的活动：

1）目标设定——定义在该阶段的目标，弄清对过程和产品的限制条件，制定详细的管理计划，识别项目风险，可能还要计划与这些风险有关的对策。

2）风险估计与弱化——针对每个风险进行详细分析，设想弱化风险的步骤。例如，若有一个风险为需求不合适，可以考虑开发一个原型系统。

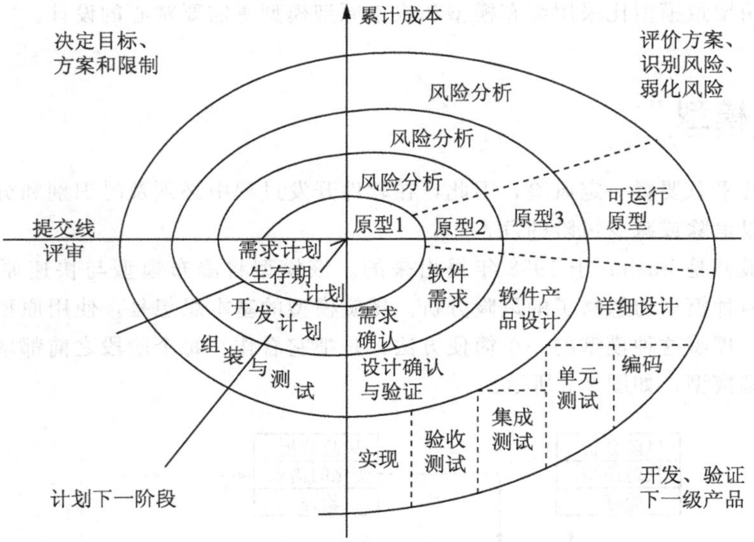


图 2-8　完整的螺旋模型

3）开发与验证——评价风险之后选择系统开发模型。例如，若用户界面风险的发生概率和影响最严重，则可以采用演进原型作为开发模型；若安全性风险是主要考虑因素，则可以采用形式化变换方法；若子系统集成成为主要风险，则瀑布模型最合适。

4）计划——评价开发工作，确定是否继续进行螺线的下一个循环。如果确定要继续，则计划项目下一阶段的工作。

螺旋模型与其他软件过程模型之间的重要区别在于明确地考虑了开发中的风险。如果我们想使用一种新的程序设计语言，可能的风险是所使用的编译器将会产生不可靠的、低效的目标代码。风险很可能造成进度和成本超出，给项目带来问题。因此，风险弱化成为十分重要的项目管理活动。

螺旋模型的优点是：

- 对可选方案和约束条件的强调有利于已有软件的重用，也有助于把软件质量作为软件开发的一个重要目标。
- 减少了过多测试或测试不足所带来的风险。
- 在螺旋模型中维护只是模型的另一个周期，因而在维护和开发之间并没有本质区别。

螺旋模型的缺点是：

螺旋模型是风险驱动的，因此要求软件开发人员必须具有丰富的风险评估经验和这方面的专门知识，否则将出现真正的风险——当项目实际上正在走向灾难时，开发人员可能还以为一切正常。

## 2.5　喷泉模型

迭代是软件开发过程中普遍存在的一种内在属性。经验表明，软件过程各个阶段之间的迭代或一个阶段内各个工作步骤之间的迭代，在面向对象方法中比在结构化方法中更常见。图 2-9 所示的喷泉模型是典型的面向对象生命周期模型。

“喷泉”一词体现了迭代和无间隙特性。图中代表不同阶段的圆圈相互重叠，这明确表示

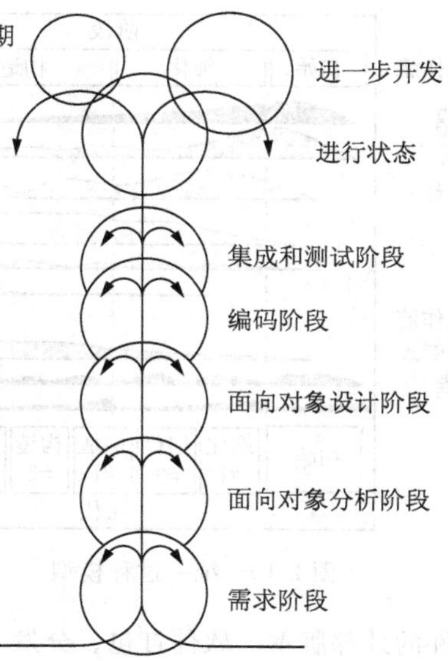


图 2-9　喷泉模型

两个活动之间存在重叠。用面向对象方法开发软件时，在分析、设计和编码等项开发活动之间并不存在明显的边界，而各阶段在表示方法上的一致性也保证了各项开发活动之间的无缝过渡。图中一个阶段内的向下箭头代表该阶段中的迭代或求精。

## 2.6　统一过程

20 世纪 90 年代早期，Grady Booch、Ivar Jacobson 和 James Rumbaugh 开始研究“统一方法”，他们的成果就是统一建模语言 UML（Unified Modeling Language）。UML 提供了支持面向对象软件工程实践必要的技术，但它没有提供指导项目团队应用该技术时的过程框架。UML 是一种语言，并不是方法论。Booch、Jacobson 及 Rumbaugh 接下来的努力是发布完全、统一的面向对象分析与设计的方法学，这种统一的方法学最初称为 Rational 统一过程（Rational Unified Process，RUP），为简洁起见，今天通常使用“统一过程”这个术语。统一过程是用 UML 进行面向对象软件工程的框架。目前，统一过程和 UML 广泛应用在各种各样的面向对象项目中。统一过程模型如图 2-10 所示。

（1）统一过程的核心过程工作流

统一过程中有 6 个核心过程工作流，即业务建模、需求、分析与设计、实现、测试和部署。

1）业务建模工作流。用业务用例为业务过程建立模型。

2）需求工作流。描述系统应该做什么，确保开发人员构建正确的系统。为此，需明确系统的功能需求和非功能需求（约束）。

3）分析与设计工作流。分析和细化需求，并建立分析模型和设计模型。

4）实现工作流。用选择的实现语言实现目标系统。以分层的方式组织代码的结构，用构件的形式来实现类，对构件进行单元测试，将构件集成到可执行的系统中。

5）测试工作流。执行集成测试，验证对象之间的交互，是否所有的构件都集成了，是否正确实现了所有需求，查错并改正。

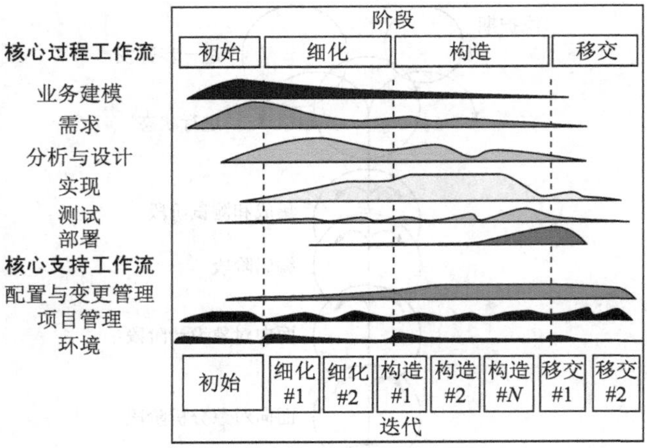


图 2-10　统一过程模型

6）部署工作流。制作软件的外部版本，软件打包、分发，为用户提供帮助和支持。

（2）统一过程的阶段

统一过程有 4 个阶段，分别是初始阶段、细化阶段、构造（或称构建）阶段和移交阶段。这 4 个阶段均以里程碑结束，在图中没有表示出来。里程碑的意图是捕捉项目生命周期中的点，在这些点上可能进行重大的管理决策和进展评估。

1）初始阶段。初始阶段主要关注项目计划和风险评估，其目的是确定是否值得开发目标系统。此阶段需要回答的问题包括：

- 目标系统是否是经济的？
- 目标系统是否能按期交付？
- 开发系统所涉及的风险是什么？

2）细化阶段。细化阶段关心定义系统的总体框架，其目标是：细化初始需求，细化体系结构，监控风险并细化它们的优先级，细化业务用例以及制定项目管理计划。

3）构造阶段。构造阶段是建立系统的第一个具有操作性的版本，以能够交付给客户进行测试的版本结束，有时称为测试版本。

4）移交阶段。移交阶段以发布完整的系统而终止，其目标是确保系统真正满足客户的需求。

## 2.7　基于构件的开发模型

基于构件的开发是指利用预先包装的构件来构造应用系统。构件可以是组织内部开发的，也可以是现有的商业成品构件（Commercial Off-The-Shelf，COTS）。基于构件的软件工程（Component-Based Software Engineering，CBSE）强调使用可复用的软件“构件”来设计和构造基于计算机系统。

通常来讲，构件是计算机软件中的一个模块化的构造块。OMG 统一建模语言规范是这样定义构件的：“系统中模块化的、可部署的和可替换的部件，该部件封装了实现并暴露一系列接口。”

国际上第一本软件构件专著《构件化软件——超越面向对象编程》（Szyperski）给出的构件定义是：“一个构件是一个组装单元，它具有约定式规范的接口，以及明确的依赖环境。构件可以被独立部署，由第三方组装。”

一种基于构件的开发模型如图 2-11 所示，包括系统开发、构件开发与维护两部分。

从表面上看，CBSE 似乎类似于传统软件工程或面向对象的软件工程。事实上，CBSE 软件团队针对每一系统需求并不急于进行设计，而是询问如下问题：

- 现有的商业成品构件是否能够实现该需求？
- 内部开发的可复用构件是否能够实现该需求？
- 可用构件的接口与待构造系统的体系结构是否相容？

团队可以试图修改或去除那些不能用 COTS 或自有构件实现的系统需求。如果不能修改或删除这些需求，则必须应用软件工程方法构造满足这些需求的新构件。

基于构件的开发模型中，需求分析与设计建模活动开始于识别可选构件，这些构件有些设计成通用的软件模块，有些设计成面向对象的类或软件包。不考虑构件的开发技术，基于构件的开发模型由以下步骤组成：

- 对该问题领域的基于构件的可用产品进行研究和评估。
- 考虑构件集成的问题。
- 设计软件体系结构（或称架构）以容纳这些构件。
- 将构件集成到体系结构中。
- 进行充分的测试以保证功能正常。

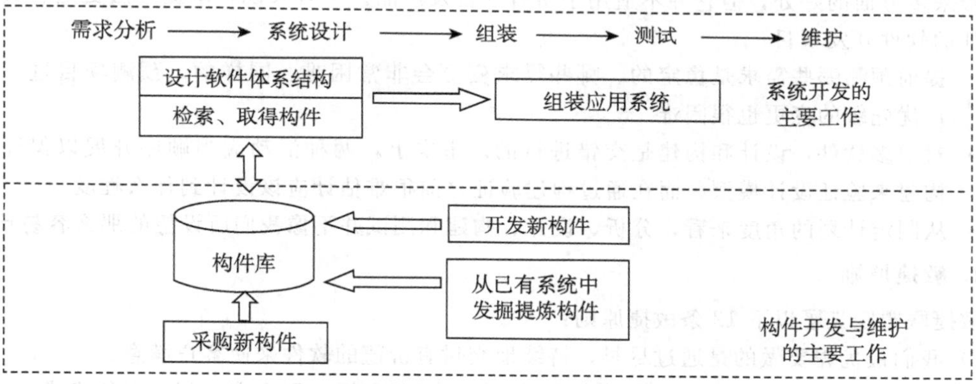


图 2-11　基于构件的开发模型

软件复用是提高软件生产率及软件质量的最有效的途径，而基于构件的软件开发比面向对象的软件开发实现了更大粒度的软件复用，能够最大限度地减少重复劳动、缩短开发周期、降低开发成本，从而使软件生产率得到提高。由于已有的构件大都经过了很长时间的运行和测试，在质量方面比新开发的软件更有保证，同时软件构件技术有助于软件设计的标准化和设计风格的改进与统一，进而提高系统间的互操作性，软件可靠性和可维护性可以得到增强。

构件技术的研究和实践，能够积累和共享相关知识，使软件在灵活性和标准化等方面均得到改善，有助于实现软件开发的工程化、工业化和产业化。

## 2.8　敏捷过程

2001 年，以 Kent Beck 为首的敏捷联盟发表了“敏捷软件开发”如下宣言。

我们正在通过亲身实践以及帮助他人实践的方式来揭示更好的软件开发之路，通过这项工作，我们认为：

**个体和交互**胜过**过程和工具**；

**可工作软件**胜过**宽泛的文档**；

**客户合作**胜过**合同谈判**；

**响应变更**胜过**遵循计划**。

也就是说，虽然上述内容中右边的各项很有价值，但我们认为左边的各项具有更大的价值。

在软件工程工作这个环境下，什么是敏捷？Ivar Jacobson 给出以下论述：

敏捷已经成为当今描述现代软件过程的时髦用词。每个人都是敏捷的。敏捷团队是能够适当响应变更的灵活团队。变更就是软件开发本身，软件构建过程有变更、团队成员在变更、使用新技术会带来变更，各种变更都会对开发的软件产品以及项目本身造成影响。我们必须接受"支持变更"的思想，它应当根植于软件开发中的每一件事中，因为它是软件的心脏与灵魂。敏捷团队意识到软件是团队中所有人共同开发完成的，这些人的个人技能和合作能力是项目成功的关键所在。

在 Jacobson 看来，普遍存在的变更是敏捷的基本动力，软件工程师必须加快步伐以适应 Jacobson 所描述的快速变更。

从本质上讲，敏捷方法是为了克服传统软件工程中认识和实践的弱点而形成的。敏捷开发可以带来多方面的好处，但它并不适用于所有项目及产品。一般来说，敏捷方法更适合具有以下特征的软件开发项目：

- 提前预测哪些需求是稳定的、哪些需求变更会非常困难。同样的，预测项目进行中客户优先级的变更也很困难。
- 对很多软件，设计和构建是交错进行的。事实上，两种活动应当顺序开展以保证通过构建来验证设计模型，而在通过构建验证之前很难估计应该设计到什么程度。
- 从制定计划的角度来看，分析、设计、构建和测试并不像我们所设想的那么容易预测。

**1. 敏捷原则**

敏捷联盟定义了以下 12 条敏捷原则：

1）我们最优先要做的是通过尽早、持续地交付有价值的软件来使客户满意。

2）即使在开发的后期，也欢迎需求变更。敏捷过程利用变更为客户创造竞争优势。

3）经常交付可运行软件，交付的间隔可以从几个星期到几个月，交付的时间间隔越短越好。

4）在整个项目开发期间，业务人员和开发人员必须天天都在一起工作。

5）围绕有积极性的个体构建项目，给他们提供所需的环境和支持，并且信任他们能够完成工作。

6）在团队内部，最富有效果和效率的信息传递方法是面对面交谈。

7）可运行软件是进度的首要度量标准。

8）敏捷过程提倡可持续的开发速度。责任人（sponsor）、开发者和用户应该能够长期保持稳定的开发速度。

9）不断地关注优秀的技能和好的设计会增强敏捷能力。

10）简单——使不必做的工作最大化的艺术——是必要的。

11）最好的架构、需求和设计出自于自组织团队。

12）每隔一定时间，团队会反省如何才能更有效地工作，并相应调整自己的行为。

并不是每一个敏捷模型都同等使用这 12 项原则，一些模型可以选择忽略或淡化一个或多个原则的重要性。

**2. 极限编程**

极限编程（eXtreme Programming，XP）是使用最广泛的敏捷过程，其相关思想和方法最早出现于 20 世纪 80 年代后期，但直到 2000 年 Kent Beck 撰写的《Extreme Programming Explained：Embrace Change》一书出版，它才引起软件业的极大关注。

XP 使用面向对象方法作为推荐的开发范型，它包含了策划、设计、编码和测试 4 个框架活动的规则和实践。图 2-12 描述了 XP 过程，并指出了与各框架活动相关的关键概念和任务。

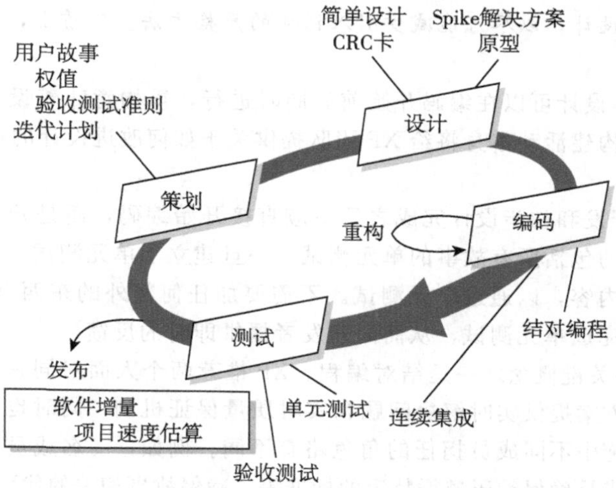


图 2-12　极限编程过程

（1）策划

策划活动属于需求获取活动，通过倾听用户对软件需求的一系列描述（主要为功能描述，也称为“用户故事”），使 XP 团队成员理解软件的商业背景以及要求的输出、主要特征及主要功能。每个故事由客户书写在一张索引卡上，客户根据对应特征或功能的综合业务价值标明故事的权值（即优先级）。XP 团队成员评估每个故事，并给出以开发周数为度量单位的成本。如果某个故事的成本超过了 3 个开发周，则请客户把该故事进一步细分，重新赋予权值并计算成本。

客户和 XP 团队共同决定如何把故事分组，并置于 XP 团队将要开发的下一个发行版本中。一旦认可对下一个发行版本的基本承诺（包括故事、交付日期和其他项目事项），XP 团队将按以下三种方式之一对待开发的故事进行排序：① 所有选定故事将在几周之内尽快实现；② 具有最高价值的故事将移到进度表的前面并首先实现；③ 高风险故事将首先实现。

项目的第一个发行版本交付之后，XP 团队计算项目的速度，即第一个发行版本中实现的用户故事个数。项目速度具有以下方面的作用：帮助建立后续发行版本的发布日期和进度安排；确定是否对整个开发项目中的所有故事有过分承诺。一旦发生过分承诺，则调整软件发行版本的内容或者改变最终交付日期。

在开发过程中，客户可以增加故事、改变故事的权值、分解或者去掉故事。接下来由 XP 团队重新考虑所有剩余的发行版本，并相应修改计划。

（2）设计

XP 设计严格遵循保持简洁（Keep It Simple，KIS）原则，使用简单而不是复杂的表述。另外，设计为故事提供不多也不少的实现原则，不鼓励额外功能性（开发者假定以后会用到）的设计。

XP鼓励使用类—责任—协作者（Class-Responsibility-Collaborator，CRC）卡作为面向对象环境中识别和组织类的有效机制。CRC卡也是XP过程中唯一的设计工作产品。

如果在某个故事设计中碰到困难，XP推荐立即建立这部分设计的可执行原型，实现并评估设计原型（称为Spike解决方案），其目的是在真正的实现开始时降低风险，对可能存在设计问题的故事确认其最初的估计。

XP鼓励既是构建技术又是设计优化方法的“重构”，Fowler是这样描述“重构”的：*重构是以不改变代码外部行为而改进其内部结构的方式来修改软件系统的过程。这是一种净化代码，修改或简化内部设计，以尽可能减少引入错误的严格方法。实质上，重构就是在编码完成之后改进代码设计。*

XP的中心思想是设计可以在编码开始前后同时进行，重构意味着设计随着系统的构建而连续进行。实际上，构建活动本身将给XP团队提供关于如何改进设计的指导。

（3）编码

XP推荐在故事开发和初步设计完成之后不应直接开始编码，而是开发一系列用于检测本次（软件增量）发布的包括所有故事的单元测试。一旦建立了单元测试，开发者就可以把精力更集中于必须实现的内容，以通过单元测试。不需要加任何额外的东西（保持简洁）。一旦编码完成，就可以立即完成单元测试，从而向开发者提供即时的反馈。

XP编码活动中的关键概念之一是结对编程。XP推荐两个人面对同一台计算机共同为一个故事开发代码。这一方案提供实时解决问题和实时质量保证机制，同时也使开发者能集中精力解决当前的问题。实施中不同成员担任的角色略有不同。例如，一名成员考虑特定设计的详细编码实现，而另一名成员确保编码遵循特定的标准等，确保故事相关的代码能够通过单元测试。

当结对的两人完成编码工作后，他们所开发的代码将与其他人的工作集成起来。有些情况下，这种集成作为集成团队的日常工作实施。还有些情况下，结对者自己负责集成，这种“连续集成”策略有助于避免兼容性和接口问题，建立能及早发现错误的“冒烟测试”环境。

（4）测试

在编码开始之前建立单元测试是XP方法的关键因素。所建立的单元测试应当使用一个可以自动实施的框架，因此易于执行并可重复，这种方式支持代码修改之后即时的回归测试策略。

一旦将个人的单元测试组织到一个“通用测试集”，就可以每天进行系统的集成和确认测试，这可以为XP团队提供连续的进展指示，也可在一旦发生问题的时候及早提出预警。

XP验收测试也称为客户测试，它由客户规定技术条件，着眼于客户可见的、可评审的系统级的特征和功能。验收测试根据本次软件发布中所实现的用户故事而确定。

近年来提出了XP的变种，称为工业XP（Industry eXtreme Programming，IXP）。IXP细化了XP，特别强调在庞大的组织内部使用敏捷过程。

**3. 其他敏捷过程模型**

敏捷过程模型中除了使用最广泛的XP，还有许多其他敏捷过程模型，它们也在行业中使用。较普遍的有自适应软件开发（ASD）、Scrum、敏捷建模（AM）、敏捷统一过程（AUP）等。

（1）自适应软件开发

自适应软件开发（Adaptive Software Development，ASD）是由Jim Highsmith提出的，它可作为构建复杂软件和系统的一项技术，其基本概念着眼于人员协作和团队自我组织。

Highsmith认为一个基于协作的敏捷、自适应开发方法是“复杂交互作用中如同纪律和工程的秩序之源”。ASD生命周期包含思考、协作和学习三个阶段。

- 思考：思考过程中，开始项目规划并完成自适应循环策划。自适应循环策划通过使用项目开始信息来确定项目所需的一系列软件增量发布循环。

- 协作：受激励的人员以超越其聪明才智和独创成果的方式共同工作，协作方法是所有敏捷方法中不断重现的主旋律。
- 学习：当 ASD 团队成员开始开发作为自适应循环一部分的构件时，其重点是在完成循环的过程中学习尽可能多的东西。

(2) Scrum

Scrum 得名于橄榄球比赛，是 Jeff Sutherland 和他的团队在 20 世纪 90 年代早期发展的一种敏捷过程模型，近年来，Schwaber 和 Beedle 对其做了进一步的发展。

Scrum 原则与敏捷宣言是一致的。Scrum 敏捷过程应用 Scrum 原则指导过程中的开发活动，该过程由“需求、分析、设计、演化和交付”等框架性活动组成。

Scrum 强调使用一组“软件过程模式”，这些过程模式被证实在时间紧张的、需求变化的和业务关键的项目中是有效的。每一个过程模式定义一系列开发活动：

1) 待定项（backlog）。能为用户提供商业价值的项目需求或特征的优先级列表。待定项中可以随时加入新项（这就是变更的引入）。产品经理根据需要评估待定项并修改优先级。

2) 冲刺（sprint）。由一些工作单元组成，这些工作单元是达到待定项中定义的需求所必需的，并且必须能在预定的时间段内（一般情况下为 30 天）完成。冲刺过程中不允许有变更。因此，冲刺给开发团队成员的工作提供了短期稳定的环境。

3) Scrum 例会。Scrum 团队每天召开短会（一般情况下为 15 分钟），会上所有成员要回答三个问题：

- 上次例会后做了什么？
- 遇到了什么困难？
- 下次例会前计划做些什么？

团队领导（也称为 Scrum 主持人）主持会议，并评价每个团队成员的表现。Scrum 会议帮助团队尽早发现潜在的问题。

4) 演示。向客户交付软件增量，这向用户演示所实现的功能并由客户对其评价。需提醒的很重要一点是，演示不需要包含计划内的所有功能，但是该时间段内规定的可交付功能必须完成。

(3) 敏捷建模

在敏捷建模官方网站上是这样描述敏捷建模（Agile Modeling，AM）的：*AM 是一种用于对基于软件的系统实施有效建模和文档编制的基于实践的方法学。AM 是可以有效并以轻量级方式用于软件开发项目中的软件建模的标准、原则和实践。由于敏捷模型只是大致完善，而不要求完美，因此敏捷模型比传统的模型还要有效。*

AM 建模原则中独具特色的内容是：

- 有目的的模型。在构建模型之前，使用 AM 的开发者心中应当有明确的目标（如与客户沟通信息，或有助于更好地理解软件的某些方面）。一旦确定模型的目标，该用哪种类型的表达方式以及所需要的具体细节程度都是显而易见的。
- 使用多个模型。描述软件可以使用多种不同的模型和表示法。AM 建议从需要的角度考虑，每一种模型应当表达系统的不同侧面，并且应能够为预期的读者提供有价值的模型。
- 轻装上阵。随着软件工程工作的进展，只保留那些能长期有价值的模型，抛弃其余的模型。
- 理解模型及工具。理解每一个模型及其构建工具的优缺点。
- 适应本地需要。建模方法应该适应敏捷团队的需要。

(4) 敏捷统一过程

当前软件工程领域大都采用 UML 作为首选的方法进行分析和设计建模。统一过程（UP）已经为 UML 提供了一个框架。Scott Ambler 已经开发出集成了敏捷建模原理和 UP 的简单版本，即敏捷统一过程。

敏捷统一过程（Agile Unified Process，AUP）采用“在全局连续”“在局部迭代”的原理来构建基于计算机的系统。采用经典 UP 的阶段性活动—开始、加工、构建以及变迁，AUP 提供一系列覆盖（例如，软件工程活动的一个线性序列），能够使团队为软件项目构想出一个全面的过程流。然而，在每一个活动里，一个团队迭代使用敏捷，并且将有意义的软件增量尽可能快地交付给最终用户。每个 AUP 迭代执行以下活动：

- 建模。用 UML 建立对业务和问题域的表述。
- 实现。将模型翻译成源代码。
- 测试。像 XP，团队设计和执行一系列测试来发现错误，保证源代码满足需求。
- 部署。重点是对软件增量的交付以及获取最终用户的反馈信息。
- 配置及项目管理。在 AUP 中，配置管理着眼于变更管理、风险管理以及对开发团队的任一长效产品的控制。项目管理追踪和控制开发团队的活动情况和工作进展。
- 环境管理。环境管理协调过程基础设施，包括标准、工具以及适用于开发团队的支持技术。

AUP 与统一建模语言有历史上和技术上的关联，并且 UML 模型可以与任一敏捷过程模型相结合。

## 习题

2.1　瀑布模型、快速原型模型、增量模型及螺旋模型都是传统的软件过程模型，请给出各个模型的特点。每种模型的优点和缺点是什么？适用于哪些场合？

2.2　如果在要求的期限内软件产品的所有功能都能够开发完成，上述四种模型中应选择哪种模型？如果只能完成一部分功能，又应该选择哪种模型？

2.3　可以合用几种模型吗？如果可以，举例说明。

2.4　解释喷泉模型的特点及其适用的场合。

2.5　统一过程与 UML 是同一概念吗？请给出解释。

2.6　统一过程的 6 个核心过程工作流是什么？

2.7　给出两个核心支持工作流。

2.8　统一过程的 4 个阶段是什么？

2.9　请解释为什么基于构件的软件开发能够极大地提高软件开发的生产率和软件质量。

2.10　敏捷软件开发的特点是什么？

2.11　简述敏捷软件开发的原则。

2.12　用自己的语言描述 XP 的重构和结对编程的概念。

2.13　你认为本书所讲的哪种过程模型适合互联网软件的开发及维护？还是都不适合？

第二部分
PART TWO

# 结构化分析与设计方法

CHAPTER 3

# 第 3 章

# 软件需求获取与结构化分析方法

软件需求分析是软件生存期中重要的一步，也是决定性的一步。需求分析是软件定义时期的最后一个阶段，它的基本任务是准确地回答“系统必须做什么”这个问题，深入描述软件的功能和性能需求，确定软件设计的约束和软件同其他系统元素的接口细节，定义软件的其他有效性需求。

只有通过软件的需求分析活动才能把软件功能和性能的总体概念描述为具体的软件需求规格说明，从而奠定软件开发的基础。软件需求分析过程也是一个不断认识和逐步细化的过程。该过程将软件计划阶段所确定的软件范围逐步细化到可详细定义的程度，并分析出各种不同的软件成分，然后为这些成分找到可行的解决方案。

软件需求分析阶段的主要工作产品有“软件需求规格说明书”和“初步的用户手册”。

事实上，随着软件系统规模的扩大，软件需求分析和定义活动不再仅限于软件开发的最初阶段，它贯穿于整个软件生存期。本章介绍软件需求获取的相关技术、需求分析阶段的任务以及结构化分析技术。

## 3.1 需求获取与需求分析阶段的任务

### 3.1.1 需求获取的任务和原则

需求获取的主要任务是与客户或用户沟通，了解系统或产品的目标是什么，客户或用户想要实现什么，系统和产品如何满足业务的要求，最终系统或产品如何用于日常工作，等等。这些看起来非常简单，但实际上并非如此。没有真正从事过需求获取及分析工作的人很难相信，获取并理解用户的需求是软件工程师所面对的最困难的任务之一。

需求获取涉及客户、用户及开发方。客户是投资软件的单位或个人，也可能是销售商，用户是最终使用软件的人。现代软件大多都不是单机软件，软件的用户数量及种类往往很多。客户或用户往往说不清楚自己到底需要什么，不同用户的需求相互矛盾或单个用户前后表达相矛盾的情况时有发生。如果负责需求获取的软件工程师对用户的工作领域不熟悉，情况就会更糟糕，与用户交流的时候甚至不知道该说什么，该问什么，不能起到引导用户表达需求的作用，不能判别用户的哪些需求是正确的、合理的，当用户的需求出现矛盾时，更没有能力判断和解决矛盾。因此，只有对用户所从事的工作领域具有深入了解的专业系统分析员才能胜任需求获取及分析工作。

上面谈到的问题是需求获取时普遍存在的，产生上述困难的原因可以归结为以下几个方面：

- 系统的目标或范围问题：系统的边界不清楚，也就是说，哪些问题应由计算机系统解决、哪些问题应由手工方式解决不明确。有的时候，客户或用户的说明中带有多余的技术细节，这些细节可能会扰乱而不是澄清系统的整体目标。

- 需求不准确性问题：客户或用户不能够完全确定需要什么，对其计算环境的能力和限制所知甚少，对问题域没有完整的认识，与软件专业人员在沟通上有问题，同一客户或用户的不同人员提出的需求相冲突，需求说明有歧义性。
- 需求的易变问题：在整个软件生存期内，软件需求会随着时间的推移发生变化。一方面是由于人们对事物的认识会随着时间的推移而不断全面和深入；另一方面，随着时间的推移，用户的组织结构、业务流程及外部业务环境可能发生变化，这些都会导致需求的变化。

因此，需求获取除了需要有专业的系统分析师，还需要客户/开发者有效地合作才能成功。我们将发现了解用户需求的过程称为需求获取。一旦提出了最初的需求，进一步推敲、细化和扩充的过程则称为需求分析。

**1. 需求获取的任务**

需求获取活动需要解决的问题概括起来有以下几项：

1）发现和分析问题，并分析问题的原因/结果关系。

2）与用户进行各种方式的交流，并使用调查研究方法收集信息。

3）按照三个成分即数据、过程和接口观察问题的不同侧面。

4）将获取的需求文档化，形式有用例、决策表、决策树等。

**2. 需求获取应遵循的原则**

需求获取应遵循以下原则：

1）深入浅出的原则。也就是说，需求获取要尽可能全面、细致。获取的需求是个全集，目标系统真正实现的是个子集。分析时的调研内容并不一定都纳入到新系统中，这样做既有利于弄清系统全局，又有利于以后的扩充。

2）以流程为主线的原则。在与用户交流的过程中，应该用流程将所有的内容串起来，如信息、组织结构、处理规则等，这样便于交流沟通。流程的描述既有宏观描述，也有微观描述。

### 3.1.2 需求获取的过程

对于不同规模及不同类型的项目，需求获取的过程不会完全一样。下面给出需求获取过程的参考步骤。

**1. 开发高层的业务模型**

所谓应用领域，即目标系统的应用环境，如银行、电信公司、书店等。如果系统分析员对该领域有了充分了解，就可以建立一个业务模型，描述用户的业务过程，确定用户的初始需求。然后通过迭代，更深入地了解应用领域，之后再对业务模型进行改进。

**2. 定义项目范围和高层需求**

要想项目成功，离不开项目利益相关方的支持。在项目开始之前，应当在所有利益相关方中建立一个共同的愿景，即定义项目范围和高层需求。项目范围描述系统的边界以及与外部事物（包括组织、人、硬件设备、其他软件等）的关系。高层需求不涉及过多的细节，主要表示系统需求的概貌。

**3. 识别用户类和用户代表**

需求获取的主要目标是理解用户需求，因而客户的参与是生产出优质软件的关键因素。能否让系统分析人员更准确地了解用户需求，将决定软件需求获取工作能否取得成功。为此，应首先确定目标系统的不同用户类型；然后挑选出每一类用户和其他利益相关方的代表，并与他们一起工作；最后确定谁是项目需求的决策者。

系统的不同用户之间在很多方面存在差异，例如：

1）使用产品的频率；

2）用户在应用领域的经验和使用计算机系统的技能；

3）所用到的产品功能；

4）为支持业务过程所进行的工作；

5）访问权限和安全级别（如普通用户、来宾用户或系统管理员）。

可以根据这些差异将用户分为若干不同的用户类。例如，人们常常根据用户的地理位置、所在企业的类型或所担任的工作来划分他们的类别。

每类用户都会根据其成员要执行的工作提出一组自己的需求。不同用户类可能还有不同的非功能性需求，例如，没有经验或只是偶尔使用系统的用户关心的是系统操作的易学性。他们喜欢具有菜单、图形界面、整齐有序的屏幕显示、详细的提示以及使用向导的系统。而对于熟悉系统的用户，他们就会更关心使用的方便性与效率，并看重快捷键、宏、自定义选项、工具栏、脚本功能等。

不同用户类的需求甚至可能发生冲突，例如，同样一个网络系统，某些用户希望网络传输速度快一些，容量大一些；但另一些用户则希望安全性第一，而对运算速度没有要求。因此，对于发生冲突的需求必须做出权衡与折中。

每个项目，包括企业信息系统、商业应用软件、数据包、集成系统、嵌入式系统、Internet 应用程序等，都需要有合适的用户来提供用户需求。用户代表应当自始至终参与项目的整个开发过程，而不是仅参与最初的需求阶段。每类用户都应该有自己的代表或代理。

可以考虑在待开发产品或竞争对手产品的当前用户中组建核心小组。核心小组必须能够左右产品的开发方向，既要包括专家级的用户，也要包括经验较少的用户。这些小组就是用户代表。

需要注意的是，用户类可以是人，也可以是与系统打交道的其他应用程序或硬件部件。如果是其他应用程序或硬件部件，则需要以熟悉这些系统或硬件的人员作为用户代表。

**4. 获取具体的需求**

确定了项目范围和高层需求，并确定了用户类及用户代表后，就需要获取更具体、完整和详细的需求。具体需求的来源可以来自以下几种典型的途径。

（1）与用户进行交流

这是最直接的向用户调查的方式。如果系统有很多类用户，则需要与每一类用户或用户代表都进行交谈和讨论。可以进行非正式的交谈，也可以举行正式的会议。

传统的需求来源是与用户一起座谈。因为大部分需求获取是人与人沟通的活动，这些沟通活动一般要事先组织才能获得较好的效果。

1）业务访谈前要从内容和目标上做好精心准备。用户的需要可能存在于用户的脑海里，存在于组织的实际运作体系中，也可能并不存在。需求分析员应通过包括业务访谈在内的各种方法来获得用户需求。为此必须事前有所准备，对访谈的目标和内容有专门的策划。包括确定访谈对象。通过查阅组织的组织结构图，搞清业务部门的各种角色，选择访谈的主要对象，预约访谈时间。此外，还要准备访谈内容，拟定一些具体问题并打印出一份清单，使得访谈过程可以按部就班地进行。

2）选择访谈对象应点线结合。有两种选择访谈对象的方法。一种是选择工作角色，如业务主管、业务助手等；另一种是从业务工作流程入手，选择流程中的角色。因此，可以采取联席会议的方式，也可以根据业务部门的工作过程，对这个过程中的每个角色逐个进行访谈。此时，应根据系统的主要工作流程做出相应的访谈路线图，以有效地把握访谈工作的进程。

3）访谈过程中要善于引导访谈对象。需求访谈要搞清“5W1H”。需求分析员要清楚地掌握某个需求，应该能够清楚该业务的5W和1H。

- What：系统要处理的业务内容是什么。
- Where：此项业务在整个系统中所处的位置，在其前后有些什么业务处理与其衔接。
- When：系统业务过程的主要活动什么时候发生，持续时间有多长。
- Who：系统业务过程的各个活动中会有哪些相关的人、物、事（系统）。
- Why：为什么会出现这样的问题。
- How：为完成系统的业务目标所采用的方法。

调查系统的业务流程，目的是要发现业务流程背后的用户需求。但业务流程可能受到各种条件的制约，而用户往往说不清楚。此时，需求分析员可以尝试着问一些实际的引导性的问题，例如：“以我的理解，下一步会……”，用户立刻就会指出问题中的错误，并滔滔不绝地开始谈论业务。需要注意的是，需求分析员提出的问题最好比较具体，可回答性强。不要一下问得太大。比如想要了解业务过程和相应的活动，可以提问“你主要干什么？”或者问“你的主要工作职责有哪些？”“你的主要日常工作有哪些？”等。如果想要了解业务过程怎样完成，可以问“你如何完成它？”“需要哪些步骤？”。而如果你想知道需要什么信息，可以问“你要使用什么样的表单或报告？”等。

4）访谈过程中要善于寻求异常和错误情况。用户想要的功能并不一定等同于他们使用产品实际工作时所需要的功能，因此要有思想准备，千万不要认为被访谈对象的话总是对的。大多数情况下需要一种求异思维来面对被访谈对象，因为只有这样才能挖掘到更多的业务细节。多问问“如果条件没有达到，你会怎么办？”“如果不是这样你会怎么处理？”。

正确的态度应该是客观与理性的，不管用户说什么，需求分析员首先要分析，然后置疑，从而引导用户说出他们真正的需求。如果需要，还可以通过建立原型，获得更详细准确的用户需求。原型的实现重点是用户界面及系统与用户的交互方式。

（2）现有产品或竞争产品的描述文档

这类文档对业务流程的描述很有帮助，也可以参考这些文档找出要解决的问题和缺陷，为新系统赢得竞争优势。

（3）系统需求规格说明

系统需求规格说明是包含硬件和软件部分的高层系统的需求规格说明，用于描述整个产品。分析员可以从这些部分需求中推导出软件的功能性需求。

（4）当前系统的问题报告和改进要求

根据问题报告了解用户使用当前系统时遇到的问题，并从用户那里了解如何改进系统的意见，有助于目标系统的开发。

（5）市场调查和用户问卷调查

事先向有关专家咨询如何进行调查，确保向正确的对象提出正确的问题。分析员通过调查检验自己对需求的理解。

（6）观察用户如何工作

通过观察用户在实际工作环境下的工作流程，需求分析员能够验证先前交谈中收集到的需求，确定交谈的新主题，发现当前系统的缺陷，找到让目标系统更好地支持工作流程的方法。

需求分析员必须对观察对象的活动进行归纳和概括，保证得到的需求适用于整个用户群，而不是仅仅适合被观察的个别用户。

**5. 确定目标系统的业务工作流**

针对当前待开发的应用系统，确定系统的业务工作流和主要的业务规则，采取需求调研的方法获取所需的信息。例如，针对信息系统的需求调研方法如下：

1）调研用户的组织结构、岗位设置、职责定义，从功能上区分子系统数量，划分系统的大致范围，明确系统的目标。

2）调研每个子系统的工作流程、功能与处理规则，收集原始信息资料，用数据流图来表示物流、资金流、信息流三者的关系。

3）对调研内容事先准备，针对不同管理层次的用户询问不同的问题，列出问题清单。将操作层、管理层、决策层的需求既联系又区分开来，形成一个具有层次的需求。

**6. 需求整理与总结**

必须对上面步骤取得的需求资料进行整理和总结，确定对软件系统的综合要求，即软件的需求。并提出这些需求的实现条件，以及需求应达到的标准。这些需求包括功能需求、性能需求、环境需求、可靠性需求、安全保密要求、用户界面需求、资源使用需求、软件成本消耗与开发进度需求等。

### 3.1.3 软件需求分析阶段的任务

需求获取只是软件需求分析阶段的第一步，“需求分析”严格地说也只是需求分析阶段的一个步骤。为了对需求分析阶段的工作有一个全面的理解，有必要在此全面说明这一阶段的任务。

我们可以把软件需求分析阶段的工作分为 4 个步骤，即需求获取、需求分析、需求定义和需求验证（如图 3-1 所示）。每个步骤完成后都得到相应的结果：N、$R_1$、$R_2$ 和 $R_3$，从而使得软件需求的状态不断变化。以下对这 4 个步骤及其结果进行简要说明。

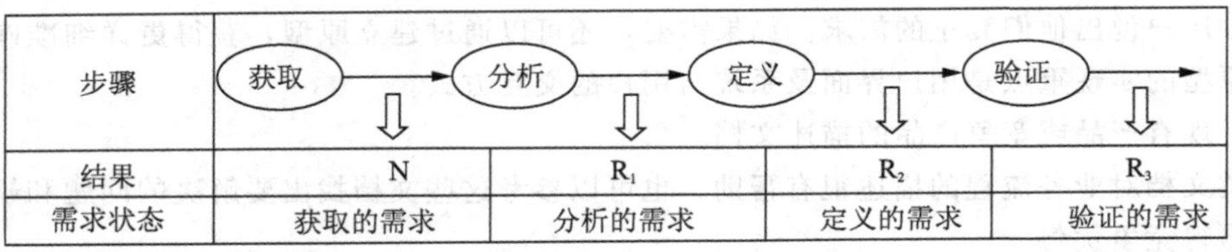


图 3-1 软件需求分析阶段的工作步骤

**1. 需求获取**

前面已对需求获取进行了较为详细的讨论，但这里还必须再次强调和澄清：

通过启发、引导，从客户（或用户）那里得到的原始需求是他们的业务要求（needs），简称为 N。这是分析之前获取的需求，其中可能存在一些实际问题。这些问题只有通过分析才能得到解决，直接把获取的需求作为软件设计阶段的依据将会导致严重的后果。

**2. 需求分析**

需求分析人员在这一步骤中认真地研究获取的需求，为此必须考虑以下方面：

1）完整性　每项获取的需求都应给出清楚的描述，使得软件开发工作能够取得设计和实现该功能所需要的全部必要信息。

2）正确性　获取的每项需求必须是准确无误的，并且需求描述无歧义性。

3）合理性　各项需求之间、软件需求与系统需求之间应是协调一致的，不应存在矛盾和冲突。

4）可行性　获取的每项需求必须具有：

- 技术可行性：在现有条件和环境下技术实现是不存在问题的。
- 经济可行性：设计和实现不会超出预算范围。如果为实现此功能需外购工具或设备就必须认真考虑这一点。
- 社会可行性：不会涉及知识产权的侵权问题，这包括项目的实施既不会对其他组织构成侵权，也不会使本组织的知识产权受到侵害。

5）充分性　获取的需求是否全面、周到。软件分析人员在与客户探讨系统功能时，可能会提出补充的功能建议，这可能恰是待开发系统所应包含的内容。

由于分析的过程会对获取的需求做部分调整，即从获取的需求 $N$ 中去掉了一些，又补充了一些，从而得到分析的需求 $R_1$（即 $b+c$，参考图 3-2）。除此之外，需求分析还应对分析的需求 $R_1$ 做进一步展开，这就是下面 3.2 节讨论的功能建模、数据建模、行为建模、建立数据字典或生成决策表和决策树的活动。

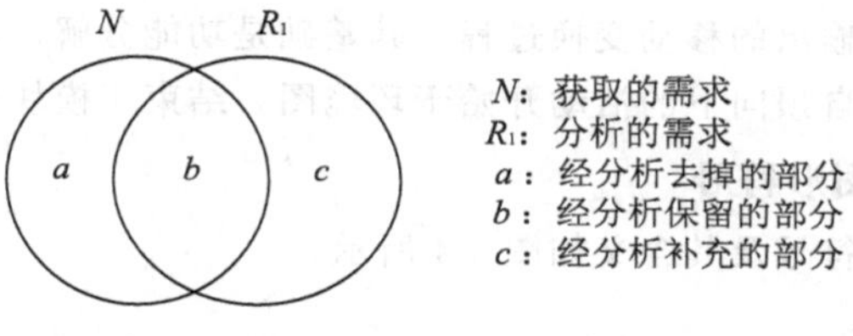


图 3-2　获取的需求不同于分析的需求

**3. 需求定义**

作为软件开发的依据，必须将已经过分析的需求清晰、全面、系统、准确地描述成正式的文档，这一步定义需求的工作就是编写软件需求规格说明。

**4. 需求验证**

为了确保已定义的需求 $R_2$（需求规格说明）准确无误，并能被客户（或用户）理解和接受，需要对其进行严格的评审。该评审一定要有客户（或用户）参加，并且充分听取他们的意见。只有经过评审的需求才是设计和实现所依据的验证了的需求 $R_3$。关于需求评审将在 3.4 节讨论。

## 3.2 结构化分析方法

最有代表性的传统的分析建模方法称为结构化分析（Structured Analysis，SA）方法。它是一种面向数据流进行需求分析的方法，最初于 20 世纪 70 年代由 D. Ross 提出，后来又经过扩充，形成了今天的结构化分析方法的框架。

结构化分析方法是一种建模技术，它建立的分析模型如图 3-3 所示。

该模型的核心是数据字典，包括在目标系统中使用和生成的所有数据对象。围绕这个核心有 3 种图：数据流图（DFD）描述数据在系统中如何被传送或变换，以及描述如何对数据流进行变换的功能（子功能），用于功能建模；实体-关系图（ER 图）描述数据对象及数据对象之间的关系，用于数据建模；状态-迁移图（STD）描述系统对外部事件如何响应、如何动作，用于行为建模。

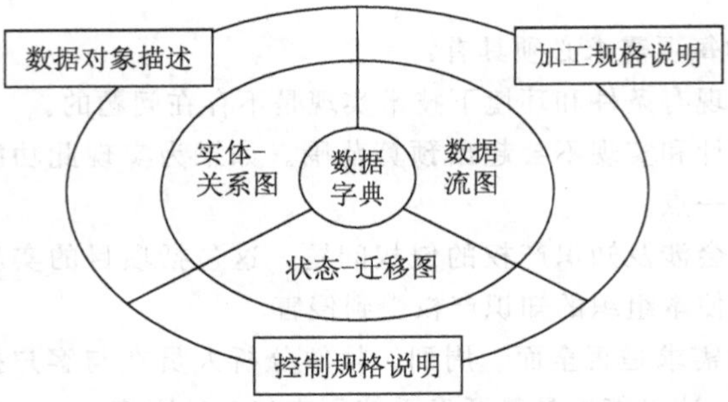


图 3-3 结构化分析模型

## 3.2.1 功能建模

功能建模的思想就是用抽象模型的概念，按照软件内部数据传递、变换的关系，自顶向下逐层分解，直到找到满足功能要求的所有可实现的软件为止。功能模型用数据流图来描述。

数据流图是软件工程史上最流行的建模技术之一，它从数据传递和加工的角度，以图形的方式刻画数据流从输入到输出的移动变换过程，其基础是功能分解。功能分解是一种为系统定义功能过程的方法。这种自顶向下的活动开始于环境图，结束于模块规格说明。

**1. 数据流图的基本图形符号**

数据流图的基本图形符号及其含义如图 3-4 所示。

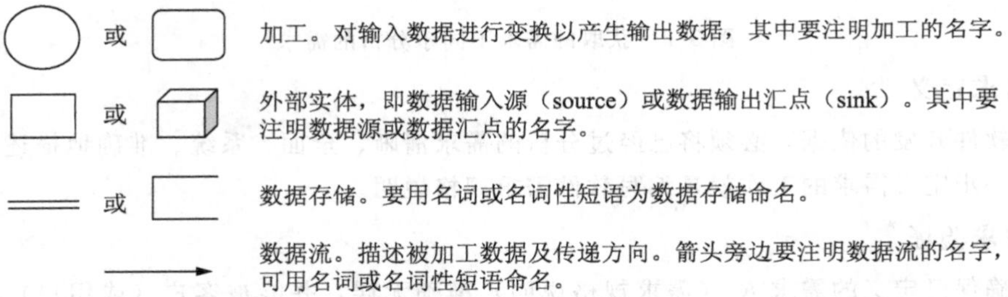


图 3-4 数据流图的基本图形符号

数据源或数据汇点表示图中要处理数据的输入来源或处理结果要送往何处。数据源或数据汇点不是目标系统的一部分，只是目标系统的外围环境中的实体部分，因此称为外部实体。在实际问题中它可能是组织、部门、人、相关的软件系统或硬件设备。

数据流表示数据沿箭头方向的流动。数据流可表示在加工之间被传送的有名数据，也可表示在数据存储和加工之间传送的未命名数据，这些数据流虽然没有命名，但因其所连接的是有名加工和有名数据存储，所以其含义也是清楚的。

加工是对数据对象的处理或变换。加工的名字是动词短语，以表明所完成的加工。一个加工可能需要多个数据流，也可能会产生多个数据流。

数据存储在数据流图中起保存数据的作用，可以是数据库文件或任何形式的数据组织。从数据存储中引出的数据流可理解为从数据存储读取数据或得到查询结果，指向数据存储的数据流可理解为向数据存储中写入数据。

在数据流图中，如果有两个以上数据流流向一个加工，或一个加工产生两个以上的数据流，这些数据流之间往往存在一定的关系，如图 3-5 所示。

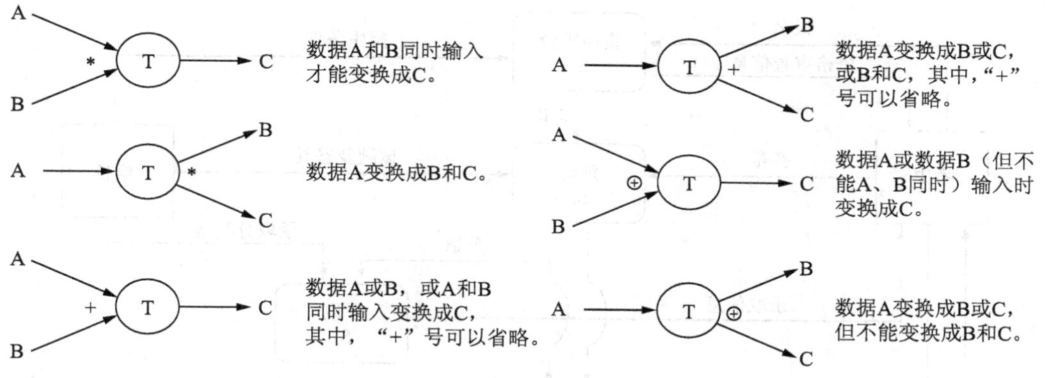


图 3-5　多个数据流之间的关系

**2. 环境图**

环境图（context diagram）也称为顶层数据流图（或 0 层数据流图），它仅包括一个数据处理过程，也就是要开发的目标系统。环境图的作用是确定系统在其环境中的位置，通过确定系统的输入和输出与外部实体的关系确定其边界。

典型的环境图如图 3-6 所示。

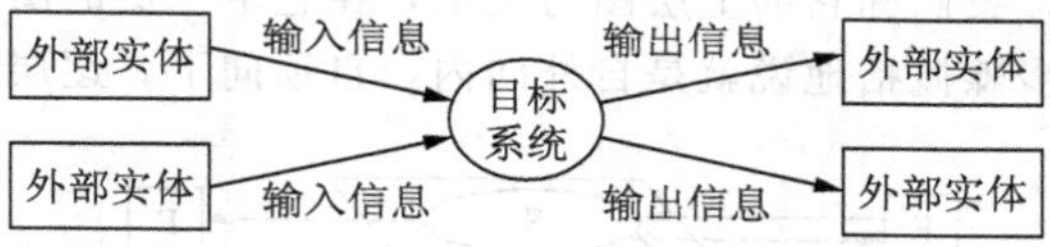


图 3-6　环境图

例如，招生系统的需求描述如下：学校首先公布招生条件，考生根据自己的条件报名，之后系统进行资格审查，并给出资格审查信息。资格审查合格的考生可以参加答卷，系统根据学校提供的试题及答案进行自动判卷，并给出分数及答题信息，供考生查询，最后系统根据学校的录取分数线进行录取，并将录取信息发送给考生。招生系统的环境图如图 3-7 所示。

图 3-7　招生系统的环境图

**3. 数据流图的分层**

稍为复杂一些的实际问题，在数据流图上常常出现十几个甚至几十个加工。这样的数据流图看起来不直观，不易理解。分层的数据流图能很好地解决这一问题。按照系统的层次结构进行逐步分解，并以分层的数据流图反映这种结构关系，能清楚地表达整个系统，也容易理解。

例如，可将招生系统 $S_0$ 分解为 $S_1 \sim S_4$，如图 3-8 所示。

数据流图的分层示意图如图 3-9 所示。对顶层数据流图中所表示的系统进行功能分解得到一层数据流图，对一层数据流图中的功能进一步分解得到二层数据流图，依此类推。

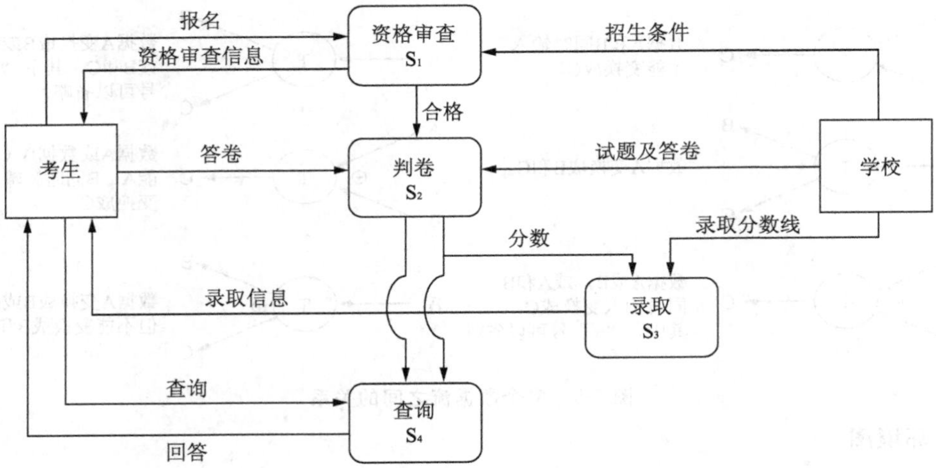


图 3-8 招生系统的分层数据流图

在图 3-9 中，S 系统被分解为 3 个子系统 1、2、3。顶层下面的第一层数据流图为 DFD/L1。第二层数据流图 DFD/L2.1、DFD/L2.2 及 DFD/L2.3 分别是子系统 1、2 和 3 的细化。对任何一层数据流图来说，我们称它的上层图为父图，在它下一层的图则称为子图。

画数据流图的基本步骤概括地说就是自外向内，自顶向下，逐层细化，完善求精。

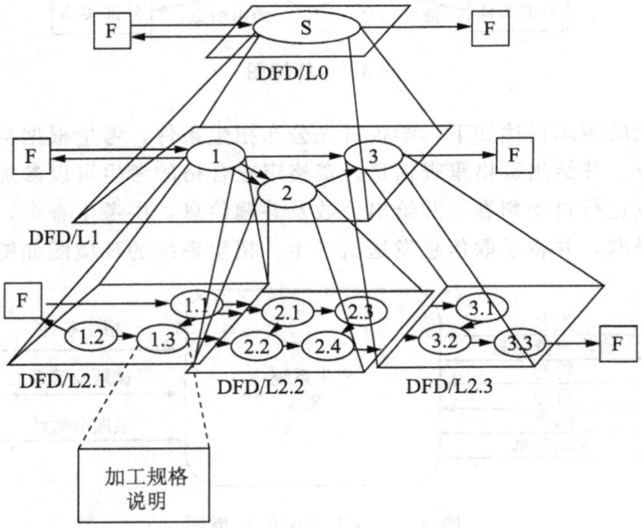


图 3-9 数据流图的分层

在分层的数据流图中，各层数据流图之间应保持“平衡”关系。例如，图 3-9 中 DFD/L1 中子系统 3 有两个输入数据流和一个输出数据流，那么它的子图 DFD/L2.3 也要有同样多的输入数据流和输出数据流，才能符合子图细化的实际情况。

图 3-9 中加工规格说明的编写在 3.2.5 节介绍。

**4. 实例研究**

下面以一个例子来说明功能建模的方法和过程。

【例 3.1】 银行储蓄系统的业务流程如下：储户填写的存款单或取款单由业务员键入系统，如果是存款则系统记录存款人姓名、住址（或电话号码）、身份证号码、存款类型、存款日期、到期日期、利率及密码（可选）等信息，并印出存单给储户；如果是取款而且开户时留有密码，则系统首先核对储户密码，若密码正确，或存款时未留密码，则系统计算利息并印出利息清单给储户。要求画出分层的数据流图，并细化到二层数据流图。按以下几步进行。

（1）识别外部实体及输入输出数据流

首先识别外部实体有哪些，并确定输入数据流及输出数据流。

银行储蓄系统的外部实体有储户、业务员。在数据输入方面，在储户输入密码后，储户才直接与系统进行交互。储户填写的存款或取款信息通过业务员键入系统，可以将存款及取款信息抽象为事务。系统的输出数据很显然是存款单和利息清单。

（2）画出环境图（顶层数据流图）

一旦识别出外部实体及输入/输出数据流，就可以画出环境图（顶层数据流图）。银行储蓄系统的环境图如图 3-10 所示。

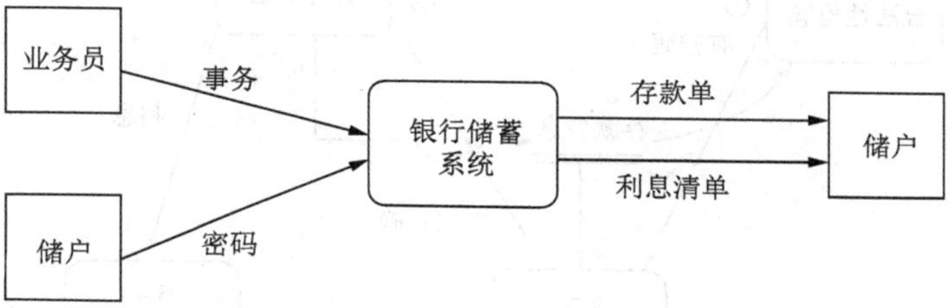


图 3-10 银行储蓄系统的环境图

（3）画出一层数据流图

对图 3-10 中的银行储蓄系统进行分解，从大的方面分解为接收事务、处理存款、处理取款 3 部分，得到一层数据流图，如图 3-11 所示。其中，接收事务的主要功能是判断一个事务（输入数据流）的类型，其结果或者是存款业务，或者是取款业务，不可能既是存款业务又是取款业务。如果是存款业务，则流入加工“处理存款”，很显然，存款信息需要使用外部文件或数据库的方式来存储，最后印出存款单给储户。如果是取款业务，则流入加工“处理取款”，很显然，在处理取款时需要从数据存储“存款信息”中检索相关账户的信息，包括账户余额、密码信息等。如果账户在开户时留有密码，则需要储户输入密码，进行相应的处理后，最后打印出利息清单给储户。

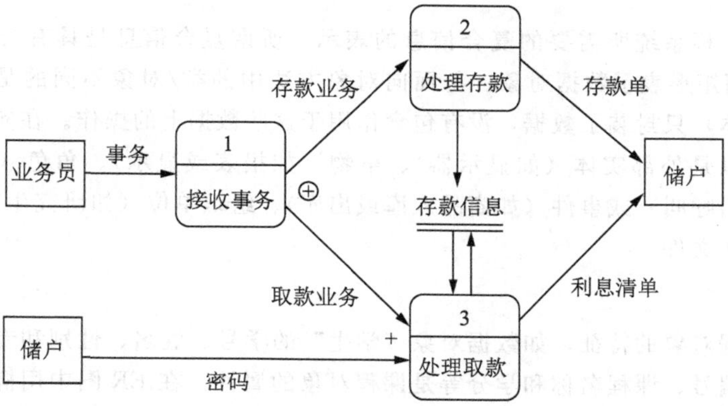


图 3-11 银行储蓄系统的一层数据流图

(4) 画出二层数据流图

对图 3-11 中的“处理存款”及“处理取款”进行进一步分解，得到二层数据流图，即处理存款的数据流图和处理取款的数据流图，如图 3-12 及图 3-13 所示。

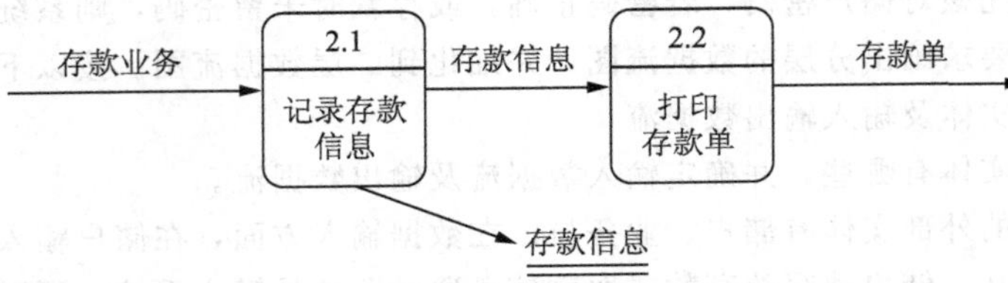


图 3-12　处理存款的数据流图

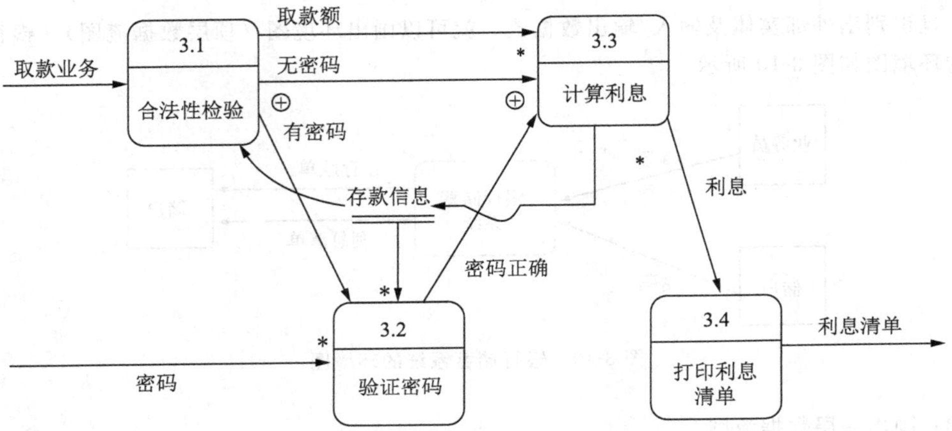


图 3-13　处理取款的数据流图

## 3.2.2　数据建模

在结构化分析方法中，使用实体-关系建模技术来建立数据模型。这种技术是在较高的抽象层次（概念层）上对数据库结构进行建模的流行技术。实体-关系模型表示为可视化的实体-关系图（Entity-Relationship Diagram，ERD），也称为 ER 图。图中仅包含三种相互关联的元素：数据对象（实体）、描述数据对象的属性及数据对象彼此间相互连接的关系。

**1. 数据对象**

数据对象是目标系统所需要的复合信息的表示。所谓复合信息是具有若干不同属性的信息。在 ER 图中用矩形表示数据对象。与面向对象方法中的类/对象不同的是，结构化方法中的数据对象（实体）只封装了数据，没有包含作用于这些数据上的操作。在实际问题中，数据对象（实体）可以是外部实体（如显示器）、事物（如报表或显示）、角色（如教师或学生）、行为（如一个电话呼叫）或事件（如商品入库或出库）、组织单位（如研究生院）、地点（如注册室）或结构（如文件）。

**2. 属性**

属性定义数据对象的特征，如数据对象“学生”的学号、姓名、性别和专业等是学生的属性，课程的课程编号、课程名称和学分等是课程对象的属性。在 ER 图中用椭圆或圆角矩形表示属性，并用无向边将属性与相关的数据对象连接在一起。属性的表示方法如图 3-14 所示。

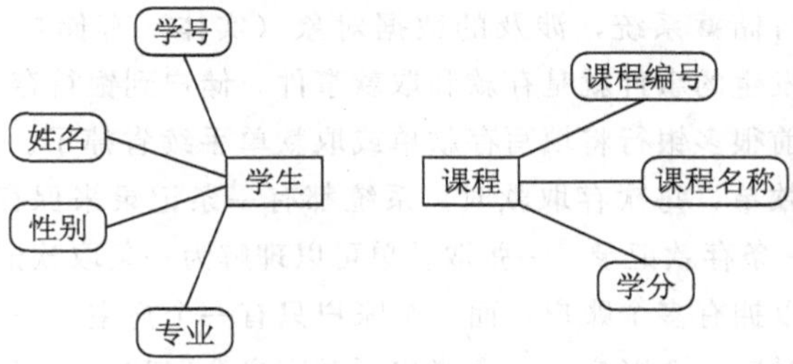


图 3-14　属性的表示

### 3. 关系

不同数据对象的实例之间是有关联关系的，在 ER 图上用无向边表示，在无向边上可以标明关系的名字，也可以不标名字。但在无向边的两端应标识出关联实例的数量，也称为关联的多重性。从关联数量的角度，可以将实例的关联分为 3 种：

- 一对一（1：1）关联，如学校中的系和系主任、大学和大学校长。
- 一对多（1：$m$）关联，如学生班和班干部，一个学生班可以有多名班干部。
- 多对多（$m$：$n$）关联，如学生和课程，一个学生可以选多门课程，一门课程由多名学生选。

实例关联还有“必须”和“可选”之分，如大学和校长之间的关系是“必须”的，一所大学必须有一名校长；学生和课程之间的关系是“可选”的，如在一个学期里有的课程可能没有学生选，而个别的学生可能由于特殊原因没有选任何课程。

ER 图中表示关联数量的符号如图 3-15 所示。在 ER 图中用圆圈表示所关联的实例是可选的，隐含表示“0”，没有出现圆圈就意味着是必需的。而出现在连线上的短竖线可以看成是“1”。图 3-16 给出了几种关系的示例。

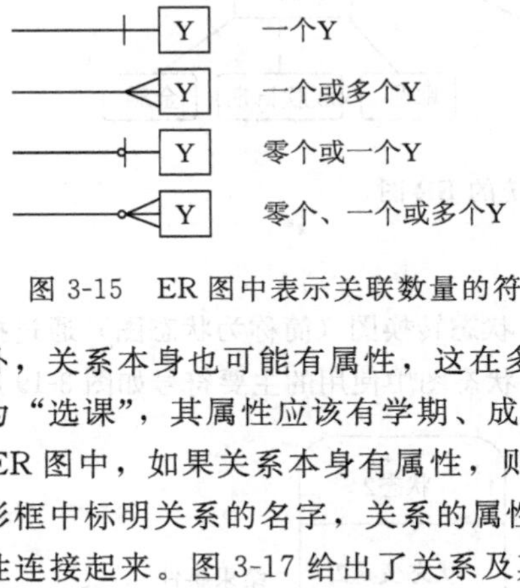


图 3-15　ER 图中表示关联数量的符号

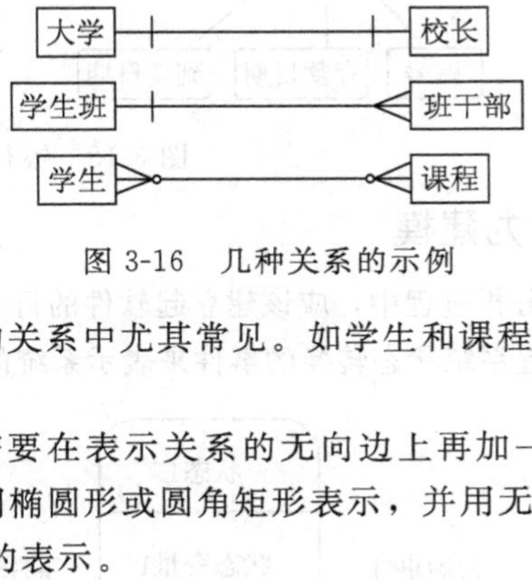


图 3-16　几种关系的示例

另外，关系本身也可能有属性，这在多对多的关系中尤其常见。如学生和课程之间的关系可起名为“选课”，其属性应该有学期、成绩等。

在 ER 图中，如果关系本身有属性，则往往需要在表示关系的无向边上再加一个菱形框，并在菱形框中标明关系的名字，关系的属性同样用椭圆形或圆角矩形表示，并用无向边将关系与其属性连接起来。图 3-17 给出了关系及其属性的表示。

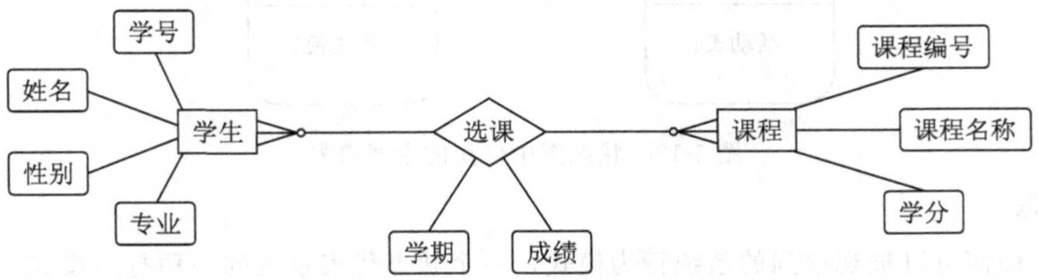


图 3-17　关系及其属性的表示

对于例 3.1 中的银行储蓄系统，涉及的数据对象（实体）有储户、账户、存款单、取款单。对于一个账户最常发生的事件就是存款和取款事件。储户到银行存款或取款时，通常要填写存款单或取款单。目前很多银行将填写存款单或取款单手续省掉了。实际上，无论储户是否真正填写了存款单或取款单，每次存取款时，系统都有一条记录来保存所发生的事件。因此，一张存款单可以理解为一条存款记录，一张取款单可以理解为一条取款记录。

显然，一个储户可以拥有多个账户，而一个账户只有一个户主；一个账户可对应多个存款单，而每张存款单必须对应一个账户；一个账户可对应多个取款单，当然，也可能还没有取款记录，而每张取款单必须对应一个账户。银行储蓄系统的 ER 图如图 3-18 所示。

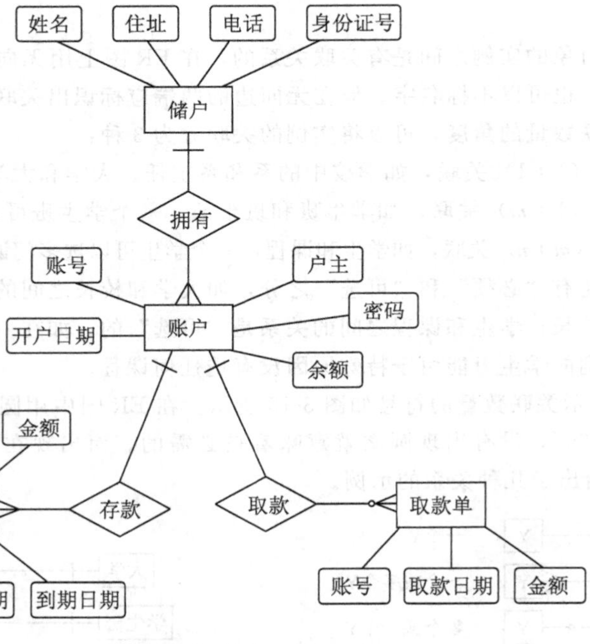

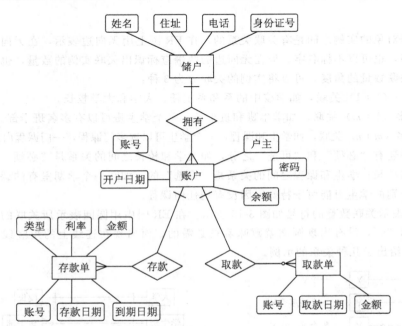

图 3-18　银行储蓄系统的 ER 图

## 3.2.3　行为建模

在需求分析过程中，应该建立起软件的行为模型。状态转换图（简称为状态图）通过描绘系统的状态及引起系统状态转换的事件来表示系统的行为。状态图中使用的主要符号如图 3-19 所示。

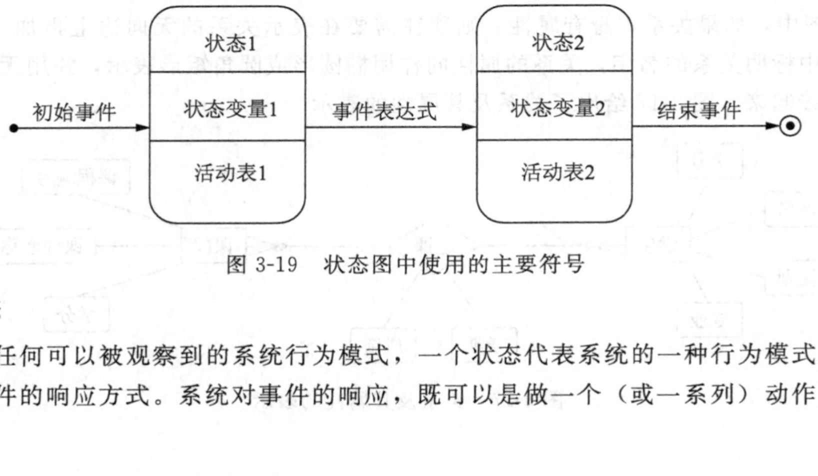


图 3-19　状态图中使用的主要符号

**1. 状态**

状态是任何可以被观察到的系统行为模式，一个状态代表系统的一种行为模式。状态规定了系统对事件的响应方式。系统对事件的响应，既可以是做一个（或一系列）动作，也可以是仅仅改变系统本身的状态，还可以是既改变状态又做动作。

在状态图中定义的状态可能有：初态（初始状态）、终态（最终状态）、中间态。初态用实心圆表示，终态用牛眼图形表示，中间态用圆角矩形表示。在一张状态图中只能有一个初态，而终态则可以有多个，也可以没有。图 3-20 给出了三种状态的图形表示。

图 3-20 三种状态的图形表示

从图 3-20 中可以看到，中间态可能包含 3 个部分，第一部分为状态的名称；第二部分为状态变量的名字和值，第三部分是活动表。其中，第二部分和第三部分都是可选的。

活动部分的语法如下：

*事件名（参数表）/动作表达式*

其中，“事件名”可以是任何事件的名称，需要时可为事件指定参数表，动作表达式指定应做的动作。

**2. 状态转换**

状态图中两个状态之间带箭头的连线称为状态转换。

状态的变迁通常是由事件触发的，在这种情况下应在表示状态转换的箭头线上标出触发转换的事件表达式；如果在箭头线上未标明事件，则表示在源状态的内部活动执行完之后自动触发转换。图 3-21 给出的是计算机应用软件的启动过程，在这个过程中没有外部事件触发，每个状态下的活动完成时，状态发生转换。

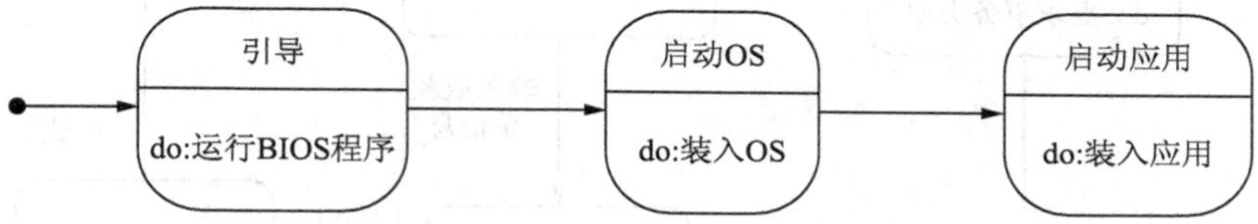


图 3-21 没有事件触发的状态转换

**3. 事件**

事件是在某个特定时刻发生的事情，它是对引起系统从一个状态转换到另一个状态的外界事件的抽象。

事件表达式的语法如下：

*事件说明〔守卫条件〕/动作表达式*

事件说明的语法为：事件名（参数表）。

守卫条件是一个布尔表达式。如果同时使用守卫条件和事件说明，则当且仅当事件发生且布尔表达式成立时，状态转换才发生。如果只有守卫条件没有事件说明，则只要守卫条件为真，状态转换就发生。

动作表达式是一个过程表达式，当状态转换开始时执行该表达式。

在例 3.1 的功能建模中没有考虑开户功能，可以在存款时将新开户的情况考虑进去。存款过程的状态图如图 3-22 所示。

取款过程的状态图如图 3-23 所示。

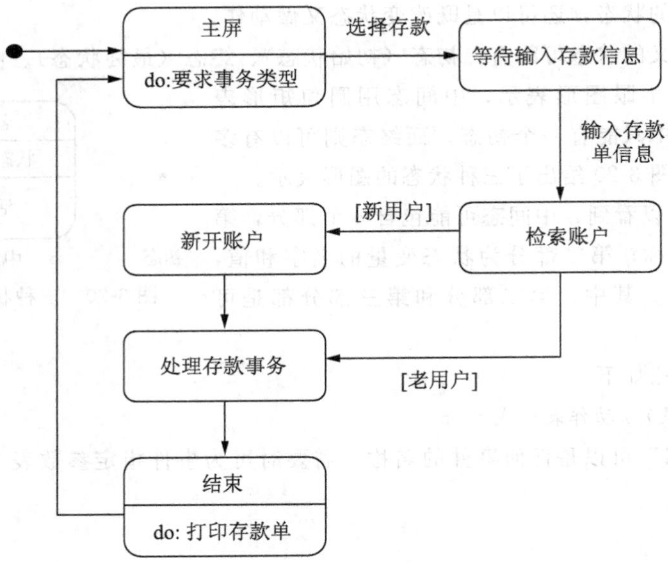


图 3-22　存款过程的状态图

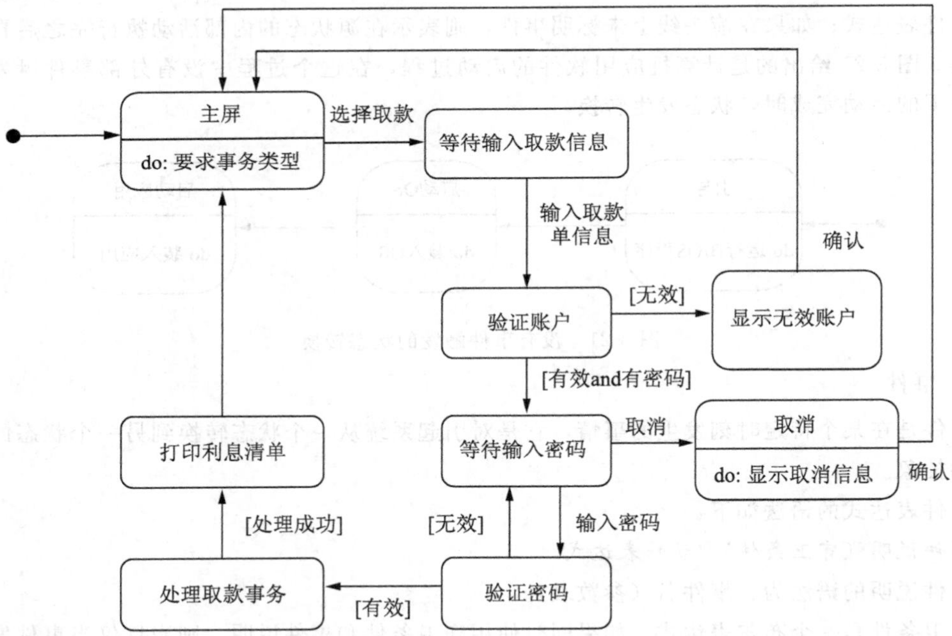


图 3-23　取款过程的状态图

### 3.2.4　数据字典

数据字典以词条方式定义在数据模型、功能模型和行为模型中出现的数据对象及控制信息的特性，给出它们的准确定义，包括数据流、加工、数据文件、数据元素，以及数据源点和数据汇点等。因此，数据字典成为把 3 种分析模型黏合在一起的“黏合剂”，是分析模型的“核心”。数据字典精确地、严格地定义了每一个与系统相关的数据元素，并以字典顺序将它们组织起来，使得用户和分析员对所有的输入、输出、存储成分和中间计算有共同的理解。

### 1. 词条描述

对于在数据流图中每一个被命名的图形元素均加以定义，其内容包括图形元素的名字，图形元素的别名或编号，图形元素类别（如加工、数据流、数据文件、数据元素、数据源点或数据汇点等）、描述、定义、位置等。下面具体说明不同词条的内容。

（1）数据流词条

数据流是数据结构在系统内传播的路径。一个数据流词条应有以下几项内容：

- 数据流名：要求与数据流图中该图形元素的名字一致。
- 简述：简要介绍它产生的原因和结果。
- 组成：数据流的数据结构。
- 来源：数据流来自哪个加工或作为哪个数据源的外部实体。
- 去向：数据流流向哪个加工或作为哪个数据汇点的外部实体。
- 流通量：单位时间数据的流通量。
- 峰值：流通量的极端值。

（2）数据元素词条

数据流图中的每一个数据结构都是由数据元素构成的，数据元素是数据处理中最小的、不可再分的单位，它直接反映事物的某一特征。组成数据结构的这些数据元素也必须在数据字典中给出描述。其描述需要以下信息：

- 类型：数据元素分为数字型与文字型。数字型又分为离散值和连续值，文字的类型用编码类型和长度区分。
- 取值范围：离散值的取值或是枚举的（如 3，17，21），或是介于上下界的一组数（如 2..100）；连续值一般是有取值范围的实数集（如 0.0..100.0）。对于文字型，文字的取值需加以定义。
- 相关的数据元素及数据结构。

（3）数据存储文件词条

数据存储文件是数据保存的地方。一个数据存储文件词条应有以下几项内容：

- 文件名：要求与数据流图中该图形元素的名字一致。
- 简述：简要介绍存放的是什么数据。
- 组成：文件的数据结构。
- 输入：从哪些加工获取数据。
- 输出：由哪些加工使用数据。
- 存取方式：分为顺序、直接、关键码等不同存取方式。
- 存取频率：单位时间的存取次数。

（4）加工词条

加工可以使用诸如判定表、判定树和结构化语言等形式表达。主要描述有：

- 加工名：要求与数据流图中该图形元素的名字一致。
- 编号：用以反映该加工的层次和“亲子”关系。
- 简述：加工逻辑及功能简述。
- 输入：加工的输入数据流。
- 输出：加工的输出数据流。
- 加工逻辑：简述加工程序、加工顺序。

(5) 数据源点及数据汇点词条

对于一个数据处理系统来说，数据源点和数据汇点应比较少。如果过多则表明独立性差，人机界面复杂。定义数据源点和数据汇点时，应包括：

- 名称：要求与数据流图中该外部实体的名字一致。
- 简述：简要描述是什么外部实体。
- 有关数据流：该实体与系统交互时涉及哪些数据流。
- 数目：该实体与系统交互的次数。

**2. 数据结构描述**

在数据字典的编制中，分析员最常用的描述数据结构的方式有定义式或 Warnier 图。

(1) 定义式

在数据流图中，数据流和数据文件都具有一定的数据结构。因此必须以一种清晰、准确、无二义性的方式来描述数据结构。表 3-1 所列出的定义方式类似于描述高级语言结构的巴克斯—诺尔（Backus-Naur Form，BNF）范式，是一种严格的描述方式。这种方法采取自顶向下方式，逐级给出定义式，直到最后给出基本数据元素为止。

**表 3-1　数据结构定义式中的符号**

| 符　号 | 含　义 | 解　　释 |
|---|---|---|
| = | 被定义为 | |
| + | 与 | 例如，$x=a+b$，表示 $x$ 由 $a$ 和 $b$ 组成 |
| [⋯，⋯] | 或 | 例如，$x=[a, b]$，表示 $x$ 由 $a$ 或由 $b$ 组成 |
| [⋯ \| ⋯] | 或 | 例如，$x=[a \mid b]$，表示 $x$ 由 $a$ 或由 $b$ 组成 |
| {⋯} | 重复 | 例如，$x=\{a\}$，表示 $x$ 由 0 个或多个 $a$ 组成 |
| m {⋯} n | 重复 | 例如，$x=3\{a\}\ 8$，表示 $x$ 中至少出现 3 次 $a$，至多出现 8 次 $a$ |
| (⋯) | 可选 | 例如，$x=(a)$，表示 $a$ 可在 $x$ 中出现，也可不出现 |
| “⋯” | 基本数据元素 | 例如，$x=$ “$a$”，表示 $x$ 为取值为 $a$ 的数据元素 |
| .. | 连接符 | 例如，$x=1..9$，表示 $x$ 可取 1 到 9 之间的任一值 |

例如，在银行储蓄系统中，可以把“存折”视为数据存储文件，数据存储“存折”的格式如图 3-24 所示。

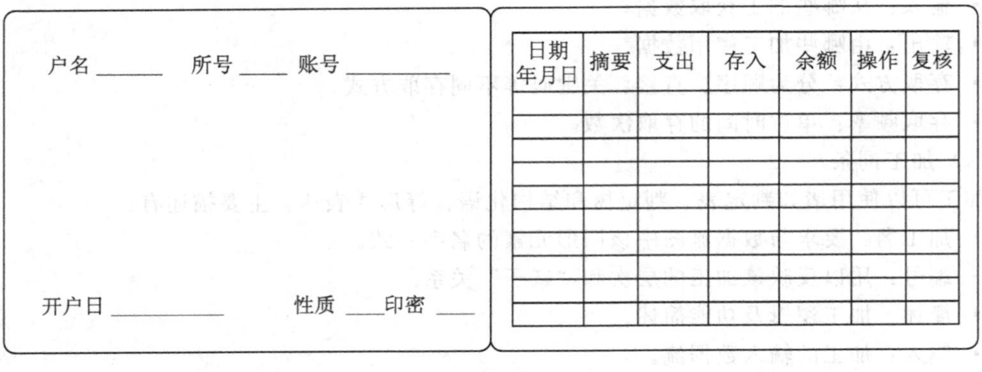


图 3-24　存折格式

在数据字典中对存折的定义格式如下：

存折＝户名＋所号＋账号＋开户日＋性质＋（印密）＋1｛存取行｝50
所号＝"001".."999"　　注：储蓄所编码，规定三位数字
户名＝2｛字母｝24
账号＝"00000000001".."99999999999"　　注：账号规定由 11 位数字组成
开户日＝年＋月＋日
性质＝"1".."6"　　注："1"表示普通户，"5"表示工资户等
印密＝［"0"｜"000001..999999"］　　注："0"表示印密在存折上不显示
存取行＝日期＋（摘要）＋支出＋存入＋余额＋操作＋复核
日期＝年＋月＋日
年＝"0001".."9999"
月＝"01".."12"
日＝"01".."31"
摘要＝1｛字母｝4　　注：说明该事务是存款、取款，还是其他
支出＝金额　　注：金额规定不超过 9999999.99 元
存入＝金额
余额＝金额
金额＝"0000000.01".."9999999.99"
操作＝"00001".."99999"
复核＝"00001".."99999"
字母＝［"a".."z"｜"A".."Z"］

从上面的定义可以看到，存折最多由 7 部分组成。其中，"印密"加了圆括号，表明它是可有可无的。第 7 部分的"存取行"要重复出现多次。一般要估计一下重复的最大次数，如果重复的最大次数是 50，则可表示为"1｛存取行｝50"。

（2）Warnier 图

Warnier 图是表示数据结构的另一种图形工具，它用树形结构来描绘数据结构。它还能指出某一类数据或某一数据元素重复出现的次数，并能够指明某一特定数据在某一类数据中的出现是否是有条件的。由于重复和条件约束是说明软件处理过程的基础，所以在进行软件设计时，从 Warnier 图入手，能够很容易转换为软件的设计描述。

图 3-25 给出了"存折"的 Warnier 图。在图中，用花括号"｛"表示层次关系，在同一括号下，自上到下是顺序排列的数据项。在有些数据项的名字后面附加了圆括号，给出该数据项重复的次数。如"字母（2，24）"表示字母有 2～24 个；"整数（11）"表示数字占 11 位；"浮点数（9，2）"表示浮点数整数部分占 7 位，小数部分占 2 位；"摘要（0，1）"表示摘要可有可无，若有就占一栏。此外，用符号⊕表示二者选一的选择关系。

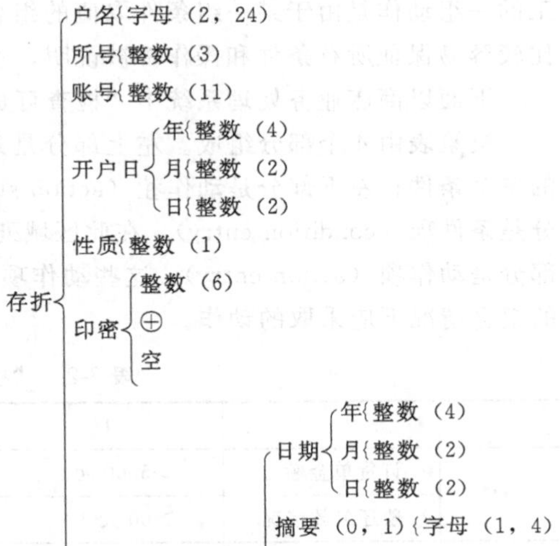

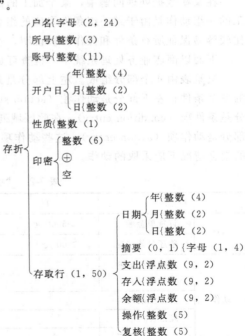

图 3-25　用 Warnier 图表示存折的数据结构

### 3.2.5　加工规格说明

在对数据流图的分解中，位于层次树最底层的加工（如图 3-9 所示）也称为基本加工或原子加工，对于每一个基本加工都需要进一步说明，这称为加工规格说明。在需求分析阶段，可以直接写出基本加工的程序逻辑，即其处理的规则。如果每一个基本加工的详细逻辑功能都已写出，再自底向上综合，就能完成全部加工。

在编写基本加工的规格说明时，主要目的是要表达“做什么”，而不是“怎样做”。因此它应满足如下的要求：

- 对数据流图的每一个基本加工，必须有一个加工规格说明；
- 加工规格说明必须描述基本加工如何把输入数据流变换为输出数据流，即加工规则；
- 加工规格说明必须描述实现加工的策略而不是实现加工的细节；
- 加工规格说明中包含的信息应是充足的、完备的、有用的，没有重复的多余信息。

加工规格说明的内容可以包括叙述性正文、数学方程、图表等，也可以使用决策表和决策树。

例如，对于图 3-8 中的“查询”，可以给出这样的加工规格说明：系统提示用户输入考号和密码，并进行验证，如果通过验证，则根据考号在数据库中进行查找，并将结果（应包括各单科成绩和总成绩）显示在屏幕上；如果没有通过验证，则给出提示信息“考号或密码错误，请重新输入!”。

如果加工规格说明涉及很多算法细节，也可以用伪代码描述。伪代码也称为程序设计语言（Program Design Language，PDL），与真正的代码已经非常接近。因此，很多人认为，使用伪代码来描述加工规格说明的工作应该推迟到详细设计阶段进行。伪代码的介绍见 4.6.5 节。这里重点介绍决策表和决策树。

**1. 决策表（decision table）**

在某些数据处理问题中，某个加工的执行需要依赖于多个逻辑条件的取值，即完成这一加工的一组动作是由于某一组条件取值的组合而引发的。此时可用决策表来描述。使用决策表，比较容易保证所有条件和操作都被说明，不容易发生错误和遗漏。

下面以商店业务处理系统中“检查订货单”为例，说明决策表的构成。参看表 3-2。

决策表由 4 个部分组成。左上部分是条件茬（condition stub），在此区域列出了各种可能的单个条件；左下部分是动作茬（action stub），在此区域列出了可能采取的单个动作；右上部分是条件项（condition entry），在此区域列出了针对各种条件的每一组条件取值的组合；右下部分是动作项（action entry），这些动作项与条件项紧密相关，它指出了在条件项的各组取值的组合情况下应采取的动作。

表 3-2　“检查订货单”的决策表

| | | 1 | 2 | 3 | 4 |
|---|---|---|---|---|---|
| 条件 | 订货单金额 | >5000 元 | >5000 元 | ≤5000 元 | ≤5000 元 |
| | 偿还欠款情况 | >60 天 | ≤60 天 | >60 天 | ≤60 天 |
| 动作 | 在偿还欠款前不予批准 | √ | | | |
| | 发出批准书 | | √ | √ | √ |
| | 发出发货单 | | √ | √ | √ |
| | 发催款通知书 | | | √ | |

通常人们把每一列条件项和动作项称作一条处理规则，它包含一个条件取值组合以及相应要执行的一组动作。决策表中列出了多少个条件取值的组合，也就有多少条处理规则。

在实际使用决策表时，常常先把它化简。如果表中有两条或更多的处理规则具有相同的动作，并且其条件项之间存在着某种关系，就可设法将它们合并。例如表 3-2 中第 2 个条件项与第 4 个条件项对应的动作相同，则可将这两条处理规则合并（见表 3-3），合并后的条件“订货单金额”的取值用“-”表示，以示该规则与此条件的取值无关，它表明只要当欠款时间≤60 天就可发出批准书和发货单，不论订货单金额是多少。

**表 3-3 改进的“检查订货单”的决策表**

| | | 1 | 2 | 3 |
|---|---|---|---|---|
| 条件 | 订货单金额 | >5000 元 | — | ≤5000 元 |
| | 偿还欠款情况 | >60 天 | ≤60 天 | >60 天 |
| 动作 | 在偿还欠款前不予批准 | ✓ | | |
| | 发出批准书 | | ✓ | ✓ |
| | 发出发货单 | | ✓ | ✓ |
| | 发催款通知书 | | | ✓ |

建立决策表的步骤如下：

1）列出与一个具体过程（或模块）有关的所有处理。

2）列出过程执行期间的所有条件（或所有判断）。

3）将特定条件取值组合与特定的处理相匹配，消去不可能发生的条件取值组合。

4）将右部每一纵列规定为一个处理规则，即对于某一条件取值组合将有什么动作。

决策表能够把在什么条件下系统应完成哪些操作表达得十分清楚、准确，一目了然。这是用语言说明难以准确、清楚表达的。但是用决策表描述循环比较困难。

**2. 决策树（decision tree）**

决策树也是用来表达加工逻辑的一种工具。有时候它比决策表更直观。用它来描述加工，很容易为用户接受。下面把前面的“检查订货单”的例子用决策树表示，参看图 3-26。

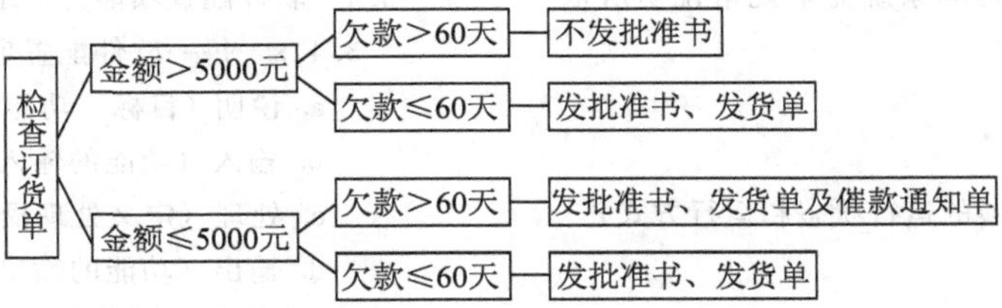


图 3-26 决策树

构造决策树没有统一的方法，也不可能有统一的方法，因为它是用结构化语言，甚至是自然语言写成的叙述文档作为构造决策树的原始依据的。但可以从中找些规律。

首先，应从文档叙述中分清哪些是判定条件，哪些是判定结果。例如上面的例子中，判定条件是“金额>5000 元的订货单，欠款≤60 天”，判定结果应是“发给批准书和发货单”。然后，从文档叙述中的一些连接词（如除非、然而、但、并且、和、或……）中，找出判定条件的从属关系、并列关系、选择关系，等等。

## 3.3 系统需求规格说明

在软件工程过程的各个阶段都会产生相应的工作产品。这些工作产品的大部分都是以文档的形式给出的。因此，对软件工程文档的编写能力进行培训是非常必要的。

为了能够以一致的、更易于理解的方式来编写文档，我国在参照国际标准的基础上，结合我国的具体情况，于 2006 年发布了软件文档的国家标准——GB/T 8567—2006《计算机软件文档编制规范》。本书在涉及文档编写方面时，将陆续介绍规范中的几个重要文档。

系统需求规格说明为一个系统或子系统指定需求和指定保证每个需求得到满足所使用的方法，描述一个基于计算机系统的功能和性能，以及那些将左右系统开发的约束。此文档的编制是为了使用户和软件开发者双方对该软件的初始规定有一个共同的理解，使之成为整个开发工作的基础。

### 3.3.1 软件需求规格说明模板

按照 GB/T 8567—2006《计算机软件文档编制规范》，涉及软件需求规格说明的文档有软件需求规格说明（SRS）和数据需求说明（DRD）等，下面给出简要说明。

**1. 软件需求规格说明**

SRS 描述了计算机软件配置项的需求以及为确保需求得到满足所使用的方法。

从系统工程角度来看，软件系统只是计算机系统的一个系统元素，它将作为配置项置于配置管理机制之下。SRS 的主要内容如下所示：

1 引言
  1.1 标识（软件的标识号、标题、版本号）
  1.2 系统概述（用途、特性、开发运行维护的历史、利益相关方、运行现场、有关文档等）
  1.3 文档概述（用途、内容、预期读者、与使用有关的保密性和私密性要求）
  1.4 基线（编写本系统需求规格说明所依据的基线）
2 引用文档
3 需求
  3.1 软件配置项的运行状态和运行方式
  3.2 需求概述
    3.2.1 目标
      a. 软件开发意图、目标和范围
      b. 主要功能、处理流程、数据流程
      c. 外部接口和数据流的高层次说明
    3.2.2 运行环境
    3.2.3 用户的类型与特点
    3.2.4 关键点（关键功能、关键算法与关键技术）
    3.2.5 约束条件（费用、期限，方法等）
  3.3 需求详细说明
    3.3.1 软件系统总体功能/对象结构（包括结构图、流程图或对象图）
    3.3.2 软件子系统功能/对象结构（包括结构图、流程图或对象图）
    3.3.3 描述约定（符号与度量单位）
  3.4 软件配置项能力需求
    3.4.x 每一软件配置项能力的需求
      a. 说明（目标、功能意图、采用技术）
      b. 输入（功能的输入数据、接口说明）
      c. 处理（定义处理操作）
      d. 输出（功能的输出数据、接口说明）
  3.5 软件配置项的外部接口需求（包括用户接口、硬件接口、软件接口、通信接口需求）
    3.5.1 接口标识和接口图
    3.5.x 每一接口的需求
      a. 接口的优先级别
      b. 接口类型
      c. 接口传送单个数据元素的特性

d. 接口传送数据元素集合的特性
e. 接口使用通信方法的特性
f. 接口使用协议的特性
g. 接口实体的物理兼容性等
3.6 软件配置项的内部接口需求（如有的话）
3.7 软件配置项的内部数据需求
3.8 适应性需求（安装数据和运行参数需求）
3.9 安全性需求（防止潜在危险的需求）
3.10 保密性和私密性需求（保密性和私密性环境、类型和程度、风险、安全措施等）
3.11 软件配置项的运行环境需求
3.12 计算机资源需求
3.12.1 计算机硬件需求
3.12.2 计算机硬件资源利用需求
3.12.3 计算机软件需求
3.12.4 计算机通信需求
3.13 软件质量需求
3.14 设计和实现的约束
a. 特殊软件体系结构和部件的使用需求
b. 特殊设计和实现标准的使用需求
c. 为支持在技术、风险或任务方面的预期增长和变更，必须提供的灵活性和可扩展性
3.15 数据（处理量、数据量）
3.16 操作（常规、特殊、初始化、恢复操作）
3.17 故障处理
a. 说明属于软件系统的问题
b. 发生错误时的错误信息
c. 发生错误时可能采取的补救措施
3.18 算法说明
a. 主要算法的概况
b. 主要算法的详细公式
3.19 有关人员需求（人员数量、专业技术水平、投入时间、培训需求等）
3.20 有关培训需求
3.21 有关后勤需求（系统维护、支持，系统运输、供应方式，对现有设施的影响等）
3.22 其他需求
3.23 包装需求
3.24 需求的优先次序和关键程度
4 （检查）合格性规定（的方法）
a. 演示（运行软件配置项可见的功能操作）
b. 测试（运行软件配置项采集数据供分析）
c. 分析（对已得测试数据进行解释和推断）
d. 审查（对软件配置项代码和文档做检查）
e. 特殊的合格性方法
5 需求可追踪性
6 尚未解决的问题
7 注解
附录

**2. 数据需求说明（DRD）**

DRD描述了在整个开发过程中所需处理的数据，以及采集数据的要求等。该文档的主要内容包括：

1 引言
1.1 标识（软件的标识号、标题、版本号）
1.2 系统概述（用途、性质、开发运行维护的历史、利益相关方、运行现场、有关文档等）
1.3 文档概述（用途、内容、预期读者、与使用有关的保密性和私密性要求）
2 引用文档
3 数据的逻辑描述（给出每一数据元素的名称、定义度量单位、值域、格式、类型等）
3.1 静态数据
3.2 动态输入数据
3.3 动态输出数据
3.4 内部生成数据
3.5 数据约定（包括容量，文件、记录和数据元素个数的最大值）
4 数据的采集
4.1 要求和范围
a. 输入数据的来源
b. 输入数据所用的媒体和硬设备

c. 输出数据的接收者
d. 输出数据的形式和硬设备
e. 数据值的范围（合法值的范围）
f. 量纲（对于数字，给出度量单位；对于非数字，给出其形式和含义）
g. 更新和处理的频度（如果输入数据是随机的，应给出更新处理的频度的平均值）

4.2　输入的承担者
4.3　预处理（对数据采集和预处理的要求，包括适用数据格式、预定数据通信媒体和对输入时间的要求等）
4.4　影响（这些数据要求对设备、软件，用户、开发单位可能造成的影响）
5　注解
附录

### 3.3.2　SRS 和 DRD 的质量要求

要编制一份好的 SRS 和 DRD，必须使其具有完整性、无歧义性、一致性、可验证性、可修改性、可追踪性等特性。

**1. 完整性**

不能遗漏任何必要的需求信息，如果知道缺少某项信息，用“待定”作为标准标识来标明这项缺漏。在开始设计和实现之前，必须解决需求中所有的“待定”项。GB/T 9385—1988《计算机软件需求说明编制指南》指出“软件需求规格说明的基本点是它必须说明由软件获得的结果，而不是获得这些结果的手段”。

SRS 和 DRD 必须描述的有意义的需求包括：

1）功能：待开发的软件要做什么；

2）性能：软件功能执行时应有的表现，主要是指响应时间、处理时间、各种软件功能的恢复时间、吞吐能力、计算精度、数据流通量等；

3）强加于实现的设计限制：主要是指实现语言的处理能力、数据库的完整性要求、可用时间/空间/路由资源限制、操作环境等；

4）质量属性：包括用户直接感受到的正确性、可使用性、安全保密性、效率等质量要求和用户将来可能提出的灵活性、可扩展性、可移植性、可维护性等质量要求；

5）外部接口：与操作员、计算机硬件、其他相关软件和硬设备的交互。

在 SRS 和 DRD 中，必须针对所有可能出现的输入数据，定义相应的响应。特别是对于所有合法的和不合法的输入值，都要规定合理的响应措施。

对于所有“待定”项，应当首先描述造成“待定”情况的条件，再描述必须做哪些事才能解决问题。否则应当拒绝那些仍然保留“待定”项的章节。

**2. 无歧义性**

要做到 SRS 和 DRD 无歧义性，必须保证该 SRS 或 DRD 对其每一个需求只有一种解释。为此，要求最终产品的每一个特性都需使用某一确定的术语描述。如果某一术语在某一特殊的文字中使用时具有多种含义，那么对该术语的每种含义都需做出解释并指出其适用场合。如果软件需求规格说明是使用自然语言编写的，那么必须特别注意消除其需求描述上是否可能发生歧义。因为自然语言很容易产生歧义，所以提倡使用形式化需求说明语言，以避免在语法和语义上的歧义性。

**3. 一致性**

为了做到 SRS 和 DRD 的一致性，必须保证在 SRS 和 DRD 中描述的每一个软件需求的定义不能与其他软件需求或高层（系统，业务）需求相互矛盾。在设计和实现之前必须解决所有需求之间的不一致部分。

为了保持需求的一致性，必须反复检查在不同视图的需求模型中的需求描述，一旦发现不一致，要寻找发生不一致的原因，与相关用户沟通，做出权衡，以消除不一致问题。

**4. 可验证性**

验证的手段就是采用在 SRS 中描述的合格性检查的方法。对于每一个需求，需指定所使用的方法，以确保需求得到满足。这些合格性检查方法有 5 种：

1）演示：运行软件系统功能操作进行检查，不使用测试工具或进行事后分析。

2）测试：使用测试工具来测试软件系统，以便采集实测数据供事后分析使用。

3）分析：处理从其他合格性检查方法获得的数据。例如，对测试结果数据进行归纳、解释或推断。

4）审查：对软件系统的代码、文档进行可视化的正式的或非正式的检查。

5）特殊的合格性检查方法：其他任何可应用到软件系统的特殊的合格性检查方法。例如，专用工具、技术、过程、设施、验收限制等。

**5. 可修改性**

如果一个软件需求规格说明的结构和风格在需求发生变化时能够很方便地实现变更，并仍能保持自身的完整性和一致性，则称该软件需求规格说明具有可修改性。为了具有可修改性，要求软件需求规格说明具有以下条件：

1）在内容组织上，软件需求规格说明应有目录表、索引和相互参照表，各个章节尽可能独立，以减少修改的波及面，使得修改局部化。

2）尽可能减少冗余，每项需求只应在软件需求规格说明中出现一次。这样修改时易于保持一致性。如果必须保持冗余（这在提高可理解性方面有时是必要的），必须在相互参照表中明确记载下来，以便在修改时检查，不至于出现遗漏。

**6. 可追踪性**

如果每项需求的来源和使用是清晰的，那么，在后续生成新的文档和变更已有文档时，可以很方便地引证每项需求，这就是软件需求规格说明的可追踪性。

有两种类型的可追踪性：

1）向后追踪（即向产生软件需求规格说明的前一阶段追踪）。这是根据以前的文档或本文档编制时所依据的每项需求进行追踪。例如，业务需求和用户需求等。

2）向前追踪（即向由软件需求规格说明所派生的所有后续文档追踪）。这是根据软件需求规格说明中具有唯一的名字和参照号的每项需求对后续文档进行追踪。

在对设计和编码文档进行审查时，需要追踪每个程序模块与需求的对应，以查实是否每项设计都能对应到一项需求，或每项需求都得到设计和实现；同样在需求变更时可以知道哪些设计受到了影响。此外，当用户需求变更时，也可以立刻知道，哪些软件需求必须随之变更，这又会影响到哪些程序模块或数据结构。

## 3.4 需求评审

软件评审是软件过程中的“过滤器”。也就是说，在软件工程过程的不同阶段进行软件评审，可以起到发现并消除错误和缺陷的作用。

技术工作需要评审的理由很简单。人无完人，每个人都可能犯错误。尽管人们善于发现自己的某些错误，但是发现自己错误的能力远小于其他人。

在软件需求分析的最后一步，应该对软件需求规格说明书进行审查，发现并纠正说明书中的错误、遗漏和不一致性，以保证所有的系统需求说明正确、清晰、完整、无歧义性，并符合标准及规范的要求。

软件需求规格说明在通过了需求确认后，它们就成为基线配置项（或里程碑）被“冻结”起来，并成为客户与开发方的一种“约定”（当作合同的一部分）。

## 3.4.1 正式的需求评审

正式的技术评审（Formal Technique Review，FTR）是最主要的需求评审机制。一般要成立评审小组，并采取评审会议的方式进行。评审小组包括软件工程师、客户、用户和其他利益相关方。他们检查需求规格说明，查找内容或解释上的错误、可能需要进一步解释澄清的地方、丢失的信息、不一致性、冲突的需求或者不现实的需求。

评审的主要内容可以归纳如下：

1）功能：是否清楚、明确地描述了所有的功能？所有已描述的功能是否是必需的？是否能满足用户需要或系统目标的要求？功能需求是否覆盖了所有非正常情况的处理？

2）性能：是否精确地描述了所有的性能需求和可容忍的性能降低程度？是否指定了期望的处理时间、数据传输速率、系统吞吐量？在不同负载情况下系统的效率如何？在不同的情况下系统的响应时间如何？

3）接口：是否清楚地定义了所有的外部接口和内部接口？所有接口是否必需？各接口之间的关系是否一致、正确？

4）数据：是否定义了系统的所有输入/输出，并清楚地标明了输入的来源？是否说明了系统输入/输出的类型以及系统输入/输出的值域、单位、格式和精度？是否说明了如何进行系统输入的合法性检查？对异常数据产生的结果是否做了精确的描述？

5）硬件：是否指定了最小/最大内存需求和最小/最大存储空间需求？

6）软件：是否指定了需要的软件环境、操作系统？是否指定了需要的所有软件设施？

7）通信：是否指定了目标网络和必需的网络协议？是否指定了网络能力和网络吞吐量？是否指定了网络连接数量和最小/最大网络性能需求？

8）正确性：需求规格是否满足标准的要求？算法和规则是否做过测试？是否定义了针对各种故障模式和错误类型所必需的反应？对设计和实现的限制是否都做了论证？

9）完整性：需求规格说明是否包含了有关文档（指质量手册、质量计划以及其他有关文档）中规定的需求规格应包含的所有内容？需求规格说明是否包含了有关功能、性能、限制、目标、质量等方面的所有需求？是否识别和定义了在将来可能会变化的需求？是否充分定义了关于人机界面的需求？是否按完成时间与重要性对系统功能、外部接口、性能进行了优先排序？是否包括了每项需求的实现优先级？

10）可行性：需求规格说明是否使软件的设计、实现、操作和维护都可行？所有规定的模式、数值方法和算法是否适用于需要解决的问题？是否能够在相应的限制条件下实现？是否对需求规格进行了可行性分析及相关资料是否已归档？是否对影响需求实现的因素进行了调查，调查结果是否已归档？是否评估了本项目对用户、其他系统、环境的影响特性？

11）一致性：各项需求之间是否一致？是否有冲突和矛盾？所规定的模型、算法和数值方法是否相容？是否使用了标准的术语和定义形式？需求是否与其软硬件操作环境相容？是否说明了软件对其系统和环境的影响？是否说明了环境对软件的影响？所有对其他需求的内部交叉引用是否正确？所有需求的编写在细节上是否都一致或者合适？

12）兼容性：接口需求是否使软硬件系统具有兼容性？需求规格说明文档是否满足项目文档编写标准？在矛盾时是否有适当的标准？

13）清晰性/无歧义性：所有定义、实现方法是否清楚、准确地表达了用户的需求？在功能实现过程、方法和技术要求的描述上是否背离了功能的实际要求？是否有不能理解或造成误解的描述？

14）安全性：是否包含了所有与需求相关的安全特性？是否详细描述了有关硬件、软件、操作人员、操作过程等方面的安全性？

15）健壮性：是否有容错的需求？是否已对各种操作模式（如正常、非正常、有干扰等）下的环境条件（硬件、软件、数据库、通信）都做了规定？

16）可理解性：最终产品的每个特性是否始终用同一个术语描述？是否每项需求都只有一种解释？是否使用了形式化或半形式化的语言？语言是否有歧义性？需求规格说明是否只包含了必要的实现规则而不包含不必要的实现细节？需求规格说明是否足够清楚和明确，使其已能够作为设计规格说明和功能测试数据设计的基础？是否有术语定义一览表？

17）可修改性：需求规格说明的描述是否容易修改？例如是否采用良好的结构和交叉引用表等？是否有冗余的信息？一项需求是否被定义多次？

18）可测试性和可验证性：需求是否可以验证（即是否可以检验软件是否满足了需求）？是否对每项需求都指定了验证过程？数学函数的定义是否使用了精确定义的语法和语法符号？

19）可维护性：是否所有与需求相关的维护特性都被包含了？需求规格说明中各个部分是否是松耦合的（即能否保证在对某部分修改后产生最小的连锁效应）？是否所有与需求相关的外部接口都被包含了？是否所有与需求相关的安装特性都被包含了？

20）可追踪性：是否每项需求都具有唯一性并且可以正确地识别它？是否可以从上一阶段的文档查找到需求规格说明中的相应内容？需求规格说明是否明确地表明上一阶段提出的有关需求的设计限制都已被覆盖？需求规格说明是否便于向后续开发阶段查找信息？

21）可靠性：是否为每项需求指定了软件失效的结果？是否指定了特定失效的保护信息？是否指定了特定的错误检测策略？是否指定了错误纠正策略？系统对软件、硬件或电源故障必须做出什么样的反应？

22）其他：是否所有的需求都是名副其实的需求而不是设计或实现方案？是否明确标识出对时间要求很高的功能，并且定义了它们的时间标准？

为保证软件需求定义的质量，评审应指定专人负责，并按规程严格进行。评审结束应有评审负责人的结论意见及签字。一般情况下，第一次评审的结果会包括一些修改意见，待修改完成后再经评审通过，才可进入设计阶段。

### 3.4.2 需求评审中的常见风险

在需求评审的实施过程中可能会遇到的风险包括：

1）需求评审的参与者选取不当。缺乏客户参与的需求评审不能真正代表客户的需要，最终会导致实现的产品不满足客户要求；而缺乏相关开发人员和项目管理人员参与的评审会导致相关人员无法及时了解需求变更的情况，造成很多工作的返工。

2）评审规模过大。评审一份几百页的软件需求规格说明是非常困难的，即使是一份中型的软件需求规格说明。所以必须在需求开发的每一小的阶段，采取非正式的、渐增式的评审方式（如走查），在需求规格说明形成的不同时期让评审人员进行检查。只在需要把软件需求规格说明作为基线时才进行规模比较大的正式评审。如果有足够的审查人员，可以把他们分成几个评审小组分别审查需求文档的不同部分。建议每次需求评审的规模大约是 10～30 页。

3）评审组规模过大。软件需求涉及系统开发的各个阶段，这可能导致参加需求评审的人员过多。评审组人员太多，很难安排会议，而且在评审会上经常引发题外话，在许多问题上也难于达成一致意见。一个合理的评审组规模应当控制在 3～7 人之间。

4）评审时间过长。评审会议的时间不能太长，评审组织者需要适当地控制评审时间和评审秩序，一个合理的评审会议时间应当控制在两小时以内。

## 3.5　需求管理

需求管理可定义为：一种获取、组织并记录系统需求的系统化方案，以及一个使客户与项目团队对不断变更的系统需求达成并保持一致的过程。

需求管理的目的是在客户与开发方之间建立对需求的共同理解，维护需求与其他工作成果的一致性，并控制需求的变更。需求管理强调：

- 控制对需求基线的变动。
- 保持项目计划与需求一致。
- 控制单个需求和需求文档的版本情况。
- 管理需求和跟踪链之间的联系或管理单个需求和其他项目可交付工作产品之间的依赖关系。
- 跟踪基线中需求的状态。

### 3.5.1　需求跟踪

软件需求的变更总是不可避免的，而且这种变更往往会贯穿于软件的整个生存期。需求管理是一组活动，用于帮助项目组在项目进展的过程中标识需求、控制需求、跟踪需求，并对需求变更进行管理。可以设想，如果没有这些需求管理措施，混乱将在所难免。

标识需求是指给每项需求赋予唯一的标识符。一旦需求被标识，便开始建立多个跟踪表。每个跟踪表将标识的需求与系统或其环境的一个或多个方面相关联。典型的跟踪表如下：

- 特征跟踪表：显示需求如何与重要的、客户可见的系统/产品特征相关联。
- 来源跟踪表：标识每个需求的来源。
- 依赖跟踪表：指明需求之间是如何相互关联的。
- 子系统跟踪表：按照需求支配的子系统对需求分类。
- 接口跟踪表：显示需求如何与内部和外部的系统接口关联。

需求跟踪表的样式如表 3-4 所示。

在很多情况下，这些跟踪表是作为需求数据库的一部分进行维护，以便在需要时可以快速搜索它们，从而了解需求的变更将如何影响待建系统的不同方面。

表 3-4 需求跟踪表的样式

| 需求＼方面 | A01 | A02 | A03 | A04 | …… | Aij |
|---|---|---|---|---|---|---|
| R01 | √ | | √ | | | √ |
| R02 | | √ | √ | √ | | |
| R03 | √ | √ | | √ | | |
| …… | | | | | | |
| Rmn | √ | | | | | √ |

### 3.5.2 需求变更管理

对于一个团队来说，能否适应变更需求是评测团队的敏感度和运作灵活性的一个尺度，而敏感度和灵活性正是对项目成功有贡献的团队的特征。当然需求变更表明多少需要耗费一些时间来实施某个特定的功能，而且一项需求的变更对其他需求可能带来影响。管理需求变更包括这样一些活动：设立基线，追踪每项需求的历史，确定哪些依赖关系值得追踪，在相关项之间建立可追踪关系以及维护版本控制等。此外，建立变更控制或批准流程也很重要，它要求由指定的团队成员来负责复审所有提议的变更，以在全局的高度上对变更需求的好处和可能引起的后果进行客观的权衡和把握。

需求变更管理活动与第 13 章中所讲的软件配置管理（SCM）技术基本上是相同的，因此，详细内容可参见第 13 章。

需要说明的是，正规的需求管理只应用于大型项目。大型项目通常有数百个可标识的需求。对于小项目，需求管理工作可以适当裁减。

## 习题

3.1 顶层数据流图（或称环境图）的作用是什么？

3.2 简述使用数据流图进行需求分析的过程。

3.3 在对数据流图进行分解时需要注意哪些问题？

3.4 请根据以下描述画出某库存管理系统的数据流图。该系统的数据流描述如下：

（1）根据计划部门转来的收货通知单和已存在的物资编码文件，建立物资采购单流水账。

（2）根据技术部门的物资验收报告和物资采购单流水账，更新物资台账文件。

（3）对物资台账分类汇总，将结果存储于物资总账文件中。

（4）物资出库：物资使用部门填写物资出库单，包括物资编号、物资名称、物资数量、物资使用部分、负责人、经手人。系统根据物资总账文件的库存情况判断是否能够出库，如果能够出库，则记录出库单，并更新物资总账文件。

3.5 分析院系、专业、班级、课程、教师、学生、成绩之间的数据关系，画出 ER 图。

3.6 一家书店计划开发图书管理系统对书店的业务进行管理，以提高管理人员及书店工作人员的工作效率，并方便顾客对图书进行检索。书店管理系统的基本功能需求如下：

（1）采购管理：实现与供货商的图书采购、退货及结算管理，提供月统计报表及任意时间段的统计报表。

(2) 图书信息管理：记录每种图书的信息（包括 ISBN 号、书名、作者、出版社、出版日期、单价、版次、印次等）、折扣及库存量，并提供简单的图书查询功能。

(3) 销售管理：实现图书销售功能，记录顾客购买的图书种类、数量，计算总价，打印销售小票，并付款。提供日/月统计报表及任意时间段的统计报表。

(4) 用户管理：提供用户组（角色）及用户管理功能。

针对上面的需求建立需求分析模型，包括数据流图（至少画出两层）和 ER 图。

3.7 试题库管理系统的相关人员包括题库维护人员、教师及学生。系统的基本功能需求描述如下：

(1) 题库维护人员负责试题的添加、修改、删除工作。试题信息包括试题编号、试题内容、试题类型、参考答案、分值等。其中，试题类型包括选择题、判断题、填空题、应用题。

(2) 给教师提供自动组卷、手动组卷及打印试卷功能，教师可以指定试卷分值，并选择是否保存试卷。

(3) 给学生提供随机组卷、在线练习、在线评价功能。

针对上面的需求建立需求分析模型，包括数据流图、ER 图。针对为学生提供的功能，画出系统的状态图。

CHAPTER 4

# 第4章

# 结构化设计方法

在软件生存期中，软件设计处于需求分析阶段及软件构造（或编码）阶段的中间位置。需求分析的主要任务是明确“做什么”，在完成了需求分析之后，就进入了软件设计阶段，它的任务是回答“怎么做”。

结构化设计方法是在模块化、自顶向下逐步细化及结构化程序设计技术基础之上发展起来的。结构化设计方法可以分为两类：一类是根据系统的数据流进行设计，称为面向数据流的设计，或称过程驱动的设计；另一类是根据系统的数据结构进行设计，称为面向数据结构的设计，或称数据驱动的设计。

面向数据流的设计工作与软件需求分析阶段的结构化分析方法相衔接，可以很方便地将用数据流图表示的信息转换成程序结构的设计描述，这一方法还能和编码阶段的“结构化程序设计方法”相适应，成为常用的结构化设计方法。本章针对面向数据流的设计方法进行讲解，具体介绍软件设计的概念及原则、软件设计的任务、体系结构设计、数据设计、用户界面设计及过程设计。

## 4.1 软件设计的概念及原则

### 4.1.1 软件设计的概念

软件设计包括一套原理、概念和实践，可以指导高质量的系统或产品开发。设计原理建立了最重要的原则，用以指导设计师工作。在运用设计实践的技术和方法之前，必须先理解设计概念，而且设计实践本身会产生各种软件设计表达，这些表达将指导随后的构建活动。

设计是一项核心的工程活动。在 20 世纪 90 年代早期，Lotus1-2-3 的发明人 Mitch Kapor 在《Dr. Dobbs》杂志上发表了“软件设计宣言”，其中指出：

“什么是设计？设计是你站在两个世界——技术世界和人类的目标世界，而你尝试将这两个世界结合在一起……”

罗马建筑批评家 Vitruvius 提出了这样一个观念：“设计良好的建筑应该展示出坚固、适用和令人赏心悦目。”对好的软件来说也是同样的。所谓坚固，是指程序应该不含任何对其功能有障碍的缺陷；适用是要程序符合开发的目标；赏心悦目则是要求使用程序的体验应是愉快的。

### 4.1.2 软件设计的原则

经过几十年的发展，现在已经有了一些良好的软件设计原则，它们都经过了时间的考验，已成为软件设计人员应用更复杂的设计方法的基础，并能帮助他们弄清以下问题：

- 依据什么准则将软件系统划分成若干独立的成分？
- 在各个不同的成分内，功能细节和数据结构细节如何表示？

• 用什么标准可对软件设计的技术质量做统一的衡量？

以下给出软件设计的 5 项原则。

（1）分而治之

分而治之是人们解决大型复杂问题时通常采用的策略。将大型复杂的问题分解为许多容易解决的小问题，原来的问题也就容易解决了。软件的体系结构设计、模块化设计都是分而治之策略的具体表现。

模块化是将整体软件划分成独立命名且可独立访问的模块，不同的模块通常具有不同的功能或职责。每个模块可独立地开发、测试，最后组装成完整的软件。在结构化方法中，过程、函数和子程序等都可作为模块；在面向对象方法中，对象是模块，对象内的方法也是模块。模块是构成软件的基本构件。

尽管模块分解可以简化要解决的问题，但模块分解并不是越小越好。当模块数目增加时，每个模块的规模将减小，开发单个模块的成本确实减少了；但是，随着模块数目增加，模块之间关系的复杂程度也会增加，设计模块间接口所需要的工作量也将增加，如图 4-1 所示。因此，存在一个模块个数 $M$，它使得总的开发成本达到最小。

在考虑模块化时，可以参考图 4-1 所示的曲线。我们应当注意让划分出来的模块数处于 $M$ 附近，避免划分出的模块数过多或过少。但是，如何才知道模块数已在 $M$ 附近呢？又应当如何把软件划分成模块呢？一个模块的规模应当由它的功能和用途决定。

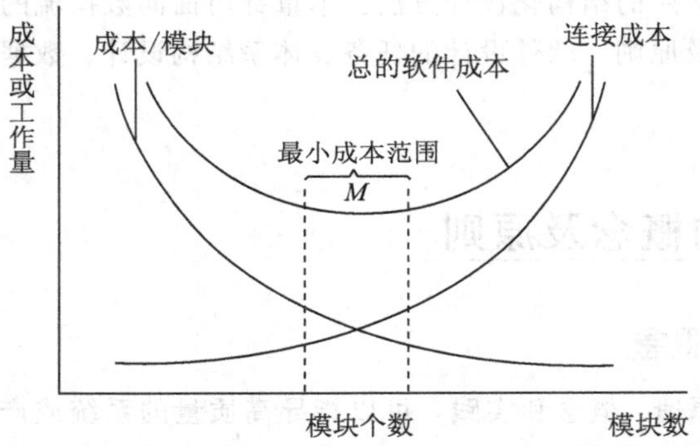


图 4-1　模块大小、模块数目与成本的关系

（2）模块独立性

模块的独立性是指软件系统中每个模块只涉及软件要求的具体的子功能，而与软件系统中其他模块的接口是简单的。例如，若一个模块只具有单一的功能且与其他模块没有太多的联系，那么，我们则称此模块具有模块独立性。

一般采用两个准则度量模块独立性，即模块间的耦合和模块的内聚。

耦合是模块之间的相对独立性（互相连接的紧密程度）的度量。模块之间的连接越紧密，联系越多，耦合性就越高，而其模块独立性就越弱。内聚是模块功能强度（一个模块内部各个元素彼此结合的紧密程度）的度量。一个模块内部各个元素之间的联系越紧密，则它的内聚性就越高，相对地，它与其他模块之间的耦合性就会降低，而模块独立性就越强。因此，模块独立性比较强的模块应是高度内聚、松散耦合的模块。

（3）提高抽象层次

抽象是指忽视一个主题中与当前目标无关的方面，以便更充分地注意与当前目标有关的方面。当我们进行软件设计时，设计开始时应尽量提高软件的抽象层次，按抽象级别从高到低进行软件设计。将软件的体系结构按自顶向下方式，对各个层次的过程细节和数据细节逐层细化，直到用程序设计语言的语句能够实现为止，从而最后确立整个系统的体系结构。这也是我们常说的自顶向下、逐步细化的设计过程，这个过程实际上是一个反复推敲的过程。它从在高层抽象上定义的功能说明（或信息说明）开始，也就是说，最初的说明只是概括性地描述了系统的功能或信息，并未提供有关功能的内部实现机制或有关信息的内部结构信息。设计人员对初始说明仔细推敲，进行功能细化或信息细化，给出实现的细节，划分出若干成分。然后再对这些成分进行同样的细化工作。随着细化工作的逐步展开，设计人员就能得到越来越多的细节。

在最高的抽象层次上，可以使用问题所处环境的语言概括地描述问题的解决方案；在较低的抽象层次上，采用更过程化的方法，将面向问题的术语和面向实现的术语结合起来描述问题的解法；在最低的抽象层次，则用某种程序设计语言来描述问题的解法。过程抽象和数据抽象是两种常用的抽象手段。

（4）复用性设计

复用是指同一事物不做修改或稍加修改就可以多次重复使用。将复用的思想用于软件开发，称为软件复用。我们将软件的重用部分称为软构件。也就是说，在构造新的软件系统时不必从零做起，可以直接使用已有的软构件即可组装（或加以合理修改）成新的系统。面向对象学者常说的一句话就是“请不要再发明相同的车轮子了”。

由于软构件是经过反复使用验证的，自身具有较高的质量。因此由软构件组成的新系统也具有较高的质量。目前软件复用是提高软件质量及生产率的重要方法，软件复用已不再局限于软件代码的复用，复用的范围已经扩展到软件开发的各个阶段，包括需求模型和规格说明、设计模型、文档、测试用例等的复用。

在软件的设计阶段，就要考虑软件复用问题，并进行复用性设计。复用性设计有两方面的含义：一是尽量使用已有的构件（包括开发环境提供的及以往开发类似系统时创建的）；二是如果确实需要创建新的构件，则在设计时应该考虑将来的可重复使用性。

（5）灵活性设计

保证软件灵活性设计的关键是抽象。面向对象系统中的类结构类似一座金字塔，越接近金字塔的顶端，抽象程度就越高。“抽象”的反义词是“具体”。理想情况下，一个系统的任何代码、逻辑、概念在这个系统中都应该是唯一的，也就是说不存在重复的代码。总的来说，软件的灵活性会随抽象程度的提高而提高。但在实际的项目中，并不意味着抽象程度越高越好。软件设计究竟抽象到什么程度最好，往往需要根据现有开发人员的水平来确定，抽象程度太高，超出了开发人员所能理解的程度，结果会导致开发工作难以顺利进行。

目前，越来越多的语言、平台构建在面向对象思想之上，这充分说明了面向对象的优势所在。由于面向对象思想把软件跟现实更紧密地联系了起来，使得一些现实物理世界中的思想可以很容易地运用到软件中去。最近几年，设计模式、软件架构等越来越受到人们的关注。所有这些，其实都是为了实现更高抽象层次的编程，以保证软件的灵活性。

在设计中引入灵活性的方法有：

• 降低耦合并提高内聚（易于提高替换能力）；
• 建立抽象（创建有多态操作的接口和父类）；
• 不要将代码写死（消除代码中的常数）；
• 抛出异常（由操作的调用者处理异常）；
• 使用并创建可复用的代码。

## 4.2 结构化设计

### 4.2.1 结构化软件设计的任务

结构化软件设计的主要任务是要解决“如何做”的问题，要在需求分析的基础上建立各种设计模型，并通过对设计模型的分析和评估来确定这些模型是否能够满足需求。没有软件设计，就不能进入正式的编码阶段。因此，软件设计是软件开发的重要阶段，在软件开发过程中起着重要的作用。软件设计是将用户需求准确地转化成为最终的软件产品的唯一途径，在需求到构造之间起到了桥梁作用。

在软件设计阶段，往往存在多种设计方案，通常需要在多种设计方案之中进行决策和折中，并使用选定的方案进行后续的开发活动。设计阶段做出的决策将最终影响软件实现的成败，同时也将影响到软件维护的难易程度。这使得软件设计成为开发阶段的重要步骤。另外，软件设计也是软件开发中质量得以保证的关键步骤。设计提供了软件的表示，使得软件的质量评价成为可能。

从工程管理的角度，可以将软件设计分为两个阶段：概要设计阶段和详细设计阶段。从技术的角度说，采用的方法不同，设计的内容会有所不同。在结构化设计方法中，概要设计阶段将软件需求转化为数据结构和软件的系统结构。概要设计阶段要完成体系结构设计、数据设计及接口设计。详细设计阶段要完成过程设计，因此详细设计通常也称为过程设计。详细设计的任务是对结构表示进行细化，得到软件详细的数据结构和算法。

从管理和技术两个不同的角度对设计阶段及设计内容的认识，可以用图 4-2 表示。

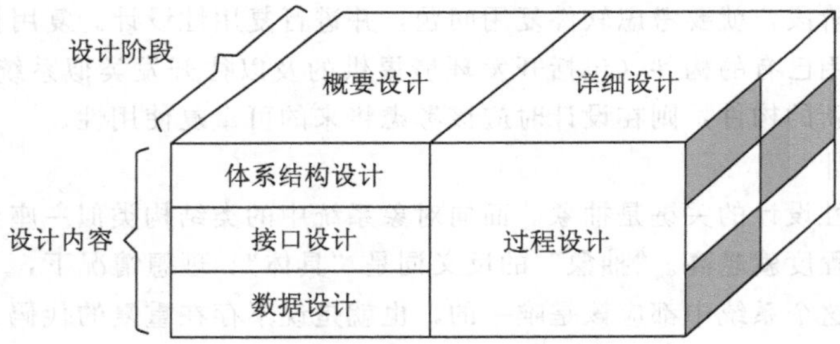


图 4-2　设计阶段及设计内容

1）体系结构设计：在结构化设计方法中，体系结构设计定义软件模块及其之间的关系，因此，通常也称为模块设计。软件结构设计表示可以从分析模型（如数据流图）导出。

2）接口设计：接口设计包括外部接口设计和内部接口设计。外部接口设计依据分析模型中的顶层数据流图，外部接口包括用户界面，目标系统与其他硬件设备、软件系统的外部接口；内部接口是指系统内部各种元素之间的接口。

3）数据设计：结构化设计方法根据需求阶段所建立的实体-关系图（ER 图）来确定软件涉及的文件系统的结构及数据库的表结构。

4）过程设计：过程设计的工作是确定软件各个组成部分内的算法及内部数据结构，并选定某种表达形式来描述各种算法。

### 4.2.2 结构化设计与结构化分析的关系

软件设计必须依据对软件的需求来进行，结构化分析的结果为结构化设计提供了最基本的输入信息。结构化设计与结构化分析的关系如图 4-3 所示。图的左面是结构化分析阶段所建立的分析模型，右面是结构化设计阶段需要建立的设计模型。

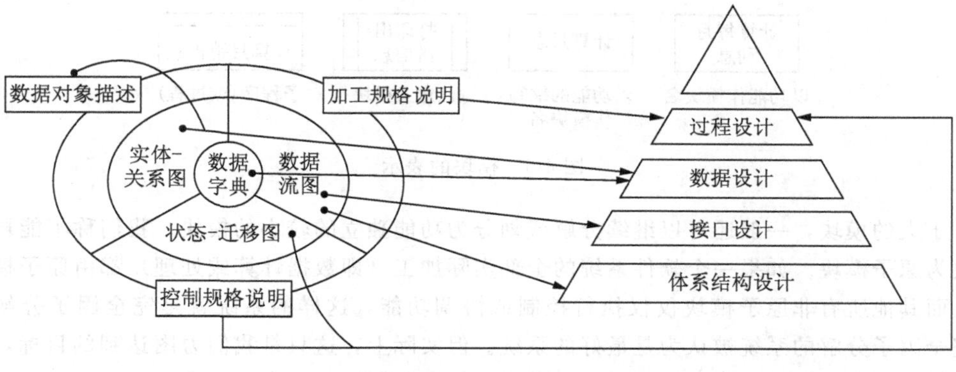


图 4-3　结构化设计与结构化分析的关系

结构化设计方法的实施要点是：

1）首先研究、分析和审查数据流图。根据穿越系统边界的信息流初步确定系统与外部的接口。从软件的需求规格说明中弄清数据流加工的过程，对于发现的问题及时解决。

2）然后根据数据流图决定问题的类型。数据处理问题通常有两种类型：变换型和事务型。针对两种不同的类型分别进行分析处理。

3）由数据流图推导出系统的初始结构图。

4）利用一些启发式原则来改进系统的初始结构图，直到得到符合要求的结构图为止。

5）根据分析模型中的实体-关系图和数据字典进行数据设计，包括数据库设计或数据文件的设计。

6）在上面设计的基础上，并依据分析模型中的加工规格说明、状态转换图及控制规格说明进行过程设计。

7）制定测试计划。

### 4.2.3 模块结构及表示

软件的结构包括两部分，一部分为软件的模块结构，另一部分为软件的数据结构。一般通过功能划分过程来完成软件结构设计。功能划分过程从需求分析确立的目标系统的模型出发，对整个问题进行分割，每一部分用一个或几个软件模块加以解决，这样整个问题就解决了。这个过程可以形象地用图 4-4 表示。该图表明了从软件需求分析到软件设计的过渡。

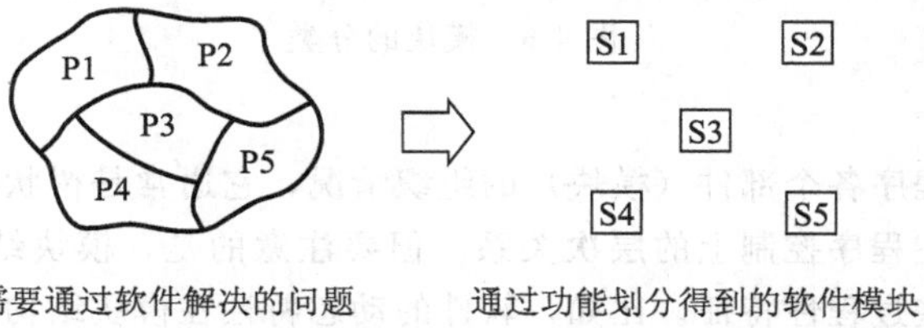


图 4-4　软件结构的形成

**1. 模块**

一个软件系统通常由很多模块组成，结构化程序设计中的函数和子程序都可称为模块，它是程序语句按逻辑关系建立起来的组合体。模块用矩形框表示，并用模块的名字标记它。模块的名字应当能够表明该模块的功能。对于现成的模块，则以双纵边矩形框表示。模块表示实例见图 4-5。

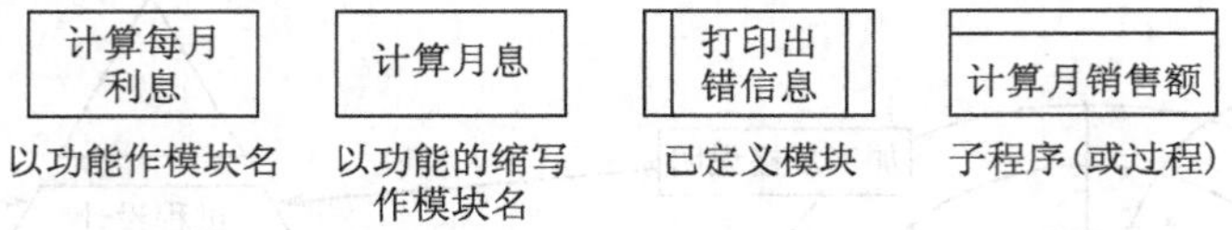


图 4-5　模块的表示

对于大的模块，一般还可以继续分解或划分为功能独立的较小的模块。我们称不能再分解的模块为原子模块。如果一个软件系统的全部实际加工（即数据计算或处理）都由原子模块来完成，而其他所有非原子模块仅仅执行控制或协调功能，这样的系统就是完全因子分解的系统。完全因子分解的系统被认为是最好的系统。但实际上，这只是我们力图达到的目标，大多数系统做不到完全因子分解。

一般地，模块可以按照在软件系统中的功能划分为 4 种类型（如图 4-6 所示，图中注有字母的短箭头表示数据流，在其附近的箭头则用以反映模块间的调用关系）：

1）传入模块：传入模块的功能是取得数据或输入数据，经过某些处理，再将其传送给其他模块。传入模块见图 4-6a。它传送的数据流 A 叫作逻辑输入数据流。数据 A 可能来自系统外部，也可能来自系统的其他模块。

2）传出模块：传出模块的功能是输出数据，在输出之前可能进行某些处理，数据可能被输出到系统的外部，也可能会输出到其他模块做进一步的处理，但最终的目标是输出到系统的外部。传出模块见图 4-6b。它传送的数据流 D 叫作逻辑输出数据流。

3）变换模块：变换模块也叫作加工模块，它从上级调用模块取得数据，进行特定的处理，转换成其他形式，再将加工结果返回给调用模块。变换模块见图 4-6c。它加工的数据流叫作变换数据流，如将 B 变换为 C。大多数计算模块（原子模块）属于这一类。

4）协调模块：协调模块本身一般不对数据进行加工，如数据 X 和 Y，其主要功能是通过调用、协调和管理其他模块来完成特定的功能，如结构化程序设计中的主程序。协调模块见图 4-6d。

在实际的系统中，有些模块属于上述某一类型，还有一些模块是上述各种类型的组合。

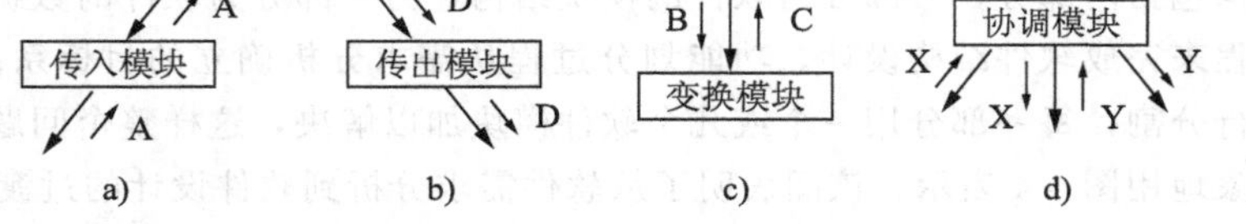


图 4-6　模块的分类

**2. 模块结构**

模块结构表明了程序各个部件（模块）的组织情况，它通常是树状结构或网状结构，其中树状结构常常蕴含了在程序控制上的层次关系。但要注意的是，模块结构是软件的过程表示，它并未表明软件的某些过程性特征。比如，软件的动态特性在模块结构中就未明确体现。

模块结构最普通的形式就是树状结构和网状结构。如图 4-7 所示。

（1）树状结构

在树状结构中，位于最上层的根部是顶层模块，它是程序的主模块。与其联系的有若干下属模块，各下属模块还可以进一步引出更下一层的下属模块。从图 4-7a 所示的树状结构可以看出模块的层次关系。模块A是顶层模块，如果算做第0层，则其下属模块B和C为第1层，模块D、E和F是第2层，等等。

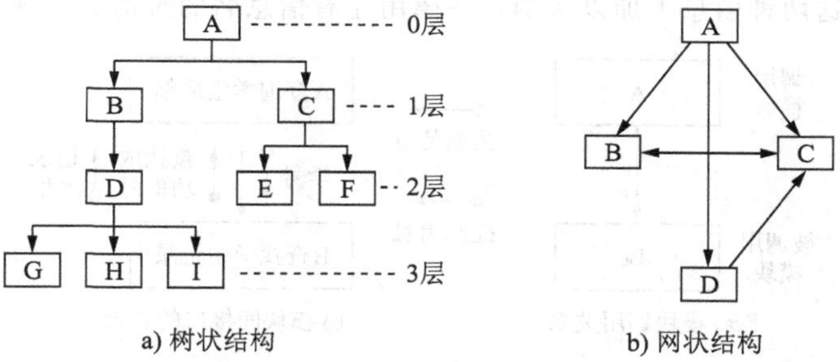


图 4-7　模块的树状结构和网状结构

从图4-7a可知，树状结构的特点是：整个结构只有一个顶层模块，上层模块调用下层模块，同一层模块之间不互相调用。在软件模块设计时，建议采用树状结构，但往往可能在最底层存在一些公共模块（大多为数据操作模块），使得实际软件的模块结构不是严格意义上的树状结构，这属于正常情况。

（2）网状结构

网状结构的情况则完全不同。在网状结构中，任意两个模块间都可以有调用关系。由于不存在上级模块和下属模块的关系，也就分不出层次来。任何两个模块都是平等的，没有从属关系。图4-7b给出了网状结构的例子。在图4-7b中，形式上模块A处在较高的位置上，B、C和D是其下属模块。但在图上又可看出，C是B的下属模块，而B又是C的下属模块，因此无法构成层次关系。

分析两种结构的特点之后可以看出，对于不加限制的网状结构，由于模块间相互关系的任意性，使得整个结构十分复杂，处理起来势必引起许多麻烦。这与原来划分模块以便于处理的意图相矛盾。所以在软件开发的实践中，人们通常采用树状结构，而不采用网状结构。

**3. 结构图**

结构图（Structure Chart，SC）是精确表达模块结构的图形表示工具。它作为软件设计文档的一部分，清楚地反映出软件模块之间的层次调用关系和联系。它不仅严格地定义了各个模块的名字、功能和接口，而且还集中地反映了设计思想。

（1）模块的调用关系和接口

在结构图中，两个模块之间用单向箭头联结。箭头从调用模块指向被调用模块，表示调用模块调用了被调用模块。但其中隐含了一层意思，就是被调用模块执行完成之后，控制又返回到调用模块。图4-8a表示模块A调用了模块B。注意，有些结构图中模块间的调用关系将箭头简单地画为连线，这时只要调用与被调用模块的上下位置保持就是允许的。

（2）模块间的信息传递

当一个模块调用另一个模块时，调用模块把数据或控制信息传送给被调用模块，以使被调用模块能够运行。而被调用模块在执行过程中又把它产生的数据或控制信息回送给调用模块。为了表示在模块之间传递的数据或控制信息，在联结模块的箭头旁边给出短箭头，并且用尾端带有空心圆的短箭头表示数据信息，用尾端带有实心圆的短箭头表示控制信息。通常在短箭头附近应注有信息的名字。如图4-8b所示，在学校教务管理中，查询学生成绩的模块A调用按学生学号查找学生记录的模块B，此时模块A需要把要查询学生的“学号”作为数据信息传送给模块B，在模块B查询结束后，要回送一个是否查找成功的控制信息和一个查找成功时检索出学生成绩记录地址的数据信息。

有的结构图对这两种信息不加以区别，一律用注有信息名的短箭头“→”来表示。

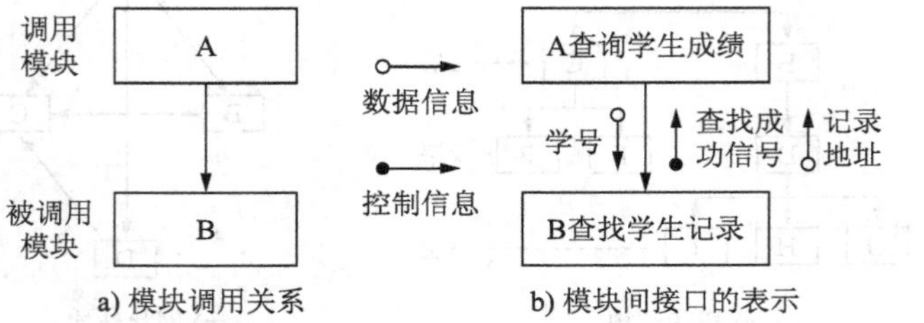


图 4-8 模块间的调用关系和接口表示

(3) 两个辅助符号

当模块A有条件地调用另一个模块B时，在模块A的箭头尾部标以一个菱形符号。当一个模块A反复地调用模块C和模块D时，在调用箭头尾部则标一个弧形符号。请参看图4-9。在结构图中这种条件调用所依赖的条件和循环调用所依赖的循环控制条件通常都无须注明。

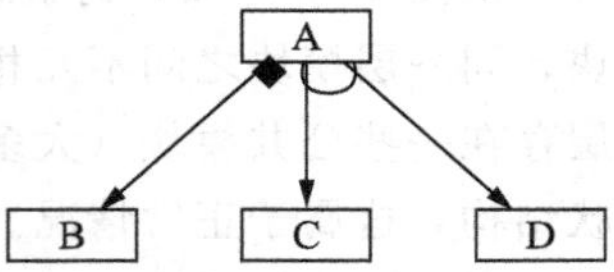


图 4-9 条件调用和循环调用的表示

(4) 结构图的形态特征

图4-10是一个结构图的示例。它是一个软件系统的分层模块结构图。在图中，上级模块调用下级模块。它们之间存在主从关系，即自上而下是“主宰”关系，自下而上是“从属”关系。而同一层的模块之间并没有这种主从关系。

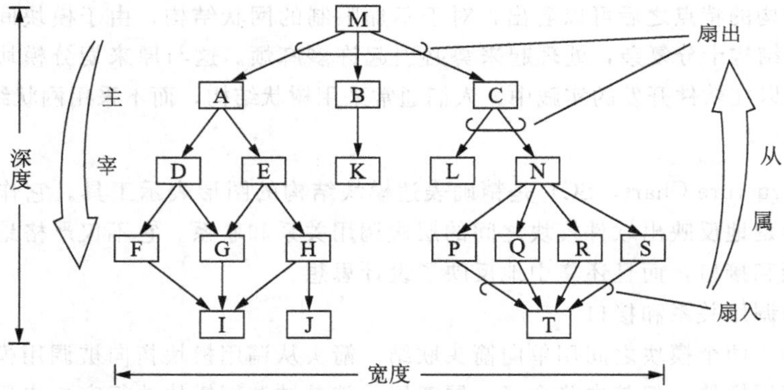


图 4-10 结构图示例

- 模块间的连线：模块之间的调用箭头也可用没有箭头方向的直线表示，在用直线表示时，用模块所处的位置表示它们之间的调用关系，位于上方的模块调用位于下方的模块。
- 结构图的深度：在多层次的结构图中，模块结构的层次数称为结构图的深度。如在图4-10中，结构图的深度为5。结构图的深度在一定意义上反映了程序结构的规模和复杂程度。对于中等规模的程序，其结构图的深度约为10左右。对于一个大型程序，其深度可以有几十层。
- 结构图的宽度：结构图中同一层模块的最大模块数称为结构图的宽度。图4-10中结构图的宽度为7。

• 模块的扇入和扇出：扇出表示一个模块直接调用（或控制）的下属模块的数目。扇入则定义为调用（或控制）一个给定模块的调用模块的数目。多扇出意味着需要控制和协调许多下属模块。而多扇入的模块通常是公用模块。图 4-10 中模块 M 的扇出为 3，模块 T 的扇入为 4。

### 4.2.4 数据结构及表示

数据结构是数据的各个元素之间逻辑关系的一种表示。数据与程序是密不可分的，学习过数据结构的人都不难明白，实现相同的功能，如果采用的数据结构不同，则底层的处理算法也不相同。所以在软件结构的设计中，数据结构与模块结构同等重要。

数据结构设计应确定数据的组织、存取方式、相关程度以及信息的不同处理方法。已有专门的书籍对这些课题进行讨论。全面的讨论超出了本书的范围，但了解一些组织信息的典型方法和信息分层的基本概念还是很必要的。

数据结构的组织方法和复杂程度可以灵活多样，但典型的数据结构种类是有限的，它们是构成一些更复杂结构的基本构件块。图 4-11 给出了典型的数据结构。

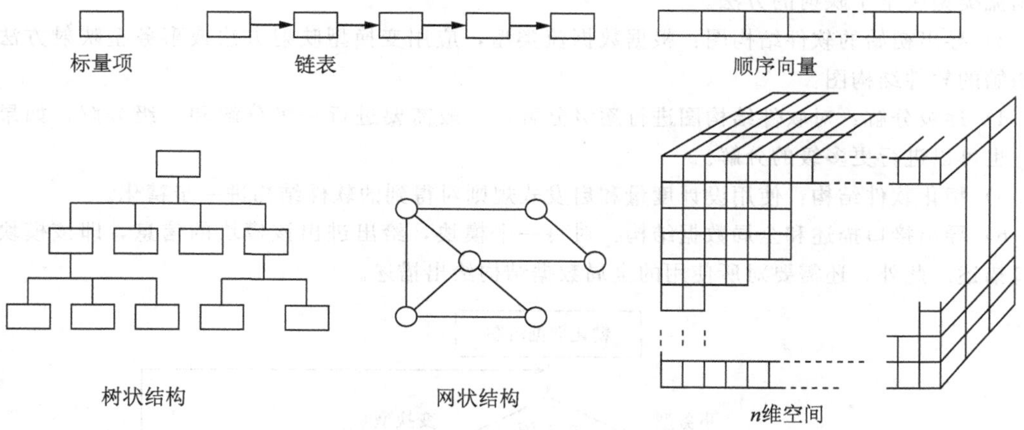


图 4-11 典型的数据结构

标量是所有数据结构中最简单的一种。所谓标量项就是单个的数据元素，例如一个布尔量、整数、实数或一个字符串。可以通过名字对它们进行存取。在不同的程序设计语言中，对标量的大小和格式的规定可能有差别。

若将多个标量项按某种先后顺序组织在一起时，就形成了线性结构。在线性结构中，除了第一个元素，每个元素都只有一个前驱元素；除了最后一个元素，每个元素都只有一个后继元素。可以用链表或顺序向量（又称为一维数组）来存储线性结构的数据。如果对线性结构上的操作进行限制，又形成了栈和队列两种常用的数据结构。

把顺序向量扩展到二维、三维，直至任意维，就形成了 $n$ 维向量空间。最常见的 $n$ 维向量空间是二维矩阵。

组合上述基本数据结构可以构成其他数据结构。例如，可以用包含标量项、向量或 $n$ 维空间的多重链表来建立分层的树状结构和网状结构。而利用它们又可以实现多种集合的存储。

值得注意的是，数据结构和程序结构一样，可以在不同的抽象层次上表示。例如，栈是一种线性结构的逻辑模型，其特点是只允许在结构的一端进行插入或删除运算。它可以用向量实现，也可以用链表实现。根据设计的详细程度的要求，与栈相关的操作细节只在最低的抽象级别上定义，而在较高的抽象级别上则不需要定义，甚至不需要知道是用向量实现的，还是用链表实现的。

## 4.3 体系结构设计

### 4.3.1 基于数据流方法的设计过程

基于数据流的设计方法可以很方便地将数据流图中表示的数据流映射成软件结构，其设计过程如图 4-12 所示。下面对主要过程进行描述。

1）复查并精化数据流图。对需求分析阶段得出的数据流图认真复查，并在必要时进行精化。不仅要确保数据流图给出了目标系统正确的逻辑模型，而且应该使数据流图中每个处理都代表一个规模适中、相对独立的子功能。

2）确定数据流图中数据流的类型，典型的数据流类型有变换型数据流和事务型数据流。数据流类型决定了映射的方法。

3）导出初始的软件结构图：根据数据流类型，应用变换型映射方法或事务型映射方法得到初始的软件结构图。

4）逐级分解：对软件结构图进行逐级分解，一般需要进行一级分解和二级分解，如果需要，也可以进行更多级的分解。

5）精化软件结构：使用设计度量和启发式规则对得到的软件结构进一步精化。

6）导出接口描述和全局数据结构：对每一个模块，给出进出该模块的信息，即该模块的接口描述。此外，还需要对所使用的全局数据结构给出描述。

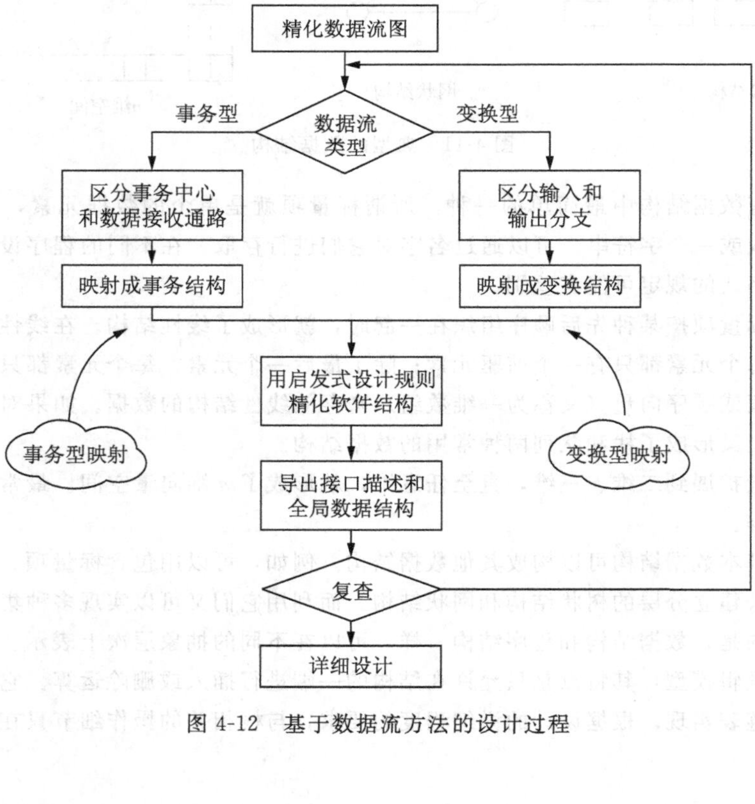


图 4-12　基于数据流方法的设计过程

## 4.3.2 典型的数据流类型和系统结构

典型的数据流类型有变换型数据流和事务型数据流。数据流的类型不同，得到的系统结构也不同。通常，一个系统中的所有数据流都可以认为是变换流，但是，当遇到有明显事务特性的数据流时，建议采用事务型映射方法进行设计。

**1. 变换型数据流与变换型系统结构图**

变换型数据处理问题的工作过程大致分为 3 步，即取得数据，变换数据和给出数据。参看图 4-13。这 3 步反映了变换型问题数据流图的基本思想，或者说是这类问题数据流图概括而抽象的模式。其中，变换数据是数据处理过程的核心工作，而取得数据只不过是为它做准备，给出数据则是对变换后的数据进行后处理工作。

图 4-13　变换型数据流

变换型系统结构图如图 4-14 所示，相应于取得数据、变换数据、给出数据，系统的结构图由输入、中心变换和输出 3 部分组成。

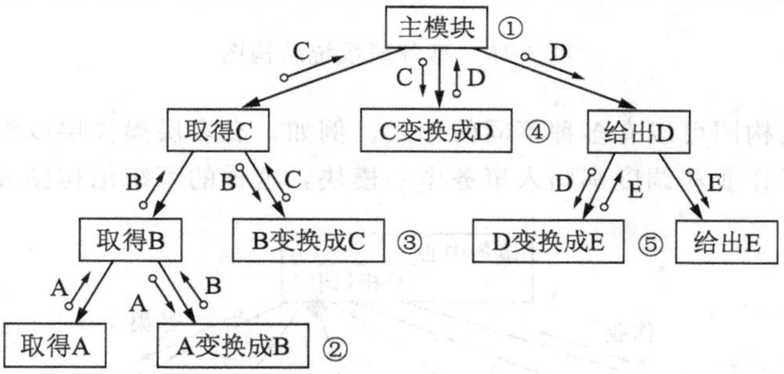


图 4-14　变换型的系统结构图

在图 4-14 中，顶层模块（图中的①）首先得到控制，沿着结构图的左支依次调用其下属模块，直至底层读入数据 A。然后，对 A 进行预加工（图中的②），转换成 B 向上回送。再继续对 B 进行加工（图中的③），转换成逻辑输入 C 回送给主模块。主模块得到数据 C 之后，控制中心变换模块（图中的④），将 C 加工成 D。在调用传出模块输出 D 时，由传出模块调用后处理模块（图中的⑤），将 D 加工成适于输出的形式 E，最后输出结果 E。

**2. 事务型数据流与事务型系统结构图**

另一类典型的数据处理问题是事务型的。通常它是接受一项事务，根据事务处理的特点和性质，选择分派一个适当的处理单元，然后给出结果。我们把完成选择分派任务的部分叫作事务处理中心，或分派部件。这种事务型数据处理问题的数据流图参看图 4-15。其中，输入数据流在事务中心 T 处做出选择，激活某一种事务处理加工。D1～D4 是并列的供选择的事务处理加工。

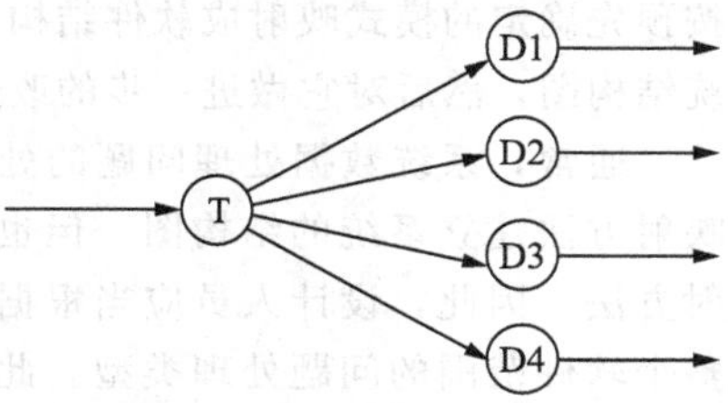


图 4-15　事务型数据流

事务型数据流图所对应的系统结构图就是事务型系统结构图。如图 4-16 所示。在事务型系统结构图中，事务中心模块按所接受的事务类型，选择某一个事务处理模块执行。各个事务处理模块是并列的，依赖于一定的选择条件，分别完成不同的事务处理工作。每个事务处理模块可能要调用若干个操作模块，而操作模块又可能调用若干个细节模块。由于不同的事务处理模块可能有共同的操作，所以某些事务处理模块可能共享一些操作模块。同样，不同的操作模块可以有相同的细节，所以，某些操作模块又可以共享一些细节模块。

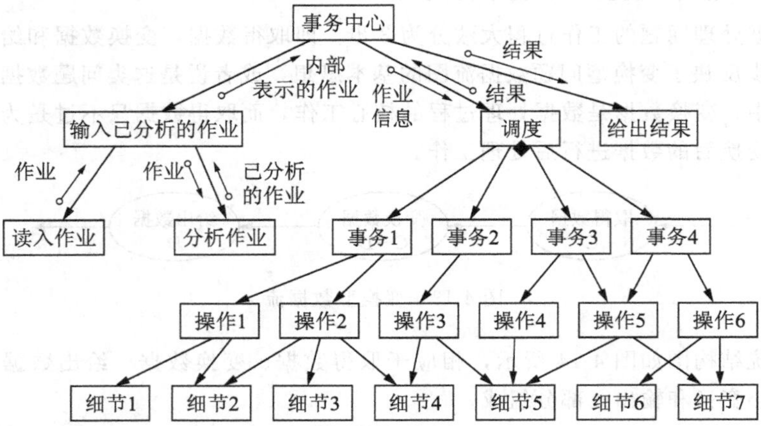


图 4-16 事务型系统结构图

事务型系统的结构图可以有多种不同的形式。例如，有多层操作层或没有操作层。图 4-16 的简化形式是把分析作业和调度都归入事务中心模块，这样的系统结构图如图 4-17 所示。

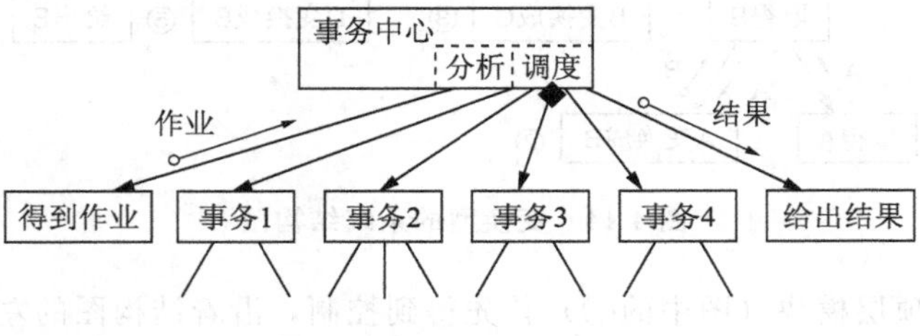


图 4-17 简化的事务型系统结构图

事务型系统结构图在数据处理中经常遇到，但是更多的是变换型与事务型系统结构图的结合。例如，变换型系统结构中的某个变换模块本身又具有事务型的特点。

### 4.3.3 变换型映射方法

变换型映射方法是一系列设计步骤的总称，经过这些步骤，将具有变换流特点的数据流图按预先确定的模式映射成软件结构。一般情况下，先运用变换型映射方法建立初始的变换型系统结构图，然后对它做进一步的改进，最后得到系统的最终结构图。

通常，系统数据处理问题的处理流程总能表示为变换型数据流图，进一步可采用变换型映射方法建立系统的结构图。但也可能遇到明显的事务数据处理问题，这时可采用事务型映射方法。因此，设计人员应当根据数据流图的主要问题类型，选择一个面向全局的，即涉及整个软件范围的问题处理类型。此外，在局部范围内是变换型还是事务型，可具体研究，区别对待。

变换分析方法由以下 4 步组成：

- 重画数据流图；
- 区分有效（逻辑）输入、有效（逻辑）输出和中心变换部分；
- 进行一级分解，设计上层模块；
- 进行二级分解，设计输入、输出和中心变换部分的中、下层模块。

下面分步讨论。

(1) 重画数据流图

在需求分析阶段得到的数据流图侧重于描述系统如何加工数据，而重画数据流图的出发点是描述系统中的数据是如何流动的。因此，重画数据流图应注意以下几个要点：

1) 以需求分析阶段得到的数据流图为基础重画数据流图时，可以从物理输入到物理输出，或者相反。还可以从顶层加工框开始，逐层向下。

2) 在图上不要出现控制逻辑（如判定、循环等）。要知道，用箭头表示的是数据流，而不是控制流。

3) 不要去关注系统的开始和终止。（假定系统在不停地运行。）

4) 省略每一个加工框的简单例外处理。

5) 当数据流进入和离开一个加工框时，要仔细地标记它们，不要重名。

6) 如有必要，可以使用逻辑运算符 * （表示逻辑与）和⊕（表示异或）。

7) 仔细检查每层数据流的正确性。

(2) 在数据流图上区分系统的逻辑输入、逻辑输出和中心变换部分

在这一步，可以暂时不考虑数据流图的一些支流，例如错误处理等。如果设计人员的经验比较丰富，对要设计系统的软件规格说明又很熟悉，那么决定哪些加工框是系统的中心变换就比较容易。例如，几股数据流汇集的地方往往是系统的中心变换部分。在图 4-18 中，"计算"就是中心变换框。它有一个输入和两个输出，是数据流图内所有加工框中数据流比较集中的一个框。

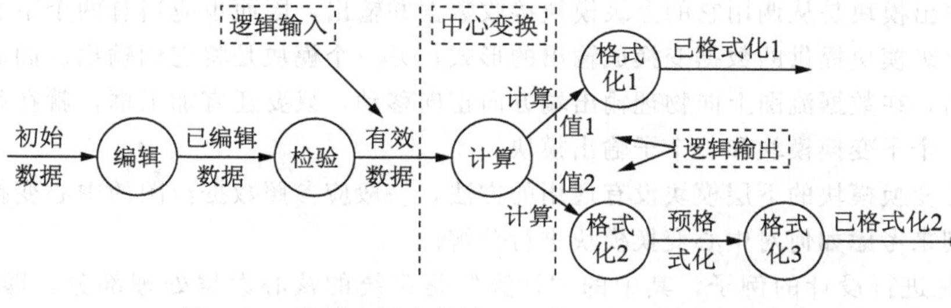


图 4-18　数据流图中的输入、中心变换与输出部分

另外，可以用试探方法来确定系统的逻辑输入和逻辑输出。

我们从数据流图上的物理输入端开始，一步一步向系统的中间移动，一直到遇到的数据流不再被看作系统的输入为止，则其前一个数据流就是系统的逻辑输入。也就是说，逻辑输入就是离物理输入端最远的但仍被看作系统输入的数据流。

类似地，从物理输出端开始，一步一步地向系统的中间移动，我们就可以找到离物理输出端最远的但仍被看作系统输出的数据流，它就是系统的逻辑输出。

从物理输入端到逻辑输入，构成系统的输入部分；从物理输出端到逻辑输出，构成系统的输出部分；夹在输入部分和输出部分中间的部分就是中心变换部分。

中心变换部分是系统的中心加工部分。从输入设备获得的物理输入一般要经过编辑、数制

转换、格式变换、合法性检查等一系列预处理，最后才变成逻辑输入传送给中心变换部分。同样，从中心变换部分产生的是逻辑输出，它要经过格式转换、组成物理块等一系列后处理，才成为物理输出。

有的系统仅有输入部分和输出部分，没有中心变换部分。

(3) 进行一级分解，设计系统模块结构的顶层和第一层

自顶向下设计的关键是找出系统树形结构图的根或顶层模块。事实上，数据流图的中心变换部分应当与程序结构图的主要模块有对应关系。我们首先设计一个主模块，并用程序的名字为它命名，然后将它画在与中心变换相对应的位置上。作为系统的顶层，它的功能是调用下一层模块，完成系统所要做的各项工作。

主模块设计好之后，下面的模块结构就可以按照输入、中心变换和输出等分支来处理。模块结构的第一层可以这样来设计：为每一个逻辑输入设计一个输入模块，它的功能是为主模块提供数据；为每一个逻辑输出设计一个输出模块，它的功能是将主模块提供的数据输出；为中心变换设计一个变换模块，它的功能是将逻辑输入转换成逻辑输出。

第一层模块与主模块之间传送的数据应与数据流图相对应，参看图 4-19。在图 4-19 中，主模块控制、协调第一层的输入模块、变换模块和输出模块的工作。一般说来，它要根据一些逻辑（条件或循环）来控制对这些模块的调用。

(4) 进行二级分解，设计中、下层模块

这一步工作是自顶向下、逐层细化，为每一个输入模块、输出模块、变换模块设计它们的从属模块。

设计下层模块的顺序是任意的。但一般是先设计输入模块的下层模块。输入模块的功能是向调用它的上级模块提供数据，所以它必须要有一个数据来源。因而它必须有两个下属模块：一个模块是接收数据；另一个模块是把这些数据变换成它的上级模块所需的数据。但是，如果输入模块已经是原子模块，即物理输入端，则细化工作停止。

同样，输出模块是从调用它的上级模块接收数据并输出，因而也应当有两个下属模块：一个模块是将上级模块提供的数据变换成输出的形式；另一个模块是将它们输出。因此，对于每一个逻辑输出，在数据流图上向物理输出端方向正向移动，只要还有加工框，就在相应输出模块下面建立一个子变换模块和一个子输出模块。

设计中心变换模块的下层模块没有通用的方法，一般应参照数据流图的中心变换部分和功能分解的原则来考虑如何对中心变换模块进行分解。

图 4-19 是进行设计的例子。其中的“计算”是系统的核心数据处理部分，即中心变换。中心变换左边的“编辑”和“检验”是为“计算”做准备的预变换。预变换以后，送入主模块的数据流就是系统的逻辑输入。中心变换送出的数据流就是系统的逻辑输出。中心变换右边的“格式化 1”和“格式化 2”都是对计算值做格式化处理的后变换。

### 4.3.4 事务型映射方法

在很多软件应用中，存在某种作业数据流，它可以引发一个或多个处理，这些处理能够完成该作业要求的功能。这种数据流就叫作事务。有关各个处理的数据流图和结构图在前面已经有过介绍，下面讨论如何从数据流图建立系统结构图。

与变换分析一样，事务分析也是从分析数据流图开始，自顶向下，逐步分解，建立系统的结构图。这里取图 4-20a 所示的数据流图为例。

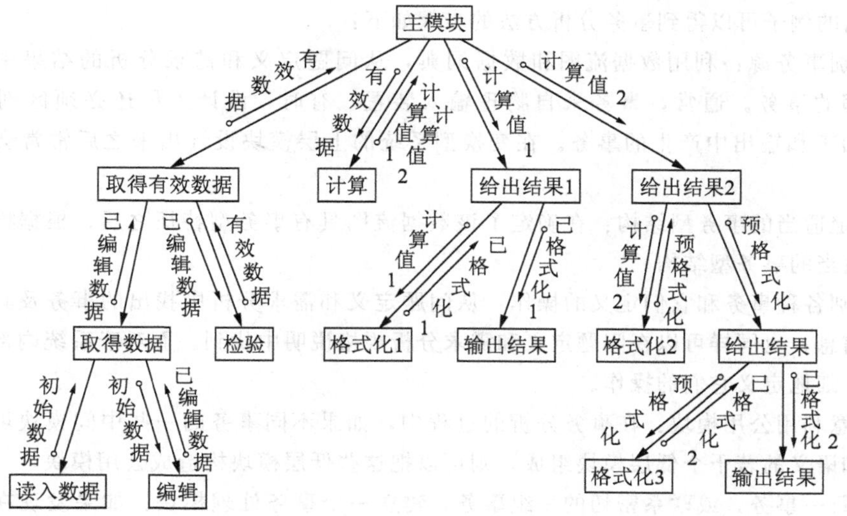


图 4-19　变换型数据流导出的结构图

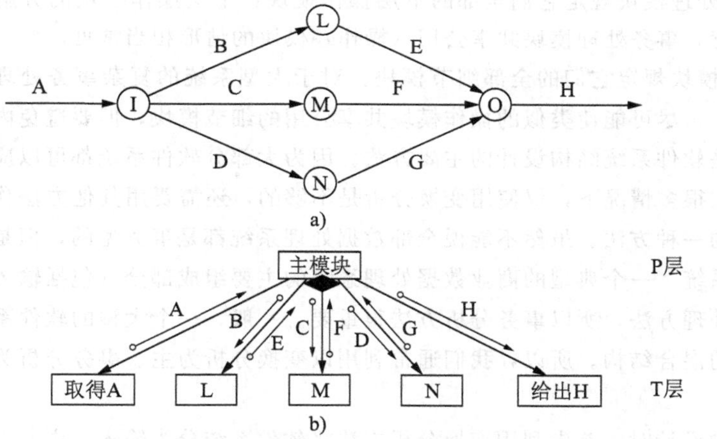


图 4-20　事务型数据流导出的系统结构图

在图 4-20a 所示的数据流图中，首先确定了它是具有事务型特征的数据流图。也就是说，数据流 A 是一个带有“请求”性质的信息，即为事务源。而加工 I 则具有“事务中心”的功能，它后继的 3 个加工 L、M、N 是并列的，在加工 A 的选择控制下完成不同功能的处理。最后，经过加工 O 将某一加工处理的结果整理输出。

为此，首先建立一个主模块用以代表整个加工，它位于 P 层（主层）。然后考虑被称为 T 层（事务层）的第二层模块。第二层模块只能是 3 类：取得事务、处理事务和给出结果。在图 4-20b 中，依次并列的 3 个加工，在主模块之下建立了 3 个事务模块，分别完成 L、M 和 N 的工作。并在主模块的下面以菱形引出对这 3 个事务模块的选择，而在这些事务模块的左右两边则是对应于加工 I 和 O 的“取得 A”模块和“给出 H”模块。

各个事务模块下层的操作模块（即 A 层，活动层）和细节模块（即 D 层，细节层）在图中未画出，可以继续分解扩展，直至完成整个结构图。

从上面的例子可以得到事务分析方法的步骤如下：

1）识别事务源：利用数据流图和数据词典，从问题定义和需求分析的结果中，找出各种需要处理的事务。通常，事务来自物理输入装置。有时，设计人员还必须区别系统的输入、中心加工和输出中产生的事务。在变换型系统的上层模块设计出来之后常常会遇到这种情形。

2）规定适当的事务型结构：在确定了该数据流图具有事务型特征之后，根据模块划分理论，建立适当的事务型结构。

3）识别各种事务和它们定义的操作：从问题定义和需求分析中找出的事务及其操作所必需的全部信息，也同样可以在问题定义和需求分析规格说明中找到。而对于系统内部产生的事务，必须仔细地定义它们的操作。

4）注意利用公用模块：在事务分析的过程中，如果不同事务的一些中间模块可由具有类似的语法和语义的若干个低层模块组成，则可以把这些低层模块构造成公用模块。

5）对每一事务，或联系密切的一组事务，建立一个事务处理模块：如果发现在系统中有类似的事务，可以把它们组成一个事务处理模块。但如果组合后的模块是低内聚的，则应该再打散重新考虑。这就是说，应当避免如逻辑内聚性模块之类的低内聚模块。

6）对事务处理模块规定它们全部的下层操作模块：下层操作模块的分解方法类似于变换分析。但要注意，事务处理模块共享公用（操作）模块的情形相当常见。

7）对操作模块规定它们的全部细节模块：对于大型系统的复杂事务处理，可能有若干层细节模块。另外，尽可能使类似的操作模块共享公用的细节模块，但要避免内容耦合。

变换分析是软件系统结构设计的主要方法。因为大部分软件系统都可以应用变换分析进行设计。但是，在很多情况下，仅使用变换分析是不够的，还需要用其他方法作为补充。事务分析就是最重要的一种方法。虽然不能说全部数据处理系统都是事务型的，但是很多数据处理系统属于事务型系统。一个典型的商业数据处理系统的主要组成部分（包括输入和输出部分）也可以使用事务处理方法。所以事务分析方法很重要。一般，一个大型的软件系统是变换型结构和事务型结构的混合结构。所以，我们通常利用以变换分析为主、事务分析为辅的方式进行软件结构设计。

在系统结构设计时，首先利用变换分析方法将软件系统分为输入、中心变换和输出 3 个部分，设计上层模块，即主模块和第一层模块。然后根据数据流图各部分的结构特点，适当地利用变换分析或事务分析，就可以得到初始系统结构图的方案。

图 4-21 所示的例子就是一个典型的变换-事务混合型问题的结构图。系统的输入、中心变换、输出 3 个部分是利用变换分析方法确定的，由此得到主模块及其下属的第一层模块“得到 D”“变换”和“给出 K”。对图中的输入部分和变换部分又可以利用事务分析方法进行设计。例如，模块“调度 BC”及其下属模块，模块“变换”及其下属模块都属于事务型。

### 4.3.5 模块间的耦合与内聚

**1. 耦合**

耦合是程序结构中各个模块之间相互关联的度量，它取决于各个模块之间接口的复杂程度、调用模块的方式以及通过接口的信息类型。

一般模块之间可能的耦合方式有 7 种类型，如图 4-22 所示。

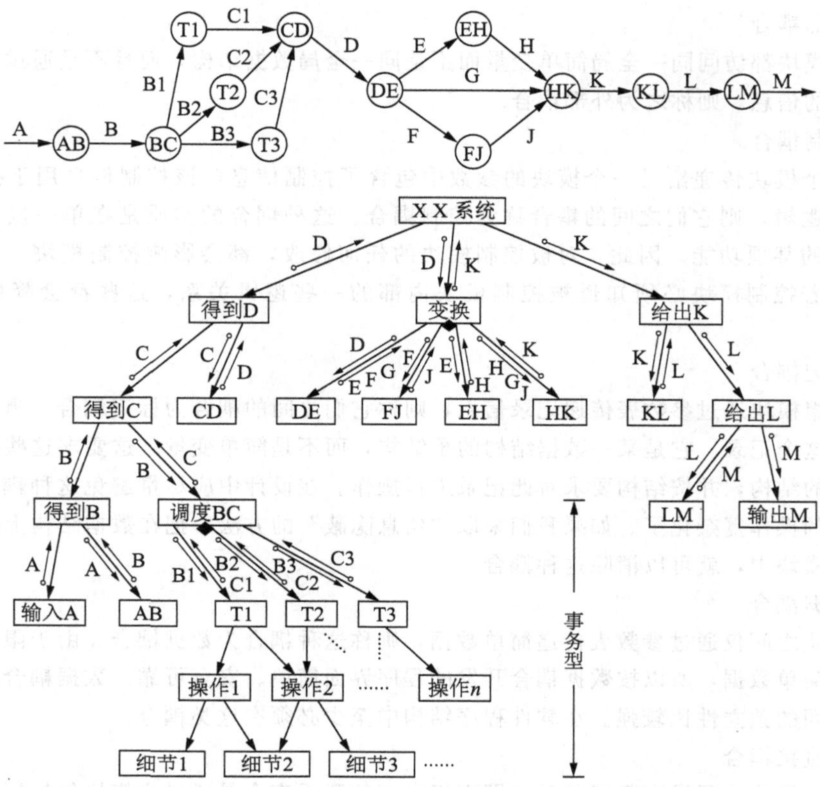


图 4-21 一个典型的变换-事务混合型问题的结构图

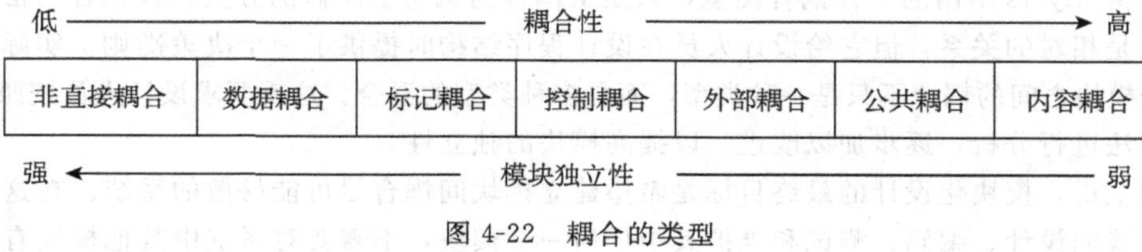


图 4-22 耦合的类型

(1) 内容耦合

如果发生下列情形，两个模块之间就发生了内容耦合：

1) 一个模块直接访问另一个模块的内部数据；

2) 一个模块不通过正常入口转到另一个模块内部；

3) 两个模块有一部分程序代码重叠（只可能出现在汇编语言中）；

4) 一个模块有多个入口。

在内容耦合的情形下，被访问模块的任何变更，或者用不同的编译器对它再编译，都会造成程序出错。它一般出现在汇编语言程序中，目前大多数高级程序设计语言已经设计成不允许出现内容耦合。这种耦合是模块独立性最弱的。

(2) 公共耦合

若一组模块都访问同一个公共数据环境，则它们之间的耦合就称为公共耦合。公共的数据环境可以是全局数据结构、共享的通信区、内存的公共覆盖区等。

（3）外部耦合

若一组模块都访问同一全局简单变量而不是同一全局数据结构，而且不是通过参数表传递该全局变量的信息，则称之为外部耦合。

（4）控制耦合

如果一个模块传递给另一个模块的参数中包含了控制信息，该控制信息用于控制接收模块中的执行逻辑，则它们之间的耦合称为控制耦合。这种耦合的实质是在单一接口上选择多功能模块中的某项功能。因此，对被控制模块的任何修改，都会影响控制模块。另外，控制耦合也意味着控制模块必须知道被控制模块内部的一些逻辑关系，这些都会降低模块的独立性。

（5）标记耦合

如果一组模块通过参数表传递记录信息，则称它们之间的耦合为标记耦合。事实上，这组模块共享了这个记录，它是某一数据结构的子结构，而不是简单变量。这要求这些模块都必须清楚该记录的结构，并按结构要求对此记录进行操作。在设计中应尽量避免这种耦合，它使在数据结构上的操作复杂化了。如果我们采取“信息隐蔽”的方法，把在数据结构上的操作全部集中在一个模块中，就可以消除这种耦合。

（6）数据耦合

两个模块之间仅通过参数表传递简单数据，则称这种耦合为数据耦合。由于限制了只通过参数表传递简单数据，所以按数据耦合开发的程序界面简单、安全可靠。数据耦合是松散的耦合，模块之间的独立性比较强。在软件程序结构中至少必须有这类耦合。

（7）非直接耦合

如果两个模块之间没有直接关系，即它们之间的联系完全是通过主模块的控制和调用来实现的，这就是非直接耦合。这种耦合的模块独立性最强。

以上由 Myers 给出的 7 种耦合类型，只是从耦合的机制上所做的分类，按耦合的松紧程度的排列只是相对的关系，但它给设计人员在设计程序结构时提供了一个决策准则。实际上，开始时两个模块之间的耦合不只是一种类型，而是多种类型的混合。这就要求设计人员按照 Myers 提出的方法进行分析，逐步加以改进，以提高模块的独立性。

原则上讲，模块化设计的最终目标是希望建立模块间耦合尽可能松散的系统。在这样一个系统中，我们设计、编码、测试和维护其中任何一个模块，不需要对系统中其他模块有很多的了解。此外，由于模块间联系简单，发生在某一处的错误传播到整个系统的可能性很小。因此，模块间的耦合情况很大程度影响到系统的可维护性。

**2. 内聚**

内聚是一个模块内部各个元素彼此结合的紧密程度的度量。在理想情况下，一个内聚性高的模块应当只做一件事情。一般模块的内聚性分为 7 种类型，它们的关系如图 4-23 所示。

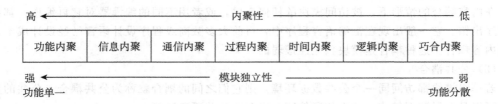

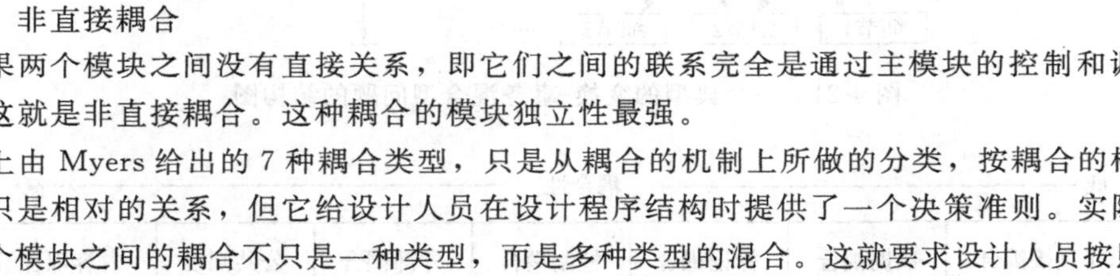


图 4-23　内聚的类型

在上面的关系中可以看到，位于高端的几种内聚类型最好，位于中段的几种内聚类型是可以接受的，但位于低端的内聚类型很不好，一般不能使用。因此，人们总是希望一个模块的内聚类型向内聚程度高的方向靠。模块的内聚在系统的模块化设计中是一个关键的因素。

(1) 巧合内聚

巧合内聚又称为偶然内聚。当模块内各部分之间没有联系，或者即使有联系，这种联系也很松散，则称这种模块为巧合内聚模块，它是内聚程度最低的模块。例如，一些没有任何联系的语句可能在许多模块中重复多次，程序员为了节省存储，把它们抽出来组成一个新的模块，这个模块就是巧合内聚模块。

(2) 逻辑内聚

这种模块把几种相关的功能组合在一起，每次被调用时，由传送给模块的判定参数来确定该模块应执行哪一种功能。例如，根据输入的控制信息，或从文件中读入一个记录，或向文件中写一个记录。这种模块是单入口多功能模块，例如错误处理模块，它接收出错信号，对不同类型的错误打印出不同的出错信息。

(3) 时间内聚

时间内聚又称为经典内聚。这种模块大多为多功能模块，但模块的各个功能的执行与时间有关，通常要求所有功能必须在同一时间段内执行。例如初始化模块和终止模块。

(4) 过程内聚

如果一个模块内的处理是相关的，而且必须以特定次序执行，则称这个模块为过程内聚模块。这类模块的内聚程度比时间内聚模块的内聚程度更强一些。另外，因为过程内聚模块仅包括完整功能的一部分，所以它的内聚程度仍然比较低，模块间的耦合程度还比较高。

(5) 通信内聚

如果一个模块内各功能部分都使用了相同的输入数据，或产生了相同的输出数据，则称之为通信内聚模块。通信内聚模块的内聚程度比过程内聚模块的内聚程度要高，因为在通信内聚模块中包括了许多独立的功能。但是，由于模块中各功能部分使用了相同的输入/输出缓冲区，因而降低了整个系统的效率。

(6) 信息内聚

这种模块完成多个功能，各个功能都在同一数据结构上操作，每一项功能有一个唯一的入口点。例如对某个数据表的增加、修改、删除、查询功能，这个模块将根据不同的要求确定该执行哪一个功能。由于这个模块的所有功能都是基于同一个数据结构（数据表），因此，它是一个信息内聚的模块。

信息内聚模块可以看成是多个功能内聚模块的组合，并且达到信息的隐蔽。即把某个数据结构、资源或设备隐蔽在一个模块内，不为别的模块所知晓。

(7) 功能内聚

一个模块中各个部分都是完成某一具体功能必不可少的组成部分，或者说该模块中所有部分都是为了完成一项具体功能而协同工作、紧密联系、不可分割的，则称该模块为功能内聚模块。功能内聚模块的优点是它们容易修改和维护，因为它们的功能是明确的，模块间的耦合是简单的。

功能内聚模块的内聚程度最高。在把一个系统分解成模块的过程中，应当尽可能使模块达到功能内聚这一级。

### 4.3.6 软件模块结构的改进方法

为了改进系统的初始模块结构图，人们经过长期软件开发的实践，得到了一些启发式规则，利用它们可以帮助设计人员改进软件设计，提高设计的质量。

（1）模块功能的完善化

一个完整的功能模块，不仅能够完成指定的功能，而且还应当能够告诉使用者完成任务的状态，以及不能完成的原因。也就是说，一个完整的模块应当有以下几部分：

1）执行规定的功能部分。

2）出错处理部分。当模块不能完成规定的功能时，必须回送出错标志，向它的调用者报告出现这种例外情况的原因。

3）如果需要返回一系列数据给它的调用者，在完成数据加工或结束时，应当给它的调用者返回一个“结束标志”。

所有上述部分，都应当看作是一个模块的有机组成部分，不应分离到其他模块中去，否则将会增大模块间的耦合程度。

（2）消除重复功能，改善软件结构

在得出系统的初始结构图之后，应当审查分析这个结构图。如果发现几个模块的功能有相似之处，可以加以改进。

1）完全相似：在结构上完全相似，可能只是在数据类型上不一致。此时可以采取完全合并的方法，只需在数据类型的描述上和变量定义上加以改进就可以了。

2）局部相似：如图 4-24a 所示，虚线框部分是相似的。此时，不可以把两者合并为一，如图 4-24b 所示，因为这样在合并后的模块内部必需设置许多查询开关，如图 4-24f 所示，势必把模块降低到逻辑内聚一级。一般处理办法是分析 R1 和 R2，找出其相同部分，从 R1 和 R2 中分离出去，重新定义成一个独立的下层模块。R1 和 R2 剩余的部分根据情况还可以与它的上级模块合并，以减少控制的传递、全局数据的引用和接口的复杂性，这样就形成了如图4-24c、d、e 所示的各种方案。这些方案无论在减少模块间的耦合性方面，还是在提高模块的内聚性方面，都收到了较好的效果。

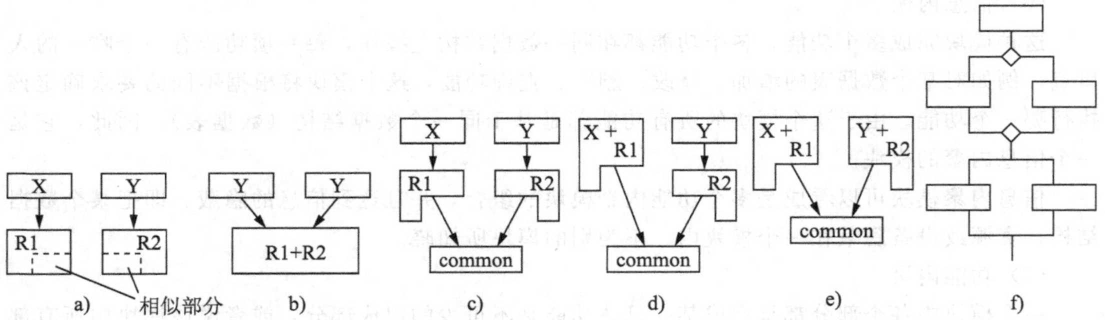


图 4-24　相似模块的各种合并方案

（3）模块的作用范围应在控制范围之内

模块的控制范围包括它本身及其所有的从属模块。如图 4-25a 所示，模块 A 的控制范围为模块 A、B、C、D、E、F、G。模块 C 的控制范围为模块 C、F、G。

模块的作用范围是指模块内一个判定的作用范围，凡是受这个判定影响的所有模块都属于这个判定的作用范围。

如果一个判定的作用范围包含在这个判定所在模块的控制范围之内，则这种结构是简单的。

下面给出几种不同的作用范围/控制范围的实例，并讨论模块间的关系。

图中加黑框表示判定的作用范围。图 4-25b 表明作用范围不在控制范围之内，模块 G 做出一个判定之后，若需要模块 C 工作，则必须把信号回送给模块 D，再由 D 把信号回送给模块 B，这样就增加了数据的传送量和模块间的耦合，使模块之间出现了控制耦合，这显然不是一个好的设计。图 4-25c 中虽然模块的作用范围在控制范围之内，可是判定所在模块 TOP 所处层次太高，这样也需要经过不必要的信号传送，增加了数据的传送量，虽然可以用，但不是较好的结构。图 4-25d 中作用范围在控制范围之内，只有一个判定分支有一个不必要的穿越，这样的结构比较好，但不是最理想的。图 4-25e 是一个比较理想的结构。

从以上的比较中可知，在一个设计得很好的系统模块结构图中，所有受一个判定影响的模块应该都从属于该判定所在的模块，最好局限于做出判定的那个模块本身及它的直接下属模块，如图 4-25e 中那样。

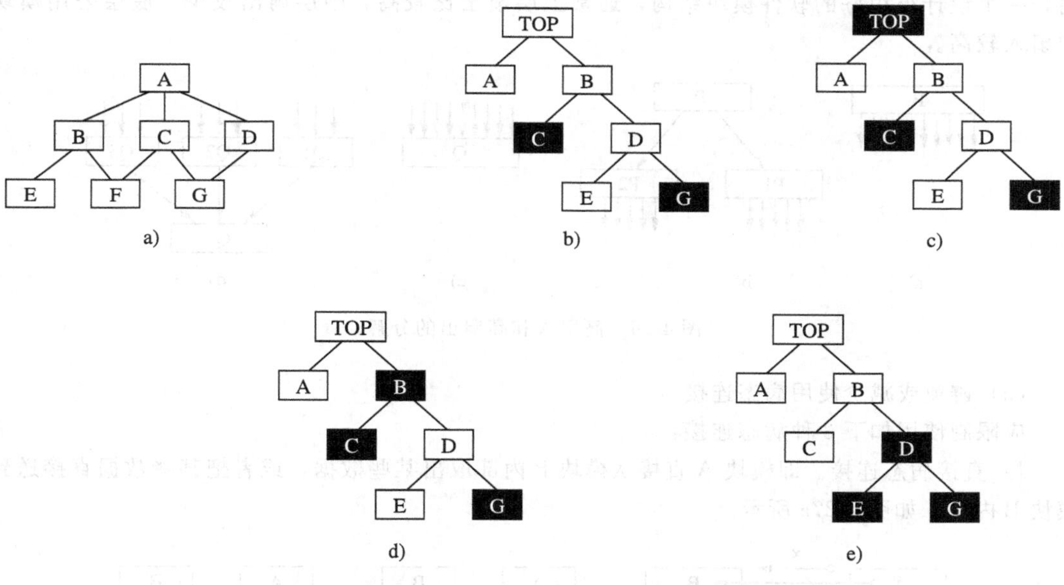


图 4-25　模块的作用范围与控制范围的关系

如果在设计过程中，发现作用范围不在控制范围内，可采用如下办法把作用范围移到控制范围之内：

1）将判定所在模块合并到父模块中，使判定处于较高层次。

2）将受判定影响的模块下移到控制范围内。

3）将判定上移到层次中较高的位置。

上述方法实现起来并不容易，而且会受到其他因素的影响。因此，在改进模块的结构时，应当根据具体情况，通盘考虑。既要使软件结构最好地体现问题的原来结构，又要考虑在实现上的可行性。

（4）尽可能减少高扇出结构，随着深度增大扇入

模块的扇出数是指模块调用子模块的个数。如果一个模块的扇出数过大，就意味着该模

块过分复杂，需要协调和控制过多的下属模块。一般说来，出现这种情况是由于缺乏中间层次。所以应当适当增加中间层次的控制模块。如图 4-26a 所示，模块 P 的扇出数为 10，属于高扇出结构。我们通过增加两个中间层次的模块 P1 和 P2，可将模块 P 改造成如图 4-26b 所示的模块结构。而且模块的扇出数过大，将使得结构图的宽度变大，宽度越大，结构图越复杂。比较适当的扇出数为 2～5，最多不要超过 9。模块的扇出数过小，例如总是 1，也不好。这样将使得结构图的深度大大增加，不但增大了模块接口的复杂性，而且增加了调用和返回上的时间开销，降低了工作效率。经验表明，一个设计得较好的软件模块结构，平均扇出数是 3～4。

一个模块的扇入数越大，则共享该模块的上级模块数目越多。扇入大，是有好处的，但如果一个模块的扇入数太大，例如超过 8，而它又不是公用模块，说明该模块可能具有多个功能。在这种情况下应当对它进一步分析并将其功能分解。如图 4-26c 所示模块 Q 的扇入数为 9，它又不是公用模块，通过分析得知它是 3 功能的模块，我们对它进行分解，增加三个中间控制模块 Q1、Q2 和 Q3，而把真正公用部分提取出来留在 Q 中，使它成为这三个中间模块的公用模块，使各模块的功能单一化，从而改善了模块结构。如图 4-26d 所示。经验证明，一个设计得很好的软件模块结构，通常上层扇出比较高，中层扇出较少，底层公用模块的扇入较高。

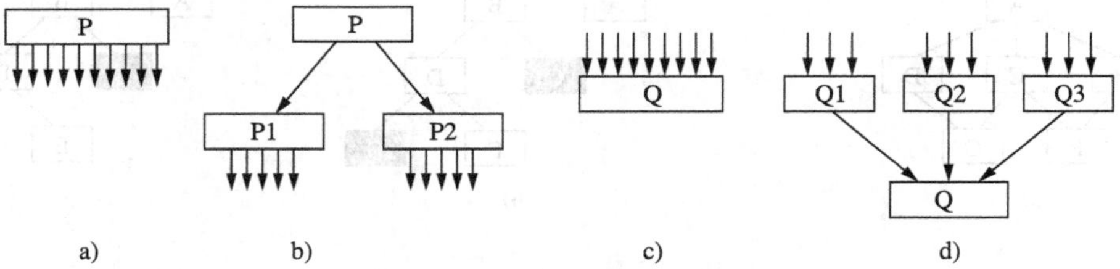


图 4-26 高扇入和高扇出的分解

(5) 避免或减少使用病态连接

应限制使用如下 3 种病态连接：

1) 直接病态连接。即模块 A 直接从模块 B 内部取出某些数据，或者把某些数据直接送到模块 B 内部。如图 4-27a 所示。

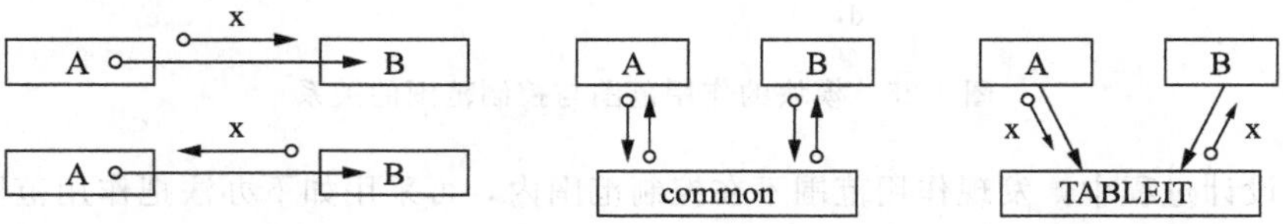


a) 直接病态连接　b) 公共数据域病态连接　c) 通信模块病态连接

图 4-27 限制使用的病态连接

2) 公共数据域病态连接。模块 A 和模块 B 通过公共数据域，直接传送或接收数据，而不是通过它们的上级模块。这种方式将使得模块间的耦合程度剧增。它不仅影响模块 A 和模块 B，而且影响与公共数据域有关联的所有模块。如图 4-27b 所示。

3) 通信模块连接。即模块 A 和模块 B 通过通信模块 TABLEIT 传送数据。如图 4-27c 所示。从表面看，这不是病态连接，因为模块 A 和模块 B 都未涉及通信模块 TABLEIT 的内部。

然而，它们之间的通信（即数据传送）没有通过它们的上级模块。从这个意义上讲，这种连接是病态的。因此，上级模块的修改、排错和维护都必须考虑对模块 A 和模块 B 之间数据传送的影响。

为了避免病态连接，防止内容耦合，设计应尽量达到单入口和单出口，这样不但便于阅读程序、理解程序，而且不易出错。此外，尽量通过参数表传递模块间的数据，以消除病态连接。

（6）模块的大小要适中

模块的大小，可以用模块中所含语句的数量的多少来衡量。有人认为限制模块的大小也是减少复杂性的手段之一，因而要求把模块的大小限制在一定的范围之内。通常规定其语句行数在 50～100 左右，保持在一页纸之内，最多不超过 500 行。这对于提高程序的可理解性是有好处的，但只能做一个参考数字。根本问题还是要保证模块的独立性。

实际上，体积大的模块往往是由于分解不充分，因此可以对功能进一步分解，生成一些下级模块或同层模块。反之，模块体积过小时也可以考虑是否可能与调用它的上级模块合并。但是，体积小的模块，如果是功能内聚性模块，或者它为多个模块所共享，或者调用它的上级模块很复杂，在这种情况下，一定不要把它合并到其他模块中去。

**【例 4.1】**　针对第 3 章例 3.1 的银行储蓄系统，开发软件的结构图。

第一步：对银行储蓄系统的数据流图进行复查并精化，得到图 4-28 所示的数据流图。

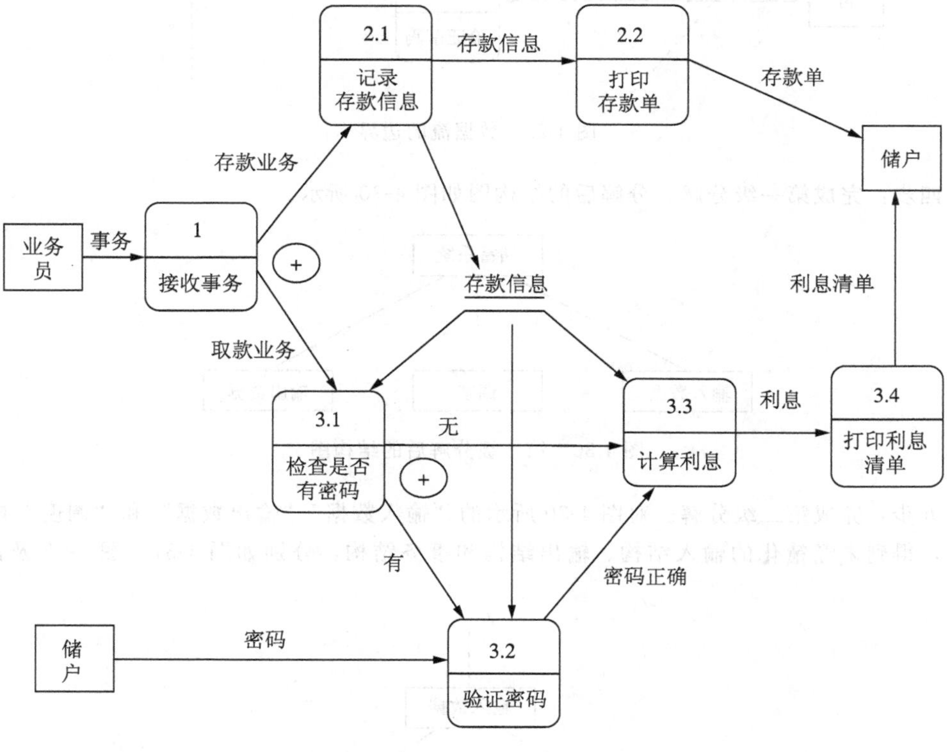


图 4-28　银行储蓄系统的数据流图

第二步：确定数据流图具有变换特性还是事务特性。通过对图 4-28 所示的数据流图进行分析，可以看到整个系统是对存款及取款两种不同的事务进行处理，因此具有事务特性。

第三步：确定输入流和输出流的边界。如图 4-29 所示。

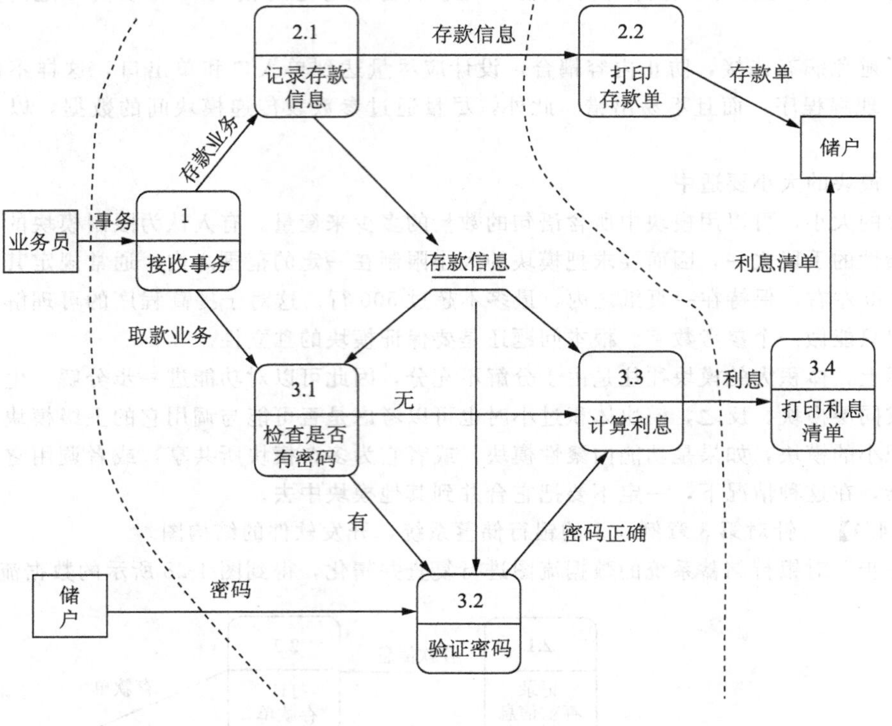


图 4-29 数据流的边界

第四步：完成第一级分解。分解后的结构图如图 4-30 所示。

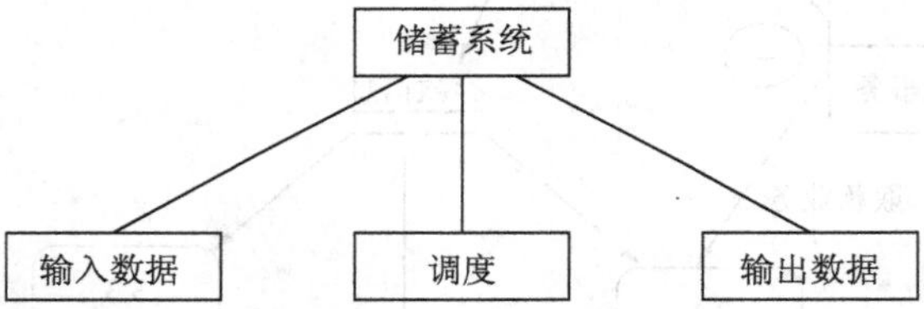


图 4-30 第一级分解后的结构图

第五步：完成第二级分解。对图 4-30 所示的“输入数据”“输出数据”和“调度”模块进行分解，得到未经精化的输入结构、输出结构和事务结构，分别如图 4-31、图 4-32 及图4-33 所示。

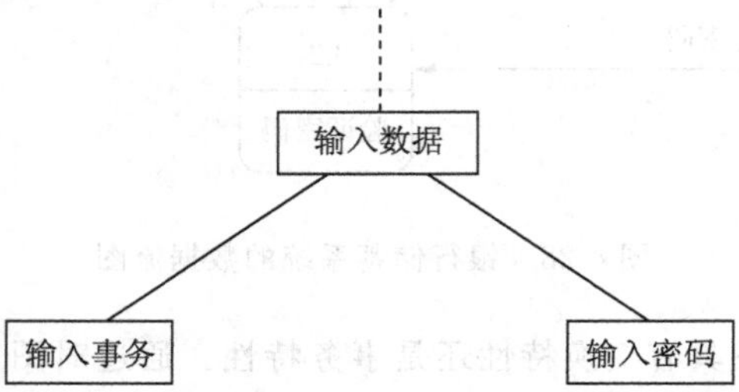


图 4-31 未经精化的输入结构

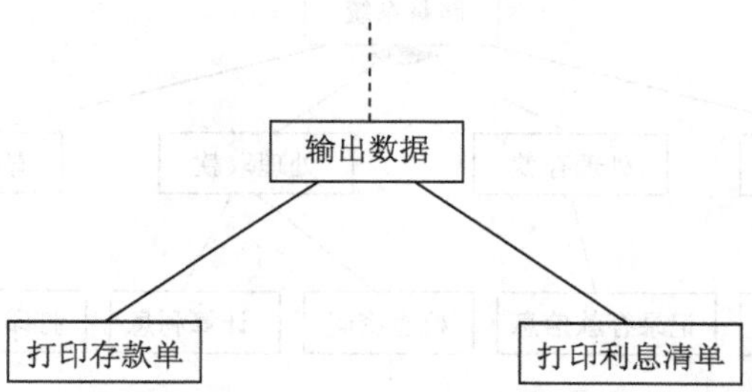


图 4-32　未经精化的输出结构

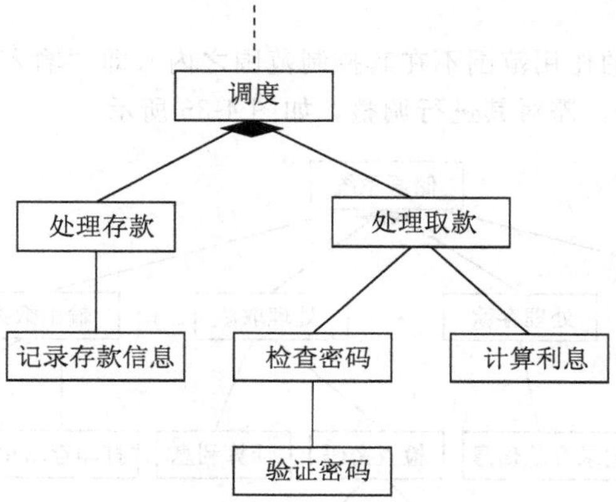


图 4-33　未经精化的事务结构

将上面的 3 部分合在一起，得到初始的软件结构，如图 4-34 所示。

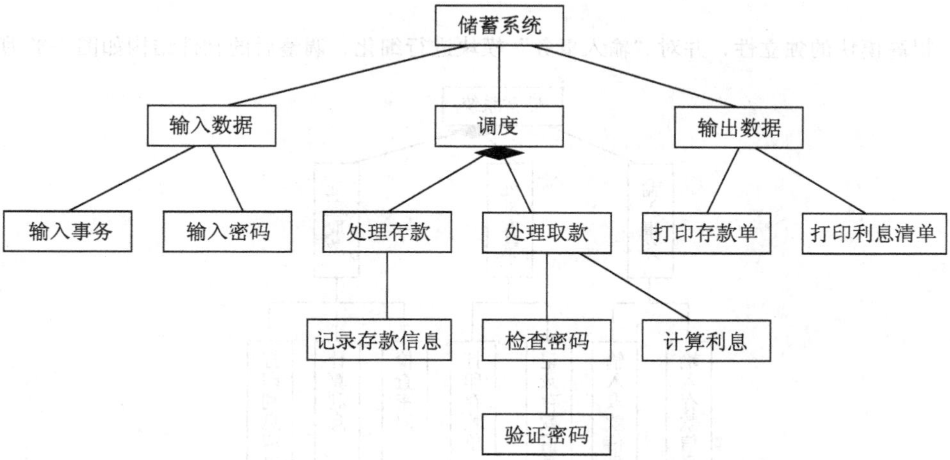


图 4-34　初始的软件结构

第六步：对软件结构进行精化。

1）由于调度模块下只有两种事务，因此，可以将调度模块合并到上级模块中，如图4-35 所示。

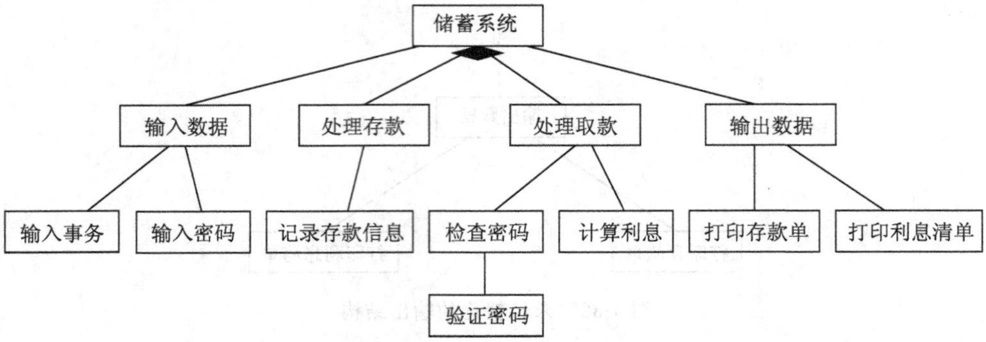


图 4-35　将调度模块合并到上级模块后的软件结构

2)“检查密码”模块的作用范围不在其控制范围之内（即“输入密码”模块不在“检查密码”模块的控制范围之内），需对其进行调整，如图 4-36 所示。

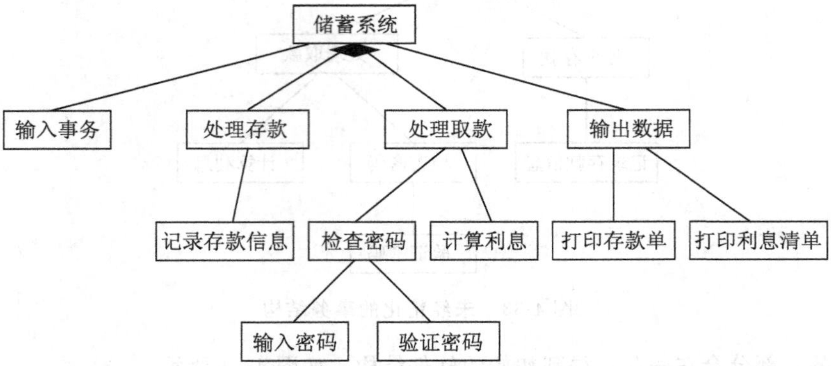


图 4-36　对“输入密码”模块进行调整后的软件结构

3) 提高模块的独立性，并对“输入事务”模块进行细化。调整后的软件结构如图 4-37 所示。

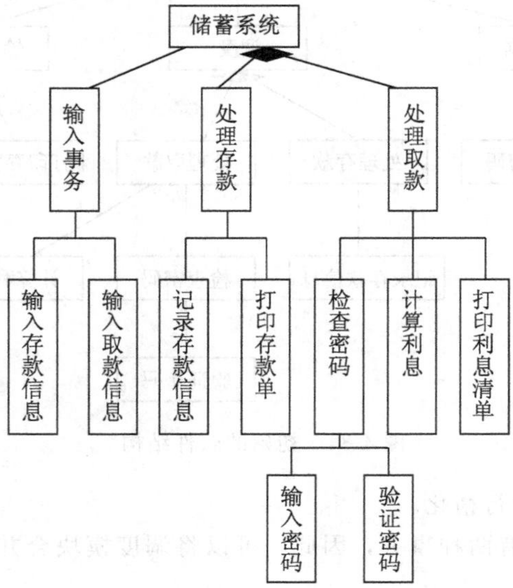


图 4-37　对模块独立性进行调整后的软件结构

在图 4-37 中，也可以将“检查密码”功能合并到其上级模块中。

## 4.4 接口设计

### 4.4.1 接口设计概述

接口设计的依据是数据流图中的自动化系统边界。自动化系统边界将数据流图中的处理划分成手工处理部分和系统处理部分，在系统边界之外的是手工处理部分，在系统边界之内的是系统处理部分。数据流可以在系统内部、系统外部或穿过系统边界，穿过系统边界的数据流代表了系统的输入和输出。也就是说，系统的接口设计（包括用户界面设计及与其他系统的接口设计）是由穿过边界的数据流定义的。在最终的系统中，数据流将成为用户界面中的表单、报表或与其他系统进行交互的文件或通信。

接口设计主要包括 3 个方面：模块或软件构件间的接口设计；软件与其他软硬件系统之间的接口设计；软件与人（用户）之间的交互设计。

人机交互（用户）界面是人机交互的主要方式，用户界面的质量直接影响到用户对软件的使用，对用户的情绪和工作效率也会产生重要影响，也直接影响用户对软件产品的评价，从而影响软件产品的竞争力和寿命。在设计阶段必须根据需求把交互细节加入到用户界面设计中，包括人机交互所必需的实际显示和输入。

### 4.4.2 人机交互界面

人机交互界面是给用户使用的，为了设计好人机交互界面，设计者需要了解用户界面应具有的特性，除此之外，还应该认真研究使用软件的用户，包括用户是什么人，用户怎样学习与新的计算机系统进行交互，用户需要完成哪些工作，等等。

**1. 用户界面应具备的特性**

1）可使用性：用户界面的可使用性是用户界面设计最重要的目标。它包括使用简单、界面一致、拥有 Help 帮助功能、快速的系统响应和低的系统成本、具有容错能力等。

2）灵活性：考虑到用户的特点、能力、知识水平，应当使用户接口满足不同用户的要求。因此，对不同的用户，应有不同的界面形式，但不同的界面形式不应影响任务的完成。

3）可靠性：用户界面的可靠性是指无故障使用的间隔时间。用户界面应能保证用户正确、可靠地使用系统，保证有关程序和数据的安全性。

**2. 用户类型**

通常，用户可以分为 4 种类型。

1）外行型：以前从未使用过计算机系统的用户。他们不熟悉计算机的操作，对系统很少或者毫无认识。

2）初学型：这类用户尽管对新的系统不熟悉，但对计算机还有一些经验。由于他们对系统的认识不足或者经验很少，因此需要相当多的支持。新系统的大多数用户都是以初学型开始的，随着经验的增加，就会越来越熟练。但是如果在一个时期不使用，他们有可能退回到初学型的状态。

3）熟练型：对一个系统有相当多的经验，能够熟练操作的用户。经常使用系统的用户随着时间的推移就逐渐变得熟练。与初学者相比，他们需要的界面可以提供较少支持，但要更直接迅速地进入运行、更经济。熟练型的用户不了解系统的内部结构，因此，他们不能纠正意外错误，不能扩充系统的能力，他们擅长操作一个或多个任务。

4）专家型：这一类用户与熟练型用户相比，他们了解系统的内部构造，有关于系统工作机制的专业知识，具有维护和修改基本系统的能力。专家型需要为他们提供能够修改和扩充系统能力的复杂界面。

以上的分类可以为分析提供依据。但是，用户的类型并不是一成不变的。在一个用户群体中，可能存在熟练型用户和初学者用户共存的情况。而且每个人的情况也会随时间而发生变化，初学者可以成为熟练型用户，而专家型用户可能会因转换工作、几个月不使用系统、忘掉了原来的知识等，退化成为初学型。因此，要做用户特性测量，以帮助设计者选择适合于大多数用户使用的界面类型和支持级别。

**3. 界面设计类型**

常见的界面设计类型如图 4-38 所示。

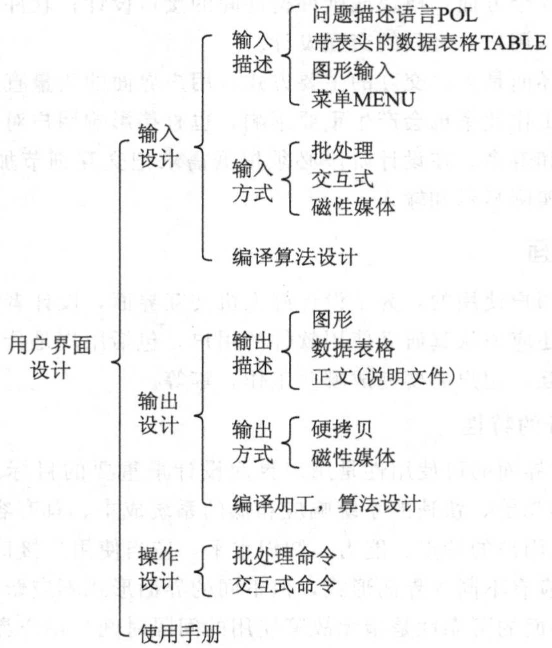


图 4-38 界面设计的类型

如果从用户与计算机交互的角度来看，用户界面设计的类型主要有问题描述语言、数据表格、图形与图标、菜单、对话、窗口等等。每一种类型都有不同的特点和性能。因此在选用界面形式的时候，应当考虑每种类型的优点和限制。可以从以下几个方面来考察抉择：

- 使用的难易程度。对于没有经验的用户，该界面使用的难度有多大。
- 学习的难易程度。学习该界面的命令和功能的难度有多大。
- 操作速度。在完成一个指定操作时，该界面在操作步骤、击键和反应时间等方面效率有多高。
- 复杂程度。该界面提供了什么功能，能否用新的方式组合这些功能以增强界面的功能。
- 控制。人机交互时，是由计算机还是由人发起和控制对话。
- 开发的难易程度。该界面设计是否有难度，开发工作量有多大。

通常，一个界面的设计会使用多种设计类型，每种类型与一个或一组任务相匹配。

**4. 设计详细的交互**

人机交互的设计有若干准则，包括：

1）一致性。采用一致的术语、一致的步骤和一致的活动。

2）操作步骤少。使击键或点击鼠标的次数减到最少，甚至要减少做某些事所需的下拉菜单的距离。

3）不要“哑播放”。每当用户要等待系统完成一个动作时，要给出一些反馈信息，说明工作正在进展及取得了多少进展。

4）提供 Undo 功能。用户的操作错误很难免，对于基本的操作应提供恢复功能，或至少是部分恢复。

5）减少人脑的记忆负担。不应该要求人们从一个窗口中记住某些信息，然后在另一个窗口中使用。

6）提高学习效率。不要期望用户去读很厚的文档资料。为高级特性提供联机帮助，以便用户在需要时容易找到。

## 4.5 数据设计

数据是软件系统中的重要组成部分，在设计阶段必须对要存储的数据及其结构进行设计。目前，大多数设计者都会采用成熟的关系数据库管理系统（DBMS）来存储和管理数据，由于关系数据库已经相当成熟，如果应用开发中选择关系数据库，在数据存储和管理方面可以省去很大的开发工作量。虽然如此，在某些情况下，选择文件保存方式仍有其优越性。

### 4.5.1 文件设计

以下几种情况适合于选择文件存储：

- 数据量较大的非结构化数据，如多媒体信息。
- 数据量大，信息松散。如历史记录、档案文件等。
- 非关系层次化数据。如系统配置文件。
- 对数据的存取速度要求极高的情况。
- 临时存放的数据。

文件设计的主要工作就是根据使用要求、处理方式、存储的信息量、数据的活动性以及所能提供的设备条件等确定文件类别，选择文件媒体，决定文件组织方法，设计文件记录格式，并估算文件的容量。

一般要根据文件的特性来确定文件的组织方式。

1）顺序文件。这类文件分两种：一种是连续文件，即文件的全部记录顺序地存放在外存的一片连续的区域中，这种文件组织的优点是存取速度快，处理简单，存储利用率高，缺点是事先需定义该区域的大小，且不能扩充。另一种是串联文件，即文件记录成块地存放于外存中，在每一块中记录顺序地连续存放，但块与块之间可以不邻接，通过一个块拉链指针将它们顺序地链接起来。这种文件组织的优点是文件可以按需要扩充，存储利用率高，缺点是影响了存取和修改的效率。顺序文件记录的逻辑顺序与物理顺序相同，它适合于所有的文件存储媒体。通常顺序文件组织最适合于顺序（批）处理，处理速度很快，但记录的插入和删除很不方便。因此，磁带、打印机、只读光盘上的文件都采用顺序文件形式。

2）直接存取文件。直接存取文件记录的逻辑顺序与物理顺序不一定相同，但记录的关键字值直接指定了该记录的地址。可根据记录关键字的值，通过一个计算，直接得到记录的存放地址。

3）索引顺序文件。其基本数据记录按顺序文件组织，记录排列顺序必须按关键字值升序或降序安排，且具有索引部分，索引部分也按同一关键字进行索引。在查找记录时，可先在索引中按该记录的关键字值查找有关的索引项，待找到后，从该索引项取到记录的存储地址，再按该地址检索记录。

4）分区文件。这类文件主要用于存放程序。它由若干称为成员的顺序组织的记录组和索引组成。每个成员就是一个程序，由于各个程序的长度不同，所以各个成员的大小也不同，需要利用索引给出各个成员的程序名、开始存放位置和长度。只要给出一个程序名，就可以在索引中查找到该程序的存放地址和程序的长度，从而取出该程序。

5）虚拟存储文件。这是基于操作系统的请求页式存储管理功能而建立的索引顺序文件。它的建立可使得用户能够统一处理整个内存和外存空间，从而方便了用户的使用。

此外，还有适合于候选属性查找的倒排文件等等。

### 4.5.2　数据库设计

根据数据库的组织，可以将数据库分为网状数据库、层次数据库、关系数据库、面向对象数据库、文档数据库、多维数据库等。在这些类型的数据库中，关系数据库最成熟，应用也最广泛，一般情况下，大多数设计者都会选择关系数据库。但也需要知道关系数据库不是万能的。重要的是根据实际应用的需要选择合适的数据库。

在结构化设计方法中，很容易将结构化分析阶段建立的实体-关系模型映射到关系数据库中。在映射时可以按下面的规则进行。

**1. 数据对象（实体）的映射**

一个数据对象（实体）可以映射为一个表或多个表，当分解为多个表时，可以采用横切和竖切的方法。竖切常用于实例较少而属性很多的对象，一般是现实中的事物，将不同分类的属性映射成不同的表。通常将经常使用的属性放在主表中，而将其他一些次要的属性放到其他表中。横切常常用于记录与时间相关的对象，如成绩记录、运行记录等。由于一段时间后，这些对象很少被查看，所以往往在主表中只记录最近的对象，而将以前的记录转到对应的历史表中。

**2. 关系的映射**

- 一对一关系的映射：对于一对一关系，可以在两个表中都引入外键，这样两个表之间可以进行双向导航。也可以根据具体情况，将两个数据对象组合成一张单独的表。
- 一对多关系的映射：可以将关联中的“一”端毫无变化地映射到一张表，将关联中的“多”端上的数据对象映射到带有外键的另一张表，使外键满足关系引用的完整性。
- 多对多关系的映射：由于记录的一个外键最多只能引用另一条记录的一个主键值，因此关系数据库模型不能在表之间直接维护一个多对多关系。为了表示多对多关系，关系模型必须引入一个关联表，将两个数据实体之间的多对多关系转换成两个一对多关系。

## 4.6　过程设计

概要设计的任务完成后，就进入详细设计阶段，也就是过程设计阶段。在这个阶段，要决定各个模块的实现算法，并使用过程描述工具精确地描述这些算法。对于比较简单的算法，可以采用自然语言来描述。但是，对于复杂一些的算法，使用自然语言描述就不太合适。一方面，自然语言在语法上和语义上往往具有歧义性，常常要依赖上下文才能把问题描述清楚；另一方面，自然语言本身具有顺序性，不适合描述具有很多分支和循环的算法。因此，一般使用专用的描述工具来描述算法，这些工具一般借助图形符号或表格，并与自然语言相结合。

表达过程规格说明的工具称为过程描述工具，可以将过程描述工具分为以下 3 类：

- 图形工具——把过程的细节用图形方式描述出来。如程序流程图、N-S 图、PAD 图、决策树等。
- 表格工具——用一张表来表达过程的细节。这张表列出了各种可能的操作及其相应的条件，即描述了输入、处理和输出信息。如判定表。
- 语言工具——用某种类高级语言（称为伪代码）来描述过程的细节。如很多数据结构教材中使用类 Pascal、类 C 语言来描述算法。

### 4.6.1 结构化程序设计

20 世纪 60 年代初，一些程序人员为了使自己编写的程序紧凑和“巧妙”，在程序中大量使用了 GOTO 语句，认为程序编写不受限制，GOTO 语句带来了灵活和方便，可以从一个程序点直接地转移到另一个程序点。这样做的客观原因是当时计算机存储容量小，紧凑的程序可以少占内存，而另一方面却是当时的程序人员完全没有工程化的概念，以为程序是施展自己才能、任意发挥的场所。结果是这样编出来的程序很难阅读和修改，修改已有的程序往往还不如重新编写来得容易。

由于软件开发和维护中存在的一系列严重问题，导致 20 世纪 60 年代爆发了软件危机。很多人将软件危机的一个原因归咎于 GOTO 语句的滥用，由此引发了关于 GOTO 语句的争论。1965 年，E. W. Dijkstra 在一次会议上提出，应当将 GOTO 语句从高级语言中取消。1966 年，Bohm 与 Jacopini 证明了任何单入口单出口的没有“死循环”的程序都能由 3 种最基本的控制结构构造出来，这 3 种基本控制结构就是顺序结构、选择结构和循环结构。20 世纪 70 年代 E. W. Dijkstra 提出了程序要实现结构化的主张，并将这一类程序设计称为结构化程序设计(structured programming)。其主要的原则有：

1）使用语言中的顺序、选择、重复等有限的基本控制结构表示程序逻辑。

2）选用的控制结构只准许有一个入口和一个出口。

3）程序语句组成容易识别的块（block），每块只有一个入口和一个出口。

4）复杂结构应该用基本控制结构进行组合嵌套来实现。

5）语言中没有的控制结构，可用一段等价的程序段模拟，但要求该程序段在整个系统中前后一致。

6）严格控制 GOTO 语句，仅在下列情形才可使用：

- 用非结构化的程序设计语言去实现结构化的构造。
- 若不使用 GOTO 语句就会使程序功能模糊。
- 在某种可以改善而不是损害程序可读性的情况下。例如，在查找结束、文件访问结束、出现错误情况要从循环中转出时，使用布尔变量和条件结构实现就不如用 GOTO 语句来得简洁易懂。

7）在程序设计过程中，尽量采用自顶向下（top-down）和逐步细化（stepwise refinement）的原则，由粗到细，一步步展开，具体过程见 4.6.6 节。

## 4.6.2 程序流程图

程序流程图也称为程序框图，是软件开发者最熟悉的一种算法表达工具，它独立于任何一种程序设计语言，比较直观、清晰，易于学习掌握，因此，至今仍是软件开发者最普遍采用的一种工具。人们在需要了解别人开发软件的具体实现方法时，常常需要借助流程图来理解其思路及处理方法。

早期的流程图也存在一些缺点。特别是表示程序控制流程的箭头，使用的灵活性极大，程序员可以不受任何约束，随意转移控制，不符合结构化程序设计的思想。为使用流程图描述结构化程序，必须限制流程图只能使用图 4-39 所给出的 5 种基本控制结构（图中菱形表示判断，且用“T”标明取真值的出口，用“F”标明取假值的出口）。

这 5 种基本的控制结构是：

- 顺序型：几个连续的加工步骤依次排列构成；
- 选择型：由某个逻辑判断式的取值决定选择两个加工中的一个；
- 先判定（while）型循环：在循环控制条件成立时，重复执行特定的加工；
- 后判定（until）型循环：重复执行某些特定的加工，直至控制条件成立；
- 多情况（case）型选择：列举多种加工情况，根据控制变量的取值，选择执行其一。

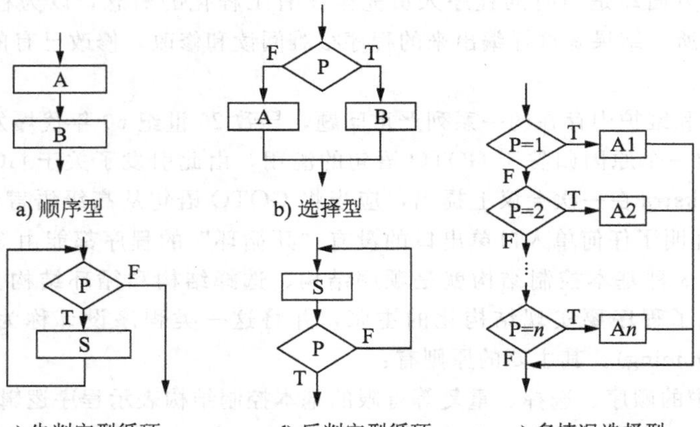


图 4-39　流程图的基本控制结构

任何复杂的程序流程图都应由这 5 种基本控制结构组合或嵌套而成。作为上述 5 种控制结构相互组合和嵌套的实例，图 4-40 给出一个程序的流程图。图中增加了一些虚线构成的框，目的是便于理解控制结构的嵌套关系。显然，这个流程图所描述的程序是结构化的。

其次，需要对流程图所使用的符号做出确切的规定。要按规定使用定义了的符号，除此之外流程图中不允许出现任何其他符号。图 4-41 给出国际标准化组织提出，并已成为我国国家标准的一些程序流程图标准符号，其中多数所规定的使用方法与普通的习惯用法一致。需要说明的几点是：

1）循环的界限设有一对特殊的符号。循环开始符是削去上面两个直角的矩形，循环结束符是削去下面两个直角的矩形，其中应当注明循环名和进入循环的条件（对于 while 型循环）或循环终止的条件（对于 until 型循环）。通常这两个符号应在同一条纵线上，上下对应，循环体夹在其间。参见图 4-42 表示的两种类型循环的符号用法。

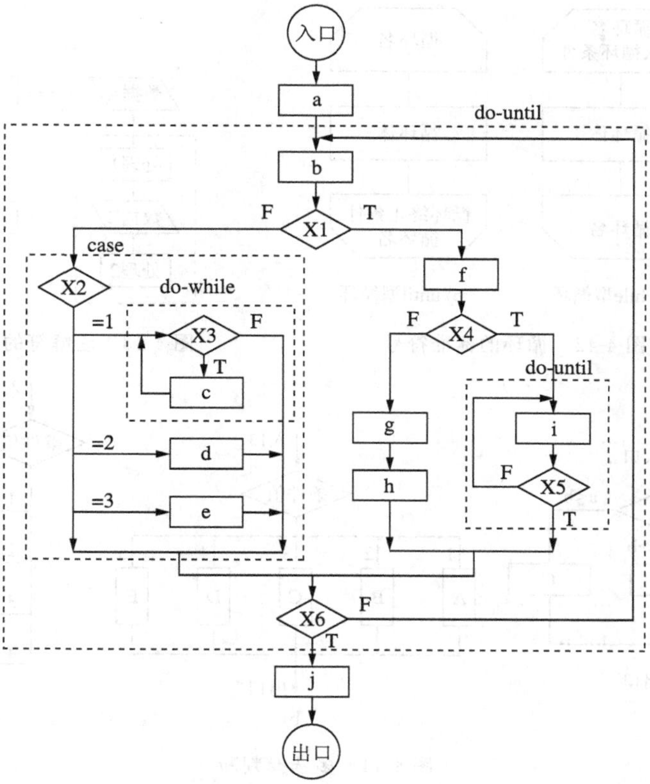


图 4-40　嵌套构成的流程图实例

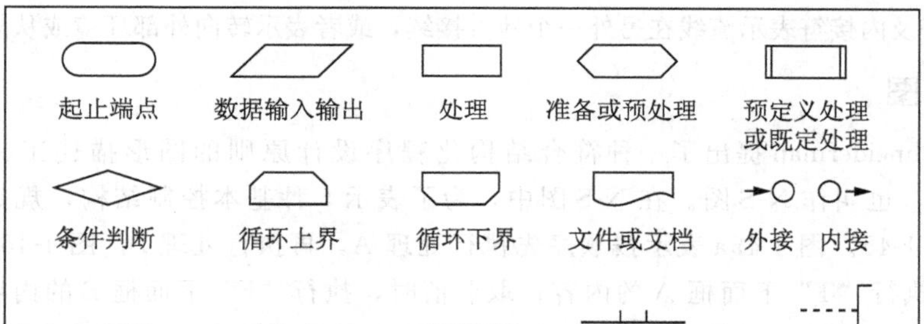

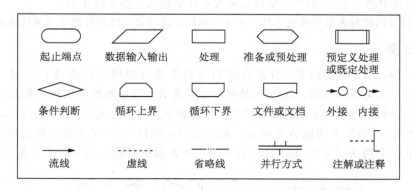


图 4-41　标准程序流程图的规定符号

2）流线表示控制流的流向。在自上而下或自左而右的自然流向情形下，流线可不加箭头。否则必须在流线上加上箭头。

3）注解符可用来标识注解内容，其虚线连在相关的符号上，或连接一个虚线框（框住一组符号）。参见图 4-43 所示的例子。

4）判断有一个入口，但有多条可选的执行路径，所有的执行路径都要归到一个出口。在判断条件取值后只有一条路径被执行。判断条件的结果可在流线附近注明。显然，两选择的判断就是前面提到的选择型结构，多选择的判断即为 case 型结构。图 4-44 给出多选择判断的表示，其中图 4-44a、b 和 c 分别表示有 3、5 和 4 种选择的判断。

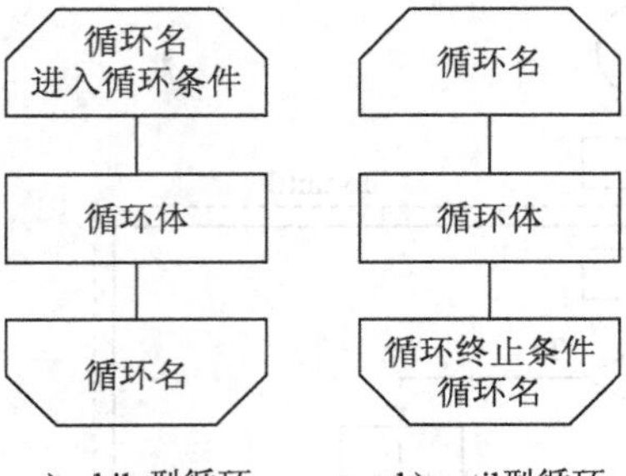

a) while型循环　　b) until型循环

图 4-42　循环的标准符号

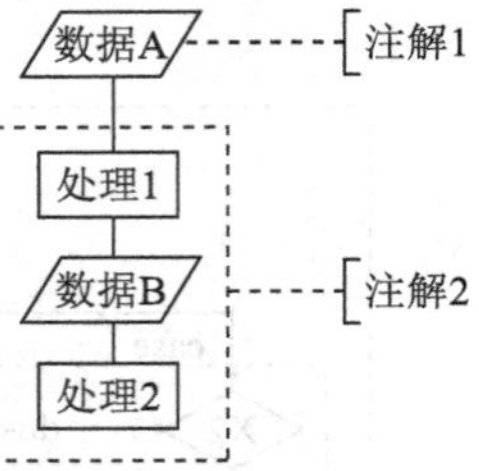

图 4-43　注解符的使用

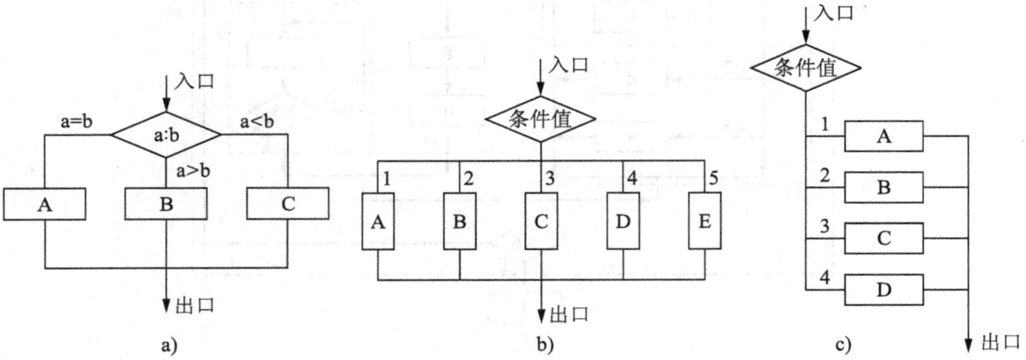

图 4-44　多选择判断

5）虚线表示两个或多个符号间的选择关系（例如，虚线连接了两个符号，则表示这两个符号中只选用其中的一个）。另外，虚线也可配合注解使用。参见图 4-43。

6）外接符及内接符表示流线在另外一个地方接续，或者表示转向外部环境或从外部环境转入。

## 4.6.3 N-S 图

Nassi 和 Shneiderman 提出了一种符合结构化程序设计原则的图形描述工具，叫作盒图（box-diagram），也叫作 N-S 图。在 N-S 图中，为了表示 5 种基本控制结构，规定了 5 种图形构件。参见图 4-45。图 4-45a 表示按顺序先执行处理 A，再执行处理 B。图 4-45b 表示若条件 P 取真值，则执行“T”下面框 A 的内容；取假值时，执行“F”下面框 B 的内容。若 B 是空操作，则拉下一个箭头“↓”。图 4-45c 和图 4-45d 表示两种类型的循环，P 是循环条件，S

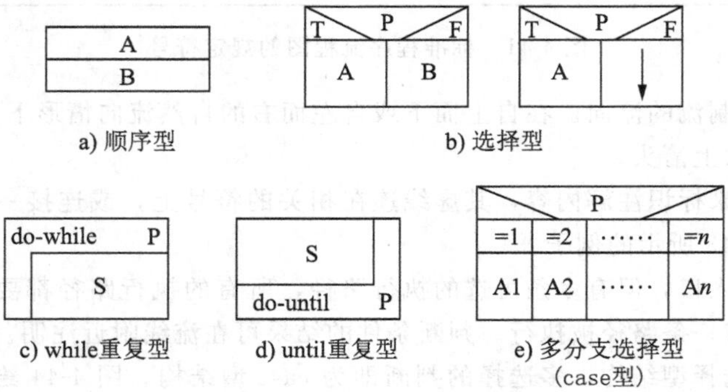

图 4-45　N-S 图的 5 种基本控制结构

是循环体。其中，图 4-45c 是先判断 P 的取值，再执行 S；图 4-45d 是先执行 S，再判断 P 的取值。图4-45e 给出了多出口判断的图形表示，P 为控制条件，根据 P 的取值，相应地执行其值下面各框的内容。

为了说明 N-S 图的使用，仍沿用图 4-40 给出的实例，将它们用如图 4-46 所示的N-S 图表示。

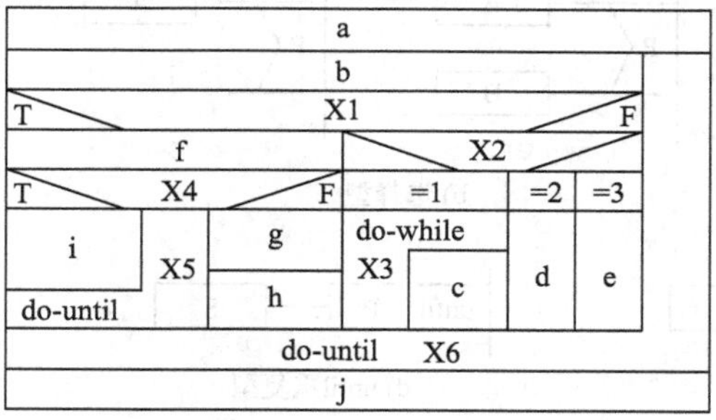


图 4-46 N-S 图的实例

N-S 图有以下几个特点：

1）图中每个矩形框（除 case 构造中表示条件取值的矩形框外）都是明确定义了的功能域（即一个特定控制结构的作用域），以图形表示，清晰可见。

2）它的控制转移不能任意规定，必须遵守结构化程序设计的要求。

3）很容易确定局部数据和（或）全局数据的作用域。

4）很容易表现嵌套关系，也可以表示模块的层次结构。

如前所述，任何一个 N-S 图，都是前面介绍的 5 种基本控制结构相互组合与嵌套的结果。当问题很复杂时，N-S 图可能很大，在一张图上画不下，这时，可给这个图中一些部分取个名字，在图中相应位置用名字（用椭圆形框住它）而不是用细节去表现这些部分。然后在另外的图上再把这些命名的部分进一步展开。例如，图 4-47a 中判断 X1 取值为“T”部分和取值为“F”部分，用矩形框界定的功能域中画有椭圆形标记 k 和 l，表明了它们的功能在另外的 N-S 图（即图 4-47b 与图 4-47c）中进一步展开。

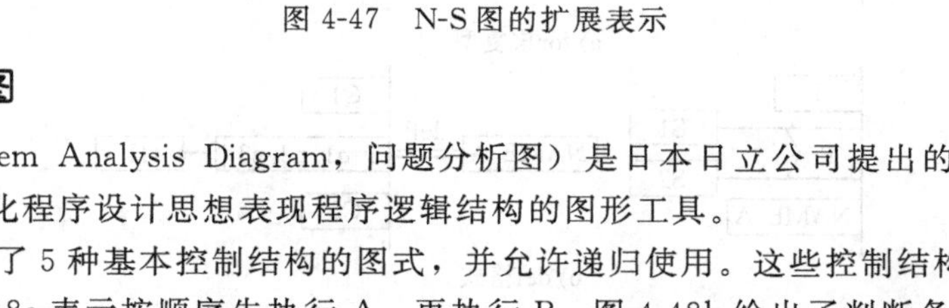

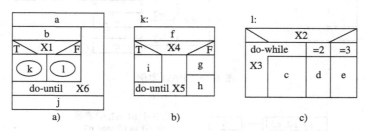


图 4-47 N-S 图的扩展表示

### 4.6.4 PAD 图

PAD（Problem Analysis Diagram，问题分析图）是日本日立公司提出的、由程序流程图演化来的用结构化程序设计思想表现程序逻辑结构的图形工具。

PAD 也设置了 5 种基本控制结构的图式，并允许递归使用。这些控制结构的图式如图4-48所示。其中图 4-48a 表示按顺序先执行 A，再执行 B。图 4-48b 给出了判断条件为 P 的选择型结构。当 P 为真值时执行上面的 A 框中的内容，P 取假值时执行下面的 B 框中的内容。如果这种选择型结构只有A框，没有B框，表示该选择结构中只有then后面有可执行语句A，没有else部分。图4-48c与图4-48d中P是循环判断条件，S是循环体。循环判断条件框的右端为双纵线，表示该矩形域是循环条件，以区别于一般的矩形功能域。图4-48e是case型结构。当判定条件P=1时，执行A1框的内容，P=2时，执行A2框的内容，P=$n$时，执行A$n$框的内容，等等。

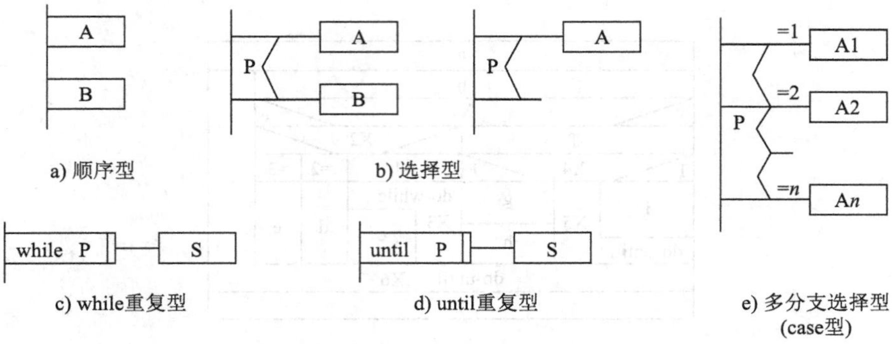


图4-48　PAD的基本控制结构

作为PAD应用的实例，图4-49给出了图4-40程序的PAD表示。

为了反映增量型循环结构，在PAD中增加了对应于

```
for i:=n1 to n2 step n3 do
```

的循环控制结构，如图4-50a所示。其中，n1是循环初值，n2是循环终值，n3是循环增量。

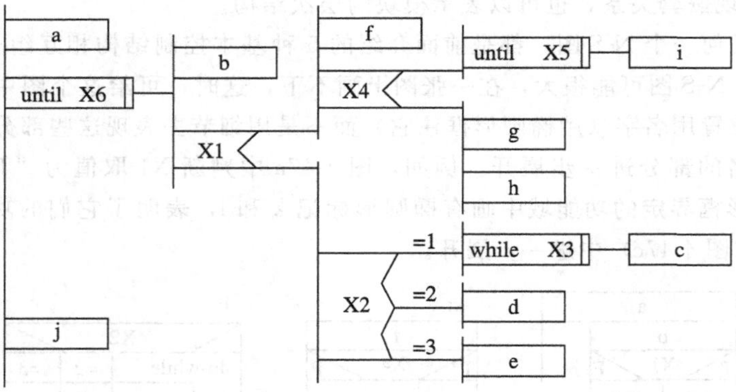


图4-49　PAD实例

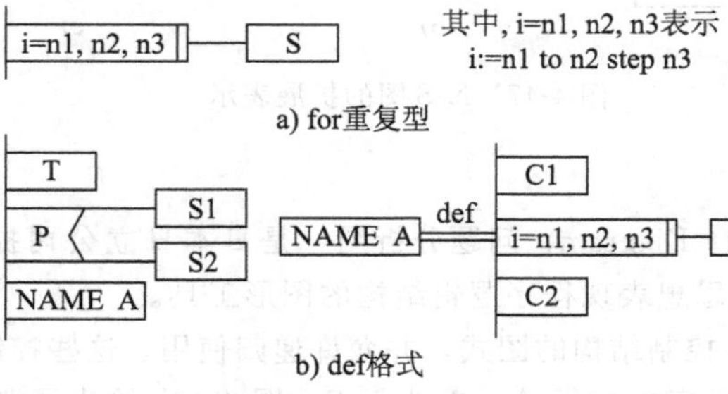


图4-50　PAD的扩充控制结构

另外，PAD 所描述程序的层次关系表现在纵线上。每条纵线表示了一个层次。把 PAD 图从左到右展开。随着程序层次的增加，PAD 逐渐向右展开，可以给 PAD 增加一种如图 4-50b 所示的扩充形式。图中用实例说明，当一个模块 A 在一张图上画不下时，可在图中该模块相应位置矩形框中简记一个 “NAME A”，再在另一张图上详细画出 A 的内容，用 def 及双线来定义 A 的 PAD。这种方式可使在一张图上画不下的图分在几张图上画出，还可以用它来定义子程序。

PAD 所表达的程序，结构清晰且结构化程度高。作为一种详细设计的图形工具，PAD 比流程图更容易读。图中最左纵线是程序的主干线，即程序的第一层结构。其后每增加一个层次，图形向右扩展一条纵线。因此，程序中含有的层次数即为 PAD 中的纵线数。

PAD 的执行顺序从最左主干线的上端的节点开始，自上而下依次执行。每遇到判断或循环，就自左向右进入下一层，从表示下一层的纵线上端开始执行，直到该纵线下端，再返回上一层的纵线的转入处。如此继续，直到执行到主干线的下端为止。

由于 PAD 的树形特点，使它比流程图更容易在计算机上处理。例如，在开发 PAD 向高级语言程序的转换程序之后，便可从终端输入 PAD 的图形，并自动转换成高级语言程序。因此可以省去人工编码的步骤，从而大大提高了软件开发的生产率。

### 4.6.5 伪代码

伪代码是一种介于自然语言和形式化语言之间的半形式化语言，是一种用于描述功能模块的算法设计和加工细节的语言，也称为程序设计语言（Program Design Language，PDL）。

一般地，伪代码的语法规则分为“外语法”（outer syntax）和“内语法”（inter syntax）。外语法应当符合一般程序设计语言常用语句的语法规则；而内语法可以用英语中一些简单的句子、短语和通用的数学符号来描述程序应执行的功能。伪代码具有严格的关键字外语法，用于定义控制结构和数据结构；同时它表示实际操作和条件的内语法又是灵活自由的，可使用自然语言的词汇。

伪代码的词汇表由语言原形动词、数据字典中定义的名字、有限的自定义词，以及用于划分基本控制结构的逻辑关系词 if-then-else（两分支判断）、while-do（先判断的循环）、repeat-until（后判断的循环）、case-of（多分支判断）等组成。

语言描述的正文用基本控制结构进行分割，加工中的操作用自然语言短语来表示。其基本控制结构有 3 种：

- 简单陈述句结构：避免复合语句；
- 判定结构：if-then-else 或 case-of 结构；
- 重复结构：while-do 或 repeat-until 结构。

此外在书写时，必须按层次横向向右移行，续行也同样向右移行，对齐。

下面是商店业务处理系统中“检查订货单”的例子。

```
IF 客户订货金额超过 5000 元 THEN
    IF 客户拖延未还赊欠钱款超过 60 天 THEN
            在偿还欠款前不予批准
    ELSE   (拖延未还赊欠钱款不超过 60 天)
            发批准书，发货单
    ENDIF
    ELSE   (客户订货金额未超过 5000 元)
      IF 客户拖延未还赊欠钱款超过 60 天 THEN
```

```
            发批准书、发货单，并发催款通知书
      ELSE  （拖延未还赊欠钱款不超过 60 天）
            发批准书，发货单
      ENDIF
   ENDIF
```

从上面的例子可以看到，伪代码具有正文格式，很像一个高级语言。人们可以很方便地使用计算机完成伪代码的书写和编辑工作。从其来源看，伪代码可能是某种高级语言（例如 Pascal）稍加变化后得到的产物，例如在算法描述时常用的类 Pascal 语言、类 C 语言等。

伪代码作为一种用于描述程序逻辑设计的语言，具有以下特点：

1）有固定的关键字外语法，提供全部结构化控制结构、数据说明和模块特征。属于外语法的关键字是有限的词汇集，它们能对伪代码正文进行结构分割，使之变得易于理解。

2）内语法使用自然语言来描述处理特性，为开发者提供方便，提高可读性。内语法比较灵活，只要写清楚就可以，不必考虑语法错，以利于人们把主要精力放在描述算法的逻辑上。

3）有数据说明机制，包括简单的（如标量和数组）与复杂的（如链表和层次结构）数据结构。

4）有子程序定义与调用机制，用以表达各种方式的接口说明。

使用伪代码语言，可以做到逐步求精：从比较概括和抽象的伪代码程序起，逐步写出更详细的更精确的描述。

### 4.6.6　自顶向下、逐步细化的设计过程

自顶向下、逐步细化的设计过程主要包括两个方面：一是将复杂问题的解法分解和细化成由若干个模块组成的层次结构；二是将每个模块的功能逐步分解细化为一系列的处理。

在处理较大的复杂任务时，常采取模块化的方法，即在程序设计时不是将全部内容都放在同一个模块中，而是分成若干个模块，每个模块实现一个功能。划分模块的过程可以使用自顶向下的方法实现。模块化的思想实际上是“分而治之”的思想，把大的任务分为若干子任务，子任务还可以继续划分为更小的子任务。这些子任务对应于模块。在程序中往往用子程序实现模块的功能。

模块分解完成后，下一步的任务就是将每个模块的功能逐步分解细化为一系列的处理。这个过程是对问题求解，并由抽象逐步具体化的过程。使用这种方法便于检查程序的正确性。在每一步细化之前，应仔细检查当前的设计是否正确。如果每一步细化、设计都没有问题，则整个程序的算法是正确的。由于每一次向下细化都不太复杂，因此容易保证整个算法的正确性。

自顶向下、逐步细化的设计方法是分析和处理事务方法论中重要的一部分。这种从抽象到具体、从总体到细化的分解过程，以及最后实现这些细化的过程都具有严密的逻辑性。这种方法是从程序设计目标到写出源程序的正确途径。

关于逐步细化的方法，N. Wirth 曾做过如下说明：

“我们对付复杂问题的最重要的方法就是抽象。因此，对于复杂的问题，不要急于马上用计算机指令、数字和逻辑符号来表示它，而应当先用较自然的抽象的语句来表示，从而得到抽象的程序。抽象程序对抽象的数据类型进行某些特定的运算，并用一些合适的记号（可以是自然语言）来表示。下一步对抽象程序再做分解，进入下一个抽象的层次。这样的细化过程一直进行下去，直到程序能被计算机接受为止。此时的程序已经是用某种高级语言或机器指令书写的了。”

事实上，在概要设计阶段，我们已经采用自顶向下、逐步细化的方法，把复杂问题的解法

分解和细化成了由许多功能模块组成的层次结构的软件系统。在详细设计和编码阶段，我们还应当采取自顶向下、逐步求精的方法，把模块的功能逐步分解，细化为一系列具体的步骤，进而翻译成一系列用某种程序设计语言写成的程序。

例如，要求用筛选法求 100 以内的素数。所谓的筛选法，就是从 2 到 100 中去掉 2、3、5、7 的倍数，剩下的就是 100 以内的素数。

为了解决这个问题，可先按程序功能写出以下框架：

```
main(){
    建立 2 到 100 的数组 A[],其中 A[i]= i;- - - - - - - - - - - - - - - - - - - - - - - - - - - - -1
    建立 2 到 10 的素数表 B[],其中存放 2 到 10 以内的素数;- - - - - - - - - - - - - - - - - - - -2
    若 A[i]= i 是 B[]中任一数的倍数,则剔除 A[i];- - - - - - - - - - - - - - - - - - - - - - - - -3
    输出 A[]中所有没有被剔除的数;- - - - - - - - - - - - - - - - - - - - - - - - - - - - - - - - -4
}
```

上述框架中每个加工语句都可进一步细化成循环语句：

```
main(){
    /* 建立 2 到 100 的数组 A[],其中 A[i]= i* /- - - - - - - - - - - - - - - - - - - - - - - - - -1
    for(i= 2;i<=100;i++ )A[i]=i;
    /* 建立 2 到 10 的素数表 B[],其中存放 2 到 10 以内的素数* /- - - - - - - - - - - - - - - - - -2
  B[1]=2;  B[2]=3;  B[3]=5;  B[4]=7;
    /* 若 A[i]= i 是 B[]中任一数的倍数,则剔除 A[i]* /- - - - - - - - - - - - - - - - - - - - - - -3
    for(j=1;j< =4;j++ )
    检查 A[]所有的数能否被 B[j]整除并将能被整除的数从 A[]中剔除;- - - - - - - - - - - - - - - 3.1
    /* 输出 A[]中所有没有被剔除的数* /- - - - - - - - - - - - - - - - - - - - - - - - - - - - - -4
      for(i=2;i<=100;i++ )
        若 A[i]没有被剔除,则输出之- - - - - - - - - - - - - - - - - - - - - - - - - - - - - - 4.1
}
```

继续对语句 3.1 和语句 4.1 细化下去，直到最后每个语句都能直接用程序设计语言来表示为止：

```
main(){
   /* 建立 2 到 100 的数组 A[],其中 A[i]=i*/
   for(i=2;i<=100;i++)A[i]=i;
   /* 建立 2 到 10 的素数表 B[],其中存放 2 到 10 以内的素数* /
   B[1]=2;  B[2]=3;  B[3]=5;  B[4]=7;
   /* 若 A[i]=i 是 B[]中任一数的倍数,则剔除 A[i]* /
   for(j=1;j<=4;j++)
       /* 检查 A[]所有的数能否被 B[j]整除并将能被整除的数从 A[]中剔除* /
       for(i=2;i<=100;i++)
           if(A[i]/B[j]* B[j]==A[i])
               A[i]=0;
   /* 输出 A[]中所有没有被剔除的数* /
   for(i=2;i<=100;i++)
       /* 若 A[i]没有被剔除,则输出之* /
       if(A[i]!=0)
           printf("A[% d]=% d\n",i,A[i]);
}
```

自顶向下、逐步求精方法的优点如下：

1）自顶向下、逐步求精方法符合人们解决复杂问题的普遍规律，可提高软件开发的成功率和生产率。

2）用先全局后局部、先整体后细节、先抽象后具体的逐步求精的过程开发出来的程序具有清晰的层次结构，因此程序容易阅读和理解。

3）程序自顶向下，逐步细化，分解成树形结构。在同一层的节点上做细化工作，相互之间没有关系，因此它们之间的细化工作相互独立。在任何一步发生错误，一般只影响它下层的节点，同一层其他节点不受影响。在以后的测试中，也可以首先一个节点一个节点地独立进行，最后再集成。

4）程序清晰和模块化，使得在修改和重新设计一个软件时，可复用的代码量最大。

5）程序的逻辑结构清晰，有利于程序正确性证明。

6）每一步工作仅在上层节点的基础上做不多的设计扩展，便于检查。

7）有利于设计的分工和组织工作。

## 4.7　软件设计规格说明

GB/T 8567—2006《计算机软件文档编制规范》中有关软件设计的文档有 3 种，即《软件设计说明（SDD）》《数据库设计说明（DBDD）》和《接口设计说明（IDD）》。

软件设计说明描述了软件系统的设计方案，包括系统级的设计决策、体系结构设计（概要设计）和实现该软件系统所需的详细设计。数据库设计说明描述了数据库设计和存取与操纵数据库的软件系统。接口设计说明描述了系统、硬件、软件、人工操作以及其他系统部件的接口特性。这几个文档互相补充，向用户提供了可视的设计方案，并为软件开发和维护提供了所需的信息。

**1. 软件（结构）设计说明（SDD）**

软件设计说明和数据库设计说明是分成两个文档，还是合并在一个文档内，要视软件的规模和复杂性而定。其主要内容如下：

1　引言
　1.1　标识（软件的标识号、标题、版本号）
　1.2　系统概述（用途、性质、开发运行维护的历史、利益相关方、运行现场、有关文档等）
　1.3　文档概述（用途、内容、预期读者、与使用有关的保密性和私密性要求）
　1.4　基线（依据的设计基线）
2　引用文档
3　软件级的设计决策
　a. 输入和输出的设计决策，与其他系统、硬件、软件和用户的接口
　b. 响应输入和条件的软件行为的设计决策
　c. 有关数据库和数据文件如何呈现给用户的设计决策
　d. 为满足安全性、保密性、私密性需求而选择的方法
　e. 对应需求的其他软件级设计决策，如为提供灵活性、可用性、可维护性而选择的方法
4　软件体系结构设计
　4.1　体系结构
　　4.1.1　程序（模块）划分
　　4.1.2　程序（模块）的层次结构关系
　4.2　全局数据结构说明
　　4.2.1　常量（位置、功能、具体说明）
　　4.2.2　变量（位置、功能、具体说明）
　　4.2.3　数据结构（功能、具体说明）

4.3 软件部件
a. 标识构成软件的所有软件配置项
b. 给出软件配置项的静态结构
c. 陈述每个软件配置项的用途、对应的需求与软件级设计决策
d. 标识每个软件配置项的开发状态/类型
e. 描述计划使用的硬件资源
f. 指明每个软件配置项在哪个程序实现
4.4 执行概念（软件配置项间的执行概念，即运行期间的动态行为）
4.5 接口设计
4.5.1 接口标识和接口图
4.5.x 每个接口的描述
a. 分配给接口的优先级
b. 要实现的接口的类型
c. 接口传输的单个数据元素的特性
d. 接口传输的数据元素集合的特性
e. 接口使用的通信方法的特性
f. 接口使用的协议的特性
g. 其他特性
5 软件详细设计
5.x 每个配置项的细节设计
a. 配置项的设计决策，如算法
b. 配置项的设计约束及非常规的特性
c. 说明选择编程语言的理由
d. 对使用到的过程性命令做出解释
e. 说明输入、输出和其他数据元素以及数据元素集合
f. 给出程序逻辑
6 需求的可追踪性
a. 从每个配置项到需求的可追踪性
b. 从每个需求到配置项的可追踪性
7. 注解（背景、词汇表、原理）
附录

**2. 数据库（顶层）设计说明（DBDD）**

数据库设计说明和软件设计说明是分成两个文档，还是合并在一个文档内，要视软件的规模和复杂性而定。其主要内容如下：

1 引言
1.1 标识（数据库的标识号、标题、版本号）
1.2 数据库概述（用途、性质、开发运行维护的历史、利益相关方、运行现场、有关文档等）
1.3 文档概述（用途、内容、保密性和私密性要求）
1.4 基线（依据的设计基线）
2 引用文档
3 数据库级的设计决策
a. 查询、输入和输出的设计决策，与其他系统、硬件、软件和用户的接口
b. 响应查询或输入的数据库行为的设计决策
c. 有关数据库和数据文件如何呈现给用户的设计决策
d. 使用什么DBMS的设计决策，引入数据库内部的灵活性类型的设计决策
e. 为满足可用性、保密性、私密性和运行连续性的层次与类型的设计决策
f. 有关数据库的分布、主数据库文件更新与维护的设计决策
g. 有关备份与恢复的设计决策
h. 有关重组、排序、索引、同步与一致性的设计决策
4 数据库的详细设计
4.x 每个数据库设计级别的细节
a. 数据库设计中的单个数据元素的特性
b. 数据库设计中的数据元素集合的特性
5 用于数据库访问或操纵的软件配置项的详细设计
5.x 每个软件配置项的细节设计
a. 配置项的设计决策，如算法
b. 配置项的设计约束及非常规的特性
c. 说明选择编程语言的理由
d. 对使用到的过程性命令做出解释
e. 说明输入、输出和其他数据元素以及数据元素集合
f. 给出程序逻辑
6 需求的可追踪性
a. 从每个数据库或其他软件配置项到系统或软件需求的可追踪性
b. 从每个系统或软件需求到数据库或软件配置项的可追踪性
7. 注解（背景、词汇表、原理）
附录

**3. 接口设计说明（IDD）**

接口设计说明与接口需求规格说明配合，用于沟通和控制接口的设计决策。其主要内容如下：

1　引言
　1.1　标识（软件的标识号、标题、版本号）
　1.2　系统概述（用途、性质、开发运行维护的历史、利益相关方、运行现场、有关文档等）
　1.3　文档概述（用途、内容、保密性和私密性要求）
　1.4　基线（依据的设计基线）
2　引用文档
3　接口设计
接口类型应包括：
a. 用户界面（数据输入、显示及控制界面）
b. 外部接口（与硬件、相关软件的接口）
c. 内部接口（软件内部各部分、各子系统或模块间的接口）等
3.1　接口标识和接口图
3.x　每个接口的接口特性
a. 分配给接口的优先级别
b. 要实现接口的类型（实时数据传输、数据存储和检索等）
c. 必须提供、存储、发送、访问、接收的单个数据元素的特性（数据类型、格式、单位、范围、准确度或精度、优先级别、时序、频率、容量、保密性和私密性约束、数据的来源或去向）
d. 必须提供、存储、发送、访问、接收的数据元素集合的特性（数据结构、媒体和媒体上的数据组织、显示和其他视听特性、数据元素集合之间的关系、优先级别、时序、频率、容量、保密性和私密性约束、数据的来源或去向）
e. 接口使用通信方法的特性（通信连接、带宽、频率、媒体及其特性，消息格式，流控制，数据传送速率，周期性、非周期性，传输间隔，路由、寻址、命名约定，传输服务，安全性、保密性、私密性考虑）
f. 接口使用协议的特性［协议优先级别、层次，分组（即分段和重组、路由、寻址），合法性检查，错误控制和恢复，同步，状态、标识，任何其他报告特征］
4　需求的可追踪性
a. 从每个接口到接口设计所涉及的系统或软件需求的可追踪性
b. 从每个系统或软件需求到接口的可追踪性
5　注解（背景、词汇表、原理）
附录

## 4.8　软件设计评审

一旦所有模块的设计文档完成以后，就可以对软件设计进行评审。在评审中应着重评审软件需求是否得到满足，软件结构的质量、接口说明、数据结构说明、实现和测试的可行性和可维护性等。此外还应确认该设计是否覆盖了所有已确定的软件需求，软件设计成果的每一成分是否可追踪到某一项需求，即满足需求的可追踪性。

### 4.8.1　概要设计评审的检查内容

概要设计评审的检查内容如下：

1）系统概述。是否准确且充分地阐述了设计系统在项目软件中的地位和作用，是否描述了其与同等、上级系统的关系。

2）系统描述和可追踪性。需求规格概述是否与需求规格说明书一致，是否每一部分的设计都可以追溯到需求规格说明、接口需求规格说明或其他产品文档。

3）是否对需求分析中不完整、易变动、潜在的需求进行了相应的设计分析。模块的规格说明是否和软件需求文档中的功能需求和软件接口规格要求保持一致，设计和算法是否能满足模块的所有需求，是否阐述了设计中的风险和对风险进行了评估。

4）总体设计。设计目标是否明确清晰地进行了定义，是否阐述了设计所依赖的运行环境，与需求中运行环境是否保持一致，是否全面准确地解释了设计中使用到的一些基本概念，设计中的逻辑是否正确和完备，是否全面考虑了各种设计约束，是否有不同的设计方案的比较，是否有选择方案的结论，是否清楚阐述了方案选择的理由，是否合理地划分了模块并阐述了模块之间的关系，系统结构和处理流程能否正确地实现全部的功能需求。

5）接口设计。用户界面设计是否正确且全面；是否有硬件接口设计，硬件接口设计是否正确且全面；是否有软件接口设计，软件接口设计是否正确且全面；是否有通信接口设计，通信接口设计是否正确且全面；内部接口设计是否正确且全面；是否描述了接口的功能特征；接口是否便于查错；接口相互之间、接口和其他模块、接口和需求规格说明及接口需求规格说明是否保持一致；是否所有的接口都需要类型、数量、质量的信息。

6）属性设计。是否有可靠性的设计，设计是否具体、合理、有效；是否有安全性的设计，设计是否具体、合理、有效；是否有可维护性的设计，设计是否具体、合理、有效；是否有可移植性的设计，设计是否具体、合理、有效；是否有可测试性的设计，设计是否具体、合理、有效；是否明确规定了测试信息的输出格式。

7）数据结构。是否准确定义了主要的常量，全局变量的定义是否准确，定义的全局变量的必要性是否充分，主要的数据结构是否都有定义，是否说明了数据结构存储要求及一致性约束条件，是否对所有的数据成员、参数、对象进行了描述，是否所有需要的数据结构都进行了定义，或者定义了不需要的数据结构，是否所有的数据成员都进行了足够详细的描述，数据成员的有效值区间是否定义，共享和存储数据使用的描述是否清楚。

8）运行设计。对系统运行时的顺序、控制、过程及时间的说明是否全面、准确。

9）出错处理。是否列出了主要的错误类别，每一错误类别是否都有对应的出错处理，设计是否考虑了检错和恢复措施，出错处理是否正确、合理。

10）运行环境。硬件平台、工具的选择是否合理，软件平台、工具的选择是否合理。

11）清晰性。程序结构（包括数据流、控制流和接口）的描述是否清楚。

12）一致性。程序、模块、函数、数据成员的名称是否保持一致，设计是否反映了真正的操作环境、硬件环境、软件环境，对系统设计的多种可能的描述之间是否保持一致（例如：静态结构的描述和动态结构描述）。

13）可行性。设计在计划、预算、技术上是否可行。

14）详细程度。是否估计了每个子模块的规模（代码的行数），是否可信，程序执行过程中的关键路径是否都被标明和经过分析，是否考虑了足够数量及有代表性的系统状态，详细程度是否足够进行下一步的详细设计。

15）可维护性。是否模块化设计，模块是否为高内聚、低耦合，是否进行了性能分析，是否有存在论证过程的性能数据和规格，是否描述了所有的性能参数。

### 4.8.2 详细设计评审的检查内容

详细设计评审的检查内容如下：

1）清晰性。是否所有的程序单元和处理的设计目的都已文档化，单元设计（包括数据流、控制流、接口）描述是否清楚，单元的整体功能描述是否清楚。

2）完整性。是否提供了所有程序单元的规格，是否描述了所采用的设计标准，是否确定了单元应用的算法，是否列出了程序单元的所有调用，是否记录了设计的历史和已知的风险。

3）规范性。文档是否遵从了公司的标准，单元设计是否使用了要求的方法和工具。

4）一致性。在单元和单元的接口中数据成员的名称是否保持一致，所有接口之间、接口和接口设计说明之间是否保持一致，详细设计和概要设计文档是否能够完全描述正在构建的系统。

5）正确性。是否有逻辑错误，需要使用常量名的地方是否有错误，是否所有的条件都被处理，分支所处的状态是否正确。

6）数据。是否所有声明的数据块都已经使用，定位于单元的数据结构是否已经描述，如果有对共享数据、文件的修改，对数据的访问是否按照正确的共享协议进行，是否所有的逻辑单元、事件标记、同步标记都已经定义和初始化，是否所有的变量、指针、常量都已经定义并初始化。

7）功能性。设计是否使用了指定的算法，设计是否能够满足需求和目标。

8）接口。参数表是否在数量、类型和顺序上保持一致，是否所有的输入、输出都已经正确定义并检查过，所传递参数的顺序描述是否清楚，参数传递的机制是否确定，通过接口传递的常量和变量是否与单元设计中的相同，传入、传出函数的参数及控制标记是否都已经描述清楚，是否以度量单位描述了参数的值区间、准确性和精度，过程对共享数据的理解是否一致。

9）详细程度。代码和文档间的展开率是否小于 10∶1，对模块的所有需求是否都已经定义，详细程度是否足够开发和维护代码。

10）可维护性。单元是否是高内聚和低外部耦合，这种设计是否是复杂度最小的设计，开始部分的描述是否符合组织的要求。

11）性能。处理是否有时间窗，是否所有的时间和空间的限制都已明确。

12）可靠性。初始化时是否使用了默认值，是否正确；访问内存时是否进行了边界检查，以保证地址正确；对输入、输出、接口和结果是否进行了错误检查；是否对所有错误情况都安排了有意义的消息反馈；特殊情况下的返回码是否和文档中定义的全局返回码一致；是否考虑了异常情况。

13）可测试性。是否每个单元都可以被测试、演示、分析或检查以确认满足需求，设计中是否包括辅助测试的检查点（如条件编译代码、断言等），是否所有的逻辑都是可测试的，是否描述了本单元的测试驱动模块、测试用例集、测试结果。

14）可追踪性。是否每一部分的设计都可以追溯到需求，是否所有的设计决策都可以追踪到成本、效益分析，是否描述了每个单元的详细需求，单元需求是否能够追踪到软件设计说明，软件设计说明能够追踪到单元需求。

## 习题

4.1　当你编写程序时你设计软件吗？软件设计和编码有什么不同吗？

4.2　举出 3 个数据抽象的例子和可以用来操作这些数据抽象的过程抽象的一个例子。

4.3　应在什么时候把模块设计实现为单块集成软件？如何实现？性能是实现单块集成软件的唯一理由吗？

4.4　是否存在一种“复杂问题需要较少的工作去解决”的情况？这样的情况对模块化观点有什么影响？

4.5　使用数据流图和处理叙述，描述一个具有明显事务流特性的计算机系统。使用本章所介绍的技术定义数据流的边界，并将 DFD 映射成软件结构。

4.6　一些设计人员认为所有的数据流都可以当作变换流。试讨论当事务流被当成变换流时，会对导出的软件体系结构有什么影响。请使用例子来说明要点。

4.7　用面向数据流的方法设计第 3 章习题 3.6 所描述的图书管理系统的软件结构，并尽量使用改进方法对模块结构进行精化。

4.8　用面向数据流的方法设计第 3 章习题 3.7 所描述的试题库管理系统的软件结构，并尽量使用改进方法对模块结构进行精化。

4.9　将大的软件划分成模块有什么好处？是不是模块划分得越小越好？划分模块的依据是什么？

4.10　什么叫“自顶向下、逐步细化”？

4.11　结构化程序设计禁止使用 GOTO 语句吗？如果程序中使用了 GOTO 语句，是否就可以断定它是非结构化的？

4.12　对于给定的算法，如何判断它是否是结构化的？

4.13　对于图 4-51 所示的流程图，试分别用 N-S 图和 PAD 表示之。

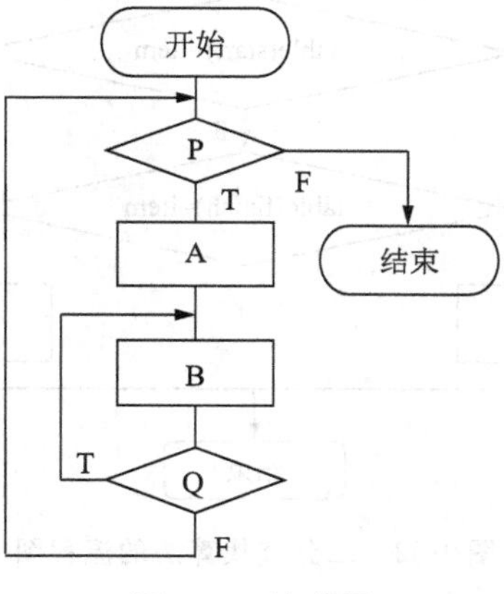


图 4-51　流程图

4.14　图 4-52 所示的流程图完成的功能是使用二分查找方法在 table 数组中找出值为 item 的数是否存在。

(1) 判断此算法是否是结构化的，说明理由。

(2) 若算法是非结构化的，设计一个等价的结构化算法，并用 N-S 图表示。

4.15　使用自顶向下、逐步细化方法设计算法，完成下列任务：

(1) 产生一个 10×10 的二维随机整数方阵，先求出每一行的最大值和每一列的最小值。

(2) 然后求 10 个最大值中的最小者，10 个最小值中的最大者。

(3) 最后求这两个数之差的平方。

4.16　设计算法完成下列任务：输入一段英文后，无论输入的文字是大写还是小写，或大小写任意混合，都能将其整理成除每个句子开头字母是大写外，其他都是小写的文字。

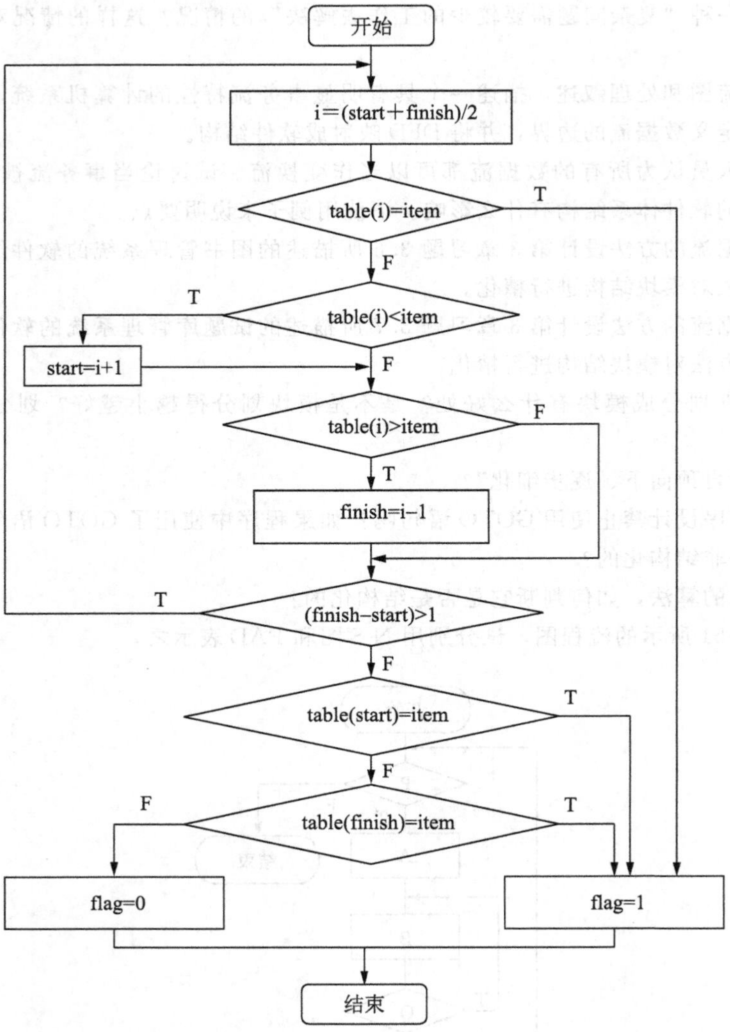


图 4-52 二分查找算法的流程图

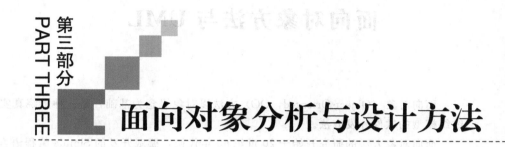

第三部分
PART THREE

# 面向对象分析与设计方法

CHAPTER 5

# 第 5 章

# 面向对象方法与 UML

面向对象（Object-Oriented，OO）方法以对象概念为基础，是一种围绕真实世界的概念来组织模型的软件开发方法。

面向对象方法的研究开始于 20 世纪 60 年代初，挪威开发的 Simula 编程语言第一次引入了类和对象的概念。1980 年出现的 Smalltalk-80 标志着面向对象程序设计进入了实用阶段。20 世纪 80 年代中期，人们开始注重面向对象分析与设计的研究，逐步形成了面向对象方法学，其中比较有代表性的有 Grady Booch 的面向对象开发方法、James Rumbaugh 等人提出的对象建模技术（Object Modeling Technology，OMT）和 Ivar Jacobson 的面向对象软件工程（Object-Oriented Software Engineering，OOSE）。20 世纪 90 年代中期，Grady Booch、James Rumbaugh、Ivar Jacobson 这三位面向对象领域的大师将各自的方法结合起来，并吸收了其他流派的优势，定义了面向对象分析和设计的图形化建模语言，即现在的统一建模语言（Unified Modeling Language，UML）。

面向对象方法的基本原则是尽可能模拟人类习惯的思维方式，使开发软件的方法与过程尽可能接近人类认识世界和解决问题的方法与过程。目前，面向对象方法已经成熟并广泛应用，特别是对于人机交互系统的开发，采用面向对象方法比采用结构化开发方法更具有优势。

## 5.1 面向对象的概念与开发方法

现实世界是由各种对象组成的，如建筑物、人、汽车、动物、植物等。复杂的对象可以由简单的对象组成。现实世界中的对象无论是有生命的还是无生命的，都具有各自的属性，如形状、颜色、重量等；对外界都呈现出各自的行为，如人可以走路、说话、唱歌，汽车可以启动、加速、减速、刹车、停止，树木会随着季节的变化而改变颜色。

在研究对象时主要考虑对象的属性和行为，有些不同的对象会呈现相同或相似的属性和行为，如轿车、卡车、面包车。通常将属性及行为相同或相似的对象归为一类。类可以看成是对象的抽象，代表了此类对象所具有的共有属性和行为。在面向对象的程序设计中，每个对象都属于某个特定的类，就如同结构化程序设计中每个变量都属于某个数据类型一样。类声明不仅包括数据（属性），还包括行为（功能）。

Coad 和 Yourdon 给出的“面向对象”的定义如下：

面向对象＝对象＋类＋继承＋消息通信

如果一个系统是使用上述 4 个概念设计和实现的，则可认为这个系统是面向对象的。面向对象程序的基本组成单位是类。程序在运行时由类生成对象，对象之间通过发送消息进行通信，互相协作完成相应的功能。对象是面向对象程序的核心。

## 5.1.1 对象

对象是包含现实世界物体特征的抽象实体，它反映了系统为之保存信息和（或）与它交互的能力。对象是一些属性及服务的封装体，在程序设计领域，可以用“对象＝数据＋作用于这些数据上的操作”这一公式来表达。

例如，Student 对象的数据可能有姓名、性别、出生日期、家庭住址、电话号码等，其操作可能是对这些数据的赋值及更改。我们使用图 5-1 所示的图形符号表示对象。

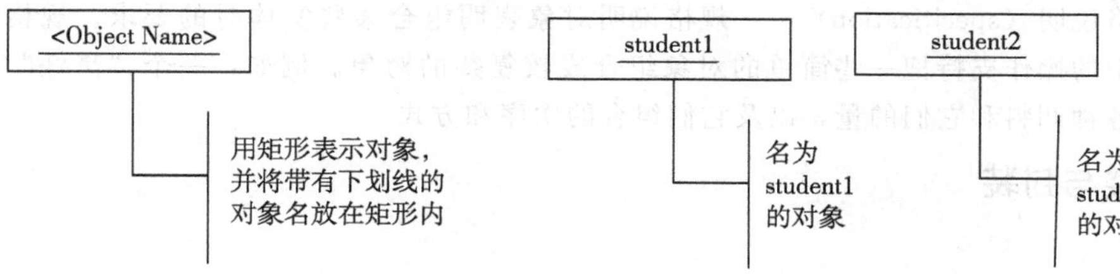


a）对象的表示　　b）对象的例子

图 5-1　对象的图形表示

对象与后面讲的类具有几乎完全相同的表示形式，主要差别是对象的名字下面要加一条下划线。对象名有下列 3 种表示格式：

1）第一种格式是对象名在前，类名在后，中间用冒号连接，形如：

对象名：类名

2）第二种格式形如：

：类名

这种格式用于尚未给对象命名的情况，注意，类名前的冒号不能省略。

3）第三种格式形如：

对象名

这种格式不带类名（即省略类名），图 5-1 中的对象名采用的即是此格式。

对象有两个层次的概念：

1）现实生活中对象指的是客观世界的实体，可以是可见的有形对象，如人、学生、汽车、房屋等；也可以是抽象的逻辑对象，如银行账号、生日等。

2）程序中对象就是一组变量和相关方法的集合，其中变量表明对象的状态，方法表明对象所具有的行为。

可以将程序中的对象分为 5 类：物理对象，角色，事件，交互，规格说明。每个应用系统可以拥有某几种或所有对象，但不必特意对每个对象进行分类。

- 物理对象（physical object）——物理对象是最易识别的对象，通常可以在问题领域的描述中找到，它们的属性可以标识和测量。例如，大学课程注册系统中的学生对象；网络管理系统中的各种网络物理资源对象（如开关、CPU 和打印机）。
- 角色（role）——一个实体的角色也可以抽象成一个单独的对象。角色对象的操作是由角色提供的技能。例如，一个面向对象系统中通常有“管理器”对象，它履行协调系统资源的角色；一个窗口系统中通常有“窗口管理器”对象，它扮演协调鼠标器按钮和其他窗口操作的角色。一个实际的物理对象可能同时承担几个角色，例如一个退休教师同时扮演退休者和教师的角色。

- 事件（event）——一个事件是某种活动的一次“出现”，例如“鼠标”事件。一个事件对象通常是一个数据实体，它管理“出现”的重要信息。事件对象的操作主要用于对数据的存取，如“鼠标”事件对象有诸如光标坐标、左右键、单击、双击等信息。
- 交互（interaction）——交互表示了在两个对象之间的关系，这种类型的对象类似于在数据库设计时所涉及的“关系”实体。当实体之间是多对多的关系时，利用交互对象可将其简化为两个一对多的关系。例如，在大学课程注册系统中，学生和课程之间的关系是多对多的关系，可设置一个“选课”交互对象来简化它们之间的关系。
- 规格说明（specification）——规格说明对象表明组合某些实体时的要求。规格说明对象中的操作支持把一些简单的对象组合成较复杂的对象。例如，一个“烹饪”对象定义各种调料和它们的量，以及它们组合的次序和方式。

## 5.1.2 类与封装

### 1. 类

可以将现实生活中的对象经过抽象而映射为程序中的对象。对象在程序中是通过一种抽象数据类型来描述的，这种抽象数据类型称为类（class）。类是面向对象技术中另一个非常重要的概念。简单地说，类是具有相同操作功能和相同数据格式（属性）的对象的集合与抽象。一个类是对一类对象的描述，是构造对象的模板，对象是类的具体实例。它们都具有相同的属性（但可以具有不同的属性值），都可使用类中定义的方法。一个实例的属性称为该实例的实例变量，实例变量的值一旦确定，该实例的状态也就确定了。

为了让计算机创建对象，必须先提供对象的定义，也就是先定义对象所属的类。例如，可以将学生对象所属的类定义为 Student。类的图形表示如图 5-2 所示。注意类名不加下划线。在类的图形表示中，可以省略操作部分或属性部分，或两者都省略只保留类名。

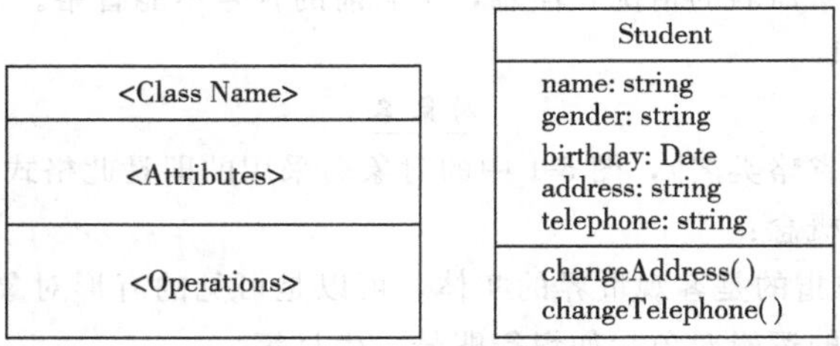


图 5-2 类的图形表示

### 2. 封装

面向对象的封装特性与其抽象特性密切相关。封装是一种信息隐蔽技术，就是利用抽象数据类型将数据和基于数据的操作封装在一起。用户只能看到对象的封装接口信息，对象的内部细节对用户是隐蔽的。封装的目的在于将对象的使用者和设计者分开，使用者不必知道行为实现的细节，只需使用设计者提供的操作来访问对象。

封装的定义是：

1）清楚的边界，所有对象的内部信息被限定在这个边界内；

2）接口，即对象向外界提供的方法，外界可以通过这些方法与对象进行交互；

3）受保护的内部实现，即软件对象功能的实现细节，实现细节不能从类外访问。

通过封装规定了程序如何使用对象的数据，控制用户对类的修改和数据访问权限。多数情况下往往会禁止直接访问对象的数据，只能通过接口访问对象。

在面向对象程序设计中，抽象数据类型是用“类”来实现的，类封装了数据及对数据的操作，是程序中的最小模块。由于封装特性禁止了外界直接操作类中的数据，模块与模块之间只能通过严格控制的接口进行交互，这使得模块之间的耦合度大大降低，从而保证了模块具有较好的独立性，使得程序维护和修改较为容易。

### 5.1.3 继承

在面向对象程序设计中，我们使用继承方法来设计两个或多个不同的但具有很多共性的实体。继承是一种联结类的层次模型，为类的重用提供了方便，它提供了明确表述不同类之间共性的方法。新类从现有的类中派生的过程，称为类继承。首先，我们定义一个包含这些实体的公共特性的类，然后，定义这个公共类的扩展类，扩展类从公共类中继承所有的东西。我们将公共类称为超类（superclass）、父类（father class）、祖先（ancestor）或基类（base class），而从其继承的类称为子类（subclasses）、后代（descendant）或导出类（derived class）。

例如，当使用 Student 类及其实例来说明面向对象的概念时，我们很自然地想到了本科生（Undergraduate）和研究生（Graduate）。这两个类有很多相同的特性，但也有不同的地方。我们可以将这两个类的相同属性和方法抽取出来放在基类 Student 中，并将 Undergraduate 和 Graduate 作为它的子类，从而形成类的继承关系，如图 5-3 所示。

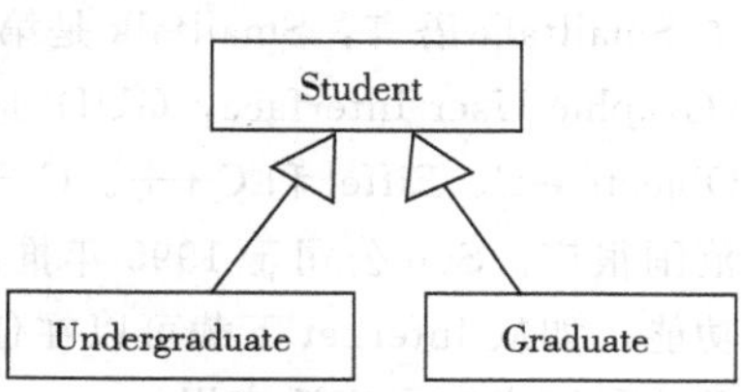

图 5-3　类的继承关系

### 5.1.4 多态

多态是面向对象程序设计的又一个特性。在面向过程程序设计中，主要工作是编写一个个的过程或函数，这些过程和函数不能重名。例如在一个应用中，需要对数值型数据进行排序，还需要对字符型数据进行排序，虽然使用的排序方法相同，但要定义两个不同的过程（过程的名称也不同）来实现，即过程及函数不能重名。

在面向对象程序设计中，可以利用“重名”来提高程序的抽象度和简洁性。首先我们来理解实际的现象。例如，“启动”是所有交通工具都具有的操作，但是不同的交通工具，其“启动”操作的具体实现是不同的，如汽车的启动是“发动机点火-启动引擎”，“启动”轮船时要“起锚”，气球飞艇的“启动”是“充气-解缆”。如果不允许这些功能使用相同的名字，就必须分别定义“汽车启动”“轮船启动”“气球飞艇启动”多个方法。这样一来，用户在使用时需要记忆很多名字，继承的优势就削弱了。为了解决这个问题，在面向对象程序设计中引入了多态的机制。

多态是指一个程序中同名的不同方法共存的情况。主要通过子类对父类方法的覆盖来实现多态。这样一来，不同类的对象可以响应同名的消息（方法）来完成特定的功能，但其具体的实现方法却可以不同。比如同样是加法，把两个时间加在一起和把两个整数加在一起肯定完全不同。又比如，同样是选择编辑-粘贴操作，在字处理程序和绘图程序中有不同的效果。在支持多态性的语言中，可以使用相同的方法名称来实现上述功能。

### 5.1.5 消息通信

消息是一个对象向另一个对象传递的信息。有 4 类消息：

- 发送对象请求接收对象提供服务；
- 发送对象激活接收对象；
- 发送对象询问接收对象；

• 发送对象仅传送信息给接收对象。

消息的使用类似于函数调用，消息中指定了接收消息的对象、操作名和参数表（可能是空的），如 student1. changeTelephone（“010-87210536”）。接收消息的对象执行消息中指定的操作。系统功能的实现就是一组对象通过执行对象自身的操作和消息通信来完成的。

### 5.1.6 面向对象的软件开发方法

面向对象开发方法包括面向对象编程（Object-Oriented Programming，OOP）、面向对象分析（Object-Oriented Analysis，OOA）和面向对象设计（Object-Oriented Design，OOD）。在进行面向对象系统开发时，是按照 OOA-OOD-OOP 的顺序进行的，但面向对象方法却是按照 OOP-OOD-OOA 的顺序逐渐发展成熟起来的。

面向对象编程起源于 20 世纪 60 年代挪威开发的 Simula 编程语言，这是设计用来进行计算机仿真的一种语言，在该语言中引入了类和对象的概念。20 世纪 70 年代初，Xerox 公司推出了 Smalltalk 语言，Smalltalk 是第一种通用的面向对象编程语言，最初用于开发图形用户界面（Graphic User Interface，GUI）应用程序。后来开发出了很多其他的面向对象编程语言，包括 Objective-C、Eiffel 和 C++。C++是对 C 语言的扩充，它不是纯粹的面向对象语言，但应用范围很广。Sun 公司于 1995 年推出了 Java 语言，由于 Java 语言具有适应 Internet 应用的一些功能，如从 Internet 下载可以在任何计算机平台上运行的程序（applet），使得面向对象方法从理论研究走向了广泛应用。

在进行面向对象编程之前，需要进行面向对象的设计，而在进行面向对象设计之前，又需要进行面向对象的分析。OOA 和 OOD 技术是 20 世纪 80 年代后期出现并逐渐发展起来的，陆续出现了多种面向对象的软件开发方法，每种方法都有各自的特点，以及一组描述过程演进的图形表示和符号体系，典型的有以下几种。

**1. Booch 方法**

Booch 方法包含“微开发过程”和“宏开发过程”。微开发过程定义了一组任务，并在宏开发过程的每一步骤中反复使用它们，以维持演进途径。Booch 的 OOA 宏开发过程包括以下任务：

1）标识类和对象；

2）标识类和对象的语义；

3）标识类和对象间的关系；

4）进行一系列精化；

5）实现类和对象。

**2. Rumbaugh 方法**

Rumbaugh 和他的同事提出的对象建模技术（OMT）用于系统分析、系统设计和对象级设计。分析活动建立以下 3 种模型：

1）对象模型——描述对象、类、层次和关系；

2）动态模型——描述对象和系统的行为；

3）功能模型——类似于高层的 DFD，描述穿越系统的信息流。

**3. Coad 和 Yourdon 方法**

Coad 和 Yourdon 方法常常被认为是最容易学习的 OOA 方法，建模符号相当简单，而且开发分析模型的导引直接明了。其 OOA 过程概述如下：

1）使用“要找什么”准则标识对象；

2）定义对象之间的一般化/特殊化结构（又称为继承结构）；

3）定义对象之间的整体/部分结构（又称为组装结构）；

4）标识主题（系统构件的表示）；

5）定义对象的属性及对象之间的实例连接；

6）定义服务及对象之间的消息连接。

**4. Jacobson 方法**

Jacobson 方法也称为 OOSE（面向对象软件工程）方法，它与其他方法的不同之处在于特别强调用例（use case）——用以描述用户与系统之间交互的场景。Jacobson 方法概述如下：

1）标识系统的用户和它们的整体责任；

2）通过定义参与者及其职责、用例、对象和关系的初步视图，建立需求模型；

3）通过标识界面对象、建立界面对象的结构视图、表示对象行为、分离出每个对象的子系统和模型，建立分析模型。

**5. Wirfs-Brock 方法**

Wirfs-Brock 方法不要求明确地区分分析和设计任务，从评估客户规格说明到设计完成，是一个连续的过程。与 Wirfs-Brock 分析有关的任务概述如下：

1）评估客户规格说明；

2）使用语法分析从规格说明中提取候选类；

3）将类分组以标识超类；

4）定义每个类的职责；

5）将职责赋予每个类；

6）标识类之间的关系；

7）基于职责定义类之间的协作；

8）建立类的层次表示；

9）构造系统的协作图。

## 5.2　UML 简介

面向对象的建模语言很多，目前使用最广泛的是 UML（Unified Modeling Language，统一建模语言），它将 Booch、Rumbaugh 和 Jacobson 等各自独立的 OOA 和 OOD 方法中最优秀的特色组合成一个统一的方法。无论在计算机学术界、软件产业界还是在商业界，UML 已经逐渐成为人们为各种系统建模、描述系统体系结构、商业体系结构和商业过程时使用的统一工具，而且在实践过程中人们还在不断扩展它的应用领域。

### 5.2.1　UML 的产生和发展

20 世纪 90 年代，在软件系统业界流行着几十种面向对象开发方法，形成百家争鸣的局面，其中著名的 3 种方法是 OMT（Rumbaugh）、Booch 和 OOSE（Jacobson）。每种方法都有自己的开发过程、表示符号和侧重点。

1996 年，面向对象方法领域的 3 位著名专家 Booch、Rumbaugh 和 Jacobson 提出了 UML 的概念。1997 年 1 月，UML1.0 被提交给对象管理组织（OMG），同年 9 月提交 UML1.1，后被 OMG 采纳，作为基于面向对象技术的标准建模语言。此后，UML 经历了多次版本升级，早期两个比较重要的版本是 2001 年发布的 UML1.4 以及 2005 年发布的 UML2.0。较新的版本是 2011 年发布的 UML2.4、UML2.4.1 以及 2013 年发布的 UML2.5。

UML 在完善过程中吸收了百家之长，包含了来自很多其他面向对象方法的优点，如图 5-4 所示。

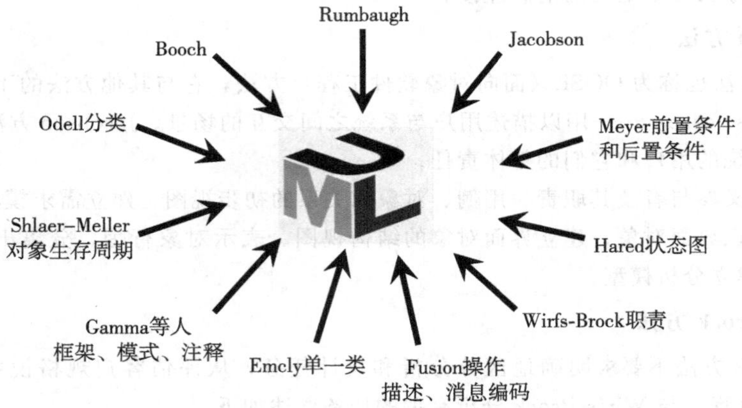


图 5-4 UML 吸收了许多面向对象方法的优点

## 5.2.2 UML 的特点

有人认为，UML 的出现是面向对象方法在 20 世纪 90 年代中期所取得的最重要的成果。其主要特点可以归结为以下 6 点：

- 统一标准。UML 不仅统一了 Booch、OMT 和 OOSE 等方法中的基本概念，还吸取了面向对象技术领域中其他流派的长处，其中也包括非 OO 方法的影响。UML 使用的符号表示考虑了各种方法的图形表示，删掉了大量易引起混乱的、多余的和极少使用的符号，也添加了一些新符号，提供了标准的面向对象的模型元素的定义和表示法，并已经成为 OMG 的标准。
- 面向对象。UML 支持面向对象技术的主要概念，它提供了一批基本的表示模型元素的图形和方法，能简洁明了地表达面向对象的各种概念和模型元素。
- 可视化，表达能力强大。UML 是一种图形化语言，用 UML 的模型图形能清晰地表示系统的逻辑模型或实现模型。它不只是一堆图形符号，在每一个图形表示符号后面，都有良好定义的语义；UML 还提供了语言的扩展机制，用户可以根据需要增加定义自己的构造型、标记值和约束等，它的强大表达能力使它可以用于各种复杂类型的软件系统的建模。
- 独立于过程。UML 是系统建模的语言，不依赖特定的开发过程。
- 容易掌握使用。UML 概念明确，建模表示法简洁明了，图形结构清晰，容易掌握使用。实际上，只要着重学习 3 方面的主要内容（UML 的基本模型元素、组织模型元素的规则、UML 语言的公共机制），基本就了解了 UML，剩下的就是实践问题了。
- 与编程语言的关系。用 Java、C++ 等编程语言可以实现一个系统。支持 UML 的一些 CASE 工具可以根据 UML 所建立的系统模型自动产生 Java、C++ 等代码框架，还支持这些程序的测试及配置管理等环节的工作。

### 5.2.3 UML 的基本模型

UML 符号的表示法，为开发者或开发工具使用这些图形符号和文本语法进行系统建模提供了标准。这些图形符号和文字所表达的是应用级的模型，在语义上它是 UML 元模型的实例。UML 的基本模型由事物、关系和图组成，如图 5-5 所示。

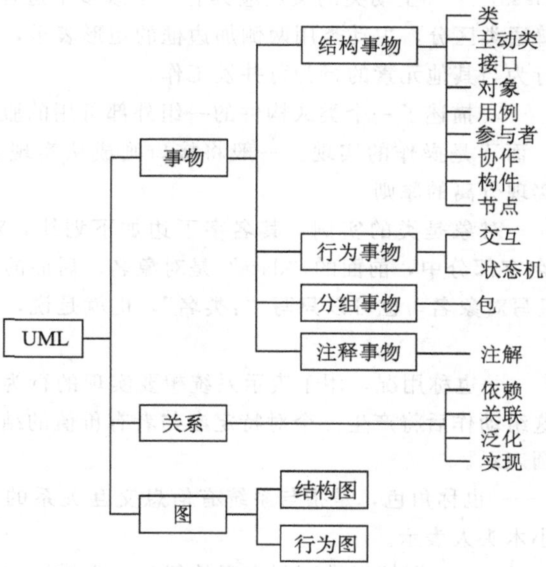


图 5-5　UML 的基本模型

## 5.3 UML 的事物

事物是对模型中最具代表性成分的抽象，在 UML 中，可以分为结构事物、行为事物、分组事物和注释事物 4 类。图 5-6 给出了基本事物的图形表示。

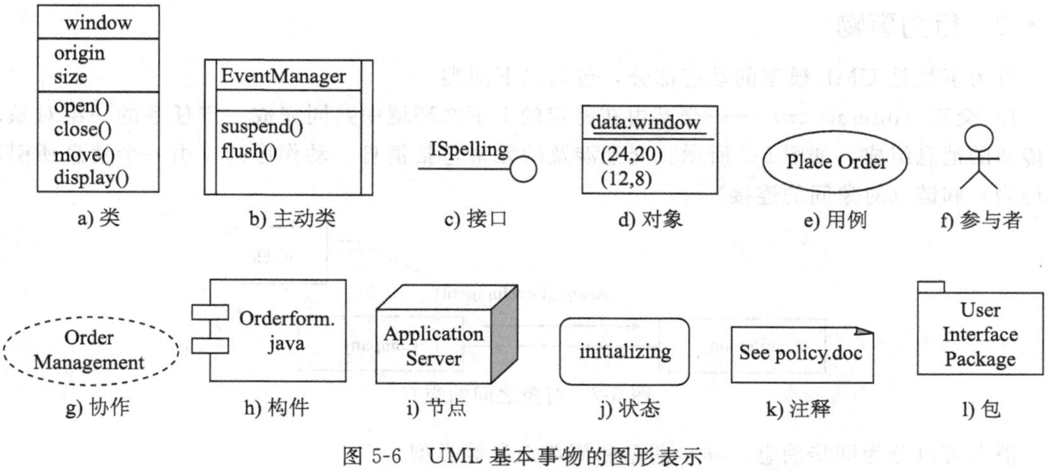


图 5-6　UML 基本事物的图形表示

## 5.3.1　结构事物

结构事物是UML模型的静态部分，主要用来描述概念的或物理的元素，包括类、主动类、接口、对象、用例、参与者、协作、构件和节点等。

1）类（class）——类用带有类名、属性和操作的矩形框来表示。

2）主动类（active class）——主动类的实例应具有一个或多个进程或线程，能够启动控制活动。在图形上，为与普通类区分，主动类用两侧加边框的矩形表示，或用具有粗外框的矩形来表示。主动类对象的行为与其他元素的行为可并发工作。

3）接口（interface）——描述了一个类或构件的一组外部可用的服务（操作）集。接口定义的是一组操作的描述，而不是操作的实现。一般将接口画成从实现它的类或构件引出的圆圈，接口体现了使用与实现分离的原则。

4）对象（object）——对象是类的实例，其名字下边加下划线，对象的属性值需明确给出，如图5-6c所示。在名字部分中，前面的“data”是对象名，后面的“window”是所属的类名。在UML中，可以只写对象名，也可以只写“:类名”，也就是说，可以不写对象名，并将这种对象称为匿名对象。

5）用例（use case）——也称用况，用于表示系统想要实现的行为，即描述一组动作序列（即场景）。而系统执行这组动作后将产生一个对特定参与者有价值的结果。在图形上，用例用仅包含其名字的实线椭圆表示。

6）参与者（actor）——也称角色，是指与系统有信息交互关系的人、软件系统或硬件设备，在图形上用简化的小木头人表示。

7）协作（collaboration）——用例仅描述要实现的行为，不描述这些行为的实现，这种实现用协作描述。协作定义交互，描述一组角色实体和其他实体如何通过协同工作来完成一个功能或行为。类可以参与几个协作。在图形上，用仅包含名字的虚线椭圆表示协作，如图5-6f所示。协作与用例之间是实现关系。

8）构件（component）——也称组件，是系统中物理的、可替代的部件。它通常是描述一些逻辑元素的物理包。在图形上，构件用带有小方框的矩形来表示，如图5-6g所示。

9）节点（node）——是在运行时存在的物理元素。它代表一种可计算的资源，通常具有一定的记忆能力和处理能力。在图形上，节点用立方体来表示。

## 5.3.2　行为事物

行为事物是UML模型的动态部分，包括以下两类：

1）交互（interaction）——交互由在特定的上下文环境中共同完成一定任务的一组对象之间传递的消息组成，如图5-7所示。交互涉及的元素包括消息、动作序列（由一个消息所引起的行为）和链（对象间的连接）。

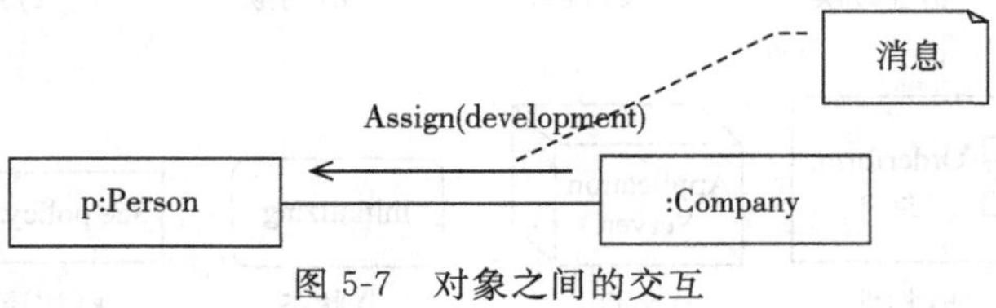


图5-7　对象之间的交互

消息可以分为同步消息、异步消息和简单消息等类型。

2）状态机（state machine）——描述了一个对象或一个交互在生存期内响应事件所经历的

状态序列，单个类或者一组类之间协作的行为都可以用状态机来描述。状态机涉及状态、变迁和活动，其中状态用圆角矩形来表示，如图 5-6i 所示。

### 5.3.3　分组事物

分组事物是 UML 模型的组织部分，它的作用是为了降低模型复杂性。UML 中的分组事物是包（package）。包是把模型元素组织成组的机制，结构事物、行为事物甚至其他分组事物都可以放进包内。包不像构件（仅在运行时存在），它纯粹是概念上的（即它仅在开发时存在）。包的图形表示如图 5-6k 所示。

### 5.3.4　注释事物

注释事物是 UML 模型的解释部分，它们用来描述和标注模型的任何元素。通常可以用注释修饰带有约束或者解释的图。注释事物的图形表示如图 5-6j 所示。

## 5.4　UML 的关系

在 UML 中，常见的关系有依赖、关联、泛化和实现 4 种，还有聚合、复合等关系，其图形表示如图 5-8 所示。

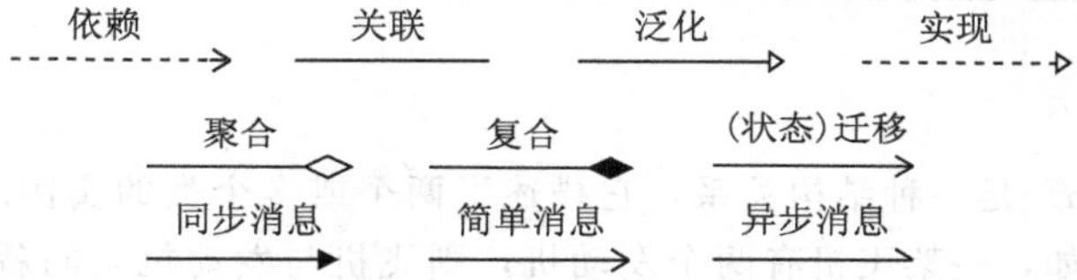


图 5-8　UML 中的关系

### 5.4.1　依赖关系

依赖（dependency）是两个事物之间的语义关系，其中一个事物发生变化会影响到另一个事物的语义，它用一个虚线箭头表示。虚线箭头的方向从源事物指向目标事物，表示源事物依赖于目标事物。图 5-9 显示了“CourseSchedule”对象依赖于“Course”对象，如果“Course”发生变化，“CourseSchedule”的某些操作也会有变化。

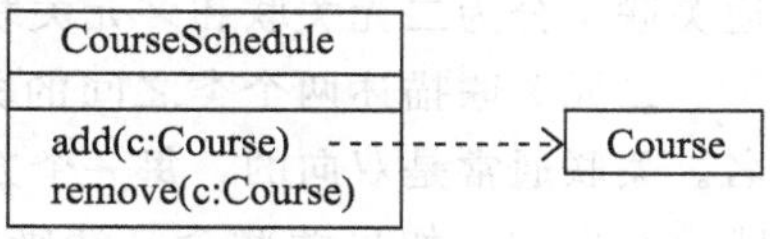


图 5-9　依赖关系示例

UML 中的依赖关系参看表 5-1。依赖关系的具体语义可以用在表示依赖关系的虚线箭头上附加的双尖括号括起来的关键字加以说明，如“《create》”。

**表 5-1　依赖的种类**

| 依　　赖 | 功　　能 | 关　键　字 |
|---|---|---|
| 访问 | 源包（如用户界面包）被赋予了可访问目标包（如业务对象包）的权限，并可引用目标包中的元素 | access |
| 绑定 | 目标类是模板类（如＜数据类型参数化为 T＞栈），源类是将指定值代换模板参数而生成的特定类（如＜实参为 int＞栈） | bind |
| 调用 | 强调源类中的操作（如矩形类的 draw）调用了定义在目标类中的操作（如像素点类的 draw） | call |

（续）

| 依　赖 | 功　能 | 关　键　字 |
| --- | --- | --- |
| 友元 | 目标类（如二叉树）视源类（如 Iterator）为其友元，允许源类访问目标类的所有私有成员（UML2.0 中没有） | friend |
| 派生 | 源事物（如年龄）可以从目标事物（如出生年月）通过计算导出 | derive |
| 创建 | 源类（如链表类）可创建目标类（如链表节点类）的实例 | create |
| 细化 | 同一模型元素的不同详细程度或不同语义层次的规格说明，源（如详细配置图）比目标（如概要配置图）更为详细 | refine |
| 实例化 | 强调源类的实例（如链表）创建了目标类的实例（如链表节点），而且还做了初始化和满足约束的工作 | instantiate |
| 允许 | 允许源事物（如电梯调度器）访问或处理目标事物（如中断向量表）的内容 | permit |
| 实现 | 一个规格说明（如栈的接口）与其具体实现（该栈的类实现）之间的映射关系 | realize |
| 发送 | 一个信号发送者（如电梯控制器）与信号接收者（如楼层管理器）之间的关系 | send |
| 替换 | 表明源类可以支持目标类的接口，并可以在类型声明为目标类的地方取代目标类。继承性和多态性都可支持这种关系 | substitute |
| 使用 | 强调源事物（如电梯调度器）想要正确地履行职责（包括调用、创建、实例化、发送等），则要求目标事物（如决策表）存在 | use(s) |
| 追踪 | 它连接两个模型元素，表明目标是源的历史上的前驱。如交互和协作就是从用例导出的 | trace |

## 5.4.2　关联关系

关联（association）是一种结构关系，它描述了两个或多个类的实例之间的连接关系，是一种特殊的依赖。例如，一架飞机有两个发动机，则飞机与发动机之间就存在一种连接关系，这就是关联关系。关联的实例称为链（link），每一条链连接一组对象（类的实例）。关联主要用来组织一个系统模型。

关联分为普通关联、限定关联、关联类，以及聚合与复合。

**1. 普通关联**

普通关联是最常见的关联关系，只要类与类之间存在连接关系就可以用普通关联表示。普通关联又分为二元关联和多元关联。

二元关联描述两个类之间的关联，用两个类之间的一条直线来表示，直线上可写上关联名。关联通常是双向的，每一个方向可有一个关联名，并用一个实心三角来指示关联名指的是哪一个方向。如果关联含义清晰的话，也可不起名字。图 5-10 给出了“先生”类和“学徒”类之间的关联，该关联表明一位先生教授多名学徒，这些学徒受教于一位先生。

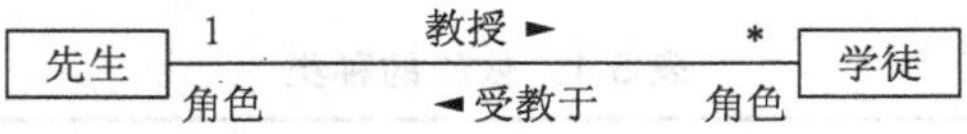


图 5-10　二元关联

关联与两端的类连接的地方叫作关联端点，在关联两端连接的类各自充当了某种角色，有关的信息（如角色名、可见性、多重性等）可附加到各个端点上。其中多重性（multiplicity）表明在一个关联的两端连接的类实例个数的对应关系，即一端的类的多少个实例对象可以与另一端的类的一个实例相关。多重性的表示如下：

1：1 个实例；

0..＊或＊：0 到多个实例；

0..1：0 到 1 个实例；

1＋或 1..＊：1 到多个实例。

如果图中没有明确标出关联的多重性，则默认的多重性为 1。

关联端点上还可以附加角色名，表示类的实例在这个关联中扮演的角色，如图 5-11 所示。UML 还允许一个类与它自身关联。图 5-12 表示航班与乘务组是多对多的关联，而乘务长与乘务员是 1 对多的关联，乘务长与乘务员之间存在管理关系。

图 5-11 关联中的角色

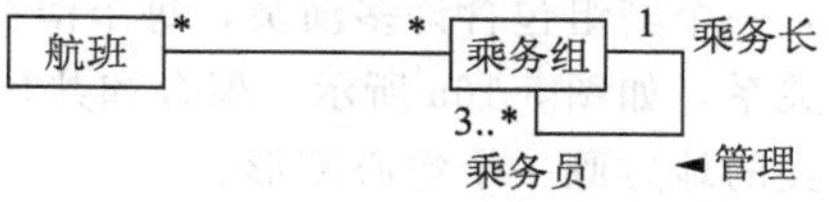


图 5-12 自身关联

多元关联是指 3 个或 3 个以上类之间的关联。多元关联由一个菱形以及由菱形引出的通向各个相关类的直线组成，关联名（如果有的话）可标在菱形的旁边，在关联的端点也可以标上多重性等信息。图 5-13 是一个三元关联，图中的链表示哪个程序员用哪种程序语言开发了哪个项目。

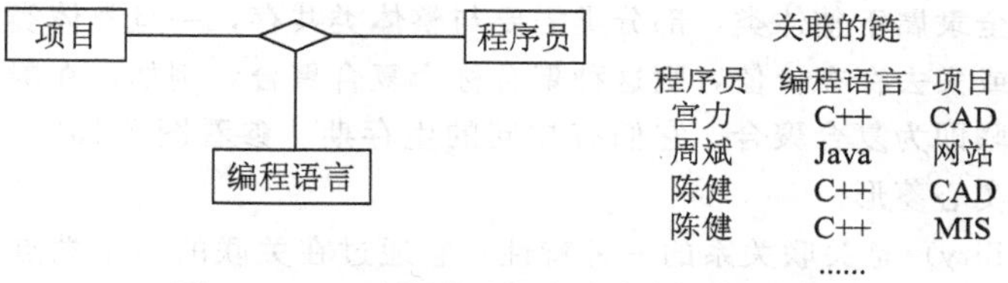


图 5-13 三元关联及相应类实例连接的链

**2. 限定关联**

限定关联通常用在一对多或多对多的关联关系中，可以把模型中的多重性从一对多变成一对一，或将多对多简化成多对一。在类图中把限定词（qualifier）放在关联关系末端的一个小方框内。例如，某操作系统中一个目录下有许多文件，一个文件仅属于一个目录，在一个目录内文件名确定了唯一的一个文件。图 5-14b 利用限定词“文件名”表示了目录与文件之间的关系，这样就利用限定词把一对多关系简化成了一对一关系。注意，限定词“文件名”应该放在靠近目录的那一端。

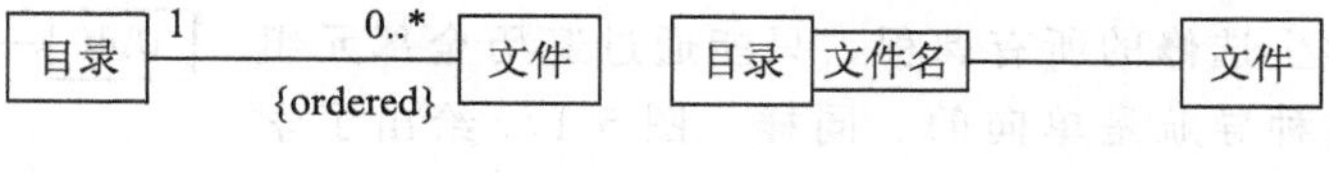


a) b)

图 5-14 限定关联

**3. 关联类**

在关联关系比较简单的情况下，关联关系的语义用关联关系的名字来概括。但在某些情况下，需要对关联关系的语义做详细的定义、存储和访问，为此可以建立关联类（association class）来描述关联的属性。关联中的每个链与关联类的一个实例相联系。关联类通过一条虚线与关联连接。例如，图 5-15 是一个公司类与属下一个或

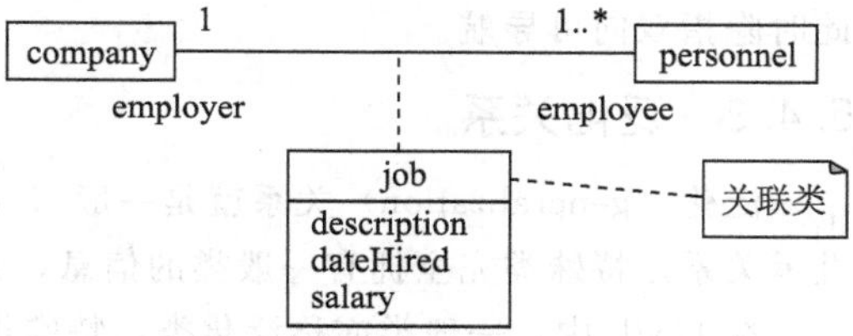


图 5-15 关联类的示例

多个员工之间的关联。通过关联类给出关联“job”的细节。

**4. 聚合**

聚合（aggregation）也称为聚集，是一种特殊的关联，描述了整体和部分之间的结构关系。在需求陈述中，若出现“包含”“组成”“分为……部分”等字句，往往意味着存在聚合关系。除了一般聚合之外，还有两种特殊的聚合关系：共享聚合（shared aggregation）和复合聚合（composition aggregation）。

如果聚合关系中部分类的实例可同时参与多个整体类实例的构成，则该聚合称为共享聚合。例如，一个剧组包含许多演员，每个演员又可以是其他剧组的成员，则剧组和演员之间是共享聚合关系，如图 5-16a 所示。聚合和共享聚合的图示符号是在表示关联关系的直线末端紧挨着整体类的地方画一个空心菱形。

a) 共享聚合　　b) 复合聚合

图 5-16　聚合

如果部分类完全隶属于整体类，部分类需要与整体类共存，一旦整体类不存在了，则部分类也会随之消失，或失去存在价值，则这种聚合称为复合聚合，例如，在屏幕上的窗口与其所属的按钮之间的关联即为复合聚合，它们有相同的生存期。参看图 5-16b，复合聚合关系中紧挨整体类的菱形为实心菱形。

导航（navigability）是关联关系的一种特性，它通过在关联的一个端点上加箭头来表示导航的方向。

在图 5-17a 所示的关联中，课程与学生之间是多对多的关系，这个关联的链由一组（课程实例，学生实例）对组成的元组组成。如果想知道某门课程有哪些学生选修，或某个学生选修了哪些课程，就需遍历该链的所有元组。UML 通过在关联端点加一个箭头来表示导航，导航能从该链的所有元组中得到给定的元组。例如，图 5-17b 给出的学生和课程之间的导航表明，当指定一门课程时，就能直接导航出选修这门课程的所有学生，不用遍历全部元组，但当指定一个学生时，不能直接导航出该学生选修的所有课程，只能通过遍历全部元组才能得到结果。这种导航是单向的。同样，图 5-17c 给出了学生到课程的（单向）导航，即当指定一个学生时就能直接导航出该学生所选的所有课程。图 5-17d 则表示学生与课程之间的导航是双向。

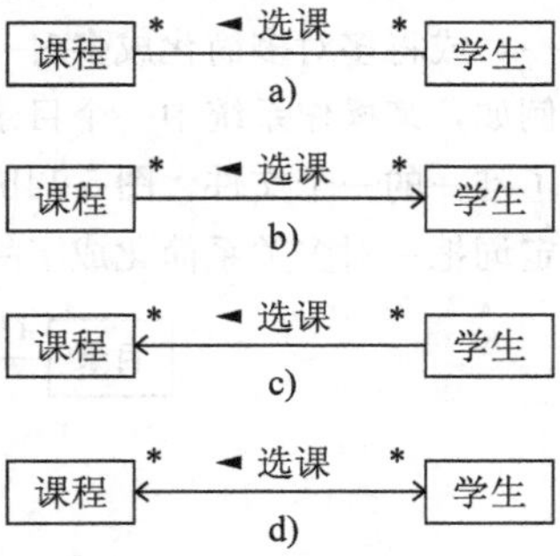


图 5-17　导航

导航主要在设计阶段使用，当关联具有双向可导航性时，可以省略指示导航方向的箭头。此时隐指双向可导航。

## 5.4.3　泛化关系

泛化（generalization）关系就是一般（generalization）类和特殊（specialization）类之间的继承关系。特殊类完全拥有一般类的信息，并且还可以附加一些其他信息。

在 UML 中，一般类亦称泛化类，特殊类亦称特化类。在图形表示上，用一端为空心三角形的连线表示泛化关系，三角形的顶角紧挨着一般类。注意，泛化针对类而不针对实例，因为一个类可以继承另一个类，但一个对象不能继承另一个对象。泛化可进一步划分成普通泛化和受限泛化两类。

**1. 普通泛化**

普通泛化与前面讲过的继承基本相同。但要了解的是，在泛化关系中常遇到一个特殊的类——抽象类。一般称没有具体对象的类为抽象类。抽象类通常作为父类，用于描述其他类（子类）的公共属性和行为。在图形上，抽象类的类名下附加一个标签值 {abstract}，如图 5-18 所示。图 5-18 下方的两个折角矩形是注释，分别说明了两个子类的 drive 操作功能。抽象类中的操作仅用于指定它的所有具体子类应具有的行为。这些操作在每个具体子类中有具体的实现。每一个具体子类可创建自己的实例。

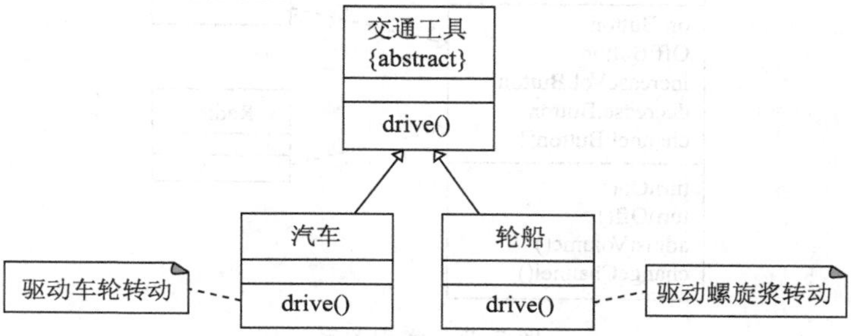


图 5-18　抽象类

普通泛化可以分为多重继承和单继承。多重继承是指一个子类可同时继承多个上层父类，例如图 5-19 中的“医学教授”类继承了“医生”类和“教授”类这两个类。与多重继承相对的是单继承，即一个子类只能继承一个父类。

**2. 受限泛化**

受限泛化关系是指泛化具有约束条件。预定义的约束有 4 种：交叠（overlapping）、不相交（disjoint）、完全（complete）和不完全（incomplete）。这些约束都是语义约束。

一个一般类可以从不同的方面特化成不同的特殊类集合，参看图 5-20 所示的例子，从性别角度，人可以分为男人和女人，这覆盖了人的所有性别（约束是“完全的”），并且是互斥的（约束是“不相交”的）。从职业角度，人又可以分为教师、医生，这并未覆盖人的所有职业（约束是“不完全的”），而且允许一个人有多个职业，如医科大学的教师也可以是医生（约束是“交叠”的）。

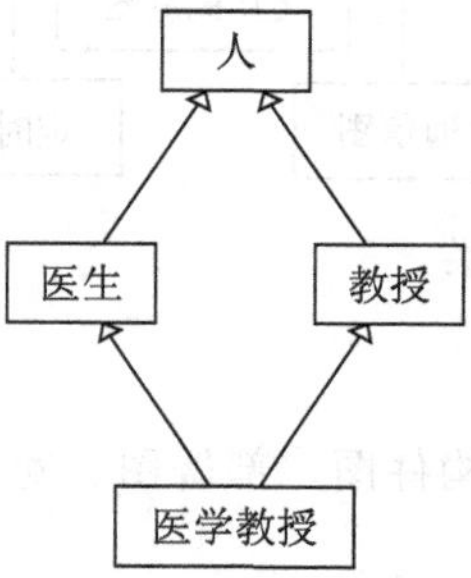


图 5-19　多重继承

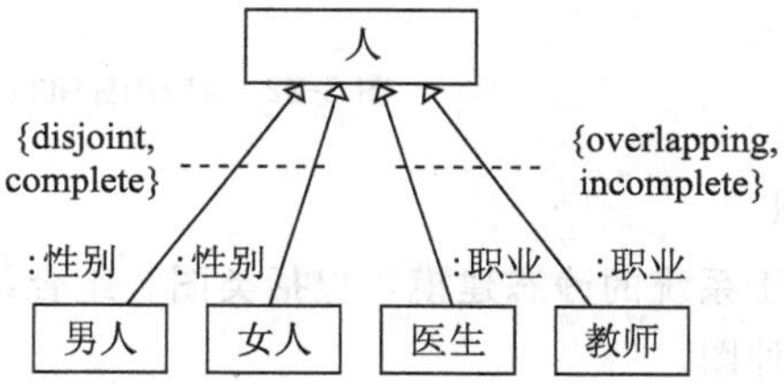


图 5-20　受限泛化

### 5.4.4　实现关系

实现（implement）是泛化关系和依赖关系的结合，也是类之间的语义关系。通常在以下两种情况出现实现关系：

1）接口和实现它们的类或构件之间；

2）用例和实现它们的协作之间。

在 UML 中，实现关系用带有空心箭头的虚线表示。图 5-21 描述了用 TV 类和 Radio 类来实现接口 ElectricalEquipment 中规定的所有动作的情形。

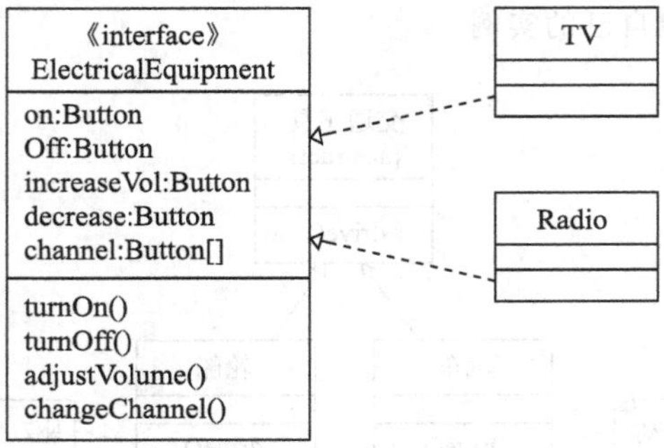


图 5-21　实现关系

## 5.5　UML 的图

UML 规范将图划分为两大类：结构图和行为图，如图 5-22 所示。

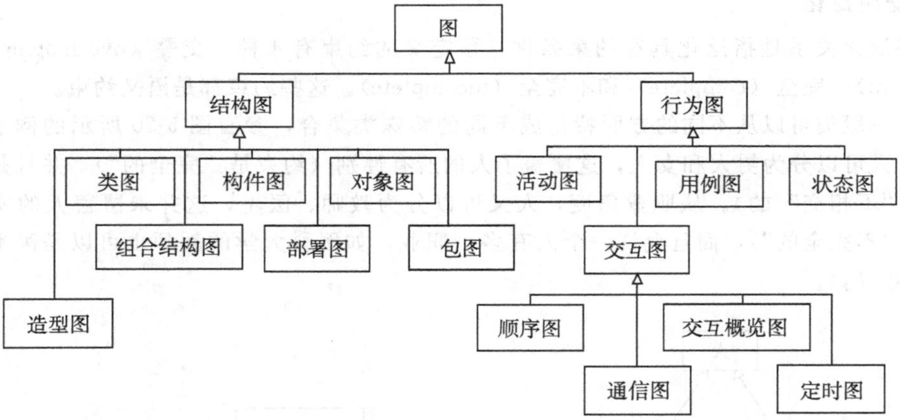


图 5-22　结构图和行为图的分类

**1. 结构图**

结构图用于系统的静态建模，包括类图、组合结构图、构件图、部署图、对象图、包图及造型图，共 7 种图。

1）类图（class diagram）。类图是描述系统中各个对象的类型以及其间存在的各种关系的图。

2）组合结构图（composite structure diagram）。组合结构图是描述类和构件的内部结构的图，其中包括与系统其他部分的交互点。

3）构件图（component diagram）。构件图是描述构件的组织结构和相互关系的图，用于表达如何在实现时将系统元素组织成构件，从而支持以构件为单位进行软件制品的实现和发布。

4）部署图（deployment diagram）。部署图是描述节点、节点间的关系以及构件和节点间的部署关系的图。

5）对象图（object diagram）。对象图是描述在某一时刻一组对象以及它们之间的关系的图。

6）包图（package diagram）。包图是描绘模型元素分组（包）以及分组之间依赖的图。

7）造型图（profile diagram）。造型图是元模型的一种限制形式，可用于对 UML 进行扩展。最基本的扩展结构是构造型（stereotype）。

**2. 行为图**

行为图用于对系统的动态方面建模，行为图也分为 7 种，包括活动图、用例图、状态机图、顺序图、交互概览图、通信图及定时图。交互图（interaction diagram）是顺序图、交互概览图、通信图和定时图的统称。

1）活动图（activity diagram）。活动图是描述活动、活动的执行顺序以及活动的输入与输出的图。

2）用例图（use case diagram）。用例图是描述一组用例、参与者以及它们之间关系的图。

3）状态图（state diagram）。状态图是描述一个对象（或其他实体）在其生存期内所经历的各种状态以及状态变迁的图。

4）顺序图（sequence diagram）。顺序图是描述一组角色和由扮演这些角色的实例发送和接收的消息的图。

5）交互概览图（interaction overview diagram）。交互概览图是以一种活动图的变种来描述交互的图，它关注于对控制流的概览，其中控制流的每个节点都可以是一个交互图。

6）通信图（communication diagram）。通信图是描述一组角色、这些角色间的连接件以及由扮演这些角色的实例所收发的消息的图。

7）定时图（timing diagram）。定时图是描述在线性时间上对象的状态或条件变化的图。

下面对常用的图进行介绍。

## 5.5.1 用例图

用例图描述的是参与者（actor）所理解的系统功能。用例图用于需求分析阶段，它的建立是系统开发者和用户反复讨论的结果，描述了开发者和用户对需求规格达成的共识。首先，它描述了待开发系统的功能需求；其次，它把系统看作黑盒子，从参与者的角度来理解系统；第三，它驱动了需求分析之后各阶段的开发工作，不仅在开发过程中保证了系统所有功能的实现，而且被用于验证和检测所开发的系统，从而影响到开发工作的各个阶段和 UML 的各个模型。

用例图的主要元素是用例和参与者。

一个用例实质上是用户与计算机系统之间的一次典型的交互作用，它代表的是系统的一个完整的功能。在 UML 中把用例定义成系统执行的一系列动作，动作的结果能被参与者察觉到。在 UML 用例图中，用例表示为一个椭圆。

参与者是与系统交互的人或物，它代表外部实体，例如，用户、硬件设备或与本系统交互的另一个软件系统。使用用例并与系统交互的任何人或物都是参与者。

参与者和用例通过《communicate》关系进行通信，期望得到一些反馈信息。在UML中，用书名号括起来的名称（如《communicate》）称为构造型。如果要使用的概念在UML中不支持，可以利用UML构造型将这个新概念引入模型。

用例图中的参与者之间可以认为是一种泛化关系，UML不建议参与者之间还有其他关系。用例之间的关系通常有泛化、包含（或使用）和扩展。用例泛化是指一个用例可以被特别列举为一个或多个子用例，例如，可以将用例“电话预订”和“网上预订”泛化为“预订”。包含、使用和扩展的表示是在依赖符号上加构造型，这三种构造型用英文描述分别为《include》、《use》和《extend》。其中，《include》和《use》的含义是一样的，因此可以混用。图5-23给出了在用例图中两个类元是如何联系的。

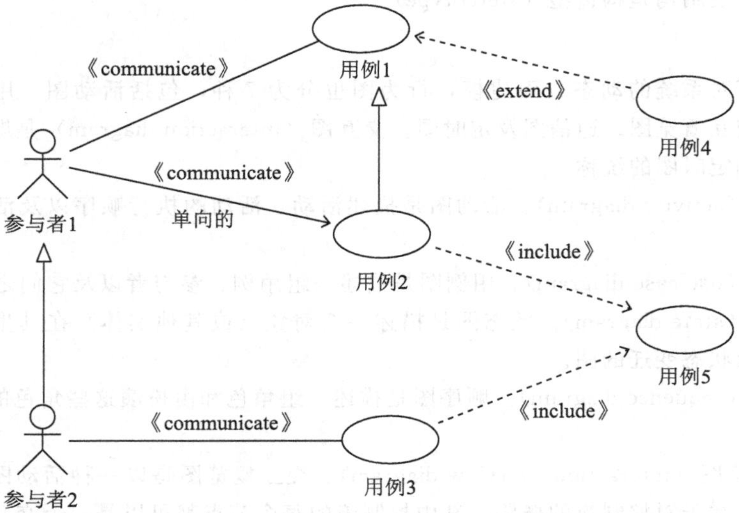


图5-23　用例图的建模元素

**【例5.1】**　为例3.1中的银行储蓄系统建立用例图。

在银行储蓄系统中，参与者有业务员和储户。从大的功能方面看，包括存款和取款两项，而这两项功能又包含一些子功能。其用例图如图5-24所示。

《include》关系表示一个用例所执行的功能中总是包括被包含用例的功能，例如，在图5-24中，取款功能总是包括输入取款信息、检查余额、验证密码及计算利息功能。《extend》关系是指一个用例的执行可能需要由其他用例的功能来扩展，例如，取款用例需要扩展到打印利息清单用例，打印利息清单称为扩展用例，取款称为基本用例。《extend》关系可用于对期望或可选的行为建模，但其主要用途是使基本用例的功能不依赖于扩展用例，因此，箭头的方向是从扩展用例指向基本用例的。

## 5.5.2　类图

模型的静态结构也称为状态模型，在UML中表示为类图。类图显示了类（及其接口）、类的内部结构以及与其他类的联系。联系是指类元之间的关系，在类的建模中可以使用关联、聚合和泛化（继承）关系。

（1）关联

虽然关联在类上进行说明，但其真实含义是这些类的实例之间的联系，因此关联的多重性

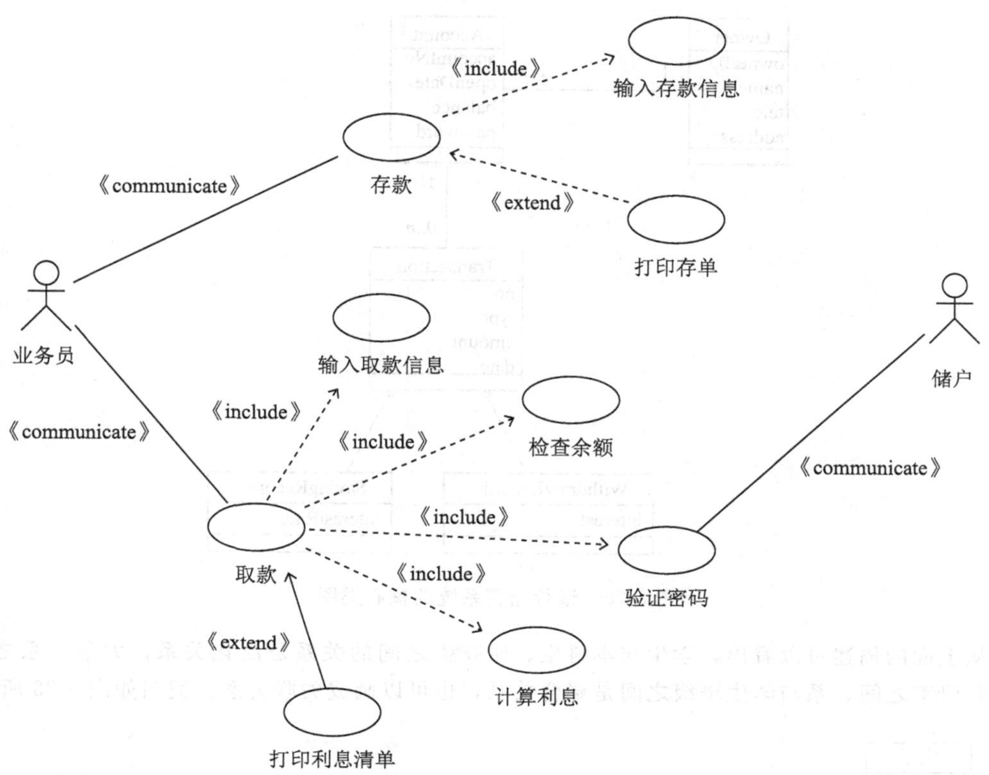


图 5-24　银行储蓄系统的用例图

是指一个类的多少个实例与另一个类的多少个实例相关。多重性应该在关联的每一端标识出来。与实体-关系图类似，类之间的关联也有一对一、一对多、多对多关联。

(2) 聚合

聚合是 UML 中的一种特殊关联，它表示一个类的实例包含另一个类的实例。在 UML 中很难把握什么是特殊形式的关联。

(3) 泛化

泛化关系也称为继承关系，是类元之间的一种联系。每一个特殊类（子类）的实例同时也是一个一般类（超类）的实例。由于泛化关系表示的是类之间的联系，不是实例之间的联系，因此泛化关系没有多重性。

在例 5.1 的银行储蓄系统中，涉及的主要类有储户（Owner)、账户（Account)、交易(Transaction)、取款记录（WithdrawRecord)、存款记录（SavingRecord)。一位储户可以开多个账户；每一账户会有多次交易；每次交易可能是取款，也可能是存款（假如不考虑其他类型的交易的话)。对于取款，需要计算利息，并保存利息（interest)；对于存款，需要保存利率(interestRate)。银行储蓄系统的核心类图如图 5-25 所示。

**【例 5.2】**　在大学的教学管理系统中涉及下面的类对象：大学、系、教研室、教师、学生班级、学生、本科生、研究生、教学任务、课程。

这些类对象之间具有这样的关系：一所大学下设多个系，每个系包含多个教研室和多个学生班级。每位教师只能归属于一个教研室。学生分为本科生和研究生。每位教师可以承担多门课程的教学任务，每个学生可以选修多门课程。

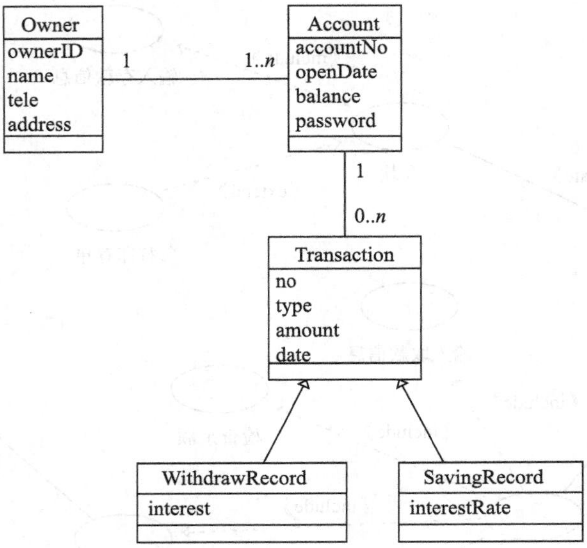


图 5-25　银行储蓄系统的核心类图

从上面的描述可以看出，学生与本科生、研究生之间的关系是泛化关系；大学与系之间、系与教研室之间、系与学生班级之间是聚合关系，也可以画成关联关系。类图如图 5-26 所示。

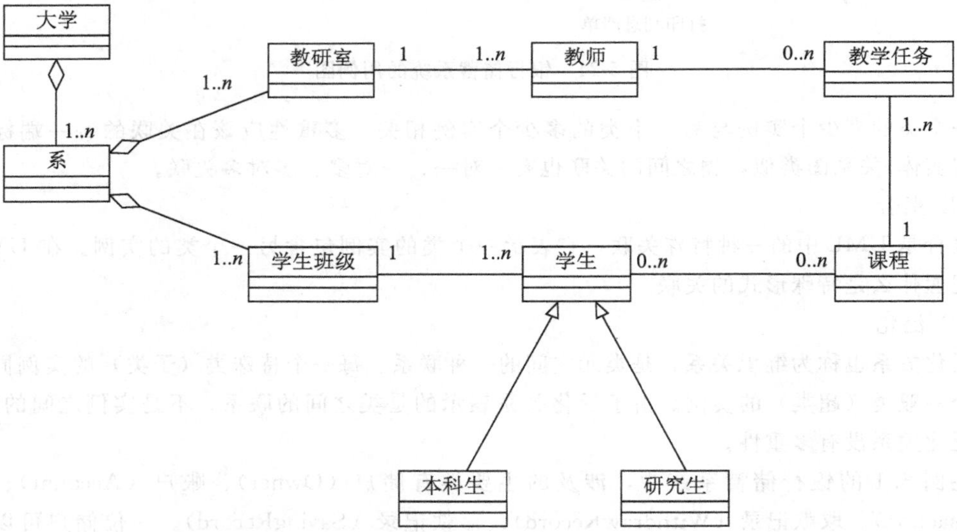


图 5-26　教学管理系统中的类图

(4) 关联类

关联类是指表示其他类之间关联关系的类。当一个关联具有自己的属性并需要存储它们时，就需要用关联类建模。关联类用虚线连接在两个类之间的关系上。

在图 5-26 所示的类图中，学生和课程之间是多对多的关系，一名学生可以选修多门课程，而一门课程也可由多名学生选修。考虑学生选修某门课程的成绩属性需要存储，此属性放在学生类或课程类中都不合适，在这种情况下就需要建立关联类——成绩，如图 5-27 所示。

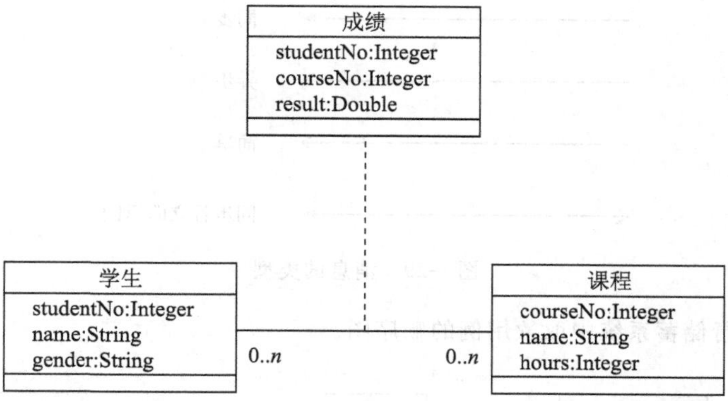


图 5-27 关联类

### 5.5.3 顺序图与通信图

**1. 顺序图**

顺序图描述对象之间的动态交互关系，着重表现对象间消息传递的时间顺序。顺序图有两个坐标轴：纵坐标轴表示时间，横坐标轴表示不同的对象。

顺序图中的主要符号有参与者、对象、对象的生命线、消息。其图形表示如图 5-28 所示。

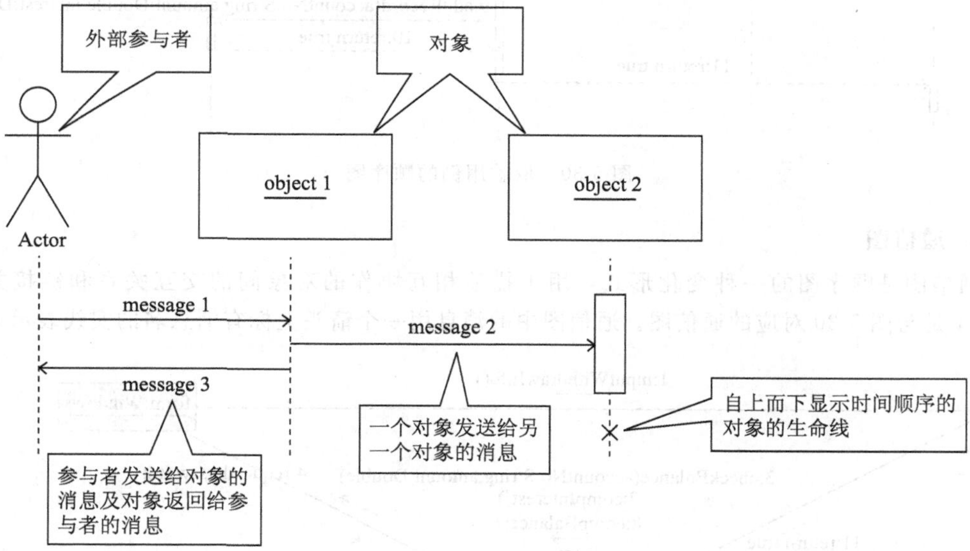


图 5-28 顺序图中的符号

顺序图中的对象用一个矩形框表示，框内标有对象名（对象名的表示格式与对象图中相同）。从表示对象的矩形框向下的垂直虚线是对象的“生命线”，用于表示在某段时间内该对象是存在的。

对象间的通信用对象生命线之间的水平消息线来表示，消息箭头的形状表明消息的类型（如图 5-29 所示）。当收到消息时，接收对象立即开始执行活动，即对象被激活了。激活用对象生命线上的细长矩形框表示（如图 5-28 所示）。消息通常用消息名和参数表来标识。

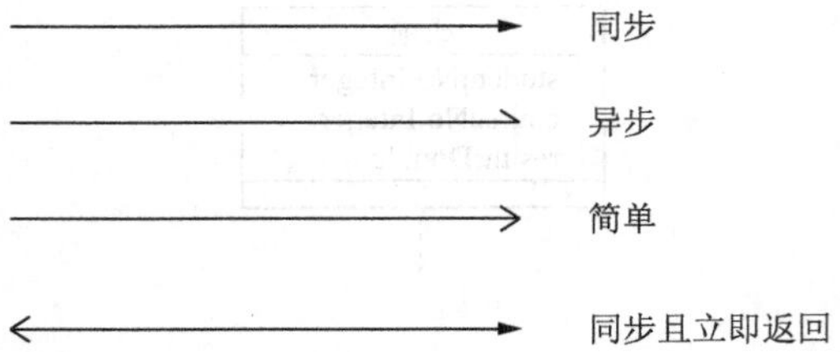


图 5-29 消息的类型

图 5-30 为银行储蓄系统中取款用例的顺序图。

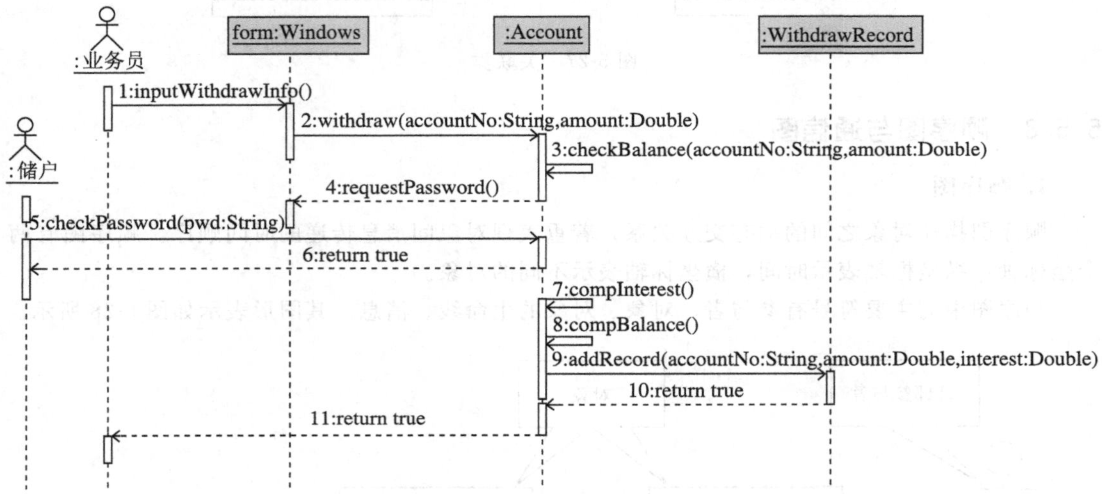


图 5-30 取款用例的顺序图

**2. 通信图**

通信图是顺序图的一种变化形式，用于描述相互协作的对象间的交互关系和链接关系。图 5-31 是与图 5-30 对应的通信图。通信图中的消息用一个箭头上标有消息名的实线表示。

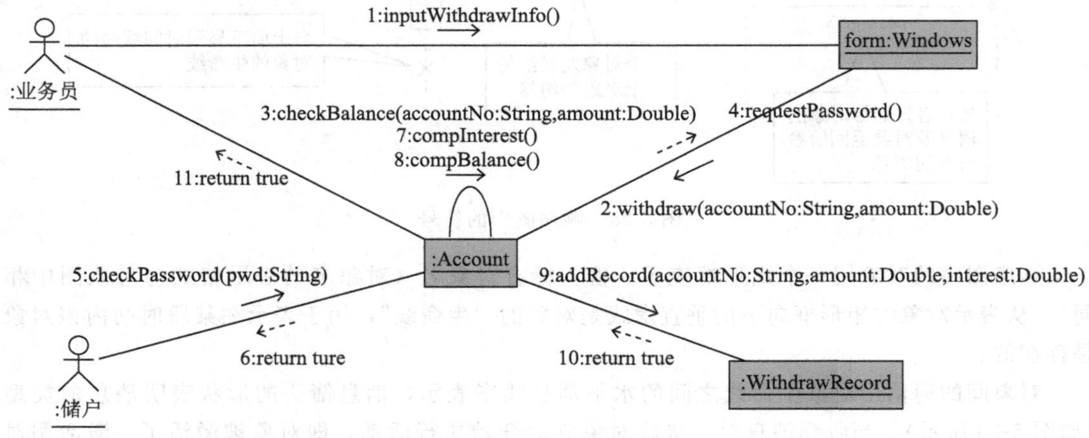


图 5-31 取款用例的通信图

虽然顺序图和通信图都描述对象间的交互关系，但它们的侧重点不同：顺序图着重表现交互的时间顺序，通信图则着重表现交互对象的静态链接关系。

## 5.5.4　状态图

状态图描述一个特定对象的所有可能的状态以及引起状态转换的事件。大多数面向对象技术都用状态图表示单个对象在其生命期中的行为。一个状态图包括一系列状态、事件以及状态之间的转移。状态图在 3.2.3 节已经介绍，这里不再赘述，只给出两个例子。图 5-32 是支票对象的状态图，图 5-33 是电梯对象的状态图，此状态图没有终态。

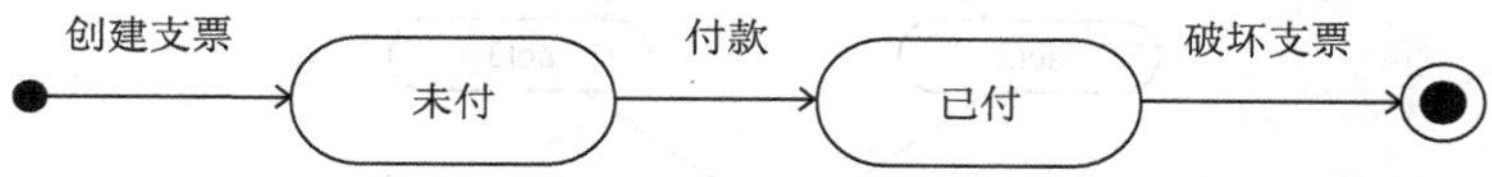


图 5-32　支票对象的状态图

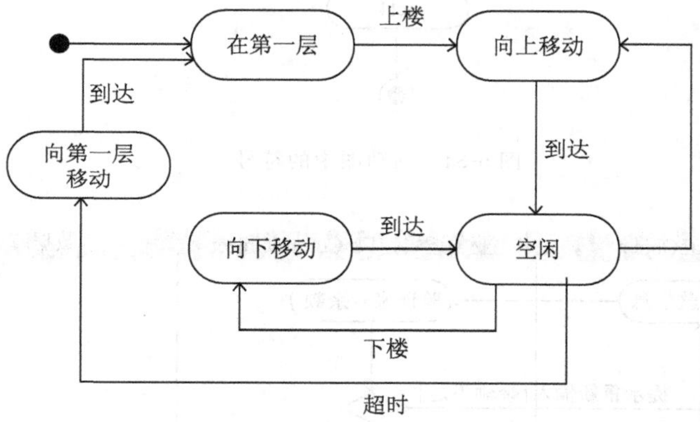


图 5-33　电梯对象的状态图

## 5.5.5　活动图

在用例模型中，活动图用来捕捉用例的活动，用框图的方式显示动作及其结果。活动图是一个流图，描述了从活动到活动的流。它是另一种描述交互的方式，描述了采取何种动作、动作的结果是什么（动作状态改变）、何时发生（动作序列）以及在何处发生（泳道）。

活动图由起始状态、终止状态、动作、状态转移、决策、守护条件、同步棒和泳道组成。活动图中的符号如图 5-34 所示。

活动图的起始状态、终止状态与状态图中的初态和终态相同。活动图中的动作用圆角四边形表示，其内部的文字用来说明采取的动作。动作之间的转移用带箭头的实线表示，箭头上可能还带有守护条件、发送短句和动作表达式。

守护条件用来约束转移，守护条件为真时转移才可以开始。用菱形符号来表示决策点。

可以将一个转移分解为两个或更多的转移，从而导致并发的动作。所有的并行转移在合并之前必须被执行。一条粗黑线表示将转移分解成多个分支，同样用粗黑线来表示分支的合并，粗黑线表示同步棒。

取款用例的活动图如图 5-35 所示。

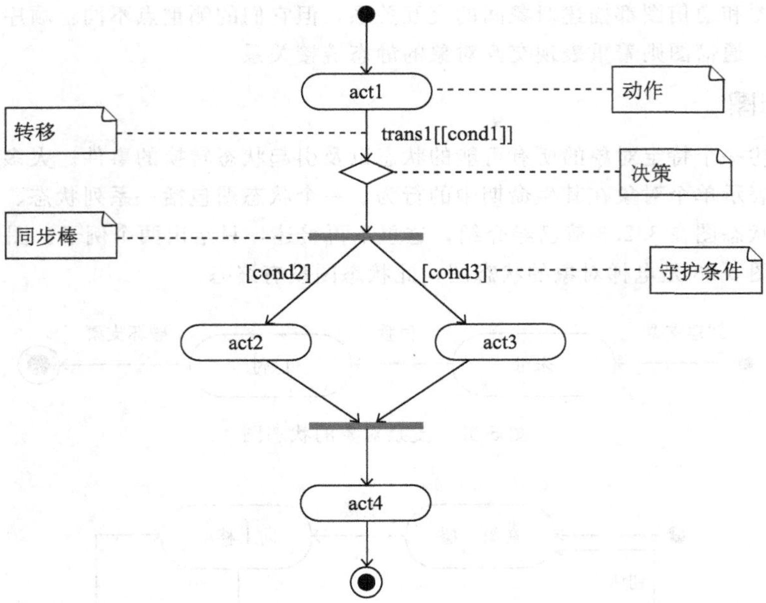


图 5-34　活动图中的符号

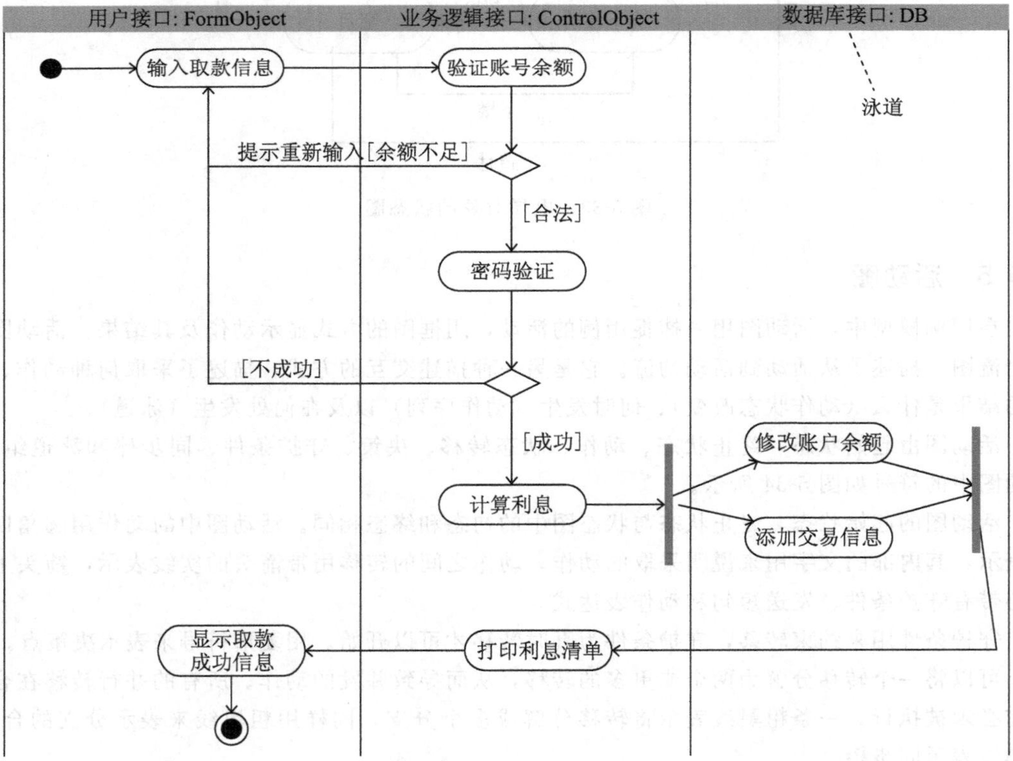


图 5-35　取款用例的活动图

### 5.5.6 构件图与部署图

系统架构分为逻辑架构和物理架构两大类。逻辑架构完整地描述系统的功能，把功能分配到系统的各个部分，详细说明它们是如何工作的。物理架构详细地描述系统的软件和硬件，描述软、硬件的分解。

物理架构关心的是实现，因此可以用实现图建模，实现图显示系统构件、它们的结构、相互依赖以及在计算机节点上如何部署。实现图分为构件图和部署图。构件图显示构件的结构，包括接口和实现依赖。部署图显示系统在计算机节点上的运行部署。

**1. 构件图**

构件图描述软件构件及构件之间的依赖关系，显示代码的静态结构。一般来说，构件就是实际的文件，可以有以下几种类型：

- 源构件：源构件仅在编译时才有意义。典型情况下，它是实现一个或多个类的源代码文件。
- 二进制构件：典型情况下，二进制构件是对象代码，它是源构件的编译结果。
- 可执行构件：可执行构件是一个可执行的程序文件，它是链接所有二进制构件所得到的结果。一个可执行构件代表在处理器（计算机）上运行的可执行单元。

构件由带有两个小矩形的矩形框表示。构件之间的依赖关系用虚线箭头来表示。构件图可以用来显示编译、链接或执行时构件之间的依赖关系，以及构件的接口和调用关系。

**【例 5.3】** 在一个简单的 C++ 画图程序中包含三种类：Main 类（主程序类）放在 Main. cpp 中，Shape 类（基类）放在 Shape. cpp 中。由它派生的 Triangle 类、Rectangle 类、Square 类、Line 类分别放在 Triangle. cpp、Rectangle. cpp、Square. cpp 及 Line. cpp 中。将编译、链接和执行时上述程序构件之间的依赖关系放在一张构件图中，如图 5-36 所示。

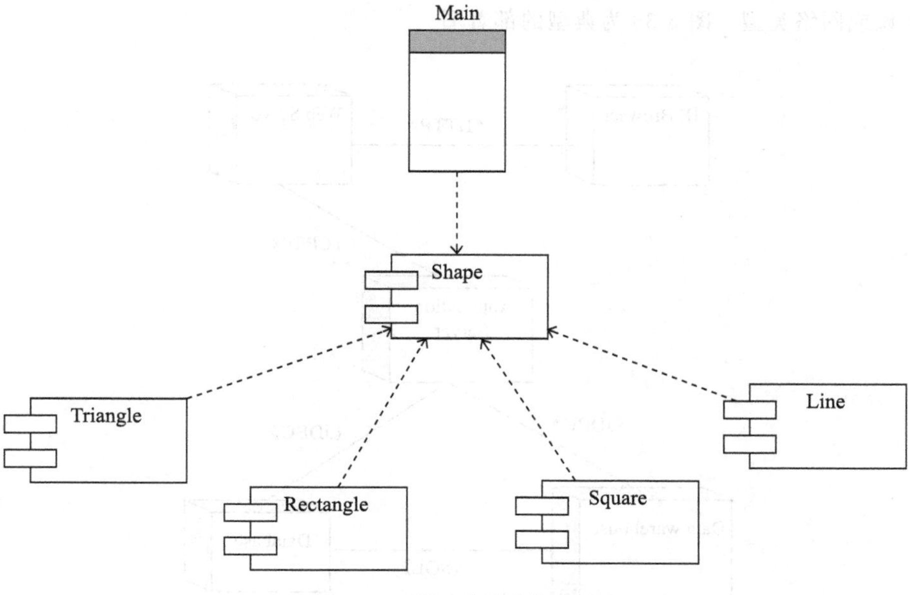


图 5-36 画图系统的构件图

银行储蓄系统的构件图如图 5-37 所示。

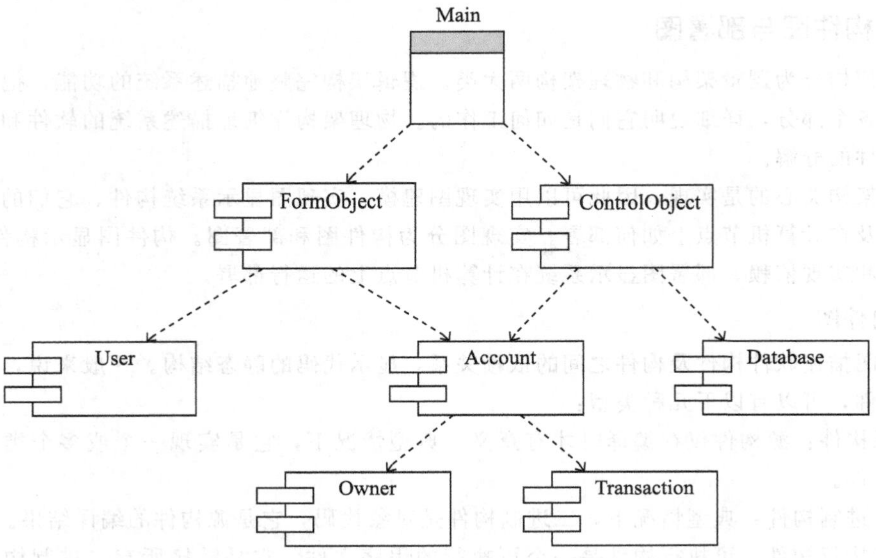


图 5-37　银行储蓄系统的构件图

**2. 部署图**

部署图描述处理器、设备和连接，它显示系统硬件的物理拓扑结构及在此结构上执行的软件。部署图可以显示计算节点的拓扑结构和通信路径、节点上运行的软件以及软件包含的逻辑单元。

节点代表一个物理设备及在其上运行的软件系统。节点间的连线表示系统之间进行交互的通信线路，在 UML 中称为连接。通信类型用构造型表示，写在表示连接的线旁，以指定所用的通信协议或网络类型。图 5-38 为典型的部署图。

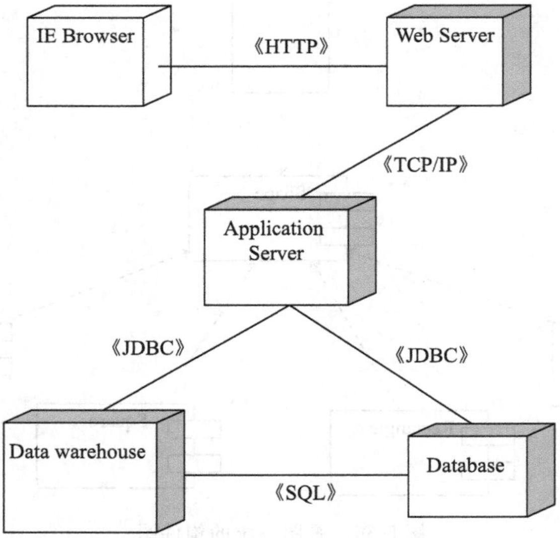


图 5-38　部署图

## 习题

5.1　UML 中有哪些基本的事物，一般可分为哪几种类型？

5.2　UML 中有哪些关系？解释类图中聚合和关联的相同点和不同点。

5.3　UML 中有哪几种图？每种图的作用是什么？

5.4　讨论顺序图与通信图的关系，说明何时用顺序图建模优于通信图建模以及相反的情况。

5.5　考虑银行系统中的账户会有哪几种状态，画出账户对象的状态图。

CHAPTER 6

# 第 6 章

# 面向对象分析

需求分析阶段研究的对象是软件项目的用户要求。一方面，必须全面理解用户的各项要求，但又不能全盘接受所有的要求；另一方面，要准确地表达被接受的用户要求。只有经过确切描述的软件需求才能成为软件设计的基础。应该注意的是，需求分析的任务不是确定系统怎样完成它的工作，而仅仅是确定系统必须完成哪些工作，也就是对目标系统提出完整、准确、清晰、具体的要求。

面向对象分析的关键是识别出问题域内的类与对象，并分析它们之间的相互关系，最终建立问题域的简洁、精确、可理解的正确模型。

第 3 章所讲的需求获取方法同样适用于面向对象开发，在获取用户的初步需求之后，就需要进行分析建模工作。本章介绍使用面向对象方法及 UML 对需求进行分析与建模。

## 6.1 面向对象分析概述

如何获取需求及获取需求阶段的任务已经在 3.1 节进行了介绍。在结构化分析方法中，主要采用数据流图对功能进行建模，在建模时首先要建立顶层数据流图（也称环境图）来确定系统在环境中的位置及系统的边界。在进行面向对象系统分析时，也同样需要建立环境图（也可看成是顶层用例图）来确定系统的边界。

### 6.1.1 确定系统边界

对于将要建立的软件系统，可以首先将其看成一个黑箱，看它对外部的现实世界发挥什么作用，描述它的外部可见的行为。系统边界是系统内部成分与外部各种事物的分界线。如图 6-1 所示，可以将系统看成是由一条边界包围起来的未知空间，系统只通过边界上有限数量的接口与外部的系统参与者（人员、组织、设备或外系统）进行交互。

把系统内外的交互情况描述清楚了，就基本上确定了系统的功能需求，同时也为用户界面及系统与其他系统的接口开发奠定了基础。

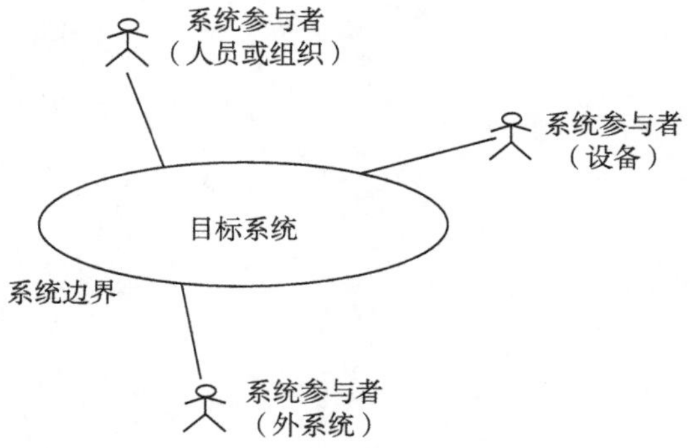

图 6-1 系统的参与者与系统边界

现实世界中的事物与系统的关系包括以下几种情况：

1）某些事物位于系统边界以内，可以作为系统内的类对象。例如，将超市中的商品抽象为超市商品销售系统内的“商品”类。

2）某些事物将是与系统进行交互的参与者，对于这样的事物是否将其作为系统内的类对象，通常是需要认真考虑的。如果系统需要存储参与者的信息，则需要将其作为系统内的类对象；如果不需要存储，则可以不作为系统内的类对象。例如，对于大多数的信息系统来说，系统的主要参与者是用户。如果系统只向用户提供查询功能，而且对不同的用户提供的功能都相同，这时所有用户可以使用相同的“用户名”与“密码”登录系统，当然系统也可以不设“用户名”与“密码”，在这种情况下，外部用户信息可以不作为系统内的类对象存储。反之，如果系统需要向外部用户提供数据修改等功能，且对于不同的用户所提供的功能不同，这就需要存储用户的信息，包括用户名、密码、真实姓名、用户角色等，每一个外部用户都需要使用自己的“用户名”与“密码”登录系统，才能使用系统的功能，在这种情况下，需要将用户作为系统内的类对象存储。

3）某些事物属于问题域，但与系统责任没有关系，如超市中的保安员，在现实中与超市有关系，但与超市商品销售系统没有关系。这样的事物与系统无关，不需要考虑。

### 6.1.2 面向对象分析的 3 种模型

面向对象分析就是抽取和整理用户需求并建立问题域精确模型的过程。通常，面向对象分析从用户的需求陈述入手，需求陈述通常是不完整、不完全准确的，而且往往是非正式的。通过分析，可以发现和改正原始陈述中的多义性和不一致性，补充遗漏的内容，从而使需求陈述更准确、更完整。接下来，系统分析员应该深入理解用户需求，抽象出目标系统的本质属性，并用模型准确地表示出来。

面向对象分析模型由 3 种独立的模型构成：由用例和场景表示的功能模型（用例模型）；由类和对象表示的静态模型（对象模型）；由状态图、顺序图等表示的动态模型（交互模型）。

这 3 种模型的重要程度是不同的。用例模型是从用户的角度描述系统的功能，它是整个后续工作的基础，也是测试与验收的依据；面向对象系统中的类、接口及对象是软件的基本组成单元，因此对象模型是必须建立的，也是核心模型，解决任何一个问题，几乎都需要从客观世界实体及实体间相互关系中抽象出极有价值的对象模型；当问题涉及交互作用和时序时（例如，用户界面及过程控制等），动态模型是重要的。

面向对象方法的流派很多，它们各有自己的特点。有些方法从建立对象模型入手，而有些方法从建立用例模型入手。在使用 UML 及建模工具建模时，工具本身并不限制先建立对象模型还是先建立用例模型。对于新开发的项目，通常的做法是从用例建模开始，在实际建模时往往会交替进行，经过多次迭代和反复。

分析不是一个机械的过程。大多数需求陈述都缺乏必要的信息，所缺少的信息主要从用户和领域专家那里获取，同时也需要从分析员对问题域的背景知识中提取。在分析过程中，系统分析员必须与领域专家及用户反复交流，以便消除多义性，改正错误的概念，补足缺少的信息。最终得到完整、准确、清晰的模型。

## 6.2 建立用例模型

建立用例模型的目的是提取和分析足够的需求信息。用例模型应能表述用户需要什么，而不涉及系统将如何构造和实现的特定细节。创建用例模型的过程如下：

1）确定业务参与者——标识目标系统将支持的不同类型的用户，可以是人、事件或其他系统。

2）确定业务需求用例——参与者需要系统提供的完整功能。

3）创建用例图——标识参与者与用例之间、用例与用例之间的关系。

下面以选课系统为例，说明如何建立用例模型。

【例 6.1】 选课系统的主要功能是给教师分配课程和学生注册课程。其需求描述如下：

在每个学期选课开始之前，系统管理员需要对系统中的教师信息、课程信息和学生信息进行维护，学期结束后，将本学期成绩归档到学籍档案系统。学生登录选课系统后会得到一份包含本学期将要开设的课程的目录。每门课程包含的信息有开课系别、教师、上课时间、教室、容纳的学生数量和学生选择课程的先决条件，这些信息可以帮助学生选择课程。当学生选择了一门课程后，选课系统需访问学籍档案系统，查询是否符合选课的先决条件（如是否已通过先修课程的学习），如果不符合，系统给出提示信息。每个学期有一段时间让学生可以改变计划，学生可以在这段时间内访问系统以增选课程或退选课程。教师可以访问系统，查看将要教授哪些课程和每门课程有哪些学生报名，课程考试结束后可以提交成绩，系统可以生成带有成绩分布统计结果的成绩单。

### 6.2.1 确定业务参与者

通过关注系统的业务参与者，我们可以将重点放在如何使用系统而不是如何构造系统上，并且有助于进一步明确系统的范围和边界。当系统比较庞大和复杂时，要搞清楚系统的需求往往比较困难，通过明确参与者，可以针对参与者确定系统需求，有助于保证系统需求的完整性，还有助于确定日后进行面谈和观察以完善用例模型的候选人。当完成用例模型后，这些参与者可以验证用例。

可以从以下 3 个方面来识别参与者：

1）人员或组织。直接使用系统的人员或组织是参与者。这里强调的是直接使用，而不是间接使用。这样的人员或组织可能要启动、维护和关闭系统，更多的可能是要从系统中获得什么信息或向系统提供信息。例如，银行储蓄系统的参与者可能有系统管理员、银行经理、银行职员、储户等。

2）外部系统。所有与本系统交互的外部系统都是参与者。相对于当前正在开发的系统而言，外部系统可以是其他子系统、下级系统或上级系统，即任何与它进行协作的系统。以下是两种常见的情况：① 如果在正在开发的系统中使用一个已有系统，则这个已有系统被看成是一个外部系统；② 如果一个大系统在任务分解时被划分成几个子系统，则每个子系统的开发者都把其他子系统看成是外部系统。

3）设备。识别所有与系统交互的设备。这样的设备与系统相连并向系统提供外界信息，也可能系统要向这样的设备提供信息，它们是系统的参与者。例如，工业上使用的数据采集装置、外部传感器等与系统交互的设备很可能是参与者。

可以通过下面的资料来确定系统的参与者：

- 标识系统范围和边界的环境图；
- 现有系统（如果有的话）的文档和用户手册；
- 项目会议和研讨会的记录；
- 现有的需求文档、工作手册等。

另外，还可以通过提出以下问题明确系统的参与者：

- 谁或者什么为系统提供输入？
- 谁或者什么接收系统的输出？
- 需要与其他系统连接的接口吗？
- 是否有在预定的时间自动触发的事件？
- 谁将维护系统中的信息？

当确定参与者时，从用户的角度出发，并使用用户的词汇给出参与者的文字定义。应该使用名词或名词词组来命名参与者。

从选课系统的需求描述中，可以画出其环境图如图 6-2 所示，由此可以确定 4 类参与者：学生（Student）、教师（Teacher）、系统管理员（Administrator）、学籍档案系统（Archive System）。

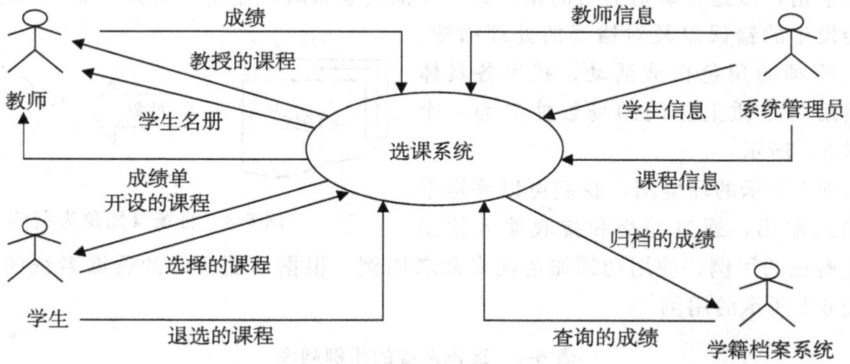


图 6-2　选课系统的环境图

### 6.2.2　确定业务需求用例

从用户的视角看，一个用例是参与者与系统之间的一次典型的交互作用。从系统内部的视角出发，一个用例代表系统执行的一系列动作，动作的执行结果能够被外部的参与者所察觉。

可以从以下几个方面来获取用例。

（1）从参与者的角度获取用例

使用系统来完成某种任务的参与者，通常为交互的发起者，因而，识别参与者的责任是寻找参与者与系统交互理由的良好基础。对所有的参与者，提出下列问题：

- 每个参与者的特定任务是什么？
- 在交互过程中，参与者是怎样使用系统的服务来完成它们的任务以达到目标的？
- 是否每个参与者都要从系统中创建、存储、改变、移动或读取信息？
- 是否任何参与者都需要通知系统有关突发性的、外部的改变？
- 哪些用例支持或维护系统？
- 哪些事件引起了参与者与系统的交互？

能完成特定功能的每一项活动都是一个用例。这些参与者参与的活动，通常会导致其他用例。

（2）从系统功能的角度获取用例

完成一项功能的一组动作序列要描述在一个用例中。通常，以用例中的动作为线索能发现其他用例，可以通过下面的方法获取用例：

- 以穷举的方式考虑每一个参与者与系统的交互情况，看看每个参与者要求系统提供什么功能，以及参与者的每一项输入信息将要求系统做出什么反应，进行什么处理。
- 看看目前的用例是否覆盖了所有功能需求。
- 一个用例描述一项功能，但这项功能不能过大，如果过大则需要对其进行分解。
- 一个用例应该完成一个完整的任务，通常应该在一个相对短的时间段内完成。如果一个用例的各部分被分配在不同的时间段，尤其是被不同的参与者执行，最好还是将各部分抽取出来作为单独的用例对待，这样有利于功能的复用。

(3) 利用场景获取用例

如果用例的描述遇到困难，可使用“角色扮演”技术。该技术要求建模人员深入到现场去观察业务人员的工作，深入理解并记录具体的工作流程，形成用来说明完成特定功能的动作序列的场景（scenario）。场景应该仅关注具体的业务活动，要尽量详细。要确定谁是扮演者，具体做了什么事情，做这些事情的目的是什么。在描述场景时，还要指出其前驱和后继场景，并要考虑可能发生的错误以及对错误的处理措施。通过需求工程师的角色扮演活动，找出各具体的场景；然后将本质上相同的场景抽象为一个用例，如图 6-3 所示。

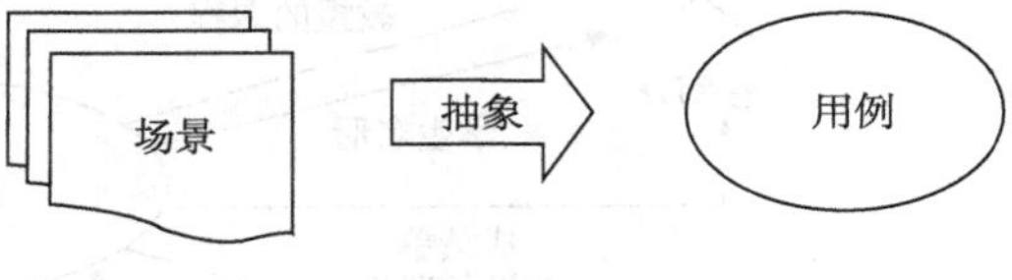


图 6-3　将场景抽象为用例

通过图 6-2 所示的环境图，我们可以确定系统的主要输入输出，通过提交和接收输入输出的各方确定潜在的用例。使用动词加名词来命名用例。根据前面所讲的选课系统的功能需求，可以生成表 6-1 所示的用例。

表 6-1　选课系统的用例列表

| 参与者 | 用例 | 说明 |
|---|---|---|
| 学生（Student） | 选择课程（Register for a course） | 选择一门课程注册 |
| | 退选课程（Withdraw from a course） | 从已经注册的课程中取消注册 |
| | 取得课程目录（Get a course catalogue） | 得到本学期开设课程的课程目录 |
| 教师（Teacher） | 查看教授的课程（Get teaching courses） | 查看本学期教授的课程信息 |
| | 得到学生名册（Get student list of a course） | 得到教授的课程下所注册的学生名单 |
| | 提交成绩（Submit score） | 输入、修改学生的成绩，并提交 |
| | 得到成绩单（Get score report） | 系统生成带有成绩统计信息的成绩单 |
| 系统管理员（Administrator） | 维护课程信息（Maintain course information | 修改课程信息 |
| | 维护教师信息（Maintain teacher information） | 修改教师信息 |
| | 维护学生信息（Maintain student information） | 修改学生信息 |
| | 成绩归档（Pigeonhole） | 将学生本学期的成绩提交给学籍档案系统 |
| 学籍档案系统（Archive System） | 查找成绩信息（Search score information） | 从档案系统中查找学生某门课程的成绩 |
| | 接收归档的成绩（Accept pigeonhole） | 存储来自选课系统的归档成绩 |

对用例的完整描述包括用例名称、参与者、前置条件、后置条件、一个主事件流、零到多个备选事件流。主事件流表示正常情况下参与者与系统之间的信息交互及动作序列，备选事件流则表示特殊情况或异常情况下的信息交互及动作序列。应给出每个用例的规格说明，如用例 Register for a course（选择课程）的规格说明如表 6-2 所示。

表 6-2　用例 Register for a course（选择课程）的规格说明

用例名称：Register for a course（选择课程）　　参与者：学生

1.1　前置条件：供选择的课程信息存在系统数据库中。

1.2　后置条件：如果此用例执行成功，则此学生已选课程列表下增加了一门课程，同时，选择此课程的学生列表中增加了一名学生。如果执行不成功，系统状态不变。

1.3　主事件流

1) 当学生在菜单栏中单击“选择课程”菜单时，此用例开始；

2) 学生在本学期开设课程的列表中选择一门课程；

（续）

3）系统给出提示，说明此课程的先修课有哪些（仅供学生参考）；
4）单击“选择”按钮；
5）系统检查已选修此课程的学生数量及此学生已修课程是否符合此课程的先决条件；
6）系统更新此课程的选修人数、此学生的选课信息及此课程下的选课学生信息；
7）系统提示选课成功。

1.4 备选事件流

E-1：若此课程的选修人数已达到最大容量，系统给出提示信息“此课程的选课人数已满，请选择其他课程！”，此用例结束。

E-2：若学生已修课程不符合此课程的先决条件，系统给出提示信息“你目前还不适合选择此课程，请通过其先修课程后再选择此课程！”，此用例结束。

E-3：若系统不能成功更新数据库，则提示“更新选课信息失败，请稍候再试！”，此用例结束。

### 6.2.3 创建用例图

用例图是若干个参与者和用例以及它们间的关系构成的图形表示。每个系统通常都有一个总体用例图，如果总体用例图过于复杂，则可以创建多个用例图，每个用例图关注系统的某一方面，通常是围绕参与者创建用例图。选课系统的总体用例图如图 6-4 所示。

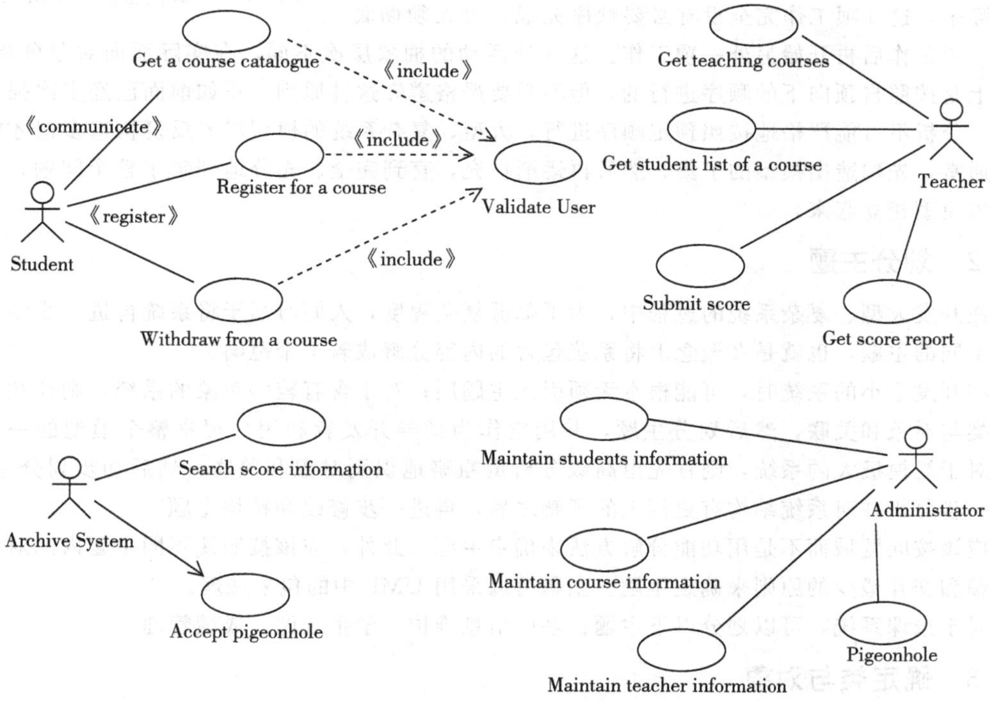


图 6-4 选课系统的总体用例图

需要说明的是用例建模往往不是一次就能完成的，需要多次迭代、逐步完善。

用例图建好后，下一步应该建立初步的类图，之后对于关键的用例需要建立顺序图、通信图或活动图等。

## 6.3　建立对象模型

用例模型是从用户的角度描述对系统的需求，依据用例模型可以导出对象模型和动态模型。在系统分析阶段，对象建模的主要任务是建立问题域的概念模型。这个模型描述了现实世界中的类与对象以及它们之间的关系，而非实际的软件类或构件。在 UML 中，通过建立类图来表示对象模型。

### 6.3.1　对象模型的 5 个层次

Coad & Yourdon 提出，复杂问题（大型系统）的对象模型应该由下述 5 个层次组成：主题层（也称为范畴层）、类-对象层、结构层、属性层和服务层，如图 6-5 所示。其中，主题是指导读者理解大型、复杂模型的一种机制。通过划分主题可以将大型、复杂的对象模型分解成几个不同的概念范畴。

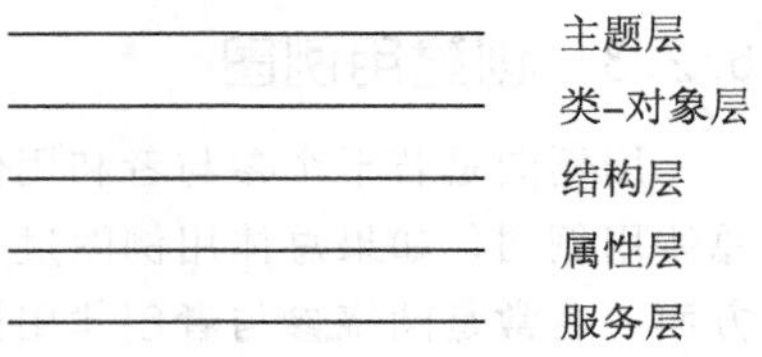


图 6-5　对象模型的 5 个层次

上述 5 个层次对应着建立对象模型的 5 项主要活动：划分主题、确定类与对象、确定结构、确定属性、确定服务。在实际中，这 5 项工作完全没有必要顺序完成，也无须彻底完成一项工作后再开始另外一项工作。这 5 项活动的抽象层次不同，在实际面向对象分析时，总体上是按照自顶向下的顺序进行的，但不需要严格遵守这种原则。正如前面已经多次强调指出的，分析不可能严格地按照预定顺序进行，大型、复杂系统的模型需要反复构造多遍才能建成。通常，先构造出模型的子集，然后再逐渐扩充，直到完全、充分地理解了整个问题，才能最终将模型建立起来。

### 6.3.2　划分主题

在开发大型、复杂系统的过程中，为了降低复杂程度，人们习惯于将系统再进一步划分成几个不同的主题，也就是在概念上将系统包含的内容分解成若干个范畴。

在开发很小的系统时，可能根本无须引入主题层；对于含有较多对象的系统，则往往先识别出类与对象和关联，然后划分主题，并用它作为指导开发者和用户观察整个模型的一种机制；对于规模极大的系统，则首先由高级分析员粗略地识别对象和关联，然后初步划分主题，经进一步分析并对系统结构有更深入的了解之后，再进一步修改和精炼主题。

应该按问题域而不是用功能分解方法来确定主题。此外，应该按照使不同主题内的对象之间依赖和交互最少的原则来确定主题。主题可以采用 UML 中的包来展现。

对于选课系统，可以划分以下主题：基础信息维护、学生选课、成绩管理。

### 6.3.3　确定类与对象

系统分析员的主要任务就是根据需求规格说明和用例模型确定问题域的类与对象。首先找出所有候选的类与对象，然后从候选的类与对象中筛选掉不正确的或不必要的。

**1. 找出候选的类与对象**

类与对象是对问题域中有意义的事物的抽象，它们既可能是可见的物理实体，也可能是抽象的概念。我们可以将客观事物分为以下 5 类：

- 可感知的物理实体，如教学楼、教室等。

- 人或组织的角色，如教师、计算机系等。
- 应该记忆的事件，如演出、交通事故等。
- 两个或多个对象的相互作用，通常带有交易或接触的性质，如购买、教学等。
- 需要说明的概念，如保险法、政策等。

在进行类与对象的分析时，可以参考上述5类常见事物，找出当前问题域中的候选类与对象。

另一种更简单的非正式分析方法，是以自然语言书写的需求陈述为依据，把陈述中的名词作为类与对象的候选者，用形容词作为确定属性的线索，把动词作为服务（操作）的候选者。

例如，在选课系统中，可以初步确定 Teacher（教师）、Student（学生）、Course（课程）、CourseTask（课程任务，指一门课程划分为多个任务）、StudentList（学生名册）、ScoreReport（成绩单）等类与对象。

**2. 筛选出正确的类与对象**

仅通过简单、机械的过程不可能正确地完成分析工作。非正式分析仅仅帮助我们找到一些候选的类与对象，接下来应该严格考察每个候选的类与对象，从中去掉不正确的或不必要的，仅保留确实应该记录其信息或需要其提供服务的类与对象。

筛选时主要依据下列标准来删除不正确或不必要的类与对象：

- 冗余：如果两个类表达了同样的信息，则应该保留在此问题域中最富于描述力的名称。
- 无关：仅需要把与本问题密切相关的类与对象纳入系统中。
- 笼统：在需求陈述中常常使用一些笼统的、泛指的名词，如果有更明确具体的名词对应它们所暗示的事物，就要将这些笼统的类去掉。
- 属性：类应具有多个有意义的属性。仅有一个属性的类可表示为其他类的属性。
- 操作：在需求陈述中有时可能使用一些既可作为名词，又可作为动词的词，应该慎重考虑它们在本问题中的含义，以便正确地决定把它们作为类还是作为类中定义的操作。
- 实现：在分析阶段不应该过早地考虑怎样实现目标系统，因此，应该去掉仅和实现有关的候选的类与对象。

在面向对象的分析活动中，对类的识别和筛选取决于应用问题及其背景，也取决于分析员的主观思维。

**3. 区分实体类、边界类和控制类**

在类分析时首先从问题域的实体类入手，如果在建立对象模型时区分实体类、边界类和控制类，将有助于理解系统。实体类表示系统将跟踪的持久信息；边界类表示参与者与系统之间的交互；控制类负责用例的实现。其图形表示如图6-6所示。

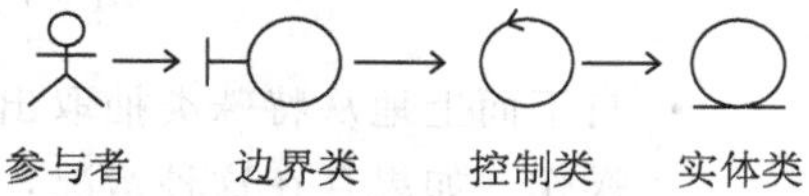

图6-6　分析对象模型中的对象

在用例图中，每一个参与者至少要与一个边界类对象交互。边界类对象收集来自参与者的信息，将它们转换为可用于实体类对象和控制类对象的表示形式。边界类对象对用户界面进行粗略的建模，不涉及如菜单项、滚动条等可视方面的细节。

控制类对象负责协调实体类对象和边界类对象。控制类对象在现实世界中没有具体的对应物，它通常从边界类对象处收集信息，并将这些信息分配给实体类对象。

### 6.3.4　确定结构

确定各个类（及其所代表的对象）彼此之间的静态关系，包括泛化（继承）关系、关联关系、聚合关系。一般在建立对象模型时不考虑动态的依赖关系，依赖关系在顺序图中表现得更清楚。

(1) 确定泛化（继承）关系

以下策略用于指导识别泛化（继承）关系：

1) 学习当前领域的分类学知识。领域分类法往往比较正确地反映了事物的特征、类别以及各种概念的一般性与特殊性。

2) 按常识考虑事物的分类。如果问题域没有可供参考的分类方法，可以按常识从各种不同的角度考虑事物的分类，从而发现泛化（继承）关系。

3) 考察类的属性与操作。对系统中的每个类，从以下两方面考察它们的属性与操作。

- 自上而下地从一般类发现特殊类。检查一个类的属性与操作是否适合这个类的所有对象。如果一个类的某些属性或操作只能适合该类的一部分对象，说明应该从这个类中划分出一些特殊类，建立继承关系。例如，假设“公司职员”这个类有“股份”和“工资”两个属性，通过审查可能发现，“股份”属性只能适合公司的股东，而“工资”属性则只适合公司的职工。这种情况下就应在“公司职员”类下建立“股东”和“职工”两个特殊类，并把“股份”和“工资”分别放到这两个特殊类中，如图 6-7 所示。这是一种自上而下地从一般类发现特殊类并建立继承关系的策略。

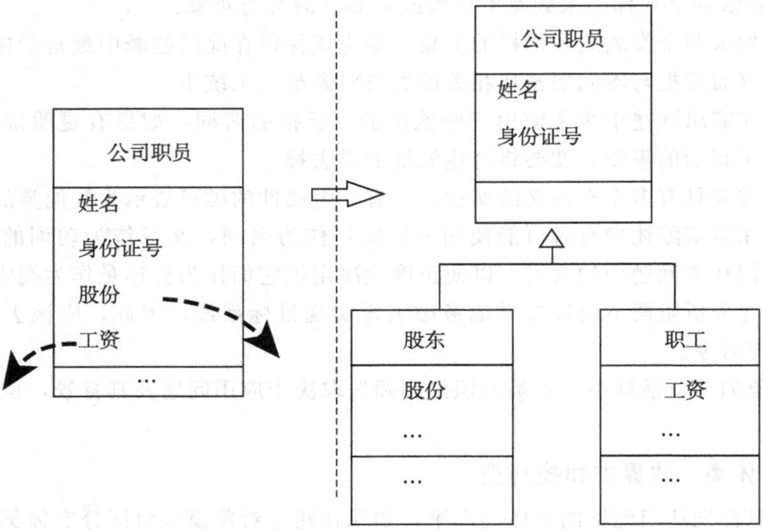


图 6-7 自上而下地从一般类发现特殊类

- 自下而上地从特殊类抽取出一般类。检查是否有两个或多个类含有一些共同的属性和操作。如果存在这种情况，则考虑把这些共同的属性与操作提取出来，看能否构成一个在概念上包含原先那些类的一般类，并形成一个继承关系。例如，系统中原先分别定义了“股东”和“职工”两个类，它们的“姓名”“身份证号”等属性是相同的，提取这些属性可以构成一个类“公司职员”，与类“股东”及类“职工”组成继承关系，如图 6-8 所示。

(2) 确定关联关系

类之间最普遍存在的关系不是泛化（继承）关系，而是关联关系。关联关系表示的是两个或多个类的实例之间的连接关系。

在分析、确定关联的过程中，不必花过多的精力去区分关联和聚合。事实上，聚合不过是一种特殊的关联，是关联的一种特例。

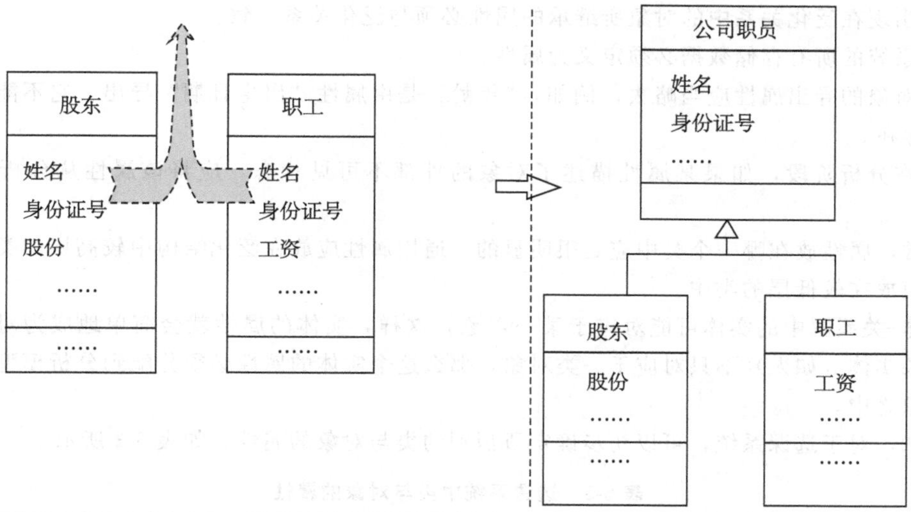


图 6-8 自下而上地从特殊类抽取出一般类

例如，Teacher 与 CourseTask 类、Course 与 CourseTask 类、Student 与 CourseTask 类之间都存在关联关系。

以下策略用于指导确定关联关系：

1）识别各类对象之间的静态联系。首先从问题域考虑各类对象之间是否存在着某种静态联系。然后从系统责任考虑这种联系是否需要在系统中加以表示，即这种联系是否提供了某些与系统责任有关的信息。例如，学生与班级、课程之间存在关联关系，教师与课程之间存在任课关系，教学管理系统要把这些关系表示出来，就要建立班级、学生、课程与教师之间的关联。

2）识别关联的属性与操作。对于考虑中的每一个关联，进一步分析它是否还具有某些属性和操作，即该关联是否还含有一些仅凭一个简单的关联不能充分表达的信息。例如，在学生与课程的关联中，需要给出课程成绩等属性信息，并需要对成绩进行管理，在这种情况下就可以建立关联类来容纳这些属性与操作。

3）分析关联的多重性。对于每个关联，从连接线的每一端看本端的一个对象可能与另一端的几个对象发生连接，标明关联的对象数量。

4）进一步分析关联的性质。必要时使用关联角色等，以更详细地描述关联的性质。

### 6.3.5 确定属性

属性的确定既与问题域有关，也与目标系统的任务有关。应该仅考虑与具体应用直接相关的属性，不要考虑那些超出所要解决的问题范围的属性。在分析过程中应该首先找出最重要的属性，以后再逐渐把其余属性增添进去。在分析阶段不要考虑那些纯粹用于实现的属性。

以下策略用于指导确定属性：

1）每个对象至少需包含一个属性，例如_id。

2）属性取值必须适合对象类的所有实例。例如，属性“会飞”并不属于所有的鸟，有的鸟不会飞，因此可以建立鸟的泛化结构，把不同的鸟划分到“会飞的鸟”和“不会飞的鸟”两个子类中。

3）出现在泛化关系中的对象所继承的属性必须与泛化关系一致。

4）系统的所有存储数据必须定义为属性。

5）对象的导出属性应当略去。例如，“年龄”是由属性“出生日期”导出，它不能作为基本属性存在。

6）在分析阶段，如果某属性描述了对象的外部不可见状态，应将该属性从分析模型中删去。

通常，属性放在哪一个类中应是很明显的。通用属性应放在泛化结构中较高层的类中，特殊属性应放在较低层的类中。

实体-关系图中的实体可能对应于某一对象，这样，实体的属性就会简单地成为对象的属性。如果实体（如人）不只对应于一类对象，那么这个实体的属性必须分配到分析模型的不同类的对象之中。

例如，对于选课系统，可以初步确定所识别的类与对象的属性，如表 6-3 所示。

表 6-3　选课系统中类与对象的属性

| 类与对象 | 属　性 |
|---|---|
| Teacher（教师） | 教工号，姓名，系别 |
| Student（学生） | 学号，系别，专业，班级，姓名，性别 |
| Course（课程） | 课程编号，课程名称，学分，开设学期 |
| CourseTask（课程任务） | 课程任务编号，课程编号，任课教师，选课人数，上课时间，教室，学生容量 |
| StudentList（学生名册） | 课程任务编号，学号，姓名，专业 |
| ScoreReport（成绩单） | 课程任务编号，成绩列表，统计信息 |

## 6.3.6　确定服务

对象收到消息后所能执行的操作称为它可提供的服务。在确定每个对象中必须封装的服务时要注意以下两种服务：

1）简单的服务。即每一个对象都应具备的服务，这些服务包括：建立和初始化一个新对象，建立或切断对象之间的关联，存取对象的属性值，释放或删除一个对象。这些服务在分析时是隐含的，在图中不标出，但实现类和对象时有定义。

2）复杂的服务。它分为两种：一种是计算服务，它利用对象的属性值计算，以实现某种功能；另一种是监控服务，它处理对外部系统的输入/输出、外部设备的控制和数据的存取。

确定了类的服务后需要比较类的服务与属性，验证其一致性。如果已经确定了类的属性，那么每个属性必然关联到某个服务，否则该属性就形同虚设，永远不可能被访问。

如在选课系统中，可以初步确定如表 6-4 所示的服务。

表 6-4　选课系统中类与对象的服务

| 类与对象 | 服　务 |
|---|---|
| Teacher（教师） | 查询教授的课程信息，查询学生名册 |
| Student（学生） | 累计选课门数 |
| Course（课程） | 累计选课人数 |
| CourseTask（课程任务） | 累计选课人数，将选课的学生加入其学生名册 |
| StudentList（学生名册） | 排序 |
| ScoreReport（成绩单） | 成绩分布统计 |

仅仅经过一次建模过程很难得到完全正确的对象模型。事实上，软件开发过程就是一个多次反复修改、逐步完善的过程。在建模的任何一个步骤中，如果发现了模型的缺陷，都必须返回到前期阶段进行修改。

### 6.3.7 建立类图

本节以选课系统为例，介绍建立类图的过程。类图的建立和编辑过程与用例图类似，但有自己的特点。在建立类图之前，首先要创建类。

**1. 创建类**

在选课系统中，涉及的类有学生、教师和课程等。因此，可以创建 Student、Teacher 和 Course 类。

在前面介绍用例图中的关系时涉及构造型的概念，类也有构造型，每个类最少有一种构造型。一些常用的构造型包括实体类、边界类、控制类、例外类等。显然，Student、Teacher 和 Course 类应属于实体类。边界类可能包括 RegisterForm（登记表格）、BillingInterface（计费接口）、CourseSchedule（课程表）等。

类创建之后，根据前面分析确定的属性和服务，将其增加到类的定义中。

**2. 将类组织到包中**

如果系统仅仅包含少数几个类，可以很容易地管理。通常的系统都包含很多类，需要一种机制来管理它们，以便更方便地使用、维护和复用这些类。这就是包有用的原因。

包和与它有关的包或类联系。把类组织到包中，可以从总体看到模型的结构，也可以看到每个包内的详细情况。

**3. 建立和编辑类的主视图和分视图**

类的主视图是系统的包图。每个包也有自己的主要类图，通常显示包的公共类。也可能需要创建其他的类图。图 6-9 为具有 5 个包的主视图，其中 GUI 为界面包、DBAccess 为数据访问包，中间的 3 个包为业务逻辑包，包括基础信息管理（BasicInfoManagement）包、学生选课（StudentSeleCourse）包、考试成绩管理（ExamResultManagement）包。各层之间为依赖关系，上层依赖下层。

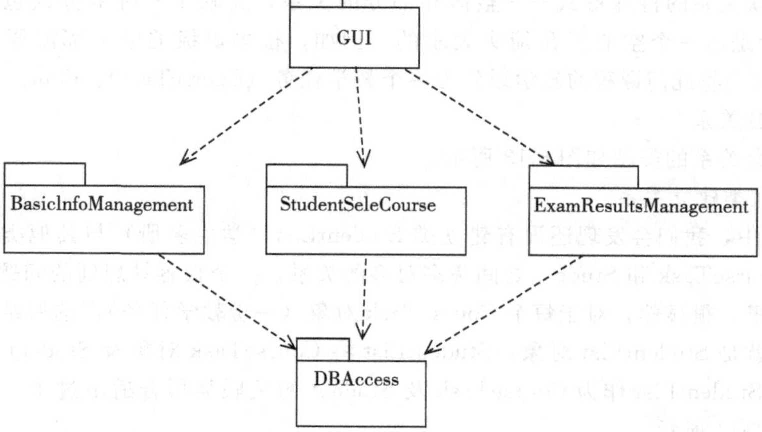


图 6-9 具有 5 个包的主视图

需要时也可以加入类的分视图，类的分视图展现了模型中包和类的另一种“视图”。在选课系统中增加的分视图如图 6-10 所示。

将相关的类加到视图中后，下一步应增加类之间的关系。

（1）关联关系

关联在类之间具有双向语义。类之间的关联关系意味着在对象和关联的对象之间存在连接。例如，Course 类和 Student 类之间存在关联关系就表示 Course 类对象和 Student 类对象之间有连接关系。对象连接的数量取决于关联的多重性。在 UML 中，关联用连接关联的类的直线表示。

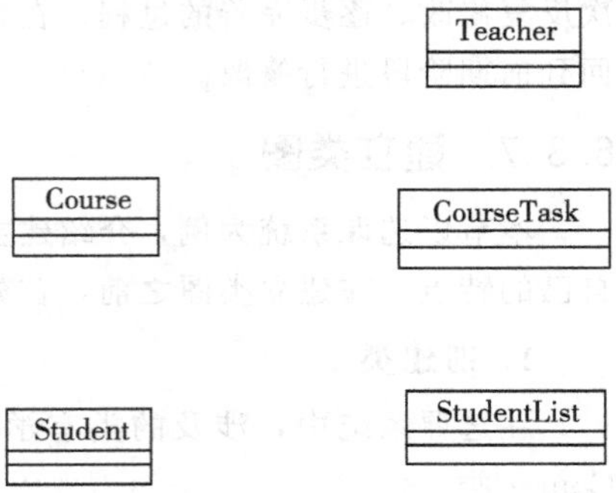


图 6-10　类的分视图

在图 6-10 中的类之间增加关联关系，如图 6-11 所示。

如果规定一名教师每学期最多承担 4 个教学任务，特殊情况下可以不承担教学任务；少于 15 人不开课，每名学生每学期选课不超过 6 门。则增加了关联数量的类图如图 6-12 所示。

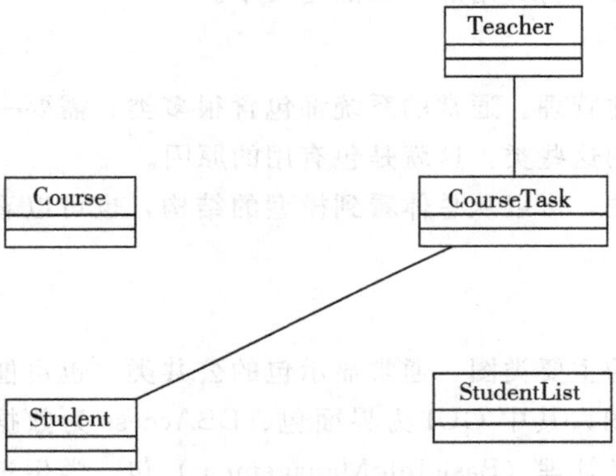


图 6-11　增加类之间的关联关系

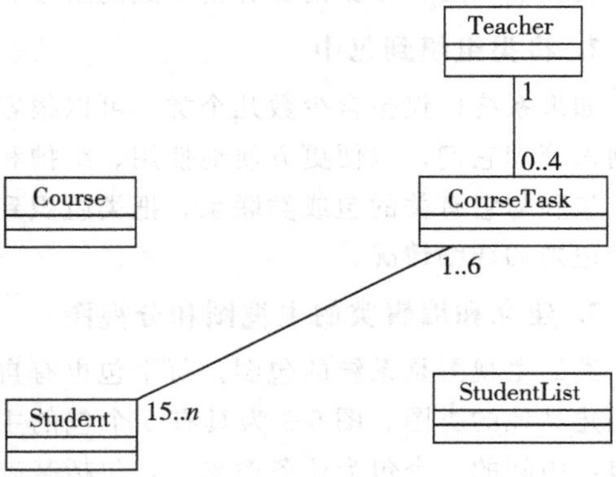


图 6-12　增加关联数量

（2）聚合关系

聚合是关联关系的特殊形式——整体和部分的关系，反映了一种部分或包含的关系。在 UML 中，聚合是由一个空心三角箭头表示的。例如，很多班级的学生都需要上同一门课程（Course），通常会将此门课程的教学划分为多个教学任务（CourseTask）。Course 和 CourseTask 可以认为是聚合关系。

增加了聚合关系的类图如图 6-13 所示。

（3）与关联类建立关系

在图 6-13 中，我们会发现还没有建立类 StudentList（学生名册）与其他类的关系。从图中我们看到 CourseTask 和 Student 之间是多对多的关系，一个很容易想到的问题是学生选课的成绩保存在哪里。很显然，对于每个 CourseTask 对象（一份教学任务），选课结束后都有一份学生名单，也就是 StudentList 对象，StudentList 将 CourseTask 对象及 Student 对象关联在一起，因此，将 StudentList 作为 CourseTask 及 Student 的关联类再合适不过了。增加了关联类后的类图如图 6-14 所示。

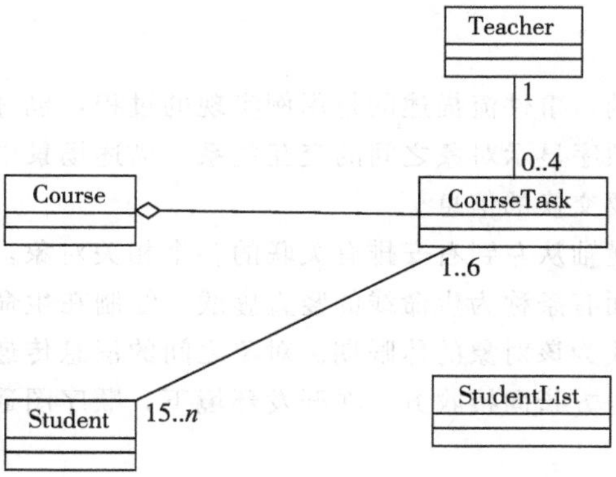


图 6-13　增加了聚合关系的类图

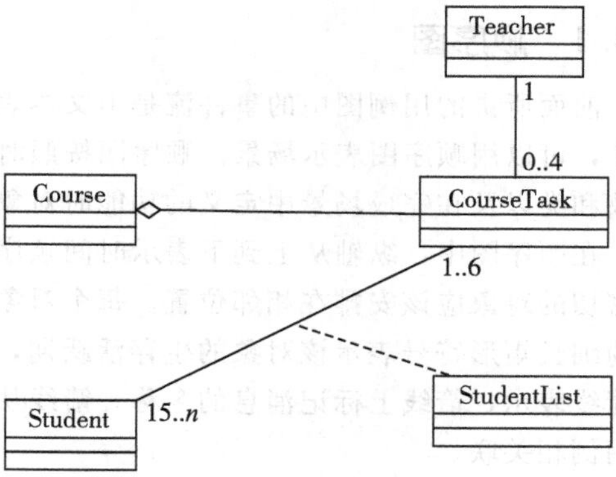


图 6-14　增加了关联类的类图

（4）泛化关系（继承关系）

在选课系统中，如果考虑到学生、教师或系统管理员登录系统时需要进行权限控制，可以增加用户（User）类，属性包括用户名、密码、角色等。增加了 User 后，Student 类和 Teacher 类可以作为 User 的子类，它们之间是一种继承关系。增加了泛化关系的类图如图 6-15 所示。

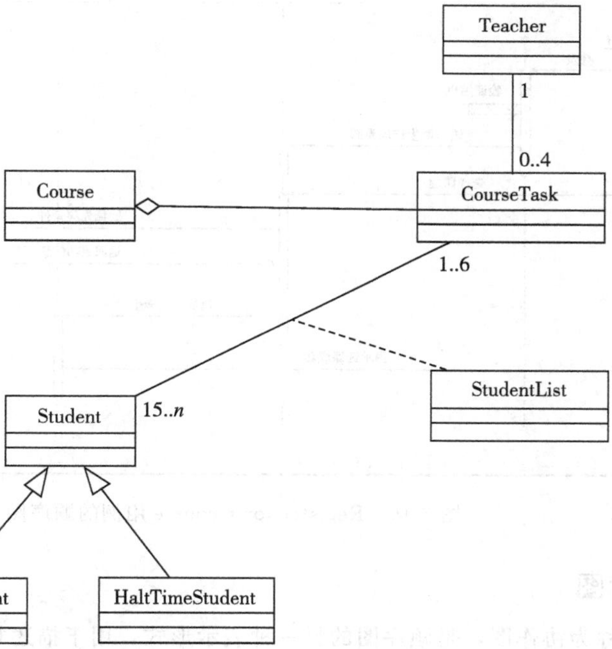


图 6-15　增加了泛化关系的类图

## 6.4　建立动态模型

在开发交互式系统时，动态模型起着很重要的作用。在 UML 中，常用的动态模型描述工具有顺序图、通信图和状态图。

## 6.4.1　顺序图

前面所讲的用例图中的事件流是由文本表示的，事件流描述的是用例实现的过程，也称为场景，可以用顺序图表示场景。顺序图按照时间顺序显示对象之间的交互关系，描述场景中的对象和类以及在完成场景中定义的功能时对象间要交换的信息。

在顺序图中，纵轴从上到下表示时间顺序；横轴从左到右安排有关联的各个相关对象，关系密切的对象应该安排在相邻位置。每个对象下面有条称为生命线的竖直虚线，绘制在生命线中的细长矩形符号表示该对象的生存活跃期，虚线为该对象的休眠期。对象之间的消息传递由实箭线表示，箭线上标记消息的名称，箭线从发送方指向接收方。在开发环境下，顺序图通常与用例相关联。

在选课系统中，可以给 Register for a course 用例增加顺序图，如图 6-16 所示。

为了阅读方便，一开始可以在顺序图中使用中文对消息进行说明，但随着分析及迭代的深入，最后需要改为英文，并且需要与类中定义的方法一致。

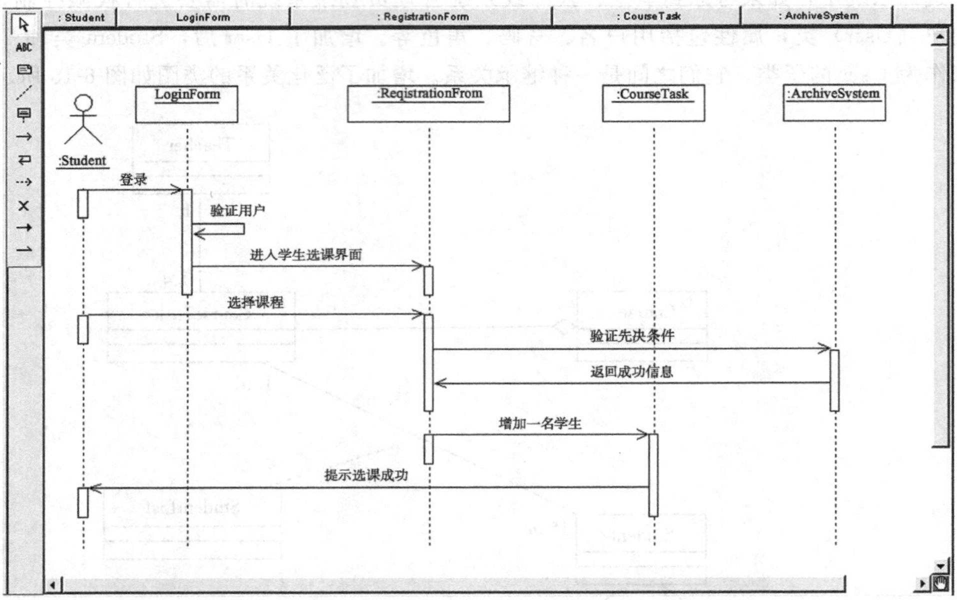


图 6-16　Register for a course 用例的顺序图

## 6.4.2　通信图

通信图也称为协作图，是顺序图的另一种表示形式，用于描述相互协作的对象间的交互关系和链接关系。一般情况下，当表示涉及很多对象的模型时，通信图比顺序图更形象。另外，与顺序图不同，对象之间的实线可能表明这些对象的类之间需要关联。Register for a course 用例的通信图如图 6-17 所示。

## 6.4.3　状态图

状态图由对象的各个状态和连接这些状态的转换组成。每个状态对一个对象在其生存期中满足某种条件的一个时间段建模。当一个事件发生时，它会触发状态间的转换，导致对象从一种状态转换到另一种新的状态。与转换相关的活动执行时，转换也同时发生。

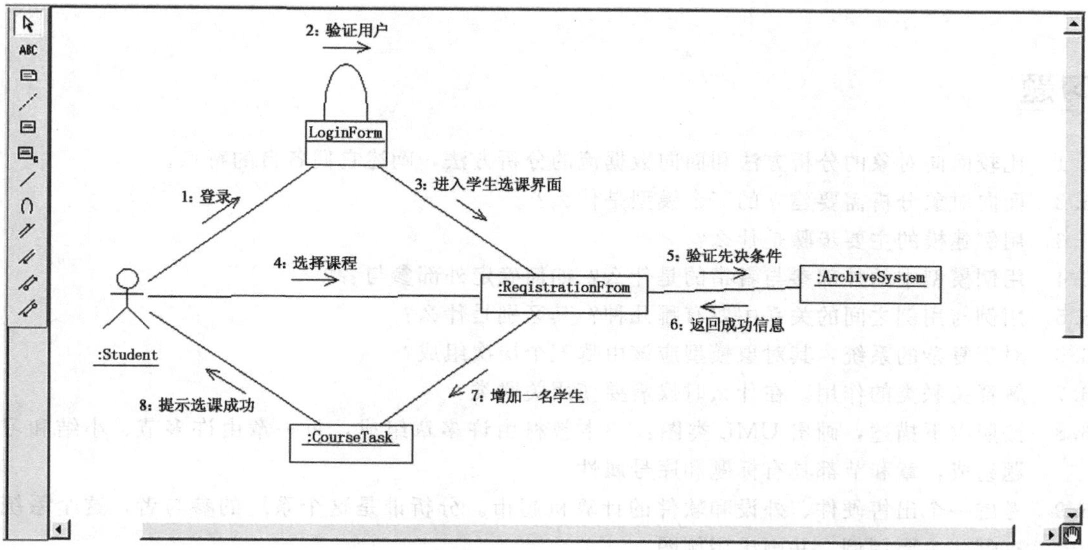


图 6-17 通信图

状态图可用于描述用户接口、设备控制器和其他具有反馈的子系统，还可用于描述在生存期中跨越多个不同性质阶段的被动对象的行为，在每一阶段该对象都有自己特殊的行为。

通常，用一张状态图描绘一类对象的行为，它确定了由事件序列引出的状态序列。但是，也不是任何一个类对象都需要用一张状态图描绘它的行为，只有那些具有明显的状态特征并且具有比较复杂的状态-事件-响应行为的类，才需要画出状态图。在选课系统中，CourseTask 类的对象具有比较明显的状态特征，其状态有初始状态、可选状态、人满状态、关闭状态。针对 CourseTask 类对象的状态图如图 6-18 所示。

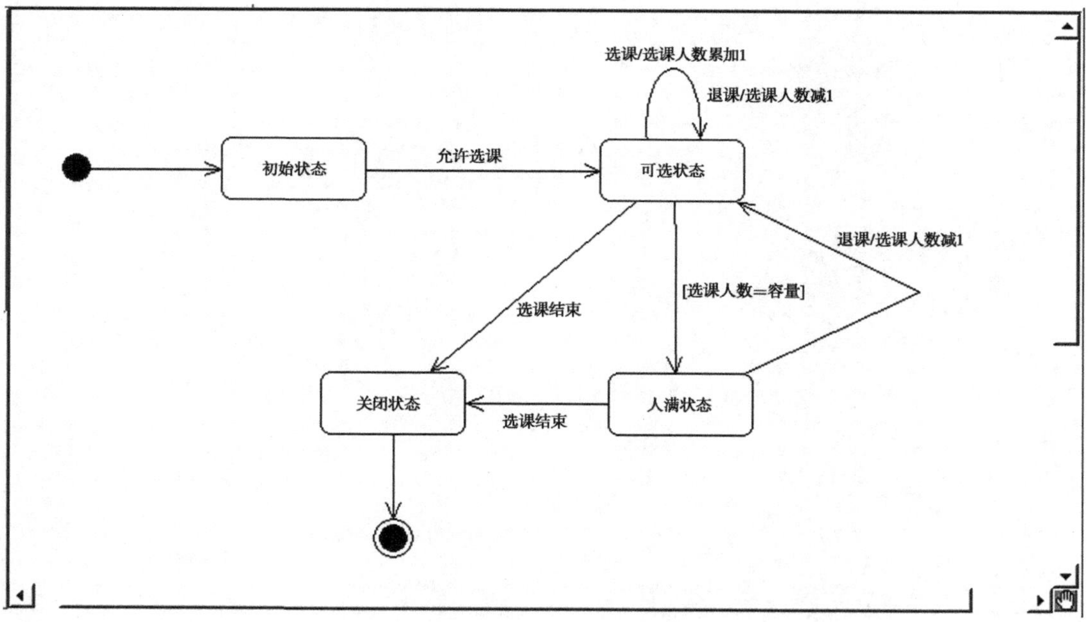


图 6-18 CourseTask 类对象的状态图

## 习题

6.1 比较面向对象的分析方法和面向数据流的分析方法，阐述它们各自的特点。

6.2 面向对象分析需要建立的三个模型是什么？

6.3 用例建模的主要步骤是什么？

6.4 用例模型中的外部参与者指的是什么？如何确定外部参与者？

6.5 用例与用例之间的关系主要有哪几种？其区别是什么？

6.6 对于复杂的系统，其对象模型应该由哪五个层次组成？

6.7 解释关联类的作用。在什么时候需要使用关联类？

6.8 按照以下描述，画出 UML 类图：一本教材由许多章组成，每一章由许多节、小结和习题组成，章和节都具有标题和序号属性。

6.9 考虑一个出售硬件、外设和软件的计算机超市。分析谁是这个系统的参与者，这个系统有哪些主要用例，并画出用例图。

6.10 针对例 6.1 所述的选课系统，采用熟悉的建模工具建立需求模型。

6.11 选择自己比较熟悉的应用，建立需求模型。

CHAPTER 7

# 第7章 软件体系结构与设计模式

体系结构一词来源于建筑行业。当我们谈论某些建筑物的体系结构时，首先映入脑海的就是建筑物整体的外观形状及其特点。实际上，体系结构包括更多的方面。它是使各种建筑构件集成为一个有机整体的方式，是将砖石、管道、电气线路和门窗结合在一起创建外部门面和内部居住环境的方式，也是与其所处的环境相协调的方式。我们通常将软件系统比作一座建筑，从整体上讲，软件系统也有基础、主体和装饰，即操作系统之上的基础设施软件，实现计算逻辑的应用程序，以及方便用户使用的图形用户界面。

自从软件系统首次被分成许多模块，模块之间相互作用，组合起来有整体的属性以来，就具有了体系结构。随着软件规模和软件复杂程度的不断增加，对总体的系统结构设计和规格说明比对计算的算法和数据结构的选择重要得多。

在建筑行业里已经形成了很多种建筑风格，如我们所知道的欧洲建筑风格、俄国建筑风格、北京四合院风格等。当进行建筑设计时，最首要的问题就是选择建筑风格。同样，优秀的软件设计师也常常会使用一些体系结构设计模式（或设计风格）作为软件体系结构的设计策略。

## 7.1 软件体系结构的基本概念

### 7.1.1 什么是体系结构

系统体系结构应该在软件开发过程中尽早提出。Booth 等人认为任何基于 UML 的开发过程有 3 个主要特征：迭代和增量、用例驱动、以体系结构为中心。

Shaw 和 Garlan 在他们的著作中以如下方式讨论了软件的体系结构：

“从第一个程序被划分成模块开始，软件系统就有了体系结构。同时，程序员已经开始负责模块间的交互和模块装配的全局属性。从历史的观点看，体系结构隐含了很多内容——实现的偶然事件或先前遗留的系统。好的软件开发人员经常采用一个或多个体系结构模式作为系统组织策略，但是他们只是非正式地使用这些模式，在最终的系统中并没有将这些模式清楚地体现出来。”

目前还没有一个公认的关于软件体系结构的定义，许多专家学者从不同角度对软件体系结构进行了描述。Bass、Clements 和 Kazman 给出了如下定义：“一个程序或计算机系统的软件体系结构是指系统的一个或者多个结构。结构中包括软件的构件、构件的外部可见属性以及它们之间的相互关系。外部可见属性则是指软件构件提供的服务、性能、使用特性、错误处理、共享资源使用等。”

这一定义强调在任意体系结构表述中“软件构件”的角色。

Dewayne Perry 和 Alexander Wolf 曾这样定义：“软件体系结构是具有一定形式的结构化元

素，即构件的集合，包括处理构件、数据构件和连接构件。处理构件负责对数据进行加工，数据构件是被加工的信息，连接构件把体系结构的不同部分组合连接起来。”

这一定义注重区分处理构件、数据构件和连接构件。

在体系结构设计的环境中，软件构件可以简单到程序模块或者面向对象的类，也可以扩充到包含数据库和能够完成客户与服务器网络配置的“中间件”。

虽然软件体系结构的定义在变化，但其意图是清晰的。体系结构设计是一系列决策和基本原理的集合，这些决策的目标在于开发高效的软件体系结构。在体系结构设计中所强调的基本原理是系统的可理解性、可维护性和可扩展性。

### 7.1.2　体系结构模式、风格和框架的概念

**1. 模式**

软件设计模式是从软件设计过程中总结出来的，是针对特定问题的解决方案。好的模式能针对特定问题，采用成熟和成功的方法，比重新设计要好得多。建筑师 C. Alexander 对模式给出的经典定义是：每个模式都描述了一个在我们的环境中不断出现的问题及该问题解决方案的核心。

在软件系统中，可以将模式划分为以下 3 类：

1）体系结构模式（architectural pattern）。体系结构模式表达了软件系统的基本结构组织形式或者结构方案，包含了一组预定义的子系统，规定了这些子系统的责任，同时还提供了用于组织和管理这些子系统的规则和向导。典型的体系结构模式有国际化标准组织于 1978 年提出的计算机网络结构模型——开放式系统互连参考模型（OSI 参考模型）。

2）设计模式（design pattern）。设计模式为软件系统的子系统、构件或者构件之间的关系提供一个精练之后的解决方案，描述了在特定环境下，用于解决通用软件设计问题的构件以及这些构件相互通信时的各种结构。有代表性的设计模式是 Erich Gamma 及其同事提出的 23 种设计模式。

3）惯用法（idiom）。惯用法是与编程语言相关的低级模式，描述如何实现构件的某些功能，或者利用编程语言的特性来实现构件内部要素之间的通信功能。

**2. 风格**

风格是带有一种倾向性的模式。同一个问题可以有不同的解决问题的方案或模式，但我们根据经验，通常会强烈倾向于采用特定的模式，这就是风格。

建筑师通常使用体系结构风格作为描述手段，将一种风格的建筑与其他风格的建筑区分开来。当使用某种体系结构风格来描述建筑时，熟悉这种风格的人就能够对建筑的整体画面有所了解。

为计算机系统建造的软件也展示了众多体系结构风格中的一种。每种风格描述一种系统范畴，该范畴包括：

1）一组构件（比如数据库、计算模块）完成系统需要的某种功能。

2）一组连接子，它们能使构件间实现通信、合作和协调。

3）约束，定义构件如何集成为一个系统。

4）语义模型，它能使设计者通过分析系统构成成分的性质来理解系统的整体性质。

体系结构风格定义了一个系统家族，即一个体系结构定义一个词汇表和一组约束。词汇表中包含一些构件和连接件类型，而这组约束指出系统是如何将这些构件和连接件组合起来的。体系结构风格反映了领域中众多系统所共有的结构和语义特性，并指导如何将各个模块和子系统有效地组织成一个完整的系统。

对体系结构风格的研究和实践为大粒度的软件复用提供了可能。体系结构的不变部分使不同的系统可以共享相同的实现代码。只要系统是使用常用的、规范的方法来组织，就可以使其他设计者很容易地理解系统的体系结构。例如，如果某人将系统描述为客户机/服务器风格，则不必给出设计细节，我们立刻就会明白系统是如何组织和工作的。

典型的体系结构风格有数据流风格、调用-返回风格和仓库风格等。

**3. 框架**

随着应用的发展和完善，某些带有整体性的应用模式被逐渐固定下来，形成特定的框架，包括基本构成元素和关系。

在内容上，框架更多地关注特定的应用领域，其解决方案已经建立了比较成熟的体系结构，所以也称为应用框架。因此，框架是特定应用领域问题的体系结构模式，框架定义了基本构成单元和关系后，开发者就可以集中精力解决业务逻辑问题。

在组织形式上，框架是一个待实例化的完整系统，定义了软件系统的元素和关系，创建了基本的模块，定义了涉及功能更改和扩充的插件位置。典型的框架例子有 MFC 框架和 Struts 框架。

### 7.1.3 体系结构的重要作用

体系结构的重要作用体现在以下几个方面：

1）体系结构的表示有助于风险承担者（项目共利益者）进行交流。软件体系结构代表了系统公共的高层抽象。这样，与系统相关的人员便可以把它作为建立互相理解的基础，形成统一认识，互相交流。

体系结构提供了一种共同语言来表达各种关注和协商，进而便于对大型复杂的系统进行有效管理。这对项目最终的质量和使用有极大的影响。

2）体系结构突出了早期设计决策。早期的设计决策对随后的所有软件工程工作都具有深远的影响，对最终软件的质量和整个系统的成功都具有重要作用。

3）软件体系结构是可传递和可复用的模型。体系结构构建了一个小的、易于理解的模型，该模型描述了系统如何构成以及其构件如何一起工作。软件体系结构设计模型及包含在其中的体系结构设计模式都是可以传递的，也就是说，体系结构的风格和模式可以在需求相似的其他系统中进行复用。体系结构级的复用粒度比代码级的复用粒度更大，由此带来的益处也就更大。

## 7.2 典型的体系结构风格

### 7.2.1 数据流风格

管道/过滤器、批处理序列都属于数据流风格。

当输入数据经过一系列的计算和操作构件的变换形成输出数据时，可以应用这种体系结构。管道和过滤器结构（如图 7-1 所示）拥有一组被称为过滤器（filter）的构件，这些构件通过管道（pipe）连接，管道将数据从一个构件传送到下一个构件。每个过滤器独立于其上游和下游的构件而工作，过滤器的设计要针对某种形式的数据输入，并且产生某种特定形式的数据输出。然而，过滤器没有必要了解与之相邻的过滤器的工作。

如果数据流退化成为单线的变换，则称为批处理序列（batch sequential）。这种结构接收一批数据，然后应用一系列连续的构件（过滤器）变换它。

管道/过滤器风格具有以下优点：

- 使得软件构件具有良好的隐蔽性和高内聚、低耦合的特点；
- 允许设计者将整个系统的输入/输出行为看成是多个过滤器行为的简单合成；
- 支持软件复用。只要提供适合在两个过滤器之间传送的数据，任何两个过滤器都可被连接起来；
- 系统维护和增强系统性能简单。新的过滤器可以添加到现有系统中；旧的可以被改进的过滤器替换掉；
- 允许对一些属性如吞吐量、死锁等进行分析；
- 支持并行执行。每个过滤器是作为一个单独的任务完成，因此可与其他任务并行执行。

其主要缺点如下：

- 通常导致进程成为批处理的结构。这是因为虽然过滤器可增量式地处理数据，但它们是独立的，所以设计者必须将每个过滤器看成一个完整的从输入到输出的转换；
- 不适合处理交互的应用。当需要增量地显示改变时，这个问题尤为严重；
- 因为在数据传输上没有通用的标准，每个过滤器都增加了解析和合成数据的工作，这样就导致了系统性能下降，并增加了编写过滤器的复杂性。

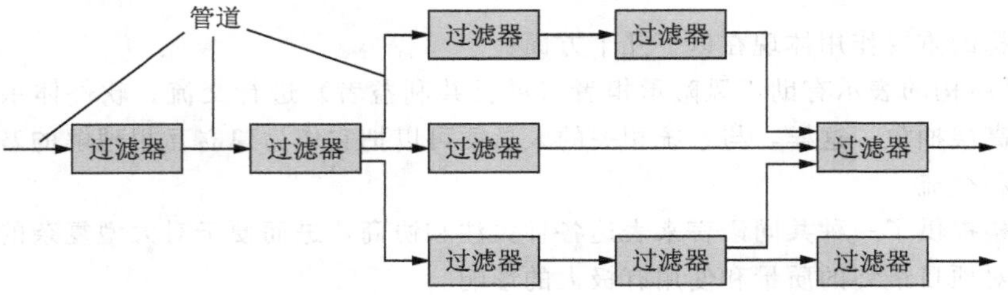


图 7-1　数据流风格

### 7.2.2　调用/返回风格

该体系结构风格便于设计出易于修改和扩展的程序结构。在此类体系结构中，存在 3 种子风格。

(1) 主程序/子程序体系结构

这种传统的程序结构将功能分解为一个控制层次，其中主程序调用一组程序构件，这些程序构件又去调用别的程序构件。图 7-2 描述了该种系统结构。这种结构总体上为树状结构，可以在底层存在公共模块。

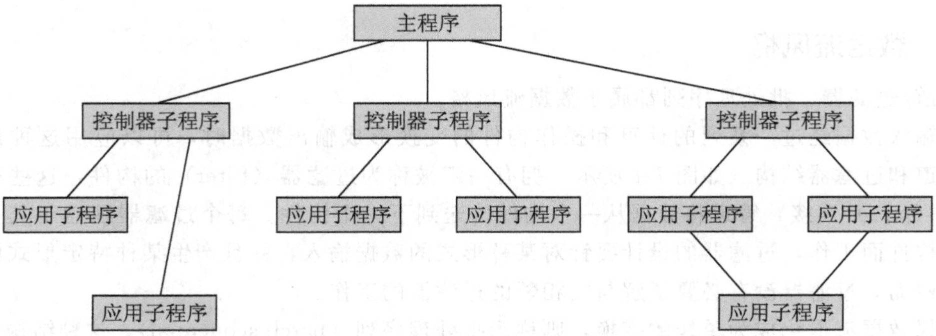


图 7-2　主程序/子程序体系结构

当主程序/子程序体系结构的构件分布在网络上的多个计算机上时，我们称主程序对子程序的调用为远程过程调用。这种系统的目标是要通过将运算分布到多台计算机上来充分利用多台处理器，最终达到提高系统性能的目的。

主程序/子程序体系结构的优点是：

- 可以使用自顶向下、逐步分解的方法得到体系结构图，典型的拓扑结构为树状结构。基于定义-使用关系对子程序进行分解，使用过程调用作为程序之间的交互机制；
- 采用程序设计语言支持的单线程控制。

其主要缺点是：

- 子程序的正确性难于判断。需要运用层次推理来判断子程序的正确性，因为子程序的正确性取决于它调用的子程序的正确性；
- 子系统的结构不清晰。通常可以将多个子程序合成为模块。

(2) 面向对象风格

系统的构件封装了数据和必须应用到该数据上的操作，构件间通过消息传递进行通信与合作。与主程序/子程序的体系结构相比，面向对象风格中的对象交互会复杂一些。

面向对象风格与网络应用的需求在分布性、自治性、协作性、演化性等方面具有内在的一致性。

OMA（Object Management Architecture）是 OMG 在 1990 年提出来的，它定义了分布式软件系统参考模型。OMA 包括对象模型和参考模型两部分。OMA 对象模型定义了如何描述异质环境中的分布式对象。OMA 参考模型描述对象之间的交互。

CORBA（Common Object Request Broker Architecture，公共对象请求代理体系结构）是 OMG（Object Management Group）所提出的一个标准，它以对象管理体系结构为基础。

面向对象风格具有以下优点：

- 因为对象对其他对象隐藏它的表示，所以可以改变一个对象的表示而不影响其他的对象；
- 设计者可将一些数据存取操作的问题分解成一些交互的代理程序的集合。

其缺点如下：

- 为了使一个对象和另一个对象通过过程调用等进行交互，必须知道对象的标识。只要一个对象的标识改变了，就必须修改所有其他明确调用它的对象；
- 必须修改所有显式调用它的其他对象，并消除由此带来的一些副作用。例如，如果 A 使用了对象 B，C 也使用了对象 B，那么，C 对 B 的使用所造成的对 A 的影响可能是料想不到的。

(3) 层次结构风格

这种风格的基本结构如图7-3所示。在这种体系结构中，整个系统被组织成一个层次结构，每一层为上层提供服务，并作为下一层的客户。在一些层次系统中，除了一些精心挑选的输出函数外，内部的层只对相邻的层可见。从外层到内层，每层的操作逐渐接近机器的指令集。在最外层，构件完成界面层的操作；在最内层，构件完成与操作系统的连接；中

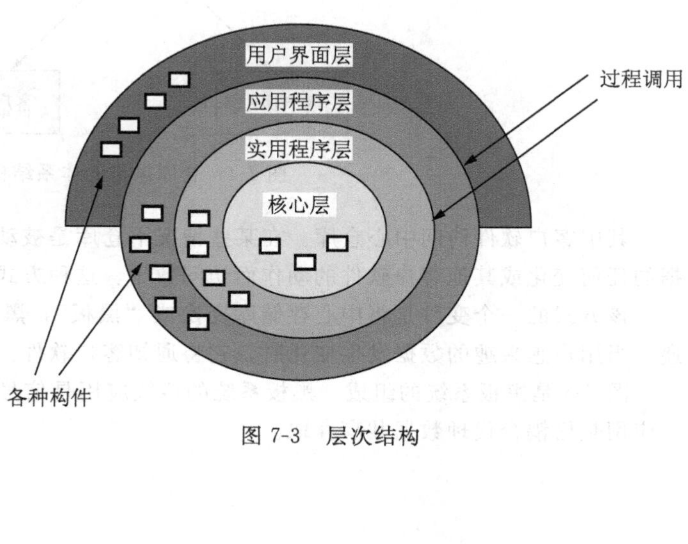


图 7-3 层次结构

间层提供各种实用程序和应用软件功能。

这种风格支持基于抽象程度递增的设计。允许将复杂问题分解成一系列增量步骤实现。由于每一层最多只影响两层，同时只要给相邻层提供相同的接口，允许每层用不同的方法实现，同样为软件复用提供了强大的支持。

层次结构具有以下优点：

- 支持基于抽象程度递增的系统设计，使设计者可以把一个复杂系统按递增的步骤进行分解；
- 支持功能增强，因为每一层至多和相邻的上下层交互，所以功能的改变最多影响相邻的内外层；
- 支持复用。只要提供的服务接口定义不变，同一层的不同实现可以交换使用。这样，就可以定义一组标准的接口，从而允许各种不同的实现方法。

层次结构的缺点如下：

- 并不是每个系统都可以很容易地划分为分层的模式，甚至即使一个系统的逻辑结构是层次化的，出于对系统性能的考虑，系统设计师也不得不把一些低级或高级的功能综合起来；
- 很难找到一个合适的、正确的层次抽象方法。

### 7.2.3 仓库风格

数据库系统、超文本系统和黑板系统都属于仓库风格。在这种风格中，数据仓库（如文件或数据库）位于这种体系结构的中心，其他构件会经常访问数据仓库，并对仓库中的数据进行增加、修改或删除操作。图 7-4 描述了一个典型的仓库风格的体系结构。

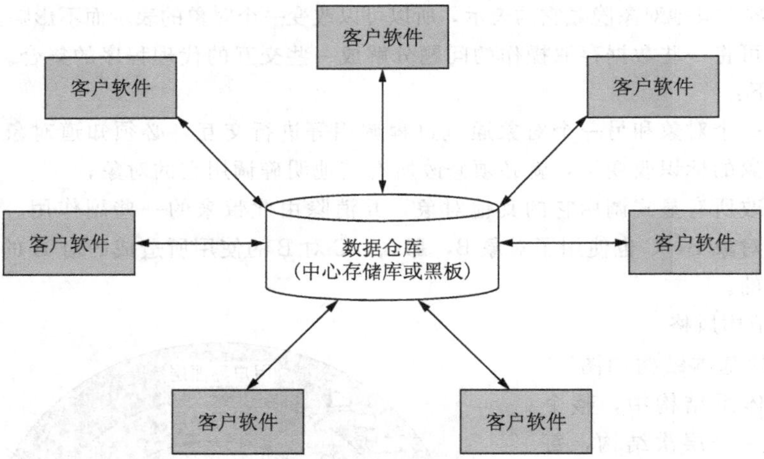


图 7-4　仓库风格的体系结构

其中客户软件访问中心仓库。在某些情况下仓库是被动的，也就是说，客户软件独立于数据的任何变化或其他客户软件的动作而访问数据。这种方式相当于传统型数据库系统。

该方式的一个变种是将中心存储库变换成“黑板”，黑板构件负责协调信息在客户间的传递，当用户感兴趣的数据发生变化时，它将通知客户软件。

图 7-5 是黑板系统的组成。黑板系统的传统应用是信号处理领域，如语音和模式识别。另一应用是松耦合代理数据共享存取。

从图 7-5 中看出，黑板系统由以下 3 部分组成。

1）知识源。知识源中包含独立的、与应用程序相关的知识，知识源之间不直接进行通信，它们之间的交互只通过黑板来完成。

2）黑板数据结构。黑板数据是按照与应用程序相关的层次组织的、解决问题的数据，知识源通过不断地改变黑板数据来解决问题。

3）控制。控制完全由黑板的状态驱动，黑板状态的改变决定使用的特定知识。

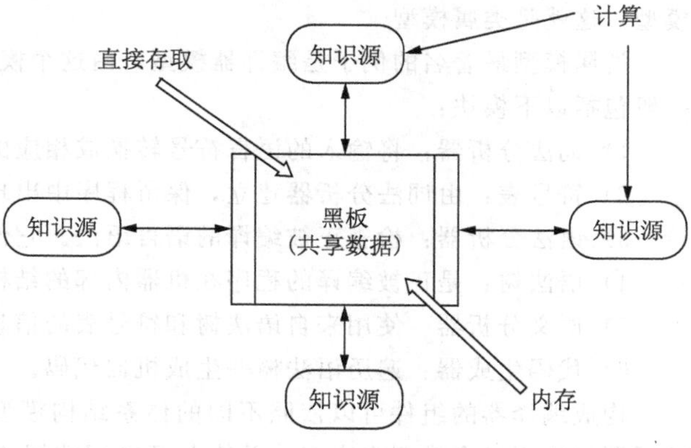

图 7-5 黑板系统的组成

黑板系统具有以下优点：

- 对可更改性和可维护性的支持。由于控制算法和中心存储库严格分离，所以黑板系统支持可更改性和可维护性。
- 可复用的知识源。知识源是某类任务的独立专家。黑板体系结构有助于使它们可复用。复用的先决条件是知识源和所基于的黑板系统理解相同的协议和数据，或者在这方面相当接近而不排斥协议或数据的自适应程序。
- 支持容错性和健壮性。在黑板体系结构中，所有的结果都只是假设，只有那些被数据和其他假设强烈支持的才能生存，从而提供了对噪声数据和不确定结论的容忍。

黑板系统具有以下不足：

- 测试困难。由于黑板系统的计算没有依据确定的算法，所以其结果常常不可再现。此外，错误假设也是求解过程的组成部分。
- 不能保证有好的求解方案。黑板系统往往只能正确解决所给任务的某一百分比。
- 难以建立好的控制策略。控制策略不能以一种直接方式设计，而需要一种实验的方法。
- 低效。黑板系统在拒绝错误假设中要承受多余的计算开销。
- 昂贵的开发工作。绝大多数黑板系统要花几年时间来进化，其主要原因是病态结构问题领域，以及定义词汇、控制策略和知识源时的粗放的试错编程方法。
- 缺少对并行机制的支持。黑板体系结构不能避免采用了知识源潜在并行机制的控制策略。但是它不提供它们的并行执行。对黑板上中心数据的并发访问也必须是同步的。

## 7.3 特定领域的软件体系结构

前面所讲的体系结构模型是通用的模型，可以应用于许多不同类型的系统。除了这些通用的模型以外，对于特别的应用还需要特别的体系结构模型。虽然这些系统实例的细节会有所不同，但共同的体系结构在开发新系统时是能够复用的。这些体系结构模型称为领域相关的体系结构。

有两种领域相关的体系结构模型：类属模型（generic model）和参考模型（reference model）。

### 7.3.1 类属模型

类属模型是从许多实际系统中抽象出来的一般模型，它封装了这些系统的主要特征。例如，许多图书馆开发了自己的图书馆馆藏/流通系统，如果我们调研这些系统，会发现它们的业务大同小异。若把它们共同的功能抽取出来并创建一个让所有图书馆都认可的系统体系结构模型，这就是类属模型。

类属模型最著名的例子是编译器模型，由这个模型已开发出了数以千计的编译器。编译器一般包括以下模块：

1）词法分析器：将输入的语言符号转换成相应的内部形式。

2）符号表：由词法分析器建立，保留程序中出现的名字及其类型信息。

3）语法分析器：检查正被编译的语言语法。它使用该语言定义的文法来建立一棵语法树。

4）语法树：是正被编译的程序在机器内部的结构表示。

5）语义分析器：使用来自语法树和符号表的信息检查这个输入程序的语义正确性。

6）代码生成器：遍历语法树并生成机器代码。

构成编译器的组件可以依照不同的体系结构模型来组织。如 Garlan 和 Shaw 指出的那样，编译器能使用组合模型来实现。总体上可采用数据流风格，并将符号表作为容器来共享数据。词法分析、语法分析和语义分析各阶段的顺序组织如图 7-6 所示。

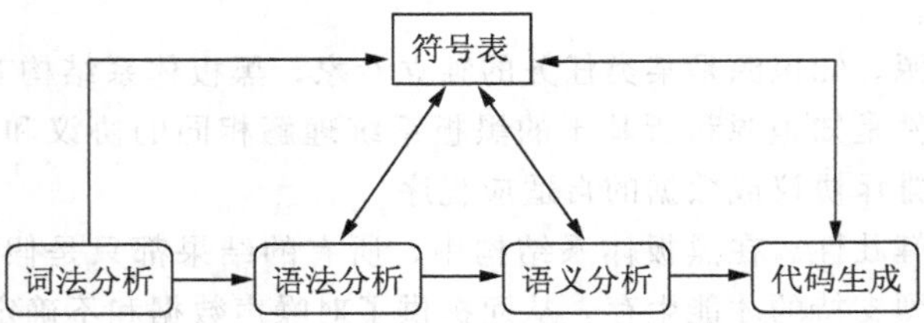


图 7-6　编译器的数据流模型

这个模型现在仍然被广泛使用。在程序被编译，并且没有用户交互的批处理环境中，这种模型是有效的。但当编译器要与其他语言处理工具，如结构化的编辑系统、交互式调试器、高质量打印机等集成时效率就不会太好了。在这种情形下，一般系统组件可以使用基于容器（仓库）模型来组织，如图 7-7 所示。

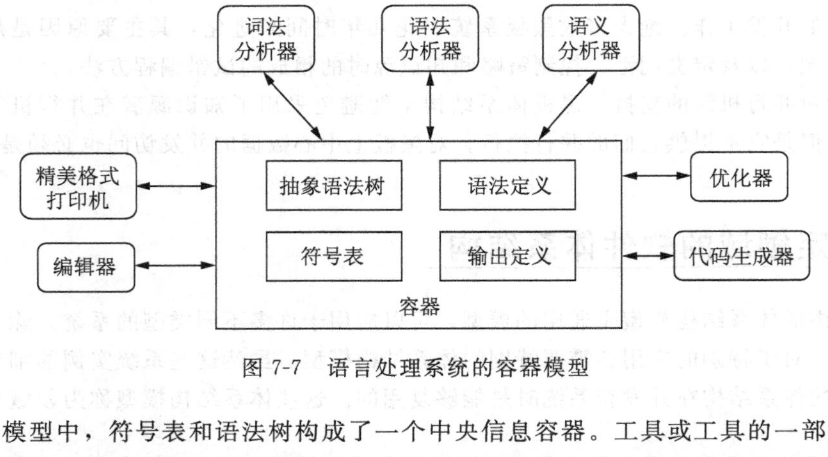


图 7-7　语言处理系统的容器模型

在这种模型中，符号表和语法树构成了一个中央信息容器。工具或工具的一部分通过它进行通信。其他信息如程序文法定义和输出格式定义等已经从工具中抽取出来放在容器中了。

## 7.3.2　参考模型

参考模型源于对应用领域的研究，它描述了理想化的包含了系统应具有的所有特征的软件体系结构。它是更抽象且可描述一大类系统的模型，并且也是对设计者有关某类系统的一般结构的指导，如 Rockwell 和 Gera 所提出的软件工厂的参考模型。

典型的例子有国际化标准组织于 1978 年提出的计算机网络结构模型——开放式系统互连参考模型（OSI 参考模型），如图 7-8 所示。它描述了开放系统互连的标准。如果系统遵从这个标准，就可以与其他遵从该标准的系统互连。

OSI 模型是 7 层的开放式系统互连模型。其中，较低层实现物理连接，中间层实现数据传输，而较高层实现具有语义的应用层信息传输，每一层只依赖于其下面的层。

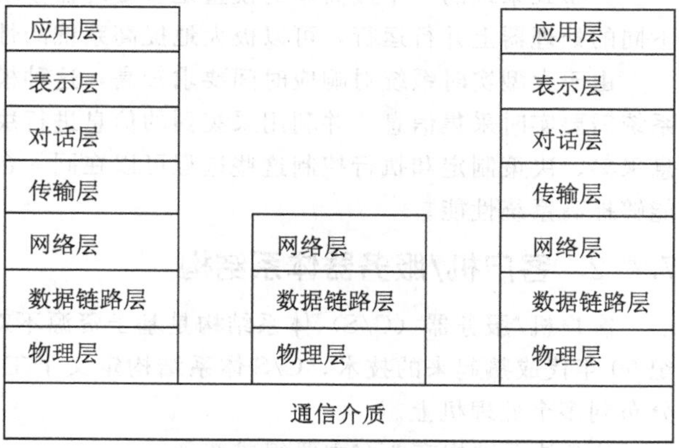

图 7-8　OSI 的参考模型

这些不同类型的模型之间并不存在严格的区别。也可以将类属模型视为参考模型。两者的区别之一是类属模型可以直接在设计中复用，而参考模型一般是用于领域概念间的交流和对可能的体系结构做出比较。另外，类属模型通常是经过自下而上地对已有系统的抽象而产生的，而参考模型是由上到下地产生的。它们都是抽象系统表示法。

## 7.4　分布式系统结构

在集中式计算技术时代广泛使用的是大型机/小型机计算模型。这种计算模型是通过一台物理上与宿主机相连接的非智能终端来实现宿主机上的应用程序。在多用户环境中，宿主机应用程序既负责与用户的交互，又负责对数据的管理。随着用户的增加，对宿主机能力的要求不断提高。

20 世纪 80 年代以后，集中式结构逐渐被以 PC 为主的微机网络所取代。个人计算机和工作站的采用，改变了大型机/小型机计算模型占据主导地位的状况，从而导致了分布式计算模型的产生和发展。

目前，硬件技术的发展具有两个主要的趋势：

1）带有多 CPU 的计算机系统逐渐进入小型办公场所，尤其是运行诸如 IBM OS/2 Warp、微软 Windows NT 或 UNIX 等操作系统的多处理系统。

2）在局域网内连接成百上千台不同种类的计算机已经变得很平常。

分布式计算模型主要具有以下优点：

- 资源共享。分布式系统允许硬件、软件等资源共享使用。
- 经济性。将 PC 与工作站连接起来的计算机网络，其性能价格比要高于大型机。
- 性能与可扩展性。根据 Sun 公司的理念——网络即计算机，分布式应用程序能够利用网络上可获得的资源。通过使用联合起来的多个网络节点的计算能力，可以获得性能方面的极大提升。另外，至少在理论上，多处理器和网络是易于扩展的。
- 固有分布性。有些应用程序是固有分布式的，如遵循客户机/服务器模型的数据库应用程序。

• 健壮性。在大多数情况下，网络上的一台机器或多处理器系统中的一个 CPU 的崩溃不会影响到系统的其余部分。中心节点（文件服务器）是明显的例外，但可以采用备份系统来保护。

### 7.4.1 多处理器体系结构

分布式系统的一个最简单的模型是多处理器系统，系统由许多进程组成，这些进程可以在不同的处理器上并行运行，可以极大地提高系统的性能。

由于大型实时系统对响应时间要求较高，这种模型在大型实时系统中比较常见。大型实时系统需要实时采集信息，并利用采集到的信息进行决策，然后发送信号给执行机构。虽然，信息采集、决策制定和执行控制这些进程可以在同一台处理器上统一调度执行，但使用多处理器能够提高系统性能。

### 7.4.2 客户机/服务器体系结构

客户机/服务器（C/S）体系结构是基于资源不对等，且为实现共享而提出来的，是 20 世纪 90 年代成熟起来的技术，C/S 体系结构定义了工作站如何与服务器相连，以将数据和应用分布到多个处理机上。

C/S 体系结构有 3 个主要组成部分：

1）服务器：负责给其他子系统提供服务。例如，数据库服务器提供数据存储和管理服务，文件服务器提供文件管理服务，打印服务器提供打印服务等。

2）客户机：向服务器请求服务。客户机通常都是独立的子系统，在某段时间内，可能有多个客户机程序在并发运行。

3）网络：连接客户机和服务器。虽然客户机程序和服务器程序可以在一台机器上运行，但在实际应用中，通常将它们放在不同的机器上运行。

在 C/S 体系结构中，客户机可以通过远程调用来获取服务器提供的服务，因此客户机必须知道可用的服务器名称及它们所提供的服务，而服务器不需要知道客户机的身份，也不需要知道有多少台服务器在运行。

C/S 系统的设计应该考虑应用系统的逻辑结构。在逻辑上，我们通常将应用系统划分为三层，即数据管理层、应用逻辑层和表示层。数据管理层关注数据存储及管理操作，通常选择成熟的关系数据库管理系统来承担这项任务；应用逻辑层关注与业务相关的处理逻辑；表示层关注用户界面及与用户的交互。在集中式系统中，不需要将这些清楚地分开；但在设计分布式系统时，由于需要将不同的层分布到不同的机器上，就必须给出清晰的界限。

传统的 C/S 体系结构为二层的 C/S 体系结构。在这种体系结构中，一个应用系统被划分为客户机和服务器两部分。典型的二层 C/S 体系结构如图 7-9 所示。

二层 C/S 体系结构可以有两种形态：

1）瘦客户机模型。在瘦客户机模型中，数据管理部分和应用逻辑都在服务器上执行，客户机只负责表示部分。瘦客户机模型的主要缺点是它将繁重的处理负荷都放在了服务器和网络上，服务器负责所有的计算，将增加客户机和服务器之间的网络流量。目前个人计算机所具有的处理能力在瘦客户机模型中根本用不上。

2）胖客户机模型。在这种模型中，服务器只负责对数据的管理。客户机实现应用逻辑和与系统用户的交互。胖客户机模型的数据处理流程如图 7-10 所示。

胖客户机模型能够利用客户机的处理能力，比瘦客户机模型在分布处理上更有效。但另一方面，随着企业规模的日益扩大，软件的复杂程度不断提高，胖客户机模型逐渐暴露出以下缺点：

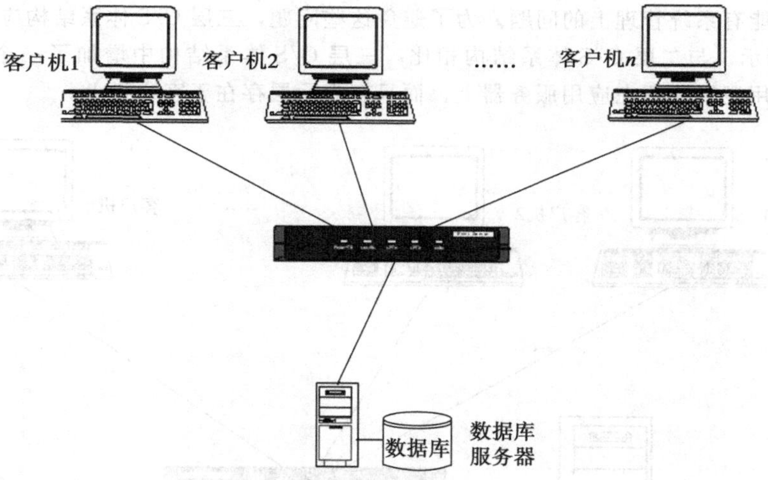


图 7-9　二层 C/S 体系结构

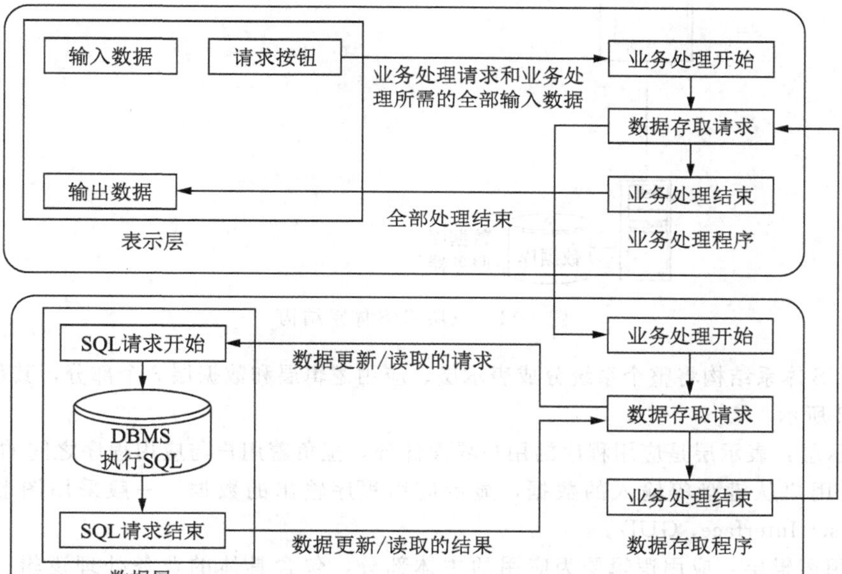


图 7-10　胖客户机的数据处理流程

- 开发成本较高。C/S 体系结构对客户端软硬件配置要求较高，尤其是软件的不断升级，对硬件要求不断提高，增加了整个系统的成本，且客户端变得越来越臃肿。
- 用户界面风格不一，使用繁杂，不利于推广使用。
- 软件移植困难。采用不同工具或平台开发的软件，一般互不兼容，很难移植到其他平台上运行。
- 软件维护和升级困难。由于应用程序安装在客户端，如果软件需要维护，则每台客户机上的软件都需要更新或升级。

二层 C/S 体系结构的根本问题是必须将三个逻辑层——数据管理层、应用逻辑层、表示层映射到两个系统上。如果选择瘦客户机模型，则可能有伸缩性和性能的问题；如果选择胖客户机模型，则可能有系统管理上的问题。为了避免这些问题，三层 C/S 体系结构应运而生，其结构如图 7-11 所示。与二层 C/S 体系结构相比，三层 C/S 体系结构中增加了一个应用服务器。可以将整个应用逻辑驻留在应用服务器上，而只有表示层存在于客户机上。

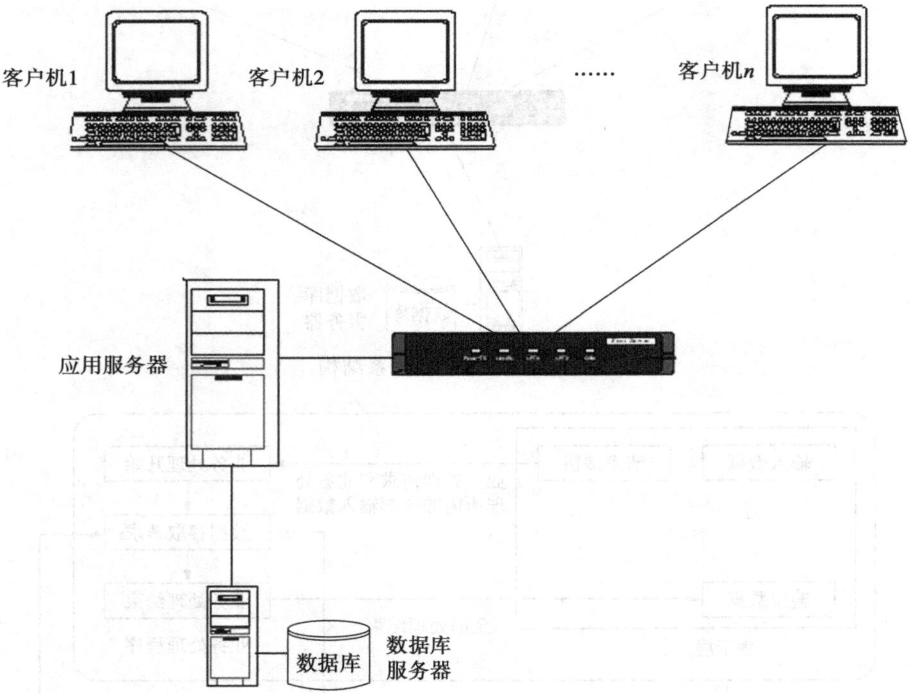


图 7-11 三层 C/S 体系结构

三层 C/S 体系结构将整个系统分成表示层、应用逻辑层和数据层 3 个部分，其数据处理流程如图 7-12 所示。

1）表示层：表示层是应用程序的用户界面部分，担负着用户与应用程序之间的对话功能。它用于检查用户从键盘等输入的数据，显示应用程序输出的数据，一般采用图形用户界面（Graphic User Interface，GUI）。

2）应用逻辑层：应用逻辑层为应用的主体部分，包含具体的业务处理逻辑。通常在功能层中包含有确认用户对应用和数据库存取权限的功能以及记录系统处理日志的功能。

3）数据层：数据层主要包括数据的存储及对数据的存取操作，一般选择关系型数据库管理系统（RDBMS）。

三层 C/S 结构具有以下优点：

- 允许合理地划分三层结构的功能，使之在逻辑上保持相对独立性，能提高系统和软件的可维护性和可扩展性。
- 允许更灵活有效地选用相应的平台和硬件系统，使之在处理负荷能力上与处理特性上分别适应于结构清晰的三层；并且这些平台和各个组成部分可以具有良好的可升级性和开放性。
- 应用的各层可以并行开发，可以选择各自最适合的开发语言。
- 利用功能层有效地隔离开表示层与数据层，未授权的用户难以绕过功能层而利用数据库工具或用黑客手段去非法地访问数据层，为严格的安全管理奠定了坚实的基础。

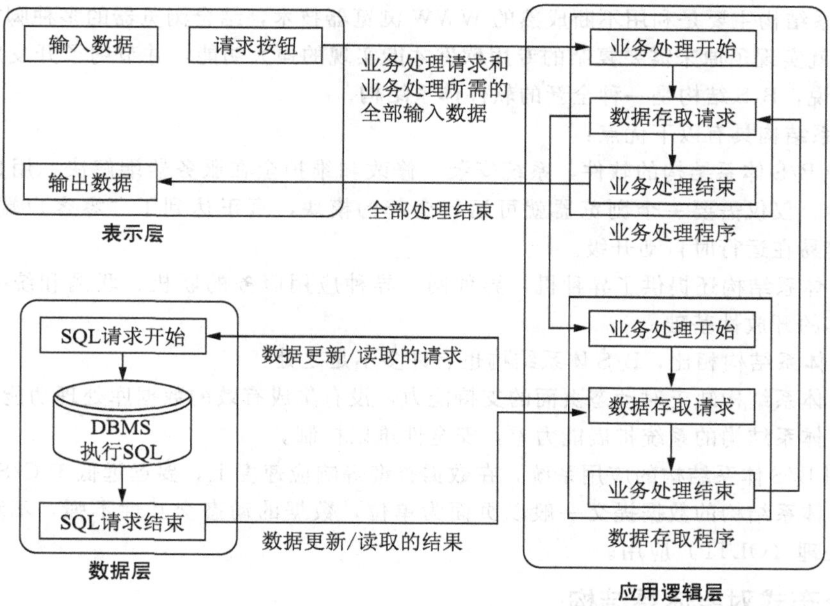


图 7-12　三层 C/S 结构的一般处理流程

需要注意的是，三层 C/S 结构各层间的通信效率若不高，即使分配给各层的硬件能力很强，其作为整体来说也达不到所要求的性能。此外，设计时必须慎重考虑三层间的通信方法、通信频度及数据量。这和提高各层的独立性一样是三层 C/S 结构的关键问题。

浏览器/服务器（B/S）风格就是上述三层应用结构的一种实现方式，其具体结构为浏览器/Web 服务器/数据库服务器。B/S 体系结构如图 7-13 所示。

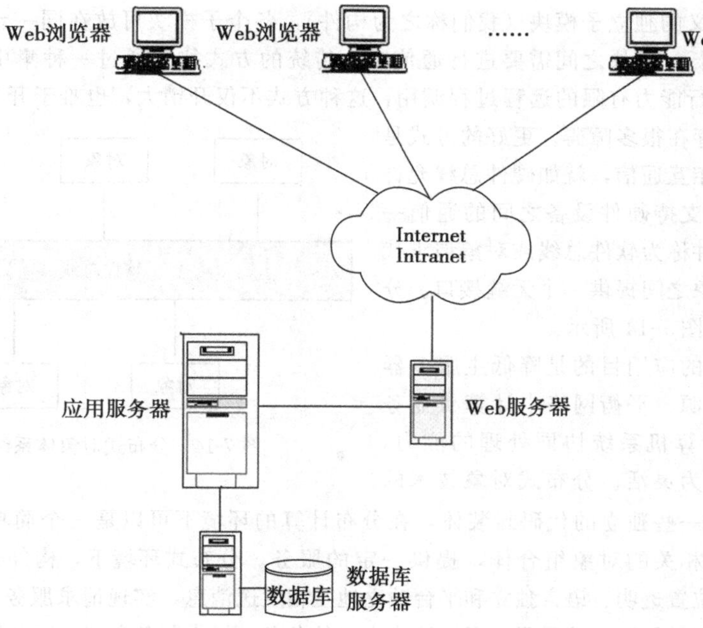


图 7-13　B/S 体系结构

B/S 体系结构主要是利用不断成熟的 WWW 浏览器技术，结合浏览器的多种脚本语言，用通用浏览器就实现了原来需要复杂的专用软件才能实现的强大功能，并节约了开发成本。从某种程度上来说，B/S 结构是一种全新的软件体系结构。

B/S 体系结构具有以下优点：

- 基于 B/S 体系结构的软件，系统安装、修改和维护全在服务器端解决。用户在使用系统时，仅仅需要一个浏览器就可运行全部的模块，真正达到了“零客户端”的功能，很容易在运行时自动升级。
- B/S 体系结构还提供了异种机、异种网、异种应用服务的联机、联网和统一服务的最现实的开放性基础。

与 C/S 体系结构相比，B/S 体系结构也有许多不足之处：

- B/S 体系结构缺乏对动态页面的支持能力，没有集成有效的数据库处理功能。
- B/S 体系结构的系统扩展能力差，安全性难以控制。
- 采用 B/S 体系结构的应用系统，在数据查询等响应速度上，要远远低于 C/S 体系结构。
- B/S 体系结构的数据提交一般以页面为单位，数据的动态交互性不强，不利于在线事务处理（OLTP）应用。

### 7.4.3　分布式对象体系结构

在客户机/服务器模型中，客户机和服务器的地位是不同的。客户机必须要知道服务器的存在及其所提供的服务，而服务器则不需要知道客户机的存在。在设计这种体系结构时，设计者必须决定服务在哪里提供，而且还得规划系统的伸缩性，当有较多的客户机增加到系统中时，就需要考虑如何将服务器上的负载分布开来。

分布式系统设计的更通用方法是去掉客户机与服务器之间的差别，用分布式对象体系结构来设计系统。

分布式对象的实质是在分布式异构环境下建立应用系统框架和对象构件，它将应用服务分割成具有完整逻辑含义的独立子模块（我们称之为构件），各个子模块可放在同一台服务器或分布在多台服务器上运行，模块之间需要进行通信时，传统的方式往往通过一种集中管理式的固定的服务接口，或进行能力有限的远程过程调用，这种方式不仅开销大，也难于开发，要进行成功的软件系统集成也存在很多障碍。更好的方式是模块之间通过中间件相互通信，就如硬件总线允许不同的卡插于其上以支持硬件设备之间的通信一样，通常将这个中间件称为软件总线或对象请求代理，它的作用是在对象之间提供一个无缝接口。分布式对象体系结构如图 7-14 所示。

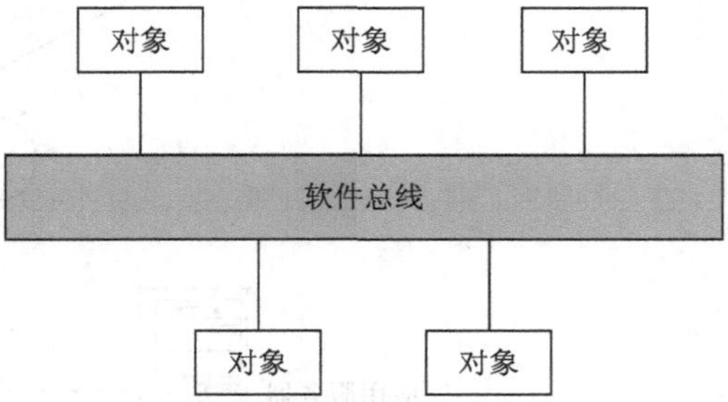

图 7-14　分布式对象体系结构

分布式对象技术的应用目的是降低主服务器的负荷、共享网络资源、平衡网络中计算机业务处理的分配，提高计算机系统协同处理的能力，从而使应用的实现更为灵活。分布式对象技术的基础是构件。构件是一些独立的代码封装体，在分布计算的环境下可以是一个简单的对象，但大多数情况下是一组相关的对象组合体，提供一定的服务。分布式环境下，构件是一些灵活的软件模块，它们可以位置透明、语言独立和平台独立地互相发送消息，实现请求服务。构件之间并不存在客户机与服务器的界限，接受服务者扮演客户机的角色，提供服务者就是服务器。

当前主流的分布式对象技术规范有 OMG 的 CORBA、Microsoft 的 .NET 和 Sun 公司的

J2EE。它们都支持服务端构件的开发，都有其各自的特点。

1）CORBA（通用对象请求代理体系结构）：主要目标是提供一种机制，使对象可以透明地发出请求和获得应答，从而建立起异质的分布式应用环境。它是开放的、独立于供应商的设计规范，支持网络环境下的应用程序，适用于各种体系结构和平台，可方便客户通过网络访问、执行各种对象。

2）.NET：.NET 几乎继承了 COM/DCOM（分布式组件对象模型）的全部功能，它不仅包括了 COM 的组件技术，更注重于分布式网络应用程序的设计与实现。.NET 紧密地同操作系统相结合，通过系统服务为应用程序提供全面的支持。

3）J2EE：J2EE 则利用 Java 2 平台简化企业级解决方案的规划和开发，是管理相关复杂问题的体系结构。它集成了 COBRA 技术，具有方便存取数据库的功能，对 EJB、Java Servlets API、JSP 及 XML 提供全面支持。

### 7.4.4　代理

代理可以用于构建带有隔离组件的分布式软件系统，该软件通过远程服务调用进行交互。代理者负责协调通信，诸如转发请求以及传递结果和异常等。

1991 年，OMG 基于面向对象技术，给出了以对象请求代理（Object Request Broker，ORB）为中心的分布式应用体系结构，如图 7-15 所示。

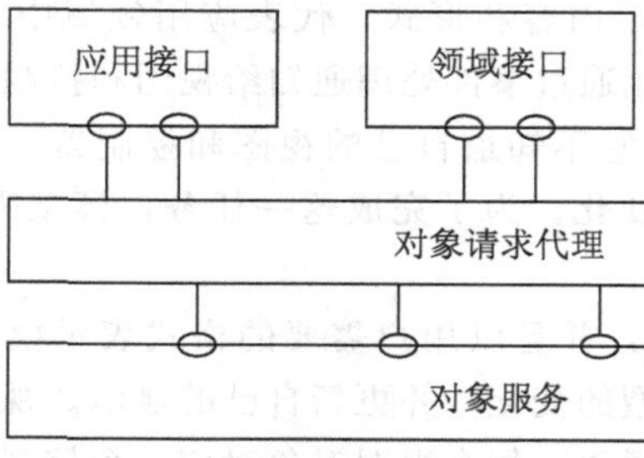

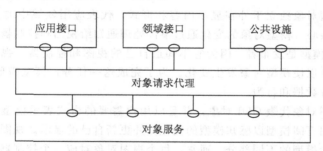

图 7-15　基于 CORBA 的分布式应用体系结构

在 OMG 的对象管理结构中，ORB 是一个关键的通信机制，它以实现互操作性为主要目标，处理对象之间的消息分布。

在 ORB 之上有 4 个对象接口：

1）对象服务：定义加入 ORB 的系统级服务，如安全性、命名和事务处理，它们是与应用领域无关的。

2）公共设施：定义应用程序级服务。

3）领域接口：面向特定的领域，在 OMA 中所处的位置与对象服务及公共设施相似。

4）应用接口：面向指定的现实世界应用。是指供应商或用户借助于 ORB、公共对象服务及公共设施而开发的特定产品，它不在 CORBA 体系结构中标准化。

## 7.5　体系结构框架

### 7.5.1　模型-视图-控制器

最著名的体系结构框架之一是模型-视图-控制器（MVC）框架，它最初是在 Smalltalk-80

上开发的。MVC强调将用户输入、数据模型和数据表示的方式分开设计，一个交互式应用系统由模型（Model）、视图（View）和控制器（Controller）3个部件组成，分别对应于内部数据、数据表示和输入输出控制部分，其结构如图7-16所示。

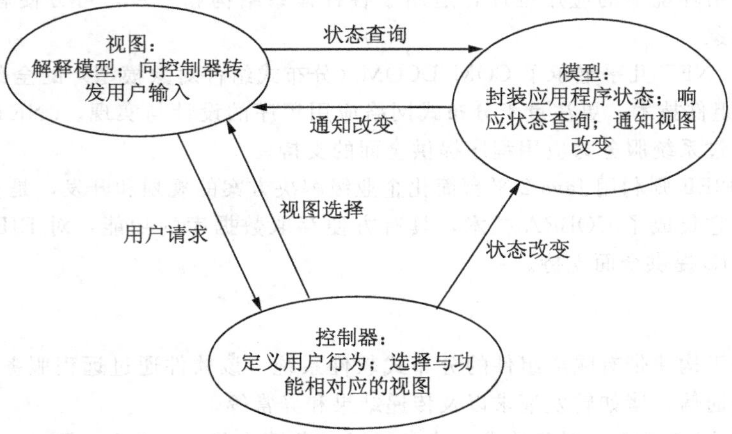


图7-16 MVC框架

模型对象：模型对象独立于外在显示内容和形式，代表应用领域中的业务实体和业务规则，是整个模型的核心。模型对象的变化通过事件处理通知给视图和控制器对象。这里使用发布者/订阅者技术。模型是发布者，因为它不知道自己的视图和控制器。视图和控制器对象订阅模型，但它们也可以使模型对象发生变化。为了完成这一任务，模型需要提供必要的接口，这些接口封装了业务数据和行为。

视图对象：视图对象代表GUI对象，并且以用户需要的格式表示模型状态，是交互系统与外界的接口。视图订阅模型以感知模型的变化，并更新自己的显示。视图对象可以包含子视图，子视图用于显示模型的不同部分。通常，每个视图对象对应一个控制器对象。

控制器对象：控制器对象代表鼠标和键盘事件。它处理用户的输入行为并给模型发送业务事件，再将业务事件解析为模型应执行的动作；同时，模型的更新与修改也将通过控制器来通知视图，从而保持各个视图与模型的一致性。

MVC的处理过程为，首先控制器接收用户的请求，并决定应该调用哪个模型来进行处理；然后模型用业务逻辑来处理用户的请求并返回数据；最后控制器用相应的视图格式化模型返回的数据，并通过表示层呈现给用户。其中，模型是核心数据和功能，视图只关心显示数据，控制只关心用户输入，这种结构由于将数据和业务规则从表示层分开，因此可以最大化地重用代码。

### 7.5.2 J2EE体系结构框架

MVC几乎是所有现代体系结构框架的基础，后来进一步扩展到企业和电子商务系统中。J2EE的核心体系结构就是在MVC框架的基础上扩展得到的，如图7-17所示。J2EE模型是分层结构，中间的三层（表示层，业务层，集成层）包含应用程序构件，客户层和资源层处于应用程序的外围。

客户层：用户通过客户层与系统交互。该层可以是各种类型的客户端。例如，可编程客户端（如基于Java Swing的客户端或applet），纯Web浏览器客户端，WML移动客户端等。

资源层：资源层可以是企业数据库，电子商务解决方案中的外部企业系统，或者是外部SOA服务。数据可以分布在多个服务器上。

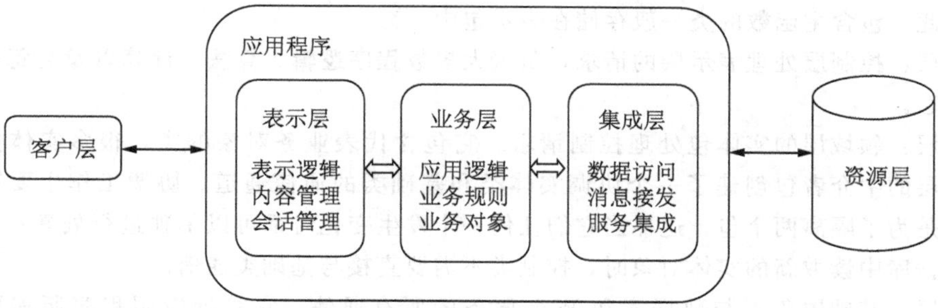


图 7-17　J2EE 的核心体系结构框架

表示层：也称为 Web 层或服务器端表示层，用户通过表示层来访问应用程序。在基于 Web 的应用系统中，表示层由用户界面代码和运行于 Web 服务器或应用服务器上的过程组成。参考 MVC 框架，表示层包括视图构件和控制器构件。

业务层：业务层包含表示层中的控制器构件没有实现的一部分应用逻辑。它负责确认和执行企业范围内的业务规则和事务，并管理从资源层加载到应用程序高速缓存中的业务对象。

集成层：集成层负责建立和维护与数据源的连接。例如，通过 JDBC 与数据库进行通信，利用 Java 消息服务（JMS）与外部系统联合。

在企业和电子商务系统的开发和集成中，产生了多种经过较大调整、关注不同复杂度的 J2EE 技术。这些技术支持 MVC 模式的实现，如 Jakarta Struts。有些技术还扩展到了企业服务，如 Spring 框架技术和应用服务器（如 JBoss，Websphere 应用服务器）。在应用服务器中，与 JMS 实现集成则将应用领域扩展到电子商务。

## 7.5.3　PCMEF 与 PCBMER 框架

### 1. PCMEF 框架

表示-控制-中介者-实体-基础（Presentation-Control-Mediator-Entity-Foundation，PCMEF）是一个垂直层次的分层体系结构框架。每一层是可以包含其他包的包。PCMEF 框架包含 4 层：表示层、控制层、领域（domain）层和基础层。领域层包含两个预定义包：实体包和中介者包。参考 MVC 框架，表示层与 MVC 中的视图相对应，控制层与 MVC 中的控制器相对应，实体包与 MVC 中的模型相对应。MVC 中没有与中介者包和基础层对应的部分。

PCMEF 框架中包的依赖性主要是向下依赖性，如图 7-18 所示。表示层依赖于控制层，控制层依赖于领域层，中介者包依赖于实体包和基础层。

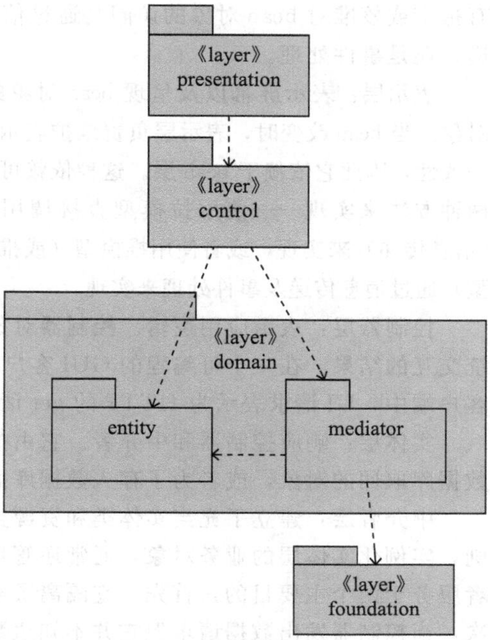


图 7-18　PCMEF 框架

表示层：表示层包含定义 GUI 对象的类。在微软操作系统中，很多表示类是 MFC（微软基础类）的子类。在 Java 环境中，表示类可以建立在 Java Swing 类库的基础上，用户通过表示类与系统通信。因此，包含主函数的类一般存储在表示包中。

控制层：控制层处理表示层的请求，负责大多数程序逻辑、算法、计算以及为每个用户维持会话状态。

领域层：领域层的实体包处理控制请求。它包含代表业务对象的类，很多实体类是容器类。领域层的中介者包创建了一个协调实体类和基础类的通信通道。协调工作主要有两个目的：首先是为了隔离两个包，这样当它们任何一个发生变化时都可以单独进行处理；其次，当需要从数据库中读取新的实体对象时，控制类不需要直接与基础类通信。

基础层：基础层负责与数据库和 Web 服务的所有通信。它管理应用程序所需要的所有数据。

**2. PCBMER 框架**

目前，PCMEF 框架已被扩展为包含 6 个层次，并重新命名为 PCBMER，代表着表示-控制-Bean-中介者-实体-资源（Presentation-Control-Bean-Mediator-Entity-Resource，PCBMER）。PCBMER 体系结构遵循了体系结构设计中广泛认可的发展趋势。

PCBMER 的核心体系结构框架如图 7-19 所示。在图中，将层表示为 UML 包（子系统，层），带箭头的虚线表示依赖关系。例如，表示层依赖控制器层和 bean 层，控制器层依赖 bean 层。PCBMER 的层次不是严格线性的，上层可以依赖多个相邻下层。

bean 层：表示那些预先确定要呈现在用户界面上的数据类和值对象。除了用户输入外，bean 数据由实体对象（实体层）创建。既然 bean 层不依赖于其他层，PCBMER 核心框架没有指定或核准对 bean 对象的访问是通过信息传递，还是事件处理。

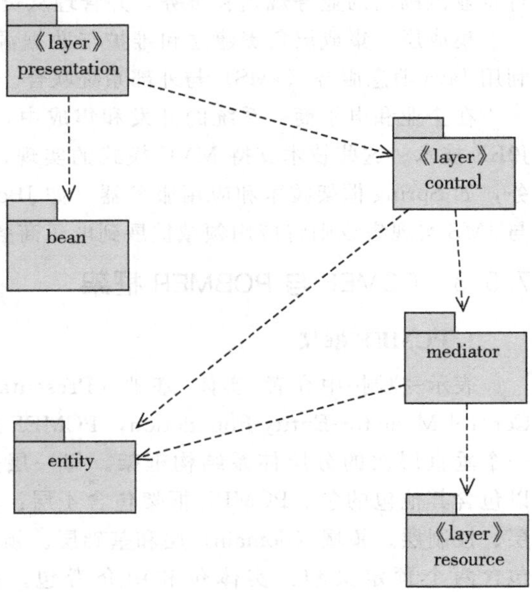


图 7-19 PCBMER 的核心框架

表示层：表示屏幕以及呈现 bean 对象的 UI 对象。当 bean 改变时，表示层负责维护表示上的一致性，因此它依赖于 bean 层。这种依赖可以用两种方法来实现——使用拉模型直接调用方法（信息传递）来实现，或者使用推模型（或推拉模型）通过消息传递及事件处理来实现。

控制器层：表示应用逻辑。控制器对象响应 UI 请求，这些请求源于表示层，是用户与系统交互的结果。在一个可编程的 GUI 客户端，UI 请求可能是选择菜单或按钮。在 Web 浏览器客户端中，UI 请求表示为 HTTP 的 get 请求和 post 请求。

实体层：响应控制器和中介者。它由描述业务对象的类构成，在程序的内存空间中存储从数据库取回的对象，或者为了存入数据库而创建的对象。很多实体类都是容器类。

中介者层：建立了充当实体类和资源类媒介的通信管道。该层管理业务处理，强化业务规则，实例化实体层的业务对象，通常还管理应用程序的高速缓冲存储器。在体系结构上，中介者服务于两个主要目的：首先，它隔离了实体层和资源层，这样两者能够独立地进行变更；其次，当控制器发出数据请求但它并不知道数据是已经加载到内存还是仍存在数据库中时，中介者在控制器层和实体/资源层之间充当媒介。

资源层：负责所有与外部持久数据资源（数据库、Web 服务等）的通信。这里是建立数据库连接和 SOA 服务、创建持久数据查询以及启动数据库事务的地方。

## 7.6　设计模式

面向对象设计模式最初出现于 20 世纪 70 年代末 80 年代初。1987 年，Ward Cunningham 和 Kent Beck 使用 Smalltalk 设计用户界面，他们决定引入 Alexander 的模式概念，并开发出一种小的模式语言来指导 Smalltalk 的初学者。Erich Gamma 的博士论文对设计模式的发展起到了重要作用。Erich Gamma（1992）在其博士论文中做了一些开创性的工作，总结和归纳了一些设计模式，并应用到图形用户界面应用程序框架 ET++之中，进一步推动了设计模式的发展。由 Erich Gamma 等 4 人合著的《Design Patterns：Elements of Reusable Object-Oriented Software》被认为是设计模式方面的经典著作。

目前，设计模式已经被广泛应用于多个领域的软件设计和构造中，许多当代的先进软件中已大量采用了软件设计模式的概念。

为了理解设计模式，让我们用面向对象方法中的类和对象做个比较。类的设计包括了两部分：属性和操作。对于类的每一个对象（即类的实例），可用的操作都一样，但属性值各不相同。通过类和对象的划分，把运行时不会变化的部分（类）和会变化的部分（对象）分开，并且通过给可以变化的部分赋值（对象的属性值），使对象可以工作在更多的环境中。类的另一个特点是封装，即把类的功能声明与实现分开。设计模式也是这样，通过把声明（抽象父类）和实现（具体子类）分离，提供了类似的灵活性。就是说，一个灵活的设计应把随环境、状态变化的部分和不变化的部分尽可能分离，使得设计可以适应一组类似的问题。

这是类的设计给出的启示，设计模式基本也是遵从这样的方式实现的。

一般来说，一个模式有 4 个基本的要素：

1）模式名称：用于描述模式的名字，说明模式的问题、解决方案和效果。模式名称由一到两个词组成。通常，在更高的抽象层次上进行设计时是通过模式名称来使用该设计模式的，因此，寻找好的模式名称是一个很重要的工作。

2）问题：说明在何种场合使用模式。要描述使用模式的先决条件和特定设计问题。例如，把一个算法表示为一个对象就是一个特殊的设计问题。在应用这个模式之前，也许还要给出一些该模式的适用条件。

3）解决方案：描述设计的组成成分、它们之间的相互关系、各自的职责和合作方式。由于模式就像一个模板，可应用于多种不同的情况，所以解决方案并不描述一个特定而具体的设计或实现，而是提供设计问题的抽象描述和怎样用一个具有一般意义的元素组合（类或对象的组合）来解决这个问题。

4）效果：描述了模式使用的效果及使用模式应当权衡的问题。模式使用的效果对于评价设计选择和理解使用模式的代价及好处具有重要意义。软件效果大多关注：

- 对时间和空间的衡量。
- 对系统的灵活性、可扩充性或可移植性的影响。

一个设计模式抽象、命名和确定了一个通用设计结构，这种设计结构能被用来构造可复用的面向对象设计。设计模式确定了所包含的类和实例，它们的角色、协作方式及责任分配。

本节介绍几个常用的设计模式。

## 7.6.1 抽象工厂

（1）目的

抽象工厂（Abstract Factory）模式提供一个接口用以创建一个相联系或相依赖的对象族，而无须指定它们的具体类。

（2）思路

例如，在创建可支持多种 GUI 标准（如 Motif 和 Presentation Manager）的绘图用户界面工具包时，因为不同的 GUI 标准会定义出不同外观及行为的用户界面组件（Widget），如滚动条、按钮、视窗等。为了能够囊括各种 GUI 标准，应用程序不能把组件写死，不能限制到特定 GUI 风格的组件类，否则日后很难换成其他 GUI 风格的组件。

解决方法：先定义一个抽象类 WidgetFactory（在 UML 中用斜体字表示抽象类），这个类声明了创建各种基本组件的接口，再逐一为各种基本组件定义相对应的抽象类，如 ScrollBar、Window 等，让它们的具体子类来真正实现特定的 GUI 标准。参见图 7-20。

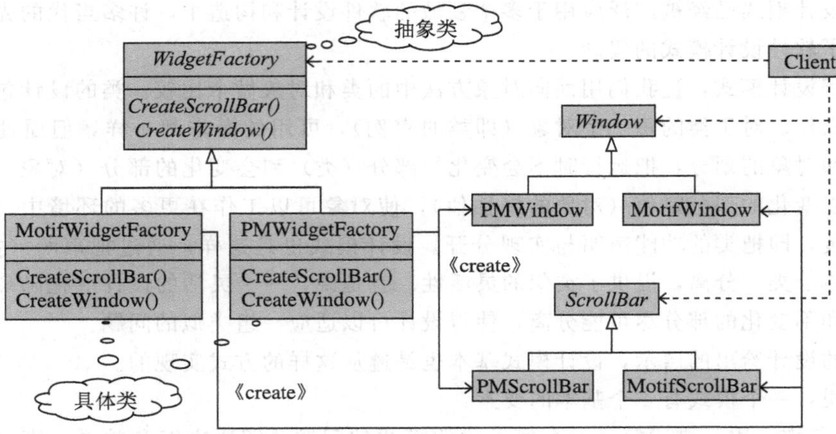


图 7-20　可支持多种 GUI 标准的绘图用户界面工具包的结构图

在 WidgetFactory 的接口中，可以通过一些操作传递回各种抽象组件类创建的对象个体，用户程序可以据此得到组件个体，但它不知道到底涉及了哪些具体类。这样使得用户程序与底层 GUI 系统之间保持了一种安全距离。

（3）结构

抽象工厂模式的结构如图 7-21 所示。

（4）参与者职责

1）抽象工厂类（AbstractFactory）：声明创建抽象产品对象的操作接口。

2）具体工厂类（ConcreteFactory）：实现产生具体产品对象的操作。

3）抽象产品类（AbstractProduct）：声明一种产品对象的接口。

4）具体产品类（ConcreteProduct）：定义将被相应的具体工厂类产生的产品对象，并实现抽象产品类接口。

5）客户（Client）：仅使用由抽象工厂类和抽象产品类声明的接口。

（5）协作

在执行时，AbstractFactory 将产品交给 ConcreteFactory 创建。ConcreteFactory 类的实例只有一个，专门针对某种特定的实现标准，建立具体可用的产品对象。如果想要建立其他标准

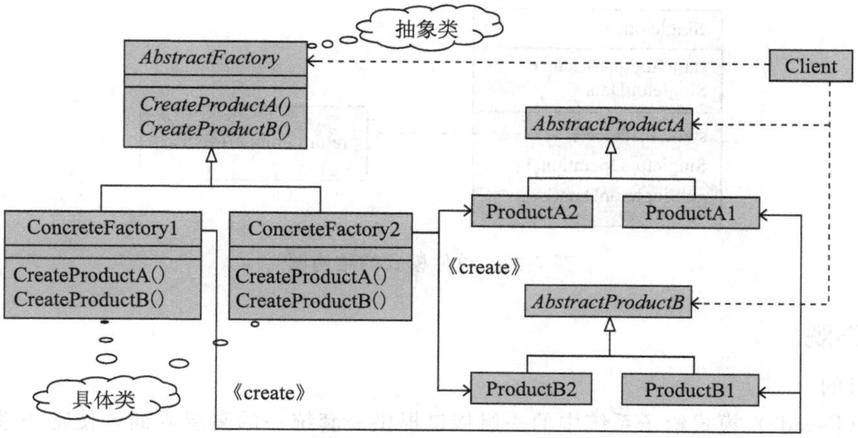


图 7-21 抽象工厂模式的结构图

的产品对象，客户程序就得改用另一种 ConcreteFactory。

### 7.6.2 单件

(1) 目的

在单件（Singleton）模式中，一个类只有一个实例并提供一个访问它的全局访问点。该实例应在系统生存期中都存在。

(2) 思路

例如，通常情况下，用户可以对应用系统进行配置，并将配置信息保存在配置文件中，应用系统在启动时首先将配置文件加载到内存中，这些内存配置信息应该有且仅有一份。应用单件模式可以保证 Configure 类只能有一个实例。这样，Configure 类的使用者无法定义该类的多个实例，否则会产生编译错误。

为了保证类只有一个实例，而且存取方便，可以采用创建静态对象，以实现全局存取。如图 7-22 所示。单件模式让类自己负责，自己管理这唯一的实例，让它确保不会产生第二个实例，也可以提供方便的手段来存取这个实例。

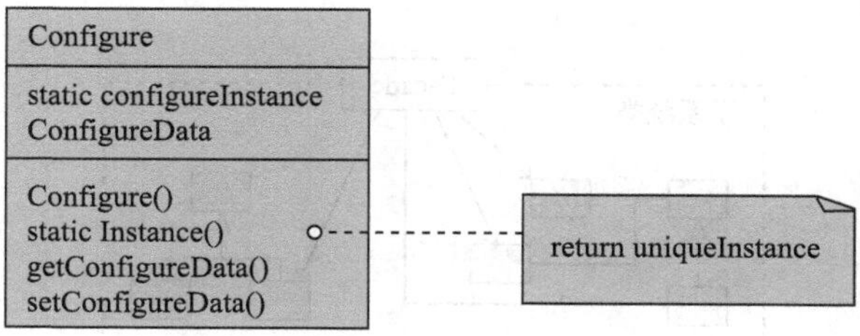


图 7-22 配置文件的结构图

(3) 结构

单件模式的结构如图 7-23 所示。

(4) 参与者职责

单件（Singleton）：能够创建它唯一的实例；同时定义了一个 Instance 操作，允许外部存取它唯一的实例。Instance 是一个静态成员函数。

(5) 协作

客户只能通过 Singleton 的 Instance()存取这唯一的实例。

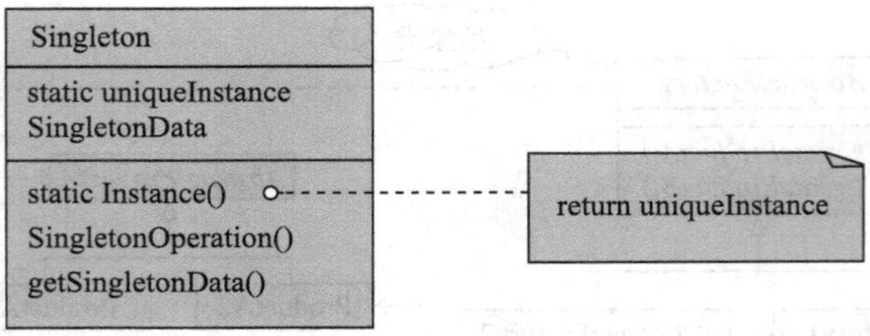


图 7-23 单件模式的结构图

## 7.6.3 外观

(1) 目的

外观（Facade）模式给子系统中的一组接口提供一套统一的高层界面，使得子系统更容易使用。

(2) 思路

将系统划分为若干子系统，虽然可以降低整体的复杂性，但还需设法降低子系统之间的通信和相互的依赖性。一种方法就是引进一个外观对象（Facade），为子系统内各种设施提供一个简单的单一界面。如图 7-24 所示。

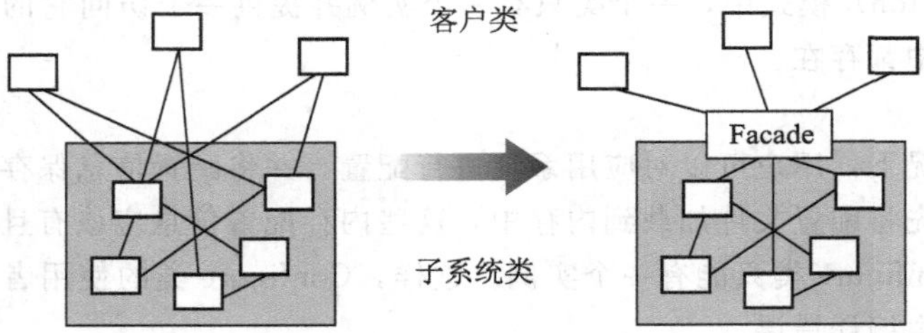


图 7-24 用 Facade 提供统一的高层界面

(3) 结构

外观模式的结构如图 7-25 所示。

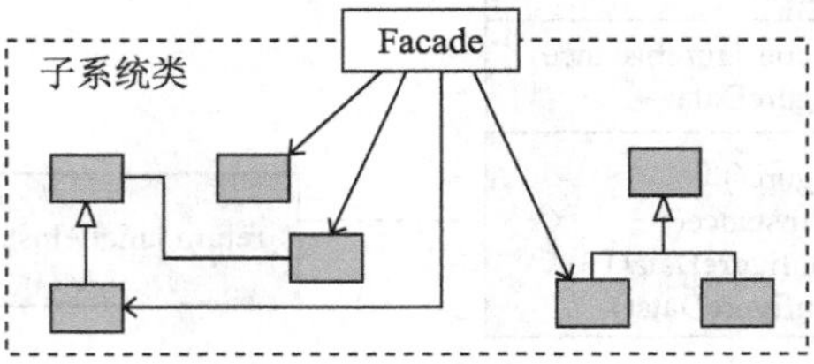


图 7-25 外观模式的结构图

(4) 参与者职责

1) 外观（Facade）：知道子系统中哪个类负责处理哪种信息；并负责把外界输入的信息转交给适当的子系统对象。

2) 子系统类（subsystem class）：实现子系统的功能；处理 Facade 对象分派的工作；如果不受 Facade 的控制，则也不会有返回 Facade 的引用存在。

（5）协作

使用 Facade 的客户不用直接访问子系统对象。外界想与子系统交互时，把信息传送给 Facade，Facade 再把这些信息转交给适当的子系统对象。虽然实际处理工作是子系统对象在做，但 Facade 会在中间做接口转换工作。

## 7.6.4　适配器

（1）目的

适配器（Adapter）模式将一个类的接口转换为客户期望的另一种接口，使得原本因接口不匹配而无法合作的类可以一起工作。

（2）思路

有时要将两个没有关系的类组合在一起使用，一种解决方案是修改各自类的接口，另一种办法是使用 Adapter 模式，在两种接口之间创建一个混合接口。

例如，设有一个图形编辑器，可画直线、多边形、文本等。它的接口定义成抽象类 Shape，它的子类负责画各种图形。此外，还有一个外购的 GUI 软件包 TextView，用于显示，但它没有 Shape 功能。如何让 TextView 的接口转换成为 Shape 的接口？有两种方法：

- 让 TextShape 同时继承 Shape 的接口和 TextView 的服务（多重继承）；
- 在 TextShape 中建立 TextView 的实例，再通过 TextView 给出 TextShape 的接口。

前者是类适配器模式，后者是对象适配器模式。图 7-26 就是对象适配器模式。

其中 Shape 的操作 BoundingBox()转换为 TextView 的实例 text 的操作 getExtent()。由于 TextShape 将 TextView 转换成 Shape 的接口，所以尽管 TextView 类具有不相容的接口，仍然可以供图形编辑器使用。

通常，适配器不仅是转换接口，还能提供别的功能。比如，如果想把图形拖曳到新的位置，而 TextView 没有考虑到这一点，不过可以在 TextShape 中操作 Shape 的 CreateManipulator()，以传回对应的 Manipulator 子类的实例。

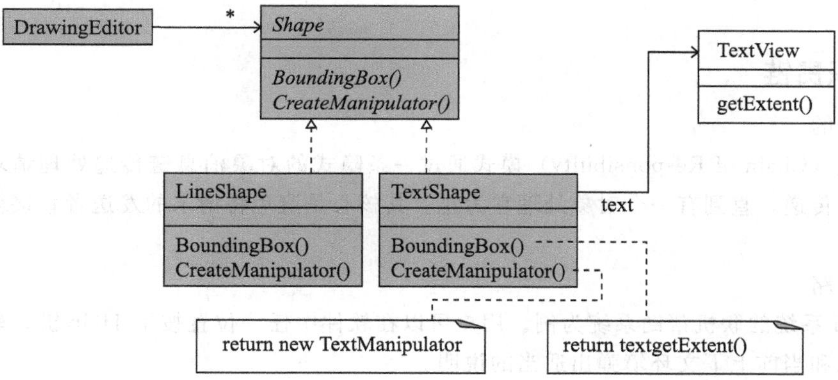


图 7-26　图形编辑器的适配接口

（3）结构

适配器模式有类适配器模式和对象适配器模式。类适配器可以通过多继承方式实现不同接口之间的相容和转换，如图 7-27 所示。而一个对象适配器则依赖对象组合的技术实现接口的相容和转换，如图 7-28 所示。从图中可以看出，Adaptee 类并没有 Request()方法，而客户端则需要这个方法。为使客户端能够使用 Adaptee 类，提供一个中间环节，即类 Adapter，将

Adaptee 的 API 与 Target 类的 API 衔接起来。

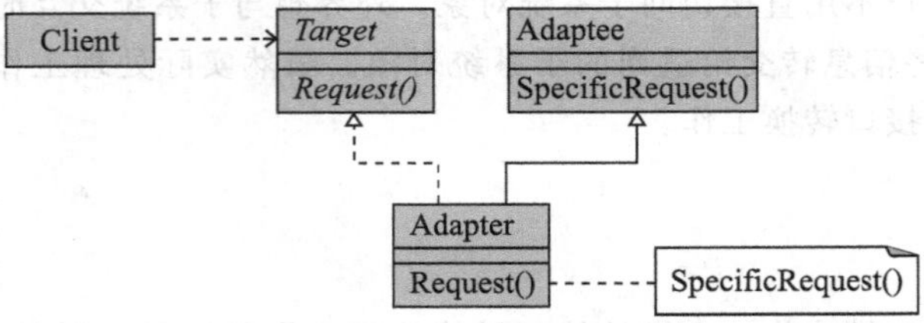


图 7-27 利用继承方式实现类适配器模式

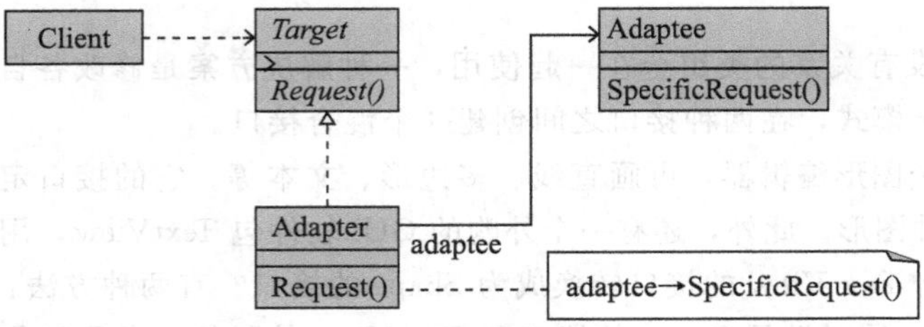


图 7-28 利用组合方式实现对象适配器模式

(4) 参与者职责

1) 目标(Target):定义客户使用的与应用领域相关的接口。

2) 客户(Client):与具有 Target 接口的对象合作。

3) 被匹配者(Adaptee):需要被转换匹配的一个已存在接口。

4) 适配器(Adapter):将 Adaptee 的接口与 Target 接口匹配。

(5) 协作

客户调用 Adapter 对象的操作,然后 Adapter 的操作又调用 Adaptee 对象中负责处理相应请求的操作。

### 7.6.5 职责链

(1) 目的

职责链(Chain of Responsibility)模式通过一条隐式的对象消息链传递处理请求。该请求沿着这条链传递,直到有一个对象处理它为止。其核心是避免将请求的发送者直接耦合到它的接受者。

(2) 思路

以 GUI 系统的联机帮助系统为例。用户可以在软件中任一位置按下 Help 键,软件就可以根据该信息和当前上下文环境弹出适当的说明。

在链中第一个对象收到信息后,可能自己处理它,也可能传递给后继者处理。最初发出信息的对象并不知道会被谁处理。如果用户在 PrintDialog 对话框中的“打印”按钮上按了帮助键,帮助信息的顺序图如图 7-29 所示。

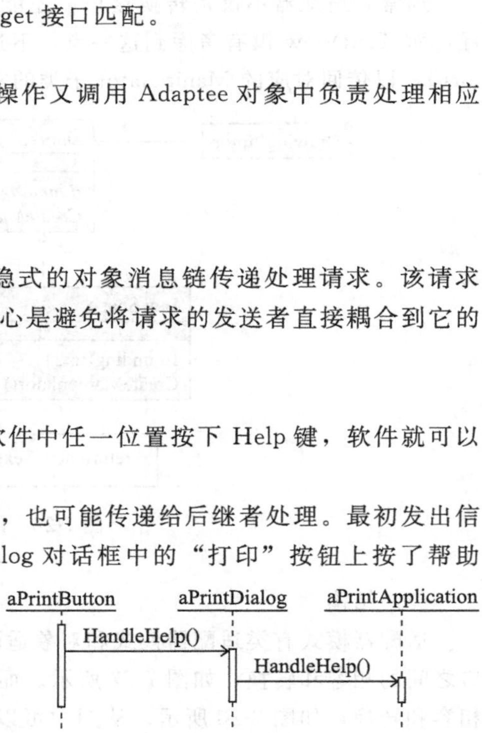


图 7-29 帮助信息的顺序图

在此例中,aPrintButton 和 aPrintDialog 都不处理此信息,它一直传送到 aPrintApplication 才停。为了沿途传递信息,链上每一个对象都有一致的接口来处理信息和访问链上的后继者。此外,联机帮助系统定义了一个抽象类 HelpHandler 和抽象操作 HandleHelp()，所有想处理信息的类可以继承该类。HelpHandler 的 HandleHelp() 操作的内定做法是把信息传递给后继者去处理，由各个子类分别来实现具体的打印功能。如图 7-30 所示。

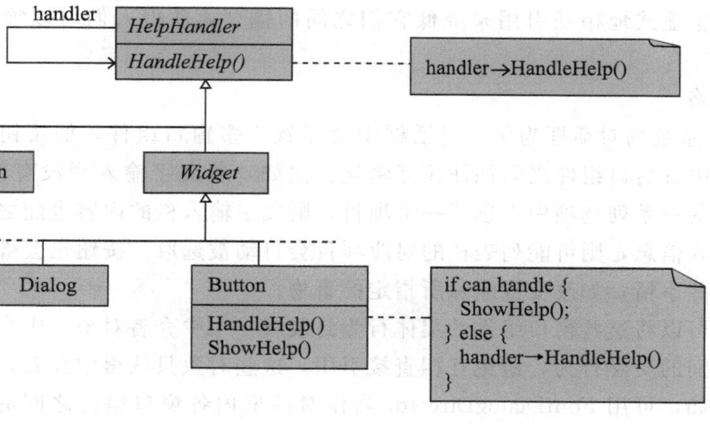


图 7-30　联机帮助系统的职责链模式

（3）结构

责任链模式的结构如图 7-31 所示，典型的对象间的关系如图 7-32 所示。

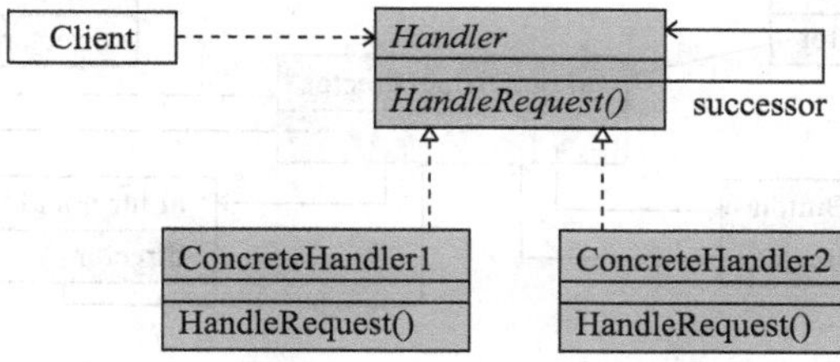


图 7-31　责任链模式的结构

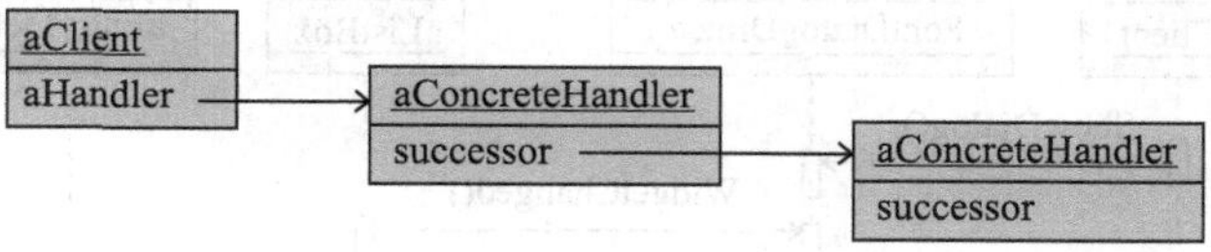


图 7-32　职责链中对象之间的关系

（4）参与者职责

1）处理者（Handler）：定义处理请求的接口；实现对后继者的链接（可选）。

2）具体处理者（ConcreteHandler）：处理它所负责的请求；可访问它的后继；如果它能够处理请求，就处理该请求，否则将请求传送给后继者。

3）客户（Client）：将处理请求提交给职责链中的 ConcreteHandler 对象。

（5）协作

当 Client 发出请求之后，请求会在责任链中传递，直到有一个 ConcreteHandler 对象能处理为止。

## 7.6.6　中介者

（1）目的

中介者（Mediator）模式用一个中介对象来封装一系列复杂对象的交互情景。中介者通过阻止各个对象显式地相互引用来降低它们之间的耦合，使得人们可以独立地改变它们之间的交互。

（2）思路

以 GUI 系统的对话框为例，对话框中会布置许多窗口组件，如按钮、菜单、文字输入栏等。对话框中各窗口组件之间往往相互牵连。比如，若文字输入栏没有信息，则按钮被禁用。若在列表栏的一系列选项中点选了一个项目，则文字输入栏的内容也随之改变。反过来，若文字输入栏键入信息，则可能列表栏的对应项目会自动被选取，按钮也会被激活，使用户可对键入的信息做些事情，如改变或删除所指定的事物。

为此，可以将这些窗口组件的集体行为封装成一个中介者对象。中介者负责居中指挥协调一组对象之间的交互行为，避免互相直接引用。这些对象只认得中介者，因而可降低交互行为的数目。例如，可用 FontDialogDirector 当作对话框内各窗口组件之间的中介者。FontDialog-Director 对象认得所有组件，协调彼此之间的交互，如同一个通信枢纽，如图 7-33 所示，图 7-34给出的顺序图则显示了这些对象是如何协同，共同处理下面列表框（list box）项目的变化的。

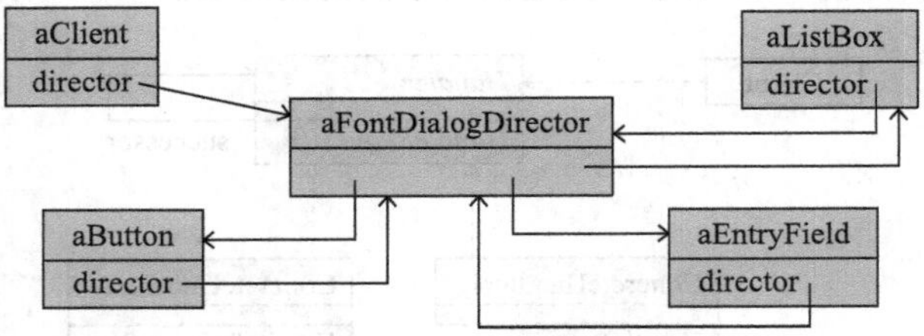


图 7-33　在字体选择对话框中中介者的角色

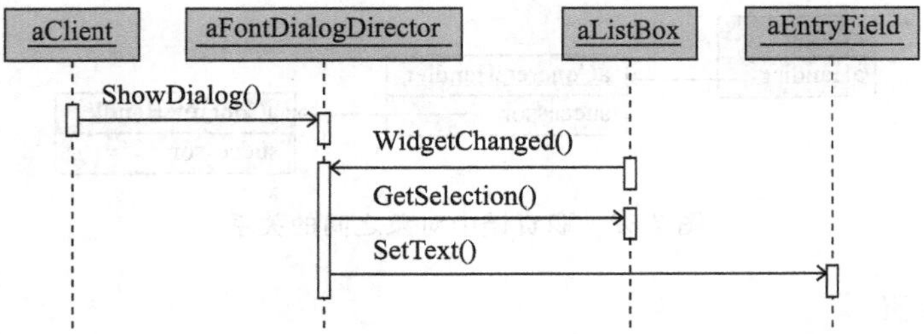


图 7-34　描述中介者作用的顺序图

当 aClient 点选了列表框的一个项目后，下列事件将改变文字输入栏：

- alistbox 通知 aFontDialogdirector 状态有变；
- aFontDialogdirector 从 alistbox 取得选取项目的信息；
- aFontDialogdirector 将取得的信息传送给文字输入栏 aEntryField；
- 因文字输入栏显示出这些信息，aFontDialogdirector 就将激活按钮。

因为窗口组件只能通过中介者 aFontDialogdirector 来间接交互，它们只认得中介者。而且，系统行为全都集中在一个类身上，只要扩充或换掉它，就能改变系统行为。

图 7-35 显示了加入 DialogDirector 后的类结构。抽象类 DialogDirector 负责定义对话框的整体行为，客户调用 ShowDialog()操作可将对话框显示在屏幕上，DialogDirector 的抽象操作 CreateWidgets()可在对话框内建立窗口组件，另一个抽象操作 WidgetChanged()由窗口组件调用，用以通知它的 director 说明它们的状态已变化了。

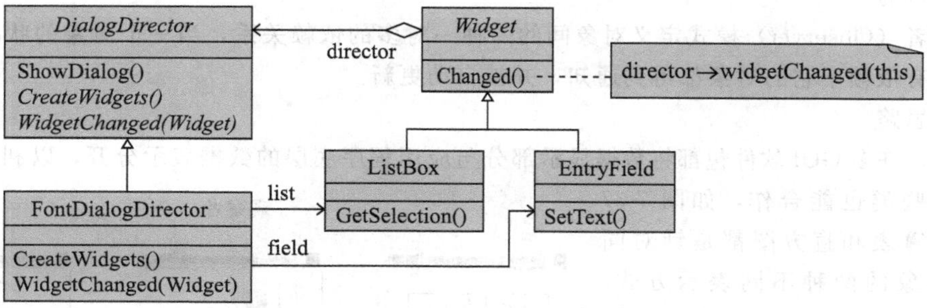


图 7-35　加入 DialogDirector 后的类结构

DialogDirector 的具体子类 FontDialogDirector 重定义的 CreateWidgets()操作可创建正确的窗口组件，而重定义的 WidgetChanged()操作可处理其状态变化。

（3）结构

图 7-36a 给出了中介者的类结构，图 7-36b 给出了典型的对象结构。

（4）参与者职责

- 中介者（Mediator）：定义与各个同事（Colleague）对象通信的接口。
- 具体中介者（ConcreteMediator）：协调各个同事对象，实现协作行为；了解并维护各个同事对象。
- 同事类：这些同事类的对象都了解中介者；一个同事对象与另一个同事对象之间的通信都需要通过中介者来间接实现。

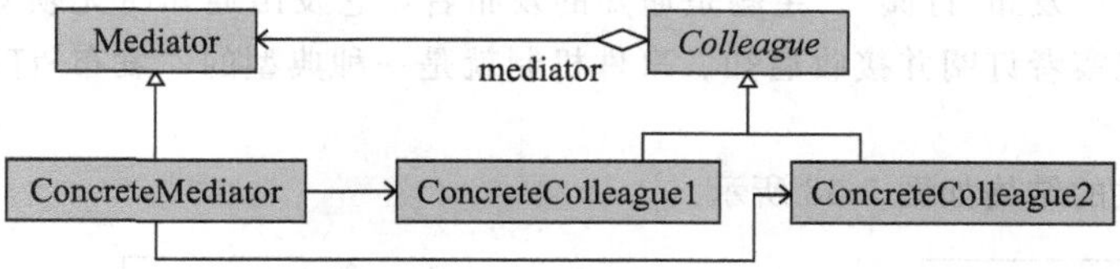


a) 中介者的类结构

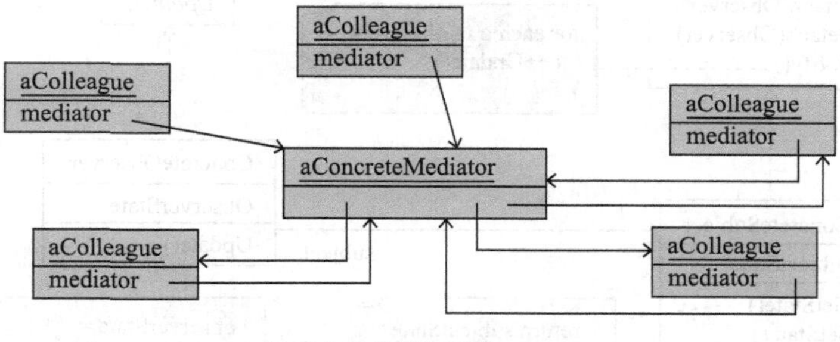


b) 中介者的对象结构

图 7-36　中介者模式的结构图

（5）协作

同事向中介者对象发送或接收请求，中介者则将请求传送给适当的同事对象（一个或多个），协调整体行为。

## 7.6.7　观察者

（1）目的

观察者（Observer）模式定义对象间的一种一对多的依赖关系，当一个对象的状态发生改变时，所有依赖于它的对象都得到通知，并被自动更新。

（2）思路

例如，许多GUI软件包都将数据显示部分与应用程序底层的数据表示分开，以利于分别复用。但这些类也能合作，如图7-37所示的计算表和直方图都是针对同一数据对象的两种不同表示方式。计算表和直方图互相不知道彼此，但它们表现出的行为却是相关的，只要计算表中数据变化，直方图马上就会随之改变。这说明：计算表和直方图都依赖于数据对象，因此数据一有变化，就应通知它们。Observer模式就描述了如何建立这种关系。

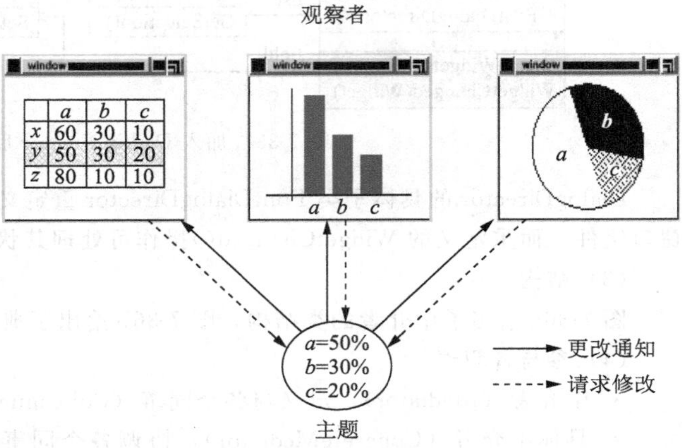


图7-37　行为关联的不同对象

Observer模式中关键的对象分主题（Subject）和观察者（Observer）两种。一个主题可以有多个依赖它的观察者。一旦主题的状态发生变化，所有相关的观察者都会得到通知。作为对这个通知的响应，每个观察者都将查询主题，以使其状态与主题的状态同步。这种交互叫作“发布-订阅”。主题是通知的发布者，它发出通知时无须知道谁是它的观察者。可以有多个观察者订阅并接收通知。事件机制就是一种典型的“发布-订阅”模式。

（3）结构

Observer模式的结构如图7-38所示。

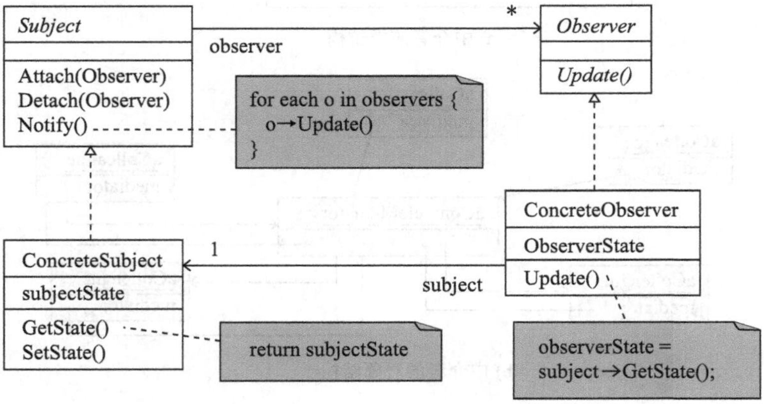


图7-38　Observer模式的结构图

(4) 参与者职责

- 主题（Subject）：认得它的观察者。任意观察者对象均可订阅同一个主题。另外，提供一个连接观察者对象和解除连接的接口。
- 观察者（Observer）：定义了一个自我更新的接口，一旦发现主题有变时借助接口通知自己随之改变。
- 具体主题（ConcreteSubject）：存储具体观察者对象关心的状态，当状态改变时向它的观察者发送通知。
- 具体观察者（ConcreteObserver）：维持一个对具体主题对象的引用，存储与主题一致的状态，实现观察者的自我更新接口，确保自己的状态与主题的状态一致。

(5) 协作

当具体主题发生会导致观察者的状态不一致的情况时，就会主动通知所有应该通知的观察者。当具体观察者收到通知后，向主题询问，根据所得信息使自己的状态与主题的状态保持一致。图 7-39 给出了一个主题和两个观察者对象之间的交互情况。

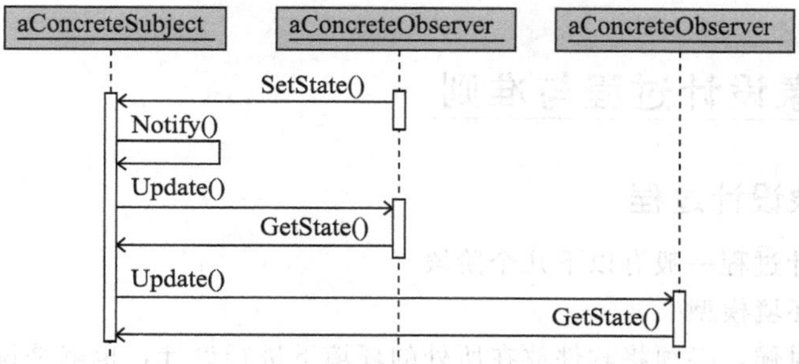


图 7-39 描述主题与观察者之间交互的顺序图

## 习题

7.1 什么是软件体系结构？传统的建筑体系结构学科与软件体系结构有何相似之处？

7.2 体系结构的重要作用体现在哪些方面？

7.3 典型的体系结构风格有哪些？每种风格中有代表性的体系结构有哪些？

7.4 客户机/服务器体系结构由哪几部分组成？

7.5 客户机/服务器体系结构有什么优点和缺点？

7.6 浏览器/服务器体系结构有什么优点和缺点？

7.7 目前主流的分布式对象技术规范有哪几种？各自的特点是什么？

7.8 主要的体系结构框架有哪些？

7.9 什么是设计模式？常用的设计模式有哪些？

7.10 在第 6 章例 6.1 选课系统分析模型的基础上，给出选课系统的体系结构设计。

CHAPTER 8

# 第 8 章 面向对象设计

面向对象设计的主要任务是在面向对象分析的基础上完成体系结构设计、接口设计（或人机交互设计）、数据设计、类设计及构件设计。由于在类中封装了属性和方法，因此在类设计中已经包含了传统方法中的过程设计。另外，与传统方法中的数据设计所不同的是，面向对象设计中的数据设计并不是独立进行的，面向对象设计中的类图相当于数据的逻辑模型，可以很容易地转换成数据的物理模型。

## 8.1 面向对象设计过程与准则

### 8.1.1 面向对象设计过程

面向对象的设计过程一般有以下几个阶段。

(1) 建立系统环境模型

在设计开始的时候，必须将软件放在所处的环境下进行设计，也就是说，首先应该定义与软件进行交互的外部实体（其他系统、设备、人）和交互的特性，一般在分析建模阶段可以获得这些信息，并使用系统环境图对环境进行建模，描述系统的出入信息流、用户界面和相关的支持处理。在设计的初始阶段，系统设计师用系统环境图对软件与外部实体交互的方式进行建模。图 8-1 给出了系统环境图的一般的结构。

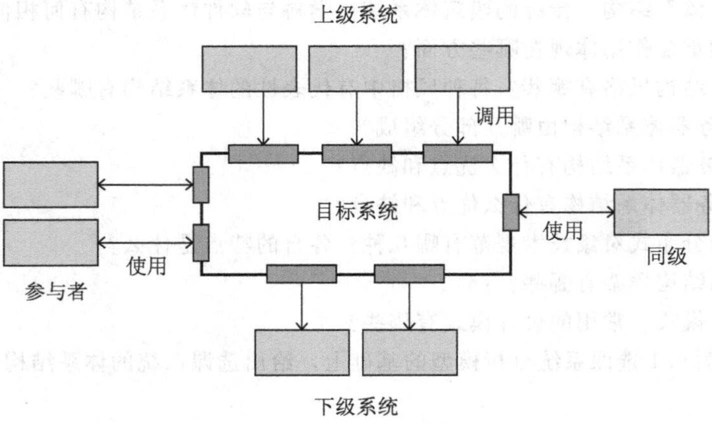


图 8-1 系统环境图

根据图中所示，与目标系统交互的系统可以表示为：

- 上级系统——这些系统把目标系统作为某些高层处理方案的一部分。
- 下级系统——这些系统被目标系统使用，并为了完成目标系统的功能提供必要的数据和处理。

- 同级系统——这些系统在对等的基础上相互作用（例如，信息要么由目标系统和对等系统产生，要么被目标系统和对等系统使用）。
- 参与者——是指那些通过产生和使用信息，实现与目标系统交互的实体（人、设备）。

每个外部实体都通过某一接口（带阴影的小矩形）与目标系统进行通信。

（2）设计系统体系结构

一旦建立了系统环境图，并且描述出所有的外部软件接口，就可以进行体系结构设计了。

体系结构设计可以自底向上进行，如将关系紧密的对象组织成子系统或层；也可以自顶向下进行，尤其是使用设计模式或遗产系统时，会从子系统的划分入手。具体选择哪一种方式，需要根据具体的情况来确定。当没有类似的体系结构参考时，往往会使用自底向上的方式进行体系结构设计。但对于大多数情况，使用自顶向下的方式进行体系结构设计会更合适。

在这种方式下，首先要根据客户的需求选择体系结构风格，之后对可选的体系结构风格或模式进行分析，以导出最适合客户需求和质量属性的结构。

需要说明的是，体系结构设计往往要经过多次反复迭代和求精才能得到满意的结果。

（3）对各个子系统进行设计

对于面向对象的系统，典型的子系统有问题域子系统、人机交互子系统、任务管理子系统和数据管理子系统。

（4）对象设计及优化

对象设计以问题领域的对象设计为核心，其结果是一个详细的对象模型。对象设计过程包括使用模式设计对象、接口规格说明、对象模型重构、对象模型优化活动。

### 8.1.2　面向对象设计准则

在第 4 章所讲的指导软件设计的原理同样适用于面向对象设计。本节增加了一些与面相对象方法密切相关的设计准则。

（1）模块化

传统的面向过程方法中的模块通常是函数、过程及子程序等，而面向对象方法中的模块则是类、对象、接口、构件等。在面向过程的方法中，数据及在数据上的处理是分离的；而在面向对象方法中，数据及其上的处理是封装在一起的，具有更好的独立性，也能够更好地支持复用。

（2）抽象

面向对象方法不仅支持过程抽象，而且支持数据抽象。类实际上就是一种抽象数据类型。可以将类的抽象分为规格说明抽象及参数化抽象。

类对外开放的公共接口构成了类的规格说明，即协议。这种接口规定了外部可以使用的服务，使用者无须知道这些服务的具体实现算法。通常将这类抽象称为规格说明抽象。

参数化抽象是指当描述类的规格说明时并不具体指定所要操作的数据类型，而是将数据类型作为参数。这使得类的抽象程度更高，应用范围更广，可重用性更高。例如，C++ 语言提供的“模板”机制就是一种参数化抽象机制。

（3）信息隐藏

在面向对象方法中，信息隐藏通过对象的封装性实现。对于类的用户来说，属性的表示方法和操作的实现算法都应该是隐藏的。

（4）弱耦合

耦合是指一个软件结构内不同模块之间互连的紧密程度。在面向对象方法中，对象是最基本的模块，因此，耦合主要指不同对象之间相互关联的紧密程度。弱耦合是优秀设计的一个重要标准，因为这有助于使得系统中某一部分的变化对其他部分的影响降到最低程度。在理想情况下，对某一部分的理解、测试或修改，无须涉及系统的其他部分。

（5）强内聚

内聚衡量一个模块内各个元素彼此结合的紧密程度。在面向对象设计中存在以下3种内聚：

- 服务内聚：一个服务应该完成一个且仅完成一个功能。
- 类内聚：设计类的原则是，一个类应该只有一个用途，它的属性和服务应该是高内聚的。类的属性和服务应该全都是完成该类对象的任务所必需的，其中不包含无用的属性或服务。如果某个类有多个用途，通常应该把它分解成多个专用的类。
- 一般-特殊内聚：设计出的一般-特殊结构，应该符合多数人的概念，更准确地说，这种结构应该是对相应的领域知识的正确抽取。

（6）可重用

软件重用是提高软件开发生产率和目标系统质量的重要途径。重用基本上从设计阶段开始。重用有两方面的含义：一是尽量使用已有的类（包括开发环境提供的类库，及以往开发类似系统时创建的类），二是如果确实需要创建新类，则在设计这些新类的协议时，应该考虑将来的可重复使用性。

## 8.2 体系结构模块及依赖性

体系结构设计描述了建立计算机系统所需的数据结构和程序构件。一个好的体系结构设计要求：

- 软件模块的分层。不允许非相邻层间的构件进行直接交互，因此降低了结构的复杂性，使模块间的依赖关系更容易理解。
- 编程标准的执行。在编译过程中，模块之间的依赖性清晰可见，并且禁止使用运行时程序结构混乱不清的编程方案。

这些观点对于现代面向对象的软件开发模型尤其重要。与传统的范型相比，对象范型表现出更多的特性和更强大的功能，但如果使用不当，会给程序理解和维护造成困难。

体系结构设计是一种管理模块依赖性的实践。如果模块B的变化必然引起模块A的变化，那么模块A依赖于模块B。在非相邻层之间不能产生直接依赖，并且不能产生依赖环。

体系结构设计使用一种主动方法来管理软件中的依赖性，在设计过程中尽早决定软件的分层和模块之间的依赖关系。这是一种正向工程方法——从设计到实现。其目标是交付体系结构设计方案，并在程序员中采用同一种体系结构解决方案来使依赖性最小化。

对已实现软件的依赖性进行测量和管理的方法称为被动方法。这是一种逆向工程方法——从实现到设计。实现者可能遵守也可能不遵守体系结构的设计方案。如果没有遵守设计方案，则需要对软件的依赖性进行测量，定位并解决依赖性问题。

在面向对象软件中，常见的软件模块有类、接口、包、构件。在设计阶段我们往往关注类、接口和包，而在实现阶段则关注构件。

### 8.2.1 类及其依赖性

**1. 类**

在面向对象的程序设计中，类和接口是程序的基本组成单元。一个典型程序需要界面类负责表示用户界面信息，需要数据库类负责与数据库进行交互，需要有业务逻辑类负责算法计算等。在计算机程序中，要设计和实现的所有类都具有唯一的名字，在不同的阶段或从不同的角度可以将它们称为设计类、实现类、系统类或应用类等。

**2. 继承依赖性**

依赖性管理中最棘手的问题是由于继承所引起的依赖性。继承是一种在父类和子类之间共享属性和行为的方式，所以运行时可以用一个子类对象代替其父类对象。程序中凡是使用父类对象的地方，都可以用子类对象来代替。一个子类对象是一种特殊的父类对象，它继承父类的所有特征，同时它又可以覆盖父类的方法，从而改变父类的一些特征，并可以在子类中增加一些新的功能。这样，从客户的角度看，在继承树中为请求提供服务的特定对象不同，系统的运行行为可能会有所不同。

(1) 多态继承

根据为请求提供服务的对象不同可以得到不同的行为，这种现象称为多态。在运行时对类进行实例化，并调用与实例化对象相应的方法，称为动态绑定、后期绑定或运行时绑定。相应地，如果方法的调用是在编译时确定的，则称为是静态绑定、前期绑定或编译时绑定。

多态并不是伴随着继承而出现。如果在子类中不覆盖父类中的任何方法，就不会产生多态行为。

很明显，继承会带来类和方法之间的依赖性。继承带来的依赖性有两种：

1) 编译时继承依赖性。图 8-2 用一个例子说明了一棵树中类之间的编译时依赖性。在这个例子中，B 继承 A，但没有覆盖 A 中的方法 do1()，因此，B 和 A 之间没有运行时继承依赖性。也就是说，由于编译时依赖性的存在，A 中 do1()方法的任何变化，都会被 A 在编译时（静态地）继承。

一般来说，所有的继承都会引入编译时依赖性。依赖性是可传递的，也就是说，如果 C 依赖 B，B 依赖 A，那么 C 也依赖 A。

2) 运行时继承依赖性。图 8-3 举例说明了在一棵继承树中涉及客户对象访问类服务的运行时继承依赖性。在图 8-3 所示的模型中，虽然 Test 实例化了 B，但它并没有使用 B 的服务，因为 do1()是从父类 A 继承来的。因此 Test 与 B 没有运行时继承依赖性。Test 在 A 的 do1()方法上的依赖性是一个静态依赖性，通过从 Test 到 A 的关联来表明。

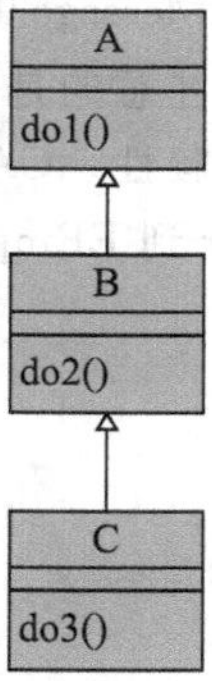


图 8-2 编译时继承依赖

但是，如果在 doTest 方法中调用的是 do2()方法，或者在 B 中覆盖了 A 的 do1()方法，则运行时继承依赖性就会出现，从 Test 到 A 和 B 就会存在运行时依赖性。

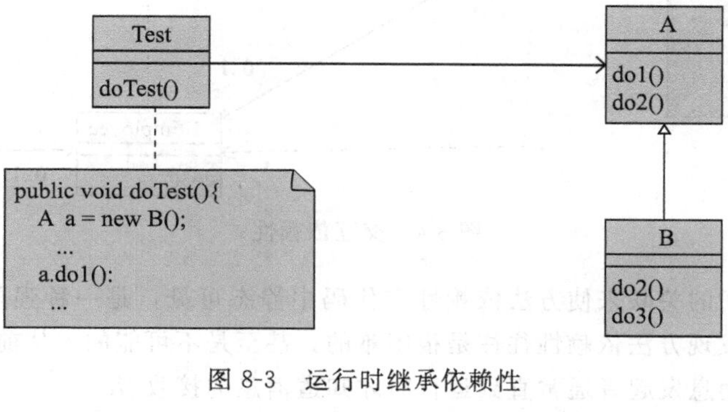


图 8-3 运行时继承依赖性

（2）无多态继承

尽管继承被认为是一种可以高效实现复用的有用技术，但如果程序员对继承使用不当，也会产生很多问题。使用继承最简单的方式是子类不覆盖从父类继承来的方法，这样就不存在多态性继承问题。虽然无多态的继承有时并不是十分有用，但理解和管理起来是最容易的。

（3）扩展继承和约束继承

扩展继承是指子类继承父类的属性，并且提供额外属性来增强类定义。子类是父类的一种，如果子类覆盖了父类的方法，那么被覆盖的方法应该实现该方法的定义，并且能够在子类的语境中工作。

当一个类覆盖了继承来的方法，并对一些继承来的功能进行了限制，这时约束继承就出现了。这样，子类不再是父类的一种。有时，限制会造成继承方法的完全禁止。当方法的实现是空时，就会发生这种情况。

**3. 交互依赖性**

交互依赖性也称为方法依赖性，是通过消息连接产生的。类之间的依赖性相当于类成员之间的依赖性。通常，数据成员之间的依赖性相对容易管理，而消息连接带来的方法依赖性会带来真正的挑战，特别是很多方法间的调用不能通过分析程序的静态结构在编译时发现。

图 8-4 说明了交互依赖性。CActioner 使用方法 do1()来发送一条消息 do3()给 EEmployee，因此，do1()依赖于 do3()。依赖性向上传递给所属的类，因此，CActioner 依赖于 EEmployee。类似地，EOutMessage 的 do2()调用 EEmployee 的方法 do3()，因此，EOutMessage 依赖于 EEmployee。

值得注意的是，通过确定相关类之间的单向关联，可以在模型中清晰地表示出在类层次上的方法依赖性。CActioner 和 EOutMessage 都有 EEmployee 类型的数据成员 emp，emp 实现了 CActioner 到 EEmployee 和 EOutMessage 到 EEmployee 的单向关联。

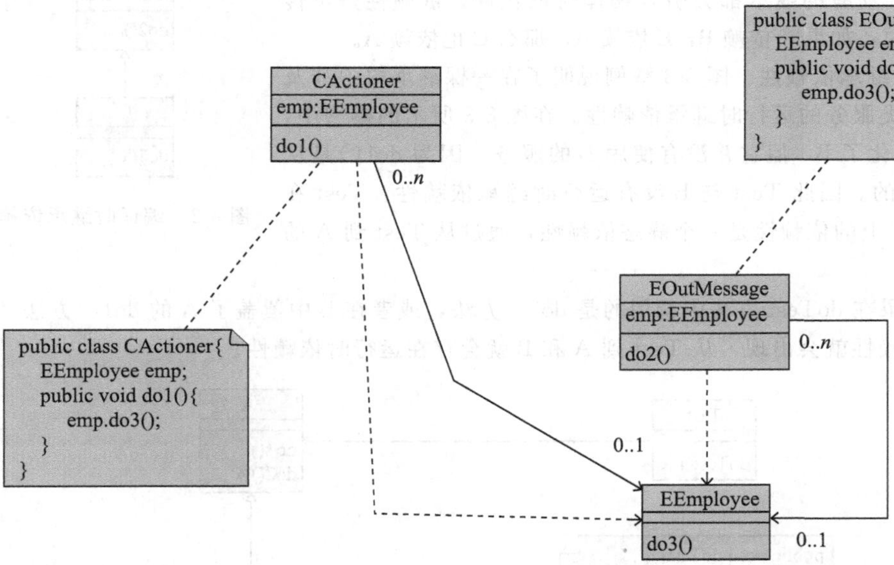


图 8-4　交互依赖性

通过明确类之间的关联来使方法依赖性在代码中静态可见，是一种强烈推荐的实践方法。通过分析源代码来发现方法依赖性往往是很困难的，甚至是不可能的。从前面讲的继承的多态性可以看到，一个消息发起者通常直到运行时才知道消息的接收者。

有时也将图 8-4 所示的方法依赖性称为委托方法的依赖性。委托是指一个对象将要做的工作委托给另一个对象去完成。消息传递采用客户和服务提供者之间同步通信的形式实现，来自客户对象的一条消息要求提供者对象提供一种服务（方法），消息的解释和执行方式由提供者对象来确定。

## 8.2.2 接口及其依赖性

### 1. 接口

在 UML2.0 中，接口是不可直接实例化的特性集合的声明，即其对象不能直接实例化，需要通过类来实现，实现接口的类需要实现接口中声明的方法。UML2.0 对流行编程语言中的接口概念进行了扩展。接口中不仅可以声明操作，还可以声明属性。

由于允许在接口中存在属性，因此在接口之间或者接口和类之间可能会产生关联。用另一个接口或类作为属性的类型可以表示关联。在 UML2.0 中，可以通过关联实现从接口到类的导航。但在 Java 中是无法实现的，因为 Java 规定接口中的数据元素必须是常量。

接口与抽象类有相似之处，抽象类是至少包含一个没有实现的方法的类。如果在一个抽象类中所有的方法都没有实现，则称其为纯抽象类。从这一点上，接口和纯抽象类似乎没有区别；但实际上，接口和抽象类还是有着本质的区别。在只支持单继承的语言中，一个类只能有一个直接父类，但是却可以实现多个接口。

### 2. 实现依赖性

一个类可以实现多个接口，由类实现的接口集合称为该类的供给接口。在 UML2.0 中，将一个类和该类实现的接口之间的依赖性称为实现依赖性。

图 8-5 是表示实现依赖性的 UML 符号。在箭头末端的类实现了箭头所指向的接口。从图中可以看到，Class1 实现了 Interface1 和 Interface2，而 Class2 只实现了 Interface2。

### 3. 使用依赖性

一个接口可以为其他类或接口提供服务，同时也可能需要其他接口的服务。一个接口所需要的其他接口提供的服务称为这个类的需求接口。需求接口详细说明一个类或接口需要的服务，从而可以为其客户提供服务。在 UML2.0 中，通过类（接口）和它所需接口之间的依赖关系来说明需求接口，这称为使用依赖性。

图 8-6 是表示使用依赖性的 UML 符号。在箭头尾部的类或接口使用在箭头头部的接口。在图 8-6 中，Class1 使用 Interface1，Interface1 使用 Interface2。在 Java 语言中，不允许接口之间的使用，只允许接口间的扩展继承。

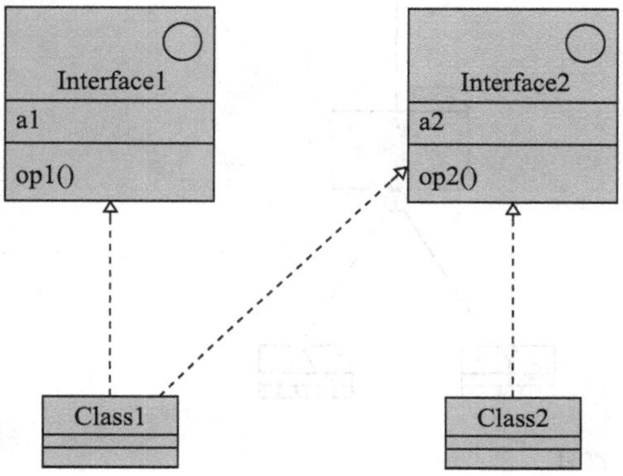


图 8-5 实现依赖性

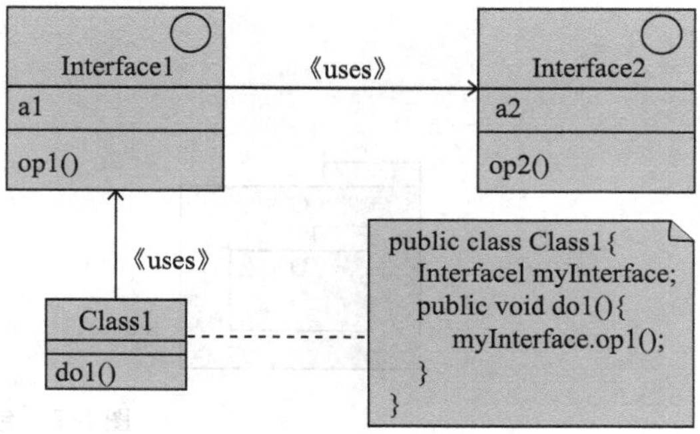


图 8-6 使用依赖性

Class1 包含方法 do1()，而 do1()调用操作 op1()。在静态代码中，并不清楚需求接口的哪个实现提供了所需的服务，可以是实现 Interface1 的任何一个类实例。当 Class1 的一个执行实例设置数据成员 myInterface 的值时，具体实例才能确定，从而可以引用具体类的一个具体对象。

成功地使用接口可以降低代码中的依赖性。使用接口编程，客户对象不需要知道所使用对象的类详细说明和这些接口的实现细节。要使软件可复用、可维护和可扩展，面向对象设计的一条最重要的原则是：面向接口编程，而不要面向实现编程。

## 8.2.3 包及其依赖性

**1. 包**

当系统中涉及的类的数量比较多时，往往会将关系紧密的类组织到包（package）中。按照 UML 的定义，包是一组命名的建模元素集合。一个包可能包含其他包。

在 UML 中，包是一个逻辑设计概念。最终，包必须实现并映射为编程语言。Java 和 C# 语言提供了包概念到实现的直接映射。通过类的名字空间和引入其他包的形式来支持实现包。

包拥有自己的成员。如果从模型中移出包，也会移出它的成员。它遵循一个成员（通常是类）只能属于一个包的原则。

包可以导入其他包。这意味着包 A 或者包 A 的元素可以引用包 B 或者包 B 的元素。因此，虽然一个类只属于一个包，但是它可以被导入到其他包。包的导入操作会引入包之间的依赖性以及它们的元素之间的依赖性。

图 8-7 表示 UML 包的例子。一个包可以不暴露任何成员，也可以明确标明它所包含的成员，或者用符号“⊕”来表示。在图 8-7 中，包 B 拥有类 X，包 C 拥有包 D，包 E 拥有包 F，包 F 拥有类 Y 和类 Z。

如果包 A 的一些成员在某种程度上引用了包 B 的某些成员（包 A 导入了包 B 的一些成员），这隐含着双重含义：

- 包 B 的变化可能会影响包 A，通常需要对包 A 重新进行编译和测试；
- 包 A 只能和包 B 一起使用。

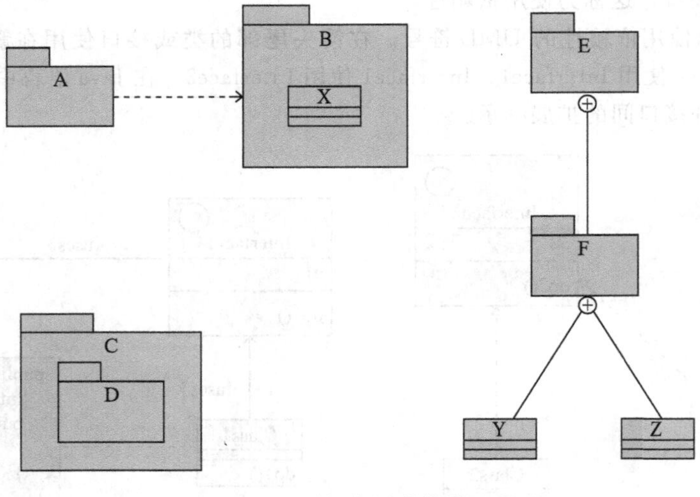


图 8-7 包的图形符号

**2. 包依赖性**

本质上，两个包之间的依赖性来自于两个包中类之间的依赖性。类之间的循环依赖性是个特别棘手的问题，好在大多数情况下可以通过重新设计来避免循环依赖性。图 8-8 给出了包之间循环依赖的例子。

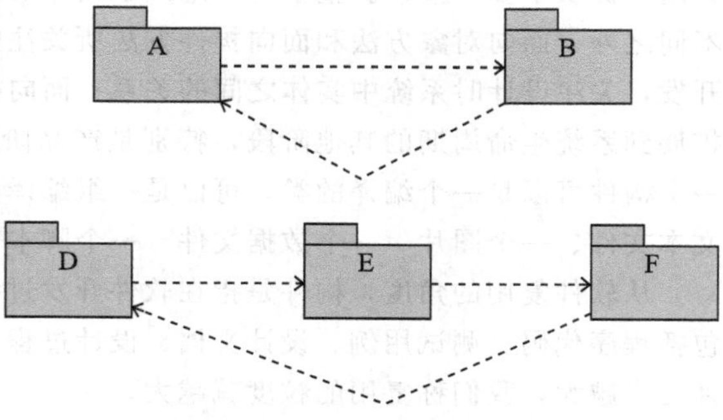

图 8-8　包之间的循环依赖性

通过在图 8-8 中增加新包可以消除包之间的循环依赖性，方法是将包 B 依赖的包 A 的元素从包 A 中分离出来，组成包 C，如图 8-9 所示。这样，包 B 就不再依赖包 A，而是依赖包 C。在第二个例子中，将包 F 所依赖的包 D 中的元素从包 D 中分离出来，组成包 G。

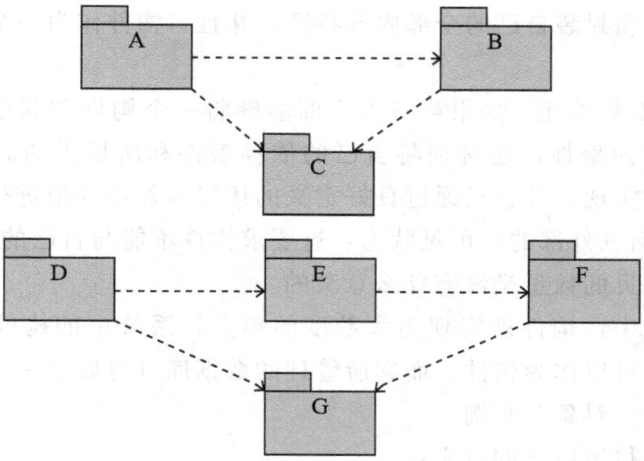

图 8-9　消除包之间的循环依赖性

## 8.2.4　构件及其依赖性

软件构件的概念几乎与软件工程同时产生，基于构件的软件开发被认为是解决软件危机的重要途径，也是软件产业化的必由之路。

传统工业及计算机硬件产业的发展模式均是基于符合标准的零部件（或构件）生产以及基于标准构件的产品生产，其中，构件是核心和基础。这种生产模式也将是软件产业发展的方向。我们期望将来的软件生产不再是基于代码的编写，而是基于构件的开发和构件的组装。于是如何开发可以复用的构件成为未来软件业发展的焦点。

在不同的软件工程环境中，对构件的定义和理解会有所不同。

在传统的软件工程环境中，一个构件就是程序的一个功能要素，程序由处理逻辑和实现处理逻辑所需的内部数据结构以及能够保证构件被调用和实现数据传递的接口构成。传统的构件也称为模块，是软件体系结构的一部分，它承担如下 3 个重要角色之一：

- 控制构件：对问题域中所有其他构件的调用；
- 问题域构件：完成部分或全部用户的需求；
- 基础设施构件：负责完成问题域中所需相关处理的功能。

在面向对象的软件工程环境中，面向对象技术已达到了类级复用，这样的复用粒度还太小。构件级复用则是比类级复用更高一级的复用，它是对一组类的组合进行封装（当然，在某些情况下，一个构件可能只包含一个单独的类），并代表完成一个或多个功能的特定服务，也为用户提供了多个接口。整个构件隐藏了具体的实现，只用接口对外提供服务。除了复用粒度不同之外，面向对象方法和面向构件方法所关注的方面也有所不同。面向对象方法重视设计和开发，关注设计时系统中实体之间的关系；面向构件方法重视部署，将系统中实体之间的关系扩展到系统生命周期的其他阶段，特别是产品阶段和部署阶段。因此，在面向对象的环境中，一个构件可以是一个编译的类，可以是一组编译的类，也可以是其他独立的部署单元，如一个文本文件、一个图片、一个数据文件、一个脚本等。

从软件复用的角度，构件是指在软件开发过程中可以重复使用的软件元素，这些软件元素包括程序代码、测试用例、设计文档、设计过程、需求分析文档，甚至领域知识。可复用的软件元素越大，我们称复用的粒度就越大。

为了能够支持复用，软件构件应具有以下特性：

1）独立部署单元：构件是独立部署的，这意味着它必须能与它所在的环境及其他构件完全分离。因此，构件必须封装自己的全部内部特征，并且，构件作为一个部署单元，具有原子性，是不可拆分的。

2）作为第三方的组装单元：如果第三方厂商能够将一个构件和其他构件组装在一起，这个构件必须具备很好的内聚性，还必须将自己的依赖条件和所提供的服务描述清楚。也就是说，构件必须封装它的实现，并且只通过良好定义的接口与外部环境进行交互。

3）构件不能有任何（外部的）可见状态：这要求构件不能与自己的拷贝有所区别。因此，谈论某个构件的可用拷贝的数量是没有什么意义的。

在目前的很多系统中，构件被实现为大粒度的单元，系统中的构件只能有一个实例。例如，一个数据库服务器可以作为构件，而它所管理的数据库（可以是一个，也可以是多个）并不是构件，而是数据库“对象”实例。

根据上述特性可以得出以下的定义：

“软件构件是一种组装单元，它具有规范的接口规格说明和显式的语境依赖。软件构件可以被独立部署，并由第三方任意组装。”

这个定义是在 1996 年的面向对象程序设计欧洲会议上，由面向构件程序设计组提出的。

OMG UML 规范中将构件定义为“系统中某一定型化的、可配置的和可替换的部件，该部件封装了实现并暴露一系列接口”。

上面的两个定义中都提到接口的概念，构件之间是通过接口相互连接的。接口是可被客户访问的具名操作的集合，每个操作有规定的语义。

构件图表示构件之间的依赖关系，如图 8-10 所示。每个构件实现（支持）一些接口，并使用另一些接口。

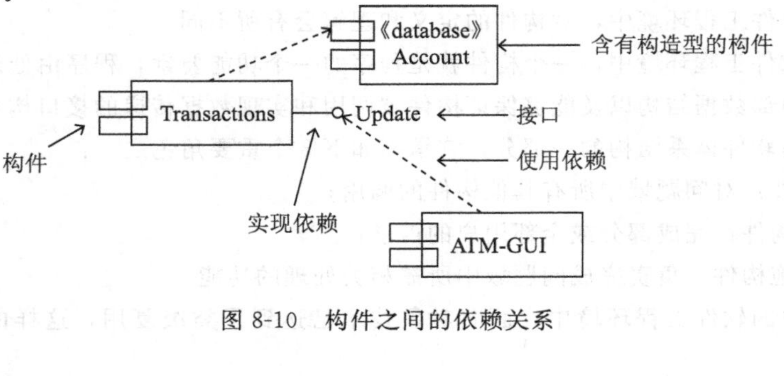


图 8-10　构件之间的依赖关系

# 8.3　系统分解

面向对象的系统设计的主要活动是进行子系统分解，并在此基础上定义子系统/构件之间的接口。为此，首先根据子系统可提供的服务来定义子系统，然后对子系统细化，建立层次结构。要求对系统的分解尽可能做到高内聚、低耦合。

## 8.3.1　子系统和类

在应用领域，为降低其复杂性，用类进行标识。在设计和实现时，为降低其复杂性，将系统分解为多个子系统，这些子系统又由若干个类构成。

在大型和复杂的软件系统中，首先根据需求的功能模型（用例模型），将系统分解成若干个部分，每一部分又可分解为若干个子系统或类，每个子系统还可以由更小的子系统或类组成，如图 8-11 所示。各个子系统相对独立，子系统之间具有尽量简单、明确的接口。子系统划分完成后，就可以相对独立地设计每个子系统。这样可以降低设计的难度，有利于分工协作，降低系统的复杂程度。

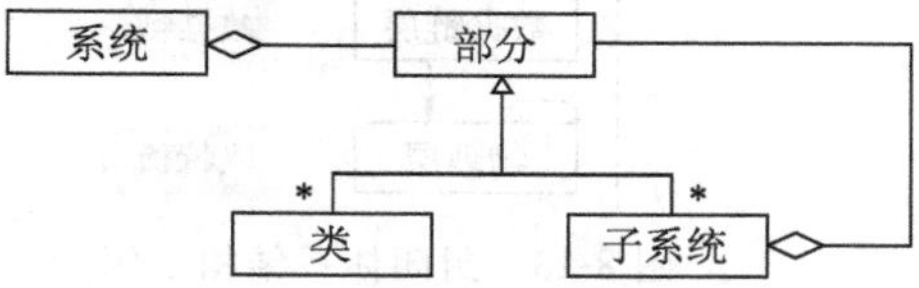


图 8-11　系统结构的类图

## 8.3.2　服务和子系统接口

服务是一组有公共目的的相关操作。而子系统则通过给其他子系统提供服务来发挥自己的能力。与类不同的是，子系统不要求其他子系统为它提供服务。

供其他子系统调用的某个子系统的操作集合就是子系统的接口。子系统的接口包括操作名、操作参数类型及返回值。面向对象的系统设计主要关注每个子系统提供服务的定义，即枚举所有的操作、操作参数和行为。因此，当编写子系统接口的文档时，应不涉及子系统实现的细节，其目的是减少子系统之间的依赖性，希望一旦需要修改子系统实现时，降低由于子系统变更而造成的影响。

## 8.3.3　子系统分层和划分

子系统分层的目的是建立系统的层次结构。每一层仅依赖于它下一层提供的服务，而对它的上一层可以一无所知。图 8-12 给出了一个三层的系统结构的示例。在这个子系统的层次结构中，子系统 A、B、E 构成了一个称之为垂直切片的系统分解子集。

如果在一个系统的层次结构中，每一层只能访问与其相邻的下一层，则称之为封闭体系结构；如果每一层还可访问比其相邻下一层更低的层次，则称之为开放体系结构。

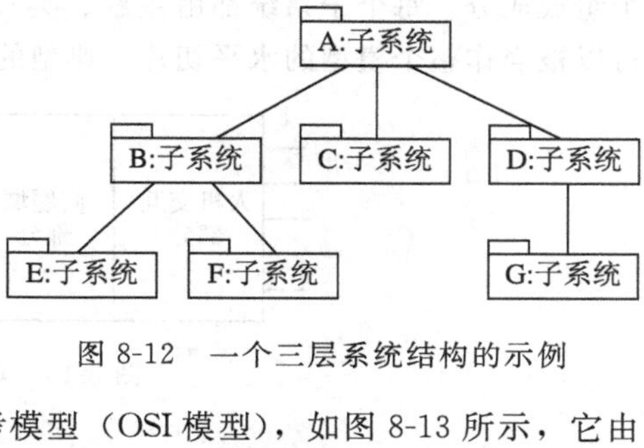


图 8-12　一个三层系统结构的示例

典型的封闭体系结构的例子就是开放系统互联参考模型（OSI 模型），如图 8-13 所示，它由 7 层构成。每一层负责执行一个已预先定义好的协议功能。每一层都为其上一层提供服务，使用其低层的服务。封闭体系结构的子系统之间满足低耦合，但产生速度和存储管理的问题，会导致某些非功能属性难以满足。

开放体系结构的一个例子是 Java 的 Swing 用户接口包。它允许绕过高层直接访问低层接口以克服性能瓶颈。如图 8-14 所示。

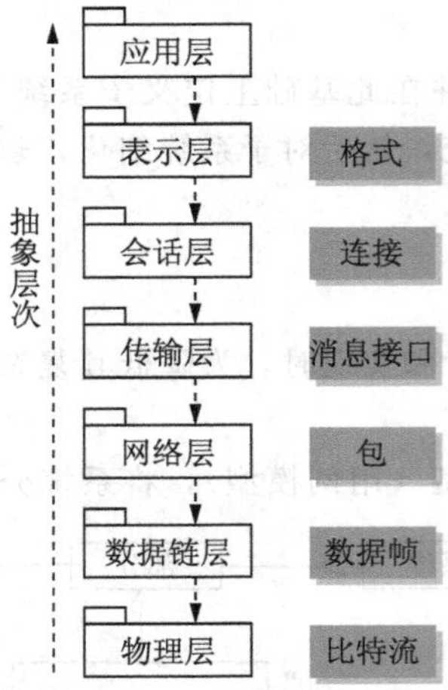


图 8-13　封闭体系结构示例

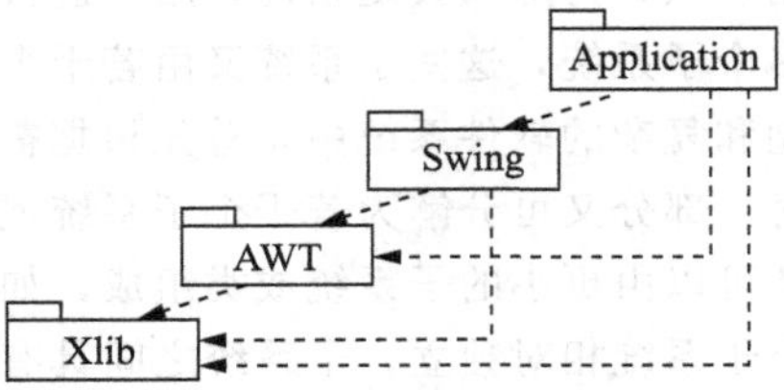


图 8-14　开放体系结构示例

划分是将系统分解为独立的子系统，每个子系统负责某一类服务。例如，车辆管理所的管理信息系统可分为车管所组织机构管理、车辆管理、车主管理和法定事件管理等 4 个子系统。每个子系统对其他子系统的依赖度很低。

分解子系统时，首先进行划分，将系统分成几个高层的子系统，每个子系统负责一种功能，或运行在某特定的硬件节点上。再将各子系统分层处理，分解成层次更低的小子系统。过度分解会导致子系统之间接口的复杂化。

### 8.3.4　Coad & Yourdon 的面向对象设计模型

Coad & Yourdon 基于 MVC（Model-View-Controller）模型，在逻辑上将系统划分为 4 个部分，分别是问题域部分、人机交互部分、任务管理部分及数据管理部分，每一部分又可分为若干个子系统。在不同的软件系统中，这 4 个部分的重要程度和规模可能相差很大，在设计过程中可以将规模过大的子系统进一步划分为更小的子系统，规模过小的则可以合并到其他的子系统中。

Coad & Yourdon 在设计阶段中继续采用了分析阶段中提到的 5 个层次，用于建立系统的 4 个组成成分。每个子系统都由主题、类-对象、结构、属性和服务 5 个层次组成。这 5 个层次可以被当作整个模型的水平切片。典型的面向对象设计模型如图 8-15 所示。

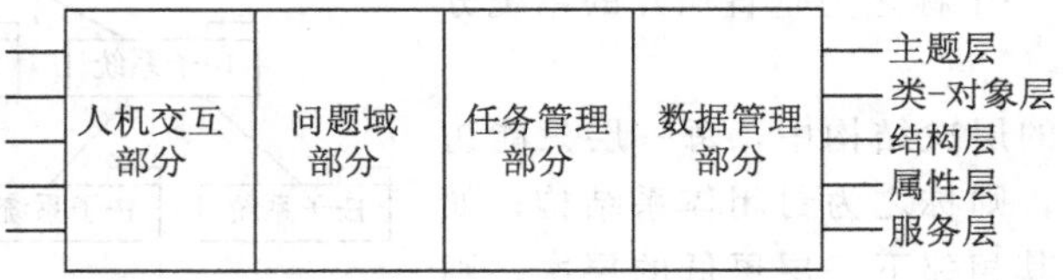


图 8-15　典型的面向对象设计模型

### 8.3.5　子系统之间的两种交互方式

在软件系统中，我们将提供服务的一端称为服务器端，而将使用服务的一端称为客户端。子系统之间的交互方式有两种，分别是客户-供应商关系和平等伙伴关系。

1）客户-供应商关系：在这种关系中，客户子系统调用供应商子系统，后者完成某些服务工作并返回结果。使用这种交互方案，作为客户的子系统必须了解作为供应商的子系统的接口，而后者却无须了解前者的接口。

2）平等伙伴（peer-to-peer）关系：在这种关系中，每个子系统都可能调用其他子系统，因此每个子系统都必须了解其他子系统的接口。与第一种方案相比，这种方案中子系统间的交互更加复杂。

总的说来，单向交互比双向交互更容易理解，也更容易设计和修改，因此，应该尽量使用客户-供应商关系。

### 8.3.6 组织系统的两种方案

把子系统组织成完整的系统时，有水平层次组织和垂直块状组织两种方案可供选择。

1）分层组织：这种组织方案把软件系统组织成一个层次系统，每层是一个子系统。上层在下层的基础上建立，下层为实现上层功能而提供必要的服务。每一层内所包含的对象，彼此间相互独立，而处于不同层次上的对象，彼此间往往有关联。实际上，在上、下层之间存在客户-供应商关系。低层子系统提供服务，相当于服务器，上层子系统使用下层提供的服务，相当于客户。典型的面向对象系统的分层结构一般由三层组成，即数据库层、业务逻辑层及用户界面层。

2）块状组织：这种组织方案把软件系统垂直地分解成若干个相对独立的、弱耦合的子系统，一个子系统相当于一块，每块提供一种类型的服务。

混合使用层次结构和块状结构，可以成功地由多个子系统组成一个完整的软件系统。当混合使用层次结构和块状结构时，同一层次可以由若干块组成，而同一块也可以分为若干层。

## 8.4 问题域部分的设计

典型的面向对象系统一般由三层组成，即数据库层、业务逻辑层及用户界面层。那么，在这三层中，首先从哪一层开始设计呢？

实际上，面向对象的设计也是以面向对象分析的模型为基础的。面向对象的分析模型包括有用例图、类图、顺序图和包图，主要是对问题领域进行描述，基本上不考虑技术实现，当然也不考虑数据库层和用户界面层。然而，面向对象分析所得到的问题域模型可以直接应用于系统的问题域部分的设计。所以，面向对象设计应该从问题域部分的设计开始，也就是三层结构的中间层——业务逻辑层。

问题域部分包括与应用问题直接有关的所有类和对象。在设计阶段，可能需求发生了变化，也可能是由于分析与设计者对问题本身有了更进一步的理解等原因，一般需要对在分析中得到的结果进行改进和增补。对分析模型中的某些类与对象、结构、属性、操作进行组合与分解。要考虑对时间与空间的折中、内存管理、开发人员的变更以及类的调整等。在面向对象设计过程中，可能对面向对象分析所得出的问题域模型做以下方面的补充或调整。

（1）调整需求

有两种情况会导致修改通过面向对象分析所确定的系统需求：一是用户需求或外部环境发生变化；二是分析员对问题理解不透彻，导致分析模型不能完整、准确地反映用户的真实需求。无论出现上述何种情况，都需要简单地修改面向对象分析结果，然后把这些修改反映到问题域部分的设计中。

（2）复用已有的类

复用已有类的典型过程如下：

1）从类库选择已有的类，从供应商那里购买商业成品构件，从网络、组织、小组或个人那里搜集适用的遗留软构件，把它们增加到问题域部分的设计中去。尽量复用那些能使无用的属性和服务降低到最低程度的类。已有的类可能是用面向对象语言编写的，也可能是用某种非面向对象语言编写的可复用的软件。在后一种情况下，可以将软件封装在一个特意设计的、基于服务的接口中，改造成类的形式，并去掉现成类中任何不用的属性和服务。

2）在被复用的已有类和问题域类之间添加泛化关系，继承被复用类或构件的属性和方法。

3）标出在问题域类中因继承被复用的已有类或构件而成为多余的属性和服务。

4）修改与问题域类相关的关联。

若没有合适的类可以复用而需要创建新类时，必须考虑到将来的复用性。

（3）把问题域类组合在一起

在进行面向对象设计时，通常需要先引入一个类，以便将问题域专用的类组合在一起，它起到“根”类的作用，将全部下层的类组合在一起。当没有一种更满意的组合机制可用时，可以从类库中引进一个根类，作为包容类，把所有与问题域有关的类关联到一起，建立类的层次，这实际上就是一种将类库中的某些类组织在一起的方法。之后，将同一问题域的一些类集合起来，存于类库中。

（4）增添泛化类以建立类间的协议

有时某些问题域的类要求一组类似的服务（以及相应的属性）。此时，以这些问题域的类作为特化的类，定义一个泛化类。该泛化类定义了为所有这些特化类共用的一组服务名，作为公共的协议，用来与数据管理或其他外部系统部件通信。这些服务都是虚函数。在各个特化类中定义其实现。

（5）调整继承的支持级别

如果在分析模型中一个泛化关系中的特化类继承了多个类的属性或服务，就产生了多继承关系，如图 8-16 所示。在使用一种只有单继承或无继承的编程语言时，就需要对分析模型的结果做一些修改。

1）针对单继承语言的调整。对于只支持单继承关系的编程语言，可以使用两种方法将多继承结构转换为单继承结构。

- 把特化类看作泛化类所扮演的角色，如图 8-17a 和图 8-17b 所示。对于扮演多个角色的人，分别用相应的特化类来描述。各种角色通过一个关联关系连接到人。

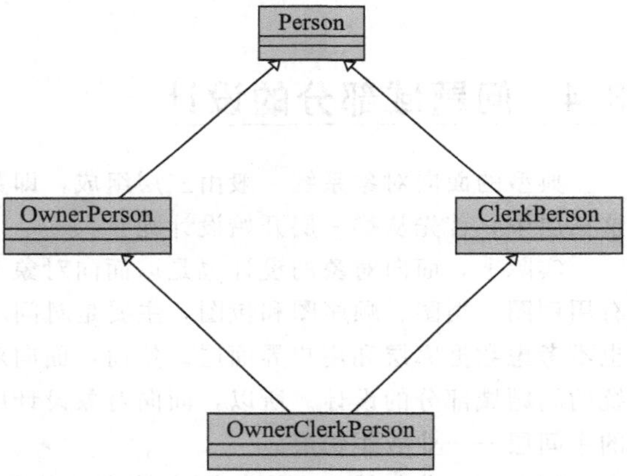


图 8-16　多继承类图

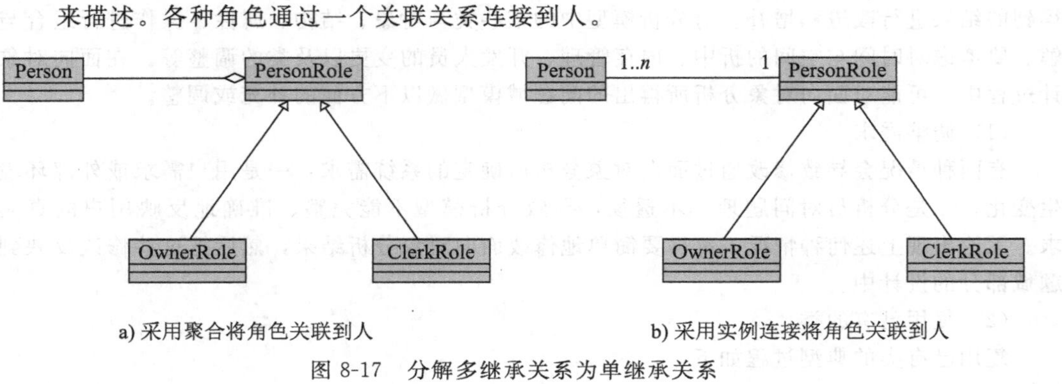


a) 采用聚合将角色关联到人　　b) 采用实例连接将角色关联到人

图 8-17　分解多继承关系为单继承关系

• 把多继承的层次结构平铺为单继承的层次结构，如图 8-18 所示。这意味着该泛化关系在设计中就不再那么清晰了。同时某些属性和服务在特化类中重复出现，造成冗余。

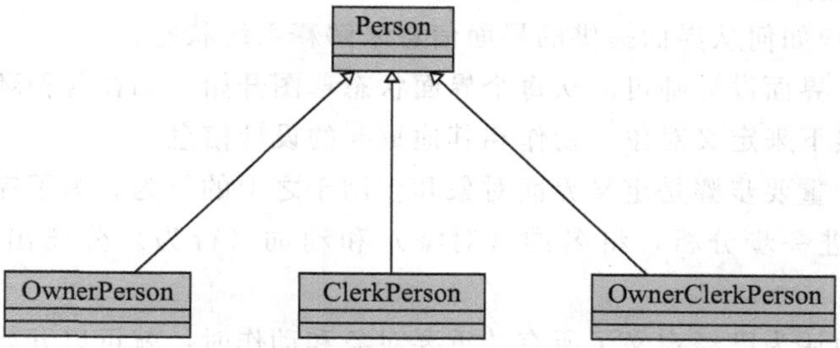


图 8-18　把多继承展平为单继承

2）针对无继承语言的调整。编程语言中的继承属性提供了表达问题域的一般化/特殊化语义的语法，它明确地表示了公共属性和服务，还为通过可扩展性而达到可复用性提供了基础。然而，由于开发组织方面的原因，有些项目最终选择了不支持继承性的编程语言。对于一个不支持继承的编程语言来说，只能将每一个泛化关系的层次展开，成为一组类及对象，之后再使用命名惯例将它们组合在一起。

（6）改进性能

提高执行效率是系统设计的目标之一。为提高效率有时必须改变问题域的结构。

1）如果类之间经常需要传送大量消息，可合并相关的类，使得通信成为对象内的通信，而不是对象之间的通信，或者使用全局数据作用域，打破封装的原则，以减少消息传递引起的速度损失。

2）增加某些属性到原来的类中，或增加低层的类，以保存暂时结果，避免每次都要重复计算造成速度损失。

（7）存储对象

通常的做法是，每个对象将自己传送给数据管理部分，让数据管理部分来存储对象本身。

## 8.5　人机交互部分的设计

用户界面（即人机交互界面）是人机交互的主要方式，用户界面的质量直接影响到用户对软件的使用，对用户的情绪和工作效率也会产生重要影响，也直接影响用户对软件产品的评价，从而影响软件产品的竞争力和寿命。在设计阶段必须根据需求把交互细节加入到用户界面设计中，包括人机交互所必需的实际显示和输入。

在 4.4.2 节已经介绍了用户界面应具有的特性、用户分类、界面设计类型及交互设计的准则。这些内容同样也适合面向对象系统的界面设计。本节主要从面向对象及 Web 应用系统的角度介绍人机交互与界面设计。

### 8.5.1　用户界面设计步骤

与所有软件工程设计一样，界面设计是一个迭代的过程。每个用户设计步骤都要进行很多次，每次细化和精化的信息都来源于前面的步骤。界面设计可以归纳为以下步骤：

1）从系统的输入、输出及与用户的交互中获得信息，定义界面对象和行为（操作）。

2）定义那些导致用户界面状态发生变化的事件，对事件建模。

3）描述最终向用户展示的每个界面的状态。

4）简要说明用户如何从界面提供的界面信息来解释系统状态。

在某些情况下，界面设计师可以从每个界面状态草图开始，如在各种环境下用户界面看起来是个什么样子；接下来定义对象、动作和其他重要的设计信息。

界面设计的一个重要步骤是定义界面对象和作用于之上的行为。为了完成这个目标，需要对用例及其描述做进一步分析，将名词（对象）和动词（行为）分离出来形成对象和行为列表。

当设计者满意地认为已经定义了所有的重要对象和动作时，就可以开始进行屏幕布局。和其他界面设计活动一样，屏幕布局是一个交互过程，其中包括：图符的图形设计和放置、描述性屏幕文字的定义、窗口的规格说明和标题，以及各类主要和次要菜单项的定义等。

### 8.5.2　Web 应用系统的界面设计

Web 应用系统是允许用户通过 Web 浏览器执行业务逻辑的 Web 系统，通常将其称为具有浏览器/服务器（B/S）体系结构的应用系统。随着网络技术应用的普及和商业全球化的趋势，原来在企业局域网上运行的系统（基于 C/S 结构）纷纷向基于 Internet 的 Web 应用系统演化。目前，Web 应用系统是如此普遍，它已成为应用软件中非常重要的应用模式。从用户的角度，Web 应用系统与网站的界限越来越模糊，因为很多商业网站具有很强的业务处理和计算能力。这里我们不去刻意地对这两者进行比较和区分。重要的是，作为客户端的 Web 界面已经得到了人们的普遍认可和接受，因此 Web 界面的设计在应用系统的设计中占有越来越重要的地位。

**1. 界面设计目标**

在 Web 设计的定期专栏中，Jean Kaiser 提出了下面的设计目标，无论应用的领域、规模和复杂度如何，这些目标实际上可以适用于任何 Web 应用系统。

1）简单性：尽量做到适度和简单，不要在页面上提供太多的东西。

2）一致性：这一设计目标几乎适用于设计模型的每个元素。如内容构造应该一致，页面风格应该一致。界面设计应该定义一致的交互、导航和内容显示模式。应该在所有的 Web 应用系统元素中一致地使用导航机制。

3）确定性：Web 应用系统的美学、界面和导航设计必须与将要构造的应用系统所处的领域保持一致。毫无疑问，娱乐和游戏网站与提供财务服务的公司主页在外观和感觉上肯定不同。Web 应用系统的体系结构会完全不同，界面会被构造成适合不同的用户种类，导航会被组织为完成不同的目标。

4）健壮性：在已经建立的确定性的基础上，Web 应用系统通常会给用户明确的“承诺”。用户期待与他们的要求相关的健壮的内容和功能，如果这些元素遗漏或不足，Web 应用系统很可能会失败。

5）导航性：我们已经在前面提及了导航应该简单和一致，也应该以直观的和可预测的方式来设计。也就是说，用户不必搜索导航链接和帮助就知道如何使用 Web 应用系统。

6）视觉吸引：在所有类型的软件中，Web 应用系统毫无疑问是最具有视觉效果、最生动的，也是最具有审美感的。美丽的外观（视觉吸引）无疑是最吸引观看者的眼球的，然而许多设计特性（例如，内容的外观、界面设计、颜色协调、文本布局、图片和其他媒体、导航机制）也会对视觉吸引产生影响。

7）兼容性：Web应用系统会应用于不同的环境（例如，不同的硬件、Internet连接类型、操作系统、浏览器），并且必须互相兼容。

**2. 界面设计工作流程**

下面的工作代表了Web应用系统界面设计的基本工作流程：

1）回顾那些在分析模型中的信息，并根据需要进行优化。

2）开发Web应用系统界面布局的草图。界面原型（包含布局）可能已经作为分析建模活动中的一部分而得以开发，如果布局已经存在，应该根据需要对其进行检查和优化。

3）将用户目标映射到特定的界面行为。对于大多数Web应用系统来说，用户的主要目标相对比较少（一般在4～7个之间）。应该将这些目标映射到特定的界面行为。

4）定义与每个行为相关的一组用户任务。每个界面行为（例如，购买一个商品）与一组用户任务相联系。在分析建模的过程中已经确定了这些任务，在设计期间，它们必须与明确的交互对象建立对应关系，这些交互对象包括导航事件、内容对象和Web应用系统的功能。

5）为每个界面行为设计情节串联图板图像。当考虑每一种行为时，应该创建情节串联图板图像的序列，来描述界面是怎样响应用户的交互行为的。应该明确内容对象，展示Web应用系统的功能及导航链接。

6）利用从美学设计中的输入来优化界面布局和情节串联图板。粗略的布局和串联图板是由Web工程师完成的，但是重要商业网站的美学外观通常是由专业艺术家完成的，而不是技术专家。

7）明确实现界面功能的界面对象。这一任务可能会需要在已有的对象库中搜索，找到那些适合Web应用系统界面的可复用对象（类）。另外，在此时定义任何需要的自定义类。

8）开发用户与界面交互的过程表示。这一可选的任务利用UML顺序图或活动图表示用户与Web应用系统交互时的活动流程。

9）开发界面的行为表示法。这一可选的任务利用UML的状态图表示状态转换和引起转换的事件，并定义控制机制（即通过用户可用的对象和行为改变Web应用系统的状态）。

10）描述每种状态的界面布局。利用在步骤2和步骤5中开发的设计信息，把确定的布局和图像与步骤9中描述的每一个Web应用系统状态联系起来。

11）优化和评审界面设计模型。界面的评审应该以可用性为重点。

## 8.6　任务管理部分的设计

任务是进程的别称，是执行一系列活动的一段程序。当系统中有许多并发行为时，需要依照各个行为的协调和通信关系，划分各种任务，以简化并发行为的设计和编码。

任务管理主要包括任务的选择和调整。常见的任务有事件驱动型任务、时钟驱动型任务、优先任务、关键任务和协调任务等。设计任务管理子系统时，需要确定各类任务，并将任务分配给适当的硬件或软件去执行。

（1）识别事件驱动任务

有些任务是事件驱动的，这些任务可能是负责与设备、其他处理机或其他系统通信的。这类任务可以设计成由一个事件来触发，该事件常常针对一些数据的到达发出信号。数据可能来自数据行或者来自另一个任务写入的数据缓冲区。

当系统运行时，这类任务的工作过程如下：任务处于睡眠状态，等待来自数据行或其他数据源的中断；一旦接收到中断就唤醒该任务，接收数据并将数据放入内存缓冲区或其他目的地，通知需要知道这件事的对象，然后该任务又回到睡眠状态。

（2）识别时钟驱动任务

以固定的时间间隔激发这种事件，以执行某些处理。某些人机界面、子系统、任务、处理机或其他系统可能需要周期性的通信，因此时钟驱动任务应运而生。

当系统运行时，这类任务的工作过程如下：任务设置了唤醒时间后进入睡眠状态；等待来自系统的一个时钟中断，一旦接收到这种中断，任务就被唤醒，并做它的工作，通知有关的对象，然后该任务又回到睡眠状态。

（3）识别优先任务

根据处理的优先级别来安排各个任务。优先任务可以满足高优先级或低优先级的处理需求。

1）高优先级：某些服务具有很高的优先级，为了在严格限定的时间内完成这种服务，可能需要把这类服务分离成独立的任务。

2）低优先级：与高优先级相反，有些服务是低优先级的，属于低优先级处理（通常称为后台处理）。设计时可能用额外的任务把这样的处理分离出来。

（4）识别关键任务

关键任务是有关系统成功或失败的关键处理，这类处理通常都有严格的可靠性要求。在设计过程中可能用额外的任务把这样的关键处理分离出来，以满足高可靠性处理的要求。对高可靠性处理应该精心设计和编码，并且应该严格测试。

（5）识别协调任务

当有 3 个或更多的任务时，可考虑另外增加一个任务，这个任务起协调者的作用，将不同任务之间的协调控制封装在协调任务中。可以用状态转换矩阵来描述协调任务的行为。

（6）审查每个任务

要使任务数保持到最少。对每个任务要进行审查，确保它能满足一个或多个选择任务的工程标准——事件驱动、时钟驱动、优先任务（关键任务）或协调者。

（7）定义每个任务

1）首先要为任务命名，并对任务做简要描述。为面向对象设计部分的每个服务增加一个新的约束——任务名。如果一个服务被分裂，交叉在多个任务中，则要修改服务名及其描述，使每个服务能映射到一个任务。

2）定义每个任务如何协调工作。指出它是事件驱动的，还是时钟驱动的。对于事件驱动的任务，描述触发该任务的事件；对时钟驱动的任务，描述在触发之前所经过的时间间隔，同时指出它是一次性的，还是重复的时间间隔。

3）定义每个任务如何通信，任务从哪里取数据及往哪里送数据。

## 8.7　数据管理部分的设计

在 4.5 节已经对文件存储和关系数据库存储进行了介绍，这里不再重复。在采用面向对象方法进行软件开发时，数据的存储还是普遍使用关系数据库。由于面向对象设计和关系数据库广泛应用，如何将面向对象的设计映射到关系数据库中也就成了一个核心问题。

在传统的结构化设计方法中，很容易将实体-关系图映射到关系数据库中。而在面向对象设计中，我们可以将 UML 类图看作数据库的概念模型，但在 UML 类图中除了类之间的关联关系外，还有继承关系。在映射时可以按下面的规则进行映射。

1）一个普通的类可以映射为一个表或多个表，当分解为多个表时，可以采用横切和竖切的方法。竖切常用于实例较少而属性很多的对象，一般是现实中的事物，将不同分类的属性映射成不同的表。通常将经常使用的属性放在主表中，而将其他一些次要的属性放到其他表中。横切常常用于记录与时间相关的对象，如成绩记录、运行记录等。由于一段时间后，这些对象很少使用，所以往往在主表中只记录最近的对象，而将以前的记录转到对应的历史表中。

2）关联关系的映射。分为以下 3 种：

- 一对一关联的映射：对于一对一关联，可以在两个表中都引入外键，这样两个表之间可以进行双向导航。也可以根据具体情况，将类组合成一张单独的表。
- 一对多关联的映射：可以将关联中的“一”端毫无变化地映射到一张表，将关联中表示“多”的端上的类映射到带有外键的另一张表，使外键满足关系引用的完整性。
- 多对多关联的映射：由于记录的一个外键最多只能引用另一条记录的一个主键值，因此关系数据库模型不能在表之间直接维护一个多对多联系。为了表示多对多关联，关系模型必须引入一个关联表，将两个类之间的多对多关联转换成表上的两个一对多关联。

3）继承关系的映射。通常使用以下三种方法来映射继承关系：

- 单表继承：为基类及其子类建立一张表。适用于子类属性比较少的情况。这种方法比较容易实现，并且易于重构。
- 子类表继承：将每个子类映射到一张表，没有基类表。在每个子类的表中包括基类的所有属性。这种方法适用于子类的个数不多，基类属性比较少的情况。
- 所有类表继承：将基类映射到一张表，每个子类都映射为一张表。在基类对应的表中定义主键，而在子类对应的表中定义外键。

## 8.8 对象设计

对象设计以问题域的对象设计为核心，其结果是一个详细的对象模型。经过多次反复的分析和概要设计之后，设计者通常会发现有些内容没有考虑到。这些没有考虑到的内容，会在对象设计的过程中被发现。这个设计过程包括标识新的解决方案对象、调整购买到的商业化构件、对每个子系统接口的精确说明和类的详细说明。

对象设计过程包括使用模式设计对象、接口规格说明、对象模型重构、对象模型优化 4 组活动。

1）使用模式设计对象：设计者可以选择合适的设计模式，复用已有的解决方案，以提高系统的灵活性，并确保在系统开发过程中，特定类不会因要求的变化而被修改。

2）接口规格说明：在系统设计中所标识的子系统功能，都需要在类接口中详细说明，包括操作、参数、类型规格说明和异常情况等。

3）对象模型重构：重构的目的是改进对象设计模型，提高该模型的可读性和扩展性。如将两个相似的类归并为一个类，将没有明显活动特征的类转为属性，将复杂的类分解为简单的类，重新组合类和操作来增进封装性和继承性等。

4）对象模型优化：优化活动是为了改进对象设计模型，以实现系统模型中的性能要求。包括选择更好的算法，提高系统执行的速度，更好地使用存储系统，减少连接中的重数来提高查询的速度，为了增加效率而增加额外的连接，改变执行的顺序等。

对象设计过程并不是顺序进行的，虽然每一种活动都解决了一种特定的对象设计问题，但这些活动通常是并发进行的。

## 8.8.1　使用模式设计对象

在面向对象设计过程中，设计模式是开发者通过很长时间的实践而得到的重复出现问题的模板化解决方案。设计模式包括 4 个要素：

1）名字：用来将一个设计模式与其他设计模式区分开。

2）问题描述：用来描述该设计模式适用于何种情况。通常设计模式所解决的问题是对可更改性、可扩展性设计目标以及非功能性需求的实现。

3）解决方案：描述解决该问题所需要的、结合在一起的类和接口的集合。

4）结果：描述将要解决设计目标的协议和可供选择的办法。

设计模式的具体内容参见第 7 章。本节介绍设计模式中的继承和授权的概念，以及如何选择设计模式。

### 1. 设计模式中的继承

在对象设计中，继承的核心是为了减少冗余和增加扩展性。通过将一些相似的类定义为子类，它们中的共有属性和操作集中放到继承结构的父类中，就能减少由于引入变化而引起的不一致。尽管继承能够让对象模型更加容易理解和修改，并具有更好的扩展性，但有些时候使用继承也会带来一些副作用。因此，并不是什么情况都适合使用继承。很多时候继承是难以把握的，因此很多新手用继承写出的代码比不用继承的代码还要混乱。

举例来说明。假设 Java 没有提供对集合的操作，现在编写 MySet 类来实现这些操作。如果我们选择想继承 java. util. Hashtable 类，那么，在 MySet 类中插入一个新元素首先需要检查在表中是否存在一个表项，它的键值等于元素的键值，如果查找失败，新元素就可以插入到表中。使用继承机制实现 MySet 类的类图如图 8-19 所示。

使用继承机制实现 MySet 的代码如下：

```
class MySet extends Hashtable {
      /* 忽略构造方法* /
      MySet() {
      }
      void put(Object element) {
         if (! containsKey(element)) {
         put(element, this);
         }
      }
      boolean containsValue(Object element){
         return containsKey(element);
      }
      /* 忽略其他方法* /
}
```

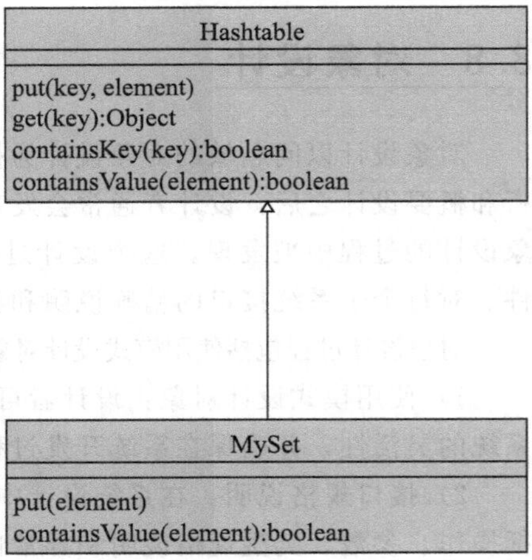


图 8-19　使用继承机制实现 MySet 类

使用这种方式，让人们可以通过复用代码来实现他们所需的功能，但同样会提供一些他们并不需要的功能。如 Hashtable 类中实现了操作 containsKey()，依据表项和指定的对象的键值检查指定的对象是否已经存在于 Hashtable 中。MySet 继承了操作 containsKey()，并重写覆盖了操作 containsValue()。因此，在使用我们实现的 MySet 时，调用一个对象中的 containsValue()操作会和调用 containsKey()操作产生相同的活动，这是不合理的。更糟的是，可能会有开发者既使用 containsKey()操作，又使用 containsValue()操作，这会使得将来很难改变 MySet 的内部表示。例如，如果我们决定用链表而不是哈希表来实现 MySet，那么所有对 containsKey()操作的调用都会变得不合法。为了解决这个问题，必须重写所有从 Hashtable 继承的但在 MySet 中用不到的方法，而且这些方法还需要能够进行异常处理。但这将使 MySet 类变得难以理解和很难复用。

**2. 授权**

授权是实现复用的另一种方法，有时也称为委托。A 类授权 B 类，是指 A 类为了完成一个操作需要向 B 类发一个消息。可以使用两个类之间的关联关系实现授权机制，在 A 类中增加一个类型为 B 的属性。图 8-20 就是使用授权机制的类图。这里唯一明显的变化就是 MySet 中多了一个私有属性表（table），在构造方法 MySet()中有对表的初始化操作。

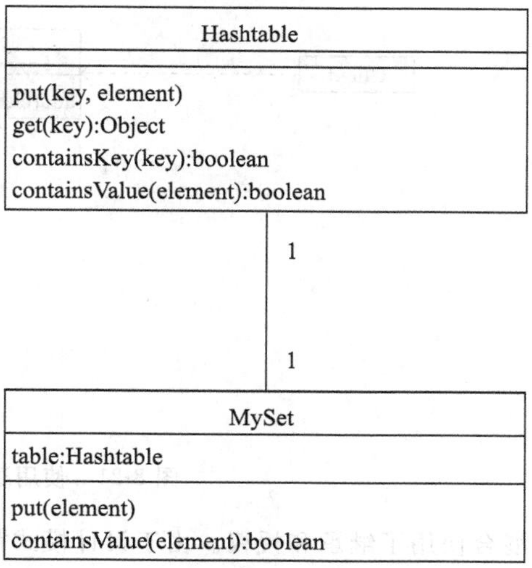


图 8-20　使用授权机制实现 MySet 类

使用授权机制实现 MySet 的代码如下：

```
class MySet {
    private Hashtable table;
    MySet() {
        table = Hashtable();
    }
    void put(Object element) {
        if (! containsKey(element)) {
        table.put(element, this);
        }
    }
    boolean containsValue(Object element) {
        return (table.containsKey(element));
    }
    /* 忽略其他方法* /
}
```

使用授权机制解决了我们在前面讨论的问题：

1）扩展性：图 8-20 中的 MySet 类没有包含 containsKey()操作，并且属性 table 是私有的。这样，如果 MySet 的内部实现使用的是链表而不是哈希表，也不会影响任何使用 MySet 类的地方。

2）子类型化：MySet 类不是从 Hashtable 类继承来的，因此程序中的 MySet 对象不能被替换为 Hashtable 对象。以前使用 Hashtable 类的程序也不用改变。

有时并不能很清楚地判别出什么时候使用授权，什么时候使用继承，这主要取决于开发者的判断和实践经验。在很多情况下，将继承和授权结合起来使用，则能够解决很多问题，如减弱抽象接口的耦合度，将从父类继承的代码封装起来，减弱说明服务类和提供服务机制类之间的耦合度等。

对于上面所讨论的问题，我们可以定义一个新类 MySet，让 MySet 类遵从一个已存在的 Set 接口，并复用 Hashtable 类所提供的活动功能。适配器（Adapter）设计模式就是解决这些问题的一个模板化方案。使用适配器设计模式解决 MySet 问题的方法如图 8-21 所示。

适配器设计模式既使用了继承也使用了授权。当我们学习设计模式时，会发现很多模式都

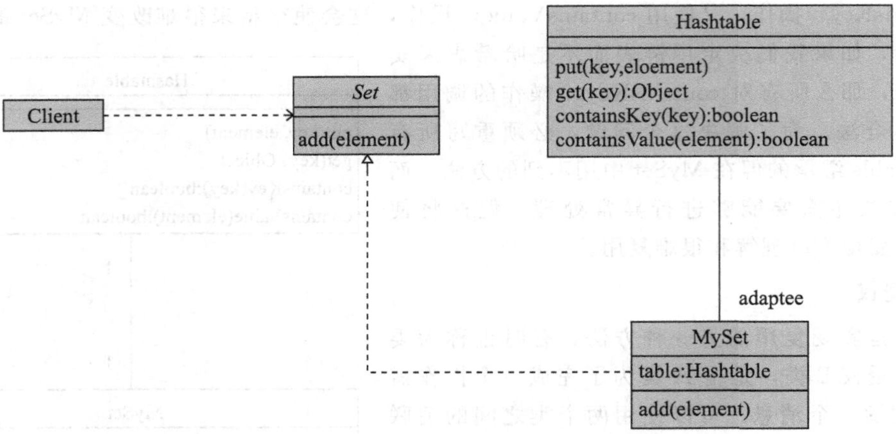


图 8-21　使用适配器设计模式解决 MySet 问题

混合使用了继承和授权。由于设计模式需要大量的知识及经验积累，设计模式可能不是开发者一开始就能想到的解决方案。

## 8.8.2　接口规格说明设计

在对象设计过程中，要标识和求精对象，以实现在概要设计期间定义的子系统。对象设计的重点在于标识对象之间的界限。这个时期依然存在向设计中引入错误的可能性。接口规格说明的目标是能够清晰地描述每个对象的接口，这样开发者就能够独立地实现这些对象，以满足最小集成的需求。在系统底层细节迅速扩展的情况下，开发者依然能够清楚和准确地进行交流。

接口规格说明包括以下活动：

1）确定遗漏的属性和操作：在这个活动中，将检查每个子系统提供的服务及每个分析对象，标识出被遗漏的操作和属性。需要对当前的对象设计模型求精，同时也对这些操作所用到的参数进行求精。

2）描述可见性和签名：在这个过程中，将决定哪个操作对其他对象和子系统是可用的，哪个操作只对本子系统是可用的，并说明操作的签名（包括操作名及参数表）。这个活动的目标是减少子系统之间的耦合度，并提供一个较小且简单的接口，这个接口可被独立的开发者理解。

3）描述契约：描述每个对象操作应该遵守的约束条件。契约包括不变式、前置条件和后置条件 3 种类型的约束。

下面讨论与接口规格说明有关的概念，包括对开发者的分类及契约。

**1. 开发者角色的分类**

到目前为止，我们对所有开发者都是一视同仁的。在进一步研究对象设计和实现的细节时，则需要区分不同的开发者。当所有开发者都利用接口规格说明进行通信时，就需要从各自不同的观点去看待规格说明。如图 8-22 所示。

类实现者：类实现者设计内部的数据结构，并为每个发布操作实现代码。对类实现者来说，接口规格说明是分配的任务之一。

类使用者：在其他类的实现过程中，调用由待实现类所提供的操作，这个类成为客户类。对类使用者来说，接口规格说明根据类提供的服务和对客户类所做的假设，揭示类的边界。

类扩展者：开发待实现类的特定扩展。与类实现者一样，类扩展者也可以调用其感兴趣的类所提供的操作，类扩展者关注同一个服务的特定版本。对它们来说，接口规格说明既说明了

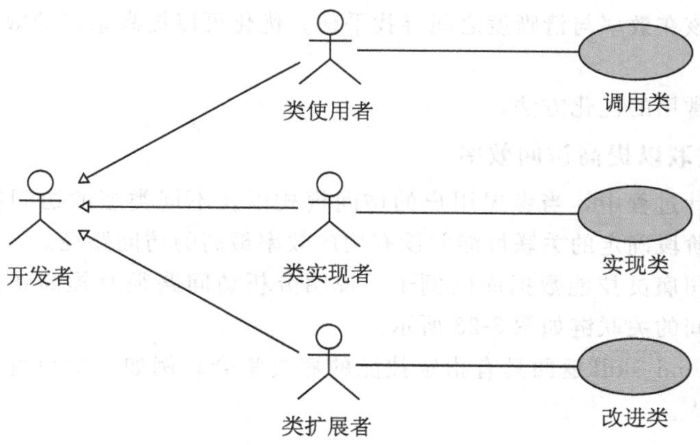


图 8-22　开发者角色的分类

当前的类行为，又说明了特定类提供服务的所有约束。

**2. 契约**

契约就是在一个类上定义的，确保有关该类的类实现者、类使用者、类扩展者都要遵守的假定条件。契约说明了类使用者在使用该类之前必须遵守的约束，这一约束也是类实现者和类扩展者在使用时必须遵守的约束。契约包括 3 种类型的约束：

1）不变式：不变式是对该类的所有实例而言都为真的谓词。不变式是和类或接口有关的约束。不变式通常用来说明类属性之间的一致性约束。

2）前置条件：是在调用操作之前必须为真的谓词。前置条件和某个特定操作有关，用来说明类使用者在调用操作之前必须满足的约束。

3）后置条件：是在调用操作之后必须为真的谓词。后置条件与某个特定操作有关，用来说明类实现者和类扩展者在调用操作之后必须满足的约束。

### 8.8.3　重构对象设计模型

重构是对源代码的转换，在不影响系统行为的前提下，提高源代码的可读性和可修改性。重构通过考虑类的属性和方法，达到改进系统设计的目的。为了确保不影响系统行为，重构可在小范围内进行，每一步均包含测试，且避免更改类的接口。

典型的重构活动的例子包括：

- 将 $N$ 元关联转换成一组二元关联；
- 将两个不同子系统中相似的类合并为一个通用的类；
- 将没有明显活动特征的类转换为属性；
- 将复杂类分解为几个相互关联的简单类；
- 重新组合类和操作，增加封装性和继承性。

## 8.9　优化对象设计模型

在对象设计期间，对象模型需要进行优化，以达到系统的设计目标，如最小化响应时间、执行时间或内存资源等。一般情况下，系统的各项质量指标并不是同等重要的，设计人员必须确定各项质量指标的相对重要性（即确定优先级），以便在优化设计时制定折中方案。在进行优化时，设计者应该在效率与清晰度之间寻找平衡。优化可以提高系统的效率，但同时会增加系统的复杂度。

下面介绍几种常用的优化方法。

**1. 增加冗余关联以提高访问效率**

在面向对象设计过程中，当考虑用户的访问模式以及不同类型的访问彼此间的依赖关系时，就会发现分析阶段确定的关联可能并没有构成效率最高的访问路径。

下面用设计公司雇员技能数据库的例子，说明分析访问路径及提高访问效率的方法。公司、雇员及技能之间的关联链如图 8-23 所示。

公司类中服务 find_skill 返回具有指定技能的雇员集合。例如，用户可能询问公司中会讲日语的雇员有哪些人。

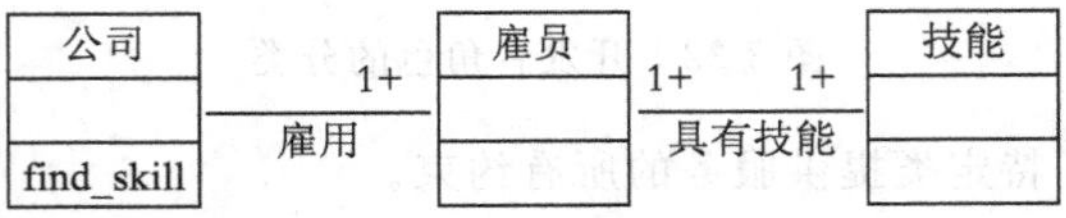


图 8-23　公司、雇员及技能之间的关联链

假设某公司共有 2000 名雇员，平均每名雇员会 10 种技能，则简单的嵌套查询将遍历雇员对象 2000 次，针对每名雇员平均再遍历技能对象 10 次。如果全公司仅有 5 名雇员精通日语，则查询命中率仅有 1/4000。在这种情况下，更有效地提高查询效率的改进方法是给那些需要经常查询的对象建立索引。

针对上面的例子，我们可以增加一个额外的限定关联“精通语言”，用来联系公司与雇员这两类对象，如图 8-24 所示。利用冗余关联，可以立即查到精通某种具体语言的雇员，当然，索引也必然带来多余的内存开销。

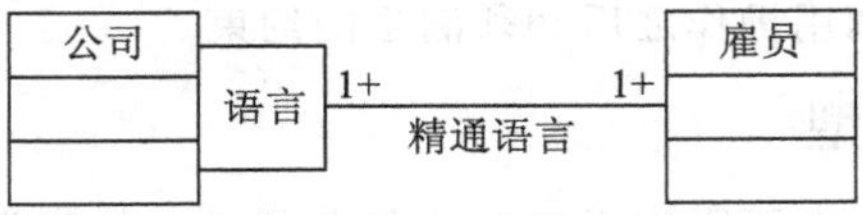


图 8-24　为雇员技能数据建立索引

**2. 调整查询次序**

改进了对象模型的结构，接下来就应该优化算法了。优化算法的一个途径是尽量缩小查找范围。例如，假设用户在使用上述的雇员技能数据库的过程中，希望找出既会讲日语，又会讲法语的所有雇员。如果某公司只有 5 位雇员会讲日语，会讲法语的雇员却有 200 人，则应该先查找会讲日语的雇员，然后再从这些会讲日语的雇员中查找同时会讲法语的人。

**3. 保留派生属性**

有些数据可以通过某种运算从其他数据计算出来，可以把这类冗余数据作为派生属性保存起来避免使用时重新计算，从而可以提高计算的时间效率。

## 习题

8.1　软件模块之间的依赖性可以从哪些角度和抽象层次进行分析？

8.2　消除包之间循环依赖性的方法是什么？

8.3 请给出构件的一般性定义，然后给出传统的软件工程环境及面向对象的软件工程环境中构件的定义，最后选择你熟悉的编程语言说明怎样定义一个构件。

8.4 典型的面向对象设计模型在逻辑上由哪几部分组成？对每一部分进行设计时所包含的主要内容是什么？

8.5 用面向对象方法设计网上购书系统的软件结构，网上购书系统的业务如下：

某书店为方便客户通过 Internet 购买相关图书，开发一个“网上购书系统”，客户可以通过 Web 页面注册并登录“网上购书系统”，通过 Web 页面查看、选择图书，系统根据用户选择的图书单价、数量，自动生成订单并计算总价格。

客户在提交订单之前，必须填写关于寄送地址和发票及付款方式等细节，一旦订单被提交，系统显示确认信息，并附上订单的详细信息。客户可以在线查询订单的状态。

系统管理人员查看客户的订单，验证客户的信用和付款方式，向仓库请求所购图书，打印发票并发货。

8.6 对习题 8.5 中的网上购书系统设计问题域的类图。

8.7 如何将含有继承关系的类图映射为关系数据库？针对习题 8.6 中设计的类图设计关系数据库。

8.8 在第 6 章例 6.1 选课系统分析模型的基础上，给出选课系统的界面设计、类图设计及数据库设计。

第四部分

PART FOUR

# 软件实现与测试

CHAPTER 9

# 第 9 章

# 软件实现

完成上一章所讲的软件设计之后，就进入了程序设计与实现阶段，即编码阶段。作为软件生存期的一个阶段，程序编码是软件设计的继续，也是软件开发的必经阶段。这个阶段的主要任务是将设计表示变换成用程序设计语言编写的程序。本章不具体介绍如何编写程序，而是从软件工程这个更广泛的范围去讨论与程序设计语言及程序编码有关的问题，包括编程语言、程序设计风格、程序效率与性能等。

## 9.1 程序设计语言

程序编码阶段的任务是将软件的详细设计转换成用程序设计语言实现的程序代码。因此，程序设计语言的性能和设计风格对于程序设计的效能和质量有着直接的关系。语言的工程特性对软件开发项目的成功与否也有着重要的影响。本节介绍程序设计语言的性能、分类和选择。

### 9.1.1 程序设计语言的性能

下面从软件心理学及软件工程角度对程序设计语言的性能进行讨论。

**1. 软件心理学的观点**

软件心理学研究的任务是：关注人们对软件所关心的某些方面，如使用方便、简明易学、可靠性、减少故障发生率，以及使用户更加满意等。同时对机器功效、软件能力以及硬件限制也予以注意。由于从设计到编码的转换基本上是人的活动，因此语言的性能对程序员的心理影响将对转换产生重大影响。在维持现有机器的效率、容量和其他硬件限制条件的前提下，程序员总是希望选择简单易学、使用方便的语言，以减少程序出错率，提高软件的可靠性。

从心理学的观点，影响程序员心理的语言特性有以下几方面。

(1) 一致性

它表示一种语言所使用符号的兼容程度，以及允许随意规定限制、允许对语法或语义破例的程度。例如在 FORTRAN 语言中，括号可用来做：

- 标明数组元素下标的界限符；
- 表达式中用以表示运算的优先次序；
- 标明 if 语句中条件的界限符；
- 标明子程序参数表的界限符，等等。

同一个符号给予多种用途，会引起许多难以察觉的错误。

(2) 二义性

虽然语言的编译程序总是以一种机械的规则来解释语句，但读者则可能用不同的方式来理解语句。这里有读者心理上的因素。例如，一个逻辑表达式

```
a>="0" and a<= "9"
```

的优先次序没有特别说明：Pascal语言规定关系运算符“>=”和“<=”等的运算优先级低于逻辑运算符“and”，但FORTRAN语言正好相反，“>=”和“<=”等的运算优先级高于逻辑运算符“and”。因此读者可能对这个逻辑表达式有不同的理解。另一种容易引起混淆的原因是：允许对缺省数据类型说明的标识符进行非标准使用。例如，在FORTRAN语言中有个变量KDELTA，按照缺省数据说明它应具有整数类型。然而，经过显式类型说明REAL KDELTA，就赋予KDELTA以实型属性，于是由于心理上的混淆就容易出错。

（3）简洁性

程序设计语言的简洁性用来表示为了用该语言编写程序必须记忆的关于代码的信息量。在语言的属性中，简洁性的标志是：

- 语言支持“BLOCK”构造和结构化程序的能力强；
- 可使用的保留字和缩写字的种类少；
- 数据类型的种类少，提供缺省说明；
- 算术运算符和逻辑运算符的种类少。

（4）局部性

所谓局部性，是指程序设计语言的综合特性。在编码过程中，由语句组合成模块，由模块组装为程序系统结构，并在组装过程中实现模块的高内聚和低耦合，可使程序的局部性加强。

（5）传统性

人们学习一种新的程序设计语言的能力受到传统的影响。具有FORTRAN基础的程序设计人员在学习C或Pascal语言时不会感到困难，因为Pascal和C保持了FORTRAN所确立的传统语言特性，它们在结构上是类似的，形式上是兼容的。但是要求同一个人去学习Lisp这种具有另外风格的语言，传统就中断了，花在学习上的时间就会更长。

**2. 软件工程的观点**

从软件工程的观点，程序设计语言的特性应着重考虑软件开发项目的需要。为此，对于程序编码有如下一些工程上的性能要求。

（1）详细设计应能直接容易地翻译成代码程序

从理论上来讲，应当直接根据详细设计的规格说明来生成源代码。把设计变为程序的难易程度，反映了程序设计语言与设计说明相接近的程度。而所选择的程序设计语言是否具有结构化的构造、复杂的数据结构、专门的输入/输出能力、位运算和串处理的能力，直接影响到从详细设计变换到代码程序的难易程度。

（2）源程序应具有可移植性

源程序的可移植性是程序设计语言的另一种特性。通常有3种解释：

- 对源程序不做修改或少做修改就可以实现处理器上的移植或编译程序上的移植；
- 即使程序的运行环境改变（例如，改用一个新版本的操作系统），也不用修改源程序；
- 源程序的许多模块可以不做修改或少做修改就能集成为功能性的各种软件包，以适应不同的需要。

在可移植性的这3种解释中，最普通的是第一种解释。增强软件的可移植性，主要是使语言标准化。国际标准化组织（ISO）、美国国家标准协会（ANSI）、电子与电气工程师协会（IEEE）及我国的国家技术监督局（标准局）等都曾组织制定与审批程序设计语言的标准化方案。然而许多编译器的设计者往往因为某种原因对语言的标准文本做了某些更动，使得软件的可移植性受到影响。

(3) 编译程序应具有较高的效率

编译程序对源代码的加工过程能否实现有效的优化，以生成快速紧凑的目标代码，这对很多应用系统来说都是十分重要的。

(4) 尽可能应用代码生成的自动工具

有效的软件开发工具是缩短编码时间、改善源代码质量的关键因素。许多语言都有相应的编译程序、连接程序、调试程序、源代码格式化程序、交叉编译程序、宏处理程序和标准子程序库等。使用带有各种有效的自动化工具的“软件开发环境”，支持从设计到源代码的翻译等各项工作，可以有效提高软件开发的效率和质量。

(5) 可维护性

源程序的可维护性对复杂的软件开发项目尤其重要。把设计变换为源程序、针对修改后的设计相应地修改源程序，都需要首先读懂源程序。因此，源程序的可读性、语言自身的文档化特性是影响维护性的重要因素。

## 9.1.2 程序设计语言的分类

相当长的时间以来，人们对程序设计语言的分类是有争议的。在很多情况下，同一种语言可以归到不同的类中。从软件工程的角度，根据程序设计语言发展的历程，可以将程序设计语言大致分为 4 类。

**1. 从属于机器的语言——第一代语言**

自从有了计算机，就有了机器语言。它是由机器指令代码组成的语言。不同的机器会有各不相同的一套机器语言。用这种语言编写的程序，都是二进制代码的形式，且所有的地址分配都是以绝对地址的形式处理。存储空间的安排，寄存器、变址的使用都由程序员自己计划。因此使用机器语言编写的程序很不直观，尽管这种程序在计算机内的运行效率很高，但人们编写程序的出错率也高。

**2. 汇编语言——第二代语言**

汇编语言比机器语言直观，它的每一条符号指令与相应的机器指令有对应关系，同时又增加了一些诸如宏、符号地址等功能。存储空间的安排可由机器解决，减少了程序员的工作量，也减少了出错率。不同指令集的处理器系统有自己相应的汇编语言。

前两类语言都已随着程序语言的发展逐步退出历史舞台，不过从软件工程的角度来看，只是在高级语言无法满足设计要求时，或者不具备支持某种特定功能（例如特殊的输入/输出）的技术性能时，才使用汇编语言。

**3. 高级程序设计语言——第三代语言**

高级程序设计语言从 20 世纪 50 年代就开始出现，它们的特点是用途广泛，具有大量的软件库，已被多数人所熟悉和接受。典型的高级程序设计语言有 ALGOL、FORTRAN、COBOL、Basic、Pascal、C、C ++、Lisp、Prolog、Ada 等。

**4. 第四代语言（Fourth Generation Language，4GL）**

纵观软件开发的历史，我们总是试图在越来越高的抽象层次上编写程序。第一代程序设计语言在机器指令级层次（最低抽象级）上编写程序。第二代和第三代程序设计语言分别将编程的抽象级别推进到一个新的高度，但它们仍然需要具体规定十分详细的算法过程。而第四代语言（4GL）的出现，将语言的抽象层次又提高到一个新的高度。

4GL 一词最早于 20 世纪 80 年代初期出现在软件厂商的广告和产品介绍中，这类语言由于面向问题、非过程化程度高等特点，可以成数量级地提高软件生产率，缩短软件开发周期，因此赢得了很多用户。

1985年，美国召开了全国性的4GL研讨会，许多计算机科学家对4GL展开了研究，从而使4GL进入了计算机科学的研究范畴。

4GL以数据库管理系统所提供的功能为核心，进一步构造了开发高层软件系统的开发环境，如报表生成系统、多窗口表格设计系统、菜单生成系统等。4GL提供了功能强大的非过程化问题定义手段，用户只需告诉系统做什么，而无须说明怎么做。

进入20世纪90年代，随着计算机软硬件技术的发展和应用水平的提高，大量基于数据库管理系统的4GL商品化软件在应用软件开发领域中获得广泛应用，成为面向数据库应用开发的主流工具，Oracle应用开发环境、Informix-4GL、SQL Windows、Power Builder等，它们为软件开发注入了新的生机和活力，为缩短软件开发周期、提高软件质量发挥了巨大作用。

虽然4GL具有很多优点，成为目前应用开发的主流工具，但也存在以下方面的缺点：

1）4GL在整体能力上与3GL具有一定的差距。这一方面是语言抽象级别提高以后不可避免带来的，正如高级语言不能做某些汇编语言做的事情一样；另一方面是人为带来的，许多4GL只面向专项应用。有的4GL为了提高问题的表达能力，提供了同3GL的接口，以弥补其能力上的不足。例如Oracle提供了PRO＊C工具，可将SQL语句嵌入到C程序中。

2）由于4GL的抽象级别较高，因此系统运行的开销大、效率低。

3）由于缺乏统一的工业标准，因此4GL产品种类繁多，用户界面差异很大。

4）目前4GL主要面向基于数据库应用的领域，不宜于科学计算、实时系统和系统软件开发。

按照4GL的功能可以将它们划分为以下几类。

（1）查询语言和报表生成器

查询语言是数据库管理系统的主要工具，它提供用户对数据库进行查询的功能，有的查询语言（如SQL）还包括定义、修改、控制功能。

报表生成器是为用户提供的自动产生报表的重要工具，它提供非过程化的描述手段，让用户很方便地根据数据库中的数据生成报表。

（2）图形语言

我们在软件分析和设计阶段所使用的数据流图、模块结构图、程序流程图等都是图形，如果能够将设计阶段的成果自动转换成源程序，将极大提高软件开发的自动化程度。目前比较有代表性的是Gupta公司开发的SQL Windows系统。它以SQL语言为引擎，让用户在屏幕上以图形方式定义需求，系统自动生成相应的源程序（还具有面向对象的功能），用户可以对生成的源程序进行增加和修改，从而完成应用开发。

（3）应用生成器

应用生成器（application generator）是一类综合的4GL工具，它用来生成完整的应用系统。按其使用对象，可以将应用生成器分为交互式和编程式两类。

交互式工具允许用户以可见的交互方式在终端上创建文件、报表等。目前比较有代表性的有Power Builder和Oracle的应用开发环境。Oracle提供的SQL＊Forms、SQL＊Menu、SQL＊Reportwriter等工具建立在SQL语言基础之上，借助数据库管理系统的强大功能，让用户交互式地定义需求，系统生成相应的屏幕格式、菜单和报表。

编程式应用生成器是为建造复杂系统的专业程序人员设计的，如Natural、Foxpro、Mantis、Ideal、CSP、DMS、Info、Linc、Formal等。这一类中有许多是程序生成器，如LINC生成

COBOL 程序，Formal 生成 Pascal 程序等。

（4）形式化规格说明语言

软件规格说明是对软件应满足的需求、功能、性能及其他重要方面的陈述，是软件开发的基础。由于自然语言为开发者和用户所熟悉，易于使用，因此广泛采用自然语言来描述规格说明。但也会不可避免地将自然语言的歧义性、不精确性引入到软件规格说明中，从而给软件开发和软件质量带来隐患。形式化规格说明语言则很好地解决了上述问题，而且还是软件自动化的基础。从形式化的需求规格说明和功能说明出发，可以自动或半自动地转换成某种可执行的语言。需求规格说明和功能说明是面向问题、非过程化的，因此属于 4GL。这一类语言有 Z、NPL、Specint 等。

### 9.1.3 程序设计语言的选择

选择适当的程序设计语言能使程序员在根据设计进行编码时遇到的困难最少，可以减少需要的程序测试量，并且可以写出更容易阅读和维护的程序。由于软件系统的绝大部分成本用在测试和维护阶段，所以易于测试和维护是非常重要的。为某个特定开发项目选择编程语言时，既要从技术角度、工程角度、心理学角度评价和比较各种语言的适用程度，又必须考虑现实可能性。

在选择编程语言时，可以考虑以下几个方面的因素：

1）应用领域：目标系统的应用领域不同，需要采取的系统开发范型也不同，所以要考虑支持相应范型的编程语言。例如，在科学与工程计算领域内，FORTRAN、C、C ++语言得到了广泛的应用，在商业数据处理领域中，通常采用 COBOL、Java 语言编写程序，当然也可选用 SQL 语言或其他专用语言。在系统程序设计和实时应用领域中，汇编语言或一些新的派生语言，如 Ada、C ++等得到了广泛的应用。在人工智能领域以及问题求解、组合应用领域，主要采用 Lisp、Prolog、PHP、Python 语言。

2）系统用户的要求：有些用户具有自己的维护人员，在开发新软件时，往往要求开发商使用与现有的大多数软件相同的语言，以减少维护的难度。

3）编程语言自身的功能：从应用领域的角度考虑，各种编程语言都有自己的适用领域。要熟悉当前使用较为流行的语言的特点和功能，充分利用语言各自的功能优势，选择出最有利的语言工具。

4）编码和维护成本及开发环境：选择合适的编程语言可大大降低程序的编码量及日常维护工作中的难度，从而使编码和维护成本降低。另外，良好的开发环境也可以有效提高编码和维护的效率。

5）编程人员的技能：在选择语言时还要考虑编程人员的技能，即他们对语言掌握的熟练程度及实践经验。

6）软件可移植性：如果系统的生存周期比较长，应选择一种标准化程度高、程序可移植性好的编程语言，以使所开发的软件将来能够移植到不同的硬件环境中运行。

## 9.2 程序设计风格

程序不只是给机器执行的，也是供人阅读的。在软件生存期中，人们经常要阅读程序。特别是在软件测试阶段和维护阶段，编写程序的人和参与测试、维护的人都要阅读程序。人们认识到，阅读程序是软件开发和维护过程中的一个重要组成部分，而且读程序的时间比写程序的时间还要多。因此，程序实际上也是一种供人阅读的文章，既然如此，就有一个文章的风格问题。20世纪70年代初，有人提出应该使程序具有良好的编写风格。这个想法很快就为人们所接受。人们认识到，程序员在编写程序时，应当意识到今后会有人反复地阅读这个程序，并沿着你的思路去理解程序的功能。所以应当在编写程序时多花些工夫，讲求程序的编写风格，这将节省人们读程序的时间。

本节对程序设计风格的4个方面，即源程序文档化、数据说明的方法、语句结构和输入/输出方法中值得注意的问题进行概要的讨论，力图从编码原则的角度探讨提高程序的可读性、改善程序质量的方法和途径。

## 9.2.1 源程序文档化

源程序文档化包括标识符的命名、安排注释以及程序的视觉组织等。

**1. 标识符的命名**

标识符包括模块名、变量名、常量名、标号名、子程序名以及数据区名、缓冲区名等。这些名字应能反映它所代表的实际东西，使其能够见名知意，有助于对程序功能的理解。例如，用times表示次数，用total表示总量，用average表示平均值，用sum表示和，等等。

名字不是越长越好，过长的名字会增加工作量，给程序员或操作员造成不稳定的情绪，会使程序的逻辑流程变得模糊，给修改带来困难。所以应当选择精练的、意义明确的名字，才能简化程序语句，改善对程序功能的理解。必要时可使用缩写名字，但这时要注意缩写规则要一致，并且要给每个名字加注释。同时，在一个程序中，一个变量只应用于一种用途。例如在某程序中定义了变量temp，它在程序的前半段代表“温度”（temperature），在程序的后半段却代表“临时变量”（temporary），这样就会给读者阅读程序造成混乱。

**2. 程序的注释**

正确的注释能够帮助读者理解程序，为测试和维护提供明确的指导，注释绝不是可有可无的。大多数程序设计语言允许使用自然语言来写注释，这就给阅读程序带来很大的方便。一些正规的程序文本中，注释行的数量占到整个源程序的1/3到1/2。

注释分为序言性注释和功能性注释。序言性注释通常置于每个程序模块的开头部分，它应当给出程序的整体说明，对于理解程序本身具有引导作用。有些软件开发部门对序言性注释做了明确而严格的规定，要求程序编制者逐项列出。有关项目包括：

- 程序（模块）标题；
- 有关本模块功能和目的的说明；
- 主要算法；
- 接口说明，包括调用形式、参数描述、子程序清单；
- 有关数据描述，包括重要的变量及其用途、约束或限制条件，以及其他有关信息；
- 模块位置，说明在哪一个源文件中，或隶属于哪一个软件包；
- 开发简历，包括模块设计者、复审者、复审日期、修改日期及有关说明等。

功能性注释嵌在源程序体中，用以描述其后的语句或程序段，也就是解释下面要“做什么”，或是执行了下面的语句会怎么样。而不要解释下面怎么做，因为解释怎么做与程序本身常常是重复的，并且对于阅读者理解程序没有什么帮助。例如，下面的注释行仅仅重复了后面的语句，对于理解它的工作并没有什么作用。

```
/* Add amount to total* /
total= amount＋total;
```

如果注明把月销售额计入年度总额，便使读者理解了下面语句的意图：

```
/* Add monthly- sales to annual- total* /
total =  amount＋total;
```

书写功能性注释，要注意以下几点：

1）用于描述一段程序，而不是每一个语句；

2）用缩进和空行，使程序与注释容易区别；

3）注释要正确。

有合适的、有助于记忆的标识符和恰当的注释，就能得到比较好的源程序内部的文档。有关设计的说明也可作为注释嵌入到源程序体内。

**3. 视觉组织——空格、空行和移行**

一个程序如果写得密密麻麻分不出层次来，常常是很难看懂的。应该利用空格、空行和移行组织程序的视觉结构。

1）空格：恰当地利用空格，可以突出运算的优先性，避免发生运算错误。例如，将表达式

```
(a<-17)&&!(b<=49)||c
```

写成

```
(a<-17)&&!(b<=49)||c
```

就更清楚。

2）空行：自然的程序段之间可用空行隔开。

3）移行：移行也叫作向右缩格。它是指程序中的各行不必都左端对齐，都从第一格起排列。因为这样做使程序完全分不清层次关系。因此，对于选择语句和循环语句，把其中的程序段语句向右做阶梯式移行。这样可使程序的逻辑结构更加清晰，层次更加分明。例如，两重选择结构嵌套，写成下面的移行形式，层次就清楚得多。

```
if (…)
      if (…)
      {
          ……
      }
      else
      {
          ……
      }
else
{
    ……
}
```

## 9.2.2 数据说明标准化

为了使程序中数据说明更易于理解和维护，在编写程序时，需要注意数据说明的风格。具体需要注意以下几点：

1）数据说明的次序应当规范化，使数据属性容易查找，也有利于测试、排错和维护。原则上，数据说明的次序与语法无关，其次序是任意的。但出于阅读、理解和维护的需要，最好使其规范化，使说明的先后次序固定。例如，可以按照以下次序对变量进行说明：常量说明、

简单变量类型说明、数组说明、公用数据块说明、所有的文件说明。

在类型说明中还可进一步要求。例如，可按如下顺序排列：整型量说明、实型量说明、字符量说明、逻辑量说明。

2）当多个变量名用一个语句说明时，应当对这些变量按字母顺序排列。例如，将

```
int size, length, width, cost, price;
```

写成

```
int cost, length, price, size, width;
```

更好。

3）对于复杂的数据结构，应当使用注释对其进行说明。

### 9.2.3 语句结构简单化

在编码阶段，语句结构要力求简单、直接，不能为了片面追求效率而使语句复杂化。具体需要注意以下几个方面：

1）在一行内只写一条语句，并且采取适当的移行格式，使程序的逻辑和功能变得更加明确。许多程序设计语言允许在一行内写多个语句，但这种方式会使程序可读性变差，因而不可取。例如，下面是一段排序程序，由于一行中包括了多个语句，掩盖了程序的循环结构和条件结构，使其可读性变得很差。

```
for(i=1;i<=n-1;i++){t=i;for(j=i+1;j<=n;j++)if(a[j]<a[t])t=j;if(t!=i){temp=a[t];a[t]=a[i];
    a[i]=temp}}
```

可以将上面的程序段改写成如下形式：

```
for(i=1;i<=n-1;i++)
{
    t=i;
        for(j=i+1;j<=n;j++)
            if(a[j]<a[t])
                t=j;
    if(t!=i)
    {
        temp=a[t];
        a[t]=a[i];
        a[i]=temp;
    }
}
```

这样的形式可使程序的逻辑结构变得清晰易读。

2）程序编写首先应当考虑清晰性，不要刻意追求技巧性，使程序编写得过于紧凑。例如，有一个用 C 语句写出的程序段：

```
a[i]=a[i]+a[t];
a[t]=a[i]-a[t];
a[i]=a[i]-a[t];
```

此段程序可能不易看懂，有时还需要用实际数据试验一下，才能搞清楚其功能。实际上，这段程序的功能就是交换 a[i] 和 a[t] 中的内容。目的是节省一个工作单元。如果改写成下面的程序段，其功能就能够一目了然了：

```
temp=a[t];
a[t]=a[i];
a[i]=temp;
```

3)程序编写要简单、清楚,直截了当地说明程序员的用意。例如,下面是一个有双重循环的程序段,得到的结果是一个 $N \times N$ 的二维数组:

```
for(i=1;i<=n;i++ )
    for(j=1;j<=n;j++ )
          V[i][j]=(i/j)* (j/i)
```

在上面的程序段中，除法运算（/）在除数和被除数都是整型量时，其结果只取整数部分，而得到整型量，否则，结果为零。因此，当 i<j 时，i/j=0；当 j<i 时，j/i=0。

得到的数组元素的值如下：

当 i≠j 时，v[i][j] =(i/j)＊(j/i)=0；当 i=j 时，v[i][j] = (i/j)＊(j/i) =1。

这样得到的结果 v 是一个单位矩阵。

如果写成以下的形式，就能让读者直接了解程序编写者的意图了：

```
for(i=1;i<=n;i++ )
    for(j=1;j<=n;j++ )
          if(i==j)
                  V[i][j]=1.0;
          else
                  V[i][j]=0.0;
```

4）除非对效率有特殊的要求，否则程序编写的原则是清晰第一，效率第二。不要为了追求效率而丧失了清晰性。

5）避免使用临时变量而使可读性下降。例如，由于简单变量的运算比下标变量的运算要快，有的程序员为了追求效率，会将语句

```
x=a[i]+1/a[i];
```

写成

```
ai=a[i];
  x=ai+1/ai;
```

这样做，虽然效率要高一些，但引进了临时变量，把一个计算公式拆成了几行，增加了理解的难度。而且将来一些难以预料的修改有可能会更动这几行的顺序，或在其间插入语句，有可能会改变这个临时变量的值，就容易造成逻辑上的错误。不如在一个语句中表达较为安全可靠。

6）让编译程序做简单的优化。

7）尽可能使用库函数。

8）避免不必要的转移，如果能保持程序的可读性，则不必用 GOTO 语句。

例如，有一个求 3 个数中最小值的程序，对应的流程图如图 9-1 所示。

```
int x,y,z,small;
scanf("% d % d % d",&x,&y,&z);
if(x<y)  goto b30;
if(y<z)  goto b50;
      small=z;
goto b70;
b30:
```

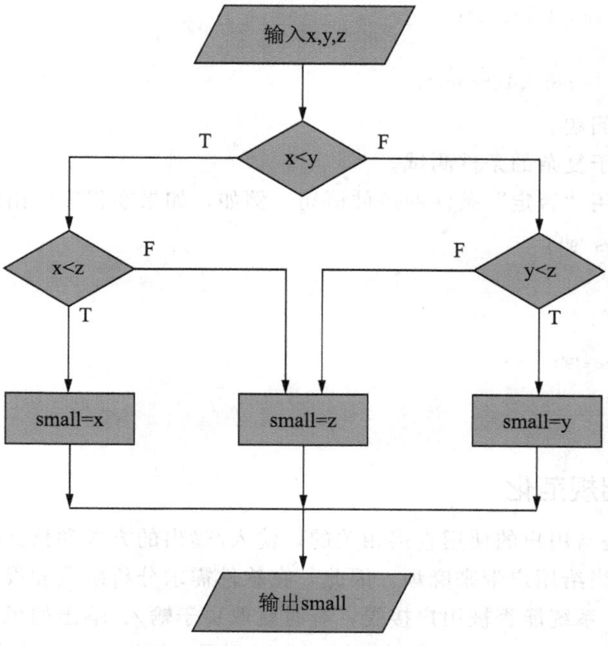


图 9-1　求 x、y、z 中最小者

```
if(x<z)goto b60;
        small=z;
goto b70;
b50:
small=y;
goto b70;
b60:
small=x;
b70:
printf("small=% d\n",small);
```

这个程序包括了 6 个 GOTO 语句，看起来很不好理解。仔细分析可知道它是想让 small 取 x、y、z 中的最小值。这样做完全是不必要的。为求最小值，程序只需编写成：

```
int x,y,z,small;
scanf("% d % d % d",&x,&y,&z);
small= x;
if(y<small)small=y;
if(z<small)small=z;
printf("small=% d\n",small);
```

所以程序应当尽量简单，避免使用 GOTO 语句绕来绕去。

9）尽量只采用 3 种基本的控制结构来编写程序。除顺序结构外，使用 if-then-else 来实现选择结构；使用 do-until 或 do-while 来实现循环结构。

10）避免使用空的 else 语句和 if…then if…语句。这种结构容易使读者产生误解。例如：

```
if(char>='a')
if(char<='z')
```

```
    cout<<  "This is a letter.";
else
    cout<<  "This is not a letter.";
```

可能产生二义性问题。

11）避免采用过于复杂的条件测试。

12）尽量减少使用“否定”条件的条件语句。例如，如果在程序中出现

```
if(! (char<'0'||char> '9'))
    ......
```

将其改成

```
if(char>='0'&&char<='9')
    ......
```

含义会更直接。

### 9.2.4 输入/输出规范化

输入/输出信息是与用户的使用直接相关的。输入/输出的方式和格式应当尽可能方便用户使用，避免因设计不当给用户带来麻烦。因此，在软件需求分析阶段和设计阶段，就应基本确定输入/输出的风格。系统能否被用户接受，有时就取决于输入/输出的风格。

输入/输出的风格随着人工干预程度的不同而有所不同。例如，对于批处理的输入和输出，总是希望它能按逻辑顺序要求组织输入数据，具有有效的输入/输出出错检查和出错恢复功能，并有合理的输出报告格式。而对于交互式的输入/输出来说，更需要的是简单而带提示的输入方式，完备的出错检查和出错恢复功能，以及通过人机对话指定输出格式和输入/输出格式的一致性。

此外，不论是批处理的输入/输出方式，还是交互式的输入/输出方式，在设计和程序编码时都应考虑下列原则：

1）对所有的输入数据都进行检验，从而识别错误的输入，以保证每个数据的有效性。

2）检查输入项的各种重要组合的合理性，必要时报告输入状态信息。

3）使得输入的步骤和操作尽可能简单，并保持简单的输入格式。

4）输入数据时，应允许使用自由格式输入。

5）应允许缺省值。

6）输入一批数据时，最好使用输入结束标志，而不要由用户指定输入数据数目。

7）在以交互式输入/输出方式进行输入时，要在屏幕上使用提示符明确提示交互输入的请求，指明可使用选择项的种类和取值范围。同时，在数据输入的过程中和输入结束时，也要在屏幕上给出状态信息。

8）当程序设计语言对输入/输出格式有严格要求时，应保持输入格式与输入语句的要求一致。

9）给所有的输出加注解，并设计输出报表格式。

输入/输出风格还受到许多其他因素的影响。如输入/输出设备（例如终端的类型，图形设备，数字化转换设备等）、用户的熟练程度以及通信环境等。

## 9.3 编码规范

为了提高源程序的质量和可维护性，最终提高软件产品生产力，很多公司都规定了编码规范，对公司软件产品的源程序的编写风格做了统一的规范约束。在参考微软、Bell 等公司

编码规范的基础上，本节以 C/C ++为例对编码规范给出简要介绍。规范涉及版面、注释、标识符命名、变量使用、代码可测性、程序效率、质量保证、代码编译、单元测试、程序版本与维护。

**1. 版面**

1）程序块要采用缩进风格编写，缩进的空格数为 4 个。但对于由开发工具自动生成的代码可以有不一致。

2）相对独立的程序块之间、变量说明之后应加空行。

3）较长的语句（>80 字符）要分成多行写，长表达式要在低优先级操作符处划分新行，操作符放在新行之首，划分出的新行要进行适当的缩进，使排版整齐，语句可读。

4）循环、判断等语句中的条件测试若有较长的表达式，则要进行适当的划分，长表达式要在低优先级操作符处划分新行，操作符放在新行之首。

5）不允许把多个短语句写在一行中，即一行只写一条语句。

6）if、while、for、default、do 等语句独自占一行。

7）只用空格键，不要使用 Tab 键。以免用不同的编辑器阅读程序时，因 Tab 键所设置的空格数目不同而造成程序布局不整齐。

8）函数或过程的开始、结构的定义及循环、判断等语句中的代码都要采用缩进风格，case 语句下的情况处理语句也要遵从语句缩进要求。

9）程序块的分界符（如 C/C++语言的大括号‘{’和‘}’）应各自独占一行并且位于同一列，同时与引用它们的语句左对齐。在函数体开始、类定义、结构定义、枚举定义以及 if、for、do、while、switch、case 语句中的程序都要采用如上的缩进方式。

例如，下面的程序段不符合规范。

```
for(...){
...//程序代码
}
if(...){
...//程序代码
}
```

应书写为以下格式：

```
for(...)
{
        ...//程序代码
}
if(...)
{
        ...//程序代码
}
```

10）在两个以上的变量、常量间进行判等操作时，操作符之前、之后或者前后要加空格；进行非判等操作时，如果是关系密切的操作符（如->和::），后面不应加空格。由于留空格所产生的清晰性是相对的，所以，在已非常清晰的语句中没有必要再留空格，如括号内侧（左括号后面和右括号前面）不要加空格，多重括号间不必加空格。

**2. 注释**

注释的原则是有助于对程序的阅读理解，注释不宜太多也不能太少，太少不利于代码理解，太多则会对阅读产生干扰，因此只在必要的地方才加注释，而且注释要准确、易懂、尽可能简洁。

1）一般情况下，注释量一般控制在20％～50％。

2）说明性文件（如.h文件、.inc文件及编译说明文件.cfg等）头部应进行注释，注释必须列出版权说明、版本、生成日期、作者、内容、功能、与其他文件的关系、修改日志等，头文件的注释中还应有函数功能简要说明。

3）源文件头部应进行注释，列出版权说明、版本号、生成日期、作者、模块目的/功能、主要函数及其功能、修改日志等。

4）函数头部应进行注释，列出函数的目的/功能、输入参数、输出参数、返回值、调用关系（函数、表）等。

5）注释的内容要清楚、明了、含义准确，防止注释二义性。

6）避免在注释中使用缩写，特别是不常用的缩写。在使用缩写时或之前，应对缩写进行必要说明。

7）代码的注释应放在代码的上方或右方（对单条语句的注释）相邻位置，不可放在下面，如放于上方则需与其上面的代码用空行隔开。

8）对于所有有物理含义的变量、常量，如果其命名不是充分自注释的，在声明时都必须加注释，说明其物理含义。变量、常量、宏的注释放在其上方相邻位置或右方。

9）如果数据结构声明（包括数组、结构、类、枚举等）不是充分自注释的，必须加以注释。对数据结构的注释应放在其上方相邻位置，不可放在下面；对结构中每个域的注释放在此域的右方。

10）全局变量要有较详细的注释，包括对其功能、取值范围、哪些函数或过程存取它以及存取时注意事项等进行说明。

11）注释与所描述内容进行同样的缩排，可使程序排版整齐，并方便注释的阅读与理解。

12）将注释与其上面的代码用空行隔开。

13）变量的定义和分支语句（条件分支、循环语句等）必须有注释。因为这些语句往往是程序实现某一特定功能的关键，对于维护人员来说，良好的注释可以帮助他们更好地理解程序，有时甚至优于看设计文档。

14）对于switch语句下的case语句，如果因为特殊情况需要处理完一个case后进入下一个case处理，必须在该case语句处理完、下一个case语句前加上明确的注释。这样比较清楚程序编写者的意图，有效防止无故遗漏break语句。

15）维护代码时，要更新相应的注释，删除不再有用的注释。保持代码、注释的一致性，避免产生误解。

**3. 标识符命名**

1）标识符的命名要清晰、明了，有明确含义，同时使用完整的单词或大家基本可以理解的缩写，避免使人产生误解。较短的单词可通过去掉“元音”形成缩写；较长的单词可取单词的头几个字母形成缩写；一些单词采用大家公认的缩写。

2）命名中若使用特殊约定或缩写，则要有注释说明。

3）自己特有的命名风格，要自始至终保持一致，不可来回变化。

4）对于变量命名，建议除了要有具体含义外，还能表明其变量类型、数据类型等，因此最好不要用单个字符表示。如果用单个字符表示，很容易录错，而编译时又检查不出来，有可能为了这个小小的错误而花费大量的查错时间。但使用单个字符表示局部循环变量是允许的

（如 i，j，k）。

5）命名规范必须与所使用的系统风格保持一致，并在同一项目中统一，比如采用 UNIX 的全小写加下划线的风格或大小写混排（如 add_user 或 AddUser）的方式，不要使用大小写与下划线混排（如 Add_User）的方式。

**4. 可读性**

1）注意运算符的优先级，并用括号明确表达式的操作顺序，避免使用默认优先级。这是为了防止阅读程序时产生误解。

例如，代码

```
If(year%4==0||year%100!=0&&year%400==0)
```

如果加上括号，则更清晰：

```
If((year%4)== 0||((year%100)!= 0&&(year%400)==0))
```

2）避免使用不易理解的数字，用有意义的标识来替代。涉及物理状态或者含有物理意义的常量，不应直接使用数字，必须用有意义的枚举或宏来代替。

**5. 变量**

1）去掉没必要的公共变量，以降低模块间的耦合度。

2）仔细定义并明确公共变量的含义、作用、取值范围及公共变量间的关系。

3）明确公共变量与操作此公共变量的函数或过程的关系，如访问、修改及创建等。这将有利于程序的进一步优化、单元测试、系统联调以及代码维护等。这种关系的说明可在注释或文档中描述。

4）当向公共变量传递数据时，要十分小心，若有必要应进行合法性检查，防止赋予不合理的值或越界等现象发生。

5）防止局部变量与公共变量同名。

6）严禁使用未经初始化的变量。特别是在 C/C++ 中引用未经赋值的指针，经常会引起系统崩溃。

**6. 函数**

1）每个函数完成单一的功能，不涉及多用途面面俱到的函数。多功能集于一身的函数，很可能使函数的理解、测试、维护等变得困难。使函数功能明确化，增加程序可读性，亦可方便维护、测试。

2）函数和过程中关系较为紧密的代码尽可能相邻。如初始化代码应放在一起，不应在中间插入实现其他功能的代码。

3）对所调用函数的错误返回码要仔细、全面地处理。

4）每个函数的源程序行数原则上应该少于 200 行。

（对于消息分流处理函数，完成的功能统一，但由于消息的种类多，可能超过 200 行的限制，这种情况不属于违反规定。）

5）编写可重入函数时，应注意局部变量的使用（如编写 C/C++ 语言的可重入函数时，应使用 auto 即缺省态局部变量或寄存器变量），不应使用 static 局部变量，否则必须经过特殊处理，才能使函数具有可重入性。

（可重入性是指函数可以被多个任务进程调用。在多任务操作系统中，函数是否具有可重入性是非常重要的，因为这是多个进程可以共用此函数的必要条件。另外，编译器是否提供可重入函数库，与它所服务的操作系统有关，只有操作系统是多任务时，编译器才有可能提供可重入函数库。）

6）编写可重入函数时，若使用全局变量，则应通过关中断、信号量（即 P、V 操作）等手段对其加以保护。若对所使用的全局变量不加以保护，则此函数就不具有可重入性，即当多个进程调用此函数时，很有可能使有关全局变量为不可知状态。

7）避免函数中不必要的语句，防止程序中的垃圾代码，预留代码应以注释的方式出现。

程序中的垃圾代码不仅占用额外的空间，而且还常常影响程序的功能与性能，很可能给程序的测试、维护等造成不必要的麻烦。

**7. 可测试性**

1）在同一项目组或产品组内，要有一套统一的为集成测试与系统联调准备的调测开关及相应打印函数，并且要有详细的说明。

2）在同一项目组或产品组内，调测打印出的信息串的格式要有统一的形式。信息串中至少要有所在模块名（或源文件名）和行号，以便于集成测试。

3）编程的同时要为单元测试选择恰当的测试点，并仔细构造测试代码、测试用例，同时给出明确的注释说明。测试代码部分应作为（模块中的）一个子模块，以方便测试代码在模块中的安装与拆卸（通过调测开关）。

4）在进行集成测试/系统联调之前，要构造好测试环境、测试项目及测试用例，同时仔细分析并优化测试用例，以提高测试效率。好的测试用例应尽可能模拟出程序所遇到的边界值、各种复杂环境及一些极端情况等。

5）使用断言来发现软件问题，提高代码的可测性。

（断言是对某种假设条件进行检查——可理解为若条件成立则无动作，否则应报告，它可以快速发现并定位软件问题，同时对系统错误进行自动报警。断言可以对在系统中隐藏很深，用其他手段极难发现的问题进行定位，从而缩短软件问题定位时间，提高系统的可测性。实际应用时，可根据具体情况灵活地设计断言。）

6）使用断言来检查程序正常运行时不应发生、而在调测时有可能发生的非法情况。

7）不能用断言来检查最终产品肯定会出现且必须处理的错误情况。因为断言是用来处理不应该发生的错误情况的，对于可能会发生的且必须处理的情况要写防错性程序，而不是断言。如某模块收到其他模块或链路上的消息后，要对消息的合理性进行检查，此过程为正常的错误检查，不能用断言来实现。

8）对较复杂的断言加上明确的注释，这样可澄清断言含义并减少不必要的误用。

9）用断言确认函数的参数。

10）用断言保证没有定义的特性或功能不被使用。

11）用断言对程序开发环境（操作系统/编译器/硬件）的假设进行检查。

程序运行时所需的软硬件及配置要求，不能用断言来检查，而必须由一段专门代码处理。用断言仅可对程序开发环境中的假设及所配置的某版本硬件是否具有某种功能的假设进行检查。例如，某网卡是否在系统运行环境中配置了，应由程序中正式代码来检查；而此网卡是否具有某设想的功能，则可由断言来检查。

对编译器提供的功能及特性假设可用断言检查，原因是软件最终产品（即运行代码或机器码）与编译器已没有任何直接关系，即软件运行过程中（注意不是编译过程中）不会也不应该对编译器的功能提出任何需求。

12）正式软件产品中应把断言及其他调测代码去掉（即把有关调测开关关掉），这样可加快软件运行速度。

13）用调测开关来切换软件的Debug版和正式版，而不要同时存在正式版本和Debug版本的不同源文件，以减少维护的难度。

14）软件的Debug版本和发行版本应该统一维护，不允许分家，并且要时刻注意保证两个版本在实现功能上的一致性。

15）在软件系统中设置与取消有关测试手段，不能对软件实现的功能等产生影响。即有测试代码的软件和关掉测试代码的软件，在功能行为上应一致。

**8. 程序效率**

编程时要经常注意代码的效率。代码效率分为全局效率、局部效率、时间效率及空间效率。全局效率是从整个系统的角度看的系统效率；局部效率是从模块或函数角度看的效率；时间效率是程序处理输入任务所需的时间长短；空间效率是程序所需内存空间，如机器代码空间大小、数据空间大小、栈空间大小等。

1）在保证软件的正确性、稳定性、可读性及可测试性的前提下，提高代码效率。

2）局部效率应为全局效率服务，不能因为提高局部效率而对全局效率造成影响。

3）通过对系统数据结构的划分与改进，以及对程序算法的优化来提高空间效率。

4）循环体内工作量最小化。应仔细考虑循环体内的语句是否可以放在循环体之外，使循环体内工作量最小，从而提高程序的时间效率。

5）较大的局部变量（2KB以上）应声明成静态类型（static），避免占用太多的堆栈空间。避免发生堆栈溢出，出现不可预知的软件故障。

**9. 质量保证**

1）代码质量保证的优先原则是：正确性，稳定性，安全性，可测试性，符合编码规范/可读性，系统整体效率，模块局部效率。

2）严禁使用未经初始化的变量。引用未经初始化的变量可能会产生不可预知的后果，特别是引用未经初始化的指针经常会导致系统崩溃，需特别注意。声明变量的同时初始化，除了能防止引用未经初始化的变量外，还可能生成更高效的机器代码。

3）定义公共指针的同时对其初始化。这样便于指针的合法性检查，防止应用未经初始化的指针。建议对局部指针也在定义的同时初始化，形成习惯。

4）只引用属于自己的存储空间。

5）防止引用已经释放的内存空间。在实际编程过程中，稍不留心就会出现在一个模块中释放了某个内存块（如指针），而另一模块在随后的某个时刻又使用了它。要防止这种情况发生。

6）过程/函数中分配的内存，在过程/函数退出之前要释放。

7）过程/函数中申请（为打开文件而使用）的文件句柄，在过程/函数退出时要关闭。分配的内存不释放以及文件句柄不关闭，是较常见的错误，而且稍不注意就有可能发生。这类错误往往会引起很严重后果，且难以定位。

8）防止内存操作越界。所谓内存操作主要是指对数组、指针、内存地址等的操作。内存操作越界是软件系统主要错误之一，后果往往非常严重，所以当我们进行这些操作时一定要仔细小心。

9）系统运行之初要对加载到系统中的数据进行一致性检查。

10）严禁随便更改其他模块或系统的有关设置和配置。

11）不能随便改变与其他模块的接口。

12）充分了解系统的接口之后，再使用系统提供的功能。

13）编程时要防止关系运算符错误。如将“<=”误写成“<”或“>=”等，由此引起的后果往往是很严重的，所以编程时一定要在这些地方小心。当编完程序后，应对这些操作进行彻底检查。

14）要时刻注意易混淆的操作符。当编完程序后，应从头至尾检查一遍这些操作符，以防止拼写错误。例如，C++中的“=”与“==”、“|”与“||”、“&”与“&&”等，若拼写错了，编译器不一定能够检查出来。

15）有可能的话，if语句尽量加上else分支。switch语句必须有default分支。对不期望的情况（包括异常情况）进行处理，保证程序逻辑严谨。

16）减少没必要的指针使用，特别是较复杂的指针，如指针的指针、数组的指针、指针的数组、函数的指针等。

用指针虽然灵活，但也对程序的稳定性造成一定威胁，主要原因是当要操作一个指针时，此指针可能正指向一个非法的地址。安全地使用指针并不是一件容易的事情。

**10. 代码编辑、编译、审查**

1）打开编译器的所有告警开关对程序进行编译。

2）在产品软件（项目组）中，要统一编译开关选项。

3）通过代码走查及审查方式对代码进行检查。

4）测试产品之前，应对代码进行抽查及评审。

**11. 代码测试、维护**

1）单元测试要求至少达到语句覆盖。

2）单元测试开始要跟踪每一语句，并观察数据流及变量的变化。

3）清理、整理或优化后的代码要经过审查及测试。

4）代码版本升级要经过严格测试。

5）使用工具软件对代码版本进行维护。

6）正式版本上软件的代码版本都应有详细的文档记录。

**12. 宏**

1）用宏定义表达时，要使用完备的括号。

2）将宏定义的多条表达式放在括号中。

3）使用宏时，不允许参数发生变化。

## 9.4 程序效率与性能分析

程序的效率是指程序的执行速度及程序所需占用内存的存储空间。程序编码是最后提高运行速度和节省存储的机会，因此在此阶段不能不考虑程序的效率。下面我们首先明确讨论程序效率的几条准则：

1）效率是一个性能要求，应当在需求分析阶段给出。软件效率以需求为准，不应以人力所及为准。

2）好的设计可以提高效率。

3）程序的效率与程序的简单性相关。

一般说来，任何对效率无重要改善，且对程序的简单性、可读性和正确性不利的程序设计方法都是不可取的。

### 9.4.1 算法对效率的影响

源程序的效率与详细设计阶段确定的算法的效率直接有关。在详细设计翻译转换成源程序代码后，算法效率反映为程序的执行速度和对存储容量的要求。

转换过程中的指导原则是：

1）在编程序前，尽可能化简有关的算术表达式和逻辑表达式。

2）仔细检查算法中嵌套的循环，尽可能将某些语句或表达式移到循环外面。

3）尽量避免使用多维数组。

4）尽量避免使用指针和复杂的表。

5）采用“快速”的算术运算。

6）不要混淆数据类型，避免在表达式中出现类型混杂。

7）尽量采用整数算术表达式和布尔表达式。

8）选用等效的高效率算法。

许多编译程序具有优化功能，可以自动生成高效率的目标代码。它可剔除重复的表达式计算，采用循环求值法、快速的算术运算，以及采用一些能够提高目标代码运行效率的算法来提高效率。对于效率至上的应用来说，这样的编译程序是很有效的。

### 9.4.2 影响存储器效率的因素

在目前的计算机系统中，存储限制不再是主要问题。在这种环境下，对内存采取基于操作系统的分页功能的虚拟存储管理，给软件提供了巨大的逻辑地址空间。这时，存储效率与操作系统的分页功能直接有关，并不是指要使所使用的存储空间达到最少。

采用结构化程序设计，将程序功能合理分块，使每个模块或一组密切相关模块的程序体积大小与每页的容量相匹配，可减少页面调度，减少内外存交换，提高存储效率。

### 9.4.3 影响输入/输出的因素

输入/输出可分为两种类型：一种是面向操作人员的，另一种是面向设备的。如果操作人员能够十分方便、简单地录入输入数据，或者能够十分直观、一目了然地了解输出信息，则可以说面向操作人员的输入/输出是高效的。面向设备的输入/输出分析起来比较复杂，但从详细设计和程序编码的角度来说，可以提出一些提高输入/输出效率的指导原则：

1）输入/输出的请求应当最小化。

2）对于所有的输入/输出操作，安排适当的缓冲区，以减少频繁的信息交换。

3）对辅助存储（如磁盘），选择尽可能简单的、可接受的存取方法。

4）对辅助存储的输入/输出，应当成块传送。

5）对终端或打印机的输入/输出，应考虑设备特性，尽可能改善输入/输出的质量和速度。

6）任何不易理解的，对改善输入/输出效果关系不大的措施都是不可取的。

7）不应该为追求所谓“超高效”的输入/输出而损害程序的可理解性。

8）好的输入/输出程序设计风格对提高输入/输出效率会有明显的效果。

## 习题

9.1　有人说程序编好后能上机运行就可以了，为什么还要讲究风格和可读性呢？你觉得对吗？为什么？

9.2　一般情况下，程序的效率和清晰性相比哪一个更重要？

9.3　程序中的注释是否越多越好？

9.4　如何提高表达式的可读性？

9.5　将下面的表达式改写成更容易理解的形式。

```
!((year%4==0&&year%100!=0)||year%400==0)
```

9.6　在一行内只写一条语句，并且采取适当的移行格式，使程序的逻辑和功能变得更加明确。许多程序设计语言允许在一行内写多个语句。但这种方式会使程序可读性变差。下面是一段排序程序，请对其编码风格进行改进，以增加其可读性。

```
for(i=1;i<=n-1;i++)for(j=1;j<=n-i;j++)if(a[j]>a[j+1]){temp=a[j];a[j]=a[j+1];a[j+1]=temp;}
```

9.7　请对下面代码的布局进行改进，使其符合规范其更容易理解。

```
for(i=1;i<=n-1;i++){
   t=i;
   for(j=i+1;j<=n;j++)
          if(a[j]<a[t])  t=j;
          if(t!=i){
          temp =a[t];
          a[t] =a[i];
          a[i] =temp
        }
  }
```

9.8　使用你熟悉的语言编写出习题 4.15 的程序，注意编码风格。

9.9　使用你熟悉的语言编写出习题 4.16 的程序，注意编码风格。

CHAPTER 10

# 第10章 软件测试方法

软件系统的开发体现了人们智力劳动的成果。在软件开发过程中，尽管人们利用了许多旨在改进和保证软件质量的方法去分析、设计和实现软件，但难免会在工作中犯这样那样的错误。这样，在软件产品中就会隐藏着许多错误和缺陷，对于规模大、复杂性高的软件更是如此。在这些错误中，有些甚至是致命的，如果不排除，就会导致财产乃至生命的重大损失。例如，早在1963年美国发生了这样一件事：一个FORTRAN程序的循环语句

```
DO 5 I= 1, 3
```

被误写为

```
DO 5 I= 1.3
```

由于空格对FORTRAN编译程序没有实际意义，误写的语句被当作了赋值语句

```
DO5I= 1.3
```

这里“,”被误写为“.”，系统运行后程序中这个一点之差致使飞往火星的火箭爆炸，造成1000万美元的损失。这种情况迫使人们必须认真计划并彻底地进行软件测试。

## 10.1 软件测试的基本概念

### 10.1.1 什么是软件测试

为了保证软件的质量和可靠性，人们力求在分析、设计等各个开发阶段结束之前，对软件进行严格的技术评审。但即使如此，由于人们本身能力的局限性，审查还不能发现所有的错误和缺陷。而且在编码阶段还会引进大量的错误。这些错误和缺陷如果在软件交付后且投入生产性运行之前不能加以排除的话，在运行中迟早会暴露出来。但到那时，不仅改正这些错误的代价更高，而且往往造成很恶劣的后果。

软件测试是在软件投入生产性运行之前，对软件需求分析、设计规格说明和编码的最终复审，是软件质量控制的关键步骤。如果给软件测试下定义的话，可以这样讲：软件测试是为了发现错误而执行程序的过程。或者说，软件测试是根据软件开发各阶段的规格说明和程序的内部结构而精心设计一批测试用例（即输入数据及其预期的输出结果），并利用这些测试用例去运行程序，以发现程序错误的过程。

现在，软件开发机构将研制力量的40%以上投入到软件测试之中的事例越来越多。特殊情况下，对于性命攸关的软件，例如飞行控制、核反应堆监控软件等，其测试费用甚至高达所有其他软件工程阶段费用总和的3～5倍。

### 10.1.2 软件测试的目的和原则

基于不同的立场，存在着两种完全不同的测试目的。从用户的角度出发，一般希望通过软

件测试检验软件中隐藏的错误和缺陷，以考虑是否可以接受该产品。而从软件开发者的角度出发，则希望测试成为表明软件产品中不存在错误的过程，验证该软件已正确地实现了用户的要求，确立人们对软件质量的信心。因此，他们会选择那些导致程序失效概率小的测试用例，回避那些易于暴露程序错误的测试用例。显然，这样的测试对提高软件质量毫无价值。如果我们站在用户的角度，替他们设想，就应当把测试活动的目标对准揭露程序中存在的错误。在选取测试用例时，考虑那些易于发现程序错误的数据。鉴于此，Grenford J. Myers 就软件测试目的提出以下观点：

1）测试是程序的执行过程，目的在于发现错误；

2）一个好的测试用例在于能发现至今未发现的错误；

3）一个成功的测试是发现了至今未发现的错误的测试。

这几句话的意思就是说，设计测试的目标是想以最少的时间和人力系统地找出软件中潜在的各种错误和缺陷。如果我们成功地实施了测试，就能够发现软件中的错误。测试的附带收获是，它能够证明软件的功能和性能与需求说明相符合。此外，实施测试收集到的测试结果数据为可靠性分析提供了依据。这里，特别需要说明的是，测试不能表明软件中不存在错误，它只能说明软件中存在错误。

根据这样的测试目的，软件测试的原则应该是：

1）应当把“尽早地和不断地进行软件测试”作为软件开发者的座右铭。由于原始问题的复杂性，软件本身的复杂性和抽象性，软件开发各个阶段工作的多样性，以及参加开发的各种层次人员之间工作的配合关系等因素，使得开发的每个环节都可能产生错误。所以我们不应把软件测试仅仅看成是软件开发的一个独立阶段，而应当把它贯穿到软件开发的各个阶段中。坚持在软件开发的各个阶段实施技术评审，这样才能在开发过程中尽早发现和预防错误，把出现的错误克服在早期，以提高软件质量。

2）测试用例应由测试输入数据和与之对应的预期输出结果这两部分组成。测试以前应当根据测试的要求选择测试用例（test case），以备测试过程中使用。测试用例主要用来检验程序员编制的程序，因此不但需要测试的输入数据，而且需要针对这些输入数据相对应的预期输出结果，作为检验实测结果的基准。

3）程序员应避免检查自己的程序。程序员应尽可能避免测试自己编写的程序，程序开发小组也应尽可能避免测试本小组开发的程序。如果条件允许，最好建立独立的软件测试小组或测试机构。这是因为人们常常由于各种原因具有一种不愿否定自己工作的心理，认为揭露自己程序中的问题总不是一件愉快的事。这一心理状态就成为客观测试自己程序的障碍。另外，程序员对软件规格说明理解错误而引入的错误则更难发现。但这并不是说程序员不能测试自己的程序，而是说由别人来测试可能会更客观、更有效，并更容易取得成功。

4）在设计测试用例时，应当包括合理的输入条件和不合理的输入条件。所谓合理的输入条件是指能验证程序正确的输入条件，而不合理的输入条件是指异常的、临界的、可能引起问题异变的输入条件。在测试程序时，人们常常倾向于过多地考虑合法的和期望的输入条件，以检查程序是否做了它应该做的事情，而忽视了不合法的和预想不到的输入条件。事实上，软件在投入运行以后，用户的使用往往不遵循事先的约定，使用了一些意外的输入，如果我们开发的软件遇到这种情况时不能做出适当的反应，就容易产生故障，轻则给出错误的结果，重则导致软件失效。因此，用不合理的输入条件测试程序时，往往比用合理的输入条件进行测试能发现更多的错误。

5）充分注意测试中的群集现象。测试时不要被一开始发现的若干错误所迷惑，找到了几个错误就以为问题已经解决，不需要继续测试了。经验表明，测试后程序中残存的错误数目与该程序的错误检出率几乎成正比。如图 10-1 所示。根据这个规律，应当对错误群集的程序段进行重点测试。

在被测程序段中，若发现错误数目多，则残存错误数目也比较多。这种错误群集性现象，已为许多程序的测试实践所证实。例如美国 IBM 公司的 OS/370 操作系统中，47%的错误仅与该系统的 4%的程序模块有关。了解这种现象对测试很有用。

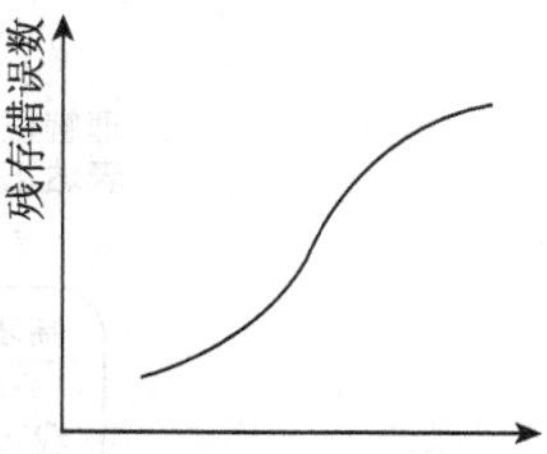

图 10-1 错误群集现象

6）严格执行测试计划，排除测试的随意性。对于测试计划，要明确规定，不要随意解释。

7）应当对每一个测试结果做全面检查。有些错误的征兆在输出实测结果时已经明显地出现了，但是如果不仔细全面地检查测试结果，就会把这些错误遗漏掉。所以必须对预期的输出结果明确定义，对实测的结果仔细分析检查，抓住征候，暴露错误。

8）妥善保存测试计划、测试用例、出错统计和最终分析报告，为未来实施的维护提供方便。

### 10.1.3 软件测试的对象

软件测试并不等于程序测试。软件测试应贯穿于软件定义与开发的整个期间。因此，需求分析、概要设计、详细设计以及程序编码等各阶段所得到的文档资料，包括需求规格说明、概要设计规格说明、详细设计规格说明以及源程序，都应成为软件测试的对象。软件测试不应局限在程序测试的狭小范围内，而置其他阶段的工作于不顾。

另一方面，由于定义与开发各阶段是互相衔接的，前一阶段工作中发生的问题如未及时解决，很自然要影响到下一阶段。从源程序的测试中找到的程序错误不一定都是程序编写过程中造成的。不能简单地把程序中的错误全都归罪于程序员。据美国一家公司的统计表明，在查找出的软件错误中，属于需求分析和软件设计的错误约占 64%，属于程序编写的错误仅占 36%。

事实上，到程序的测试为止，软件开发工作已经经历了许多环节，每个环节都可能发生问题。为了把握各个环节的正确性，人们需要进行各种确认和验证工作。

所谓确认（validation），是一系列的活动和过程，其目的是想证实在一个给定的外部环境中软件的逻辑正确性。它包括需求规格说明的确认和程序的确认，而程序的确认又分为静态确认与动态确认。静态确认一般不在计算机上实际执行程序，而是通过人工分析或者程序正确性证明来确认程序的正确性；动态确认主要通过动态分析和程序测试来检查程序的执行状态，以确认程序是否有问题。通常对软件的确认指的是，软件产品确已达到了用户在开发初期提出的使用要求。

所谓验证（verification），则试图证明在软件生存期各个阶段以及阶段间的逻辑协调性、完备性和正确性。图 10-2 中所示的是软件生存期各个重要阶段之间所要保持的正确性。它们是验证工作主要考虑的内容。

确认与验证工作都属于软件测试。在对需求理解与表达的正确性、设计与表达的正确性、实现的正确性以及运行的正确性的验证中，任何一个环节上发生了问题都可能在软件测试中表现出来。

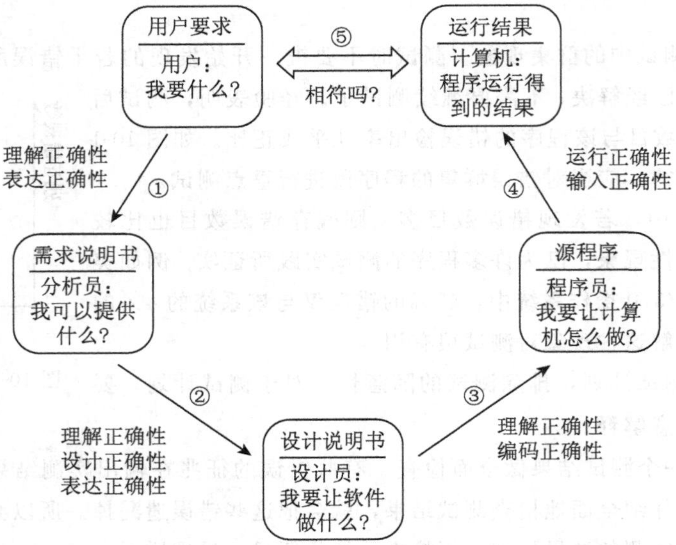


图 10-2 软件生存期各个阶段之间需要保持的正确性

## 10.1.4 测试信息流

测试信息流如图 10-3 所示。

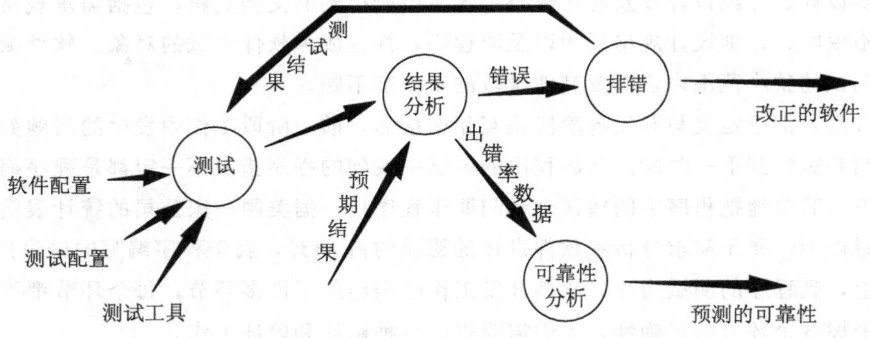


图 10-3 测试信息流

测试过程需要三类输入：

1）软件配置：包括软件需求规格说明、软件设计规格说明、源代码等。

2）测试配置：包括测试计划、测试用例、测试驱动程序等。从整个软件工程过程看，测试配置是软件配置的一个子集。

3）测试工具：为提高软件测试效率，测试工作需要测试工具的支持，它们的工作是为测试的实施提供某种服务，以减轻人们完成测试任务中的手工劳动。例如，测试数据自动生成程序、静态分析程序、动态分析程序、测试结果分析程序以及驱动测试的测试数据库等等。

测试之后，要对所有测试结果进行分析，即将实测的结果与预期的结果进行比较。如果比较发现有异常，就意味着软件有错误，然后就需要开始排错（调试）。即对已经发现的错误进行错误定位和确定出错性质，并改正这些错误，同时修改相关的文档。修正后的程序和文档一般都要经过再次测试，直到通过测试为止。我们通常把修正后的测试称为回归测试。

通过收集和分析测试结果数据，开始对软件建立可靠性模型。如果经常出现需要修改设计的严重错误，那么软件质量和可靠性就值得怀疑，同时也表明需要进一步测试。如果与此相反，软件功能能够正确完成，出现的错误易于修改，那么就可以断定软件的质量和可靠性达到可以接受的程度；但也可能是所做的测试不足以发现严重的错误。

最后，如果测试发现不了错误，那么几乎可以肯定，测试配置考虑得不够细致充分，错误仍然潜伏在软件中。这些错误最终不得不由用户在使用中发现，并在维护时去改正。但那时改正错误的费用将比在开发阶段改正错误的费用要高出 40～60 倍。

### 10.1.5　测试与软件开发各阶段的关系

软件开发过程是一个自顶向下、逐步细化的过程，而测试过程则是依相反的顺序安排的自底向上、逐步集成的过程。低一级测试为上一级测试准备条件。当然不排除两者平行地进行测试。

参见图 10-4，首先对每一个程序模块进行单元测试，消除程序模块内部在逻辑上和功能上的错误和缺陷。再对照软件设计进行集成测试，检测和排除子系统（或系统）结构上的错误。随后再对照需求，进行确认测试。最后从系统全体出发，运行系统，看是否满足要求。

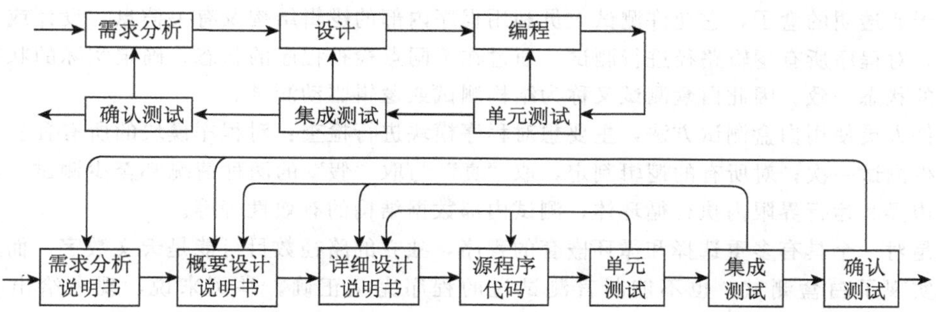


图 10-4　软件测试与软件开发过程的关系

### 10.1.6　白盒测试与黑盒测试

既然测试的目的在于寻找错误，并且找出的错误越多越好，那么自然会提出这样的问题，能不能把所有隐藏的错误全都找出来呢？或者说能不能把所有可能做的测试无遗漏地一一做完，找出所有的错误呢？下面按两种常用的测试方法做出具体分析。

（1）黑盒测试

软件的测试设计与软件产品的设计一样，是一项需要花费许多人力和时间的工作。我们希望以最少量的时间和人力，最大可能地发现最多的错误。

任何工程产品都可以使用以下两种方法之一进行测试：

1）已知产品的功能设计规格，可以通过测试证明每个实现了的功能是否符合要求。

2）已知产品的内部工作过程，可以通过测试证明每种内部操作是否符合设计规格要求，所有内部成分是否已经过检查。

前者是黑盒测试，后者是白盒测试。

就软件测试来讲，软件的黑盒测试意味着测试要根据软件的外部特性进行。也就是说，这种方法是把测试对象看作一个黑盒子，测试人员完全不考虑程序内部的逻辑结构和内部特性，只依据程序的需求规格说明书，检查程序的功能是否符合它的功能说明。

黑盒测试方法主要是为了发现：是否有不正确或遗漏了的功能？输入能否正确地接受？能否输出正确的结果？是否有数据结构错误或外部信息（例如数据文件）访问错误？性能上是否能够满足要求？是否有初始化或终止性错误？所以，用黑盒测试发现程序中的错误，必须在所有可能的输入条件和输出条件中确定测试数据，检查程序是否都能产生正确的输出。

现在假设一个程序P有输入量$X$和$Y$及输出量$Z$，参见图10-5；在字长为32位的计算机上运行。如果$X$，$Y$只取整数，考虑把所有的$X$，$Y$值都作为测试数据，按黑盒方法进行穷举测试，力图全面、无遗漏地"挖掘"出程序中的所有错误。

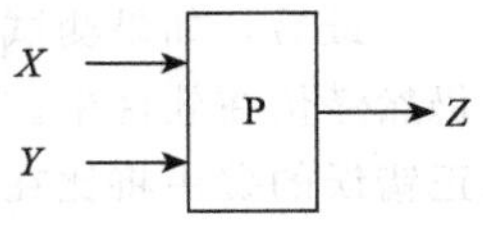


图10-5　黑盒子

这样做可能采用的测试数据组为（$X_i$，$Y_i$），不同测试数据组合的最大可能数目为

$$2^{32} \times 2^{32} = 2^{64}$$

如果程序P测试一组$X$，$Y$数据需要1毫秒，而且假定一天工作24小时，一年工作365天，要完成$2^{64}$组测试，需要5亿年。

（2）白盒测试

软件的白盒测试是对软件的过程性细节做细致的检查。这一方法是把测试对象看作一个打开的盒子或透明的盒子，它允许测试人员利用程序内部的逻辑结构及有关信息，设计或选择测试用例，对程序所有逻辑路径进行测试。通过在不同点检查程序的状态，确定实际的状态是否与预期的状态一致。因此白盒测试又称为结构测试或逻辑驱动测试。

软件人员使用白盒测试方法，主要想对程序模块进行检查：对程序模块的所有独立的执行路径至少测试一次；对所有的逻辑判定，取"真"与取"假"的两种情况都至少测试一次；在循环的边界和运行界限内执行循环体；测试内部数据结构的有效性等等。

但是对一个具有多重选择和循环嵌套的程序，独立的路径数目可能是天文数字。而且即使精确地实现了白盒测试，也不能断言测试过的程序完全正确。举例来说，现在给出一个如图10-6所示的小程序的流程图，它对应了一个有100行源代码的程序，其中包括了一个执行达20次的循环。可看出该程序所包含的独立执行路径数高达$5^{20}$（$=10^{13}$）条，若要对它进行穷举测试，即要设计测试用例覆盖所有的路径。假使有这么一个测试程序，对每一条路径进行测试需要1毫秒，同样假定一天工作24小时，一年工作365天，那么要想把如图10-6所示的小程序的所有路径测试完，则需要3170年。

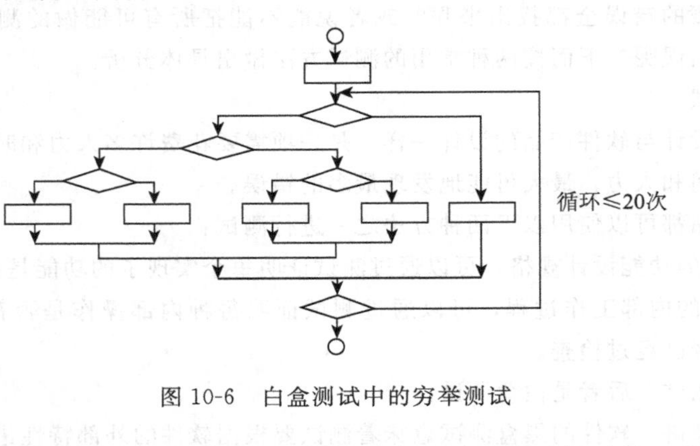


图10-6　白盒测试中的穷举测试

以上情况表明，实行穷举测试，由于工作量过大，需要的时间过长，实施起来是不现实的。任何软件项目都要受到期限、费用、人工等条件的限制，如果打算针对所有可能的数据进

行测试，以充分揭露程序中的所有隐藏错误，其愿望是好的，但这种做法是不现实的。

在测试阶段既然穷举测试不可行，就必须精心设计测试用例，从数量极大的可用测试用例中精心地挑选少量的测试数据，使得采用这些测试数据能够达到最佳的测试效果，或者说它们能够高效率地把隐藏的错误尽可能多地揭露出来。

以上事实说明，软件测试有一个致命的缺陷，即测试的不完全、不彻底性。由于任何程序只能进行少量（相对于穷举的巨大数量而言）的有限的测试，所以在发现错误时能说明程序有问题，但在未发现错误时，不能说明程序中没有错误、没有问题。

下面将介绍几种实用的测试用例设计方法。其中，逻辑覆盖属于白盒测试，等价类划分、边界值分析、因果图等属于黑盒测试。

## 10.2　白盒测试的测试用例设计

### 10.2.1　逻辑覆盖

逻辑覆盖是以程序内部的逻辑结构为基础的设计测试用例的技术，它属于白盒测试。这一方法要求测试人员对程序的逻辑结构有清楚的了解，甚至要能掌握源程序的所有细节。由于覆盖测试的目标不同，逻辑覆盖又可分为：语句覆盖、判定覆盖、条件覆盖、判定-条件覆盖、条件组合覆盖及路径覆盖。以下将分别进行扼要介绍。在所介绍的几种逻辑覆盖中，均以图 10-7 所示的程序段为例。其中有两个判断，每个判断都包含复合条件的逻辑表达式，并且，符号“∧”表示“and”运算，“∨”表示“or”运算。

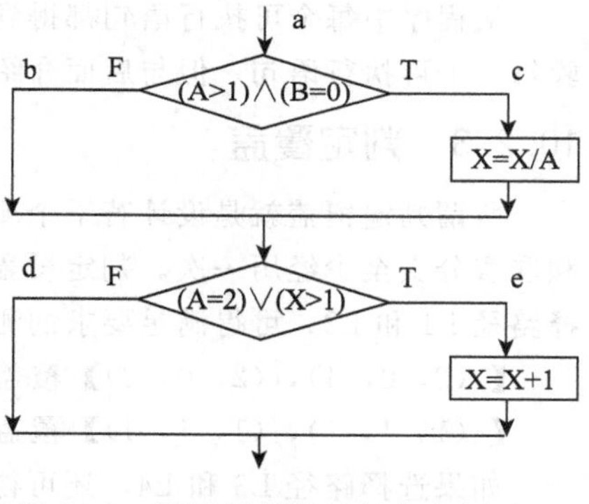

图 10-7　测试用例设计的参考例子

观察图 10-7 所给的例子，可知该程序段有 4 条不同的路径。为了清楚起见，分别对第一个判断的取假分支、取真分支及第二个判断的取假分支、取真分支命名为 b，c，d 和 e。这样所有 4 条路径可表示为：L1（a→c→e），L2（a→b→d），L3（a→b→e）和 L4（a→c→d），或简写为 ace、abd、abe 及 acd。若把各条路径应满足的逻辑表达式综合起来，可以进行如下的推导，其中的上画线“$\overline{\ }$”表示“非”运算：

L1(a→c→e)

$=\{(A>1)and(B=0)\}and\{(A=2)or(X/A>1)\}$

$=(A>1)and(B=0)and(A=2)or(A>1)and(B=0)and(X/A>1)$

$=(A=2)and(B=0)or(A>1)and(B=0)and(X/A>1)$

L2(a→b→d)

$=\{\overline{(A>1)and(B=0)}\}and\{\overline{(A=2)or(X>1)}\}$

$=\{(\overline{A>1})or(\overline{B=0})\}and\{(\overline{A=2})and(\overline{X>1})\}$

$=(\overline{A>1})and(\overline{A=2})and(\overline{X>1})or(\overline{B=0})and(\overline{A=2})and(\overline{X>1})$

$=(A\leqslant 1)and(X\leqslant 1)or(B\neq 0)and(A\neq 2)and(X\leqslant 1)$

L3(a→b→e)

$=\{\overline{(A>1)and(B=0)}\}and\{(A=2)or(X>1)\}$

$=\{\overline{(A>1)}\text{or }\overline{(B=0)}\}\text{and }\{(A=2)\text{or }(X>1)\}$

$=(\overline{A>1})\text{and }(X>1)\text{or }(\overline{B=0})\text{and}(A=2)\text{or }(\overline{B=0})\text{and }(X>1)$

$=(A\leqslant 1)\text{and }(X>1)\text{or }(B\neq 0)\text{and }(A=2)\text{or }(B\neq 0)\text{and }(X>1)$

$L4(a\rightarrow c\rightarrow d)$

$=\{(A>1)\text{and}(B=0)\}\text{and}\{\overline{(A=2)\text{or}(X/A>1)}\}$

$=(A>1)\text{and}(B=0)\text{and}(A\neq 2)\text{and}(X/A\leqslant 1)$

在上面为各条路径所导出的逻辑式中，由符号“and”（与）联结起来的断言是为了遍历这条路径各个输入变量应取值的范围，而用符号“or”（或）划分了几组可选的取值。依据以上推导出来的结果可以设计满足要求的测试用例。

### 10.2.2 语句覆盖

所谓语句覆盖就是设计若干个测试用例，运行被测程序，使得每一个可执行语句至少执行一次。例如在图 10-7 所给出的例子中，正好所有的可执行语句都在路径 L1 上，所以选择路径 L1 设计测试用例，就可以覆盖所有的可执行语句。

测试用例的设计格式如下：

【输入的（A，B，x），输出的（A，B，x)】

为图 10-7 所示例子设计满足语句覆盖的测试用例是：

【（2，0，4)，(2，0，3)】覆盖 ace【L1】

从程序中每个可执行语句都得到执行这一点来看，语句覆盖的方法似乎能够比较全面地检验每一个可执行语句。但与后面介绍的其他覆盖相比，语句覆盖是最弱的逻辑覆盖准则。

### 10.2.3 判定覆盖

所谓判定覆盖就是设计若干个测试用例，运行被测程序，使得程序中每个判断的取真分支和取假分支至少经历一次。判定覆盖又称为分支覆盖。例如对于图 10-7 给出的例子，如果选择路径 L1 和 L2，可得满足要求的测试用例：

【（2，0，4)，(2，0，3)】覆盖 ace【L1】

【（1，1，1)，(1，1，1)】覆盖 abd【L2】

如果选择路径 L3 和 L4，还可得另一组可用的测试用例：

【（2，1，1)，(2，1，2)】覆盖 abe【L3】

【（3，0，3)，(3，1，1)】覆盖 acd【L4】

所以，测试用例的取法不唯一。注意有例外情形，例如，若把图 10-7 例子中第二个判断中的条件 $x>1$ 错写成 $x<1$，那么利用上面两组测试用例，仍能得到同样结果。这表明，只是判定覆盖，还不能保证一定能查出在判断条件中存在的错误。因此，还需要更强的逻辑覆盖准则检验判断内部条件。

以上仅讨论了两出口的判断，我们还应把判定覆盖准则扩充到多出口判断（如 case 语句）的情况，这方面的情况请读者思考。

### 10.2.4 条件覆盖

所谓条件覆盖就是设计若干个测试用例，运行被测程序，使得程序中每个判断的每个条件的可能取值至少执行一次。例如在图 10-7 所给出的例子中，我们事先可对所有条件的取值加以标记。例如，

对于第一个判断：条件 $A>1$ 取真值为 T1，取假值为$\overline{T1}$；

条件 B=0 取真值为 T2，取假值为$\overline{T2}$。

对于第二个判断：条件 A=2 取真值为 T3，取假值为$\overline{T3}$；

条件 x>1 取真值为 T4，取假值为$\overline{T4}$。

则可选取测试用例如下：

| 测试用例 | 通过路径 | 条件取值 | 覆盖分支 |
|---|---|---|---|
| 【(2，0，4)，(2，0，3)】 | ace (L1) | T1 T2 T3 T4 | c，e |
| 【(1，0，1)，(1，0，1)】 | abd (L2) | $\overline{T1}$ T2 $\overline{T3}$ $\overline{T4}$ | b，d |
| 【(2，1，1)，(2，1，2)】 | abe (L3) | T1 $\overline{T2}$ T3 $\overline{T4}$ | b，e |

或

| 测试用例 | 通过路径 | 条件取值 | 覆盖分支 |
|---|---|---|---|
| 【(1，0，3)，(1，0，4)】 | abe (L3) | $\overline{T1}$ T2 $\overline{T3}$ T4 | b，e |
| 【(2，1，1)，(2，1，2)】 | abe (L3) | T1 $\overline{T2}$ T3 $\overline{T4}$ | b，e |

注意，前一组测试用例不但覆盖了所有判断的取真分支和取假分支，而且覆盖了判断中所有条件的可能取值。但是后一组测试用例虽满足了条件覆盖，但只覆盖了第一个判断的取假分支和第二个判断的取真分支，不满足判定覆盖的要求。为解决这一矛盾，需要兼顾条件和分支，有必要考虑以下的判定-条件覆盖。

### 10.2.5 判定-条件覆盖

所谓判定-条件覆盖就是设计足够的测试用例，使得判断中每个条件的所有可能取值至少执行一次，同时每个判断本身的所有可能判断结果至少执行一次。例如，对于图 10-7 中的各判断，若 T1，T2，T3，T4 及$\overline{T1}$，$\overline{T2}$，$\overline{T3}$，$\overline{T4}$的含意如前所述，则只需设计以下两个测试用例便可覆盖图 10-7 的 8 个条件取值以及 4 个判断分支。

| 测试用例 | 通过路径 | 条件取值 | 覆盖分支 |
|---|---|---|---|
| 【(2，0，4)，(2，0，3)】 | ace (L1) | T1 T2 T3 T4 | c，e |
| 【(1，1，1)，(1，1，1)】 | abd (L2) | $\overline{T1}$ $\overline{T2}$ $\overline{T3}$ $\overline{T4}$ | b，d |

判定-条件覆盖也有缺陷。从表面上来看，它测试了所有条件的取值，但是事实并非如此。因为往往某些条件掩盖了另一些条件。对于条件表达式(A>1)∧(B=0)来说，若(A>1)的测试结果为真，则还要测试（B=0），才能决定表达式的值；而若（A>1）的测试结果为假，可以立刻确定表达式的结果为假。这时，往往就不再测试（B=0）的取值了。因此，条件（B=0）就没有检查。

同样，对于条件表达式(A=2)∨(X>1)来说，若（A=2）的测试结果为真，就可以立即确定表达式的结果为真。这时，条件（X>1）就没有检查。因此，采用判定-条件覆盖，逻辑表达式中的错误不一定能够查得出来。

为彻底地检查所有条件的取值，可以将图 10-7 给出的多重条件判定分解，形成图 10-8 所示的由多

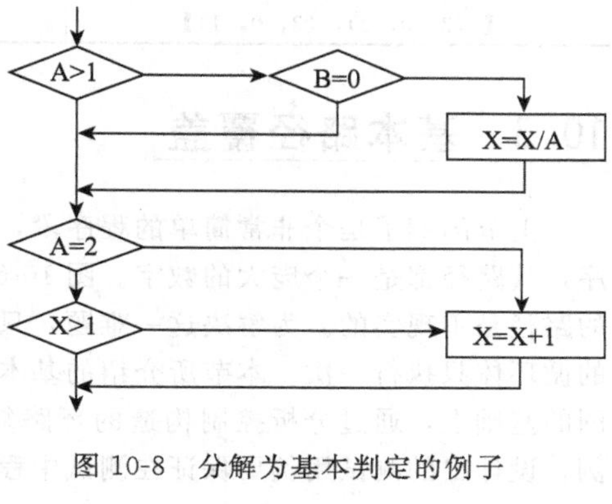


图 10-8 分解为基本判定的例子

个基本判断组成的流程图。这样可以有效地检查所有的条件是否正确。

### 10.2.6　条件组合覆盖

所谓条件组合覆盖就是设计足够的测试用例，运行被测程序，使得每个判断的所有可能的条件取值组合至少执行一次。现在考察图 10-7 给出的例子，先对各个判断的条件取值组合加以标记。例如，

① A>1，B=0 记作 T1T2，属第一个判断的取真分支；
② A>1，B≠0 记作 $T1\overline{T2}$，属第一个判断的取假分支；
③ A≯1，B=0 记作 $\overline{T1}T2$，属第一个判断的取假分支；
④ A≯1，B≠0 记作 $\overline{T1}\ \overline{T2}$，属第一个判断的取假分支；
⑤ A=2，X>1 记作 T3T4，属第二个判断的取真分支；
⑥ A=2，X≯1 记作 $T3\overline{T4}$，属第二个判断的取真分支；
⑦ A≠2，X>1 记作 $\overline{T3}T4$，属第二个判断的取真分支；
⑧ A≠2，X≯1 记作 $\overline{T3}\ \overline{T4}$，属第二个判断的取假分支。

对于每个判断，要求所有可能的条件取值组合都必须取到。在图 10-7 中的每个判断各有两个条件，所以，各有 4 个条件取值的组合。取 4 个测试用例，可用以覆盖上面 8 种条件取值的组合。必须明确，这里并未要求第一个判断的 4 个组合与第二个判断的 4 个组合再进行组合。要是那样的话，就需要 $4^2=16$ 个测试用例了。

| 测试用例 | 通过路径 | 覆盖条件 | 覆盖组合号 |
| --- | --- | --- | --- |
| 【(2, 0, 4), (2, 0, 3)】 | ace (L1) | T1　T2　T3　T4 | ①，⑤ |
| 【(2, 1, 1), (2, 1, 2)】 | abe (L3) | T1　$\overline{T2}$　T3　$\overline{T4}$ | ②，⑥ |
| 【(1, 0, 3), (1, 0, 4)】 | abe (L3) | $\overline{T1}$　T2　$\overline{T3}$　T4 | ③，⑦ |
| 【(1, 1, 1), (1, 1, 1)】 | abd (L2) | $\overline{T1}$　$\overline{T2}$　$\overline{T3}$　$\overline{T4}$ | ④，⑧ |

这组测试用例覆盖了所有条件的可能取值的组合，覆盖了所有判断的可取分支，但路径漏掉了 L4。测试还不完全。

### 10.2.7　路径覆盖

路径覆盖是设计足够的测试用例，覆盖程序中所有可能的路径。若仍以图 10-7 为例，则可以选择如下的一组测试用例，覆盖该程序段的全部路径。

| 测试用例 | 通过路径 | 覆盖条件 |
| --- | --- | --- |
| 【(2, 0, 4), (2, 0, 3)】 | ace (L1) | T1　T2　T3　T4 |
| 【(1, 1, 1), (1, 1, 1)】 | abd (L2) | $\overline{T1}$　$\overline{T2}$　$\overline{T3}$　$\overline{T4}$ |
| 【(1, 1, 2), (1, 1, 3)】 | abe (L3) | $\overline{T1}$　$\overline{T2}$　$\overline{T3}$　T4 |
| 【(3, 0, 3), (3, 0, 1)】 | acd (L4) | T1　T2　$\overline{T3}$　$\overline{T4}$ |

## 10.3　基本路径覆盖

上节的例子是个非常简单的程序段，只有 4 条路径。但在实际问题中，一个不太复杂的程序，其路径都是一个庞大的数字。图 10-6 所示的程序竟有 $5^{20}$ 条路径。要在测试中覆盖这样多的路径是不现实的。为解决这一难题，只得把覆盖的路径数压缩到一定限度内，例如，程序中的循环体只执行一次。本节所介绍的基本路径测试就是这样一种测试方法，它是在程序控制流图的基础上，通过分析控制构造的环路复杂性，导出基本可执行路径集合，从而设计测试用例。设计出的测试用例要保证在测试中程序的每一个可执行语句至少执行一次。

（1）程序的控制流图

控制流图是描述程序的控制流的一种图示方法。其中，基本的控制构造对应的图形符号如图 10-9 所示。在图 10-9 中，符号○称为控制流图的一个结点，它表示一个或多个无分支的 PDL 语句或源程序语句。

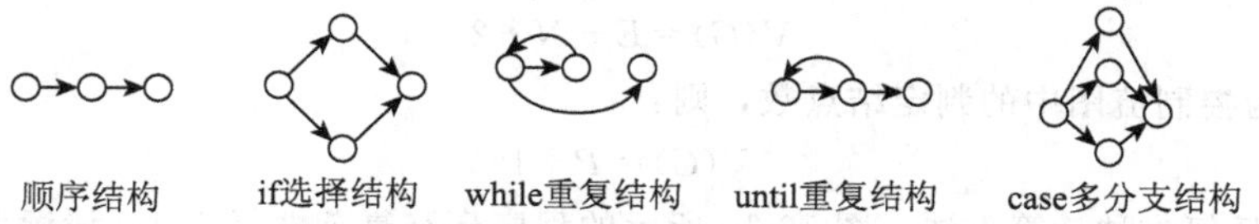


图 10-9　控制流图的各种图形符号

图 10-10a 是一个程序的程序流程图，它可以映射成如图 10-10b 所示的控制流图。

这里我们假定在流程图中用菱形框表示的判断内没有复合的条件。一组顺序处理框可以映射为一个结点。控制流图中的箭头（边）表示了控制流的方向，类似于流程图中的流线，一条边必须终止于一个结点，但在选择或多分支结构中分支的汇聚处，即使没有执行语句也应该有一个汇聚结点。边和结点圈定的范围叫作区域，当对区域计数时，图形外的范围也应记为一个区域（如图 10-10b 中的 R1～R3 及 R4）。

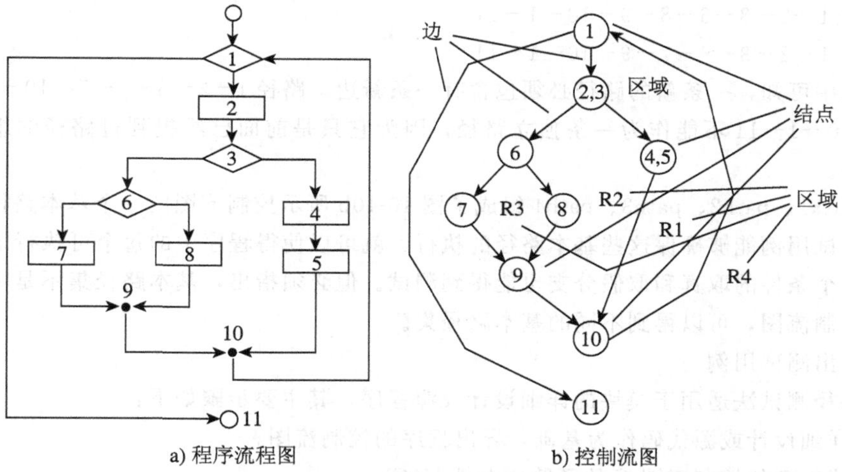


图 10-10　程序流程图与对应的控制流图

如果判断中的条件表达式是复合条件时，即条件表达式是由一个或多个逻辑运算（or，and，nand，nor）连接的逻辑表达式，则需要改复合条件的判断为一系列只有单个条件的嵌套的判断。例如对应图 10-11a 的复合条件的判定，应该画成如图 10-11b 所示的控制流图。条件语句 if a or b 中条件 a 和条件 b 各有一个单个条件的判断结点。

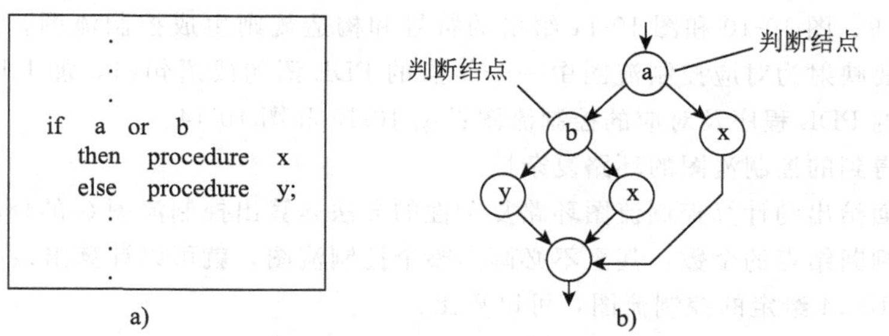


图 10-11　复合逻辑下的控制流图

（2）程序环路复杂性

对于给定的控制流图 $G$，按 McCabe 给出的环路复杂性 $V(G)$ 的计算方法如下：

1）环路复杂性定义为控制流程图中的区域数。

2）设 $E$ 为控制流图的边数，$N$ 为图中的结点数，则：

$$V(G)=E-N+2$$

3）设 $P$ 为控制流图中的判定结点数，则：

$$V(G)=P+1$$

根据上述任何一种计算方法，图 10-10 所示的程序环路复杂性等于 4，请读者验证。

在进行程序的基本路径测试时，从程序的环路复杂性可导出程序基本路径集合中的独立路径数，这是确保程序中每个可执行语句至少执行一次所必需的测试用例数目的上界。

独立路径是指包括一组以前没有处理的语句或条件的一条路径。从控制流图来看，一条独立路径是至少包含有一条在其他独立路径中从未含有的边的路径。例如，在图 10-10b 所示的控制流图中，一组独立的路径是

path1：1—11

path2：1—2—3—4—5—10—1—11

path3：1—2—3—6—8—9—10—1—11

path4：1—2—3—6—7—9—10—1—11

从此例中可知，一条新的路径必须包含有一条新边。路径 1—2—3—4—5—10—1—2—3—6—8—9—10—1—11 不能作为一条独立路径，因为它只是前面已经提到过路径的组合，没有包含新的边。

路径 path1、path2、path3、path4 组成了图 10-10b 所示控制流图的一个基本路径集。只要设计出的测试用例能够确保这些基本路径的执行，就可以使得程序中的每个可执行语句至少执行一次，每个条件的取真和取假分支也能得到测试。但必须指出，基本路径集不是唯一的，对于给定的控制流图，可以得到不同的基本路径集。

（3）导出测试用例

基本路径测试法适用于模块的详细设计及源程序，其主要步骤如下：

1）以详细设计或源代码作为基础，导出程序的控制流图；

2）计算得到的控制流图 $G$ 的环路复杂性 $V(G)$；

3）确定线性无关的基本路径集；

4）生成测试用例，确保基本路径集中每条路径的执行。

下面以一个求平均值的过程 average 为例，说明测试用例的设计过程。用 PDL 语言描述的 average 过程如图 10-12 所示。

（1）由过程描述导出控制流图

利用图 10-9、图 10-10 和图 10-11 给出的符号和构造规则生成控制流图。对于图 10-12 中的过程，对将要映射为对应控制流图中一个结点的 PDL 语句或语句组，加上用数字表示的标号。加了标号的 PDL 程序及对应的控制流图见图 10-13 和图 10-14。

（2）计算得到的控制流图的环路复杂性

利用在前面给出的计算控制流图环路复杂性的方法，算出控制流图 $G$ 的环路复杂性。如果一开始就知道判断结点的个数，甚至不必画出整个控制流图，就可以计算出该图的环路复杂性的值。对于图 10-14 给定的控制流图，可以算出：

```
PROCEDURE average;
    * This procedure computes the average of 100 or fewer numbers that lie bounding values; it also com-
      putes the total input and the total valid.
    INTERFACE RETURNS average, total. input, total. valid;
    INTERFACE ACCEPTS value, minimum, maximum;
    TYPE value [1: 100] IS SCALAR ARRAY;
    TYPE average,total. input,total. valid,minimum,maximum,sum IS SCALAR;
    TYPE i IS INTEGER;
    i=1;
    total. input=total. valid=0;
    sum=0;
    DO WHILE value[i]<>-999 AND total. input<100
        increment total. input by 1;
        IF value[i]>=minimum AND value[i]<=maximum
            THEN increment total. valid by 1;
                sum=sum+value[i];
            ELSE skip
        ENDIF;
        increment i by 1;
    ENDDO
    IF total. valid>0
        THEN average=sum/total. valid;
        ELSE average=-999;
    ENDIF
END average
```

图 10-12 用 PDL 描述的 average 过程

```
PROCEDURE average;
    * This procedure computes the average of 100 or fewer numbers that lie bounding values;it also
    computes the total input and the total valid.
    INTERFACE RETURNS average,total. input,total. valid;
    INTERFACE ACCEPTS value,minimum,maximum;
    TYPE value[1:100] IS SCALAR ARRAY;
    TYPE average,total. input,total. valid,minimum,maximum,sum IS SCALAR;
    TYPE i IS INTERGER;
      ┌ i=1;
    ① ┤ total.input=total.valid=0;
      └ sum=0;                                       ②
     DO WHILE [value[i]<>-999] AND [total.input<100]     ③
       ④ increment total.input by 1;                          ⑥
          IF [value[i]>=minimum] AND [value[i]<=maximum]
   ⑤         ┌ THEN increment total.valid by 1;
          ⑦  ┤      sum=sum+value[i];
             └ ELSE skip
     ⑧ ┌ ENDIF;
       └ increment i by 1;
     ⑨ ENDDO
        IF [total.valid>0]   ⑩
     ⑪   THEN average=sum/total.valid;
     ⑫   ELSE average=-999;
        ENDIF
     ⑬ END average
```

图 10-13 对 average 过程定义结点

$V(G)=6$(区域数)$=5$(判定结点数)$+1=6$

(3) 确定线性无关的基本路径集

针对图10-14计算出的环路复杂性的值，就是该图已有的线性无关基本路径集中的路径数目。该图所有的6条路径是：

path1：1—2—10—11—13

path2：1—2—10—12—13

path3：1—2—3—10—11—13

path4：1—2—3—4—5—8—9—2 ……

path5：1—2—3—4—5—6—8—9—2 ……

path6：1—2—3—4—5—6—7—8—9—2 ……

路径4、5、6后面的省略号表示在控制结构中以后剩下的路径是可选择的。在很多情况下，标识判断结点常常能够有效地帮助导出测试用例。在上例中，结点2、3、5、6和10都是判断结点。

(4) 准备测试用例，确保基本路径集中的每一条路径的执行

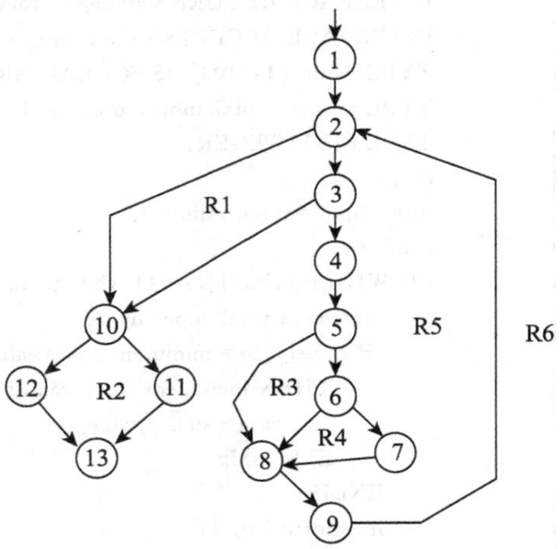

图10-14　average过程的控制流图

根据判断结点给出的条件，选择适当的数据以保证某一条路径可以被测试到。满足上例基本路径集的测试用例是：

path1　输入数据：value[k]=有效输入,限于k<i(i定义如下)；

value[i]=−999,当2≤i≤100。

预期结果：n个值的正确的平均值、正确的总计数。

注意：不能孤立地进行测试,应当作为路径4、5、6测试的一部分来测试。

path2　输入数据：value[1]=−999；

预期结果：平均值=−999,总计数取初始值。

path3　输入数据：试图处理101个或更多的值,而前100个应当是有效的值。

预期结果：与测试用例1相同。

path4　输入数据：value[i]=有效输入,且i<100；

value[k]<最小值,当k<i时。

预期结果：n个值的正确的平均值,正确的总计数。

path5　输入数据：value[i]=有效输入,且i<100；

value[k]>最大值,当k≤i时。

预期结果：n个值的正确的平均值,正确的总计数。

path6　输入数据：value[i]=有效输入,且i<100。

预期结果：n个值的正确的平均值,正确的总计数。

每个测试用例执行之后，与预期结果进行比较。如果所有测试用例都执行完毕，则可以确信程序中所有的可执行语句至少被执行了一次。但是必须注意的是，一些独立的路径（如此例中的路径1），往往不是完全孤立的，有时它是程序正常的控制流的一部分，这时，这些路径的测试可以是另一条路径测试的一部分。

(5) 图形矩阵

图形矩阵是在基本路径测试中起辅助作用的软件工具，利用它可以自动地确定一个基本路径集。一个图形矩阵是一个方阵，其行、列数等于控制流图中的结点数。每行和每列依次对应

到一个被标识的结点，矩阵元素对应到结点间的连接（即边）。图 10-15 给出了一个简单的控制流图和它所对应的图形矩阵。在此图中，控制流图的每一个结点都用数字加以标识，每一条边都用字母加以标识。如果在控制流图中第 $i$ 个结点到第 $j$ 个结点有一条名为 $x$ 的边相连接，则在对应的图形矩阵中第 $i$ 行、第 $j$ 列有一个非空的元素 $x$。

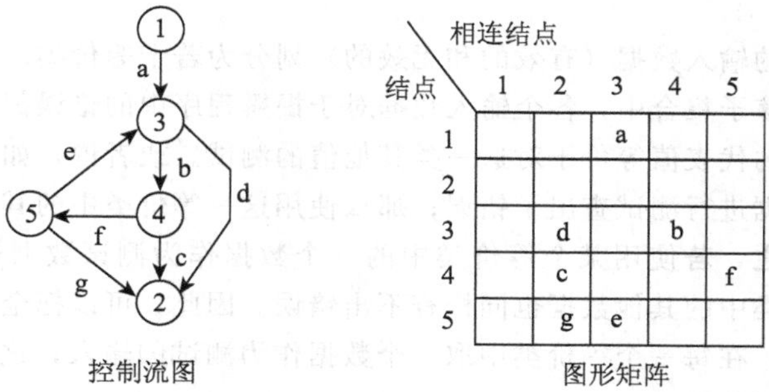


图 10-15 控制流图及其对应的图形矩阵

在控制流图中对每一条边加上一个连接权，图形矩阵就成为测试过程中评价程序控制结构的工具。连接权提供了关于控制流的附加信息。最简单的情形，连接权为“1”，表示存在一个连接；为“0”，表示不存在连接。但在其他情况，连接权可以表示如下特性：连接（边）执行的可能性（概率）、通过一个连接需花费的时间、在通过一个连接时所需的存储、在通过一个连接时所需的资源。

为了举例说明，可用最简单的权限（0 或者 1）来表明连接。图 10-16 是图 10-15 中的图形矩阵改画后的结果。每个字母用“1”取代，表明存在一个连接。在图中，“0”未画出。采用这种表示时，图形矩阵称为连接矩阵。

参见图 10-16，如一行有 2 个或更多的元素，则这行所代表的结点一定是判断结点。因而通过计算排列在连接矩阵右边的算式，可以得到确定该图环路复杂性的另一种方法。

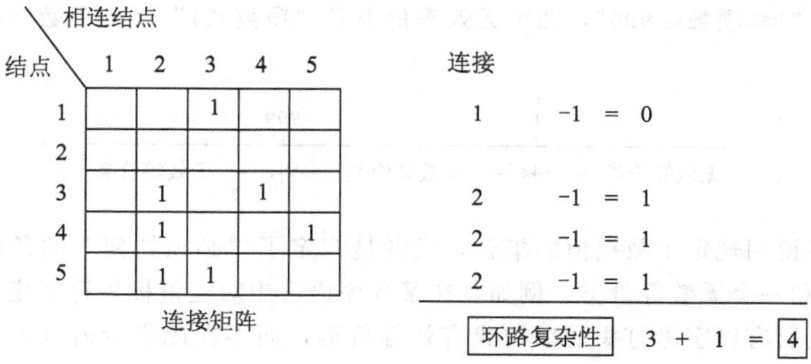


图 10-16 连接矩阵及环路复杂性的计算

## 10.4 黑盒测试的测试用例设计

### 10.4.1 等价类划分

等价类划分是一种典型的黑盒测试方法，也是一种非常实用的重要测试方法。

前面已经说过，不可能用所有可以输入的数据来测试程序，而只能从全部可供输入的数据中选择一个子集进行测试。如何选择适当的子集，以便尽可能多地发现错误。解决的办法之一是等价类划分。使用这一方法设计测试用例要经历划分等价类（列出等价类表）和选取测试用例两步。以下分别加以说明，然后给出实例。

（1）划分等价类

首先把数目极多的输入数据（有效的和无效的）划分为若干等价类。所谓等价类是指某个输入域的子集合，在该子集合中，各个输入数据对于揭露程序中的错误都是等效的。并合理地假定：测试某等价类的代表值等价于对这一类其他值的测试。或者说，如果用某个等价类中的一个数据作为测试数据进行测试查出了错误；那么使用这一等价类中的其他数据进行测试也会查出同样的错误；反之，若使用某个等价类中的一个数据作为测试数据进行测试没有查出错误，则使用这个等价类中的其他数据也同样查不出错误。因此，可以把全部可供输入的数据合理划分为若干等价类，在每一个等价类中取一个数据作为测试的输入，这样就可以用少量代表性测试数据，达到测试的要求。

等价类的划分有两种不同的情况：

1）有效等价类：是指对于软件的规格说明来说，合理的、有意义的输入数据构成的集合。利用它，可以检验程序是否实现了规格说明预先规定的功能和性能。

2）无效等价类：是指对于软件的规格说明来说，不合理的、无意义的输入数据构成的集合。程序员主要利用这一类测试用例检查程序中功能和性能的实现是否有不符合规格说明要求的情况。

在设计测试用例时，要同时考虑有效等价类和无效等价类。软件不能都只接受合理的数据，还要经受意外的考验，检验出无效的或不合理的数据，这样的软件测试才是全面性的。

以下结合具体实例给出几条划分等价类的原则。

1）如果输入数据规定了取值范围或值的个数，则可以确定一个有效等价类和两个无效等价类。例如，在软件的规格说明中，对输入数据有一句话：

“……项数可以从 1 到 999……”

则有效等价类是“1≤项数≤999”，两个无效等价类是“项数＜1”及“项数＞999”。在数轴上表示成

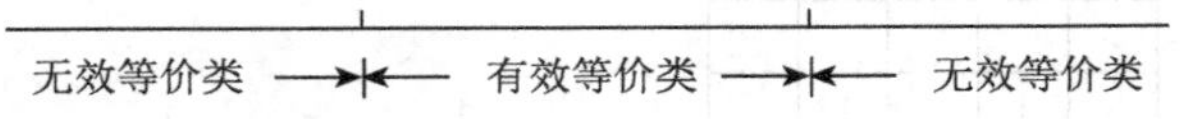


2）如果规格说明规定了数据值的集合，或者是规定了“必须如何”的条件，这时可确定一个有效等价类和一个无效等价类。例如，在某程序语言中对变量标识符规定为“以字母打头的……串”。那么所有以字母打头的串构成有效等价类，而不在此集合内（不以字母打头）的串归于无效等价类。

3）如果规格说明中规定的是一个条件数据，则可确定一个有效等价类和一个无效等价类。例如：“……成人（年满 18 岁）须……”，则考虑成人为一有效等价类，未满 18 岁者为无效等价类。

4）如果我们确知，已划分的等价类中各元素在程序中的处理方式不同，则应将此等价类进一步划分成更小的等价类。

（2）确定测试用例

在确定了等价类之后，建立等价类表，列出所有划分出的等价类：

| 输入数据 | 有效等价类 | 无效等价类 |
|---|---|---|
| …… | …… | …… |
| …… | …… | …… |

再从划分出的等价类中按以下原则选择测试用例：

1）为每一个等价类规定一个唯一的编号；

2）设计一个新的测试用例，使其尽可能多地覆盖尚未被覆盖的有效等价类，重复这一步，直到所有的有效等价类都被覆盖为止；

3）设计一个新的测试用例，使其仅覆盖一个尚未被覆盖的无效等价类，重复这一步，直到所有的无效等价类都被覆盖为止。

上述原则中，原则2完全是为了把测试工作量减到最小，原则3则可把多个错误分开。

例如学校领导分为校长、副校长、书记、副书记，年龄（AGE）在25≤AGE≤75。若给出一个无效等价类的测试用例为（妇联主任，5岁），它覆盖了两个错误的输入条件（职务，年龄），但当程序检查到职务时发现了错误，就可能不再去检查年龄错误，因此必须针对每一个无效等价类，分别设计测试用例。

（3）用等价类划分法设计测试用例的实例

在某程序设计语言的语法中规定："标识符是以字母开头，后跟字母或数字的任意组合而构成的。有效字符数为8个，最大字符数为80个。"并且规定："标识符必须先说明，再使用。""在同一说明语句中，标识符至少必须有一个。"

为用等价类划分的方法得到上述规格说明所规定的要求，本着前述的划分原则，建立输入等价类表，如表10-1所示（表中括号中的数字为等价类编号）。

表10-1 等价类表

| 输入数据 | 有效等价类 | 无效等价类 |
|---|---|---|
| 标识符个数 | 1个（1），多个（2） | 0个（3） |
| 标识符字符数 | 1～80个（4） | 0个（5），>80个（6） |
| 标识符组成 | 字母（7），数字（8） | 非字母数字字符（9），保留字（10） |
| 第一个字符 | 字母（11） | 非字母（12） |
| 标识符使用 | 先说明后使用（13） | 未说明已使用（14） |

下面选取了8个测试用例，它们覆盖了所有的等价类。

①VAR x，T1234567：REAL； }（1），（2），（4），（7），（8），（11），（13）

BEGIN x：=3.414；T1234567：=2.732；……

②VAR：REAL； }（3）

③VAR x，：REAL； }（5）

④VAR T12345……：REAL； }（6）多于80个字符

⑤ VAR T＄：CHAR； }（9）

⑥VAR GOTO：INTEGER； }（10）

⑦VAR 2T：REAL； }（12）

⑧VAR PAR：REAL； }（14）

BEGIN……

PAP：=SIN（3.14＊0.8）/6；

## 10.4.2　边界值分析

（1）边界值分析方法的考虑

边界值分析也是一种黑盒测试方法，是对等价类划分方法的补充。

人们从长期的测试工作经验中得知，大量的错误是发生在输入或输出范围的边界上，而不是在输入范围的内部。因此针对各种边界情况设计测试用例，可以查出许多容易发生的错误。比如，在做三角形计算时，要输入三角形的三个边长：$A$，$B$ 和 $C$。应注意到这三个数值应当满足 $A>0$，$B>0$，$C>0$，$A+B>C$，$A+C>B$，$B+C>A$，才能构成三角形。但如果把 6 个不等式中的任何一个大于号“>”错写成大于等于号“≥”，那就不能构成三角形。问题恰出现在容易被疏忽的边界附近。这里所说的边界是指，相对于输入等价类和输出等价类而言，稍高于其边界值及稍低于其边界值的一些特定情况。

使用边界值分析方法设计测试用例，首先应分析边界情况。通常输入等价类与输出等价类的边界是需要认真考虑的。应当选取正好等于、刚刚大于或刚刚小于边界的值作为测试数据，而不是选取等价类中的典型值或任意值作为测试数据。

（2）选择测试用例的原则

边界值分析方法选择测试用例的原则在很多方面与等价类划分方法类似。

1）如果输入数据规定了值的范围，则应取刚达到这个范围的边界的值，以及刚刚超越这个范围边界的值作为测试输入数据。例如，若输入值的范围是“－1.0～1.0”，则可选取“－1.0”“1.0”“－1.001”“1.001”作为测试输入数据。

2）如果输入数据规定了值的个数，则用最大个数、最小个数、比最大个数多 1、比最小个数少 1 的数作为测试数据。例如，一个输入文件有 1～255 个记录，设计测试用例时，则可以分别设计有 1 个记录、255 个记录以及 0 个记录和 256 个记录的输入文件。

3）根据规格说明的每个输出数据，使用前面的原则 1。例如，某程序的功能是计算折扣量，最低折扣量是 0 元，最高折扣量是 1050 元。则设计一些测试用例，使它们恰好产生 0 元和 1050 元的结果。此外，还可考虑设计结果为负值或大于 1050 元的测试用例。由于输入值的边界不与输出值的边界相对应，所以要检查输出值的边界不一定可能，要产生超出输出值值域之外的结果也不一定办得到。尽管如此，必要时还需一试。

4）根据规格说明的每个输出数据，使用前面的原则 2。例如，一个信息检索系统根据用户输入的命令，显示有关文献的摘要，但最多只显示 4 篇摘要。这时可设计一些测试用例，使得程序分别显示 1 篇、4 篇、0 篇摘要，并设计一个有可能使程序错误地显示 5 篇摘要的测试用例。

5）如果程序的规格说明给出的输入域或输出域是有序集合（如有序表、顺序文件等），则应选取集合的第一个元素和最后一个元素作为测试用例。

6）如果程序中使用了一个内部数据结构，则应当选择这个内部数据结构的边界上的值作为测试用例。例如，如果程序中定义了一个数组，其元素下标的下界是 0，上界是 100，那么应选择达到这个数组下标边界的值，如 0 与 100，作为测试用例。

7）分析规格说明，找出其他可能的边界条件。

（3）应用边界值分析方法设计测试用例的实例

举例说明，假设已经编制了一个为学生标准化考试批阅试卷、产生成绩报告的程序。其规格说明如下。

程序的输入文件由一些包含 80 个字符的记录（卡片）组成。输入数据记录格式如图 10-17 所示。

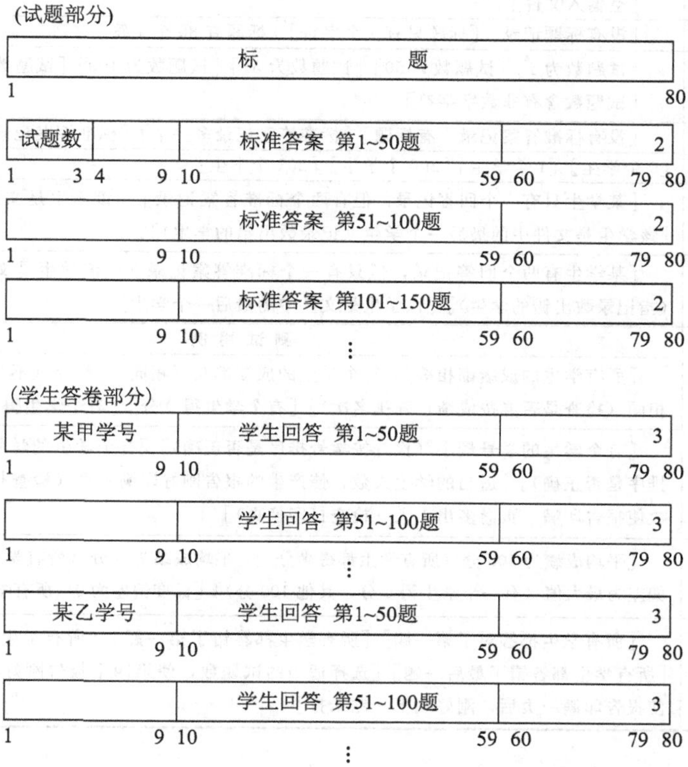


图 10-17　学生考卷评分和成绩统计程序输入数据形式

所有这些记录分为三组。

1）标题。这一组只有一个记录，其内容是成绩报告的名字。

2）各题的标准答案。每个记录均在第 80 个字符处标以数字“2”。该组的第 1 个记录的第 1～3 个字符为试题数（取值为 1～999）。第 10～59 个字符给出第 1～50 题的标准答案（每个合法字符表示一个答案）。该组的第 2、第 3……个记录相应为第 51～100 题、第 101～150 题……的标准答案。

3）学生的答卷。每个记录均在第 80 个字符处标以数字“3”。每个学生的答卷在若干个记录中给出。比如，某甲的首记录第 1～9 个字符给出学生的学号，第 10～59 个字符列出其所做的第 1～50 题的解答。若试题数超过 50，则其第二、第三……个记录分别给出其第 51～100 题、第 101～150 题……的解答。然后是某乙的答卷记录。学生人数不超过 200 人，试题个数不超过 999。

程序的输出有 4 个报告：

① 按学号排列的成绩单，列出每个学生的成绩（百分制）、名次；

② 按学生成绩排序的成绩单；

③ 平均分数及标准偏差的报告；

④ 试题分析报告。按试题号排列，列出各题学生答对的百分比。

下面分别考虑输入数据和输出数据以及边界条件，选择测试用例。如表 10-2 所示。

表 10-2　“报告考试成绩”实例的测试用例

| 输入数据 | 测 试 用 例 |
|---|---|
| 输入文件 | ［空输入文件］ |
| 标题 | ［没有标题记录］［标题只有一个字符］［标题有 80 个字符］ |
| 试题数 | ［试题数为 1］［试题数为 50］［试题数为 51］［试题数为 100］［试题数为 999］［试题数为 0］［试题数含有非数字字符］ |
| 标准答案记录 | ［没有标准答案记录，有标题］［标准答案记录多一个］［标准答案记录少一个］ |
| 学生人数 | ［0 个学生］［1 个学生］［200 个学生］［201 个学生］ |
| 学生答题 | ［某学生只有一个回答记录，但有两个标准答案记录］［该学生是文件中的第一个学生］［该学生是文件中的最后一个学生（记录数出错的学生）］ |
| 学生答题 | ［某学生有两个回答记录，但只有一个标准答案记录］［该学生是文件中的第一个学生（指记录数出错的学生）］［该学生是文件中的最后一个学生］ |
| **输出数据** | **测 试 用 例** |
| 学生成绩 | ［所有学生的成绩都相等］［每个学生的成绩都互不相同］［部分（不是全体）学生的成绩相同（检查是否能按成绩正确排名次）］［有个学生得 0 分］［有个学生得 100 分］ |
| 输出报告①② | ［有个学生的学号最小（检查按学号排序是否正确）］［有个学生的学号最大（检查按学号排序是否正确）］［适当的学生人数，使产生的报告刚好印满一页（检查打印页数）］［学生人数使报告印满一页尚多出 1 人（检查打印换页）］ |
| 输出报告③ | ［平均成绩为 100 分（所有学生都得满分）］［平均成绩为 0 分（所有学生都得 0 分）］［标准偏差为最大值（有一半学生得 0 分，其他 100 分）］［标准偏差为 0（所有学生的成绩都相等）］ |
| 输出报告④ | ［所有学生都答对了第一题］［所有学生都答错了第一题］［所有学生都答对了最后一题］［所有学生都答错了最后一题］［选择适当的试题数，使第四个报告刚好印满一页］［试题数使报告印满一页后，刚好剩下一题未打］ |

上述 43 个测试用例可以发现在程序中大部分常见的错误。如果用随机方法设计测试用例不一定会发现这些错误。如果使用得当，边界值分析方法是很有效的。

这个方法看起来似乎很简单，但是由于许多程序中的边界情况很复杂，要找出适当的测试用例还需针对问题的输入域、输出域边界，耐心细致地逐个考虑。

## 10.5　软件测试的策略

通常软件测试过程按 4 个步骤进行，即单元测试、组装测试、确认测试和系统测试。图 10-18示出软件测试经历的 4 个步骤。

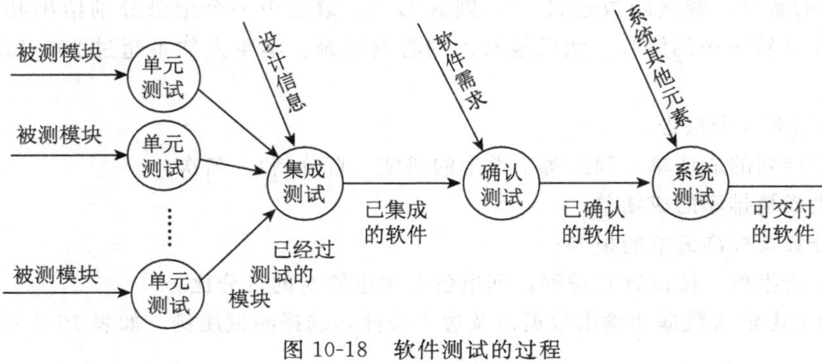


图 10-18　软件测试的过程

开始是单元测试，集中对用源代码实现的每一个程序单元进行测试，检查各个程序模块是否正确地实现了规定的功能。然后，把已测试过的模块组装起来，进行组装测试，主要对与设计相关的软件体系结构的构造进行测试。确认测试则是要检查已实现的软件是否满足了需求规格说明中确定了的各种需求，以及软件配置是否完全、正确。最后是系统测试，把已经经过确认的软件纳入实际运行环境中，与系统其他成分组合在一起进行测试。严格地说，系统测试已超出了软件工程的范围。

### 10.5.1 单元测试

单元测试（unit testing）又称模块测试，是针对软件设计的最小单位——程序模块——进行正确性检验的测试工作。其目的在于发现各模块内部可能存在的各种差错。单元测试需要从程序的内部结构出发设计测试用例。多个模块可以平行地独立进行单元测试。

**1. 单元测试的内容**

在单元测试时，测试者需要依据详细设计说明书和源程序清单，了解该模块的I/O条件和模块的逻辑结构，主要采用白盒测试方法设计测试用例，辅之以黑盒测试的测试用例，使之对任何合理的输入和不合理的输入，都能鉴别和响应。这要求对所有的局部的和全局的数据结构、外部接口和程序代码的关键部分，都要进行桌面检查（参看本章10.6.2节）和严格的代码评审。在单元测试中进行的测试工作如图10-19所示，需要在5个方面对被测模块进行检查。

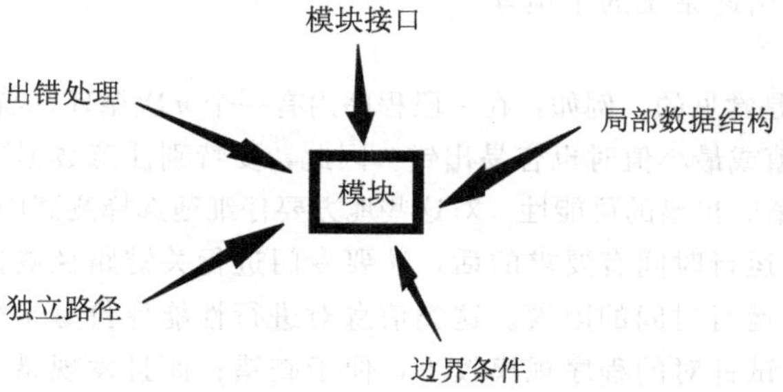


图10-19　单元测试的工作

（1）模块接口测试

在单元测试的开始，应对通过被测模块的数据流进行测试。如果数据不能正确地输入和输出，就谈不上进行其他测试。为此，对模块接口可能需要进行如下的测试：调用本模块时的输入参数与模块的形式参数的匹配情况；本模块调用子模块时，它输入给子模块的参数与子模块中的形式参数的匹配情况；是否修改了只作为输入用的形式参数；全局量的定义在各模块中是否一致；限制是否通过形式参数来传送。

当模块通过外部设备进行输入/输出操作时，必须附加如下的测试项目：文件属性是否正确；OPEN语句与CLDSE语句是否正确；规定的I/O格式说明与I/O语句是否匹配；缓冲区容量与记录长度是否匹配；在进行读写操作之前是否打开了文件；在结束文件处理时是否关闭了文件；正文书写/输入错误以及I/O错误是否检查并做了处理。

（2）局部数据结构测试

模块的局部数据结构是最常见的错误来源，应设计测试用例以检查以下各种错误：不正确或不一致的数据类型说明；使用尚未赋值或尚未初始化的变量；错误的初始值或错误的缺省值；变量名拼写错；不一致的数据类型。可能的话，除局部数据之外的全局数据对模块的影响也需要查清。

（3）路径测试

选择适当的测试用例，对模块中重要的执行路径进行测试。应当设计测试用例查找由于错误的计算、不正确的比较或不正常的控制流而导致的错误。对基本执行路径和循环进行测试可以发现大量的路径错误。

常见的不正确计算有：运算的优先次序不正确或误解了运算的优先次序；运算的方式错，即运算的对象彼此在类型上不相容；算法错；初始化不正确；运算精度不够；表达式的符号表示不正确等。

常见的比较和控制流错误有：不同数据类型量的相互比较；不正确的逻辑运算符或优先级；因浮点数运算精度问题而造成的两值比较不等；关系表达式中不正确的变量和比较符；“差 1”错，即不正确地多循环一次或少循环一次；错误的或不可能的循环终止条件；当遇到发散的迭代时不能终止的循环；不适当地修改了循环变量等。

（4）错误处理测试

比较完善的模块设计要求能预见出错的条件，并设置适当的出错处理，以便在一旦程序出错时能对出错程序重做安排，保证其逻辑上的正确性。若出现下列情况之一，则表明模块的错误处理功能包含有错误或缺陷：出错的描述难以理解；出错的描述不足以对错误定位，不足以确定出错的原因；显示的错误与实际的错误不符；对错误条件的处理不正确；在对错误进行处理之前，错误条件已经引起系统的干预等。

（5）边界测试

在边界上出现错误是常见的。例如，在一段程序内有一个 $n$ 次循环，当到达第 $n$ 次重复时可能会出错。还有在取最大值或最小值时也容易出错。因此，要特别注意数据流、控制流中刚好等于、大于或小于确定的比较值时出错的可能性。对这些地方要仔细地选择测试用例，认真加以测试。

此外，如果对模块运行时间有要求的话，还要专门进行关键路径测试，以确定最坏情况下和平均意义下影响模块运行时间的因素。这类信息对进行性能评价是十分有用的。

总之，由于模块测试针对的程序规模较小，便于查错；而且发现错误后容易确定错误所在的位置，便于纠错。同时多个模块可以并行测试。所以做好模块测试可为后续的测试打下良好的基础。

**2. 单元测试的步骤**

通常单元测试是在编码阶段进行的。在源程序代码编制完成，经过评审和验证，肯定没有语法错误之后，就开始进行单元测试的测试用例设计。利用设计文档，设计可以验证程序功能、找出程序错误的多个测试用例。对于每一组输入，应有预期的正确结果。

模块并不是一个独立的程序，在考虑测试模块时，同时要考虑它和外界的联系，用一些辅助模块去模拟与被测模块相联系的其他模块。这些辅助模块分为两种：

1）驱动模块（driver）——相当于被测模块的主程序。它接收测试数据，把这些数据传送给被测模块，最后再输出实测结果。

2）桩模块（stub）——也叫作存根模块。用以代替被测模块调用的子模块。桩模块可以做少量的数据操作，不需要把子模块所有功能都带进来，但不允许什么事情也不做。被测模块、与它相关的驱动模块及桩模块共同构成了一个“测试环境”，见图 10-20。驱动模块和桩模块的编写会给测试带来额外的开销。因为它们在软件交付时不作为产品的一部分一同交付，而且它们的编写需要一定的工作量。特别是桩模块，不能只简单地给出“曾经进入”的信息。为了能够正确地测试软件，桩模块可能需要模拟实际子模块的功能，这样，桩模块的建立就不是很轻松了。

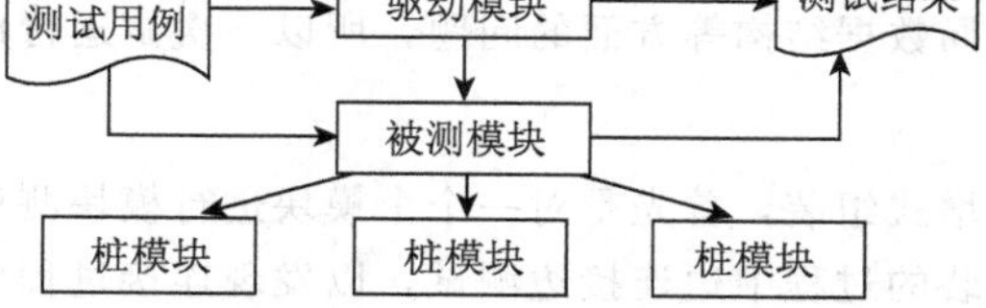


图 10-20 单元测试的测试环境

模块的内聚程度高，可以简化单元测试过程。如果每一个模块只完成一种功能，则需要的测试用例数目将明显减少，模块中的错误也容易预测和发现。

当然，一个模块有多种功能，且以程序包（package）的形式出现的也不少见，例如 Ada 中的包，C++ 中的类。这时可将模块看成由几个小程序组成。必须对其中的每个小程序先进行单元测试要做的工作，对关键模块还要做性能测试。对支持某些标准规则的程序，更要着手进行互联测试。有人把这种情况称为模块测试，以区别于单元测试。

## 10.5.2 组装测试

组装测试（integrated testing）也叫作集成测试或联合测试。通常，在单元测试的基础上，需要将所有模块按照设计要求组装成为系统。这时需要考虑的问题是：

1）在把各个模块连接起来的时候，穿越模块接口的数据是否会丢失；

2）一个模块的功能是否会对另一个模块的功能产生不利的影响；

3）各个子功能组合起来，能否达到预期要求的父功能；

4）全局数据结构是否有问题；

5）单个模块的误差累积起来，是否会放大到不能接受的程度。

因此在单元测试的同时可进行组装测试，发现并排除在模块连接中可能出现的问题，最终构成要求的软件系统。

选择什么方式把模块组装起来形成一个可运行的系统，直接影响到模块测试用例的形式、所用测试工具的类型、模块编号的次序和测试的次序，以及生成测试用例的成本和调试的成本。通常把模块组装为系统的方式有两种：一次性组装方式和增殖式组装方式。

**1. 一次性组装方式（big bang）**

它是一种非增殖式组装方式，也叫作整体拼装。使用这种方式，首先对每个模块分别进行模块测试，然后再把所有模块组装在一起进行测试，最终得到要求的软件系统。例如，有一个模块系统结构，如图 10-21a 所示。其单元测试和组装顺序如图 10-21b 所示。

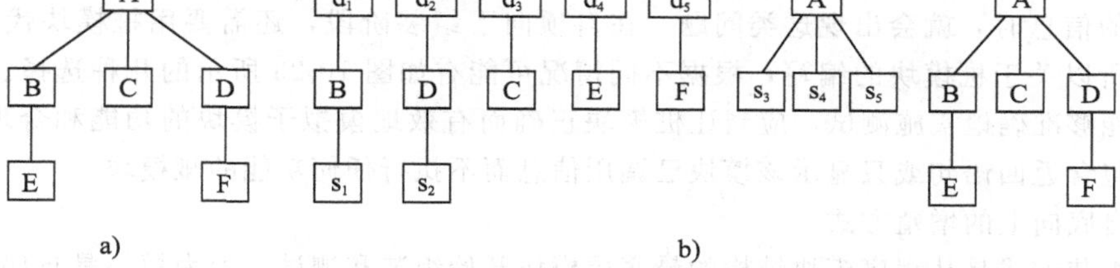


图 10-21 一次性组装方式

在图中，模块 $d_1$、$d_2$、$d_3$、$d_4$、$d_5$ 是对各个模块进行单元测试时建立的驱动模块，$s_1$、$s_2$、$s_3$、$s_4$、$s_5$ 是为单元测试而建立的桩模块。这种一次性组装方式试图在辅助模块的协助下，在分别完成模块单元测试的基础上，将被测模块连接起来进行测试。但是由于程序中不可避免地存在涉及模块间接口、全局数据结构等方面的问题，所以一次试运行成功的可能性不很大。

**2. 增殖式组装方式**

这种组装方式又称渐增式组装，首先是对一个个模块进行模块测试，然后将这些模块逐步组装成较大的系统，在组装的过程中边连接边测试，以发现连接过程中产生的问题。最后通过增殖逐步组装成为要求的软件系统。增殖组装有三种做法。

(1) 自顶向下的增殖方式

这种组装方式是将模块按系统程序结构，沿控制层次自顶向下进行组装。其步骤如下：

1) 以主模块为被测模块兼驱动模块，所有直属于主模块的下属模块全部用桩模块代替，对主模块进行测试。

2) 采用深度优先（参见图 10-22）或宽度优先的策略，逐步用实际模块替换已用过的桩模块，再用新的桩模块代替它们的直接下属模块，与已测试的模块或子系统组装成新的子系统。

3) 进行回归测试（即重新执行以前做过的全部测试或部分测试），排除组装过程中引入新的错误的可能。

4) 判断是否所有的模块都已组装到系统中，若是则结束测试，否则转到第 2 步去执行。

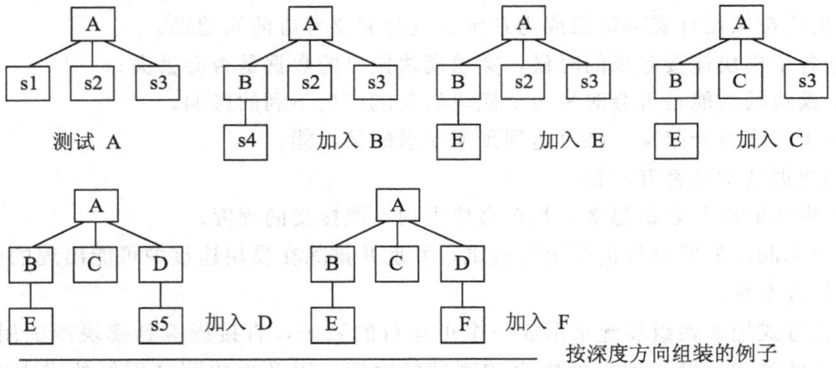


图 10-22 自顶向下增殖方式的例子

自顶向下的增殖方式在测试过程中较早地验证了主要的控制和判断点。在一个功能划分合理的程序模块结构中，判断常常出现在较高的层次里，因而较早就能遇到。如果主要控制有问题，尽早发现它能够减少以后的返工。如果选用按深度方向组装的方式，可以首先实现和验证一个完整的软件功能。

自顶向下的组装和测试存在一个逻辑次序问题。在为了充分测试较高层的处理而需要较低层处理的信息时，就会出现这类问题。在自顶向下组装阶段，还需要用桩模块代替较低层的模块，所以关于桩模块的编写，根据不同情况可能有如图 10-23 所示的几种选择。

为了能够准确地实施测试，应当让桩模块正确而有效地模拟子模块的功能和合理的接口，不能是只包含返回语句或只显示该模块已调用信息而不执行任何功能的哑模块。

(2) 自底向上的增殖方式

这种组装方式是从程序模块结构的最底层模块开始组装和测试。因为模块是自底向上进行组装，对于一个给定层次的模块，它的子模块（包括子模块的所有下属模块）已经组装并测试

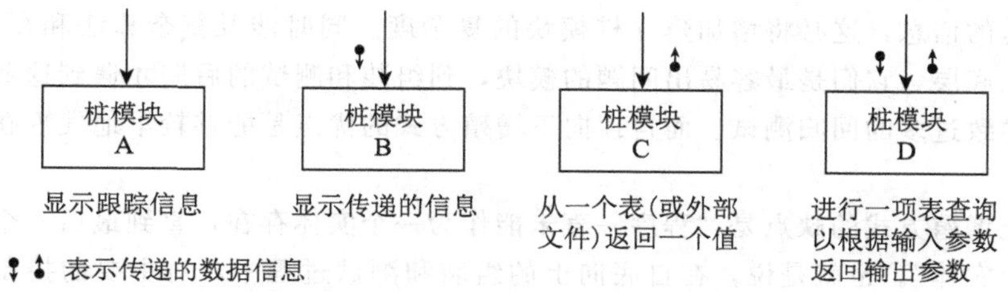


图 10-23 桩模块的几种选择

完成，所以不再需要桩模块。在模块的测试过程中需要从子模块得到的信息可以直接运行子模块得到。

自底向上增殖的步骤如下：

1) 由驱动模块控制最底层模块的并行测试；也可以把最底层模块组合成实现某一特定软件功能的簇，由驱动模块控制它进行测试。

2) 用实际模块代替驱动模块，与它已测试的直属子模块组装成为子系统。

3) 为子系统配备驱动模块，进行新的测试。

4) 判断是否已组装到达主模块，若是则结束测试，否则执行第 2 步。

以图 10-21a 所示的系统结构为例，用图 10-24 说明自底向上组装和测试的顺序。

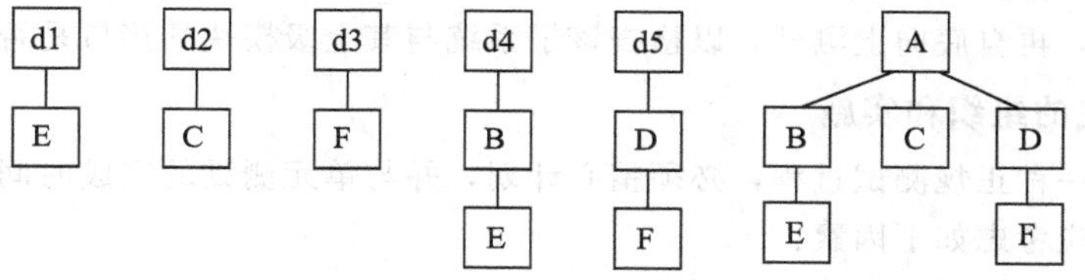


图 10-24 自底向上增殖方法的例子

自底向上进行组装和测试时，需要为被测模块或子系统编制相应的驱动模块。常见的几种类型的驱动模块如图 10-25 所示。

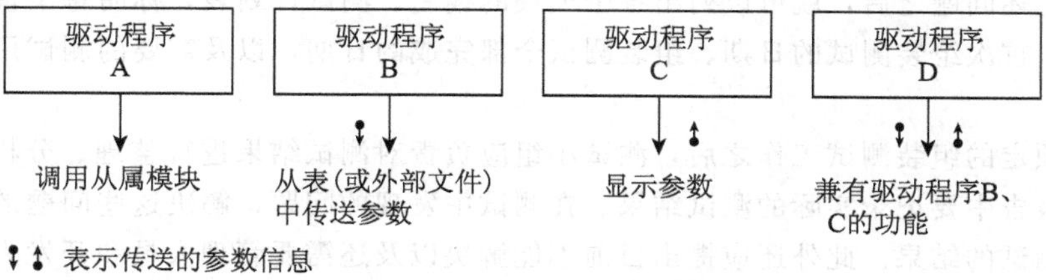


图 10-25 驱动模块的几种选择

随着组装层次的向上移动，驱动模块将大为减少。如果对程序模块结构的最上面两层模块采用自顶向下进行组装和测试，可以明显地减少驱动模块的数目，而且可以大大减少把几个子系统组装起来所需要做的工作。

(3) 混合增殖式测试

自顶向下增殖的方式和自底向上增殖的方式各有优缺点。一般来讲，一种方式的优点是另一种方式的缺点。

自顶向下增殖方式的缺点是需要建立桩模块。要使桩模块能够模拟实际子模块的功能将是十分困难的，因为桩模块在接收了被测模块发送的信息后需要按照它所代替的实际子模块功能返回应该回送的信息，这必将增加建立桩模块的复杂度。同时涉及复杂算法和真正输入/输出的模块一般在底层，它们是最容易出问题的模块，到组装和测试的后期才遇到这些模块，一旦发现问题，导致过多的回归测试。而自顶向下增殖方式的优点是能够较早地发现在主要控制方面的问题。

自底向上增殖方式的缺点是“程序一直未能作为一个实体存在，直到最后一个模块加上去后才形成一个实体”。也就是说，在自底向上的组装和测试过程中，对主要的控制直到最后才接触到。但这种方式的优点是不需要桩模块，而建立驱动模块一般比建立桩模块容易，同时由于涉及复杂算法和真正输入/输出的模块最先得到组装和测试，可以把最容易出问题的部分在早期解决。此外自底向上增殖的方式可以实施多个模块的并行测试，以提高测试效率。

鉴于此，通常是把以上两种方式结合起来进行组装和测试。下面简单介绍三种常见的综合的增殖方式。

1）衍变的自顶向下的增殖测试：它的基本思想是强化对输入/输出模块和引入新算法模块的测试，并自底向上组装成为功能相当完整且相对独立的子系统，然后由主模块开始自顶向下进行增殖测试。

2）自底向上一自顶向下的增殖测试：它首先对含读操作的子系统自底向上直至根结点模块进行组装和测试，然后对含写操作的子系统进行自顶向下的组装与测试。

3）回归测试：这种方式采取自顶向下的方式测试被修改的模块及其子模块，然后将这一部分视为子系统，再自底向上测试，以检查该子系统与其上级模块的接口是否适配。

**3. 组装测试的组织和实施**

组装测试是一种正规测试过程，必须精心计划，并与单元测试的完成时间协调起来。在制定测试计划时，应考虑如下因素：

1）采用何种系统组装方法进行组装测试。

2）组装测试过程中连接各个模块的顺序。

3）模块代码编制和测试进度是否与组装测试的顺序一致。

4）测试过程中是否需要专门的硬件设备。

解决了上述问题之后，就可以列出各个模块的编制、测试计划表，标明每个模块单元测试完成的日期、首次组装测试的日期、组装测试全部完成的日期，以及需要的测试用例和所期望的测试结果。

在完成预定的组装测试工作之后，测试小组应负责对测试结果进行整理、分析，形成测试报告。测试报告中要记录实际的测试结果、在测试中发现的问题、解决这些问题的方法以及解决之后再次测试的结果。此外还应提出目前不能解决以及还需要管理人员和开发人员注意的一些问题，提供测试评审和最终决策，以提出处理意见。

### 10.5.3 确认测试

确认测试（validation testing）又称有效性测试。它的任务是验证软件的有效性，即验证软件的功能和性能及其他特性是否与用户的要求一致。对软件的功能和性能要求在软件需求规格说明书中已经明确规定。

在确认测试阶段需要做的工作如图 10-26 所示。首先要进行有效性测试以及软件配置复审，然后进行验收测试和安装测试，在通过了专家鉴定之后，才能成为可交付的软件。

（1）进行有效性测试（黑盒测试）

有效性测试是在模拟的环境（可能就是开发的环境）下，运用黑盒测试的方法，验证被测软件是否满足需求规格说明书列出的需求。为此，需要首先制定测试计划，规定要做测试的种类。还需要制定一组测试步骤，描述具体的测试用例。通过实施预定的测试计划和测试步骤，确定软件的特性是否与需求相符，确保所有的软件功能需求都能得到满足，所有的软件性能需求都能达到，所有的文档都正确且便于使用。同时，对其他软件需求，例如可移植性、兼容性、出错自动恢复、可维护性等，也都要进行测试，确认是否满足。

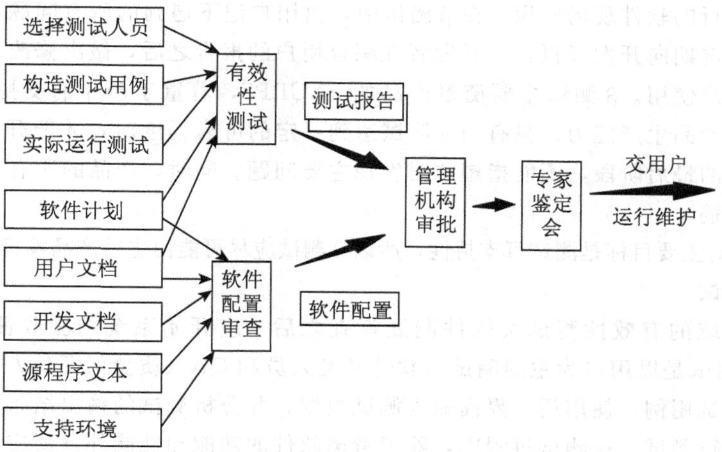


图 10-26 确认测试的步骤

(2) 软件配置复查

软件配置复查的目的是保证软件配置的所有成分都齐全，各方面的质量都符合要求，具有维护阶段所必需的细节，而且已经编排好分类的目录。

除了按合同规定的内容和要求，由人工审查软件配置之外，在确认测试的过程中，应当严格遵守用户手册和操作手册中规定的使用步骤，以便检查这些文档资料的完整性和正确性。必须仔细记录发现的遗漏和错误，并且适当地补充和改正。软件配置请参看有关软件配置管理的章节。

(3) α测试和β测试

在软件交付使用之后，用户将如何实际使用程序，对于开发者来说是无法预测的。因为用户在使用过程中常常会发生对使用方法的误解、异常的数据组合，以及产生对某些用户来说似乎是清晰的但对另一些用户来说却难以理解的输出等等。

当软件是为特定用户开发的时候，需要进行一系列的验收测试，让用户验证所有的需求是否已经满足。这些测试是以用户为主，而不是以系统开发者为主进行的。验收测试可以是一次简单的非正式的“测试运行”，也可以是一组复杂的有组织有计划的测试活动。事实上，验收测试可能持续几个星期到几个月。

如果软件是为多个用户开发的产品，让每个用户逐个执行正式的验收测试是不切实际的。很多软件产品生产者采用一种称之为α测试和β测试的测试方法，以发现可能只有最终用户才能发现的错误。

α测试是由一个用户在开发环境下进行的测试，也可以是公司内部的用户在模拟实际操作环境下进行的测试。软件在一个自然设置状态下使用，开发者坐在用户旁边，随时记下错误情况和使用中的问题。这是在受控制的环境下进行的测试。α测试的目的是评价软件产品的FLURPS（即功能、局域化、可使用性、可靠性、性能和支持），尤其注重产品的界面和特色。α测试人员是除产品开发人员之外首先见到产品的人，他们提出的功能和修改意见是特别有价值的。α测试可以从软件编码结束之时开始，或在模块（子系统）测试完成之后开始，也可以在确认测试过程中产品达到一定的稳定和可靠程度之后再开始。有关的手册（草稿）等应事先准备好。

β测试是由软件的多个用户在一个或多个用户的实际使用环境下进行的测试。这些用户是与公司签订了支持产品预发行合同的外部客户，他们使用该产品，并愿意把所发现的错误信息反馈给开发者。与α测试不同的是，开发者通常不在测试现场。因而，β测试是在开发者无法控制的环境下进行的软件现场应用。在β测试中，由用户记下遇到的所有问题，包括真实的以及主观认定的，定期向开发者报告，开发者在综合用户的报告之后，做出修改，最后将软件产品交付给全体用户使用。β测试主要衡量产品的FLURPS，着重于产品的支持性，包括文档、客户培训和支持产品生产能力。只有当α测试达到一定的可靠程度时，才能开始β测试。由于它处在整个测试的最后阶段，不能指望这时发现主要问题。同时，产品的所有手册文本也应该在此阶段完全定稿。

由于β测试的主要目标是测试可支持性，所以β测试应尽可能由主持产品发行的人员管理。

（4）验收测试

在通过了系统的有效性测试及软件配置审查之后，应开始系统的验收测试（acceptance testing）。验收测试是以用户为主的测试。软件开发人员和QA（质量保证）人员也应参加。由用户参加设计测试用例，使用用户界面输入测试数据，并分析测试的输出结果。一般使用生产中的实际数据进行测试。在测试过程中，除了考虑软件的功能和性能外，还应对软件的可移植性、兼容性、可维护性、错误的恢复功能等进行确认。

有的验收测试完全由用户实施，开发组织及人员并不参与，只是在完成后发回验收测试的结果。

（5）确认测试的结果

在全部确认测试的测试用例运行完后，所有的测试结果可以分为两类：

1）测试结果与预期的结果相符，这说明软件的这部分功能或性能特征与需求规格说明相符合，从而这部分程序可以接受。

2）测试结果与预期的结果不符，这说明软件的这部分功能或性能特征与需求规格说明不一致，因此需要开列一张软件各项缺陷表或软件问题报告，通过与用户的协商，解决所发现的缺陷和错误。

### 10.5.4 系统测试

所谓系统测试（system testing），是将通过确认测试的软件，作为整个计算机系统的一个元素，与计算机硬件、外设、某些支持软件、数据和人员等其他系统元素结合在一起，在实际运行（使用）环境下，对计算机系统进行一系列的组装测试和确认测试。

系统测试的目的在于通过与系统的需求定义做比较，发现软件与系统定义不符合或与之矛盾的地方。系统测试的测试用例应根据系统的需求规格说明书设计，并在实际使用环境下运行。

### 10.5.5 测试的类型

软件测试实际上由一系列不同的测试组成。尽管每种测试各有不同的目的，但是所有的工作都是为了证实所有的系统元素组装正确，并且能够正确地执行为各自分配的功能。下面着重介绍几种软件的测试及它们与各个测试步骤的关系。

表10-3中给出了各类测试的定义。

1）功能测试（function testing）：功能测试是在规定的一段时间内运行软件系统的所有功能，以验证这个软件系统有无严重错误。

**表 10-3 各测试步骤中的测试种类**

| 测试种类 \ 测试步骤 | 开发阶段的测试 | | | | | 产品阶段的测试 | | | | |
|---|---|---|---|---|---|---|---|---|---|---|
| | 设计 | 单元测试 | 模块测试 | 组装测试 | 部件测试 | 有效性测试 | α测试 | β测试 | 验收测试 | 系统测试 |
| 设计评审 | M | | | S | | | | | | |
| 代码审查 | | M | | H | | | | | | S |
| 功能测试（黑盒） | | H | M | M | M | M | M | M | M | M |
| 结构测试（白盒） | | H | M | | S | | | | | |
| 回归测试 | | | S | H | M | M | | | | M |
| 可靠性测试 | | | | | H | M | M | M | M | M |
| 强度测试 | | | | | H | M | | | | H |
| 性能测试 | | | S | | H | M | M | M | M | H |
| 恢复测试 | | | | | | M | | | | |
| 启动/停止测试 | | | | | | M | | | | |
| 配置测试 | | | | | H | M | | | | M |
| 安全性测试 | | | | | | H | | | | |
| 可使用性测试 | | | | | S | H | M | M | | |
| 可支撑性测试 | | | | | | | H | M | | |
| 安装测试 | | | | | | M | M | M | | |
| 互连测试 | | | S | | | M | | | | M |
| 兼容性测试 | | | | | M | M | | | | |
| 容量测试 | | | | | H | M | | | | H |
| 文档测试 | | | | | | M | S | H | M | |

注：M=必要的；H=积极推荐；S=建议使用。

2）回归测试（regression testing）：这种测试用于验证对软件修改后有没有引出新的错误，或者说，验证修改后的软件是否仍然满足系统的需求规格说明。

3）可靠性测试（reliability testing）：如果系统需求规格说明中有对可靠性的要求，则需进行可靠性测试。通常使用平均失效间隔时间 MTBF 与因故障而停机的时间 MTTR 来度量系统的可靠性。

4）强度测试（stress testing）：强度测试（也称压力测试）是要检查在系统运行环境恶劣的情况下，系统可以运行到何种程度的测试。因此，进行强度测试，需要提供非正常数量、频率或总量资源来运行系统。实际上，这是对软件的“超负荷”环境或临界环境的运行检验。

强度测试的一个变种是敏感性测试。在数学算法中经常可以看到，在程序有效数据界限内一个非常小的范围内的一组数据可能引起极端的或不平稳的错误处理出现，或者导致极度的性能下降的情况发生。因此利用敏感性测试以发现在有效输入类中可能引起某种不稳定性或不正常处理的某些数据的组合。

5）性能测试（performance testing）：性能测试是要检查系统是否满足在需求规格说明中规定的性能。特别是对于实时系统或嵌入式系统，软件只满足要求的功能而达不到要求的性能是不可接受的。所以还需要进行性能测试。性能测试可以出现在测试过程的各个阶段，甚至在单元层次上也可以进行性能测试。这时，不但需要对单元程序的逻辑进行白盒测试（结构测试），还可以对程序的性能进行评估。然而，只有当所有系统的元素全部组装完毕，系统性能才能完全确定。

6）恢复测试（recovery testing）：恢复测试是要证实在克服硬件故障（包括掉电、硬件或网络出错等）后，系统能否正常地继续进行工作，并不对系统造成任何损害。为此，可采用各种人工干预的手段模拟硬件故障，故意造成软件出错，并由此检查：

- 错误探测功能——系统能否发现硬件失效与故障；
- 能否切换或启动备用的硬件；
- 在故障发生时能否保护正在运行的作业和系统状态；
- 在系统恢复后能否从最后记录下来的无错误状态开始继续执行作业等。

如果系统的恢复是自动的（由系统自身执行），则应对重新初始化、数据恢复、重新启动等逐个进行正确性评价。如果恢复需要人工干预，就需要对修复的平均时间进行评估以判定它是否在允许的范围之内。

7）启动/关机测试（startup/shutdown testing）：这类测试的目的是验证在机器启动及关机阶段，软件系统正确处理的能力。这类测试包括反复启动软件系统（例如，操作系统自举、网络的启动、应用程序的调用等），及在尽可能多的情况下关机。

8）配置测试（configuration testing）：这类测试是要检查计算机系统内各个设备或各种资源之间的相互联结和功能分配中的错误。它主要包括以下几种：

- 配置命令测试：验证全部配置命令的可操作性（有效性）；特别对最大配置和最小配置要进行测试。软件配置和硬件配置都要测试。
- 循环配置测试：证明对每个设备物理与逻辑的、逻辑与功能的每次循环置换配置都能正常工作。
- 修复测试：检查每种配置状态及哪个设备是坏的，并用自动的或手工的方式进行配置状态间的转换。

9）安全性测试（security testing）：系统的安全性测试是要检验在系统中已经存在的系统安全性、保密性措施是否发挥作用和有无漏洞。为此要了解破坏安全性的方法和工具，并设计一些模拟测试用例对系统进行测试，力图破坏系统的保护措施以进入系统。

假如有充分的时间和资源，好的安全性测试最终应当能突破保护，进入系统。因此，系统设计者的任务应该是尽可能增大进入的代价，使进入的代价比进入系统后能得到的好处还要大。

10）可使用性测试（usability testing）：可使用性测试主要从使用的合理性和方便性等角度对软件系统进行检查，发现人为因素或使用上的问题。要保证在足够详细的程度下，用户界面便于使用；对输入量可容错，响应时间和响应方式合理可行，输出信息有意义、正确并前后一致；出错信息能够引导用户去解决问题；软件文档全面、正规、确切；如果产品销往国外，要有足够的译本。由于衡量可使用性有一定的主观因素，因此必须以原型化方法等获得的用户反馈作为依据。

11）可支持性测试（supportability testing）：这类测试是要验证系统的支持策略对于公司与用户方面是否切实可行。它所采用的方法是试运行支持过程（如对有错部分打补丁的过程，热线界面等），对其结果进行质量分析，评审诊断工具、维护过程、内部维护文档，衡量修复一个明显错误所需的平均最少时间。还有一种常用的方法是，在发行前把产品交给用户，向用户提供支持服务的计划，从用户处得到对支持服务的反馈。

12）安装测试（installation testing）：安装测试的目的不是找软件错误，而是找安装错误。在安装软件系统时，会有多种选择。要分配和装入文件与程序库，布置适用的硬件配置，进行程序的联结。而安装测试是要找出在这些安装过程中出现的错误。

在一些大型的系统中，部分工作由软件自动完成，其他工作则需由各种人员，包括操作员、数据库管理员、终端用户等，按一定规程同计算机配合，靠人工来完成。指定由人工完成的过程也需经过仔细检查，这就是所谓的过程测试（procedure testing）。

13）互连测试（interoperability testing）：互连测试是要验证两个或多个不同的系统之间的互连性。这类测试对支持标准规格说明或承诺支持与其他系统互连的软件系统有效。

14）兼容性测试（compatibility testing）：这类测试主要想验证软件产品在不同版本之间的兼容性。有两类基本的兼容性测试：向下兼容和交错兼容。向下兼容测试是测试软件新版本保留它早期版本的功能的情况；交错兼容测试是要验证共同存在的两个相关但不同的产品之间的兼容性。

15）容量测试（volume testing）：容量测试是要检验系统的能力最高能达到什么程度。例如，对于编译程序，让它处理特别长的源程序；对于操作系统，让其作业队列“满员”；对于有多个终端的分时系统，让其所有的终端都开动；对于信息检索系统，让其使用频率达到最大；等等。在使系统的全部资源达到“满负荷”的情形下，测试系统的承受能力。

16）文档测试（documentation testing）：这种测试是检查用户文档（如用户手册）的清晰性和精确性。用户文档中所使用的例子必须在测试中一一试过，确保叙述正确无误。

## 10.6 人工测试

人工测试不要求在计算机上实际执行被测程序，而是以一些人工的模拟技术和一些类似动态分析所使用的方法对程序进行分析和测试。

### 10.6.1 静态分析

静态分析是要对源程序进行静态检验。通常采用以下方法进行。

（1）生成各种引用表

在源程序编制完成后生成各种引用表，这是为了支持对源程序进行静态分析。这些表可用手工方式从源程序中提取所需的信息生成，也可借助于专用的软件工具自动生成。引用表按功能分类有以下三种：

- 直接从表中查出说明/使用错误。如循环层次表、变量交叉引用表、标号交叉引用表等。
- 为用户提供辅助信息。如子程序（宏、函数）引用表、等价（变量、标号）表、常数表等。
- 用来做错误预测和程序复杂度计算。如操作符和操作数的统计表等。

常用的几种引用表是：

1）标号交叉引用表。它列出在各模块中出现的全部标号。在表中标出标号的属性：已说明、未说明、已使用、未使用。表中还有在模块以外的全局标号、计算标号等。

2）变量交叉引用表。即变量定义与引用表。在表中标明各变量的属性：已说明、未说明、隐式说明以及类型和使用情况。进一步还可区分是否出现在赋值语句的右边，是否属于COMMON变量、全局变量或特权变量等。

3）子程序、宏结构和函数表。表中列出各个子程序、宏结构和函数的属性：已定义、未定义、定义类型，参数表：输入参数的个数、顺序、类型，输出参数的个数、顺序、类型，已引用、未引用、引用次数等等。

4）等价表。表中列出在等价语句或等值语句中出现的全部变量和标号。

5）常数表。表中列出全部数字常数和字符常数，并指出它们在哪些语句中首先被定义，即首先出现在哪些赋值语句的左边或哪些数据语句或参数语句中。

（2）静态错误分析

静态错误分析用于确定在源程序中是否有某类错误或“危险”结构。它有以下几种：

1）类型和单位分析：为了发现源程序中数据类型、单位上的不一致性，建立一些程序语言的预处理程序，分析程序中在“下标”类型及循环控制变量方面的类型错误，以及通过使用一般的组合/消去规则，确定表达式的单位错误。

2）引用分析：沿着程序的控制路径，检查程序变量的引用异常问题。

3）表达式分析：对表达式进行分析，以发现和纠正在表达式中出现的错误。包括：

- 在表达式中不正确地使用了括号；
- 数组下标越界；
- 除式为零；
- 对负数开平方，或对 π 求正切值；
- 浮点数计算的误差。

4）接口分析：检查接口的一致性错误。包括：

- 模块之间接口的一致性和模块与外部数据库之间接口的一致性。
- 过程、函数过程之间接口的一致性；全局变量和公共数据区在使用上的一致性。

### 10.6.2 人工测试方法

静态分析中进行人工测试的主要方法有桌面检查、代码评审和走查。经验表明，使用这种方法能够有效地发现 30%～70%的逻辑设计和编码错误。

（1）桌面检查

桌面检查（desk checking）是一种传统的检查方法，由程序员自己检查自己编写的程序。程序员在程序通过编译之后，进行单元测试设计之前，对源程序代码进行分析、检验，并补充相关的文档，目的是发现程序中的错误。检查项目有：

1）检查变量的交叉引用——检查未说明的变量和违反了类型规定的变量，还要对照源程序逐个检查变量的引用、变量的使用序列，临时变量在某条路径上的重写情况，局部变量、全局变量与特权变量的使用。

2）检查标号的交叉引用——验证所有标号的正确性，检查所有标号的命名是否正确，转向指定位置的标号是否正确。

3）检查子程序、宏结构、函数——验证每次调用与被调用位置是否正确，确认每次被调用的子程序、宏结构、函数是否存在，检验调用序列中调用方式与参数的一致性。

4）常量检查——确认每个常量的取值和数制、数据类型，检查常量每次引用同它的取值、数制和类型的一致性。

5）标准检查——用标准检查程序或手工检查程序发现违反标准的问题。

6）风格检查——检查在程序设计风格方面的问题。

7）比较控制流——比较由程序员设计的控制流图和由实际程序生成的控制流图，寻找和解释每个差异，修改文档和校正错误。

8）选择、激活路径——在程序员设计的控制流图上选择路径，再到实际的控制流图上激活这条路径。如果选择的路径在实际控制流图上不能激活，则源程序可能有错。用这种方法激活的路径集合应保证源程序模块的每行代码都被检查，即桌面检查至少应完成语句覆盖。

9）对照程序的规格说明，详细阅读源代码——程序员对照程序的规格说明书、规定的算法和程序设计语言的语法规则，仔细地阅读源代码，逐字逐句进行分析和思考，比较实际的代码和期望的代码，从它们的差异中发现程序的问题和错误。

10）补充文档——桌面检查的文档是一种过渡性的文档，不是公开的正式文档。通过编写文档，也是对程序的一种下意识的检查和测试，可以帮助程序员发现和抓住更多的错误。这种桌面检查，由于程序员熟悉自己的程序和自身的程序设计风格，可以节省很多的检查时间，但应避免主观片面性。

(2) 代码评审

代码评审（code reading review）是由若干程序员和测试员组成一个评审小组，通过阅读、讨论和争议对程序进行静态分析的过程。

代码评审分两步：第一步，小组负责人提前把设计规格说明书、控制流图、程序文本及有关要求和规范等分发给小组成员，作为评审的依据。小组成员在充分阅读这些材料之后，进入审查的第二步——召开程序评审会。在会上，首先由程序员逐句讲解程序的逻辑。在此过程中，程序员或其他小组成员可以提出问题，展开讨论，审查错误是否存在。实践表明，程序员在讲解过程中能发现许多原来自己没有发现的错误，而讨论和争议则促进了问题的暴露。例如对某个局部性小问题修改方法的讨论，可能发现与之牵连的其他问题，甚至涉及模块的功能说明、模块间接口和系统总体结构的大问题，从而导致对需求的重定义、重设计和重验证，进而大大改善了软件质量。

在会前，应当给评审小组每个成员准备一份常见错误的清单，把以往所有可能发生的常见错误罗列出来，供与会者对照检查，以提高评审的实效。

这个常见错误清单也叫作检查表，它把程序中可能发生的各种错误进行分类，对每一类列举出尽可能多的典型错误，然后把它们制成表格，供会审时使用。这种检查表类似于本章单元测试中给出的检查表。在代码评审之后。需要做以下几件事：

1）把发现的错误登记造表，并交给程序员；

2）若发现错误较多，或发现重大错误，则在改正之后，再次组织代码评审；

3）对错误登记表进行分析、归类、精练，以提高审议效果。

(3) 走查

走查（walkthrough）与代码评审基本相同：

首先把材料先发给走查小组每个成员，让他们认真研究程序，然后再开会。开会的议程与代码评审不同，不是简单地读程序和对照错误检查表进行检查，而是让与会者“充当”计算机。即首先由测试组成员为被测程序准备一批有代表性的测试用例，提交给走查小组。走查小组开会，集体扮演计算机角色，让测试用例沿程序的逻辑运行一遍，随时记录程序的踪迹，供分析和讨论用。

人们借助于测试用例的媒介作用，对程序的逻辑和功能提出各种疑问，结合问题开展热烈的讨论和争议，以便发现更多的问题。

## 10.7 自动化测试

随着软件规模的不断扩大，业务逻辑愈加复杂，软件测试的工作量增长迅速，单纯依靠手工测试往往无法满足软件开发的实际需要，有必要应用自动化测试。另外，软件测试具有重复性，不仅要检查缺陷是否得到修复，还要检查在修复过程中是否引入了新的缺陷，这种重复性的回归测试促进了自动化测试的快速发展。

### 10.7.1 自动化测试与手工测试

自动化测试就是使用自动化测试工具或其他手段，按照测试工程师的预定计划对软件进行自动测试，目的是减少手工测试的工作量，提高测试效率，从而提高软件产品的质量。

自动化测试的基本原理是：首先识别软件中的各个对象，记录下用户的每一步操作，然后将这些操作转换为测试脚本。在回放或执行脚本时，将测试脚本自动转换为对系统的存取或操作，并将实际运行结果与期望结果进行比较。如果没有差异，测试通过；如果有差异，给出缺陷报告。从中可以看出测试脚本的重要性，测试脚本是使用脚本语言编写的程序，是与特定测试相对应的一系列指令及数据的集合。测试脚本可以被测试工具自动执行。

自动化测试主要适合以下几种情况：

1）回归测试：修正软件中的缺陷之后往往需要进行回归测试，也就是将已有的测试数据重新执行一次，这是自动化测试最主要的用途。特别是开发的后期，程序频繁修改，使用自动化测试进行回归测试能够显著提高测试效率。

2）有些测试活动如果采用手工测试，实施起来非常困难或根本无法进行，如压力测试、并发测试、强度测试等。

3）在系统调优阶段，为了比较算法中参数的各种取值效果，需要反复运行同样的测试数据，以找到最优值，这时使用自动化测试可以快速得到结果。

自动化测试具有测试结果准确可靠、高复用性、永不疲劳、重复测试节省时间等优点，能够缩短测试周期，节省人力资源，使测试人员可以把更多的时间投入到测试设计以及必要的手工测试当中。

不过，自动化测试也有局限性。首先，自动化测试缺乏创造性，难以发现新的缺陷，而手工测试却能举一反三，发现新的缺陷或者由一个缺陷追踪出更多的缺陷；其次，自动化测试很难进行界面和用户体验方面的测试；再则，实施自动化测试需要做大量的准备工作，测试过程更复杂。因此自动化测试不能完全取代手工测试，两者互为补充。据统计，自动化测试能够找出约 30％的缺陷，大多数缺陷仍然需要依靠手工测试来发现。

### 10.7.2　脚本技术

最初的自动化测试工具只能提供简单的录制和回放功能，容易使用，但难以维护。后来出现了功能更丰富、灵活性更强的测试脚本工具。测试脚本是一组测试工具执行的指令集合，既可以通过录制测试的操作步骤而产生，也可以直接用脚本语言编写。一般情况下是在录制所生成的脚本基础上进行修改后使用，这样能够大大减少编写脚本的工作量。脚本分为线性脚本、结构化脚本、数据驱动脚本和关键字驱动脚本四种。

1）线性脚本是通过录制手工测试过程而得到的，只适合简单的测试使用。

2）结构化脚本是在线性脚本的基础上加入了控制结构（顺序结构、选择结构和循环结构）以及函数调用功能。结构化脚本具有较好的可读性和复用性，易于维护。

3）数据驱动脚本是将测试脚本和测试数据分离，将测试数据存储在独立的文件或数据库中。这样一来，同一个脚本可以在不同的输入数据下重复测试，只需要修改数据文件而无须修改脚本本身，因而提高了脚本的复用性和可维护性。

4）关键字驱动脚本是将测试脚本中的通用功能剥离出来，封装成关键字。开发脚本时，可以直接调用已定义好的关键字，因此也就提高了脚本编写的效率。

### 10.7.3　自动化测试框架及测试流程

自动化测试离不开测试框架和测试工具的支持。自动化测试框架是由一些假设、概念和为自动化测试提供支持的实践组成的集合，包括测试脚本开发环境、测试执行引擎、测试资源管理、测试报告生成器、函数库、测试数据源和其他可复用模块等，而且能够根据测试需要灵活地集成其他各种测试工具，如单元测试工具、系统功能测试工具和性能测试工具等。

从广义上讲，测试框架属于测试工具的一种，但测试框架与一般意义的测试工具不同：框架是搭建了一个测试环境的架构，测试人员可以根据自己的需要在框架中集成其他测试工具，也可以进行二次开发；而测试工具相对固定，一般不能集成其他工具，也不能进行二次开发。

根据使用的脚本类型的不同，可将自动化测试框架分为线性框架、数据驱动框架和关键字驱动框架三种。

1）线性框架：为录制/回放框架，通常不需要编写测试脚本，只需要录制一次测试过程，在以后的测试中回放所录制的结果即可。线性框架简单易用，但录制的脚本是固定的，只要程序发生变化，哪怕是微小的变化，都需要重新录制，维护成本很高。

2）数据驱动框架：在实际测试中，每一个功能或者每一个执行流程都需要使用多组数据进行测试，这些测试用例的操作行为和操作步骤都是相同的，只是输入数据不同。数据驱动框架将测试数据和测试脚本分离开来，能够方便地使用不同的测试数据多次测试同一个功能或特性，提高了脚本的复用性和可维护性。

3）关键字驱动框架：使用关键字驱动脚本，提高了脚本的编写效率，使得脚本更容易维护，同时关键字可以在多个测试中复用。

还可以从应用角度对自动化测试框架进行分类，例如单元测试框架、UI功能测试框架、移动应用测试框架、API测试框架等，这里不再赘述。

基于自动化测试框架的测试流程如图10-27所示。首先要明确自动化测试需求，然后进行自动化测试框架的设计，接着开始设计测试数据、开发测试脚本，进而执行测试，分析测试结果，生成测试报告。其中，测试执行、测试结果分析、测试报告生成这几个步骤往往多次重复执行，这也是实施软件自动化测试的最初缘由。

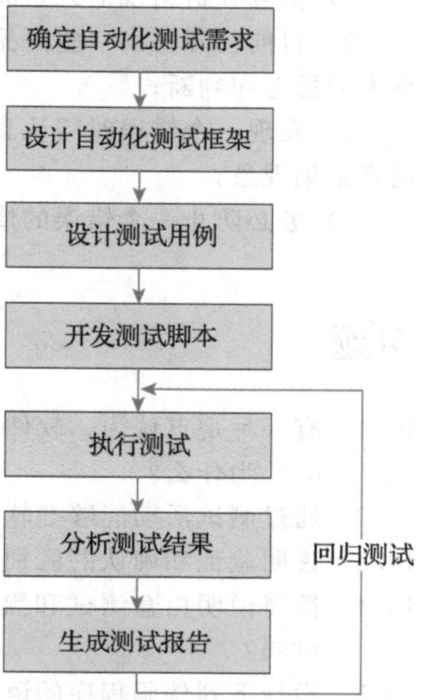

图10-27　自动化测试流程

自动化测试框架能够与持续集成环境、配置管理系统、缺陷管理系统等集成起来，形成一个良好的开发和测试整合的环境，让构建、集成、测试、部署和维护等工作贯通起来，形成高度的自动化，提高测试效率，缩短开发周期，降低产品成本。

## 10.8　调试

调试（debug）也称排错或纠错，它是紧跟在测试之后要做的工作。但与测试不同之处在于：测试着重于发现软件中有错，发现异常或软件运行的可疑之处；而调试的任务在于为错误确切地定位，找到出错的根源，并且通过修改程序将其排除。

通常调试是一项技巧性很强的工作，其中人员的经验和掌握的技术固然重要，然而分析问题的能力常常是因人而异的。事实表明，这恰是能否很好地完成调试工作的关键。软件调试人员看到测试工作的结果时，迹象表明有问题存在。但此时只能观察到问题的外部表现形式，事实上，问题的外部表现与发生问题的根源之间的联系并不明显。这就需要调试人员通过对表象的分析，由表及里，去伪存真，进而发现问题的本质，找出问题的来龙去脉，然后加以根治，将错误排除。

具体地说，调试工作按以下步骤进行：

1）针对测试提供的信息，分析错误的外部表现形式，确定程序出错的位置；

2）研究程序的相关部分，找出导致错误的内在原因；

3）修改相关的程序段，如果是设计导致的错误，则需修改相关的设计，以排除错误；

4）重复执行以前发现错误的测试，以确认：该错误确已通过修改而消除；这次修改并未引进新的错误。

5）如果重新测试表明修改无效，发生错误的现象仍然出现，则要撤销上述修改，再次进行信息分析，实施上述过程，直至修改有效为止。

做好调试工作需要认真对待以下问题：

1）认真分析错误征兆是成功完成调试的关键；

2）目前已开发出一些商品化调试工具，但应将其当作调试工作的辅助手段，它不可能代替人的思考和判断；

3）发现一个错误时需认真判断在其附近是否存在另外的错误，规律表明，一些错误的出现有聚集现象；

4）务必防止一个错误的修改带来新的错误，回归测试一定不可少。

## 习题

10.1 有一种观点认为，软件测试的目的在于证明开发出的软件没有缺陷。这种观点能够接受吗？为什么？

10.2 通过测试活动能够把软件中含有的缺陷全部找到吗？为什么？

10.3 说明验证和确认的区别。

10.4 简要说明白盒测试和黑盒测试的区别。如果认真做了两者之一，还需要再做另一种测试吗？

10.5 设计下列伪码程序的语句覆盖和路径覆盖测试用例。

```
START
INPUT(A, B, C)
IF A > 5
    THEN X = 10
    ELSE X = 1
END IF
IF B > 10
    THEN Y = 20
    ELSE Y = 2
END IF
IF C > 15
    THEN Z = 30
    ELSE Z = 3
END IF
PRINT(X, Y, Z)
STOP
```

10.6 假设汽车的车牌号可由车主人在规定范围内自选，若其规定为：

（1）车牌上应有7个字符；

（2）为首的字符限定为汉字“京”；

（3）第2字符可任选一字母（A～Z）；

（4）第3～7字符可选任意数字。

请为相关的处理程序所采用的等价类划分方法设计等价类表及相应的测试用例。

10.7 比较α测试与β测试，说明其异同。

第五部分
PART FIVE

# 软件维护与软件管理

CHAPTER 11

# 第 11 章 软件维护

在软件开发完成并交付用户使用后，就进入软件运行/维护阶段。此后为了保证软件在一个相当长的时期内能够正常运行，必须对软件进行维护。

## 11.1 软件维护的概念

### 11.1.1 软件维护的定义

在软件运行/维护阶段对软件产品所进行的修改就是所谓的维护。根据维护工作的性质，维护活动可以分为以下四种类型。

(1) 改正性维护 (corrective maintenance)

在软件交付使用后，由于开发时测试得不彻底、不完全，必然会有一部分隐藏的错误被带到运行阶段来。这些隐藏下来的错误在某些特定的使用环境下会暴露出来。为了识别和纠正软件错误、改正软件性能上的缺陷、排除实施中的误使用，应进行的诊断和改正错误的过程就是改正性维护。例如，改正性维护可以是改正原来程序中开关使用的错误；解决开发时未能测试各种可能情况带来的问题；解决原来程序中遗漏处理文件中最后一个记录的问题等。

(2) 适应性维护 (adaptive maintenance)

随着信息技术的飞速发展，软件运行的外部环境（新的硬、软件配置）或数据环境（数据库、数据格式、数据输入/输出方式、数据存储介质）可能发生变化，为了使软件适应这种变化而修改软件的过程叫作适应性维护。例如，需要对已运行的软件进行改造，以适应网络环境或已升级改版的操作系统要求。

(3) 完善性维护 (perfective maintenance)

在软件的使用过程中，用户往往会对软件提出新的功能与性能要求。为了满足这些要求，需要修改或再开发软件，以扩充软件功能，增强软件性能，改进加工效率，提高软件的可维护性。这种情况下进行的维护活动叫作完善性维护。例如，完善性维护可能是修改一个计算工资的程序，使其增加新的扣除项目；缩短系统的应答时间，使其达到特定的要求；把现有程序的终端对话方式加以改造，使其具有方便用户使用的界面；改进图形输出；增加联机帮助（HELP）功能；为软件的运行增加监控设施。

在维护阶段的最初一两年，改正性维护的工作量较大。随着错误发现率逐渐降低，并趋于稳定，使软件进入了正常使用期。然而，由于新需求的提出，适应性维护和完善性维护的工作量逐步增加，在这种维护过程中又会引入新的错误，从而加重了维护的工作量。

(4) 预防性维护 (preventive maintenance)

除了以上三类维护之外，还有一类维护活动，叫作预防性维护。这是为了提高软件的可维护性、可靠性等，为以后进一步改进软件打下良好基础。通常，预防性维护定义为：“把今天的方法学用于昨天的系统以满足明天的需要”。也就是说，采用先进的软件工程方法对需要维护的软件或软件中的某一部分（重新）进行设计、编制和测试。

在整个软件维护阶段花费的全部工作量中，预防性维护只占很小的比例，而完善性维护占了几乎一半的工作量，参见图 11-1。从图 11-2 中可以看到，软件维护活动花费的工作占整个生存期工作量的 70%以上，这是由于在漫长的软件运行过程中需要不断对软件进行修改，以使其进一步完善、改正新发现的错误、适应新的环境和用户新的要求，这些修改需要花费很多精力和时间，而且有时修改不正确，还会引入新的错误。同时，软件维护技术不像开发技术那样成熟、规范化，自然消耗工作量就比较多。

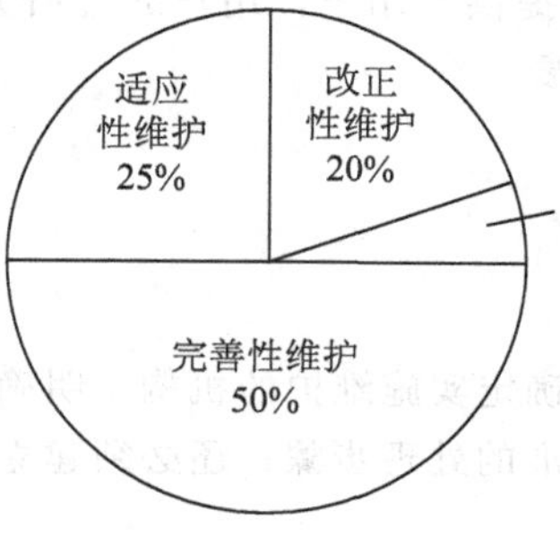


图 11-1　三类维护占总维护工作量的比例

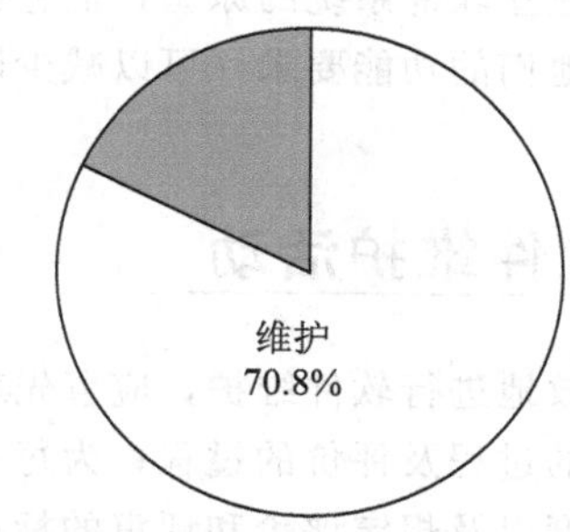


图 11-2　维护在软件生存期内成本所占比例

### 11.1.2　影响维护工作量的因素

在软件的维护过程中，需要花费大量的工作量，从而直接影响了软件维护的成本。因此，应当考虑哪些因素会影响软件维护的工作量，相应应该采取什么维护策略，才能有效地维护软件并控制维护的成本。在软件维护中，影响维护工作量的因素有以下 6 种：系统规模；程序设计语言；系统“年龄”大小；数据库技术的应用水平；所采用的软件开发技术及软件开发工程化的程度；其他（如应用问题的类型、数学模型、任务的难度、开关与标记、IF 嵌套深度、索引或下标数等，对维护工作量都有影响）。

此外，许多软件在开发时并未考虑将来的修改，这为软件的维护带来许多问题。

### 11.1.3　软件维护的策略

根据影响软件维护工作量的各种因素，针对三种典型的维护，James Martin 等提出了一些策略，以控制维护成本。

（1）改正性维护

通常要生成 100%可靠的软件并不一定合算，成本太高。但使用新技术可大大提高可靠性，并减少进行改正性维护的需要。这些技术包括：数据库管理系统、软件开发环境、程序自动生成系统、高级（第四代）语言。应用以上 4 种方法可产生更可靠的代码。此外，还可考虑：

1）利用应用软件包。这样可开发出比由用户完全自己开发的系统可靠性更高的软件。

2）使用结构化技术。这样开发的软件易于理解和测试。

3）防错性程序设计。把自检能力引入程序，通过非正常状态的检查，提供审查跟踪。

4）进行周期性维护审查。这样在形成维护问题之前就可确定质量缺陷。

（2）适应性维护

这一类的维护不可避免，但可以采用以下策略加以控制：

1）在配置管理时，把硬件、操作系统和其他相关环境因素的可能变化考虑在内，可以减少某些适应性维护的工作量。

2）把与硬件、操作系统以及其他外围设备有关的程序归到特定的程序模块中，可把因环境变化而必须修改的程序局部于某些程序模块之中。

3）使用内部程序列表、外部文件以及处理的例行程序包，可为维护时修改程序提供方便。

4）使用面向对象技术，增强软件系统的稳定性，易于修改和移植。

（3）完善性维护

利用前两类维护中列举的方法，也可以减少这一类维护。特别是使用数据库管理系统、程序生成器、应用软件包，可减少系统或程序员的维护工作量。

此外，建立软件系统的原型，把它在实际系统开发之前提供给用户，用户通过研究原型，进一步完善他们的功能要求，可以减少以后完善性维护的需要。

## 11.2　软件维护活动

为了有效地进行软件维护，应事先就开始做组织工作，确定实施维护的机构，明确提出维护申请报告的过程及评价的过程；为每一个维护申请规定标准的处理步骤；还必须建立维护活动的记录制度以及规定评价和评审的标准。

### 11.2.1　软件维护申请报告

所有软件维护申请应按规定的方式提出。软件维护组织通常提供维护申请报告（Maintenance Request Form，MRF），或称软件问题报告，由申请维护的用户填写。如果遇到一个错误，用户必须完整地说明产生错误的情况，包括输入数据、错误清单以及其他有关材料。如果申请的是适应性维护或完善性维护，用户必须提出一份修改说明书，列出所有希望的修改。维护申请报告将由维护管理员和系统监督员来研究处理。

维护申请报告是由软件组织外部提交的文档，它是计划维护工作的基础。软件组织内部应相应地制作软件修改报告（Software Change Report，SCR），并指明：

1）所需修改变动的性质。

2）申请修改的优先级。

3）为满足某个维护申请报告所需的工作量。

4）预计修改后的状况。

软件修改报告应提交修改负责人，经批准后才能开始进一步安排维护工作。

### 11.2.2　软件维护工作流程

软件维护工作流程如图 11-3 所示。第一步是先确认维护要求。这需要维护人员与用户反复协商，弄清错误概况和对业务的影响大小，以及用户希望做什么样的修改，并把这些情况存入故障数据库。然后由维护组织管理员确认维护类型。

对于改正性维护申请，从评价错误的严重性开始。如果存在严重的错误，则必须安排人员，在系统监督员的指导下进行问题分析，寻找错误发生的原因，进行“救火”性的紧急维护；对于不严重的错误，可根据任务和人员情况，视轻重缓急进行排队，统一安排时间。

所谓“救火”式的紧急维护，是指如果发生的错误非常严重，不马上解决可能会导致重大事故，这样就必须紧急修改，暂不顾及正常的维护控制，不必考虑评价可能发生的副作用。在维护完成、交付用户之后再去做这些工作。

对于适应性维护和完善性维护申请，需要先确定每项申请的优先次序。若某项申请的优先级非常高，就可立即开始维护工作；否则，维护申请和其他的开发工作一样，进行排队，统一安排时间。

尽管维护申请的类型不同，但都要进行同样的技术工作。这些工作有：修改软件需求说明、修改软件设计、设计评审、对源程序做必要的修改、单元测试、集成测试（回归测试）、确认测试、软件配置评审等。

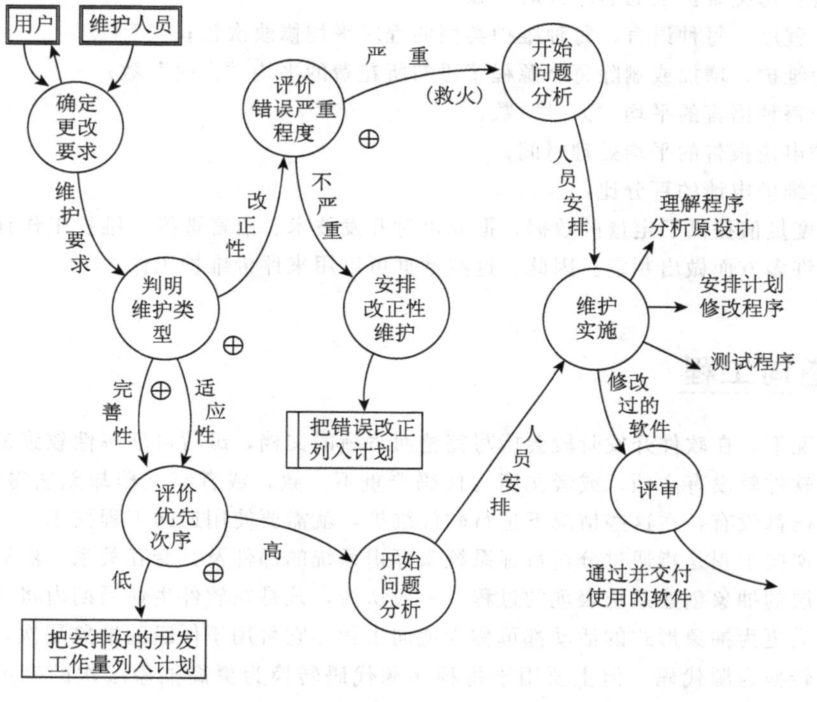


图 11-3　软件维护的工作流程

在每次软件维护任务完成后，最好进行一次情况评审，对以下问题进行总结：

1）在目前情况下，设计、编码、测试中的哪一方面可以改进？

2）哪些维护资源应该有，但没有？

3）工作中主要的或次要的障碍是什么？

4）从维护申请的类型来看是否应当有预防性维护？

情况评审对将来的维护工作如何进行会产生重要的影响，并可为软件机构的有效管理提供重要的反馈信息。

## 11.2.3　维护档案记录

为了估计软件维护的有效程度，确定软件产品的质量，同时确定维护的实际开销，需要在维护过程中做好维护档案记录。其内容包括程序名称、源程序语句条数、机器代码指令条数、所用的程序设计语言、程序安装的日期、程序安装后的运行次数、与程序安装后运行次数有关的处理故障次数、程序改变的层次及名称、修改程序所增加的源程序语句条数、修改程序所减少的源程序语句条数、每次修改所付出的“人时”数、修改程序的日期、软件维护人员的姓名、维护申请报告的名称、维护类型、维护开始时间和维护结束时间、花费在维护上的累计

"人时"数、维护工作的净收益等。对每项维护任务都应该收集上述数据。

### 11.2.4 维护评价

有些情况下评价维护活动比较困难，这是因为缺乏可靠的数据。但如果维护的档案记录做得比较好，可以得出一些评价维护活动的数值。可参考的度量值如：

- 每次程序运行时的平均出错次数；
- 花费在每类维护上的总"人时"数；
- 每个程序、每种语言、每种维护类型的程序平均修改次数；
- 因为维护，增加或删除每个源程序语句所花费的平均"人时"数；
- 用于每种语言的平均"人时"数；
- 维护申请报告的平均处理时间；
- 各类维护申请的百分比。

这7种度量值提供了定量的数据，据此可对开发技术、语言选择、维护工作计划、资源分配以及其他许多方面做出判定。因此，这些数据可以用来评价维护工作。

## 11.3 逆向工程

正常情况下，在软件开发阶段会撰写完整而清晰的文档，编写可理解性较强的代码。但实际上，有些软件就没有文档，或者文档与代码严重不一致，或者有文档却无法得到这些文档，甚至连源代码都没有，在这些情况下进行软件维护，就需要使用逆向工程技术。

软件的逆向工程是指通过分析目标系统来标识系统的部件及其交互关系，然后使用其他形式或者更高层的抽象创建系统表现的过程。一般认为，凡是在软件生命周期内将软件的某种形式描述转换成更为抽象形式的活动都可称为逆向工程。它可用于低级的抽象层次，例如把程序二进制代码转换为源代码，但主要用于将程序源代码转换为更高抽象层次的表示，如控制流图、数据流图和类图等。

逆向工程的具体流程是从可运行的程序系统出发，运用解密、反汇编、系统分析、程序理解等多种计算机技术，对软件的结构、流程、算法、代码等进行逆向拆解和分析，推导出软件产品的源代码、设计原理、结构、算法、处理过程、运行方法及相关文档等。

逆向工程技术发展至今已经研发出许多工具，这些工具主要以源代码为输入，生成结构、过程、数据、行为的设计表示。例如 Imagix 4D 能够为 C 及 C++ 程序编写文档，Understand 能够分析 C、C++、Java、Python 等多种语言编写的程序，生成相应的文档，辅助软件维护。另外，在很多分析和设计工具软件中也集成了逆向工程技术，例如 Enterprise Architecture、Rationa Software Architect 等。

## 11.4 重构

一般来说，软件开发是先做设计再进行编码，但由于种种原因，程序代码会逐渐偏离先前严谨的设计，即使能够满足用户的需求，代码质量却在下降。重构就是在不改变代码外在行为的前提下，修改代码来改进程序的内部结构，提高程序的可理解性和可维护性等，进而帮助尽早发现缺陷，提高编程速度。

重构可以随时随地进行，例如在添加新的功能、修复缺陷、评审代码等需要理解原有代码的情况下都可以进行重构。

在程序内部结构中可能出现的各种不合理情形称为代码坏味道，它是设计质量低下的表现，下面列举了部分类型的代码坏味道及其重构方法：

(1) 重复的代码

如果一个类的多个方法中出现重复的代码，这往往意味着隐式耦合，需要将重复代码提炼为独立方法。如果一个超类的多个子类中出现重复代码，可将子类中的这段代码提炼为独立方法，并上移到超类中。如果不相关的类中出现重复代码，一种办法是将这段代码提炼为其中一个类的成员方法，其他类再调用这个方法；另一种办法是将这段代码提炼为独立的类，其他类引用它。

(2) 过长的方法

短小的方法容易理解和调用，如果方法过长则可能包含了太多的任务，需要分解为多个方法。

(3) 过大的类

过大的类可能意味着这个类的职责太多，违背了类的单一职责设计原则，需要分解为多个类。

(4) 过多的方法参数

与结构化编程相比，面向对象编程中方法的参数一般较少。如果一个方法的参数过多，往往意味着该方法承担了较多的任务或者参数的数据类型抽象层次太低。如果是前者，就需要将这个方法分解为多个方法；如果是后者，可以将多个参数包装成对象等抽象层次更高的数据类型。

(5) 同样的 switch 语句散布在多处

如果要向 switch 语句中添加一个 case 子句，就必须找到所有的 switch 语句进行同样的修改，程序的可扩展性差。这种情况完全可以通过面向对象的多态机制来解决。

(6) 过多的注释

一般情况下提倡给代码加注释，但如果是因为代码太糟糕才不得不写大量的注释，那么还是改进程序结构去除坏味道为佳。改进之后会发现注释变得多余了，因为代码已经说明了一切。

代码的坏味道类型还有很多，这里不再一一赘述，感兴趣的读者可参考相关资料。

使用重构时要注意，它是对已有代码的设计改进，但不能改变代码的外在行为，也不能在修改时引入新的缺陷。另外，重构的重点是改进详细设计结构，虽然理论上重构也能改进体系结构设计，但由于体系结构的修改影响范围广泛，因此不要轻易修改。

实现重构时，一般都涉及多处代码的修改。例如将一段代码提炼为一个方法后，所有使用这段代码的地方都要修改；再如修改类名、方法名等，所有涉及的地方都要随之修改。因此，手工重构存在耗时耗力、成本高、容易引入新的缺陷等问题。重构工具的使用使重构更容易，效率更高，成本更低，且无须测试。常用的编程语言如Java、C++等，其重构工具一般都比较成熟，这些工具常常与开发环境集成起来，便于使用。例如，在 Eclipse 中提供了重构菜单，包含的重构功能非常丰富。

## 11.5 程序修改的步骤和修改的副作用

在软件维护时，必然会对源程序进行修改。通常对源程序的修改不能无计划地仓促上阵，为了正确、有效地修改，需要经历三个步骤：分析和理解程序、实施修改以及重新验证程序。

### 11.5.1　分析和理解程序

经过分析，全面、准确、迅速地理解程序是决定维护成败和质量好坏的关键。在这方面，软件的可理解性和文档的质量非常重要。为此必须：

1）研究程序的使用环境及有关资料，尽可能得到更多的背景信息。

2）理解程序的功能和目标。

3）掌握程序的结构信息，即从程序中细分出若干结构成分，如程序系统结构、控制结构、数据结构和输入/输出结构等。

4）了解数据流信息，即所涉及的数据来自何处，在哪里被使用。

5）了解控制流信息，即执行每条路径的结果。

6）如果设计资料存在，则可利用它们来帮助画出结构图和高层流程图。

7）理解程序的操作（使用）要求。

为了容易地理解程序，要求自顶向下地理解现有源程序的程序结构和数据结构，为此可采用如下几种方法：

1）分析程序结构图。包括：

- 搜集所有存储该程序的文件，阅读这些文件，记下它们包含的过程名，建立一个包括这些过程名和文件名的文件；
- 分析各个过程的源代码；
- 分析各个过程的接口，估计更改的复杂性。

2）数据跟踪。包括：

- 建立各层次的程序级上的接口图，展示各模块或过程的调用方式和接口参数。
- 利用数据流分析方法，对过程内部的一些变量进行跟踪。维护人员通过这种数据流跟踪，可获得有关数据在过程间如何传递，在过程内如何处理等信息，这对于判断问题原因特别有用。在跟踪的过程中可在源程序中间插入自己的注释。

3）控制跟踪。控制流跟踪同样可在结构图或源程序基础上进行。可采用符号执行或实际动态跟踪的方法，了解数据如何从一个输入源到达输出点。

4）在分析的过程中，应充分阅读和使用源程序清单和文档，分析现有文档的合理性。

5）充分使用由编译程序或汇编程序提供的交叉引用表、符号表以及其他有用的信息。

6）如有可能，争取参加开发工作。

### 11.5.2　修改程序

对程序的修改，必须事先做出计划，有准备地、周密有效地实施修改。

（1）制定程序的修改计划

程序的修改计划要考虑人员和资源的安排。小的修改可以不需要详细的计划，而对于需要耗时数月的修改，就需要计划立案。此外，在编写有关问题和解决方案的大纲时，必须充分地描述修改作业的规格说明。修改计划的内容主要包括：

- 规格说明信息：数据修改、处理修改、作业控制语言修改、系统之间接口的修改等；
- 维护资源：新程序版本、测试数据、所需的软件系统、计算机时间等；
- 人员：程序员、用户相关人员、技术支持人员、厂家联系人、数据录入员等。

针对以上每一项，要说明必要性、从何处着手、是否接受、日期等。通常，可采用自顶向下的方法，在理解程序的基础上做如下工作：

1）研究程序的各个模块、模块的接口及数据库，从全局的观点提出修改计划。

2）依次把要修改的以及那些受修改影响的模块和数据结构分离出来。为此，要做如下工作：

- 识别受修改影响的数据；
- 识别使用这些数据的程序模块；
- 对于上面程序模块，按产生数据、修改数据、删除数据进行分类；
- 识别对这些数据元素的外部控制信息；
- 识别编辑和检查这些数据元素的地方；
- 隔离要修改的部分。

3）详细地分析要修改的以及那些受变更影响的模块和数据结构的内部细节，设计修改计划，标明新逻辑及要改动的现有逻辑。

4）向用户提供回避措施。用户的某些业务因软件中发生问题而中断，为不让系统长时间停止运行，需把问题局部化，在可能的范围内继续开展业务。可以采取的措施有两种：

① 在问题的原因还未找到时，先就问题的现象提供回避的操作方法，可能情况有以下几种：

- 意外停机，系统完全不能工作——作为临时的处置，消除特定的数据，插入临时代码（打补丁），以人工方式运行系统。
- 安装的期限到期——系统有时要延迟变更。例如，税率改变时，继续执行其他处理，同时修补有关的部分再执行它，或者制作特殊的程序，然后再根据执行结果进行修正。
- 发现错误运行系统——人工查找错误并修正。

必须正确地了解以现在状态运行系统将给应用系统的业务造成什么样的影响，研究使用现行系统将如何及多大程度地促进应用的业务。

② 如果弄清了问题的原因，可通过临时修改或改变运行控制以回避在系统运行时产生的问题。

（2）修改代码，以适应变化

在修改时，要求：

1）正确、有效地编写修改代码。

2）要谨慎地修改程序，尽量保持程序的风格及格式，要在程序清单上注明改动的指令。

3）不要匆忙删除程序语句，除非完全肯定它是无用的。

4）不要试图共用程序中已有的临时变量或工作区，为了避免冲突或混淆用途，应自行设置自己的变量。

5）插入错误检测语句。

6）保持详细的维护活动和维护结果记录。

7）如果程序结构混乱，修改受到干扰，可抛弃程序重新编写。

### 11.5.3 修改程序的副作用及其控制

所谓副作用是指因修改软件而造成的错误或其他不希望发生的情况，有以下三种副作用。

（1）修改代码的副作用

在使用程序设计语言修改源代码时，可能引入新的错误。例如，删除或修改一个子程序、删除或修改一个标号、删除或修改一个标识符、改变程序代码的时序关系、改变占用存储的大小、改变逻辑运算符、修改文件的打开或关闭、改进程序的执行效率，以及把设计上的改变翻译成代码的改变、边界条件的逻辑测试做出改变时，都容易引入错误。

(2) 修改数据的副作用

在修改数据结构时，有可能造成软件设计与数据结构不匹配，因而导致软件出错。数据的副作用是修改软件信息结构导致的。例如，在重新定义局部的或全局的常量、重新定义记录或文件的格式、增大或减小一个数组或高层数据结构的大小、修改全局或公共数据、重新初始化控制标志或指针、重新排列输入/输出或子程序的参数时，容易导致设计与数据不相容的错误。数据副作用可以通过详细的设计文档加以控制。在文档中通过一种交叉引用，把数据元素、记录、文件和其他结构联系起来。

(3) 文档的副作用

对数据流、软件结构、模块逻辑或任何其他有关特性进行修改时，必须对相关技术文档进行相应修改。否则会导致文档与程序功能不匹配、缺省条件改变、新错误信息不正确等错误，使得软件文档不能反映软件的当前状态。对于用户来说，软件事实上就是文档。如果对可执行软件的修改不反映在文档里，会产生文档的副作用。例如，对交互输入的顺序或格式进行修改，如果没有正确地记入文档中，可能引起重大的问题。过时的文档内容、索引和文本可能造成冲突，引起用户业务的失败和不满。因此，必须在软件交付之前对整个软件配置进行评审，以减少文档的副作用。事实上，有些维护请求并不要求改变软件设计和源代码，而是指出在用户文档中不够明确的地方。在这种情况下，维护工作主要集中在文档上。

为了控制因修改而引起的副作用，要做到：

1) 按模块把修改分组。

2) 自顶向下地安排被修改模块的顺序。

3) 每次修改一个模块。

4) 对于每个修改了的模块，在安排修改下一个模块之前，要确定这个修改的副作用。可以使用交叉引用表、存储映像表、执行流程跟踪等。

### 11.5.4　重新验证程序

在将修改后的程序提交用户之前，需要用以下的方法进行充分的确认和测试，以保证整个修改后的程序的正确性。

(1) 静态确认

修改软件通常有引入新的错误的危险。为了能够做出正确的判定，验证修改后的程序至少需要两个人参加。要检查：

1) 修改是否涉及规格说明？修改结果是否符合规格说明？有没有歪曲规格说明？

2) 程序的修改是否足以修正软件中的问题？源程序代码有无逻辑错误？修改时有无修补失误？

3) 修改部分对其他部分有无不良影响（副作用）？

对软件进行修改，常常会引发别的问题，因此有必要检查修改的影响范围。

(2) 确认测试

在充分进行以上确认的基础上，要用计算机对修改程序进行确认测试。

1) 确认测试顺序：先对修改部分进行测试，然后隔离修改部分，测试程序的未修改部分，最后再把它们集成起来进行测试。这种测试称为回归测试。

2) 准备标准的测试用例。

3) 充分利用软件工具帮助重新验证过程。

4) 在重新确认过程中，需邀请用户参加。

从维护角度看所需测试种类包括：对修改事务的测试；对修改程序的测试；操作过程的测试；应用系统运行过程的测试；使用过程的测试；系统各部分之间接口的测试；作业控制语言的测试；与系统软件接口的测试；软件系统之间接口的测试；安全性测试；后备/恢复过程的测试。

（3）维护后的验收

在交付新软件之前，维护主管部门要检验：

1）全部文档是否完备，并已更新。

2）所有测试用例和测试结果已经正确记载。

3）记录软件配置所有副本的工作已经完成。

4）维护工序和责任是明确的。

## 11.6　软件的维护性

许多软件的维护十分困难，原因在于这些软件的文档和源程序难于理解，又难于修改。从原则上讲，软件开发工作应严格按照软件工程的要求，遵循特定的软件标准或规范进行。但实际上往往由于种种原因并不能真正做到。例如，文档不全，质量差，开发过程不注意采用结构化方法，忽视程序设计风格等。因此，造成软件维护工作量加大，成本上升，修改出错率升高。此外，许多维护要求并不是因为程序中出错而提出的，而是为适应环境变化或需求变化而提出的。由于维护工作面广，维护难度大，稍有不慎，就会在修改中给软件带来新的问题或引入新的差错。所以，为了使得软件能够易于维护，必须考虑使软件具有维护性。

### 11.6.1　软件维护性定义

事实上，软件维护性（maintainability）是评价软件产品质量的一项重要指标。在软件产品质量国际标准（ISO/IEC 9126 Software Engineering-Product Quality）中，软件维护性是其规定的 6 个软件质量特性之一（其他质量特性是功能性、可靠性、易用性、效率和可移植性）。

所谓软件维护性是指当对软件实施各种类型的维护而进行修改时，软件产品可被修改的能力。而这里的“被修改”是指在实施各种维护活动中（见本章 11.1 节）对软件的变更。

软件的维护性包含以下的子特性（见图 11-4）：

1）易分析性（analyzability）——软件产品被诊断出含有缺陷或发现了失效的原因，或是能被找到要修改部位的能力。

2）易变更性（changeability）——软件产品使规定的修改能够实现的能力。

3）稳定性（stability）——软件产品避免因修改而带来不希望的影响的能力。

4）测试性（testability）——被修改软件的被确认能力。

5）维护性符合性（maintainability compliance）——软件产品符合与维护相关的标准或约定的能力。

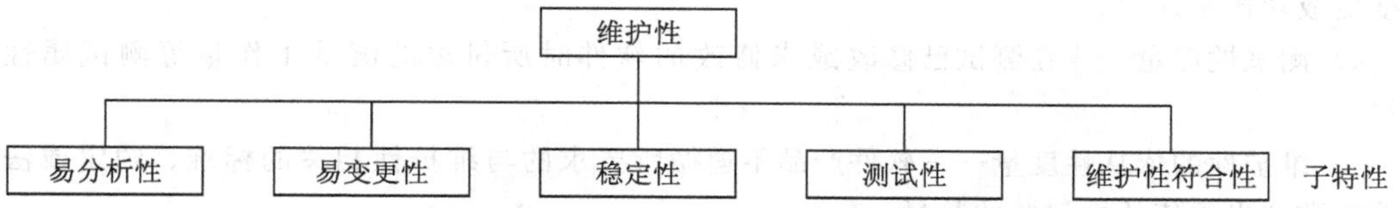


图 11-4　维护性的子特性

### 11.6.2　软件维护性度量

软件维护性度量的任务是对软件产品的维护性给出量化的评价。和其他软件质量特性一样，软件维护的度量也分为内部维护性度量和外部维护性度量。

内部维护性度量与外部维护性度量在度量的目的、时机以及对象等方面都是不同的。两者的差别可从表 11-1 中看出。

表 11-1　内部维护性度量与外部维护性度量

| 考虑的方面 | 内部维护性度量 | 外部维护性度量 |
| --- | --- | --- |
| 度量的目的 | 预测修改软件产品所需工作量 | 度量修改软件产品的工作量 |
| 度量的时机 | 软件产品设计和编程阶段 | 代码完成后测试或运行时 |
| 度量的对象 | 对软件中间产品实施静态测量 | 执行代码收集数据 |

从表 11-1 中可以看出，内部维护性度量是在软件产品尚未开发完成时实施的度量，此时只有阶段产品，例如已得到设计规格说明和源程序（但未经测试），度量的目的在于预测将获得的软件产品的维护性，而外部维护性度量则是在产品完成后，经运行开发出的程序而获得的维护性数据。

维护性度量的实施者可能是用户、测试人员、开发人员、产品评价人员或是软件维护人员。

以下分别说明内部维护性子特性度量及外部维护性子特性度量的含义：

（1）内部维护性子特性度量

1）易分析性度量——预测未来维护人员或软件产品用户在维护工作中为诊断软件产品缺陷或失效原因，或是找出要修改的部分所付出的工作量和资源。

2）易变更性度量——预测未来维护人员或软件产品用户在进行维护时，修改软件所需的工作量。

3）稳定性度量——预测对软件产品进行修改后的稳定程度，例如，如果某软件产品修改的局部化程度较高，或是修改变更的副作用较小，表明未来产品的维护性的稳定性较好。

4）测试性度量——预测软件产品中设计并实现的自动测试辅助功能的总量。

5）维护性的符合性度量——评估软件产品遵循与维护性有关的用户组织的标准、约定或法规的能力。例如，如果开发的软件是出口给某外国公司的产品，那就要评估该产品是否能符合该国、该公司有关软件维护性的标准或法规。

（2）外部维护性子特性度量

1）易分析性度量——软件维护人员或软件产品用户在维护工作中为诊断软件产品缺陷或失效原因，或是找出要修改的部分所付出的工作量和资源。

2）易变更性度量——软件维护人员或软件产品用户在进行维护时，修改所付出的工作量，如实现变更所用时间。

3）稳定性度量——在软件产品修改后的测试或运行时对所出现的意外行为属性的度量，如变更成功比率。

4）测试性度量——在测试已修改或未修改的软件时所付出的测试工作量等测试属性的度量。

5）维护性的依从性度量——软件产品不遵循所要求的与维护性相关的标准、约定或法规的功能数和出现依从性问题的数量。

## 11.7 提高软件维护性的方法

正是由于软件维护成本在软件生存期各阶段工作成本中居于首位，如何提高软件维护效率，降低维护工作的成本，使得开发出的软件具有更高的维护性就显得非常重要。

为此，软件开发人员必须在软件开发的各个阶段都要考虑如何使未来的软件产品具有较高的维护性。正如任何制造业生产的产品一样，在其设计和生产阶段不仅要考虑未来在用户中的产品的使用性能（如方便、高效、安全等），而且还应考虑该产品在未来的维修中的易维修性（如便于拆卸、便于更换零件和清洗等）。

可以采用以下几个方法提高软件维护性。

### 11.7.1 使用提高软件维护性的开发技术和工具

（1）模块化

模块化技术的优点是如果需要改变某个模块的功能，则只要改变这个模块，对其他模块影响很小；如果需要增加程序的某些功能，则仅需增加完成这些功能的新的模块或模块层；程序的测试与重复测试比较容易；程序错误易于定位和纠正；容易提高程序效率。

（2）结构化程序设计

结构化程序设计不仅使得模块结构标准化，而且将模块间的相互作用也标准化了，因而把模块化又向前推进了一步。采用结构化程序设计可以获得良好的程序结构。

（3）使用结构化程序设计技术，提高现有系统的维护性

1）采用备用件的方法。当要修改某个模块时，用一个新的结构良好的模块替换掉整个模块。这种方法要求了解所替换模块的外部（接口）特性，可以不了解其内部工作情况。它有利于减少新的错误。

2）采用自动重建结构和重新格式化的工具（结构更新技术）。这种方法采用如代码评价程序、重定格式程序、结构化工具等自动工具，把非结构化代码转换成良好结构的代码。

3）改进现有程序的不完善的文档。改进和补充文档的目的是提高程序的可理解性，以提高维护性。

4）使用结构化程序设计方法实现新的子系统。

5）采用结构化小组。在软件开发过程中，建立主程序员小组，实现严格的组织化结构，强调规范，明确领导以及职能分工，能够改善通信，提高程序生产率；在检查程序质量时，采取有组织分工的结构普查，分工合作，各司其职，能够有效地实施质量检查。同样，在软件维护过程中，维护小组也可以采取与主程序员小组和结构普查类似的方式，以保证程序的质量。

### 11.7.2 实施开发阶段产品的维护性审查

实施开发阶段产品的维护性审查的目的是采用不同的方式在相关的开发阶段找出影响产品维护性的问题，并且在检查出问题以后采取相应的措施加以纠正。这样做便可以将维护性问题及时地解决，而不致使问题堆集到产品开发出来以后。

可以考虑的维护性审查有以下几种方式：

（1）检查点审查

检查点审查是在软件开发的里程碑处，即在开发的阶段终点处设置维护性检查点。在检查点处审查阶段工作的产品是否符合维护性的相关子特性要求，而且在不同的检查点，其审查的

重点有所不同。图 11-5 给出了软件开发各阶段检查点的审查重点。在各阶段的检查点实施审查时，可将审查的重点进一步具体化，并将其开列成为检查表的形式，逐项审查。

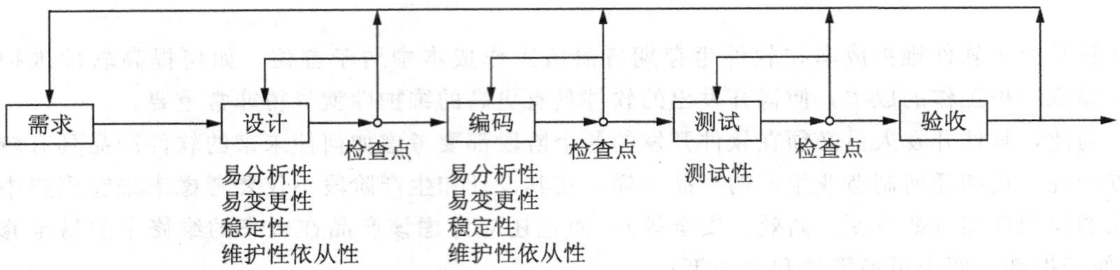


图 11-5 软件开发各阶段检查点的审查重点

(2) 验收检查

验收检查是一个特殊的检查点的检查，是交付使用前的最后一次检查，是软件投入运行之前保证维护性的最后机会。它实际上是验收测试的一部分，只不过它是从维护的角度提出验收的条件和标准。

下面是验收检查必须遵循的最小验收标准。

1) 需求和规范标准：

- 需求应当以可测试的术语进行描述，按优先次序排列和定义；
- 区分必需的、任选的、将来的需求；
- 还应包括对系统运行时的计算机设备的需求，对维护、测试、操作以及维护人员的需求，对测试工具等的需求。

2) 设计标准：

- 程序应设计成分层的模块结构，每个模块应完成唯一的功能，并达到高内聚、低耦合；
- 通过一些预期变化的实例，说明设计的可扩充性、可缩减性和可适应性。

3) 源代码标准：

- 尽可能使用程序设计语言的标准版本；
- 所有的代码都必须具有良好的结构；
- 所有的代码都必须文档化，在注释中说明它的输入、输出以及便于测试/再测试的一些特点与风格。

4) 文档标准：文档中应说明程序的输入/输出、使用的方法/算法、错误恢复方法、所有参数的范围以及缺省条件等。

(3) 周期性的维护审查

检查点审查和验收检查，可用来保证新软件系统的维护性。对已有的软件系统，则应当进行周期性的维护检查。

软件在运行期间，为了纠正新发现的错误或缺陷，为了适应计算环境的变化，为了响应用户新的需求，必须进行修改。因此会导致软件质量有变坏的危险，可能产生新的错误，破坏程序概念的完整性。因此，必须像硬件的定期检查一样，每月一次，或两月一次，对软件做周期性的维护审查，以跟踪软件质量的变化。

周期性维护审查实际上是开发阶段检查点审查的继续，并且采用的检查方法、检查内容都是相同的。维护审查的结果可以同以前维护审查的结果，以及以前验收检查的结果和检查点审查的结果相比较，任何一种改变都表明在软件质量上或其他类型的问题上可能起了变化。

(4) 对软件包进行检查

软件包是一种标准化了的、可由不同单位和不同用户使用的封装软件。软件包开发商考虑到专利权问题，一般不会给用户提供源代码和程序文档。因此，对软件包的维护可采取以下方法：

使用单位的维护人员首先要仔细分析和研究开发商提供的用户手册、操作手册、培训教程、新版本说明、计算机环境要求书、未来特性表以及开发商提供的验收测试报告等，在此基础上，深入了解本单位的希望和要求，编制软件包的检验程序。

该检验程序检查软件包程序所执行的功能是否与用户的要求和条件相一致。为了建立这个程序，维护人员可以利用开发商提供的验收测试实例，还可以自己重新设计新的测试实例。根据测试结果，检查和验证软件包的参数或控制结构，以完成软件包的维护。

### 11.7.3 改进文档

程序文档是对程序总目标、程序各组成部分之间的关系、程序设计策略、程序实现过程的历史数据等的说明和补充。程序文档对提高程序的可理解性有着重要作用。即使是一个十分简单的程序，要想有效地、高效率地维护它，也需要编制文档来解释其目的及任务。而对于程序维护人员来说，要想对程序实施维护，并对需做的变更可能性进行估计，缺了文档也是寸步难行的。因此，为了维护程序，人们必须阅读和理解文档。那种对文档的价值估计过低的看法，是由于过低估计了用户对改变的要求而造成的。

在软件维护阶段，利用历史文档，可以大大简化维护工作。例如，通过了解原设计思想，可以指导维护人员选择适当的方法去修改代码而不危及系统的完整性。又例如，了解开发系统中最困难的部分，可以向维护人员提供最直接的线索，判断出错之处。历史文档有三种：

1) 系统开发日志：它记录了项目的开发原则、开发目标、优先次序、选择某种设计方案的理由、决策策略、使用的测试技术和工具、每天出现的问题、计划的成功和失败之处等。系统开发日志对维护人员日后想了解系统的开发过程和开发中遇到的问题非常有用。

2) 错误记载：它把出错的历史情况记录下来，对于预测今后可能发生的错误类型及出错频率有很大帮助。也有助于维护人员查明出现故障的程序或模块，以便去修改或替换它们。此外，对错误进行统计、跟踪，可以更合理地评价软件质量以及软件质量度量标准和软件方法的有效性。

3) 系统维护日志：系统维护日志记录了在维护阶段有关系统修改和修改目的的信息。包括修改的宗旨、修改的策略、存在的问题、问题所在的位置、解决问题的办法、修改要求和说明、注意事项、新版本说明等信息。它有助于人们了解程序修改背后的思维过程，以进一步了解修改的内容和修改带来的影响。

## 习题

11.1 软件维护包含哪些类型？这些类型的维护是什么情况下实施的？其中哪一类型的实施工作量最大？

11.2 影响软件维护工作量的因素有哪些？

11.3 简要说明程序修改的三个步骤。

11.4 什么是程序修改的副作用？如何控制程序修改的副作用？

11.5 什么是软件的维护性？为什么要提高软件的维护性？

11.6 如何做才能提高软件的维护性？

CHAPTER 12

# 第 12 章 软件过程与软件过程改进

经过大量的软件工程实践，在研究了许多软件项目的成功经验与失败教训以后，人们总结出影响提高软件产品质量和提高软件项目生产率的主要因素是：人员、技术与设备以及过程（如图 12-1a 所示）。正如一场高水平的音乐会，它的成功取决于演奏的乐师和指挥、良好的乐器和舞台设备以及优秀的音乐作品和合理的曲目安排（见图 12-1b 所示）。在这三个因素中，观众在音乐厅可以看到的是乐师和指挥及乐器和舞台，却看不到乐谱。在软件工程工作中，人们也往往重视前两个因素，即人员的能力、素质和经验以及采用的技术、方法和设备、环境，常常忽略的是软件过程。

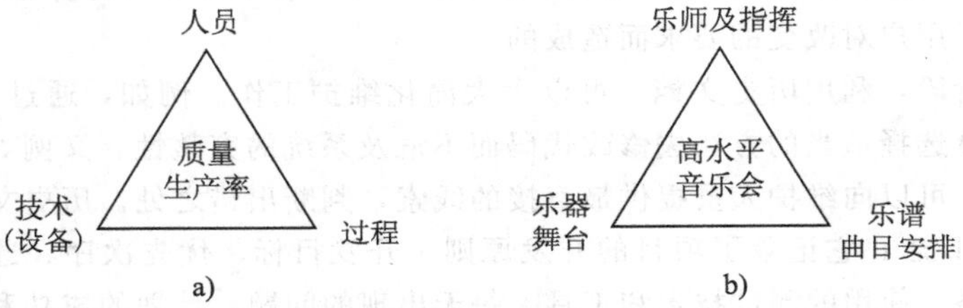


图 12-1　软件质量三因素及类比

近年来，软件过程逐渐被人们认识，也逐渐得到重视。软件过程现已成为软件工程学科的一个重要组成部分。

本章将讨论软件过程和软件过程改进的相关问题。

## 12.1　软件过程概述

我们知道，做任何工作都需要按步骤、有次序地进行。这些步骤和顺序都是由工作本身的特点、要求和规律决定的，不可任意打乱，否则工作的目标难于达到，甚至导致失败。这就是工作过程的概念。

**1. 过程概念**

生产产品是从原材料加工直到获得产品的生产过程。由于生产过程较为复杂，我们可以将其分解为两类子过程。一类是与生产产品直接相关的直接子过程（也称为基本过程），如市场调查、产品设计、生产制作、检验、包装、仓储和运输等。另一类是间接子过程，它们与生产产品保持着间接的关系（也称为支持过程），如检测仪器的校准与控制、不合格品的控制（标识、分离与处置）以及参与生产人员的培训等。事实上，子过程也是过程。其实，任何过程最终将被分解成活动或是任务。

**2. 过程要素**

分析所有的过程，可以看出过程是由以下要素构成的（参见图 12-2）：

1）输入：过程客体的初始状态或初始条件。

2）输出：过程客体的最终状态或过程的结果。

3）活动或进一步被分解的任务或作业，常常是一组活动及相关任务。

4）资源：过程活动所必需的支持条件，如人员、设备设施、技术及相关的耗费。

5）测量与验证：实施测量与验证是为了使过程的上述4个要素是符合要求的（在图中已为这些要素标以△记号）。

6）过程目标：过程的活动应以增值为目标，也只有明确了过程活动的目标，才能使过程活动是有意义的。

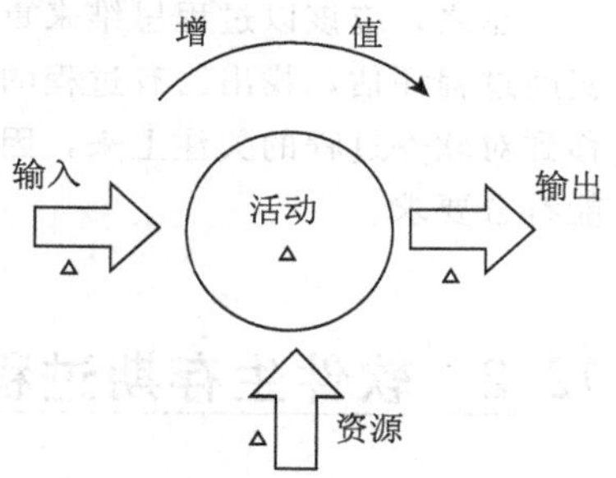

图12-2　过程的要素

**3. 过程思维**

过程的活动往往不是单独的个人行为，而是有许多人参与。如何把一个群体合理地组织起来，使大家围绕一个共同的过程目标，把每个人的精力和活动汇聚在一起，用对过程的共同理解去考虑问题，这就是过程思维（process thinking）。

过程思维是近十几年中人们从实践中总结出的思维模式，它与已有千百年历史的任务思维（task thinking）有着本质的区别。面向过程的思维注重于过程的总体目标以及各个活动之间的协调性和一致性，从而消除了各个活动之间的冲突，提高了过程的总体工作效率，形成高效的过程。另一方面，长期以来人们习惯于采用面向任务的思维，这一传统的思维模式注重于任务及相关的作业、责任人员及组织结构。以这种思维方式处理工作，必然会忽略目标和整体。常常是在活动之间出现矛盾和冲突时再去设法解决，这将难于避免过程运行低效的发生。

**4. 软件过程**

长期以来，软件行业备受软件危机的困扰，难以解脱。所谓软件危机就是软件项目存在的实际问题长期得不到很好的解决，使得矛盾激化。这些矛盾集中表现在引起软件用户严重不满的几个方面，例如，软件开发费用超出预算；软件产品不能按时完成，使得交付期一再拖延；以及软件产品质量不佳等。这些问题产生的原因只能归结为软件过程存在着缺陷。

尽管软件危机最早于20世纪60年代已经提出，业内人士确已投入了大量人力和物力，试图摆脱软件业长期的发展之痛。然而，事实表明，50年之后的今天，问题并没有得到很好的解决。有研究资料告诉我们："至今软件项目的成功率还只是35%左右，而且每年仅以1.7%的速度改善"。那么出路在哪里？曾经有人把这种令人生畏的局面比喻为吃人的野狼。

在近十几年的大量研究和实践之后，许多人逐渐认识到，从软件过程的改进来解决可能是有效的方法之一。著名的软件工程专家，也是软件能力成熟度模型CMM的主要创始人Watts Humphrey提出了以下几个重要论点：

1）软件系统的质量取决于用以开发和改进它的过程质量。

2）解决软件问题的重要一步是把整个软件工作当作一个过程来对待，使其能够控制、度量和改进。

3）软件过程是我们用以开发软件产品的一套工具、方法和实践。

4）软件过程管理的目标是按计划生产产品，同时提高软件组织的能力，以利于生产出好的产品。

5）成本估算和开发期安排的承诺应该合理，开发出的产品应该在功能和质量方面都能满足用户的期望。

6）有效的软件管理必须考虑所要完成的任务，所采用的方法和工具，以及参与人员的技能、培训和积极性。

7）有效的软件过程必须是可预测的。

总之，应该以过程思维来重新认识软件业存在的问题，重视提高软件组织的过程成熟度，实施过程评估，找出已有过程的不足和缺陷，进而改进软件过程。把对软件产品本身的关注转移到对软件过程的关注上来，因为只有软件过程的问题解决好了，按其过程开发的软件产品才能符合要求。

## 12.2　软件生存期过程国际标准

软件生存期过程指的是软件生存期中可能出现的过程。国际标准化组织（ISO）和国际电工委员会（IEC）早在1995年就发布了“软件生存期过程”国际标准。该标准全面系统地描述了软件生存期中可能出现的典型过程。在此基础上，这两个国际标准化机构又联合了美国电气与电子工程师学会（IEEE），于2008年共同发布了该标准的第2版。新版标准自然做了许多扩充和修订。

新版标准对每一个过程的描述是充分的，它不仅给出了每一个过程所包含的活动，而且还详细地描述了实施活动应完成的具体任务。这一标准对于开发者、供应者、获取者、客户、用户及利益相关方（stakeholder）理解和管理过程都具有重要的参考价值。

该标准的名称是：ISO/IEC 12207：2008（IEEE Std. 12207—2008）Systems and software engineering——Software life cycle processes。本节对标准的主要内容进行简要介绍，如有必要读者可参阅标准文本。

**1. 结构**

由于当前越来越多的软件作为系统的一部分组织开发，也作为系统的一部分配合系统运行，因此讨论软件的问题不能完全避开系统。事实上，软件作为系统中的一个子系统，它必须与其他子系统配合协调工作，我们在研究和处理软件问题时，建立这一系统的观念是十分必要的。图12-3给出了软件项在系统中的位置。

基于这一观念，该标准分为两部分：

1）与系统相关的过程（system context processes）。

2）软件特有过程（software specific processes）。

与系统相关的过程包括四类过程，即协议过程（agreement processes）、组织的项目实施过程（organizational project-enabling processes）、项目过程（project processes）、技术过程（technical processes）。

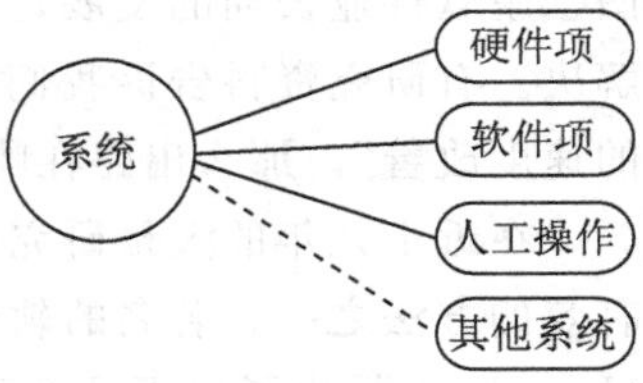

图12-3　系统元素

这四类过程分别含有2、5、7和11个过程（见图12-4）。

软件特有过程包括三类过程：软件实现过程（software implementation processes）、软件支持过程（software support processes）、软件复用过程（software reuse processes）。

这三类过程分别含有7、8、3个过程（如图12-5所示）。

**2. 过程简述**

标准中各类总计43个过程。对每一个过程的描述均给出过程的目的、过程的成果以及需开展的活动及任务。其中任务是为实现活动所需开展的工作（如图12-6所示）。

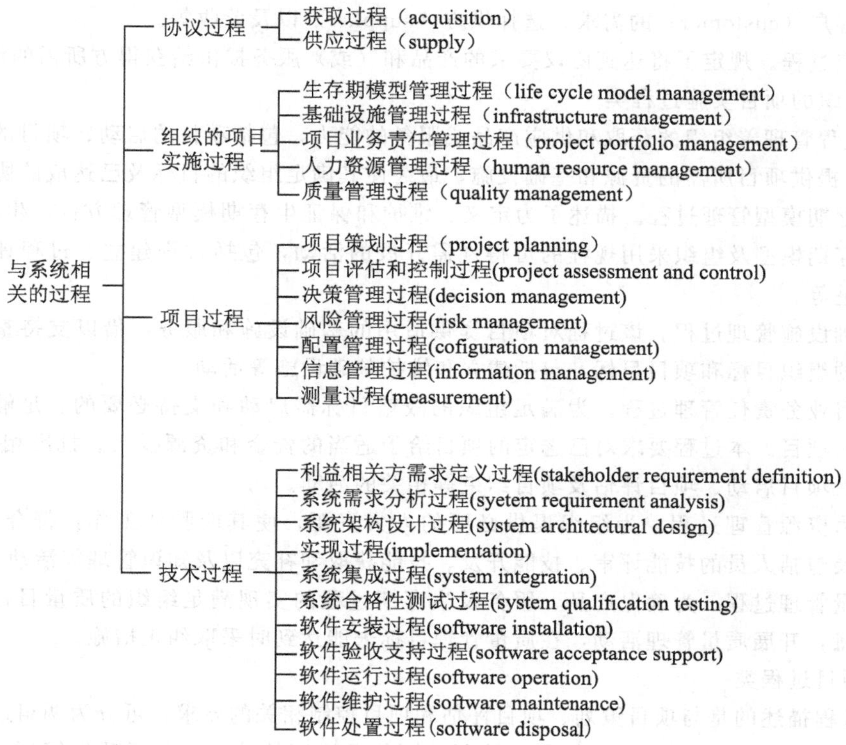


图 12-4　与系统相关的过程

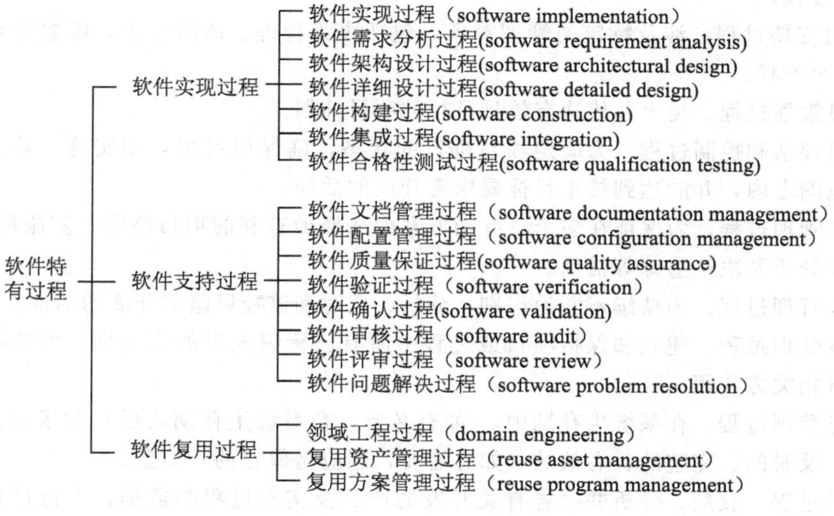


图 12-5　软件特有过程

以下对前述的 7 类 43 个过程给出简单描述。

(1) 协议过程类

这类过程定义了在两个组织之间签订协议所需开展的活动。

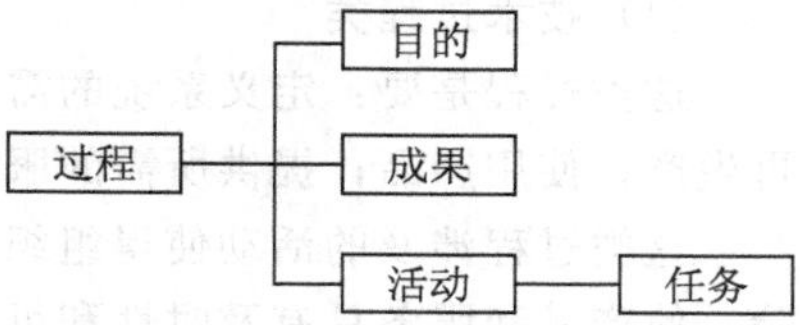


图 12-6　标准中对过程的描述结构

- 获取过程。描述了为得到满足获得方（acquirer）要求的产品和（或）服务需开展的活动，包括识别客户（customer）的需求、选择供方（supplier）以及验收等。

- 供应过程。规定了将达到协议要求的产品和（或）服务提供给获得方所需的活动。

（2）组织的项目实施过程类

这类过程管理着组织的获取和供应产品或服务的能力，包括项目的启动、项目的支持及项目的控制，提供项目所需的资源和基础设施，最终使其满足组织的目标及已达成的协议。

- 生存期模型管理过程。描述了为定义、维护和保证生存期模型管理方针、生存期过程、生存期模型及组织采用规程的可得性需开展的活动，包括过程建立、过程评估和过程改进等。
- 基础设施管理过程。该过程对项目提供适用的基础设施和服务，借以支持整个生存期中的组织目标和项目目标，包括建立和维护基础设施等活动。
- 项目业务责任管理过程。为满足组织的战略目标需启动和支持必要的、足够的以及适合的项目。本过程要求对已选定的项目给予适当的资金和资源投入、批准相应的权限，开展项目启动、项目评估及项目结束等相关的活动。
- 人力资源管理过程。为组织提供必要的人力资源，使其能胜任工作，符合业务要求，开展包括人员的技能评审、技能开发、技能获取和补充以及知识管理等活动。
- 质量管理过程。为确保产品、服务及生存期过程的实现满足组织的质量目标，使客户满意，开展质量管理活动，在质量管理目标未能达到时采取纠正措施。

（3）项目过程类

这类过程描述的是与项目策划、项目评估和项目控制相关的要求，可分为两组过程：

1）项目管理过程：涉及项目计划、执行、评估及进度的控制，包括项目策划、项目评估和控制两个过程。

2）项目支持过程：涉及特定的管理对象，包括决策管理、风险管理、配置管理、信息管理及测量五个过程。

- 项目策划过程。提出并传达有效且可行的项目计划。
- 项目评估和控制过程。为确定项目进行的状态，确保项目按计划实施，并使开销在预算范围之内，并能达到技术目标要求需开展的活动。
- 决策管理过程。为保证在多个已有的方案中选择最有利的项目路线，实施的决策规划、决策分析及决策追踪等活动。
- 风险管理过程。为持续不断地识别、分析、应对和监控风险需开展的活动。
- 配置管理过程。建立和保持项目或过程中所有已标识成果的完整性，使这些成果能为利益相关方使用。
- 信息管理过程。在系统生存期中，（如有必要，在系统生存期之后）对指定方提供相关的、及时的、完整的、有效的（如有需要，还应是保密的）信息。
- 测量过程。收集、分析并报告有关开发的产品及实施过程的数据，支持过程的有效管理，客观地展示产品的质量。

（4）技术过程类

这类过程是要：定义系统的需求；将需求转化为有用的产品；如有必要实现产品的一致性再生产；使用产品；提供所需的服务；保持服务的条件及在产品退役时对其进行处置。

这类过程涉及的活动使得组织和项目功能的效益优化，并且降低技术决策和技术行为的风险，使产品和服务具有及时性和可得性及成本的有效性。此外，还包括功能性、可靠性、可维护性、可生产性、可使用性以及获取组织和供应组织所需的其他质量特性。

技术过程类包含以下 11 个过程：

- 利益相关方需求定义过程。对可为用户和其他利益相关方提供服务的系统定义需求，包括利益相关方识别、需求识别、需求评价、需求协议及需求记录等活动。
- 系统需求分析过程。将已定义的相关方需求转化为一组系统技术需求，从而指导系统的设计。
- 系统架构设计过程。该过程分辨出哪些系统需求应分配给哪些系统元素。
- 实现过程。该过程的目的在于实现某个特定的系统元素。
- 系统集成过程。将相关的系统元素（如硬件项、软件项、人工操作，甚至包括其他系统）集成为完整的系统，使其能满足系统设计及以系统需求形式表达的客户期望。
- 系统合格性测试过程。该过程要保证每一项系统需求通过依从性测试，并使系统做好交付的准备。
- 软件安装过程。将已满足协议规定需求的软件产品安装到目标环境中。
- 软件验收支持过程。帮助获取者取得对软件产品满足需求的信任。
- 软件运行过程。在规定的环境中运行软件产品，并对软件产品的客户提供支持。
- 软件维护过程。对已交付的软件产品提供节省成本的支持，包括问题和修改分析、修改实施、维护评审以及将原有系统向新的运行环境转移。
- 软件处置过程。为结束系统中软件实体的使用，使其不再存在的活动。

（5）软件实现过程类

这类过程生成以软件实现的特定系统元素（软件项），将规定的特性、接口及实现限制转化为实现行动，最终得到的系统元素能满足由系统需求导出的需求，这类过程包括以下 7 个过程：

- 软件实现过程。为得到能实现软件产品或服务的特定系统元素所开展的活动。
- 软件需求分析过程。制定系统中软件元素需求的活动。
- 软件架构设计过程。该过程给出实现软件的设计并对照需求进行验证。
- 软件详细设计过程。对要实现的软件提供设计，对照需求及软件架构进行验证，应使设计足够详细具体，使其适合于编码与测试。
- 软件构建过程。该过程生成能正确反映软件设计的可执行的软件单元。
- 软件集成过程。该过程将软件单元和（由软件项集成起来的）软件构件结合起来。该过程应符合软件设计，并能表明功能性和非功能性软件需求在等价的或完整的运行平台上已得到满足。
- 软件合格性测试过程。该过程的目的在于证实集成了的软件产品能满足已定义的需求。

（6）软件支持过程类

这类过程协助软件实现过程，使软件项目成功并取得高质量成果，这类过程含有 8 个过程：

- 软件文档管理过程。开发并维护任一过程中生成的已记录的软件信息。
- 软件配置管理过程。建立并保持过程或项目软件项的完整性，使之可为相关方利用。
- 软件质量保证过程。为工作产品和过程遵循事先规定的条款和计划提供保证。
- 软件验证过程。该过程是要证实过程或项目的每一个软件工作产品和（或）服务能很好地反映规定的需求。
- 软件确认过程。该过程要证实软件工作产品所规定的使用需求已得到满足。
- 软件评审过程。该过程对照协议的目标保持与利益相关方有共同的理解，并确保产品的开发能令利益相关方满意。评审可在项目管理和技术层面实施，并在整个项目生存期中进行。

- 软件审核过程。要独立地判定产品和过程与需求、计划相符合，并能符合协议。
- 软件问题解决过程。要确保已发现的问题得到识别、分析、管理和控制，以利于解决。

(7) 软件复用过程类。

这类过程支持组织跨项目实施软件项的复用，含有 3 个过程：

- 领域工程过程。该过程开发和维护领域模型、领域架构和领域资产。
- 复用资产管理过程。该过程从概念生成直至退役，管理全部可复用资产，涉及资产存储、资产检索以及资产的管理与控制。
- 复用方案管理过程。该过程要策划、制定、管理、控制和监督组织的复用方案，并且系统地探索复用的可能机会。

## 12.3 软件过程成熟度

### 12.3.1 什么是软件过程成熟度

**1. 软件过程成熟度的概念**

人的一生从婴幼儿成长为青少年以至到中老年，随着年龄的增长，逐渐成熟。这意味着他能更好地胜任繁重的工作，并且在事业上取得成功，成为可受信任的人。这是一般规律，大多数人的成长道路会是这样，但也会有例外。比如，有的人已近中年，但仍不被人们信任，常被人说成“办事不牢”。原因是他不善于总结经验，不注意提高自己的能力，年纪虽大，仍不够成熟，无法委以重任。其实，软件组织在成熟度的问题上也很类似。

任何一个软件组织，在完成自身的开发、维护等业务中，总有自己的软件过程。这个过程有可能是初级的、低效的，也可能是高效的，在其成熟度方面存在差异，这当然是相互比较而言的。

软件过程成熟度（software process maturity）是软件过程改进的一个重要概念，它是指：一个特定软件过程得到清晰的定义、管理、测量、控制以及有效的程度。成熟度意味着能力的增长具有潜力，而且表示组织软件过程是珍贵的，在组织内所有项目中的应用是稳定一致的。

在不成熟的组织中，缺少判断产品质量或是解决产品或过程问题的客观基础。正因为如此，产品质量难于检测。在项目进展滞后时，往往缩短或取消如评审和测试这些旨在提高产品质量的活动。

与此不同的是，成熟的软件组织在整个组织范围内具有管理软件开发过程和维护过程的能力。能够把软件过程准确无误地传达给全体员工和新员工，因而工作的活动均依据规划好的过程开展。所管理的过程已形成文档，并与实际所开展工作采用的方法相协调一致。在必要时，将过程定义更新，并且通过先导性试验和（或）成本效益分析实现过程改进。整个组织广泛而积极地投入过程改进活动。项目自始至终，组织从上到下，过程相关的所有角色及其职责都是明确的。

在成熟的组织里，管理者监控着软件产品的质量以及生产这些产品的过程，在判断产品质量和分析产品的问题和过程的问题时，都有客观、量化的依据。进度计划和预算的制定都可基于过去项目的绩效数据，产品的成本、进度、功能和质量一般都与预期的结果一致。一般而言，成熟的组织能够一贯地遵循规范化的软件过程，因为所有参与工作的人员都十分理解这样做的意义，并且还有一些必要的基础设施支持这样的软件过程。

**2. 不成熟的软件过程和成熟的软件过程的对比**

表 12-1 从几个方面对比了不成熟软件过程的表现和成熟软件过程的表现。

表 12-1 不成熟过程与成熟过程的对比

| 对比方面 | 不成熟过程 | 成熟过程 |
| --- | --- | --- |
| 角色与职责 | * 没有明确规定角色和职责<br>* 每个人在做他认为要做的事<br>* 常会发生重叠和不清楚的所属关系和责任 | * 角色与职责已有明确规定<br>* 相互关系无重叠<br>* 有明确的目标和测量方法<br>* 能够体现持续改进过程的机制 |
| 处理变更的方式 | * 每个人都按自己的想法干事 | * 人员遵循一个规划好的文件化过程<br>* 可分享取得的经验 |
| 对发生问题的反应 | * 无秩序的混乱现象随处可见<br>* “救火”方式解决出现问题的情况经常发生<br>* 每个人都想当英雄 | * 根据已有的知识和专业规则对发生的问题进行分析和处理 |
| 可信性 | * 有时延迟交付产品和（或）超出预算<br>* 如有预算也不可靠 | * 估算准确<br>* 项目得到有效的控制和管理<br>* 目标一般能够达到 |
| 对工作人员的奖励 | * 奖励的对象是“救火队员”<br>* “如果你第一次就把事情做好了，没有人理睬，那是你的本分，但你若先把事情搞乱，然后再去解决，你就成了英雄。”——Deming，1986 | * 奖励那些生产高质量产品的团组，他们的产品既能满足需求又没有或少有失效<br>* 奖励那些防火者而不是救火者 |
| 预见性 | * 质量不可把握，它依赖于个人<br>* 进度和预算不能根据以往的经验确定 | * 项目的进度和产品的质量均可预见<br>* 进度和预算可根据以往项目的经验确定，并且是符合实际的 |

## 12.3.2 过程制度化

**1. 过程认同与过程制度化**

软件开发过程决定了在接受软件工程项目后工作人员的行动方式和反应方式。为了实现某个既定的目标，人们的行为、活动和任务都表明了为达到此目标所经历的过程。规范化过程必定反映出一套有序的和协调一致的行为模式，无论这个过程是由一个人来完成或是由一个团组人员共完成都是这样的。

当一个过程被某人完全接受后，他把过程对他的要求充分体现在自己的岗位工作中，完全职业化地、自觉地实施，没有任何勉强的感觉。这时我们可以说，他对于这个过程完全认同了、习惯了，或者说过程对他已经内在化了。

一个组织在实施过程中也有类似的情况。如果在一个组织里，其过程尚未规范化，每个人按自己的理解和认识行事，势必出现许多冲突和混乱。但如果是规范化的过程，并且每个工作人员都已经对此过程认同了，他们会自觉地按过程的要求工作，并不感觉到束缚和别扭，相互之间的协调也是很自然的。

当一个规范化过程已经渗入组织的日常生活之中，过程的要求已经变成全体员工的自觉行动，得到大家的认同和坚持遵循时，过程便成为制度化的。做到这一点绝不是容易的，它要靠过程文化和过程基础设施的支持（见图 12-7），可以说，过程文化和过程基础设施是实现过程制度化的两个重要支柱，两者缺一不可。

**2. 过程文化**

所谓文化，是特定人群在特定时期内，基于对事物的共同理解而形成的对待事务的共同习惯和文明。

过程文化是指人们的习惯和行为受到过程思维和过程管理原则的影响。人们对于规范化过程是完全认同的：人们的活动自觉地按过程要求去做，规范化过程对于他们并非是勉强的和强加的，也不是仅仅停留在口头上的。

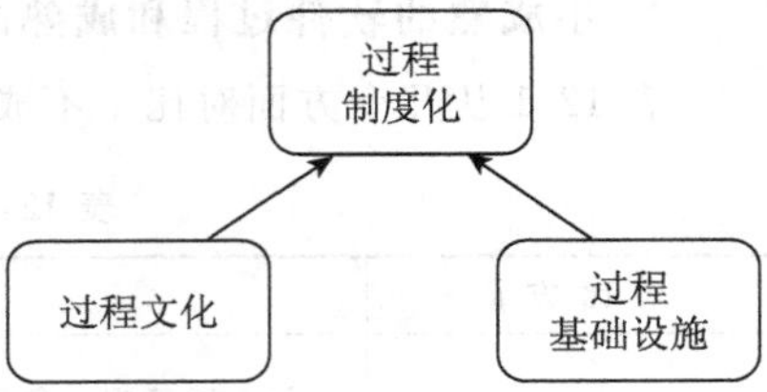

图 12-7　过程制度化所需的支持

过程文化应具有自己的特征，见表 12-2。

表 12-2　过程文化的特征

| 特　征 | 表　现 |
|---|---|
| 可见性 | 对组织中每个人来说过程定义和过程职责都是清晰的 |
| 规范性 | 遵循过程是常规的要求，过程之外的行为是个别的例外 |
| 制度化 | 遵循过程已列入组织方针和规程，并得到管理者的支持 |
| 管理者承诺 | 过程得到最高管理者以及其他管理者和员工的支持 |
| 推行 | 过程的推行是坚定的，也是有成效的 |
| 所有者 | 过程为组织基础设施所拥有，并得到维护、持续改进的支持 |
| 反馈 | 组织中每个人都可对过程的有效性提出反馈意见，并且已经建立了适当的反馈机制 |
| 绩效评估 | 对员工和团组工作的评价与过程效果紧密联系，即要看过程目标达到的情况 |
| 培训 | 对全体员工的过程培训是强制性的，对新员工的过程入门培训也是强制性的 |
| 改进 | 全体相关人员要自始至终参与过程改进的策划和实施 |

**3. 过程基础设施**

基础设施是一个重要概念，它是一个社会或企业的基本结构的基础。对于一个组织来说，它是包括组织结构、方针、标准、培训设施和工具等支持其发展取得业绩的那些组织或系统的基础框架。对于软件过程来说，基础设施是指支持软件过程的基础框架和结构基础。它不仅包括组织和管理的岗位和职责，而且包括支持定义过程、开展过程活动、获取和分析过程有关绩效反馈以及不断进行过程改进活动所必需的技术工具和平台。事实上，过程基础设施包含了组织管理基础设施和技术基础设施两个方面（见图 12-8）。

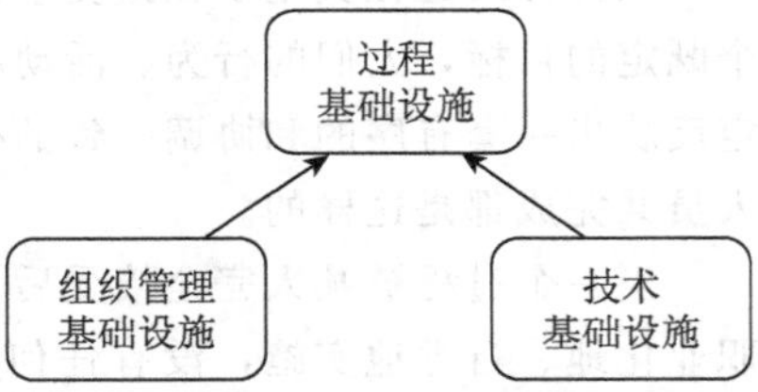

图 12-8　过程基础设施的两个方面

（1）组织管理基础设施

组织和管理基础设施包括建立、监控和推进过程活动的岗位及其职责。支持过程的岗位和职责又有面向全局的和面向局部的两个层次。支持全局工作的功能组通常是在公司一级工作的，如软件工程过程组（Software Engineering Process Group，SEPG）。支持局部工作的功能组可能是在项目级上工作，也可能是在某个特定的关键过程域上工作。在这些功能组工作的人员有些是全职的，例如软件工程过程组；有些是兼职的，如软件过程改进组（Process Improvement Team，PIT）。

（2）技术基础设施

软件过程技术基础设施是支持 SEPG 和 PIT 的技术平台、计算机设施和工具。过程技术基础设施应当覆盖公司、项目和团组级与过程相关的职能活动以及人员级的过程活动。项目级设施应具有一定的灵活性，使得个别项目能够选择所使用的技术过程支持环境，以满足这些项目的特定需求。拥有有效而灵活的技术过程基础设施对于提高和维持过程的有效性是非常重要的。

对于软件过程环境来说，基础设施的过程支持部件包括支持与过程有关活动的工具。图 12-9表示了一个软件过程技术基础设施的结构。

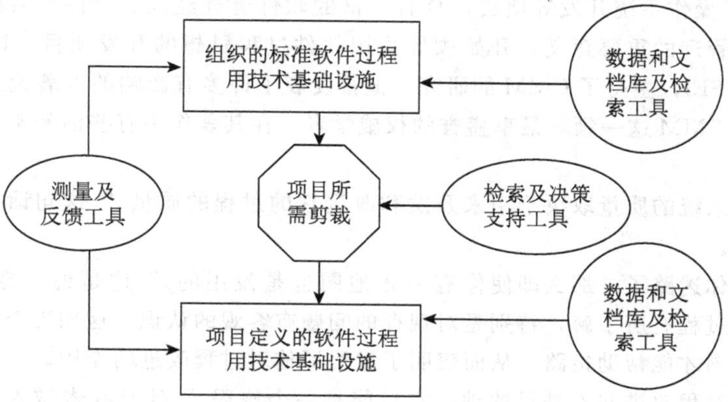


图 12-9　软件过程技术基础设施结构

## 12.4　软件能力成熟度模型

### 12.4.1　CMM 与 SEI

**1. 什么是 CMM**

CMM 是 Capability Maturity Model（能力成熟度模型）的缩写。事实上，该模型最早提出时指的是软件过程能力成熟度模型。

该模型按软件过程的不同成熟度划分了 5 个等级，1 级被认为成熟度最低，5 级则为成熟度最高。

CMM 给出了从混乱的、个别的过程达到成熟的规范化过程的一个框架，Paulk 指出："软件组织可以通过它去定义、实施、度量、控制和改进自己的软件过程"。人们可以利用该框架进行可靠且统一的评估，实现对软件过程的度量。

人们公认，CMM 体现了软件工程和软件管理的优秀实践，它集中了许多软件工作者合作总结出的一套过程和实践，对于指导软件组织改进过程有着重要意义。

但是，正如 CMM 1.1 版本所说，CMM 不是银弹，它不是软件组织的包治百病的灵丹妙药，它并没有涉及让项目成功的所有重要问题。

**2. SEI 的软件过程研究**

SEI 是 Software Engineering Institute（软件工程研究所）的缩写。该研究所隶属于卡内基·梅隆大学，于 1984 年成立。研究所由美国国防部组建，归美国空军电子系统中心和高级研究项目署共同管理。

SEI的任务是在软件工程领域中努力提高依赖软件的系统质量，促进软件开发和维护的工程化管理，为军方服务。SEI最初应国防部的要求提出一种评估软件承包商能力的办法，以便在选择军用武器系统软件的承担企业时具有可供遵循的衡量标准。

SEI同时开始研究协助软件组织改进软件过程的途径，以期解决软件业面临的各种问题，特别是：软件开发和维护的成本不断提高；软件产品的质量不能令人满意；软件项目经常不能按时完成，延误交付。

CMM项目的主要负责人是Watts Humphrey，Mark Paulk等。Humphrey曾在IBM工作了27年，领导了操作系统开发等项目，具有丰富的软件管理经验。软件项目的实践使他深刻地理解到计划和管理的重要意义，开始领导采用软件过程思想的开发项目。1986年他将自己的研究成果带到SEI，主持了CMM的研究。他曾发表了许多有影响的专著论述软件过程管理和过程改进，是CMM这一领域最享盛誉的权威学者。在其著作中有些话经常被人们作为名言引用。例如：

——“软件系统的质量取决于用来开发和改进它的过程的质量。”这句话概括地说明了产品和过程的关系。

——“如果你迷路了，那么即使你有一张地图也是没用的。”这是说，要改进软件过程，必须要对现有的过程有所了解，特别是对现存的问题有客观的认识。这相当于只有你知道自己所在的位置，地图才能帮助指路，从而表明了过程评估对过程改进的作用。

——“软件过程改进并不是目的地，它只能是一个旅程。”他是在告诫人们，过程改进是一个持续的过程，不应设想到了哪一步就可终止。

SEI开展的有关过程的课题包括以下领域：CMM；基于CMM的过程评估；软件过程定义；个人软件过程（PSP）；团组软件过程（TSP）；软件工程测量与分析。

### 12.4.2　CMM的演化

1986年11月应美国政府要求，在IBM有关软件过程研究成果的基础上，项目开始启动。任务是开发一种模型，用其促进软件承包商提高产品质量。

1987年6月项目组提出了初始模型框架，当年9月给出了包含101个问题的初步成熟度提问单，用以评价软件承包商的风险。

1991年SEI推出CMM 1.0版，这是在上述软件过程成熟度框架和初始成熟度提问单经过4年应用的基础上提出的。

1992年4月召开了有400位软件专业人员参加的CMM研讨会，与会者针对CMM 1.0开展了深入的讨论，提出了改进意见。

在吸收了对软件供应商评价和企业自我评估的经验之后，CMM做了新的修订，于1993年公布了CMM 1.1，这一版本后来得到广泛采用。

1995年SEI出版了由Mark Paulk、Charles Weber、Bill Curtis和Mary Chrissis等人编写的《能力成熟度模型（CMM）：软件过程改进指南》一书，全面地介绍了CMM 1.1版本的主要内容。这本书是学习和理解CMM最为详尽和权威的资料。

在经过CMM 1.1大量使用和征求意见的基础上，再次修改，1997年发布了CMM 2.0。尽管这个版本曾有草稿A、B和C，但始终没有推广，并且开展了CMMI的工作时CMM 2.0的工作就停止了。

### 12.4.3 CMM 族和 CMMI

**1. 基于 CMM 的模型**

自从 CMM 面世以来，在各国软件界产生了巨大影响，它在解决软件过程存在的问题方面取得的成功使得相关领域也纷纷采纳和仿效它的模式，于是出现了多种基于 CMM 的模型，构成了一个 CMM 族。为了区别，通常把初始的即针对软件过程的 CMM 称为软件 CMM 或 SW-CMM。在其后出现的几个是：

- P-CMM：由 Bill Curtis 博士主持开发的人员能力成熟度模型，用于人力资源管理。
- SA-CMM：软件获取成熟度模型，任务是提高软件获取方能力的成熟度，以便和拥有成熟过程能力的开发方更好地配合。很显然，能力成熟度低的软件获取者或采购者至少在需求提供方面给开发者带来许多烦恼，很难相互适应。
- IPD-CMM：集成系统产品开发能力成熟度模型，面向集成系统产品的开发管理。
- SE-CMM：系统工程能力成熟度模型，面向系统工程管理。
- SSE-CMM：系统安全工程能力成熟度模型，面向系统安全工程管理。

多个 CMM 模型，各有各的用处，也都有各自的服务目标。这本来是好事，但后来发现在实施中存在一些问题，例如：如果一个组织涉及多个领域，需要同时实施几个模型。而这些模型之间又存在一些差异，包括模型的结构、内容和方法等等，在实施中便会给这个组织造成一些困难，同时又分散了精力和资源，最终对每个模型来说都难于取得成效。此外，在一个组织内实施多个模型必然在人员培训、过程的评估和改进方面付出多重代价，这就必然增加了组织的负担，提高了过程改进的成本。

为此，需要把上述多个模型结合起来，形成一个集成模型，使其能够兼顾多个目标，就可能解决同时实施多个模型存在的上述问题。这就是 CMMI（Capability Maturity Model Integration，集成能力成熟度模型）立项的考虑。

**2. CMMI**

1997 年美国卡内基·梅隆大学软件工程研究所开始了这一工作，其任务是将已有的几个 CMM 模型（即软件能力成熟度模型 SW-CMM、系统工程能力成熟度模型 SE-CMM 与集成产品开发能力成熟度模型 IPD-CMM）结合在一起，使之构造成“集成模型”，即 CMMI。该模型的创建应该兼顾已采用过 CMM 的组织，使其不致受到大的影响，又能便于它的新用户使用；同时还应该与国际标准 ISO/IEC 15504 相兼容。

CMMI 1.1 于 2002 年发布，这是我国近年来许多软件组织采用和实施的版本，它在我国软件界具有一定影响。接着在 2006 年 SEI 又发布了开发用 CMMI 1.2。

此后，考虑到采购用能力成熟度模型 CMMI-ACQ、开发用能力成熟度模型 CMMI-DEV 以及服务用能力成熟度模型 CMMI-SVC 三者之间的一致性，并将几个模型的高成熟度等级加以改进，于 2010 年发布了这三个模型的 1.3 版。这是现行的最新版本（参看图 12-10）。

CMMI 开发模型是一个参考模型，涵盖了开发产品与服务的活动。来自很多行业（包括航空航天、金融、计算机硬件、软件、国防、汽车制造和电信等）的组织都使用 CMMI 开发模型。

CMMI 开发模型所包含的实践覆盖了项目管理、过程管理、系统工程、硬件工程、软件工程以及其他用于开发与维护的支持过程。

### 12.4.4 CMMI 1.3 简介

本节将简要介绍 CMMI 1.3（以下简称为 CMMI）开发模型的主要内容。

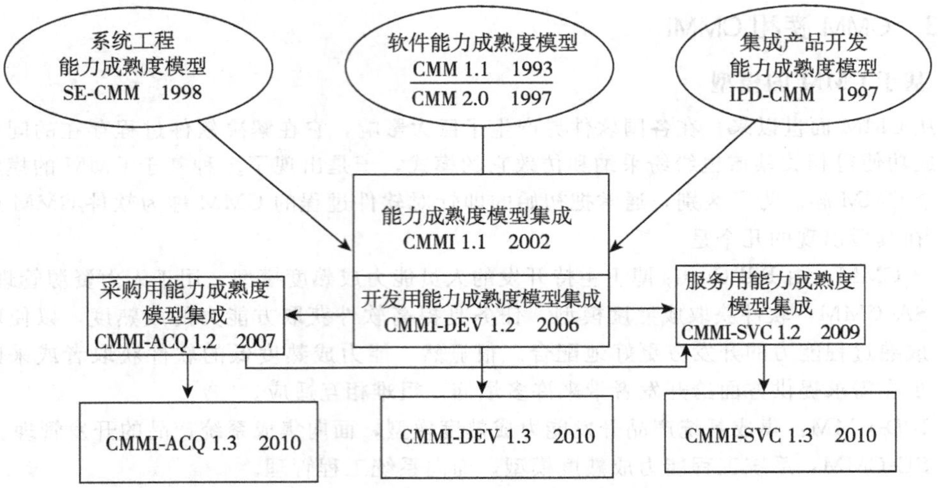


图 12-10 CMMI 的来源与发展

**1. CMMI 模型的两种表示**

CMMI 对于软件过程的改进提供了两种不同的途径，即连续式表示和分级式表示。

分级式表示的成熟度等级（Maturity Level，ML）给出了软件组织实施过程改进沿着从低等级逐步向高等级成熟度发展的路径。它所设置的成熟度等级共有 5 个，如图 12-11 所示。每一等级均安排了相应的过程域（Process Area，PA），具体反映了这一等级的成熟度要求。

连续式表示的能力等级（Capability Level，CL）给出了软件组织在过程改进中一些过程域如何从能力较低的等级逐步向高能力等级发展的路径。它所设置的能力等级只有 4 个，如图 12-12 所示。

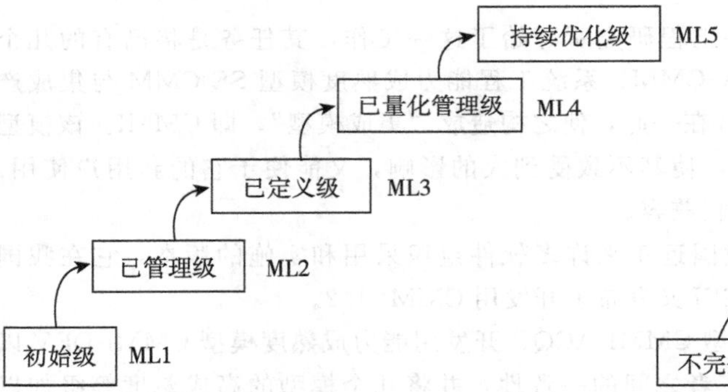


图 12-11 分级式表示的成熟度等级

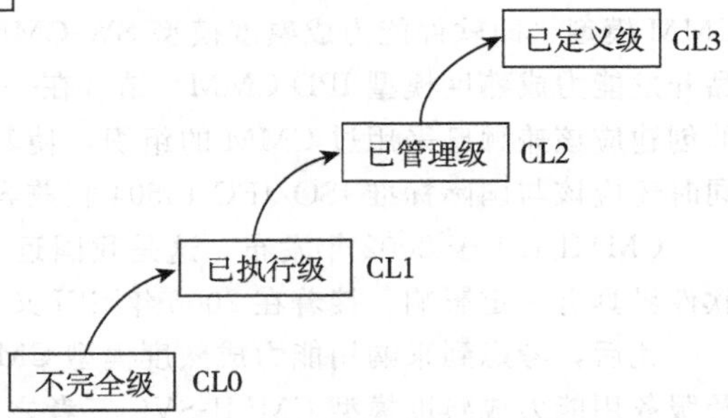


图 12-12 连续式表示的能力等级

**2. 两种表示的对比**

上述分级式表示的 5 个成熟度等级和连续式表示的 4 个能力等级的差别可在表 12-3 中看出。

在表中我们看到：连续式表示含有 0 至 3 的四个级别，分级式表示则含有 1 至 5 的五个级别；并且它们的 2 级和 3 级是同名的。

为进一步加深对两种表示的理解，现将两者的特征做一比较（参看表 12-4）。从表中的对比可以看出，两种表示的最为突出的差别在于，分级式表示为实施过程改进的软件组织规定了既定的能力成熟度提升的路径。如图 12-13 所示，从 ML2（已管理级）开始一步一个台阶，而每个台阶均规定了相应的一组过程域。另一方面，连续式表示则完全不同，它允许软件组织根据自身的业务目标的需要以及当前风险控制的要求，选定若干个过程域开展改进工作，如图 12-14 所示。并且已选的过程域能力提升的步调可以不一致，其目标能力等级也可以互不相同。

表 12-3　能力等级和成熟度等级的对比

| 等　级 | 连续式表示（能力等级） | 分级式表示（成熟度等级） |
|---|---|---|
| 0 级 | 不完整级　CL0 | — |
| 1 级 | 已执行级　CL1 | 初始级　ML1 |
| 2 级 | 已管理级　CL2 | 已管理级　ML2 |
| 3 级 | 已定义级　CL3 | 已定义级　ML3 |
| 4 级 | — | 已量化管理级　ML4 |
| 5 级 | — | 持续优化级　ML5 |

表 12-4　两种表示的特征比较

| 特　征 | 分级式表示 | 连续式表示 |
|---|---|---|
| 改进路径 | CMMI 模型为组织规定了过程改进的路径，即沿着 ML1 至 ML5 逐步提升 | 组织可根据自身业务目标的需要和风险控制要求自行决定改进路径 |
| 关注点 | 集中关注一组与目标等级相关的过程，即模型规定的过程域 | 只需关注软件组织选定的若干过程域，各过程域间并无必然的关联 |
| 改进成果的体现 | 以简明的形式即成熟度等级概括地表达了过程改进的成果 | 以软件组织选定的各过程域的能力等级表达 |
| 组织间比较 | 容易比较 | 只能针对特定的过程域逐个比较 |
| 成果差别 | 给出的是组织的过程成熟度等级 | 所选各过程域的能力等级 |

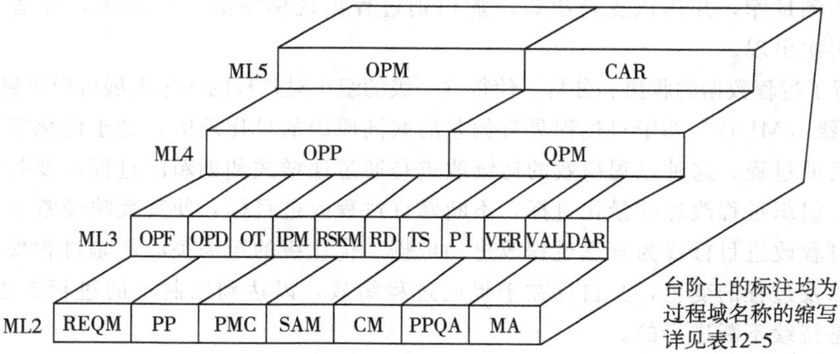


图 12-13　分级式表示的成熟度等级

**3. 成熟度等级与能力等级**

（1）成熟度等级

分级式表示所提供的五个成熟度等级分别具有以下主要特征：

1）初始级（ML1）：处于初始级的软件组织其过程处于无序的状态，许多工作充满了任意性。这类组织的软件项目也并非没有成功的可能，但这种成功往往取决于个别优秀人员的能力

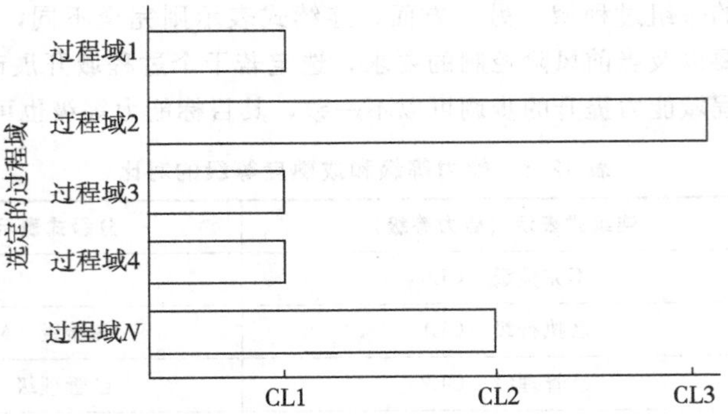


图 12-14 连续式表示的选定过程域

和勤奋，而不是靠经过实践检验的过程要求。然而，许多项目经常发生的是预算超支和工作进度延误，并且偶然的成功也无法变成可被重复利用的经验而得到总结、再现和提高。

2）已管理级（ML2）：已经初步实施了项目管理是这一等级的组织的主要特点，这包括已能按组织的方针对软件项目进行策划，并且能按已制定的计划执行。项目聘任了有专业技能的人员，他们能很好地胜任工作。项目进行过程受到监督、控制和评审，为确保符合过程说明，项目进行了评价。总之，项目是根据文档化的计划开展工作并进行管理的。管理者对项目工作产品的状态和工作的进展有清楚的了解和控制。工作产品和服务能够满足既定的过程说明、标准和规程。

3）已定义级（ML3）：过程已获得很好的说明和理解，并且对标准、规程、工具和方法进行了描述。已经建立了组织的一套标准过程，并能不断完善。项目执行的过程是由组织的标准过程剪裁得到的。显然，已定义级是指组织级的管理，已将项目的管理纳入到组织对标准过程的管理之中。

4）已量化管理级（ML4）：组织和项目对质量和过程绩效制定了量化目标，并以此作为管理过程的标准。量化目标基于客户、最终用户、组织和过程实施人员的需要，将测量的绩效数据纳入组织的测量库，并用以支持决策。能识别过程出现偏差的特定原因，并适时地加以修正，防止其再次出现。

由于进行了过程数据的收集和分析，使得这一级的组织对过程的未来发展可做出量化的预测。

5）优化级（ML5）：基于对过程具有偏差的共同原因的量化理解，处于优化级的组织可持续地改进自己的过程。这种过程绩效的持续改进是通过递增式和创新的过程以及技术的革新实现的。确定了组织过程改进的量化目标，不断修订过程改进目标，使其反映经常变更的商业目标，并且使过程改进目标成为管理过程改进的依据。优化级的组织关心的是过程偏差的共同原因如何处理以及过程的变更，其目标在于提高过程绩效，以达到已制定的过程改进量化目标。总之，优化是持续不断进行的。

（2）能力等级

如前所述，能力等级是软件组织在实施连续式过程改进时使用的。实施这种过程改进时，组织会选定若干个最为关切的过程域，分别进行改进。这些过程域之间并无依赖关系。能力等级分为 4 个，每个具有不同的特征：

1）不完整级（CL0）：不完整级的过程没有实施或只是部分实施了过程改进，过程域的特定目标未得到满足，也就谈不到制度化的要求。

2）已执行级（CL1）：已执行级的过程能满足该过程域的特定目标。虽然开展了一些重要的改进，但因不能做到制度化，其改进的成效也就无法保持。

3）已管理级（CL2）：已管理级的过程应有基础设施给予支持。其特征包括：能够根据方针制定计划，并且计划能得以执行；聘用能胜任工作的人员，保证能获得受控的结果；引入了相关方的参与，过程得到监督、控制和评审；对过程描述所遵循的情况进行评价。所有这些特征应能得以坚持，而不受各种干扰因素的影响。

4）已定义级（CL3）：已定义级的过程是按照组织的剪裁指南对标准过程进行剪裁而得到的，并且要把过程中得到的工作产品、测量数据以及过程改进信息提供给组织的过程资产。对已定义过程的描述更为严格和细致，其中包括：过程的目的、输入、入口准则、活动、角色、测量、验证步骤、输出和出口准则。此外，利用了对过程活动和过程精细测量数据之间相互关系的理解，以及对过程工作产品和过程服务的理解，过程将得到更为有效的管理。

在所选的过程域能力等级达到已定义级以后，软件组织可以考虑进一步从高成熟度过程域着手继续其过程改进的历程，例如：成熟度 4 级的组织过程性能（OPP）及定量项目管理（QPM），成熟度 5 级的组织性能管理（OPM）及因果分析和解决方案（CAR）。

#### 4. 过程域

过程域是 CMMI 为实施过程改进的组织提供的若干个特别重要同时也是十分关键的软件过程。尽管 CMMI 的两种表示在过程改进的路径上有所不同，但这些过程域都是需要特别关注的工作焦点。如果软件组织经过自身的改进确实达到了这些过程域所规定的目标，软件组织必定会受益，不仅可使各项工作有条不紊，也必然会很好地实现组织的商业目标。

CMMI 1.3 共设置了 22 个过程域，为便于理解和实施，已将其做了分类和分级。类别包括项目管理、过程管理、工程和支持四类。分类的目的是为实施连续式改进的组织在选择改进的过程域时提供参考，以避免所选的过程域过分集中于某一两个类的情况。而分级的意义是十分明显的，把容易做到的放在低成熟度等级中，把有一些难度，并需有一定过程改进基础才便于实施的过程域放在高成熟度等级中。

表 12-5 给出了 CMMI 1.3 的过程域及其分类和分级的一览表。

表 12-5　CMMI DEV 1.3 过程域分类及成熟度等级

<table>
<tr><th>成熟度等级<br>过程域分类</th><th>ML2（二级）</th><th>ML3（三级）</th><th>ML4（四级）</th><th>ML5（五级）</th><th>过程域数</th></tr>
<tr><td rowspan="3">过程管理<br>(Process Management)</td><td rowspan="3"></td><td>组织过程焦点（OPF）</td><td rowspan="3">组织过程性能（OPP）</td><td rowspan="3">组织性能管理（OPM）</td><td rowspan="3">5</td></tr>
<tr><td>组织过程定义（OPD）</td></tr>
<tr><td>组织培训（OT）</td></tr>
<tr><td rowspan="4">项目管理<br>(Project Management)</td><td>需求管理（REQM）</td><td rowspan="3">集成项目管理（IPM）</td><td rowspan="4">定量项目管理（QPM）</td><td rowspan="4"></td><td rowspan="4">7</td></tr>
<tr><td>项目策划（PP）</td></tr>
<tr><td>项目监督和控制（PMC）</td></tr>
<tr><td>供应商协议管理（SAM）</td><td>风险管理（RSKM）</td></tr>
<tr><td rowspan="5">工程<br>(Engineering)</td><td rowspan="5"></td><td>需求开发（RD）</td><td rowspan="5"></td><td rowspan="5"></td><td rowspan="5">5</td></tr>
<tr><td>技术解决方案（TS）</td></tr>
<tr><td>项目集成（PI）</td></tr>
<tr><td>验证（VER）</td></tr>
<tr><td>确认（VAL）</td></tr>
</table>

（续）

| 过程域分类＼成熟度等级 | ML2（二级） | ML3（三级） | ML4（四级） | ML5（五级） | 过程域数 |
| --- | --- | --- | --- | --- | --- |
| 支持（Support） | 配置管理（CM）<br>过程和产品质量保证（PPQA）<br>度量和分析（MA） | 决策分析和解决方案（DAR） | | 因果分析和解决方案（CAR） | 5 |
| 过程域数 | 7 | 11 | 2 | 2 | 22（总计） |

**5. 两种目标和两种实践**

（1）模型部件

在以上概括了解过程域的作用和不同划分的基础上，我们需要进一步考察过程域的内容。CMMI 模型把每个过程域的内容都分割成为模型部件（model component），也称为过程域部件。不同的部件有不同的作用，CMMI 的用户在了解它们以后，可根据需要给予不同程度的关注。

在 CMMI 模型的过程域描述中包含了三类模型部件（参见图 12-15）。

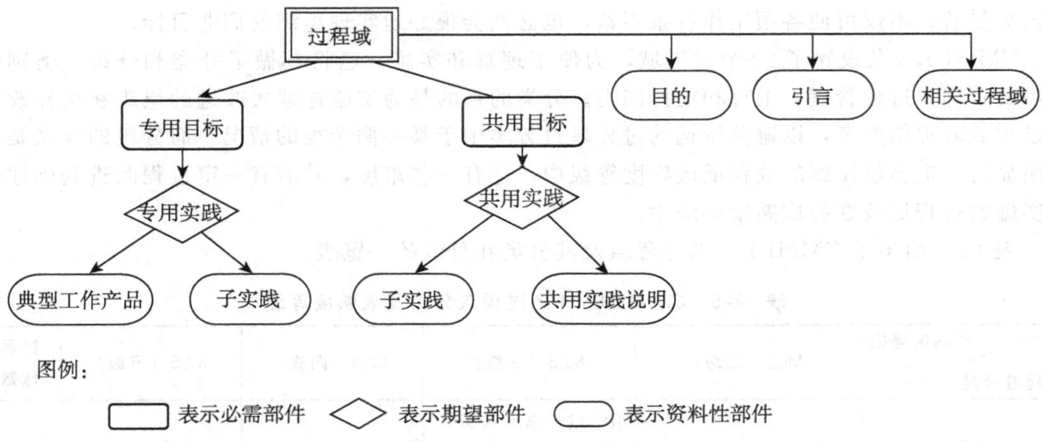


图 12-15　CMMI 过程域的模型部件

- 必需部件（required component）。这类部件指的是软件组织要达到过程域的要求所必须做到的内容，例如以下将讨论到的共用目标和专用目标。显然，在对组织实施过程域的效果进行评估时，考察这些部件是重要的依据。
- 期望部件（expected component）。这类部件指的是在争取达到必需的部件时可能要实施的内容，如共用实践和专用实践。
- 资料性部件（informative component）。为了帮助实施过程改进的组织进一步理解以及思考如何达到上述两种部件，给出了可供参考的一些具体信息。例如，在描述各个过程域时，给出了目的和引言的叙述，以及提供了相关过程域、典型工作产品及子实践等。

在 CMMI 1.3 的正式文本里对前两类模型部件做了详细的描述，特别是各过程域的专用实践描述得很具体，显然这对组织实施过程改进非常有利。本书在此只对共用目标和共用实践做一概括的介绍。

(2) 共用目标和共用实践

CMMI 1.3 设置了三个共用目标（Generic Goal，GG），每个共用目标具有 1 至 10 个共用实践（Generic Practices，GP）。图 12-16 中给出了三个共用目标和为达到这些目标应履行的对应共用实践。

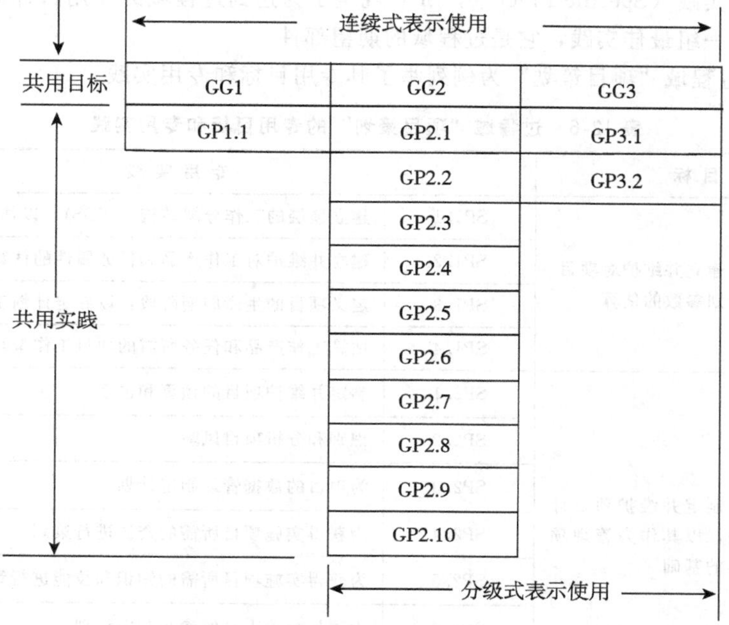


图 12-16　共用目标和共用实践

以下对共用目标和共用实践的要点做一简要说明：

- GG1　达到专用目标。
  ——GP1.1　执行过程域的专用实践。
- GG2　制度化为已管理的过程。
  ——GP2.1　制定组织方针：制定并维护用于策划和执行该过程的组织方针。
  ——GP2.2　策划过程：制定并维护执行过程的计划。
  ——GP2.3　提供资源：为执行过程、开发工作产品及提供对该过程的服务，提供足够的资源。
  ——GP2.4　分配职责：为执行过程、开发工作产品及提供对该过程的服务，分配职责和权限。
  ——GP2.5　培训人员：需要时，培训执行和支持过程的人员。
  ——GP2.6　控制工作产品：将确定的过程工作产品置于适当的控制级别之下。
  ——GP2.7　识别过程相关人员，并使其按计划参与过程工作：除项目组成员外，还可能有管理层、客户、供方、最终用户、运行与支持人员、相关项目人员等。
  ——GP2.8　监控过程：对照执行过程计划监督和控制过程，并采取适当的纠正措施。
  ——GP2.9　客观评价遵循程度：对照过程描述、标准和规程，对过程与工作产品的遵循程度进行客观评价，并处理不符合的情况。

——GP2.10　与高层管理者一起进行状态评审：包括对过程的活动、状态与结果进行评审，并解决相关的问题。

(3) 专用目标与专用实践

专用目标（Specific Goal，SG）给出了过程域应该达到的一组特定目标，它也是过程域的必需部件。专用实践（Specific Practice，SP）规定了为达到过程域的专用目标需要开展的一些活动，或者说是一组最佳实践，它是过程域的期望部件。

表 12-6 以过程域“项目策划”为例列举了其专用目标和专用实践。

**表 12-6　过程域“项目策划”的专用目标和专用实践**

| 专用目标 | | 专用实践 | |
|---|---|---|---|
| SG1 | 建立并维护对项目计划参数的估算 | SP1.1 | 建立顶层的工作分解结构（WBS），以估算项目范围 |
| | | SP1.2 | 建立并维护对工作产品和任务属性的估算 |
| | | SP1.3 | 定义项目的生命周期阶段，以界定计划工作范围 |
| | | SP1.4 | 估算工作产品和任务所需的项目工作量与成本 |
| SG2 | 制定并维护项目计划，以其作为管理项目的基础 | SP2.1 | 制定并维护项目的预算和进度 |
| | | SP2.2 | 识别和分析项目风险 |
| | | SP2.3 | 为项目的数据管理制定计划 |
| | | SP2.4 | 为获得实施项目所需的资源进行策划 |
| | | SP2.5 | 为获得实施项目所需的知识和技能进行策划 |
| | | SP2.6 | 为项目相关人员的参与制定计划 |
| | | SP2.7 | 制定并维护项目的总体计划 |
| SG3 | 取得对计划的承诺 | SP3.1 | 评审项目相关的各项计划 |
| | | SP3.2 | 调整项目计划，以协调可用的资源与估计的资源 |
| | | SP3.3 | 获得实施与支持项目计划的相关人员的承诺 |

(4) 制度化要求

制度化是 CMMI 模型中的一个重要概念，它在共用目标的叙述中一再出现，体现了对过程改进的不容忽视的要求，并且表明了在过程改进的各个环节要求软件人员所形成的工作习惯和自觉行动。正如传统所言：不守规矩难成方圆。

### 12.4.5　CMMI 评估

(1) 标准评估方法

软件组织实施 CMMI 的意义在于用它来指导过程改进，而实施的情况以及过程改进的成效都需要通过评估加以检验。自然，评估应当是客观、公正的。为此 CMMI 的创始组织卡内基·梅隆大学的软件工程研究所制定了过程改进的标准的 CMMI 评估方法（Standard CMMI Appraisal Method for Process Improvement，SCAMPI）。

制定 SCAMPI 的目的在于确保评估的一致性，即要求对不同的被评估组织，在多次评估中其结果是相同的，例如达到某个特定的成熟度等级或满足某个过程域的能力等级特征。

（2）评估原则

CMMI 的评估遵循以下原则：

- 评估工作应由组织的高层管理者主持。实践表明，这是成功评估的关键。
- 关注于组织制定的业务目标。
- 评估过程中重视客观证据的收集，包括与被评估组织各类人员访谈的情况以及过程文档的相关信息。
- 对评估信息应予以保密。
- 使用 CMMI 模型作为评估的依据。
- 评估组成员协调配合工作，妥善地处理意见分歧，最终应给出一致的结论。
- 始终着眼于过程的改进。

（3）评估实施

对软件组织实施评估需要考虑以下问题：

- 确定评估的范围。这包括确定组织中哪些部门、哪些项目参加评估，以及选定 CMMI 的哪种表示（例如，选定针对哪些过程域的什么能力等级，或是哪个成熟度等级）。
- 选定评估实施的等级 A、B 或 C。A 级评估最为严格，最为广泛（不仅考察过程的定义、试点工作、推广工作，还要考察制度化的情况），B 级次之，C 级要求最低。
- 确定评估组成员，视实际需要对评估人员进行培训。
- 确定被评估组织参加访谈的人员。
- 确定评估要得到的结论形式。
- 制定评估的约束条件，如评估时间和评估地点的要求。
- 制定评估实施计划。

## 12.5 软件过程改进

本节将就软件组织如何开展过程改进提供实施方面的指导，这将涉及软件过程改进的一些总体部署问题，也是软件组织的管理者和过程改进实施小组负责人最为关心的问题。这包括 IDEAL模型、软件过程改进的总体框架，以及如何建立有效的软件过程等。

### 12.5.1 软件过程改进的 IDEAL 模型

美国卡内基·梅隆大学的软件工程研究所在总结了软件组织实施过程改进的大量经验和教训后，提出了一个十分具有指导意义的 IDEAL 模型，为开展过程改进的组织提供了有益的帮助。

模型在图 12-17 中给出。它告诉我们过程改进需经历 5 个重要的阶段，即启动（Initiating）、诊断（Diagnosing）、建立（Establishing）、行动（Acting）和提高（Leveraging）。IDEAL 正是由 5 个阶段英文词的字头构成的。以下分别对每个阶段要做的工作给予解释。

（1）启动阶段

在过程改进的一开始要明确为什么改进，即弄清激励本软件组织改变原已实施过程的动因。比如有的软件组织曾经在项目中出现过严重的质量问题，管理者迫切地希望通过变更原来的开发过程加以解决。这将是十分明确和有力的过程改进推动力。该阶段的工作包括：

1）激励变更：找出过程改进的动因。

2）确定变更范围：明确组织内参与过程改进的部门或项目以及（例如 CMMI 的）过程域。

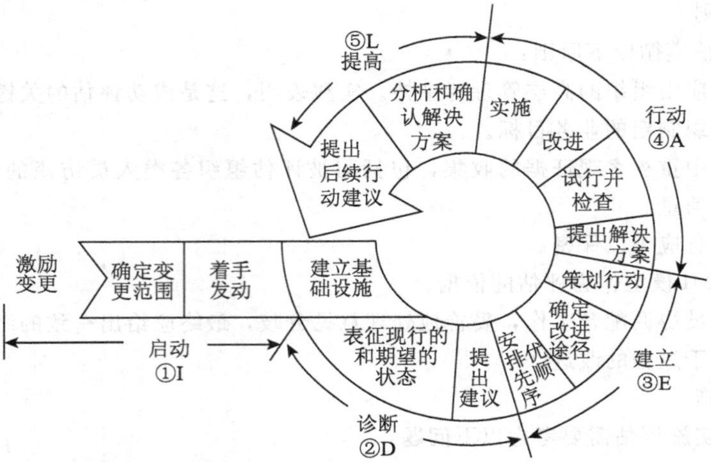


图 12-17　软件过程改进的 IDEAL 模型

3）着手发动：动员组织内的员工参与和投入到过程改进中来。

4）建立基础设施：提供过程改进必要的条件和环境，关于软件过程改进的基础设施请参看下面 12.5.2 节的内容。

在启动阶段中软件组织的高层管理者的发起和承诺是成功实现过程改进的关键。

（2）诊断阶段

理解现行软件过程的实际情况，包括它的成熟度或能力，这通常要对照过程成熟度模型（如 CMMI）进行评估而得到，显然获得具体和真实的情况有利于弄清过程的现状和预期的目标之间的差距。该阶段的工作包括：

1）表征现行的过程状态和期望的状态。

2）提出过程改进的建议。

（3）建立阶段

这是具体策划过程改进的阶段，它包括：

1）安排优先顺序，使改进的工作安排有先有后。

2）确定改进途径。

3）策划行动，制定改进的行动计划。

（4）行动阶段

将改进计划付诸实施，先试行再扩展到目标范围，包括：

1）提出解决方案，即实施过程改进的具体方案。

2）试行解决方案，并检查方案试行情况。

3）改进解决方案，依检查的结果修订方案。

4）正式实施解决方案。

（5）提高阶段

在改进方案实施的基础上加以总结和提炼，从而形成后续的过程改进建议，包括：

1）分析和确认已实施方案。

2）提出后续行动建议。

从图 12-17 可看出，除去启动阶段以外，后面 4 个阶段构成了一个环形，这表示过程改进工作实际上要持续地进行。在完成了第 5 阶段之后所提供的后续改进行动建议正是为下一轮改进循环打下基础。总之，软件过程改进将会沿着 DEAL 的顺序往复地进行，并无止境。

## 12.5.2 软件过程改进框架

**1. 过程改进框架**

软件组织为提高自身的过程能力，把不够成熟的过程提升到比较成熟的过程涉及 4 个方面，这 4 个方面构成了过程改进的框架。4 个方面的过程改进框架如图 12-18 所示。

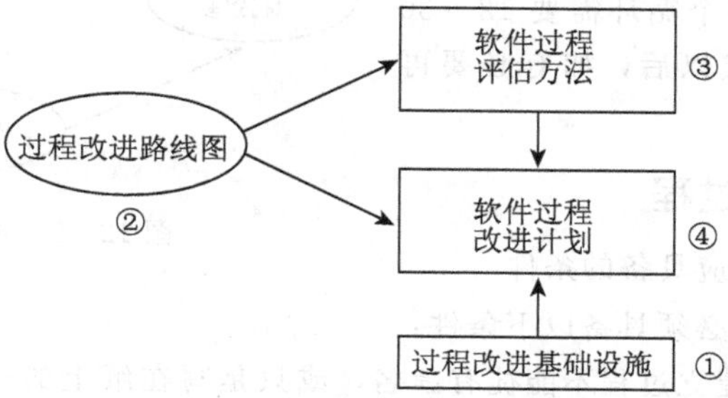


图 12-18　软件过程改进框架

以下对过程改进框架的 4 个方面给予说明。

(1) 过程改进基础设施

过程改进基础设施是过程改进所依靠的基础或必要条件。它包括：

- 组织管理基础设施：这是指建立、监控和推进过程改进活动必须设置的岗位及其职责。例如，设置在软件组织级的负有软件过程改进职责的软件工程过程组（Software Engineering Process Group，SEPG）成员就是这样的岗位。
- 技术基础设施：这是支持过程改进工作的技术平台、设备、设施或工具。拥有适用、灵活且有效的技术基础设施对于提高和维持过程的有效性是非常重要的。

(2) 过程改进路线图

过程改进路线图提供表明有效软件过程特征的模型以及逐步达到有效软件过程的途径，软件组织依靠路线图的指引可以朝着有效软件过程前进。事实上，CMMI 和 SPICE 提供的成熟度等级都属于这种路线图。当然，软件组织从自身的实际情况出发对这些模型进行裁剪所得的版本，只要是适用的也应看作是过程改进路线图。

(3) 软件过程评估方法

它是评估软件组织现行的软件过程、做法与基础设施的方法和技术。评估通常要对照过程改进路线图，评估的结果要能表明，从提高过程有效性方面看哪些是强项，哪些是弱项。改进措施应能导致过程成熟度沿着改进路线图提高。过程评估方法可以是公开适用的标准方法，例如 CMMI 的评估方法 SCAMPI。

(4) 软件过程改进计划

评估后把发现的问题转化为软件过程改进的行动计划。这包括改进过程基础设施以及提高其有效性必须采取的措施，过程改进应导致改进的过程规范和过程的有效性。

**2. 软件过程改进循环**

软件过程改进通常不可能是一次性的，想要通过一次改进解决过程存在的所有问题，达到尽善尽美的境地只能是幻想，因此过程需要持续改进。每次改进要经历由 4 个步骤构成的循环（见图 12-19）。

这 4 个步骤是：

1）评估——发现弱项或存在的问题。

2）计划——针对弱项或问题制定改进计划。

3）改进——实施改进计划。

4）监控——检验实施的情况，纠正不符合要求的现象。

有经验数据表明，整个循环需要 12～30 个月的时间，当 4 步完成以后，如有必要再进入新的过程改进循环。

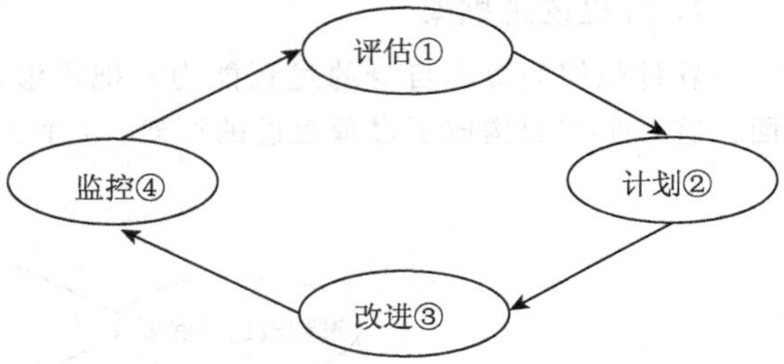


图 12-19　过程改进循环

## 12.5.3　有效的软件过程

（1）有效的软件过程应具备的条件

建立有效的软件过程必须具备以下条件：

1）过程得到遵循：建立过程不能徒有虚名，或只是写在纸上的过程文件。文件编写得再好，若不能认真实施也只能是一纸空文。

2）过程受到督促检查：过程只有在不断的督促检查、发现问题并及时得到纠正的情况下才能坚持下来。

3）过程要有测量：通过测量可取得过程运行的数据，以此作为检查监督的依据。

4）以过程要求为内容进行培训：使相关人员对过程要求有较为深刻的理解，不仅知道怎么做，最好还知道为什么这样做。

5）明确过程所有者：明确过程所有者就是要明确过程维护者和他们的职责。

6）管理者对过程的有效支持：特别是最高管理者必须给过程的制定、实施、维护和改进提供足够的、有效的支持，并且认清这一支持与实现组织的业务目标是一致的，而不是矛盾的。

7）把对员工的激励与过程目标的实现结合起来：对员工业绩的考察以过程实施的绩效为导向，员工团组的活动必定与过程的目标取得一致。

8）新员工接受过程培训：使得过程的实施不因增加新员工而受到影响。

9）员工对过程的意见受到鼓励、分析和引导：调动员工积极性，使过程不断地完善。

10）过程得到技术的适当支持：如有条件最好选用适合的技术性基础设施和工具等对过程的活动、过程的监视和反馈给予支持，使其更为有效。

（2）建立使软件过程更为有效的机制

为使组织的软件过程具有上述条件，应当在组织内建立一种机制，这一机制应包括以下几个方面：

1）明确过程的所有者：在组织内建立软件过程责任小组，即前面提到的 SEPG 软件工程过程组全面负责软件过程的建立、运行、维护和改进的有关工作。

2）组织培训：分别针对组织主管人员、SEPG、项目经理、项目组成员、支持人员和质量保证人员进行有关过程要求的培训。

3）对过程实施情况进行测量，收集过程实施的反馈意见：特别应该从过程的实用性、效益和有效性几个方面收集信息。

4）收集过程使用者的反馈意见：可以用调查表和提问单等多种方式取得反馈意见。对于一些员工主动反映意见和提出建议中的突出者应予以奖励。

5）收集来自组织外部的意见：对过程实施有影响的外部因素可能包括：

- 法律、法规和相关标准的变更；
- 技术、方法的进步；
- 政策的调整；
- 目标客户的特征、需求的变更。

6）实施过程的督促和检查：可能的方式有：

- 组织内部审核；
- 认证审核；
- 依从性审核或评审。

## 习题

12.1　试列举三个日常生活或社会活动中的过程实例，在以下的表内填入其过程要素。

| 过程名称 | 目标 | 资源 | 输入 | 输出 | 测量/验证 | 可分解的任务或活动 | 备注 |
|---|---|---|---|---|---|---|---|
| | | | | | | | |
| | | | | | | | |
| | | | | | | | |

12.2　为什么说软件产品的质量取决于开发该软件的过程质量，能举出正面或反面的自己所经历的具体实例吗？

12.3　简要说明什么是过程制度化，什么是过程文化。

12.4　解释什么是 SEPG 及其职责。

12.5　简要说明 CMM 与 CMMI 有什么不同。

12.6　CMMI 1.3 的分级式表示中各级应满足的过程域有哪些，这些过程域又可怎样分类？

12.7　解释什么是 IDEAL 模型。

12.8　CMMI 评估是一种认证吗？为什么？

CHAPTER 13

# 第 13 章

# 软件项目管理

任何项目都需要管理，只有认真地管理才能使项目成功地达到预期的目标。然而，软件产品不同于传统的制造业产品，软件开发的规律也具有许多独特之处，因此简单地搬用一般项目的管理办法，是不会取得良好效果的。

## 13.1 软件项目管理概述

### 13.1.1 软件项目管理的目标

采用许多技术手段和管理措施组织实施软件工程项目，最终目的是希望项目取得成功。通常认为，项目成功的标志，也是项目管理人员争取的目标，应该包括以下几个方面：

1）达到项目预期的软件产品功能和性能要求，使用户认为这样的软件产品正是自己所期待的，也就是说软件产品达到了用户已认可的需求规格说明的要求。但进一步分析软件产品的质量，除去与用户直接相关的软件产品使用质量之外，还有一些质量因素是用户不容易顾及的，或用户一时发现不了的，例如软件的维护性、可移植性等软件的内部质量属性（参看 11.6 节）。

2）时限要求。项目应在合同规定的期限内完成，产品应在期限内交付，这自然也是用户期待的。当然，在取得用户谅解的情况下，交付期适当顺延也是可以的，但无论由于何种原因造成交付期一再拖延，特别是超长时间拖延将会给用户造成损失，这是不应该发生的。在项目进行中做好工期管理完全可以避免这种现象的发生。

3）项目开销限制在预算之内。

为项目的实施设置这三个目标，也是三条管理的防线，这些是合理的要求，并非要求过高，但在实际项目中突破这三条防线还是时有发生。甚至大型项目、重要的项目也会在这些关键目标上出现问题。1998 年美国 IEEE Software 杂志中的一篇文章（作者 Reel，J. S.）指出，据统计有 26％的软件项目彻底失败，46％的项目成本和进度超出计划的预定期限。从中可见项目管理的必要性。

### 13.1.2 软件项目管理涉及的几个方面

按 R. S. Pressman 的观点，软件项目管理涉及的几个主要方面是人员、产品、过程和项目，即所谓 4P（People，Product，Process，Project）。

（1）人员

项目管理是对软件工作的管理，但归根结底是对人员行为的管理，就是对人员的管理。众所周知，人的因素是软件工程的核心因素，对于这一核心因素的把握决定着项目的成败。

美国卡内基·梅隆大学软件工程研究所的 Bill Curtis 在 1994 年发表了“人员管理能力成熟度模型”，即 P—CMM（People Capability Maturity Model）。该模型力图通过吸引、培养、激励、部署和聘用高水平的人才来提升软件组织的软件开发能力。

在项目的人员管理上需要考虑的几个问题是：

1）利益相关方。与软件项目相关的各方面人员必须在项目进行的过程中始终受到关注，忽视了其中的任何人都将造成损失，这正是利益相关方一词的含意所在。其中包括：

- 项目的高级管理者——负责项目商务问题的决策。
- 项目经理——负责项目的计划与实施以及开发人员的组织与管理。
- 开发人员——项目开发的实施者。
- 客户——提出需求并代表用户与开发人员交往的人员。
- 最终用户——直接使用项目成果（产品）的人员。

2）团队负责人。在小项目的情况下，项目经理就是团队负责人。而大型项目也许会有若干个设计、编程团队或若干个测试团队。规模和形式可以有所不同，团队负责人的作用总是关键的。

团队负责人除去负有团队日常工作的安排、组织和管理之外，还应特别注意发挥团队成员的潜能。为此要在团队内建立激励机制，同时提倡在工作中树立创新精神。事实证明，不能充分调动和发挥团队成员的积极性，团队工作不可能顺利完成，项目也不可能成功。显然，其中团队负责人的作用是至关重要的。

3）团队集体。软件工程项目，尤其是大型、复杂的项目，绝不是少数人凭借个人技能就能胜任的，它的成功靠的是团队成员的集体作战能力。因而，团队集体的建设以及集体力量的发挥有着重要意义。团队内部有分工是必要的，但必须很好地配合，做到步调一致。为此必须强调：

- 个人的责任心。这是团队完成工作的基本条件。
- 互相信任、尊重以及互相支持。
- 充分地交流与沟通。使得团队成员之间在沟通与交流中互相理解。在理解的前提下才能很好地配合，也只有在理解的基础上才能解决好差异、分歧甚至是出现的矛盾。

做到了这几点，就能使团队逐渐形成具有凝聚力的、团结一致的集体，并能够克服难题取得成功。

（2）产品

软件产品是软件项目的成果和预期的目标，然而，软件这种无形的产品在开发出来以前，要想准确地描述它的规模、工作量，甚至它的功能和性能是困难的。除此以外，软件需求的稳定性问题更增加了项目工作的难度。

然而，尽管如此，项目开始时仍然不能逃避这个问题，简而言之，项目经理必须弄清楚，自己的工作对象是什么，它是什么样的，有什么特点和要求，实际上就是要明确项目的目标。这包括：

- 产品的工作环境。
- 产品的功能和性能。
- 产品工作处理的是什么数据，经它处理后得到什么数据。

显然，只有明确了项目的这些基本要求才能着手项目管理的各项工作，如项目估算、风险分析、项目计划的制定等等。

（3）过程

过程在软件工程项目中是重要的因素，它决定着项目中开展哪些活动以及对活动的要求和开展活动的顺序。对于成熟的软件组织，他们通常已经建立了组织内部使用的标准软件过程。在软件项目开始时，需要针对项目的特点对标准软件过程进行剪裁（参看本书第 12 章），进而得到项目适用的软件过程。

另一方面，软件工程项目需要参照软件生存期模型实施，因此，在项目开始时还需要从众多的生存期模型中选择适合于本项目的模型（关于软件生存期模型已在本书第1章中讨论过）。

事实上，各个模型所具有的特点决定了什么情况下、什么样的项目选用什么模型。例如较小的项目，或者与以前开发过的项目十分相似的项目可以考虑采用线性的瀑布模型；如果用户希望尽快取得具有基本功能的产品，然后再逐步增强和扩大功能，便可选用增量模型；在用户需求尚不完全明确时，可以采用原型方法，在取得原型产品时进一步和用户讨论并确定需求，等等。

（4）项目

项目管理的任务是如何利用已有的资源，组织实施既定的项目，提交给用户适用的产品。在此我们将项目管理要开展的主要工作分为3类：

1）计划及计划管理，其中包括：项目策划及计划制定；项目估算；风险分析及风险管理；进度管理；计划跟踪与监督。

2）资源管理，包括：人员管理；成本管理。

3）成果要求管理，包括：需求管理；配置管理；质量管理。

## 13.2 项目估算

如同任何重要和复杂的任务一样，计划是不可少的。软件工程项目的计划是指导项目开展的纲领性文件，必须认真对待。通常在确定项目目标和待开发的软件基本功能之后，就应该着手项目计划的制定工作。而项目估算是计划制定的基础和依据。

### 13.2.1 项目策划与项目估算

项目策划是在项目开展初期阶段的重要工作，其主要目标是得到项目计划，或者说计划（plan）是策划（planning）的结果。

项目策划中需要开展的活动有：

1）确认并分析项目的特征。项目组应与用户共同确认项目的各项需求，这是项目工作的出发点，也是开展项目策划的初始条件。

2）选择项目将遵循的生存期模型，确定各阶段的任务。

3）确定应得到的阶段性工作产品以及最终的产品。

4）开展项目估算，包括估算产品规模、工作量、成本以及所需的关键计算机资源。

5）制定项目进度计划。

6）对项目风险进行分析。

7）制定项目计划。

项目估算和风险分析都是项目策划的重要内容，缺少了这两项工作制定出的计划必定是盲目的，也是脱离实际情况的。本节将讨论项目估算问题，下一节将讨论项目风险分析和风险管理。

在项目估算中，要解决的问题是项目实施的几个主要属性，即将要开发产品的规模（size）、项目所需的工作量（effort）以及项目的成本（cost）。我们知道，在项目开始时要想十分准确地给出上述三个项目属性的数值是不可能的，但为了做好计划就必须设法尽可能地得到近似的数据。在此对这三个量给出粗略的解释。

- 规模。项目的规模指的是得到最终软件产品的大小。一般以编程阶段完成以后得到程序的代码行表示，例如以1000代码行为单位，记为KLOC。当然，在项目开始，还没有得到程序，其程序可能的长度只是估计。近年来常用的另一表示方法是功能点，记为FP。它是根据软件需求中的功能估算的。

- 工作量。项目的工作量按项目将要投入的人工来考虑，以一个人工作一个月为单位，记为“人月”。
- 成本。软件项目的成本通常只考虑投入的人工成本，例如，某项目投入的总人工费用为12万元。

一个软件组织在完成多个项目以后积累了一些数据，进行成本分析后便可得到自己的生产率数值和人工价格。生产率是平均每个人月完成的源程序行数，可记为KLOC/人月或FP/人月。人工价则为每人月的价值。有了这两个数值，如果在估出项目规模以后就可以很容易得到项目的工作量和成本，即

$$工作量=规模/生产率$$

$$成本=工作量\times人工价$$

### 13.2.2 软件规模估算的功能点方法

功能点方法克服了项目开始时无法准确得知源程序行数的实际困难，从软件产品的功能度（functionality）出发估算出软件产品的规模。该方法最初由Albrecht提出，实践表明，尽管它也有一些局限性，但毕竟给我们提供了一个较为实用的方法，也正因为如此，该方法已经广泛地在许多软件工程项目中采用。

**1. 功能度**

功能点方法（function point）是以项目的需求规格说明中已经得到确认的软件功能为依据，着重分析要开发系统的功能度；并且认为，软件的大小与软件的功能度相关，而与软件功能如何描述无关，也与功能需求如何设计和实现无关。

我们知道，一个软件的功能度反映了该软件的能力，尽管我们无法直接测量它，但可以通过在规格说明中规定的功能类型的测量间接地导出。

为具体说明功能点方法，区分各种不同的功能，需要建立应用系统边界的概念。应用系统边界把我们正在开发的应用系统与用户和与其相关的应用系统分割开来。内部功能仅限于应用系统的边界之内，而外部功能则是跨边界的。

在图13-1中给出了待开发的应用系统A及其边界。该系统有它的用户和与其相关的应用系统B。图中系统A有3项功能涉及用户，即输入、输出和查询；有一项功能是与系统B的接口。这4项功能都是跨越边界的，称其为外部功能。在应用系统A内部文件的逻辑关系都未超出边界，属于内部功能。

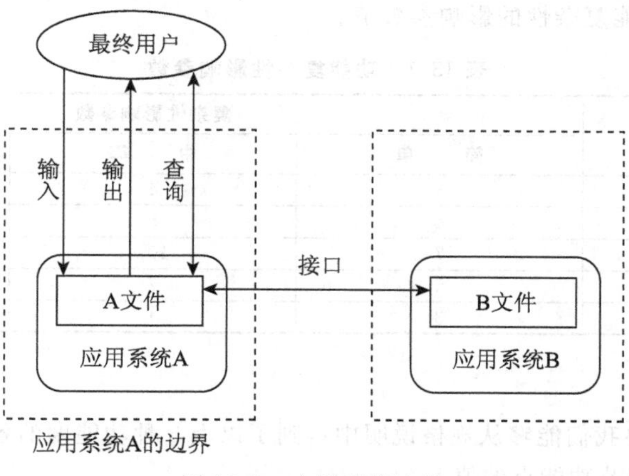


图13-1 应用系统边界

下面说明这5种类型的功能。

（1）外部输入

外部输入处理那些进入应用系统边界的数据或是控制信息。经特定的逻辑处理后，形成内部逻辑文件。控制信息是指应用系统边界内部实施处理所用的数据，是要使得处理达到用户提出的业务功能需求。控制信息或许是或许不是内部逻辑文件的一部分。如果外部输入具有特殊的格式或者逻辑设计要求处理逻辑不同于相同格式的其他外部输入，那么外部输入应被视为唯一的。外部输入表明了应用系统的数据支持和控制处理的要求，如果数据在一个内部逻辑文件中得以保持，输入格式是唯一的，或是处理逻辑是唯一的，则外部输入便被认为是唯一的。

（2）外部输出

外部输出处理离开应用系统边界的数据或控制信息。如果外部输出具有特殊的格式，或者逻辑设计要求处理逻辑与其他相同格式的外部输出有所不同，这一外部输出应看成是唯一的。外部输出代表了应用系统输出处理的需求，如果输出格式是唯一的，或者处理逻辑是唯一的，外部输出便被看成是唯一的。

（3）内部逻辑文件

内部逻辑文件是用户可识别的逻辑相关数据或控制信息组，它可在应用系统边界之内使用。内部逻辑文件代表应用系统可支持的数据存储需求。

（4）外部接口文件

外部接口文件是用户可识别的逻辑相关数据或控制信息构成的集合，该控制信息为应用系统所使用却被另一应用系统所支持。外部接口文件代表应用系统的外部支持的数据存储需求。

（5）外部查询

外部查询是唯一的输入、输出组合，它为实现即时输出进行所需数据的检索。它并不包括所得到的数据，也不更新内部逻辑文件。如果外部查询具有与其输入或输出中的其他外部查询不同的格式，或者逻辑设计编辑和分类与其他外部查询不同，则外部输入、输出组合被认为是唯一的。外部查询代表了应用系统查询处理的需求。如果输入格式是唯一的，或编辑与（或）分类是不同的，或输出格式是唯一的，输入、输出组合被看成是唯一的。

### 2. 功能复杂性

软件项目的功能除了上述分类以外，每类功能都有简单与复杂之分，即功能的复杂程度有所不同。为表明功能复杂性的差别，将其分为简单的、中等的和复杂的3个等级。同时为表示其差异程度，分别给予不同的影响参数。

表13-1列出了功能复杂性的影响参数值。

**表13-1　功能复杂性影响参数**

| 功能 | 复杂性影响参数 | | |
|---|---|---|---|
| | 简　单 | 中　等 | 复　杂 |
| 外部输入 | 3 | 4 | 6 |
| 外部输出 | 4 | 5 | 7 |
| 内部逻辑 | 7 | 10 | 15 |
| 外部接口 | 5 | 7 | 10 |
| 外部查询 | 3 | 4 | 6 |

### 3. 未调节功能点

某一个软件，只要我们能够从规格说明中得到了以上5种功能度的各级复杂性功能点的个数 $C$，不难计算出未调节功能点的值。

$$UFP = \sum_{i=1}^{5}\sum_{j=1}^{3}\omega_{ij}C_{ij}$$

其中：$i$ 代表功能度类型号；$i=1$，2，…，5。

$j$ 代表复杂性的等级；$j=1$，2，3。

$\omega_{ij}$ 是第 $i$ 类功能度和第 $j$ 级复杂性的影响参数，即表 13-1 中第 $i$ 行第 $j$ 列的参数值。

$C_{ij}$ 是第 $i$ 类功能度和第 $j$ 级复杂度功能点的个数。

**4. 调节因子**

任何软件都会有其自身特性，在考虑其各种自身特性时，从两个方面分解功能点计算的调节因子。

(1) 影响因子

经过对各类软件的分析，综合出 14 个类型的影响因子：数据通信；分布数据处理；性能目标；系统配置要求；事务率；联机数据录入；最终用户效率；联机更新；复杂的处理逻辑；可复用性；易安装性；易操作性；多工作场所；设施变更。

(2) 影响级

必须区分上述影响因子对软件功能度的影响。于是将影响因子的影响程度分为 6 级：

0 级　无影响。

1 级　微小影响。

2 级　轻度影响。

3 级　中度影响。

4 级　显著影响。

5 级　重大影响。

综合考虑 14 类影响因子的影响度 $N$，即将 14 种影响叠加起来，其值必定在 0～70（14×5）之间。

由此得到复杂度调节因子（Complexity Adjustment Factor，CAF）：

$$CAF=0.65+0.01N$$

其值应在 0.65～1.35 之间，其中基本调节常数是 0.65。可见最大的调节量为 35%。

**5. 交付功能点**

经过调节因子调节后的功能点值被称为交付功能点（Delivered Function Point，DFP）：

$$DFP=CAF\times UFP$$

**6. 交付功能点与软件规模**

一些研究成果表明，上述计算出的功能点的值可以代表软件的规模，也可作为估算成本的依据。

软件的规模可用交付的源代码行数（Delivered Lines Of Code，DLOC）来表示。对于数据处理问题，有如表 13-2 所示的对应关系，如：1 DFP 相当于 105 DLOC（COBOL 程序）；1 DFP相当于 128 DLOC（C 程序）。

在数据处理问题中，功能点方法也常被用来估算软件成本和生产率。

**7. 功能点方法的优点**

1）DFP 只与由规格说明得到的信息相关，而交付代码的行数，不通过功能点计算是不能直接从规格说明中得到的。

2）DFP 与实现软件的语言无关。

**8. 功能点方法的不足之处**

按上述方法计算功能点，常会发现有以下不足之处：

1）针对需求规格说明进行分析时，主观因素难以完全排除，这包括：

- 对于规格说明，每人可能有不同的解释。如其中有些是作为外部输入类型还是外部接口类型，有些部分是否能构成内部逻辑，等等。
- 对于功能度的复杂性估计也可能因人而异，例如，有人认为是复杂的，其他人也许认为是中等的。
- CAF 计算时会有主观因素，为减少主观性，有的开发机构给出了更为精确的计算规则，当然，其精确程度以及能够把主观性消除多少这都和实践经验有关。

2）非数据处理问题，如实时软件、系统软件、科学计算软件等功能点的上述计算方法并不适用。

3）DFP 的计算目前尚不能借助工具自动完成。

功能点与 DLOC 的对应数据如表 13-2 所示。

表 13-2　功能点与 DLOC 的对应

| 语　言 | DLOC | 语　言 | DLOC |
|---|---|---|---|
| Ada | 71 | Fortran | 58 |
| Algol | 105 | Ifam | 25 |
| Apl | 32 | Jovial | 105 |
| Assembly | 320 | Microcode | 107 |
| Atlas | 32 | Pascla | 91 |
| Basic | 64 | PL1 | 80 |
| C | 128 | Pride | 64 |
| CMS-2 | 178 | SPL1 | 291 |
| Cobol | 105 | High-Order | 105 |
| Compass | 492 | 机器语言 | 320 |
| Corla-66 | 64 | 第 4 代语言 | 15 |
| Flod | 32 | 解释性语言 | 64 |

**9. 功能点方法计算实例**

某银行的一个信息系统正在运行。它应能增加新客户，也可从客户文件中删除某客户，系统支持储户存款和提款业务。如果一客户提款透支，系统显示警告信息，同时客户可以通过终端查询自己的存款余额，系统还可提供透支客户报告。

该信息系统的上述功能在其规格说明（图 13-2）中进行了说明。

×××银行信息系统

该系统应能增加新客户，并能从客户文件中做删除。系统支持客户的存款和提款业务。在出现透支时，系统应给出警告信息。客户可通过终端查询自己的账户余额，可以要求给出透支客户报告。

图 13-2　某银行信息系统需求规格说明

为表明对该系统需求规格说明的分析过程，已在图 13-2 中对各类功能加了下划线。现将各项功能分类列出。

1）外部输入：

- 增加新客户
- 删除客户
- 存款业务
- 提款业务
- 给出透支报告的要求

2）外部输出：

- 透支的警告信息
- 透支客户报告

3）外部查询：

- 客户查询存款余额

4）内部文件：

- 客户文件

注意，该例中没有出现和其他应用系统的接口。并且假定以上功能均为简单的复杂性。

因此，未调节功能点：

$$UFP=3\times5+4\times2+3\times1+7\times1=33$$

再来计算调节因子。根据本系统的规格说明来选取各个影响因子的影响级，经分析影响级取值在表 13-3 中列出。

表 13-3 影响因子取值

| 序 号 | 系统特性 | 因子值 | 序 号 | 系统特性 | 因子值 |
|---|---|---|---|---|---|
| 1 | 数据通信 | 3 | 8 | 联机更新 | 4 |
| 2 | 分布数据处理 | 3 | 9 | 复杂的处理逻辑 | 1 |
| 3 | 性能要求 | 3 | 10 | 可复用性 | 0 |
| 4 | 系统配置要求 | 2 | 11 | 易安装性 | 0 |
| 5 | 事务率 | 4 | 12 | 易操作性 | 1 |
| 6 | 联机数据录入 | 5 | 13 | 多工作场所 | 0 |
| 7 | 最终用户效率 | 4 | 14 | 设施变更 | 0 |

因此，14 类影响因子构成的影响度为：

$$N=3+3+3+2+4+5+4+4+1+0+0+1+0+0=30$$

于是复杂度调节因子为：

$$CAF=0.65+0.01\times30=0.95$$

最后，可算出交付的功能点值为：

$$DFP=0.95\times33=31.35$$

## 13.2.3 软件开发成本估算

### 1. 专家判定——Delphi 方法

专家判定技术就是由多位专家凭各自的经验对软件项目进行成本估算。由于单独一位专家可能会有种种偏见，因此，最好由多位专家进行估算，取得多个估算值。有多种方法把这些估算值合成一个估算值。例如，一种方法是简单地求各估算值的中值或平均值。其优点是简便；缺点是可能会由于受一两个极端估算值的影响而产生严重的偏差。另一种方法是召开小组会，使各位专家们统一于或至少同意某一个估算值。这种方法的优点是可以摒弃不切实际的个别估算值；缺点是个别专家可能会受权威或政治因素的影响。为了避免上述不足，Read 公司提出了 Delphi 技术，作为统一专家意见的方法。用 Delphi 技术可得到极为准确的估算值。Delphi 技术的标准应用步骤如下所示。

1）组织者发给每位专家一份软件系统的规格说明书（略去名称和单位）和一张记录估算值的表格，请他们进行估算。

2）专家详细研究软件规格说明书的内容，然后组织者召集小组会议，专家们与组织者一起对估算问题进行讨论。

3）各位专家对该软件提出 3 个软件规模的估算值：

$a_i$——该软件可能的最小规模（最少源代码行数）；

$m_i$——该软件最可能的规模（最可能的源代码行数）；

$b_i$——该软件可能的最大规模（最多源代码行数）。

无记名地填写表格，并说明做此估算的理由。

4）组织者对各位专家在表中填写的估算值进行综合和分类，做以下事情：

• 计算各位专家(序号为 $i, i=1,2,\cdots,n$) 的估算期望值 $E_i$ 和估算值的期望中值 $E$。

$$E_i = \frac{a_i + 4m_i + b_i}{6}; \quad E = \frac{1}{n}\sum_{i=1}^{n} E_i \quad (n\text{ 为专家人数})$$

• 对专家的估算结果进行分析。

5）组织者召集会议，请专家们对估算值有很大差异之处进行讨论。然后专家对此估算值另做一次估算。

6）在综合专家估算结果的基础上，组织专家再次无记名地填写表格。

从步骤 4 到步骤 6 适当重复几次，最终可获得一个得到多数专家共识的软件规模（源代码行数）。

最后，通过与历史资料进行类比，根据过去完成项目的规模和成本等信息，推算出该软件每行源代码所需成本。然后再乘以该软件源代码行数的估算值，得到该软件的成本估算值。

**2. COCOMO 模型**

Barry Boehm 这位知名的软件工程专家在其著作《软件工程经济学》中提出了他的软件估算模型层次结构，称为构造式成本模型 COCOMO（COnstructive COst MOdel），这也许是软件界影响最为广泛、也最为著名的估算模型。

（1）3 种类型的软件

COCOMO 是针对 Boehm 划分的 3 种类型软件进行估算的。

1）固有型（organic mode）项目。规模较小、较为简单的项目，开发人员对项目有较好的理解和较为丰富的工作经验，如传热系统中所用的热分析程序。

2）嵌入型（embedded mode）项目。这类项目的开发工作紧密地与系统中的硬件、软件和运行限制联系在一起，如飞机的飞行控制软件。

3）半独立性（semi－detached mode）项目。项目的性质介于上述两种类型之间，其规模与复杂性均属中等，如事务处理系统、数据库管理系统等。

（2）COCOMO 的 3 级模型

1）基本 COCOMO 模型。该模型为静态、单变量，以估算出的源代码行数计算开发工作量和开发期。

开发工作量为：

$$E=a_b\,(\mathrm{KLOC})^{b_b}$$

式中：$E$ 为工作量，单位为人月；KLOC 为交付的千代码行数；$a_b$、$b_b$ 为模型系数（如表 13-4 所示）。

计算开发期的公式为：

$$D=c_b d_b E^{d_b}$$

式中：$D$ 为开发期，单位为月；$c_b$、$d_b$ 为模型系数（见表 13-4）。

**表 13-4　基本 COCOMO 模型系数**

| 项目类项 | $a_b$ | $b_b$ | $c_b$ | $d_b$ |
|---|---|---|---|---|
| 固有型 | 2.4 | 1.05 | 2.5 | 0.38 |
| 嵌入型 | 3.6 | 1.20 | 2.5 | 0.32 |
| 半独立型 | 3.0 | 1.12 | 2.5 | 0.35 |

2）中级 COCOMO 模型。该模型除考虑源代码行数外，还考虑调节因子（Effort Adjustment Factor，EAF），用其体现产品、软件、人员和项目等因素。

开发工作量：

$$E=a_i\,(\mathrm{KLOC})^{b_i}\times \mathrm{EAF}$$

式中，$a_i$、$b_i$ 为模型系数（见表 13-5）；EAF 为调节因子，它包含了 4 类 15 种属性，其值从 0.7～1.6（见表 13-6）。

**表 13-5　中级 COCOMO 模型系数**

| 项目类项 | $a_i$ | $b_i$ |
|---|---|---|
| 固有型 | 3.2 | 1.05 |
| 嵌入型 | 2.8 | 1.20 |
| 半独立型 | 3.0 | 1.12 |

**表 13-6　中级 COCOMO 模型调节因子**

| 属性 | | 非常低 | 低 | 正常 | 高 | 非常高 | 超高 |
|---|---|---|---|---|---|---|---|
| 产品属性 | 软件可靠性 | 0.75 | 0.88 | 1.00 | 1.15 | 1.40 | |
| | 数据库规模 | | 0.94 | 1.00 | 1.08 | 1.16 | |
| | 产品复杂性 | 0.70 | 0.85 | 1.00 | 1.15 | 1.30 | 1.65 |
| 硬件属性 | 执行时间限制 | | | 1.00 | 1.11 | 1.30 | 1.66 |
| | 存储限制 | | | 1.00 | 1.06 | 1.21 | 1.56 |
| | 模拟机易变性 | | 0.87 | 1.00 | 1.15 | 1.30 | |
| | 环境变更 | | 0.87 | 1.00 | 1.07 | 1.15 | |
| 人员属性 | 分析员能力 | | 1.46 | 1.00 | 0.86 | | |
| | 应用领域经验 | 1.29 | 1.13 | 1.00 | 0.91 | 0.71 | |
| | 程序员能力 | 1.42 | 1.17 | 1.00 | 0.86 | 0.82 | |
| | 虚拟机[①]使用经验 | 1.21 | 1.10 | 1.00 | 0.90 | 0.70 | |
| | 程序语言使用经验 | 1.41 | 1.07 | 1.00 | 0.95 | | |
| 项目属性 | 现代程序技术 | 1.24 | 1.10 | 1.00 | 0.91 | 0.82 | |
| | 软件工具使用 | 1.24 | 1.10 | 1.00 | 0.91 | 0.83 | |
| | 开发进度限制 | 1.23 | 1.08 | 1.00 | 1.04 | 1.10 | |

① 虚拟机是指为完成某一软件任务所使用软、硬件的结合件。

3）高级 COCOMO 模型。高级 COCOMO 模型除保留中级模型的因素外，还涉及软件工程过程不同开发阶段的影响，以及系统层、子系统层和模块层的差别。

例如软件可靠性在子系统层各开发阶段有不同的调节因子（见表 13-7）。

（3）一个中级 COCOMO 模型的计算实例

某一商用微机远程通信嵌入型软件，源程序 1 万行，采用中级 COCOMO 模型估算。

开发工作量：

$$E'=2.8\times10^{1.2}=44.38\ (\text{人月})\ (\text{数据取自表 13-5})$$

调节因子：

$$\mathrm{EAF}=\prod_{i=1}^{15}F_i=1.17(\text{数据取自表 13-6})$$

表 13-7 各可靠性级别在不同开发阶段的调节因子

| 开发阶段 / 可靠性级别 | 需求和产品设计 | 详细设计 | 编程及单元测试 | 集成及测试 | 综合 |
|---|---|---|---|---|---|
| 非常低 | 0.80 | 0.80 | 0.80 | 0.60 | 0.75 |
| 低 | 0.90 | 0.90 | 0.90 | 0.80 | 0.88 |
| 正常 | 1.00 | 1.00 | 1.00 | 1.00 | 1.00 |
| 高 | 1.10 | 1.10 | 1.10 | 1.30 | 1.15 |
| 非常高 | 1.30 | 1.30 | 1.30 | 1.70 | 1.40 |

调节工作量：

$$E=44.38\times1.17=51.5\ (\text{人月})$$

开发期：

$$D=2.5\times51.5^{0.32}=8.9\ (\text{月})\ (\text{数据取自表 13-4})$$

**3. COCOMO Ⅱ 模型**

Barry Boehm 在 20 世纪 70 年代利用了美国 TRW 公司根据许多项目信息建立的庞大数据库，提出了初始的 COCOMO 模型。该模型如上所述主要是借助于项目规模（如交付的源程序行数）来估算项目成本，然后再利用人员、项目、产品和开发环境等属性对初步估算进行调节。20 世纪 90 年代 Boehm 对此初始模型做了改进，形成了 COCOMO Ⅱ 模型，使其体现软件开发走向成熟阶段所采用的方法。

COCOMO Ⅱ 估算过程反映了任一开发项目的 3 个主要阶段，并且认为初始模型以交付的源程序行数作为主要估算依据是有实际困难的，因为在开发工作初期要确切知道代码行数是不可能的。

在开发的第一阶段，通常要建立一个原型来解决包括用户界面、软件与系统间的交互作用、软件的性能或是技术成熟性高风险的问题。这时，实际上很难考虑到最终产品可能会有多大规模，有多少源程序行的问题。因此，COCOMO Ⅱ 用所谓应用点（application point）来估算规模。这一方法正如下面将要看到的，用屏幕数、报告数以及第三代语言构件数等高级工作量生成元素来取得项目规模数据。

在第二阶段，开发工作进入初步设计，设计人员要比较和选择软件的整体结构和运行方案。此时虽然仍然没有足够的信息用以得到精确的工作量数据和开发期的估算数据，但确已比第一阶段知道了更多的信息。因此，第二阶段可以用功能点作为项目规模的度量，这是以需求中得到的功能度作为估算的依据，这种估算要比第一阶段利用应用点有着更为丰富、充实的描述。

第三阶段是结构设计之后的工作，这时拥有了更多的信息，可以利用功能点或代码行数估算规模，许多成本因子可以相当容易地估算出来。

COCOMOⅡ也包含了复用模型，并考虑到维护和损耗（如需求变更所造成的额外工时投入）等。

COCOMOⅡ基本模型为：

$$E = BS^{C}m(X)$$

式中：$BS^{C}$ 为基于规模的初始估算工作量；$m(X)$是调节向量，由多项成本属性构成，用于对初始估算进行修正。

表 13-8 给出了 3 个阶段的特征描述。从表中可看出，第一阶段的规模以应用点表示。为计算应用点要首先算出应用问题中所包含的屏幕数、报告数以及第三代语言表示的构件数。假定这些已作为集成化计算机辅助软件工程环境（CASE）的一部分按标准的要求给出了定义，那么就要对其按简单、一般和较难情况进行分类。表 13-9 给出了分类的办法。

**表 13-8 COCOMOⅡ的 3 个阶段**

| 分 项 | 阶段 1<br>应用问题构成 | 阶段 2<br>前期设计 | 阶段 3<br>结构设计后工作 |
|---|---|---|---|
| 规模 | 应用点 | 功能点（FP）及语言 | FP 和语言或源代码行 SLOC |
| 复用 | 含在模型内 | 与其他变量的功能等价的源程序行数（SLOC） | （同左） |
| 需求变更 | 含在模型内 | 表示为成本因子的变更百分比 | （同左） |
| 维护 | 应用点年度变更联络（ACT） | ACT 功能、软件理解、熟悉程度 | （同左） |
| 名义工作量计算公式中的系数 $C$ | 1.0 | 0.91～1.23，取值依赖于前例、相似相、早期结构、风险化解、小组内聚性及 SEI 过程成熟度 | （同左） |
| 产品成本属性 | 无 | 复杂性<br>要求的可复用性 | 可靠性、数据库规模、需要的文档、所需的复用、产品复杂性 |
| 平台成本属性 | 无 | 平台难度 | 执行时间限制、主要存储限制、虚拟机灵活易用 |
| 人员成本属性 | 无 | 人员能力与经验 | 分析员能力、应用领域经验、程序员能力、程序员经验、语言与工具经验、人员稳定性 |
| 项目成本属性 | 无 | 要求的开发进度<br>开发环境 | 软件工具的使用、要求的开发进度、是否多工作场所开发 |

**表 13-9 应用点复杂度等级**

| 屏 幕 | | | | 报 告 | | | |
|---|---|---|---|---|---|---|---|
| | 数据表格数及来源 | | | | 数据表格数及来源 | | |
| 所含视图数 | 总数＜4（＜2 个服务器，＜3 个客户） | 总数＜8（2～3 个服务器，3～5 个客户） | 总数＞8（＞3 个服务器，＞5 个客户） | 所含视图数 | 总数＜4（＜2 个服务器，＜3 个客户） | 总数＜8（2～3 个服务器，3～5 个客户） | 总数＞8（＞3 个服务器，＞5 个客户） |
| ＜3 | 简单 | 简单 | 一般 | 0 或 1 | 简单 | 简单 | 一般 |
| 3～7 | 简单 | 一般 | 较难 | 2 或 3 | 简单 | 一般 | 较难 |
| ＞8 | 一般 | 较难 | 较难 | ＞4 | 一般 | 较难 | 较难 |

简单、一般和较难 3 种不同应用点的加权值在表 13-10 中给出，加权值代表了为实现相应的复杂性等级的一个报告或一个屏幕所需的相对工作量。生产率的估算见表 13-11。

**表 13-10　应用点的复杂性权值**

| 元　素　类 | 简　　单 | 一　　般 | 较　　难 |
|---|---|---|---|
| 屏幕 | 1 | 2 | 3 |
| 报告 | 2 | 5 | 8 |
| 第三代语言构件 | / | / | 10 |

**表 13-11　生产率估算**

| 开发人员经验、能力 | 很低 | 低 | 中 | 高 | 非常高 |
|---|---|---|---|---|---|
| CASE 成熟度与能力 | 很低 | 低 | 中 | 高 | 非常高 |
| 生产率因子 | 4 | 7 | 13 | 25 | 50 |

然后，将加权的报告和屏幕加起来，以求得单个应用点数。如果根据以往的项目有 $r\%$ 的对象要被复用，则新应用点的数可以这样得到：

$$新应用点=(应用点)\times(100-r)/100$$

为使用这个数来估算工作量，需采用一个称为生产率的调节因子，生产率又与开发人员的经验、能力以及 CASE（指计算机辅助软件工程工具）成熟度与能力相关。例如，假定开发人员的经验和能力以及 CASE 成熟度与能力都是低的，那么表 13-11 告诉我们生产率因子是 7。因此，所需的人月数是新应用点数除以 7。如果开发人员经验和能力是低的，但 CASE 成熟度与能力是高的，则生产率因子值应为两者的平均，即

$$(7+25)/2=16$$

在第一阶段中成本因素并未用到工作量的估算上，但在第二阶段中，基于功能点的工作量估算则受复用、需求变更和维护等因素的调节。在工作量公式中的 $C$ 值在第一阶段为 1.0，第二阶段为 0.91～1.23，究竟取何值取决于系统的新颖性、相似性、系统的结构设计与风险化解、团队内聚性以及过程成熟度。

第二和第三阶段体现成本因素的调节因子如何确定，要根据具体项目的特性选择，其范围在“超低”和“超高”之间。以下提供一些参考，例如，具有某一应用类型项目的开发组经验，应考虑：

- 如果经验少于 3 个月为超低；
- 具有 3～5 个月经验为很低；
- 具有 5～9 个月经验为低；
- 具有 9 个月到 1 年经验为中；
- 具有 1～2 年经验为高；
- 具有 2～4 年经验为很高；
- 具有 4 年以上经验为超高。

与此相似，分析员能力的衡量也是按百分率划分的，例如，如果是有 90% 的能力为很高，50% 为中。相应地，COCOMOⅡ的工作量因子的调节是从 1.42（很低）到 0.71（很高），它表示很低能力的分析员通常要投入中等的或平均水平能力分析员 1.42 倍的工作量；而高能力的分析员只需投入平均水平分析员 3/4 的工作量。表 13-12 列出了工具使用成本的差异，情况与

上面的描述十分类似，其成本因子的范围从1.17～0.78，对应了使用工具的能力从很低到很高。

表 13-12 工具使用分类

| 分类 | 含义 |
| --- | --- |
| 很低 | 编辑，编码，排错 |
| 低 | 简单前端、后端 CASE，小型集成 |
| 中 | 基本生存期工具，适度集成 |
| 高 | 强有力成熟的生存期工具，适度集成 |
| 很高 | 强有力成熟的生存期工具，借助过程、方法和复用的全面集成 |

注意，与初始 COCOMO 模型不同，由于 COCOMOⅡ模型推出时间不久，尚未公布它的成本属性调节因子数值。为适合特定软件组织的使用，最好对 COCOMOⅡ进行适当剪裁。

## 13.3 风险管理

组织完成一项任务，特别是一项复杂的任务，完全没有任何困难几乎是不可能的。完成任务可能遇到各种障碍因素，这些因素有些是客观的，有些是主观的，并且无论是哪一种，还会随时间而发生变化。即使是以往已经经历过，认为有把握的主观因素也可能在新的情况下发生变化。

软件开发的管理者承担的软件工程项目就是十分典型的实例。许多项目之所以失败，究其原因就是在项目开始时，项目负责人并未对可能出现的，并会构成威胁的主客观因素进行充分的分析。一般来说，软件项目完全没有风险是不可能的。重要的是在这些风险出现之前，是否已经准备好了必要的对策，这才是项目取得成功的关键之一。显然，风险管理是软件项目开始时制定项目计划时必须认真考虑的一个重要问题。也可以说，没有考虑风险管理的项目计划是盲目的计划！当然，仅仅有风险的应对计划还是不够的，必须实施风险计划，从而化解风险，并对风险进行监控，最终把风险发生时带来的损失降低到最低程度。

以下将系统地讨论软件风险的概念、软件风险管理的任务、软件风险评估以及风险控制等问题。

### 13.3.1 什么是软件风险

如同任何工程项目一样，软件工程项目在进行过程中不可避免地会遇到许多不利因素。但是，由于软件工程项目的最终成果是不可见的、复杂的软件产品，并且软件过程充满了智力劳动，比起传统的机械工程、建筑工程来，有着更为难于把握的因素，因此，软件的风险问题就更值得人们重视。

软件风险管理是20世纪80年代发展起来的软件工程新领域，可以说它是一个正在形成中的新领域。它的出现是以许多软件工程项目的失败为代价的。一些项目的管理者缺乏风险意识，匆忙策划之中开始了项目的开发工作。在项目进行中会出现一些事先未预料的情况，如缺少合格的人员、大量超出预算、开发进度延迟等，导致严重的甚至是灾难性后果，或造成重大的损失，也可能造成项目的中途夭折。

**1. 软件风险**

软件工程项目的一系列活动要经历各种过程，即软件生存期过程。软件项目的生存期过程正如人的一生一样，不可能百分之百地顺利而不遇到任何困难乃至危险。我们把软件工程过程中可能出现的那些影响软件目标实现或是可能造成重大损失的事件称为软件风险。

在软件开发项目的最初阶段，确认需求对整个开发工作是至关重要的。因为需求不仅是后期开发工作的依据，同时它也是产品验收的依据，显然只有产品满足了需求才能令用户满意。但软件开发项目经常遇到的一个严重问题就是用户的需求一变再变。可以说这是一个典型的软件风险。显然在项目进行设计、编码甚至开始测试以后再出现需求的变更，就必然给开发工作带来很大冲击。它会造成许多按原定需求工作的成果报废，它会迫使正在开发的项目一再返工，以适应变更了的需求。

软件工程项目所需的主要资源是合格的人员，有不少软件项目可能出现合格人员短缺的现象，这对于达到项目的目标自然构成威胁。以下我们还会列举更多的软件风险实例。

**2. 风险的特点**

在软件工程项目过程实施中会遇到许多事件，但必须注意把软件风险与其他事件区分开来。通常认为，风险具有以下特点。

1）可能发生的事件。风险是可能发生的事件，其发生的可能性用风险概率来描述。例如上述需求变更这一事件，往往在项目开始时并不能肯定将会发生，但也许会估计到有发生的可能。如果没有可能发生那么概率就是0；如果肯定要发生，概率就是1。我们把肯定要发生的事件叫作问题。事件发生的可能性有多大，即风险概率是多少，在项目开始时应有初步的估计。

2）会给项目带来损失的事件。风险的发生必定给项目造成损害，这当然是我们不希望看到的。例如前述需求变更会给项目带来很大的影响。究竟会有多大影响也需有个估计。

3）可能对其加以干预，以期减少损失。针对每一种风险，我们应弄清可能减少造成损失或避免损失的程度。对风险加以控制，采取一些有效的措施来降低风险或是消除风险。例如，如果开发初期估计会有需求变更，我们便使设计具有一定的灵活性，以便在出现需求变更时，很容易使设计随之变更，使其满足变更了的需求。

**3. 风险分类**

对许多可能遇到的风险加以区分和分类对于认识风险和管理风险是必要的。出于不同的考虑，可以有不同的风险分类：

（1）依据危害性

从危害到软件项目本身讲，软件风险可分为3类：

1）成本风险。成本风险是项目预算和开销不够准确造成的。

2）绩效风险。绩效风险是系统不能提供全部或某些预期效益，或是不能实现预期的软件需求。

3）进度风险。进度风险关系到项目进度或项目达到指定里程碑的不确定性。

（2）从风险涉及的范围上考虑

从更大的范围考虑，软件风险还可分为：

1）项目风险。这种风险涉及预算、成本、进度、人员的招聘和组织、资源的获取，以及顾客和需求等方面的问题。事实上，项目复杂度、规模及结构的不确定性都构成了项目的风险因素。

2）技术风险。技术风险威胁着开发产品的质量和交付产品的时间。技术风险会涉及设计方案、实现、接口、验证以及维护等方面的问题。此外，需求规格说明的不确定、技术的不确定、技术的陈旧以及采用不成熟的所谓“前沿”技术都会构成技术风险因素。

3）商业风险。商业风险的发生会威胁开发软件的生命力，它会危及软件项目和产品出路。常常出现的情况是：

- 市场风险：开发了优良的产品却不为用户真正需要，或是销售人员不知怎样送到用户手中。
- 策略风险：开发的产品不能适应公司的整体商业策略。
- 管理风险：由于人员的变更或公司工作中心的转移，开发的产品失去了高层领导者的有力支持。
- 预算风险：没有得到预算或人员方面的承诺。

（3）其他分类

R. N. Charette 给出了另一种风险的分类。

1）已知风险：在已经对项目计划、待开发软件所在的商业环境和技术环境以及其他的可靠信息来源做出仔细评估以后能够弄清的风险。所谓其他可靠信息来源可能是不现实的交付日期、缺少文档化的需求或软件范围及不良的开发环境等。

2）可预知风险：根据以往项目的经验可以推断的风险，例如，人员调动、与顾客沟通有障碍及在为客户提供维护服务时人员工作积极性不高等。

3）不可预知风险：事先完全无法预料，突如其来的风险。

## 13.3.2 风险管理的任务

如同软件配置管理力图把变更造成的影响降到最小一样，风险管理力图把风险带来的影响或造成的损失减少到最小。

风险管理是项目管理的一个重要方面，特别是对大型、复杂的项目，风险管理显得更加重要，在工程开始以前必须认真对待。风险管理措施不当也必定会带来巨额的损失。

**1. 风险管理的目标和策略**

（1）目标

风险管理包括两个重要的目标：

- 识别风险。识别风险是要找出可能的风险，对其进行分析、评估，并进一步对这些风险排序，以突出最为险恶的风险。
- 采取措施，把风险造成的影响降低到最小。

（2）策略

降低风险危害的策略可能包括：

- 回避风险。例如改变项目的某些功能或性能需求使风险不可能发生。
- 转移风险。把风险转移到其他系统，或是借助购买保险将经济损失转移，从而化险为夷。
- 承受风险，接受风险，但将风险损失控制在项目资源可承受的范围之内。

**2. 风险管理活动**

为达到上述风险管理的目标，必须使风险管理活动围绕着风险评估和风险控制开展。实施风险管理可以将其融入开发过程，如软件开发的螺旋模型本身就包含有风险管理。在螺旋模型中沿着螺旋每转一圈都要进行风险分析，并采取应对措施。

当我们把风险管理当作较为独立的部分处理时，需要明确它和项目过程的关系。图 13-3 表明了两者之间的关系：由项目的执行和其他相关因素获取风险信息，经识别后对风险进行管理，同时管理活动也影响着项目的过程，以使风险的不良后果减少到最小。

图 13-4 给出了风险管理活动及其相关的子活动。以下对风险评估和风险控制分别加以说明。

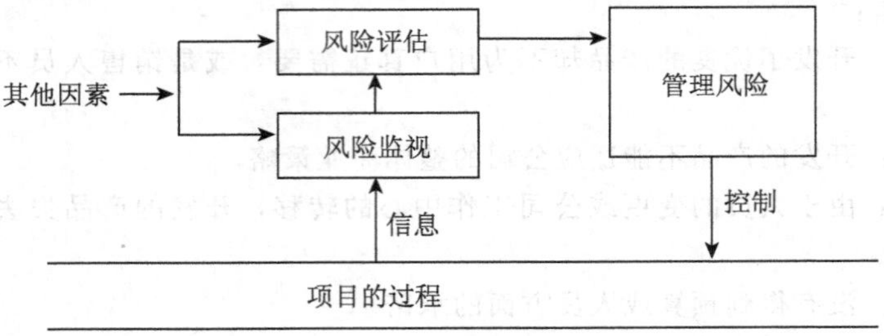


图 13-3　风险管理与项目的执行

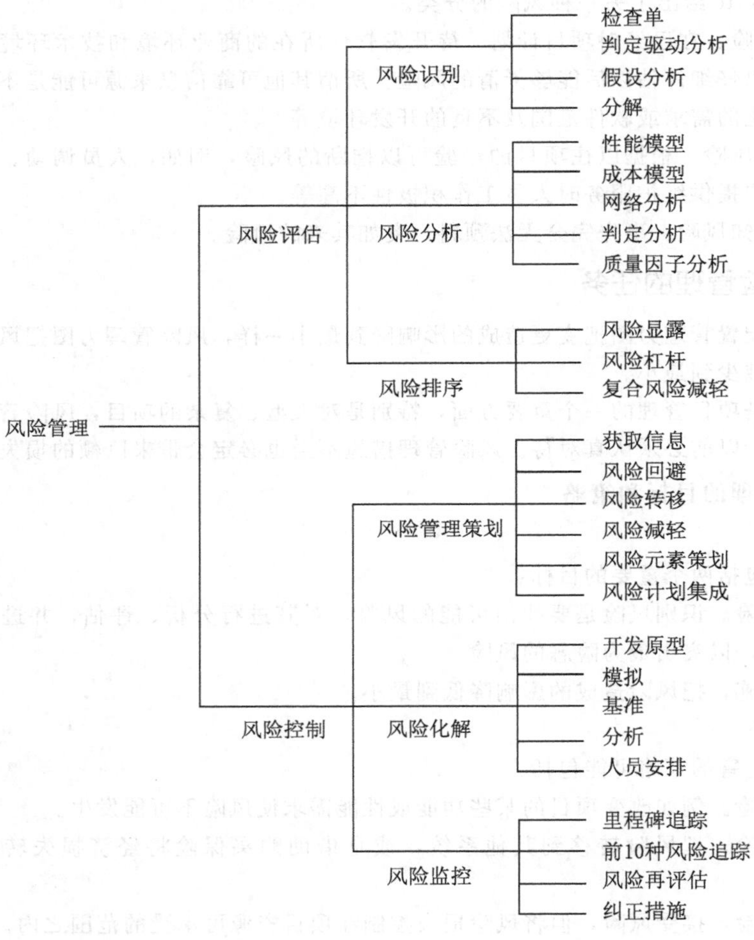


图 13-4　风险管理活动

## 13.3.3　风险评估

风险评估的目标是认识可能的风险，它应该是风险控制的前提。因为只有对风险找对了，认识清楚了，才能考虑相应的对策问题。

风险评估通常包括：风险识别、风险分析和风险排序 3 个方面的内容，以下将分别展开讨论。

还应注意，在软件工程项目的全过程中，风险评估可能不止进行一次。因为随着各方面条件的变化，如有必要，在项目进行中可能需要进行再评估或是修改评估。

**1. 风险识别**

风险识别是风险评估的第一步。就某个特定的软件工程项目来说，从项目的具体情况出发，列举出可能出现的风险，真正弄清每一可能风险的情况是风险识别的主要任务。图 13-4 的最上端给出了风险识别的若干方法。

检查单（checklist）是识别风险的有力工具。采用检查单来识别风险是将检查单中所列举的各种风险，对照即将开发的软件项目，逐一加以甄别，判定检查单中哪些风险在该项目中可能发生。13.3.4 节给出了印度著名软件公司 Infosys 总结出的软件 10 大风险，它也可参考作为检查单使用。当然如能总结出自己软件组织的检查单，将更能符合自身的实际情况，使用起来也会更加有效。

在进行风险识别时采用访谈、调查还是会议的方式，或是对计划、过程和工作产品进行评审的方式，均应根据软件项目的具体情况决定。

有不少软件项目在开始时过于乐观，这可能是由于缺乏经验，也可能是对项目的了解不够深，这类过于乐观的假设往往是项目风险的来源。例如，一些项目的管理人员以为项目进行中不会发生问题，不会出现人员流失，如果必要可以组织开发人员加班，所有项目的外包部分（包括硬件和软件）都将按时得到，等等。这些假设也许是不自觉的、隐蔽的假设，突破这些过分盲目乐观假设的办法只能依靠以往的教训和实践，进行假设分析。

所谓分解是将一个大的项目划分成若干明确定义的部分，然后对每个部分进行分析，看看各部分的可能风险是什么。有许多软件项目的实际情况是，20%的模块会引发出 80%的项目问题。分解将有助于识别这些模块的风险。

总之，风险识别时要弄清在项目中可能发生，但并不希望发生的事件，即列举出一些可能出现的“意外”事件，以便引起我们的重视，做到“有备无患”。否则在项目进行过程中出现了意外事件，令人毫无准备，束手无策，造成的损失也就可想而知。

还需说明，风险识别这项工作无须确切弄清风险发生的概率，也不容易搞清风险一旦发生对项目造成多大危害，那将是随后风险分析和风险排序中必须解决的问题。

**2. 风险分析**

风险识别以后需要弄清楚已识别的风险可能何时何处发生，发生了会怎么样。风险分析的任务是分析每个风险可能造成的影响，给出风险大小的量值。进行分析可以借助一些已有的模型，但也并非所有已列出的风险都可借助模型进行分析，因此常常采用主观分析。然而如果将成本模型用于成本估算和进度计划估算，那么该模型便可用来评估成本风险和进度计划风险。

例如，COCOMO 成本模型（详见本章 13.2 节）的应用需要根据软件项目的实际情况选择相关的调节因子的取值，由于可供选择的值有相当的灵活性，同时评估人员又难于完全避免主观性，因此，成本风险的一个可能来源是调节因子取值不当，例如常常是取值偏低，也可能出现对项目规模估值偏低的情况。风险分析可借助于项目规模的最坏估值和所有调节因子的最坏值计算，根据这些值来估算项目的成本。这将给我们一种最坏情况分析，使用最坏的工作量估算就可得到最坏的进度计划。更具体的分析可考虑各种不同的情况或是不同调节因子的分布。

风险分析的其他方法还包括：研究各种可能判定的概率和结果（判定分析）；理解任务取决于判定关键活动以及不能及时完成这些任务的概率或成本（网络分析）；有关各种质量因子，如可靠性和可用性的风险（质量因子分析）；以及如果对系统的性能有严格限制，早期借助于模拟等手段进行性能评估（性能分析）。

### 3. 风险排序

识别并分析风险将使我们初步弄清可能妨碍达到项目目标的危险事件，然而各种风险的后果会有很大的差别。我们必须对其加以区别，以便把管理者的目光集中到最高风险的事件上。这里所说的风险高低是以风险显露造成损失的大小来衡量，损失大的风险自然应该给予更多的重视。对此必须注意下列两个重要的因素。

（1）风险概率

风险概率指的是风险事件出现的可能性，显然可能性大的事件其风险概率值较高。如果把风险肯定出现的概率值定为 1，把完全不可能出现的风险概率定为 0，那么可以把各种概率值的风险划分为 3 类：低概率风险、中概率风险和高概率风险。3 类风险的概率取值按表 13-13 划分。

表 13-13　3 类风险的概率

| 概　率 | 取值范围 |
|---|---|
| 低 | 0.0～0.3 |
| 中 | 0.3～0.7 |
| 高 | 0.7～1.0 |

（2）风险影响

不同的风险在发生时会造成多大的影响各不相同，有的冲击很大，也就可能带来更大的损失。从影响大小加以区别对待是必要的。

影响的大小需要加以度量，例如可以用损失的金额数来衡量。但为了简单和直观。可以把风险影响分为 4 个等级，并按 1～10 来赋值。在表 13-14 中给出了风险影响的分级及其取值范围。

表 13-14　风险影响级别

| 影响级 | 取值范围 |
|---|---|
| 低 | 0～3 |
| 中 | 3～7 |
| 高 | 7～9 |
| 甚高 | 9～10 |

（3）风险排序的步骤

1）对已识别和分析了的风险估计概率的类别，判断其属于高概率风险，还是中概率风险，或是低概率风险。如有必要，给出其概率值的大小。

2）评估每个风险对项目的影响级，如为低级、中级、高级或甚高级。如有必要给出其影响级的加权值。

3）风险排序应根据该项目各有关风险的概率和风险影响。显然，具有高概率及高影响级的风险应该排在具有中概率和高影响级风险的前面。如有必要可用计算出的风险显露的数值做比较（风险显露计算见后）。

4）针对排序列在前几位的风险采取缓解措施和跟踪措施。

（4）风险显露

有时需要精确地进行风险排序，这就要求针对每个风险对项目威胁的大小做出量化的评定。

如果一种风险一旦发生会造成很大损失——这固然需要加以重视，但它所发生的概率又很小，那就要比另一种具有相当损失且发生概率大的风险对项目的威胁要小些。排序时，显然前者应排在后者的后面，即对后者应优先考虑对策。

因此，风险对项目威胁的大小可用风险显露来表示，它既和风险概率有关，也和风险发生造成损失的大小有关。于是有：

$$\mathrm{RE}(R)=P(R)\times L(R)$$

式中：RE($R$) 是风险 $R$ 的发生可能给项目造成的损失；$P(R)$ 是风险 $R$ 发生的概率；$L(R)$ 是风险 $R$ 如果发生会造成的损失。

下面以回归测试工作为例讨论风险显露的计算。

所谓回归测试是软件测试中的一种特定的测试。我们知道软件测试的目的是发现软件中的某些问题，并在发现问题以后加以纠正。但纠正究竟做得怎么样是很值得重视的，必须保证纠正没有带来新的问题，这包括：是否真的纠正了；是否改多了；是否改少了（如应改3处，却只改了2处）；是否因为修改引入了副作用，等等。为防止出现这些情况，原则上应该遵循回归测试的要求，即只要对程序修改过就必须重新进行测试，否则会有误改的风险。

图13-5给出了是否进行回归测试共6种可能事件的风险显露计算。图中对6种可能事件分别列出了其概率值 $P$ 及事件出现会造成的损失 $L$，图13-5的右部则是按前述公式计算出的风险显露。在观察将前3种事件和后3种事件的风险显露分别求和得到的数值（图的最右端）后，便可得出结论：不做回归测试要比做回归测试可能给项目造成的损失要大得多。显然，回归测试是十分必要的。

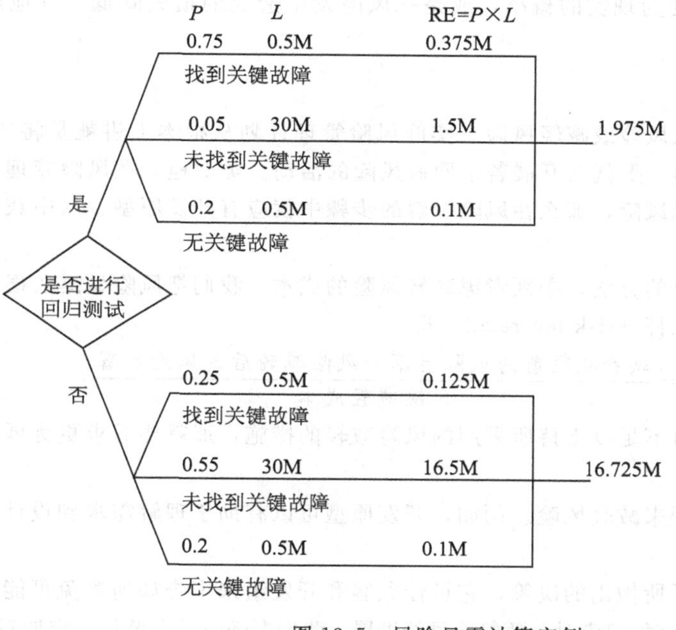


图13-5 风险显露计算实例

### 13.3.4 风险控制

如果风险评估是识别风险及其影响的一些被动的活动，那么风险控制则是由项目管理人员为减轻风险造成危害而采用的一些主动措施。事实上，无法消除所有的风险，我们只能借助采取的措施，以人们可接受的方式处理有害结果，从而减轻风险，使风险损失降低到最小。也许可以用软件配置管理与风险管理进行对比，其中确有某些类似之处。因为软件配置管理首先要做到软件配置标识，确定哪些是被管理的对象，而配置管理的最终目标是软件变更、版本更新和发行要受控，并使其不致造成混乱，使变更的影响尽可能减小。

风险管理通常是从风险管理策划开始，继而实施风险计划（或称风险化解）和风险监控。

**1. 风险管理策划**

风险管理策划是要针对每个已经过识别和分析认为应该受控的风险制定风险管理计划。如果多个风险需要同样地对待，可以同时针对它们制定共同的管理计划。如同其他策划活动一样，这一策划应该在项目开始时进行。对于某一特定风险，其管理计划不应过于复杂，但应有针对性。

按 Boehm 的意见，风险管理计划主要包括以下 5 个方面：

1）该项风险为什么重要，为什么一定要管理；

2）风险管理应该能够提供什么以及什么时候提供；

3）实施这些风险管理活动的责任人是谁；

4）风险怎样能够得到减轻，该采取什么措施；

5）需要什么资源。

风险管理策划的一个明显的策略是风险回避，就是采取措施回避风险。有些风险回避是可能的，例如一个重要的建筑物在地震多发地区是有很大风险的，但若能考虑将其建在非地震区便可避免地震造成的风险。另外，也可采用有效的措施来减轻风险，对于那些无法回避的风险则应设法降低风险变为现实的概率，或是把风险发生造成的损失降低。其他风险对策可在图 13-4 中看到。

**2. 风险化解**

风险化解是要实际消除风险或减轻风险。实施风险管理计划从根本上讲就是将风险化解。例如，若计划采用风险回避，那就要开展若干回避风险的活动。类似地，在风险管理计划中可能确定采用开发原型来降低风险，那么在风险缓解的步骤中就应有开发原型，从中获得一些必要的信息用以减轻风险。

为了帮助选择风险减轻的方法，必须考虑减轻风险的成本。我们把风险显露的损失差与风险减轻成本的比称为风险杠杆（risk leverage）。即

$$风险杠杆=\frac{风险减轻前的风险显露-风险减轻后的风险显露}{风险减轻成本}$$

显然，如果风险杠杆值不足以支持所采用的风险减轻的措施，那就要寻求更为低成本、更为高效的风除减轻方法。

有时可以选择开发过程来减轻风险。例如，开发原型可以有助于理解需求和设计，从而减轻风险。

风险管理计划中记载了所做出的决策，它可让顾客和开发组来审查如何避免可能发生的问题，以及这些问题一旦出现该如何应对。随着项目的进展，我们要随时予以监控，定期对风险进行再评估，包括其发生的概率及可能造成的影响。下面还会更进一步讨论风险监控。

印度 Infosys 公司根据许多软件项目的实践总结出十大风险及其相应的化解措施（见表 13-15）。从表中可以看出，前几项风险明显地和人员及需求相关。它告诉我们，为使化解措施更为有效，必须将其纳入项目的进度计划之中。

**表 13-15　Infosys 总结的十大风险及其化解措施**

| 序　号 | 风险类型 | 化解措施 |
|---|---|---|
| 1 | 受过技术培训的人员不足 | 在初期学习的短时间内及早做出估计<br>保留额外的资源储备<br>制定针对具体项目的培训大纲<br>开展互教互学活动 |
| 2 | 过多的需求变更 | 让客户在最初的需求规格说明上签字<br>让客户理解需求的变更将会影响项目进度<br>制定需求变更规程<br>按实际开发工作量计算开发费 |

（续）

| 序　号 | 风险类型 | 化解措施 |
| --- | --- | --- |
| 3 | 需求不明确 | 根据实践经验和常规逻辑提出设想，征得客户同意，并签字承诺<br>开发原型或吸收客户参与需求评审 |
| 4 | 人员流失 | 确保项目的关键部分拥有多种人力资源<br>开展团队建设工作专题研讨<br>团队人员间进行工作轮换<br>保持项目有备用的人力资源<br>保存员工个人工作的文件<br>严格遵循配置管理过程和制定的相关导则 |
| 5 | 外部因素对项目决策的影响 | 用事实或数据向与决策相关的人员说明并商讨不利条件<br>如果确属不可避免，就应识别实际风险，并遵循风险化解计划 |
| 6 | 性能需求达不到要求 | 制定明确的性能准则，请客户评审<br>制定应遵循的标准以满足性能准则<br>要求设计满足性能准则并对其进行评审<br>对关键的业务处理进行性能模拟或开发原型<br>若可能使用有代表性的数据进行批量测试<br>若可能实施强度测试 |
| 7 | 进度计划不切实际 | 商讨制定更为合理的项目进度<br>找出可并行开展的工作<br>尽早使资源准备就绪<br>识别可自动化进行的工作部分<br>如果关键路径超出进度计划，应与客户协商<br>商谈按实际投入工作量付开发费 |
| 8 | 面临新技术（软件或硬件）的挑战 | 考虑分阶段交付<br>从关键模块开始交付<br>在制定进度计划时考虑学习和掌握新技术所需的时间<br>针对新技术组织培训<br>开发证明概念的应用课题 |
| 9 | 商业知识不足 | 加强与客户交流，从中获得商业知识<br>组织应用领域知识方面的培训<br>对客户的业务进行模拟或开发原型，并取得客户的认可 |
| 10 | 连接故障或性能迟钝 | 请客户提供适当的期望值<br>在连接装载前制定计划<br>采用最优连接使用计划 |

**3. 风险监控**

（1）随时监控的必要性

风险排序和风险策划是基于风险分析时对风险的认识，而风险分析是在项目策划时进行的。初始风险管理计划反映了当时对风险理解的状况。由于风险是一些概率事件，它经常依赖于外部因素。在外部因素改变以后，风险构成的威胁可能和以前的评估有很大的差别。显然，对风险的理解也要随时间改变，进而所采取的风险化解措施可能影响着对风险的认识。

（2）跟踪监控

上述的风险动态特性表明，不应把项目的风险看成是静止不动的。必须定期对风险进行重新评估。并且除去要监控那些已策划的风险化解措施的实施情况外，还要定期对整个项目风险重新认识。这种重新考察可在里程碑处利用里程碑分析报告中对风险状态的报告来实现。风险化解措施的状态与对当时风险的认识和对策一起再次报告。当然这种重新认识取决于再次进行风险分析时已进行风险排序的调整的情况。

### 13.3.5　做好风险管理的建议

借鉴大量项目实践中获得的风险管理经验和教训，以下给出若干有益的建议：

1）要承认风险是客观存在的，不可能完全避免。

2）对风险的认识最好组织开放式的讨论，这样做本身就能够提高认识，降低风险的影响。

3）奖励那些防止风险发生的人，不要只是惩罚和处分造成风险的人。

4）不要仅仅关注易于处理的风险。

5）不要试图同时管理过多的风险。

6）要记录风险的情况。

7）把风险管理纳入项目管理。

8）初期阶段不必过分强调量化管理。

9）不应追求实施风险管理的成本效益比。

10）记住，风险计划本身又可能带来新的风险，也可能会提高产品的成本。

11）回避风险应看成是最后的手段，采取时必须十分谨慎。

12）在组织级上采用风险数据库，以便于项目之间借鉴风险数据。

## 13.4　进度管理

### 13.4.1　进度控制问题

**1. 值得重视的现象**

软件项目能否按计划的时间完成并及时提交产品是项目管理的一个重要课题，它是项目组人员、管理人员以及客户或软件组织的市场销售人员都十分关心的问题。显然，所有人都希望按计划及时完成；但项目未能按预期的进度提交产品，延误工期的现象经常会出现。我们必须重视这一现象，分析其原因，并有针对性地采取措施。

R. Pressman 认为软件项目延期提交的原因可能有以下几种：

1）不切实际的进度安排和交付期不是项目组人员确定的，而是项目组以外人员出于某种考虑而强加给项目组的。

2）项目进行过程中客户的需求出现了变更，但这一变更并未在项目进度计划中相应地及时做出调整。

3）项目制定计划时低估了所需的工作量和所需的资源投入。

4）项目开始时未做好风险分析。

5）项目进行中遇到了难以预计的技术困难。

6）项目进行中遇到了难以预计的人力问题。

7）项目组人员之间的工作协调不够，未能及时交流情况，导致延误。

8）项目负责人并不了解进度已经延误，也就未能及时采取补救措施。

作为项目负责人，进度安排与工期控制是不可回避的问题，如果不能按时交付，他必定经受很大压力，这方面的教训必须很好地总结，防止这种现象一再发生。其实，我们还可从另外的角度分析产品延误交付的现象，那就是处理好需要与可能的关系。例如，许多项目完成的期限是由市场因素或用户需求提出的。对于要求的交付时间，开发人员、项目负责人当然应该认真考虑，力争加以满足。但这毕竟只是需要的一个方面，如果它和实际可投入的资源和条件相比，满足交付期的可能性很小，就必须如实地提出来讨论，坚持实事求是地处理好进度安排和交付期的问题。

R. Pressman 引用了拿破仑的一句名言："任何同意执行连他自己都认为有缺点的计划的指挥官都应该受到指责，他必须提出自己反对的理由，坚持修改这项计划，最终甚至提出辞职，而不致使自己的军队遭受惨败。"

如果在市场压力下，硬性规定了产品发布日期，而项目经理认为按时完成是根本不可能的，那就应该明确提出自己的意见，并且提出根据。例如可以有几种做法：

1）利用以往项目的数据进行对比分析，说明估算的工作量以及可能交付的时间。

2）采用渐进式开发方法，争取在规定的交付时间内完成关键部分的开发，然后再继续完成其他部分的开发。

3）提出几种可供选择的方案，例如：

- 增加预算，适当增加人员，争取在交付期内完成，但会增加质量缺陷的风险；
- 暂时降低功能和性能要求，在交付期内提交初始版本，然后继续进行完善工作。

在大家都认为不可能达到的交付期内，不顾各方面条件的限制坚持实施不切实际的计划，最终将得不到预期的产品。究竟如何应对，值得项目经理认真思考。

**2. 制定项目进度计划的条件**

制定项目进度计划是为了实施，自然希望越准确、越符合实际越好，但是怎样才能做到这一点，需要在这以前做些工作，创造良好的条件，使得进度计划的确定是有根据的。这些条件包括以下 7 条：

1）项目分解。无论多么大、多么复杂的项目都必须首先将其划分成能够管理的若干活动和若干任务，并且往往这种分解是多个层次的。图 13-6 给出了一个具体软件项目分解的实例。通常我们称此为工作分解结构（Work Breakdown Structure，WBS）。

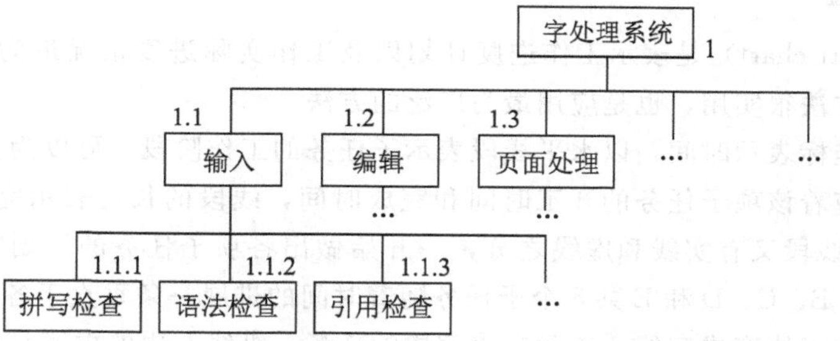


图 13-6　字处理系统项目的分解

2）确定各部分之间的相互关系。划分后的活动和任务按项目本身的要求，必定存在着一定的相互依赖关系，例如，谁先谁后，或是两者应该并行互不依赖等等。

3）时间分配。为每项活动和任务分配需要的时间，例如需要多少人日的工作量。从项目的进度要求，应该明确每项活动和任务的开始时间和结束时间。

4）确认投入的工作量。应确认在实际工作中能够按项目要求的人力投入工作量，而不致出现某些工作阶段人力投入不足的现象。

5）确定人员的责任。每项工作均应明确责任人，表 13-16 给出了上述字处理系统项目责任分配表，有时称为任务责任矩阵（task responsibility matrix）。

6）规定工作成果。任何分配的任务都应给出符合要求的工作成果，它应该是整个项目的一个组成部分。

7）规定里程碑。任何一项工作完成后需经过一定形式的检验，例如，经过评审或审核（批准），得到认可。被认为确已完成表示一个里程碑已经完成。里程碑也称为基线，将在本章13.6节中讨论。

表 13-16 字处理系统项目的责任矩阵

| 编号 | | | 任务（责任人） | 项目组长 张×× | 工程师 王×× | 工程师 赵×× | 程序员 李×× | 程序员 陈×× |
|---|---|---|---|---|---|---|---|---|
| 1 | | | 字处理系统 | A | | | | |
| 1 | 1.1 | | 输入 | | C | B | | |
| 1 | 1.1 | 1.1.1 | 拼写检查 | | | | P | |
| 1 | 1.1 | 1.1.2 | 语法检查 | | | | | P |
| 1 | 1.1 | 1.1.3 | 引用检查 | | | | | P |
| 1 | 1.2 | | 编辑 | | B | C | P | |
| 1 | 1.2 | | … | | | | | |
| 1 | 1.2 | | … | | | | | |
| 1 | 1.3 | | 页面处理 | | C | B | P | |
| 1 | 1.3 | | … | | | | | |
| 1 | 1.3 | | … | | | | | |

注：A，表示审批；B，表示检查；C，表示设计；P，表示实现。

## 13.4.2 甘特图

甘特图（Gantt chart）是表示工作进度计划以及工作实际进度情况最为简明的图示方法。这种直观的图示方法很实用，也是应用最为广泛的方法。

甘特图中横坐标表示时间，以水平线段表示子任务的工作阶段，可以为其命名。线段的起点和终点分别对应着该项子任务的开工时间和完成时间，线段的长度表示完成它所需的时间。在图13-7中水平线段又有实线和虚线之分，一开始做出各项子任务的计划时间，应该都以虚线表示，图中A、B、C、D和E共5个子任务随着时间的进展一条垂直于各条线段的纵线逐渐右移，它将扫过的虚线变成实线，表示应该完成的任务，纵线右边的虚线是待完成的任务。我们可以清楚地看出各项子任务在时间对比上的关系。然而甘特图无法表达多个子任务之间更为复杂的衔接关系。

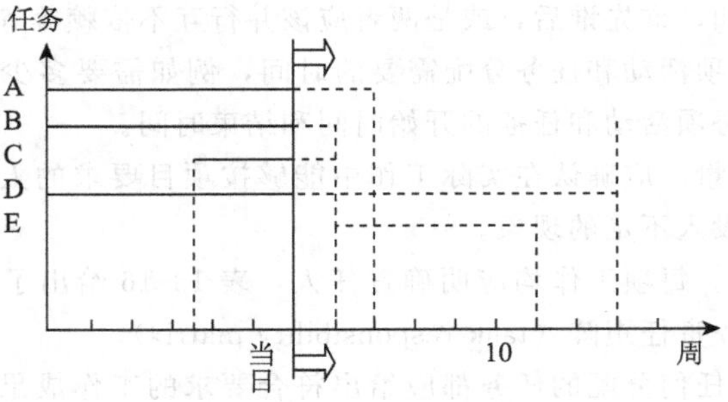


图 13-7 甘特图

图 13-8 给出了某项目甘特图的实例，图中可表明各项任务的责任人及计划时间数和实际完成的时间数，似乎更为实用。

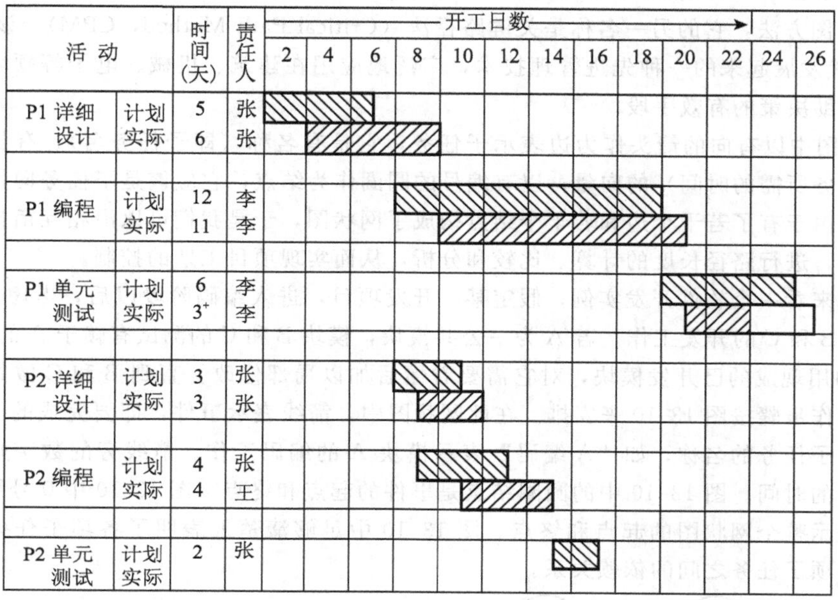
活 动
时间(天)
责任人
开工日数
2 4 6 8 10 12 14 16 18 20 22 24 26
P1 详细设计 计划 5 张
实际 6 张
P1 编程 计划 12 李
实际 11 李
P1 单元测试 计划 6 李
实际 3+ 李
P2 详细设计 计划 3 张
实际 3 张
P2 编程 计划 4 张
实际 4 王
P2 单元测试 计划 2 张
实际

图 13-8 某项目甘特图实例

### 13.4.3 时标网状图

为克服甘特图的缺点，将甘特图做了一些修改，形成了时标网状图（time scalar network）（参见图 13-9）。图中的任务以有向线段表示，其指向点表示任务间的衔接点，并且都给予编号，可以显示出各子任务间的依赖关系。它显示出比甘特图具有优越性，例如，从甘特图中看不出任务 A 和任务 E 之间的关系，但从时标网状图中可以看到任务 A 含有 3 个子任务，任务 E 含有 2 个子任务，子任务 $E_2$ 的开始取决于 $E_1$ 和 $A_3$ 的完成。

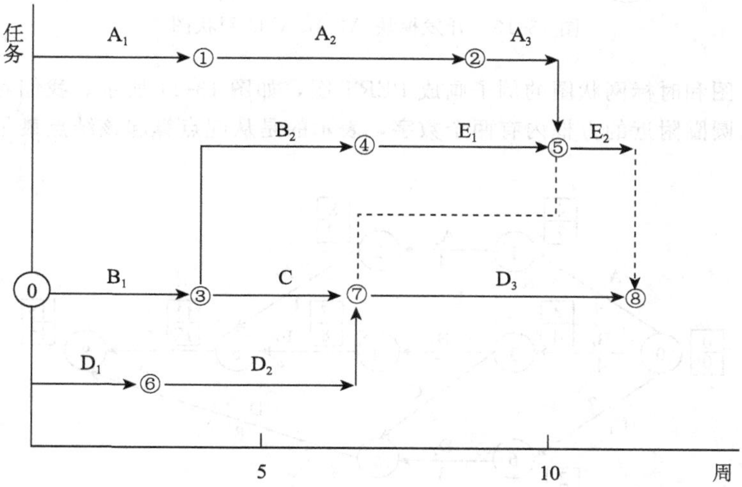


图 13-9 时标网状图

### 13.4.4　PERT 图

计划评审技术（Program Evaluation and Review Technique，PERT）也称网络图方法，或简称 PERT 图方法，它的另一名称是关键路径法（Critical Path Method，CPM）。该方法是 20 世纪 60 年代发展起来的一种先进管理技术，广泛地应用在建筑、机械、电子等领域，成为计划管理和辅助决策的有效手段。

PERT 图中以有向的箭头作为边表示子任务，它是有名称（即子任务名）、有长度（即完成此项子任务所需的时间）的向量；以有编号的圆圈作为结点，它应该是子任务向量的始发点或指向点。由于有了若干个边和若干个结点构成了网状图，于是我们可以沿相互衔接的子任务形成的路径，进行路径长度的计算、比较和分析，从而实现项目工期的控制。

我们先来看一个软件开发实例。假定某一开发项目，进入编码阶段以后，考虑如何安排 3 个模块 A、B 和 C 的开发工作。若 A 为一公共模块，模块 B 和 C 的测试有赖于 A 的调试通过。模块 C 是利用现成的已开发模块，对它需要看懂后加以局部修改。直到 B 和 C 做集成测试为止。这些工作步骤按图 13-10 来安排。在此网状图中，箭线表示事件，即要完成的子任务，箭线旁均给出子任务的名称，如“A 编码”表示模块 A 的编码工作。箭线旁的数字则表明完成该项子任务的时间。图 13-10 中的圆圈结点是事件的起点和终点。图 13-10 中 0 号结点和 8 号结点分别表示整个网状图的起点和终点。图 13-10 中足够清楚地表明了各项子任务的计划时间，以及各项子任务之间的依赖关系。

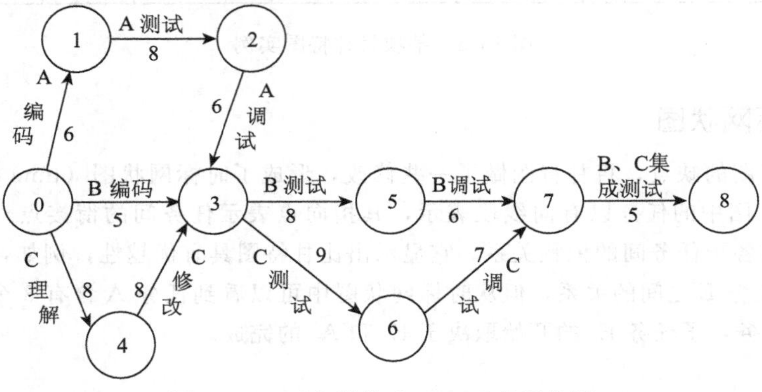


图 13-10　开发模块 A、B、C 的网状图

把前面甘特图和时标网状图的例子画成 PERT 图，如图 13-11 所示。我们对它做进一步分析。在每个结点圆圈附近的方框内有两个数字，表示的是从起点算起该结点最早启动时间和最迟启动时间。

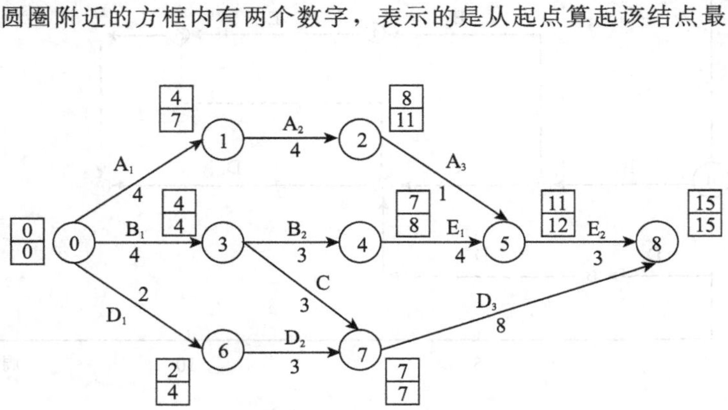


图 13-11　PERT 图

以结点 5 为例，从起始结点到达结点 5 有两条路径：0→1→2→5，所用时间为 9 周；另一路径是 0→3→4→5，所用时间为 11 周。由于子任务 $E_2$ 要求 $A_3$ 和 $E_1$ 都完成以后才能开始，即使由前一路径已先期到达 5 号结点，$E_2$ 也不能开始，必须再等 2 周，$E_1$ 到达后，$E_2$ 才能开始。因此，5 号结点附近的上方框内记为 11（而不是 9），这一数字表明该结点的最早启动时间。其他有多个箭头指向的结点均有类似情况，如结点 7 和 8。另一方面，从终点逆向推进，在不影响任务进度的条件下，可得到各结点的最迟启动时间。以结点 3 为例：沿路径 8→5→4→3 倒推至结点 3 应为 5 周（15－3－4－3＝5）；但沿路径 8→7→3 则为 4 周（15－8－3＝4）。因此，结点 3 最迟启动时间为 4 周，在该结点附近的下方的框内记为 4（而不是 5）。依此方法给每个结点的上下方框内均添入时间。我们特别注意到：0、4、7、8 号结点的上下框内数字相同，这表明在这些结点上没有停留的机动时间，这些结点构成的路径所用时间是任务完成的最短时间，称此路径为关键路径。显然，在关键路径上所用的时间决定了全部任务所用的总体时间。其他结点上两个数字不等，其差值为在此结点的机动时间。

在组织较为复杂的任务时，或需要对特定的子任务进一步做更为详细的计划时，我们可以使用分层的 PERT 图。图 13-12 表示，在父图 No. 0 上的子任务 P 和 Q 均已分解出对应的两个子图：No. 1 和 No. 2。

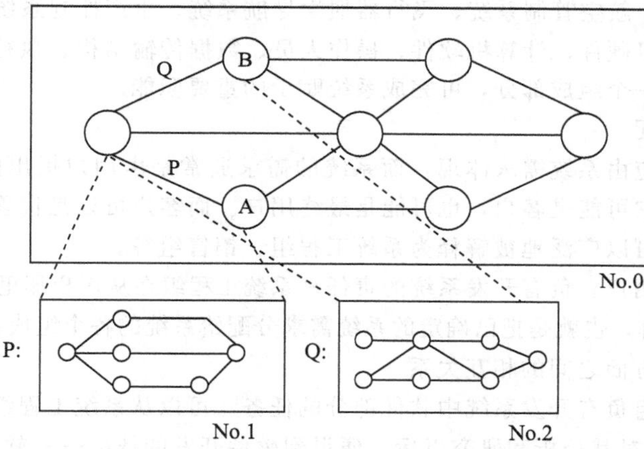


图 13-12 分层 PERT 图

PERT 图不仅可表达子任务的计划安排，还可在任务计划执行过程中估计任务完成的情况，分析某些子任务完成情况对全局的影响，找出影响全局的区域和关键子任务，以便及早采取措施，确保整个任务的按时完成。

为有效地使用 PERT 图来控制进度计划的实施，可以把这个网络图存入计算机，并配以相应的软件支持，使它成为强有力的进度计划工具。对于较大规模或较为复杂的项目，PERT 图能起到一定的指导作用。

鉴于 PERT 图在软件以及其他领域中广泛和有效地使用，国内一些软件组织已将其开发成专用的项目工期控制软件，以商品化工具软件的形式在市场上销售。

## 13.5 需求管理

软件需求在软件产品的整个生存期中占有重要位置。应该看到，它是软件工程项目的依据和出发点，无论是软件的开发还是软件的维护都是以软件需求作为前提的。因此，重视需求工作，重视软件需求的质量，可为后续工作打下良好的基础，否则将会给开发的成本、工期以及产品的质量带来严重的影响，造成不良的后果。

为了顺利地提供高质量的软件产品，依开发人员的观点，软件需求最好是清晰、正确、稳定的。所谓稳定是指：希望用户一次提清需求，并且不再改变，但这往往是不现实的，用户在开发过程中变更先期确定的需求的现象并不少见，也就是需求变更不可能完全避免。因此，要求软件人员在自己的工作中应具有调节能力，能及时解决变更需求给开发工作带来的冲击，调整变更前已完成的那部分工作，使最终拿出的软件产品满足变更后的用户需求。

需求管理正是要解决对于软件人员来说十分棘手的上述问题。解决好需求管理问题是不成熟的软件组织走向成熟迈出的第一步。也就是说，需求管理所提出的要求应被理解为成熟的软件组织应具有的初步、最起码的要求。

## 13.5.1 系统需求与软件需求

**1. 系统和系统需求分配**

（1）系统

通常考虑的系统是指基于计算机的系统或计算机控制的系统，它是在计算机控制下完成特定功能的系统。例如，航空管制系统、飞行器惯性导航系统、生产控制系统等。系统可能包括多个成分，例如计算机硬件、计算机软件、操作人员、数据传输结构、执行机构等。其中，计算机软件作为系统的一个组成部分，可完成系统赋予的重要职能。

（2）系统需求分配

系统完成的职能应由系统需求体现，而系统的需求通常是由用户提出的。这里的“用户”是一种笼统的说法，它可能是客户，也可能是最终用户。而客户可以是代理商，在其背后有许多最终用户；客户还可以广泛地被解释为系统工程组、销售组等。

系统工程组面对用户，负有开发系统的责任。系统工程组在从用户那里取得系统需求以后，应将系统需求进行分解，也就是把已确定的系统需求分配给系统的各个组成部分。图 13-13 表明了系统需求分配中各方面之间的相互关系。

显然，软件工程组负有开发系统中软件部分的任务。可以从系统工程组那里得到“分配给软件的系统需求”，在对其分析和研究以后，便得到软件开发的依据——软件需求。与此同时，还会有分配给硬件的系统需求，以及分配给其他部分的系统需求。当然，我们关心的只是分配给软件的系统需求。这里所讨论的需求管理正是针对这一需求的管理，为方便起见常常把它简称为分配的需求或给定需求。

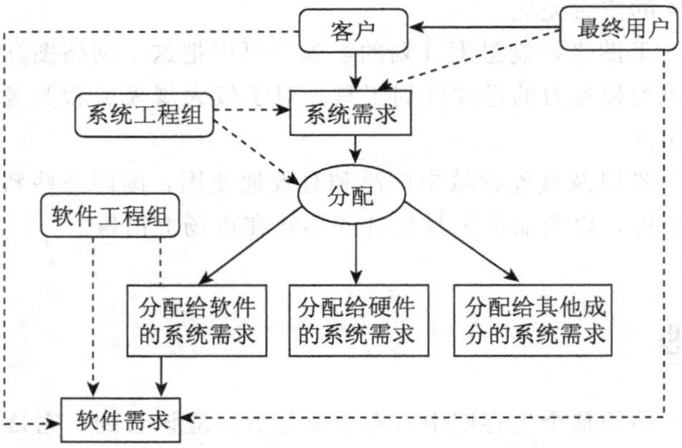


图 13-13 系统需求分配

在此给出一个系统需求分配的实例。为使汽车安全、稳定地行驶，有必要开发一个汽车限速系统 ACCS，其职能是当汽车速度超出预定的范围时，由计算机硬、软件及相关机构加以控制。图 13-14 给出了汽车限速系统的需求分配，其中，系统的需求是使汽车保持在预期车速的±2km/h 范围内行驶。在将系统需求分解以后，分配给硬件的系统需求是，要使车速在规定的精确度±1.5km/h 范围之内。分配给软件的系统需求是，在车速超出预定车速±0.5km/h 时，给硬件加速或减速的命令。

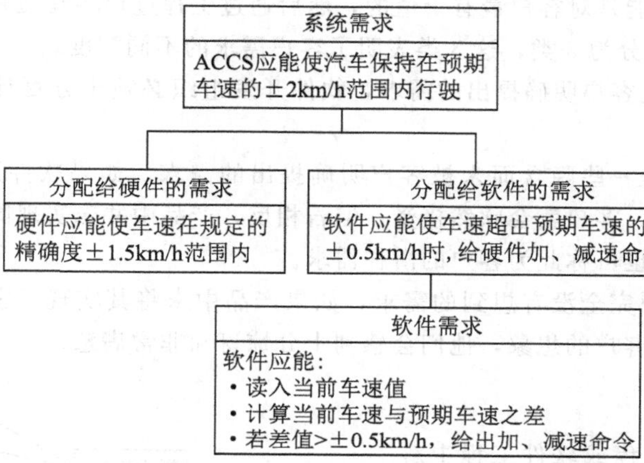


图 13-14　汽车限速系统 ACCS 的需求分配

**2. 软件需求**

(1) 软件需求定义

按 IEEE-STD-610 标准的定义，软件需求是用户为解决某个问题或为实现某个目标，要求软件必须满足的条件或能力。软件需求可能由分配给软件的需求得到，也可能由用户或最终用户提出（见图 13-13）。软件需求的 3 个层次如下所示（见图 13-15）。

1) 业务需求：客户对软件的高层目标要求。

2) 用户需求：用户使用软件必须达到的要求和完成的任务。通常在用例（use case）或方案脚本（scenario）中加以说明。

3) 功能和非功能需求。规定了开发人员必须实现的需求，它的实现将满足上述业务需求和用户需求。通常以需求规格说明（requirement specification）的形式给以详尽描述。

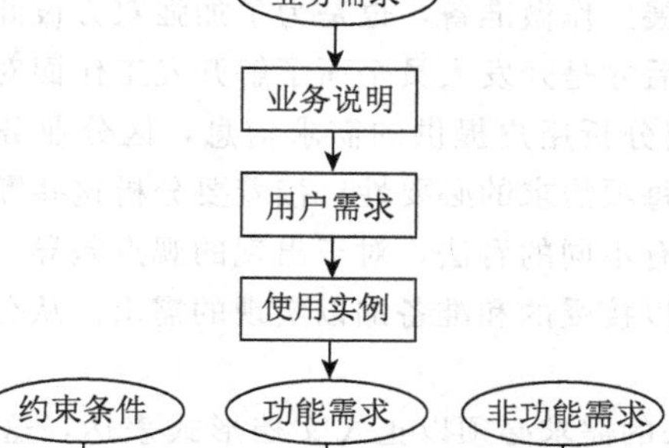

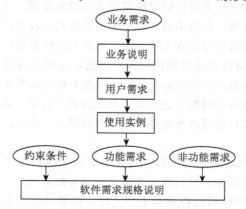

图 13-15　软件需求的层次

非功能需求包括以下两种：

- 过程需求：交付需求、实现需求、遵循的标准。
- 外部需求：互操作性、伦理性、机密性、安全性等。

(2) 质量功能展开（Quality Function Development，QFD）

质量功能展开是将客户的要求转化为软件技术需求的质量管理方法，于 1970 年在日本推出，其目标在于使软件工程过程最大限度地让客户满意。该方法强调软件开发者必须充分理解，究竟什么需求和功能是对客户最有价值的，然后通过工程过程将其展开和实现。

QFD 将客户的需求分为 3 类，这 3 类表明了客户需求的不同深度。

1）常规需求：它是客户明确提出的需求，软件开发组织必须千方百计设法将其实现，使客户得到起码的满足。

2）期望需求：这是一些隐含而未被客户明确提出的需求，如果软件开发组弄清了这些，并且在产品中得到实现，客户就会欣然接受；但若相反，产品中并未实现隐含的期望，客户就会表现出很大的不满。也可称此为客户的潜在需求。

3）兴奋需求：客户完全没有想到的需求，如果产品中未将其实现，客户并不抱怨；但若真的实现了，就会超出客户的想象，他们会感到十分惊讶和非常满意。

## 13.5.2 需求工程

需求工程是系统工程或软件工程中解决需求问题的一个崭新领域。其目标在于使得到的产品能够准确、真实地体现客户的需求，令客户满意。

需求工程包括两个方面：需求开发与需求管理（见图 13-16）。需求开发和需求管理两者的关系还可进一步从图 13-17 中看出。

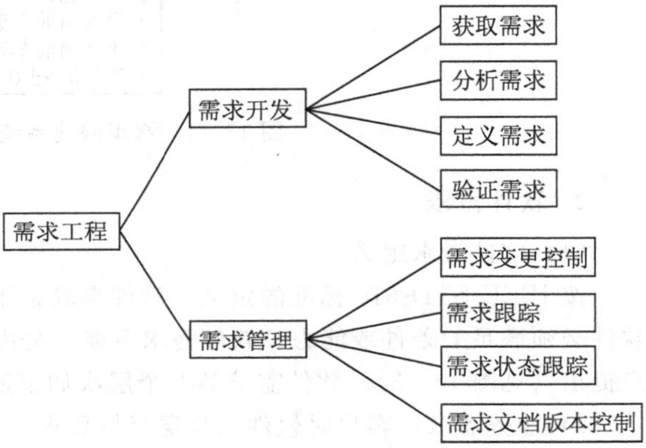


图 13-16 需求工程的构成

**1. 需求开发**

需求开发是在开发人员与客户双方密切配合下完成的，任务是得到需求规格说明。需求开发工作包括以下 4 个方面。

1）获取需求。开发人员首先应确定产品的客户群或产品的服务对象。并且对需求分析人员进行业务技能培训，对用户代表进行需求阶段相关知识的培训，让他们了解需求阶段的工作性质和要求。培训只是为开展工作做准备，也是为了加强双方彼此沟通和密切合作，减少误会和返工，从而降低风险。然后才是开发人员全面了解开发工作面对的实际业务和业务需求。

2）分析需求。开发人员分析用户提供的需求信息，区分业务需求、功能需求、非功能需求和质量属性等，并且弄清每项需求的必要性。接着要分析这些需求实现的可行性。开发人员往往在此情况下与用户代表有不同的看法，对于出现的观点差异必须在充分交换意见和认真讨论后取得共识，从而确定可以接受的和准备加以实现的需求。从分配需求提炼出软件需求也是需求分析的工作。

3）定义需求。确定下来的需求必须以正式文档形式表达，这就是需求规格说明。需求规格说明必须具有完整性、正确性、可行性、无歧义性和可验证性。

4）验证需求。需求规格说明能否符合上述要求，需要经过评审。当然，评审后要对发现的问题做出必要的修改。

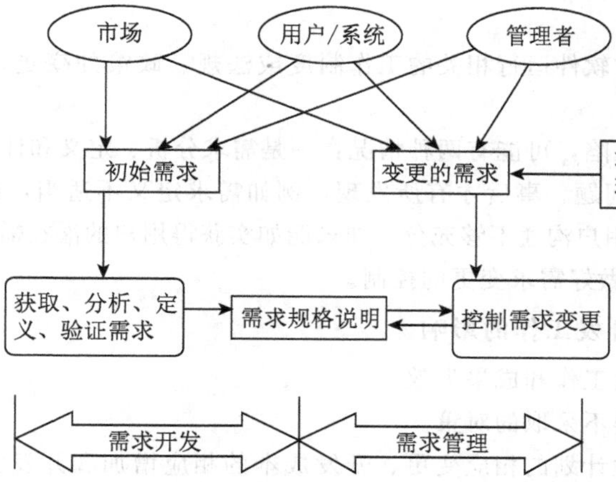

图 13-17 需求开发与需求管理

**2. 需求管理**

在需求开发之后，即得到需求规格说明之后，在后继开发工作过程中用户提出了新的需求或变更了原定的需求，在这种情况下开发工作应如何处理，这就是需求管理要解决的问题。显然，需求管理问题必须得到开发人员的高度重视和认真对待。

需求管理涉及：

- 变更控制；
- 需求跟踪；
- 需求状态跟踪；
- 需求文档版本控制。

## 13.5.3 需求变更

**1. 需求变更难于完全避免**

系统需求或软件需求往往在开发工程中发生变更，提出变更有可能在开发的任何阶段。通常情况是随着时间的推移，开发工作进一步展开，人们对问题本身和对用户的真正需求有了更为深入和透彻的了解，这时会发现基于对问题初始理解而提出和制定的初始需求有着不完善或不妥当之处。如果不予处置，开发出的产品将无法满足使用要求，于是提出需求变更（如图 13-18 所示），这是由人们对事物的认知规律决定的，要想完全避免是不可能的。尽管根据初始需求已做了一些工作，需求的变更意味着要否定其中的一些成果并进行返工。同时必定会遇到一些实际困难，开发人员必须要正确对待，精心处置，使变更在受控条件下进行，而不造成失误。

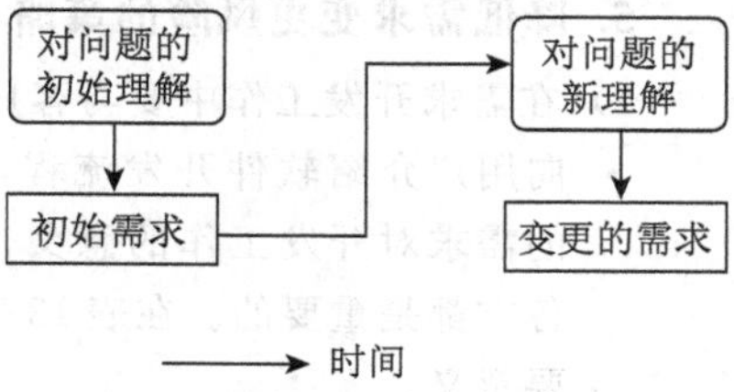

图 13-18 需求的变更

**2. 需求变更原因分析**

引发需求变更可能有多种因素，主要有以下几种：

1）单纯的用户因素。如上所述需求变更完全是由于用户对需求有了新的认识，于是提出了新的、变更了的需求。

2）市场形势变化引发的需求变更。

3）系统因素。在系统内部，如计算机硬件、系统软件或数据等的变更要求软件与其相适应。

4）工作环境因素。与软件运行相关的工作制度或法规、政策的变更，或业务要求变更导致的需求变更。

5）需求开发工作有缺陷，可能有两种情况：一是需求分析、定义和评审工作不够充分，致使需求规格说明中隐含着问题，事后才有所发现，例如需求定义不适当，或性能有遗漏等；二是需求开发中开发人员与用户沟通不够充分，如未能如实获得用户的潜在需求等。

为弥补这些缺陷必须做好需求变更的控制。

**3. 需求变更对软件开发工作的影响**

1）使得变更前的开发工作和成果失效。

2）使得返工成为不得不采取的对策。

3）势必带来软件开发计划的相应变更、开发成本的相应增加和开发工作量及资源投入的追加。

**4. 需求变更失控可能导致的后果**

在软件开发过程中出现了需求的变更，如果忽视了对它的控制，没有针对上述变更造成的影响及时采取有效措施，便可能导致开发出的产品不符合变更了的需求，也就是得到的产品并不是用户所需要的产品这样的严重后果。开发人员所付出的辛勤劳动变成了无效劳动，用户的不满自不必说。

图 13-19 中的两个图表明了受控需求变更与不受控需求变更的差别。图 13-19a 中反映了未受控的情况：根据需求文档 V1，得到了系统实现 V1，此时出现的需求变更直接作用于系统实现 V1，于是对其做适当调整后得到了系统实现 V2。这种调整难于保证系统 V2 和变更后需求的一致性。图 13-19b 中的处理可避免这一问题的发生。其做法是：在系统实现 V1 形成过程中出现了需求变更，应先修正需求文档 V1，从而得到需求文档 V2，再根据需求文档 V2，同时吸收系统实现 V1 的可用部分得到系统实现 V2。显然，这时系统实现 V2 应该与变更了的需求是一致的。

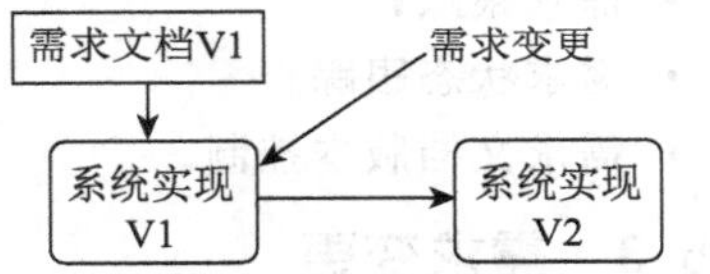


a) 未受控的需求变更引起需求和现实不一致

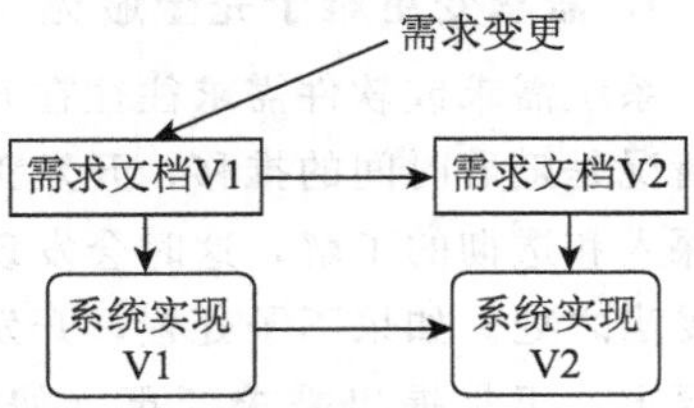


b) 受控的需求变更使需求和现实一致

图 13-19 未受控及受控的需求变更

**5. 降低需求变更风险的策略**

1）在需求开发工作中要与客户充分沟通，做到：

- 向用户介绍软件开发流程，说明确定的、稳定的需求对开发工作的意义，这样的需求对相关各方都是重要的。在表 13-17 中列出了确定需求对项目开发工作、开发组织和用户的重要意义。
- 向客户解释如果需求不够确切或频繁变更将给开发工作造成的冲击。并且需求变更提出越迟，对开发工作的冲击越大，因为那将意味着可能有更多的返工和发生更多的不一致。
- 要让用户了解到，需求变更对开发工作的冲击最终会影响到用户，至少将因返工等事件使开发计划后延，这势必导致产品的推迟交付。因此需求的变更必须十分慎重。

表 13-17 确定需求的意义

| 项目开发工作 | 项目开发组织 | 用户 |
| --- | --- | --- |
| • 产品后续开发工作的基础<br>• 产品维护工作的参考 | • 对用户的承诺<br>• 关系到项目开发工作的投入、交付期和产品质量 | • 关系到能否按期获取所需产品 |
| • 建立需求文档的依据 | • 作为合同的附件，关系到双方的权益<br>• 是产品验收的依据 | |

2）与用户共同确定需求。吸收用户参与需求开发十分重要，并且开发人员一定要认真听取客户意见。切不可在没有真正理解用户意图的情况下，轻易否定用户的需求。在双方共同验证确定了的需求后签字承诺，借此减少频繁改变需求的可能。

3）开发组织和用户双方签署的项目开发合同中应包括对出现需求变更的应对条款。

4）如果项目自身具有需求不易确定的特点，在项目启动时最好采用快速原型方法或螺旋模型，以便在确认需求的基础上开发产品。

5）在项目开始时，如估计到需求可能变更，则可在开发计划中适当留有余地，以防变更需求造成被动。

6）严格实施变更控制，使产品质量不致因需求变更受到影响。

### 13.5.4 需求变更控制

**1. 需求变更控制要求**

（1）变更控制的策略

1）所有需求变更必须遵循需求变更控制规程实施。若某一需求变更提出请求后未获准采纳，则后续过程中不再考虑。

2）需求变更提出后是否被接受应由专门的组织——变更控制委员会（Change Control Board，CCB）审查决定。

3）不得以任何理由删除和修改需求变更的原始文件。

4）应将已接受的需求变更通知到所有相关人员。

5）已接受的需求变更应能追溯到批准的变更请求，关于需求变更请求将在本节后面的部分介绍。

6）对项目的需求赋予状态属性，以利于需求变更控制。

（2）需求变更影响的控制

由于需求的变更将导致软件计划、工作产品和活动的变更，因此对每一变更都应对其进行下述工作：

1）识别。

2）评价。

3）风险分析。

4）编制文档。

5）制定计划。

6）传达给受影响的小组和人员。

7）跟踪直至结束。

（3）变更控制的步骤

1）提出变更请求。

2）审理变更请求，进行变更影响评估，评估内容包括：变更所需人力投入；变更对原计划安排的影响；估计变更引起的成本增加。

3）批准变更请求。

4）取得用户的认可。

5）修订项目计划。

6）实施变更。

7）验证变更。

图 13-20 给出了需求变更控制的流程。

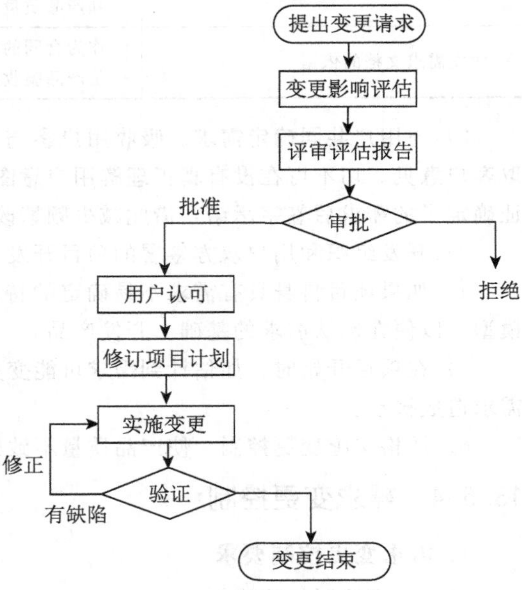


图 13-20 需求变更控制的流程

**2. 需求变更控制实施**

（1）需求变更请求

需求变更请求应包含以下内容：

- 申请号：变更请求的顺序号。
- 变更说明：变更请求的概要描述。
- 变更类型：如合同变更、功能变更或性能变更等。
- 影响分析：扼要说明变更涉及的工作产品、工作量和进度安排等。
- 变更请求状态：提出变更请求时正处在什么开发阶段或正做什么工作。
- 变更请求日期。

表 13-18 给出了一个需求变更请求实例。

**表 13-18 需求变更请求实例**

| 项目名：XYZ | | | |
|---|---|---|---|
| 变更申请号 | 11 | 日　期 | 2007 年 2 月 23 日 |
| 变更说明 | IS-41 分析器——IS-41 分析器对 CDMA 的影响 | | |
| 影响分析 | （1）对 CDMA 的配置模块和分析器无影响<br>（2）TDMA 码可重用；SCRIPTS 也可复用<br>（3）受影响的模块<br>① CGAAPP 模块，需对 IS-41 单独进行规范性分析<br>② CDMAPPO1 模块<br>• TRIS41ROI 按 TRCDMAIS41ROI 复制<br>• 使用纯虚拟对 TRCDMAROI 建立 Actual Call Mode Manager 并重新定义<br>③ SILVER06GUIAPP++模块：在资源表中加入 IS-41 | | |
| 工作量 | 5 人日 | | |
| 计划时间 | 无须重大变更 | | |
| 状态 | 将并入新的 CDMA 软件包 | | |

（2）需求控制流

软件需求在需求开发结束以后被确定下来，在其后继阶段开发工作中将逐步展开，加以实现。在不同的开发阶段软件需求以不同的形式进行着状态的演变：

- 需求阶段：从获取的需求到定义的需求。

- 建议阶段：制定出项目计划以后演化为承诺的需求。
- 设计阶段：设计工作完成并经验收后成为设计的需求。
- 编码阶段：完成编码和单元测试后成为实现的需求。
- 测试阶段：完成确认测试后成为完成的需求。

图 13-21 给出了生存期各阶段软件需求状态的演变。

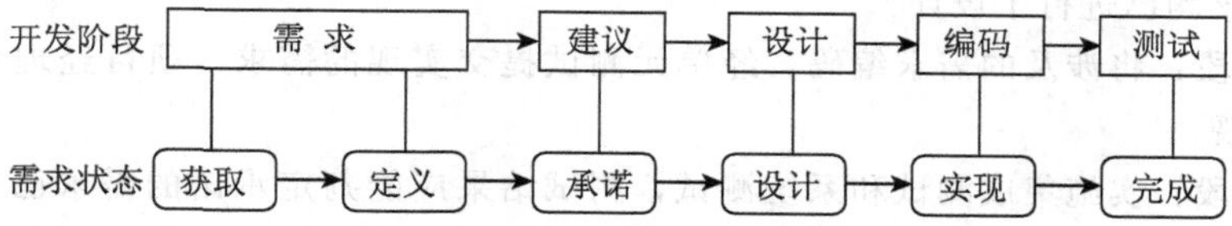


图 13-21　生存期各阶段需求状态的演变

图 13-22 表明了生存期各阶段中需求状态的控制流。

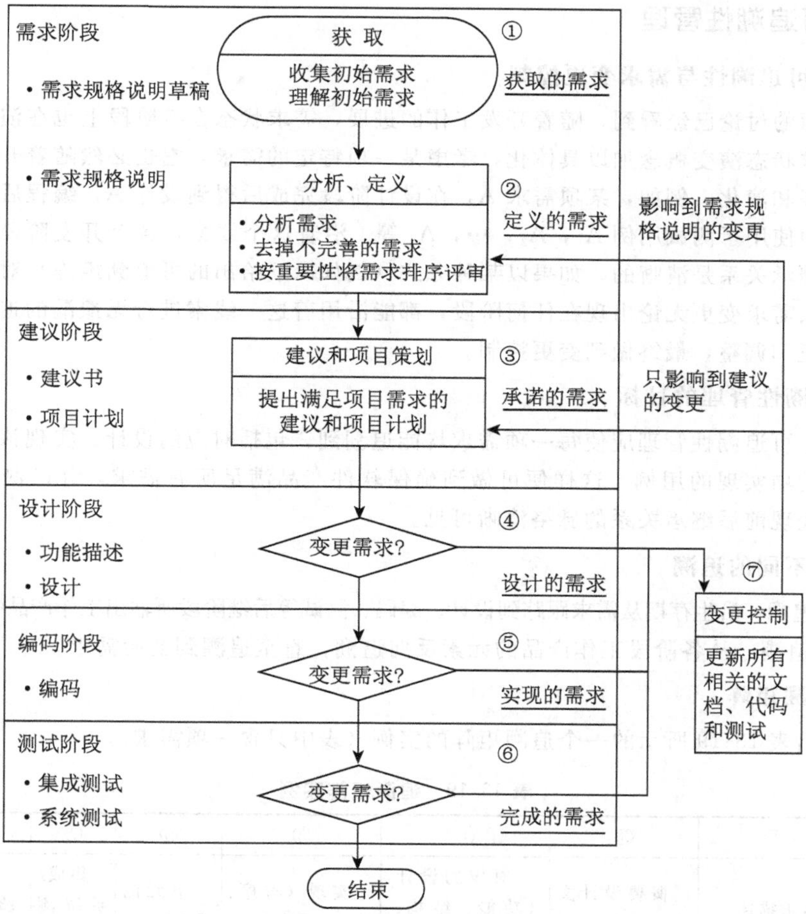


图 13-22　生存期各阶段需求状态演变的控制流

从图 13-22 中框①至框⑦可看出需求状态的演变，以下做一扼要说明。

① 获取需求：收集用户的初始需求，并理解初始需求。

② 分析定义需求：对获取的需求经分析、定义后，使需求符合清晰、精确、有意义、可

实现和可验证的要求，与用户协商去掉不合理、无法实现的需求。需求规格说明在经过评审和批准后成为正式文档，至此需求阶段完成，提交的是定义的需求。

③ 建议阶段：项目组提出项目工作建议，制定项目计划，在经评审和批准后，提交承诺的需求。

④ 设计阶段：将承诺的需求在设计中体现，经评审后提交设计的需求。项目经理要保证所有承诺的需求均已进行了设计。

⑤ 编码阶段：将涉及的需求编码，经单元测试提交实现的需求。项目经理应保证所设计的需求均已实现。

⑥ 测试阶段：实施集成测试和系统测试，测试结果应能判定承诺的需求已得到满足，可提交完成的需求。项目经理在此阶段结束时应保证所有承诺的需求均已得到测试。

⑦ 变更控制：在④～⑥各阶段中可能出现需求变更。当出现需求变更时，一方面要修改框③中的项目计划和建议，同时要更新所有相关的文档、代码和重新测试。

## 13.5.5 可追溯性管理

**1. 需求可追溯性与需求变更控制**

通过前面的讨论已经看到，随着开发工作的进展，需求状态在各阶段上也在演变着。如果将笼统的需求状态演变概念加以具体化，考虑某一项特定的需求，它也必然随着开发工作的进展而逐步扩展和演化。例如，某项需求 A，在设计阶段完成后得到设计 A，编程后得到程序模块 A，测试中使用了测试用例 $A_1$，$A_2$，…，$A_n$ 等。沿着这个线索，各个开发阶段的工作产品之间存在的继承关系是清晰的。如果以某种方式（例如以下给出的可追溯矩阵）对其做出确切的表达，那么需求变更无论出现在任何阶段，都能沿用着这一线索进行无遗漏的追踪，对相关部分实施修正和调整，最终做到变更控制。

**2. 可追溯性管理的目标**

实施需求可追溯性管理应使每一项需求均能追溯到，包括对应的设计、实现该项需求的代码以及测试此项实现的用例。这样便可做到确保软件产品满足所有需求，并已测试了所有需求，从而使表现前后继承关系的脉络清晰可见。

**3. 两类不同的追溯**

- 向前追溯：沿生存期从需求跟踪到设计、编码、测试等后继阶段所输出工作产品的相关元素。
- 向后追溯：从各阶段工作产品的元素反向追溯，直至追溯到初始需求。

**4. 可追溯矩阵**

这里给出表 13-19 所示的一个追溯矩阵的实例（表中只含一项需求）。

**表 13-19 追溯矩阵实例**

| ① | ② | ③ | ④ | ⑤ | ⑥ | ⑦ | ⑧ |
|---|---|---|---|---|---|---|---|
| 需求号 | 需求描述 | 概要设计文档索引号 | 对应的设计（功能、结构、数据库） | 实现（程序、类、继承类） | 单元测试用例 | 集成/系统测试用例 | 验收测试用例 |
| 1.1.2 | 利用收集的数据实现亮点的实时集成 | 5.3.2 | 数据采集与亮度控制器接口 | PB405 数据采集 | ＃12 | ＃46 | ＃11 |
| | | | | CICS203 亮点控制器启动 | ＃1 | ＃47 | ＃11 |

(1) 说明

① 需求号：需求规格说明中将每项需求编号，此为该项需求号码。

② 需求描述：扼要给出该项需求的说明，可以是关键字，也可以是需求规格说明的摘录，但应是简明的描述。

③ 概要设计文档索引号：应是概要设计规格说明对应此项需求部分的章节号。

④ 对应的设计：简要说明与此项需求对应的设计。

⑤ 实现：对应的程序名或程序模块名，表中指出了由两个模块实现此项需求。

⑥～⑧：3级测试中使用了这些编号的测试用例（编号与测试用例的对应表暂略）。

(2) 矩阵的作用

- 完整的追溯矩阵应将所有的需求分项一一列出，这样做可防止遗漏，避免因未实现某项需求，或因需求出现变更未及时修改相关的部分而造成产品缺陷或造成返工。
- 可为评审提供方便，矩阵有利于判断全面实现需求的情况。
- 在需求变更时便于进行变更影响追踪、分析和检查。

(3) 矩阵的建立与维护

追溯矩阵初建时只有左边①和②两栏，因为此时尚属需求阶段；随后开发工作进入设计阶段，在设计评审后可填入③和④两栏；接着在编码完成及单元测试、集成测试和验收测试后，分别填入⑤、⑥、⑦和⑧各栏内容。

按此矩阵的要求，项目各工作产品的重要部分，包括需求、设计、程序和测试用例均应有编号作为标识，以利于检索追踪。

(4) 矩阵的应用

追溯矩阵主要应用在两个方面。

1) 首先是用于完整性检验：

- 考察有没有需求遗漏的情况。要求矩阵中需求号与需求规格说明中的需求编号一一对应，如有遗漏可非常容易地发现。
- 有无冗余代码。可从矩阵中看到是否每个程序单元、类或其他元素均已列入。
- 检验所有性能需求是否已被测试用例测试，测试用例的选择是否恰当。
- 对集成测试计划和系统测试计划进行交互检查，以确保需求的所有条件均已包含在系统测试计划中。

2) 需求变更控制是追溯矩阵的另一应用，利用它可更好地解决需求变更后相关的工作产品中受影响的部分随之变更的问题。为此，必须做到：

- 更新需求规格说明的同时要更新追溯矩阵；
- 每增加一项需求，应在追溯矩阵中得到体现。

## 13.6 配置管理

软件工程项目随着工作的进展会产生多种信息，包括技术资料、管理资料等，例如需求规格说明、设计说明、源程序、目标程序、用户手册、测试用例、测试结果以及合同、计划、会议录和报告等。即使一个中型项目，这些资料的数量也会超过几十种，大型项目则可达几百甚至上千种。如何管好这些资料是项目管理面临的重要问题。另一方面，还必须考虑到，这些资料和信息不仅不断地产生，而且还在不断地演化和变更。如果稍有不慎就会发生资料和信息搞乱，甚至丢失的现象。如何遵循一套严谨、科学的管理办法，使信息和资料的产生、存放、查找和使用既有效又高效，不致发生混乱和差错的现象，这正是配置管理所要解决的问题。

## 13.6.1 什么是软件配置管理

在国际标准《系统与软件工程——软件生存期过程（ISO/IEC12207：2008）》中指出，软件配置管理的目的是为某个过程或某个项目的软件项建立和保持完整性，以便相关方能够使用它。并且说明，软件配置管理要开展的活动包括：配置标识、配置控制、配置状态报告、配置评价以及发布管理和交付等。

我们把软件配置管理的对象称为软件配置项（software configuration item），它包括：

- 与合同、过程、计划和产品有关的文档及数据；
- 源代码、目标代码和可执行代码；
- 相关的产品，包括软件工具、库内的可复用软件、外购软件及顾客提供的软件。

事实上，随着软件工程项目的进展，软件配置项会逐渐增多，也就是需要管理起来的各种产品和阶段产品越来越多，于是配置管理的作用和效果便会充分显示出来。

同时我们还注意到，一个软件产品在开发出来以后还会有多种版本，这些都需要管理起来。这里所说的版本不仅包括通常出现的产品更新换代导出的若干版本，还包括为适应不同平台或硬件环境以及适应不同国家用户（不同语言）的多种产品形态。

软件配置管理的主要任务是：

1）制定软件配置管理计划。在制定软件工程项目开发计划时，应包括配置管理计划，在配置管理计划中应规定：

- 配置标识规则；
- 如何建立配置数据库，并将配置项置于配置管理之下；
- 配置管理人员的职责及配置管理活动；
- 所采用的配置管理工具、技术和方法。

2）实施变更管理，防止项目进行中因变更导致的混乱。

3）实施版本管理和发布管理。

总之，软件配置管理是软件项目管理的一个重要组成部分，有人把软件配置管理要做的工作概括为标识变更、控制变更和发布变更。当然，我们需要更为全面地理解软件配置管理的任务。

可以认为，软件配置管理的工作是要解决下列问题：

1）采用什么方式标识和管理数量众多的程序、文档等的各种版本？

2）在软件产品交付用户之前和交付之后如何控制变更？如何实现有效的变更？

3）谁有权批准变更以及安排变更的优先级？

4）用什么方法估计变更可能引起的其他问题？

这些问题的解决正是软件配置管理应完成的任务：配置标识、版本管理、变更管理、配置审核及配置报告。

## 13.6.2 软件配置标识

大中型软件项目开发过程中产生几十个、上百个甚至上千个文档，而且这些技术文档和管理文件（如计划书、建议书、会议录、报告书等）还会经常出现变更，我们不希望把它们搞混，也不希望因为变更而影响后继工作。为此，配置管理工作首先是要确定配置项，就是要决定其中有哪些是要被管理起来的，或者说是要受控的。例如，项目开发计划、需求规格说明、设计说明、程序、测试用例、用户手册等重要文档一定要受控。

实际上，软件配置是一个动态的概念。不仅随着开发工作的进展会出现许多需控制的文档，而且开发过程中会出现各种变更。整个软件项目的开发活动，从软件配置的观点来看，如同一部电影。电影中的人物和场景如同软件的各种配置项，但这些人物绝不是静止的，而是随着剧本的要求，有规律地做出各种动作。为了达到特定的要求，必须对配置项进行控制，而实现控制的第一步就是对它们命名，这正是配置标识的任务。

制定适当的命名规则是配置标识的第一步工作。命名不能任意、随机地进行，命名要求具有：

- 唯一性：目的在于避免出现重名，造成混乱。
- 可追溯性：使命名能够反映命名对象间的关系。

例如，可以采用层次式命名规则以利反映树状结构，如某树状结构软件的结构图如图 13-23 所示。

其 CODE 部分可沿树状结构命名为：

PCL-TOOLS/EDIT/FORMS/DISPLAY/AST-INTERFACE/CODE

我们可以利用面向对象的方法进行标识。通常需标识两种类型的对象：基本对象和复合对象。

基本对象是由软件工程师在分析、设计、编码和测试时所建立的文本单元。例如，基本对象可能是需求规格说明中的一节、一个模块的源程序清单、一组用来测试一个等价类的测试用例。复合对象则是基本对象或其他复合对象的一个集合。如图 13-24 所示，“设计规格说明”是一个复合对象，它是一些基本对象，如“数据模型”“模块 N”的集合。

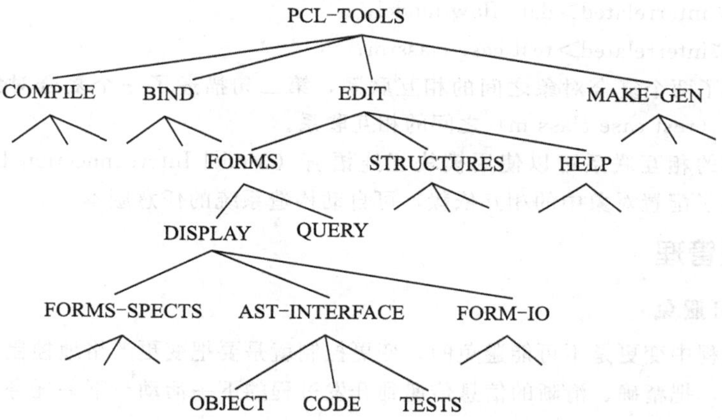


图 13-23　树状结构

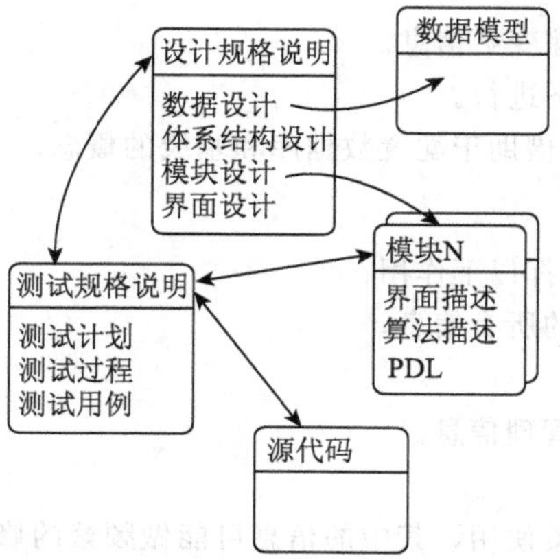


图 13-24　配置对象

每个对象可用一组信息来唯一地标识它，这组信息包括：

（名字，描述，资源，实现）

对象的名字是一个字符串，它明确地标识对象。对象描述是一个表项，它包括对象所表示的软件配置项类型（如文档、程序、数据）、项目标识、变更、版本信息。资源是由对象提供、处理、引用的或其他所需要的一些实体。例如，数据类型、特定函数，甚至变量名都可以看作对象资源。而实现对于基本对象来说，是指向文本单元的指针；对于复合对象来说，则为null（空）。

配置对象的标识还必须考虑在命名对象之间存在的联系。一个对象可以是一个复合对象的组成部分，使用联系＜part of＞进行标识。这个联系定义了对象的层次。例如，使用记号

E-R diagram 1.4＜part of＞data model；

data model＜part of＞Design Specification；

就可以建立软件配置项的层次关系。

在对象层次中，对象之间的联系不仅存在于层次树的路径中，而且可跨越对象层次的分支相互关联。例如，数据模型与数据流图是相互关联的，而且它又与一个特定等价类的测试用例组相互关联。这些交叉的结构联系可用如下方式表达：

data model＜interrelated＞data flow model；

data model＜interrelated＞test case class m；

第一句描述了两个复合对象之间的相互联系，第二句描述了一个复合对象（data model）与一个基本对象（test case class m）之间的相互联系。

配置对象间的相互联系可以使用模块互连语言（Model Interconnection Language，MIL）表达。MIL描述了配置对象中的相互依赖，可自动构造系统的任意版本。

### 13.6.3　变更管理

**1. 变更不可避免**

软件开发过程中变更是不可能避免的，变更控制就是要把变更严格地控制起来，随时保留变更的有关信息，把精确、清晰的信息传递到开发过程的下一活动或下一任务去，防止出现混乱。变更管理的任务包括：

1）分析变更，根据成本－效益和涉及的技术等因素判断变更实施的必要性，确定是否实施变更。

2）记录变更信息，并追踪变更信息。

3）确保变更在受控条件下进行。

为有效地实现变更控制需借助于配置数据库和基线的概念。

**2. 配置数据库**

设置配置数据库，使它发挥以下作用：

1）用其收集与配置有关的所有信息。

2）评价系统变更的效果。

3）提供配置管理过程的管理信息。

配置数据库可分为3类：

1）开发库。专供开发人员使用，其中的信息可能做频繁的修改，对其控制相当宽松。

2）受控库。在生存期某一阶段工作结束时形成的阶段产品存入受控库，这些是与软件开发工作相关的计算机可读信息和人工可读信息。软件配置管理正是对受控库中的各个软件项进行管理，受控库也称为软件配置管理库。

3）产品库。开发的软件产品完成系统测试后，作为最终产品存入产品库中，等待交付用户或现场安装。

利用配置数据库中保存的信息，可以提出的典型查询问题是：

- 哪些客户已提取了某个特定的系统版本？
- 运行一个给定的系统版本需要什么硬件和操作系统？
- 一个系统已生成了多少个版本？何时生成的？
- 若某个部件变更了，会影响到系统的哪些版本？
- 一个特定的版本有哪几个变更请求是最为重要的？
- 一个特定的版本有多少已报告的错误？

**3. 基线和变更控制**

基线是软件生存期各开发阶段末尾的特定点，也被称为里程碑。它的作用是把各阶段的开发工作划分得更加明确，使得本来连续的工作在这些点上断开，使之便于检验和确认阶段开发成果。它对变更控制起的作用是：不允许跨越里程碑去修改另一阶段的工作成果。

图 13-25 表示了软件开发过程的若干配置基线。以设计基线为例，若项目的进展已跨过了设计基线，开始了编码工作，那么设计的变更必须受到严格的控制，原则上已不允许，应该认为，此时的设计已被“冻结”。

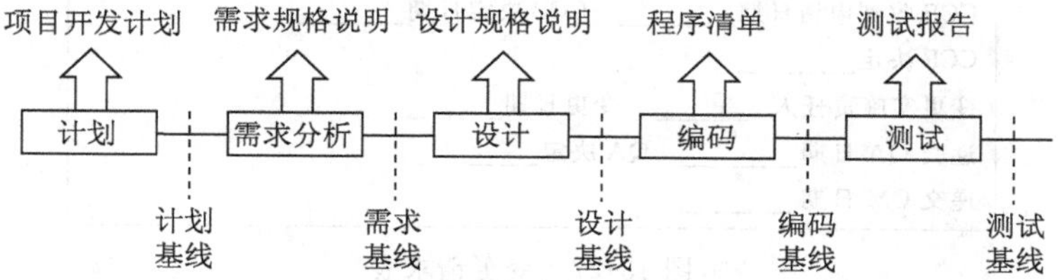


图 13-25　软件配置线

**4. 变更管理过程**

变更管理过程可用图 13-26 给出的流程来说明。

```
提交变更请求表 CRF
分析变更请求
如果变更请求可接受，则
    估计变更如何实现
    估算变更成本
    将变更请求表 CRF 送交变更控制委员会 CCB
    如果变更获准，则
        重复
            实施变更
            记录变更
            将变更的软件提交质量保证人员审查
        直到软件质量达到要求
            由配置管理人员生成系统的新版本
        否则拒绝变更请求
    否则拒绝变更请求
```

图 13-26　变更管理过程

作为变更管理的第一步，首先应由变更请求人填写变更请求表（Change Request Form，CRF），这个表的格式如图 13-27 所示。表中一些内容需由变更分析人员对变更进行分析和评估以后填写。变更分析工作正是变更管理的第二步工作。如果初步判定变更请求能够接受，在估计变更方案及估算变更成本后，将此表送交变更控制委员会（Change Control Board，CCB）进一步审查。若这一审查获准，方可实施变更，将要变更的对象从数据库中检出（check out），在实施变更的同时记录变更，再将变更的软件提交质量保证人员（Quality Assurance，QA）审查，以确保变更的质量。最后则需将变更的软件送交配置管理人员（Configuration Management，CM）登入（check in）数据库，以便考虑生成新的版本。实际上，CCB、QA、CM 人员都应该对变更负责，并且在变更请求表上留有记录，因此，该表能反映变更控制的全面情况。

项目名________变更请求人________日期________编号________
要求的变更描述________
变更分析员________　分析日期________
变更影响模块________
变更评估
变更优先级
变更实现________
估计工作量________
CCB 收到申请日期________　CCB 决定日期________
CCB 决定________
变更实施责任人________　变更日期________
递交 QA 日期________　QA 决定________
递交 CM 日期________

图 13-27　变更请求表

保持变更记录，一方面应将 CRF 作为配置项在数据库中登录，另一方面在具体实现变更的模块代码上也应留有反映变更情况的信息。图 13-28 是图 13-23 示例的程序模块代码开头的注释中给出的变更记录，这样的记录清楚地表明了变更过程，给未来的工作带来很大方便。

“检出”和“登入”处理实现了两个重要的变更控制要素，即存取控制和同步控制。存取控制管理人们存取或修改一个特定软件配置对象的权限；同步控制可用来确保由不同的人所执行的并发变更不会产生混乱。

```
//  PROTEUS Project (ESPRIT 6087)
//  PCL-TOOLS/EDIT/FORMS/DISPLAY/AST-INTERFACE
//  Object: PCL_TOOL_DESC
//  作者：陈××
//  开发日期：      年   月   日
//  版权归属：××××
//  变更记录：
//  版本号   变更责任人   日期   变更概要   变更理由
//    1.0      王××       07.1    ×××        ×××
//    1.1      李××       07.8    ×××        ×××
```

图 13-28　含有变更记录的程序注释

存取和同步控制流如图 13-29 所示。根据经批准的变更请求和变更实施方案，软件工程师从项目数据库中检出要变更的配置对象。存取控制功能保证了软件工程师有检出该对象的权限，而同步控制功能则封锁（lock）了项目数据库中的这个对象，使得当前检出的版本在没有被置换前不能再更新它。当然，对这个对象还可以检出另外的副本，但对它也不能更新。软件工程师在对这种成为基线的对象做了变更，并经过适当的软件质量保证和测试之后，把修改版本登入项目数据库，再解除封锁（unlock）。

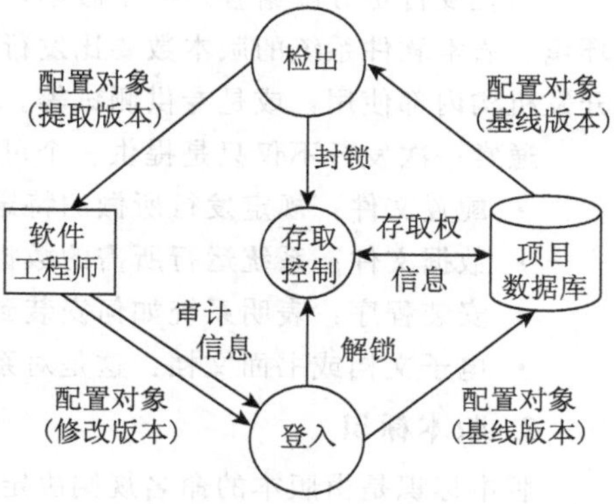


图 13-29 存取控制和同步控制

软件的变更通常有两类不同的情况：

1）为改正小错误而需要的变更。它是必须进行的，通常不需要从管理角度对这类变更进行审查和批准。但是，如果发现错误的阶段在造成错误的阶段的后面，例如，在实现阶段发现了设计错误，则必须遵照标准的变更控制过程，把这个变更正式记入文档，把所有受这个变更影响的文档都做相应的修改。

2）为了增加或者删掉某些功能，或者为了改变完成某个功能的方法而需要的变更。这类变更必须经过某种正式的变更评价过程，以估计变更需要的成本和它对软件系统其他部分的影响。如果变更的代价比较小且对软件系统其他部分没有影响，或影响很小，通常应批准这个变更。反之，如果变更的代价比较高，或者影响比较大，则必须权衡利弊，以决定是否进行这种变更。如果同意这种变更，需要进一步确定由谁来支付变更所需要的费用。如果是用户要求的变更，则用户应支付这笔费用；否则，必须完成某种成本一效益分析，以确定是否值得做这种变更。

应该把所做的变更正式记入文档，并相应地修改所有有关的文档。

这种变更报告和审查制度，对变更控制来说起了一个安全保证作用。在一个软件配置项成为基线之前，可以对所有合理的项目和技术申请进行非正式的变更；一旦某个软件配置项经过正式的技术评审并得到批准，它就成了基线。以后如果需要对它变更，就必须得到项目负责人的批准（限于局部的修改），或者由于这种变更要影响到其他软件配置项，就必须按图 13-26 给出的变更管理过程，经过 CCB 的审查，变更方可实施。

### 13.6.4 版本控制

**1. 版本管理和发行管理**

(1) 版本管理

版本管理是对系统不同版本进行标识和跟踪的过程。版本标识的目的是便于对版本加以区分、检索和跟踪，以表明各个版本之间的关系。一个版本是软件系统的一个实例，在功能上和性能上与其他版本有所不同，或者是修正、补充了前一版本的某些不足，或者是这些不同的版本可能在功能上是等价的，但它们分别适应于不同的硬件或软件环境的要求。

此外，还有这样的情况，如两个版本在功能上几乎是等价的，只是有着少量的差异，则称它们互为变体。例如，某软件是由 5 个组件构成（图 13-30），其中组件 4 和组件 5 有着很小的差异。这个软件的两个版本（或称两个变体）是：版本 1 由组件 1、2、3 和 4 构成，版本 2 由组件 1、2、3 和 5 构成。

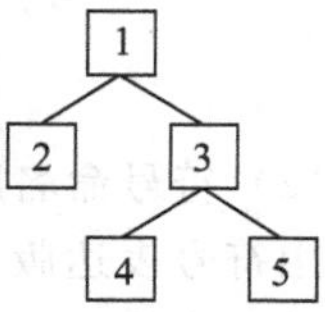


图 13-30 变体版本

目前已出现了一些市售版本管理工具，依靠这些工具可以有效地实现版本管理。

(2) 系统发行

系统发行是分配给客户一个版本，每次系统发行都应有新的功能或者针对不同的系统运行环境。通常软件系统的版本数要比发行次数多，因为有的版本并未发行。例如，有的版本仅供开发机构内部使用，或是专供测试等。

通常一次发行不仅只是提供一个可执行程序，或一套程序，可能还要包括：

- 配置文件：规定发行所做的特定安装。
- 数据文件：系统运行所需的数据。
- 安装程序：表明系统如何安装到目标机上。
- 电子文档或书面文档：这是对系统的描述。

**2. 版本标识**

版本标识是由版本的命名规则决定的。由于前后版本存在着传递关系，因此，如何正确地反映这一传递关系，就应当体现在其命名中。可能使用的命名规则有下述几种。

(1) 号码顺序型版本标识

最简单的情况是线型的。这种标识十分明显地给出了版本之间的传递关系。如图 13-31a 和图 13-31b 所示，但它的缺点主要表现在，当前一版本生出了多个新版本，该如何给出顺序号？例如，图 13-31c 中表示的版本传递关系很难用顺序号显示出来。为此可考虑其他的标识方法。

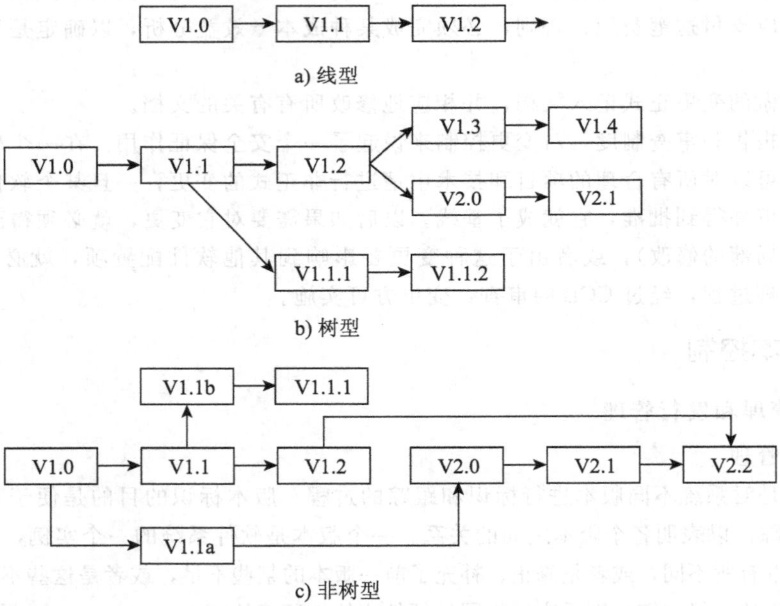


a) 线型

b) 树型

c) 非树型

图 13-31　几种类型的号码顺序版本标识

(2) 符号命名版本标识

用符号表达版本间的传递关系，如我们不用 V1.1.2 的形式，而采用 V1/VMS/DBServer 来表示一个在 VMS 操作系统上运行的数据库服务器版本。其优点是明显的，比顺序号命名好，但这一方式仍不能完全反映版本传递的真实情况。

(3) 属性版本标识

属性版本标识是把有关版本的重要属性反映在标识中，例如，可以包括的属性有：客户名、开发语言、开发状态、硬件平台、生成日期等。每个版本都由唯一的一组属性标识，即一组具有其唯一性的属性值。这种版本标识的方法的优点是：容易加入新版本，版本间的关系易于保持，易于检索。例如可以查询“最近生成的版本”“在两个指定的日期间生成的版本”等。

**3. 发行管理**

一个系统的新发行与新版本有着不同的含意。新版本是在修改发现的软件缺陷后，开发出新的程序，形成新的系统；而新发行是除了写出新的程序，形成新系统之外，还要为用户准备数据、配置文件，编写新文档，准备新包装。自然新发行要比新版本开销大。

无论是哪一种维护工作完成之后，配置管理人员都要分析变更所影响的组件，确定何时生成新系统，何时做系统发行。

通常一个系统改动越多，引入错误的机会也越多，发现的错误必须在下次发行时解决。为了把出现问题的机会分散开，往往把修补变更后的发行与系统功能变更的发行交叉起来，例如，将其按图 13-32 的顺序来安排。

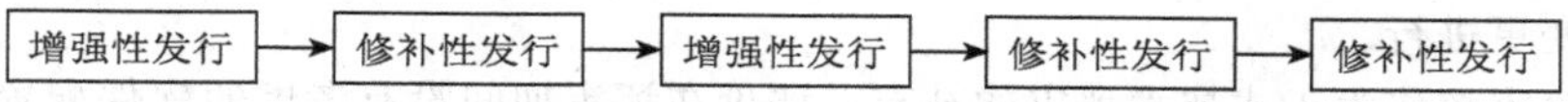


图 13-32　系统发行策略

## 13.6.5　系统建立

系统建立是将系统的组件组合成完整的程序以执行某一特定目标配置的过程。该过程中可能包括一些组件的编译以及将目标代码结合在一起，构成可执行系统的连接过程。大型系统的系统建立过程是配置管理开销较大的一部分工作，可能需要投入一定工作量将源代码重新组建成为一个完整的系统。

当采用宿主机一目标机联合开发时，系统建立需要特别谨慎。因为这时系统建立在一台宿主机上，但又要在目标机上运行。首先遇到的问题可能是目标系统不启动。在这种情况下，诊断出问题是困难的，大部分系统建立的工作可能要重做，以便排除故障。

系统建立必须要考虑的因素有：

1）是否将构成系统的所有组件都包含在系统建立的指令中了？

2）是否将每个需要的组件的适当版本都包含在建立指令中了？

3）所有需要的数据文件都是可用的吗？

4）如果在一个组件内引用了数据文件，所用的数据名与目标机上数据文件的名字是一致的吗？

5）编译程序和其他所需工具的适用版本是可用的吗？软件工具目前流行的版本是否与开发系统时所用的版本兼容？

在多个源代码文件代表不同的版本时，可能弄不清要用哪个源代码文件导出目标代码组件。在有些环境下，这可能是个特殊的问题。源代码文件和目标码文件间的对应通常是靠同名的不同文件名后缀来加以区分的。

系统建立过程一般是借助物理存储组件表示（常常是用文件而不是数据库实体），这是相当大的对象，每个文件可能包括若干个逻辑组件，在物理存储组织和逻辑结构之间有着一对一的映射关系。如果哪个逻辑对象存入哪个文件出现了差错，就会导致混乱，在以模块表示的系统逻辑结构与其物理存储结构之间并没有明显的连接关系。

提供这一联系的办法是采用一个系统模型，或使用模块连接语言描述软件结构，同时利用这一描述生成系统建立指令。模块连接语言能够描述系统的模块结构，但并不包括算法细节或控制级的细节，这便可以对要定义的系统成功地实现结构组合，还可表达系统中实体间的依赖关系。由于这种语言能表明依赖性，因而可将其用来描述系统配置。

### 13.6.6 配置审核

软件的完整性，是指开发后期的软件产品能够正确地反映用户对软件所提出的要求。软件配置审核的目的就是要证实整个软件生存期中各项产品在技术上和管理上的完整性。同时，还要确保所有文档的内容变动不超出当初确定的软件要求范围。使得软件配置具有良好的可跟踪性。

配置审核是软件变更控制人员掌握配置情况、进行审批的依据。

软件的变更控制机制通常只能跟踪到工程变更顺序产生为止，那么如何知道变更是否正确完成了呢？一般可以用下面两种方法审查：正式技术评审，软件配置审核。

正式技术评审着重检查已完成修改的软件配置对象的技术正确性，评审者评价软件配置项，决定它与其他软件配置项的一致性，是否有遗漏或可能引起副作用。原则上正式技术评审应对所有的变更进行。

软件配置审核作为正式技术评审的补充，评价在评审期间没有考虑的软件配置项特性。软件配置审核是要解决以下问题：

1）在工程变更顺序中规定的变更是否已经做了？每个附加修改是否已经纳入管理？

2）正式技术评审是否已经评价了技术正确性？

3）是否正确遵循了软件工程标准？

4）在软件配置项中是否强调了变更？是否说明了变更日期和变更者？配置对象的属性是否反映了变更？

5）是否遵循了标识变更、记录变更、报告变更的软件配置管理过程？

6）所有相关的软件配置项是否都已正确地做了更新？

在某些情形下，这些审查问题是作为正式技术评审的一部分提出的。但是当软件配置管理成为一项正式活动时，软件配置审查就被分开，而由质量保证小组执行了。

### 13.6.7 配置状态报告

为了清楚、及时地记载软件配置的变化，不致到后期造成贻误，需要对开发的过程进行系统的记录，以反映开发活动的历史情况。这就是配置状态报告的任务。

报告主要是根据变更控制小组会议的记录，对于每一项变更说明：

1）发生了什么？

2）为什么会发生？

3）谁做的？

4）什么时候发生的？

5）会有什么影响？

图 13-33 描述了配置状态报告的信息流。每次新分配一个软件配置项或更新一个已有软件配置项的标识，或者一项变更申请被变更控制负责人批准，并给出了一个工程变更顺序时，在配置状态报告中就要增加一条变更记录条目。一旦进行了配置审核，其结果也应该写入报告之中。配置状态报告可以放在一个联机数据库中，以便软件开发人员或者软件维护人员可以对它进行查询或修改。此外在软件配置报告中新登入的变更应当及时通知给管理人员和软件工程师。

配置状态报告对于大型软件开发项目的成功起着至关重要的作用。它提高了所有开发人员之间的通信能力，避免了可能出现的不一致和冲突。

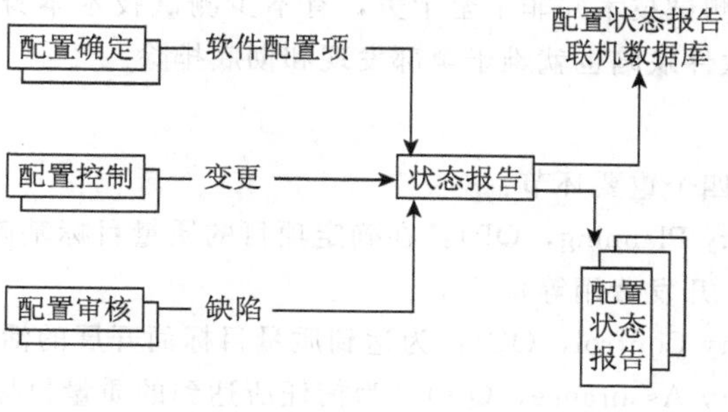


图 13-33　配置状态报告

## 13.7　质量管理

**1. 正确理解和正确对待软件质量问题**

尽管原则上讲软件研发团队应该为用户提供高质量的软件产品，但我们还必须注意到，不同应用领域对软件产品质量的要求是有差别的。也就是说，有的软件产品因其服务于更为重要的业务领域，对其质量要求特别高，而另一些领域对软件产品的质量要求会有差别。对于那些要求高的项目，开发团队就必须在开发的各个环节采取更为严格的质量管理措施，以保证最终产品达到相应的质量要求。因而也就必须给予这样的项目更多的投入和更高的成本。

**2. 关键软件的概念**

上述所说的重要领域软件，我们将其称为“关键软件”。例如服务于航空、航天、核反应堆运行以及医疗等领域的软件，它们具有以下一些特点，或者说这些软件产品关系到：

1）人员和公众的生命和安全；

2）生存环境的质量；

3）数据和信息的安全；

4）国家政务和军务；

5）重要设备、设施和系统的正常运行；

6）社会的正常秩序和人们的社会生活。

相比之下，如游戏软件显然就不具备上述特点，也就算不上关键软件，其开发中的质量要求和投入的质量成本自然就会有明显的差别。

**3. 解决软件质量问题的客观困难**

和传统的制造业领域相比，由于软件具有其特殊性，解决软件产品的质量问题有着实际的客观困难，必须注意到以下几个方面。

1）抽象：软件产品本身、开发过程及其质量问题均不可见。

2）复杂：软件内部有着复杂的逻辑关系，它的运行绝非沿着单一的路径。

3）多变：用户需求难于准确把握，而且可能多变，用户甚至在开发过程中提出变更需求。

4）多样：没有任何两个软件完全一样，除非产品化的软件。

5）多状态：一些软件缺陷的表现形式可能有变化，并且也可能时隐时现，已正常运行多年的软件仍有可能再次出现问题。

6）个人因素：软件开发人员的个人因素难以完全排除。

7）测试水平：软件测试技术并非十全十美，有不少测试技术本身具有局限性，并且测试用例不可能做到穷举，软件缺陷也就难于全部发现和彻底排除。

**4. 质量管理措施**

1）明确质量管理的四个重要环节：

① 质量策划（Quality Planning，QP）：在确定项目的质量目标基础上，规划需投入的相关资源（包括人力、时间、开发费用等）。

② 质量控制（Quality Control，QC）：为达到质量目标而开展的活动，如测试、评审等。

③ 质量保证（Quality Assurance，QA）：为信任所达到的质量目标而开展的活动，用以表明质量控制活动是有效的。

④ 质量改进（Quality Improvement，QI）：为提高软件产品的有效性和效率而开展的活动。

2）明确区分质量控制与质量保证。质量控制完全不同于质量保证（QC≠QA），从表 13-20 的对比中可以进一步理解它们的差别：

表 13-20 质量控制与质量保证的对比

| 对比项 | 质量控制 | 质量保证 |
|---|---|---|
| 目的 | 尽力使产品达到质量要求 | 为产品达到质量要求提供信任 |
| 对象 | 产品 | 生产过程（包括质量控制过程） |
| 做法 | 通过检测找出产品缺陷，并分析原因加以解决 | 收集、通报缺陷信息，促进并确保缺陷得到解决 |
| 责任人 | 质检人员、测试人员 | 质保人员，包括第三方人员 |
| 对谁负责 | 生产部门 | 企业领导及用户 |
| 举例 | 检验、测试、评审、纠错 | 评审、审核 |

3）重视测试人员的配备、组织及测试工作。

4）强调过程的持续改进，使之实现制度化。

5）加强测试人员的质量意识和职业道德教育。例如：

- 认清社会责任，树立忧患意识。
- 认清若干个测试用例不可能消除软件内部的所有缺陷，并且必须精心设计测试用例。
- 主动、负责任地和测试相关人员沟通，包括开发人员、质保人员。

**5. 吸取以往软件事故的教训，重视软件质量管理问题**

- 不应抱有“大概不会有问题”的侥幸心理，忽视质量问题。
- 不要等到大事故发生了才觉悟，才重视，这将为时已晚。
- 质量风险是客观存在的，项目相关人员应早做准备，事先做好预案和对策。
- 要认真吸取以往事故的教训，保障项目安全、有效。

为了让读者更好地吸取以往典型软件项目失败的惨痛教训，本书最后在附录中列出了近年国内外软件引起的系统重大事故，共有 29 个典型实例，供参考。

**6. 软件产品导致系统事故的原因分析**

软件产品的质量问题引发系统故障会造成更大范围的事故，其后果将导致人员、财产等的损失。

软件事故原因可能有以下几种：

- 环境设备因素；
- 软件技术本身的局限性；
- 软件人员技术水平、工作能力不足；
- 软件人员之间配合或组织管理缺陷；
- 软件人员品德缺陷，如疏忽、责任心不强；
- 软件人员恶意制造。

软件人员对于前面两种原因是无能为力的，但对于后四种情况是有责任加以克服和解决的。

## 习题

13.1　说明为软件项目设置基线的必要性。

13.2　研究一个可得到的软件配置管理的功能。

13.3　请为项目的配置管理人员拟定一份岗位职责。

13.4　收集几件配置管理疏忽造成不良后果的实例。

13.5　说明不做项目估算或不认真进行项目估算对项目有什么影响。

13.6　理解采用功能点方法进行项目规模估算时涉及的几个参数的含义，即什么是外部输入、外部输出、内部逻辑文件、外部接口文件以及外部查询。

13.7　某项目具有以下数据，计算该项目的功能点值：

外部输入：32

外部输出：60

外部查询：24

内部逻辑文件：8

外部接口文件：2

假定所有的复杂性参数均按中等考虑。

CHAPTER 14

# 第 14 章

# 软件工程标准及软件文档

在传统的制造业和许多工程领域中，早已普遍实施了自己的专业标准，并且早已否定了“无标生产”的做法。而软件界尽管人们已经接受了工程化的概念，但对软件标准和标准化的认识仍有很大差距。不少软件技术人员和管理人员至今仍然标准化意识薄弱，在工作中仍然充满了任意性元素和主观性成分，习惯于凭借个人的经验办事，完全不理解在软件工作中实施标准化的意义。这一状况必须尽快改变。事实上，这绝不只是个人的习惯问题，而是会关系到软件工程的产品质量、工作效率、开发成本以及对外协调和通畅交流的问题。

本章从标准的概念和标准化的意义开始讨论软件工程标准化问题，其中给出了现行的我国软件工程国家标准和军用标准清单，并且讨论了软件组织内的标准化工作。本章最后讨论软件的文档工作，特别是文档编制的要求，可供实际工作者参考。

## 14.1 软件工程标准

### 14.1.1 标准的概念

人们社会生活离不开交往，在交往中最先遇到和首先要解决的是通信工具——语言问题。计算机问世以后，首先要解决的同样是语言问题。人要和计算机打交道，需要程序设计语言，这种语言不仅应让计算机理解，而且还应让人们看懂，使其成为人机交互的工具。于是，程序设计语言的标准化最早提到日程上来。20 世纪 60 年代程序设计语言蓬勃发展，出现了各种各样的语言，这对于推动计算机语言的发展有着重要作用，但同时也带来许多麻烦：即使同一种语言，由于在不同型号的计算机上实现时对语言做了不同程度的修改和变动，形成了这一语言的种种“方言”，这就为程序的交流设置了障碍。因此有必要在制定标准的程序设计语言的同时，还要为这个语言规定若干个表达方言的标准子集，以方便语言的实现者和广大用户。

随着软件工程的发展，人们对计算机软件的认识逐渐深入，软件工作的范围从只是使用语言编写程序，扩展到整个软件生存期各个阶段。工程化的要求有必要对各阶段的工作都实现规范化。软件工程涉及软件概念的形成、需求分析、设计、实现、测试、安装和检验以至运行和维护，直到软件淘汰（为新的软件所取代）。同时还有许多技术管理工作（如过程管理、产品管理、资源管理）以及确认与验证工作（如评审和审核、产品分析等）常常是跨越软件生存期各个阶段的专门工作。所有这些方面都应当用文件的形式给出规范化要求，这就是标准。

所谓标准，是人们为在一定的范围内获得最佳秩序，经协商一致制定，并由公认的权威机构批准，共同使用和重复使用的一种规范性文件。

这里提到的规范性文件是为各种活动或其结果提供规则、导则或规定特性的文件。由此可看出标准的针对对象是活动（例如过程）或其结果（如过程得到的产品），并且是要被人们共同使用和重复使用的。显然，纯属个性的和没有重复使用价值的活动及其结果不应是标准的对象。

从上述标准的定义中还要注意到标准是怎样产生的。它强调标准应是经过协商，取得一致，还要经过公认机构批准。这表明对标准内规定的内容经过了对不同意见的研究和协调，其中的实质性内容得到普遍同意。可见标准体现了科学、技术和实践经验的综合成果，具有一定的科学性和先进性。

所谓标准化是指围绕着标准的制定与贯彻实施等方面开展的一系列活动。事实上，对于大多数软件开发机构和软件工程人员来说，标准化工作主要是对标准的理解（特别是对国际标准和国家标准的理解）与贯彻实施的相关活动。

## 14.1.2　软件标准化的意义

任何工程项目或是现代制造业、现代服务业都离不开标准。因为只有按标准的要求组织生产和服务才能减少盲目性和任意性，才能提高互认性和互换性，进而达到确保安全和产品质量的要求，最终能够提高生产率和节约成本。

我们应该认识到标准与法律、法规具有类似的功能。在社会经济活动中，法律和法规约束的是市场经济行业的主体——企业和人员，由律师、法官和法院执法，目的是营造良好的市场秩序。而标准则是约束市场行为的客体——产品和生产过程，由审核人员、评估人员和质量监督部门人员检查，目的是提供优质的产品和服务。

为什么要积极推动软件工程标准化，其道理是显而易见的。仅就一个软件开发项目来说，需要有多个层次、不同分工的人员参与和配合，在项目开发的各个阶段，以及项目的各个组成部分之间都要解决好许多联系和衔接问题。任何不顾他人、自行其是的行为都将导致严重的后果。那么如何在软件开发工作中把这些错综复杂的关系协调好，需要有一套公认的合理的、科学且可行的约束和规定，被大家共同遵守。例如，在软件开发项目取得阶段成果或最后完成时，需要进行阶段评审和验收测试；投入运行的软件，其维护工作中遇到的问题又与开发工作有着密切的关系。对于这些表现为工作流程中的配合关系的事情必须依赖于事先的明确约定。软件工程的管理工作在各个环节都要求提供统一的行动规范和衡量准则，使各项工作有章可循，有条不紊。否则必定会寸步难行，导致混乱。

软件工程标准化会给软件工作带来许多好处，比如：

1）能提高软件产品的质量。软件工程标准能让软件开发人员的工作提高一致性、协调性，因而也就提高了软件产品的可靠性、可维护性和可移植性；

2）能减少开发人员之间的误解、差错和返工，从而缩短了软件开发周期，提高了软件工作的工作效率和软件生产率；

3）遵循标准开展工作能提高软件人员的开发技能；

4）由于各层次、各环节和各岗位的软件人员都遵循统一的标准，大家有了共同语言，因而提高了人员之间沟通的效率；

5）标准化开发有助于提高管理水平，有利于降低软件产品的开发成本和运行维护成本；

6）软件工程标准化也是国际化的要求，这为国际交流提供了便利。这一点不难理解，也是不容忽视的。

标准的制定和实施有着明确的目的，即力图在一定的范围内获得最佳秩序，并促进最佳的共同利益。使得我们的活动在按规则、有秩序、有条理的状态下进行，从而达到良好的社会效益和经济效益。

### 14.1.3　标准的分类与分级

在人们日常生活中会遇到各种标准，如食品卫生、药物检验、生产安全、产品技术要求和产品质量等等，涉及面越来越广泛，标准中的规定也越来越细致。那么会不会因为标准规定得太多太严给我们带来不便呢？事实上，标准的分类对其选用提供了参考，从而给我们的实施带来一些灵活和方便，标准大致可分为两类：

1）推荐性标准，其内容是鼓励或建议选择采用的要求，常用字母“T”表示此类标准。如2006年公布的国家标准“软件工程术语”，其标识号为GB/T 11 457：2006。

2）指导性技术文件，其内容是供使用者参考使用的。显然它要比前一类的要求要弱，并且使用上更为灵活。常用字母“Z”表示此类标准。如2006年公布的国家标准“软件工程　软件生存周期过程用于项目管理的指南”，其标识号为GB/Z 20 56：2006。

根据标准制定的机构和标准适用的范围，我们把标准分为若干级别，即国际标准、国家标准、行业标准、地区标准、企业（组织）标准以及项目标准。以下分别简述各级标准的特征和相关的标识符。

（1）国际标准

国际标准是由国际标准机构组织制定和发布，提供各国参考的标准。计算机软件的国际标准机构主要有：

1）ISO（International Standards Organization）——国际标准化组织。这一国际机构具有广泛的代表性和权威性，它所公布的标准在许多国家有着较大影响。20世纪60年代初，该机构建立了“计算机与信息处理技术委员会”，简称ISO/TC97，专门负责与计算机有关领域的标准化工作。该机构公布的标准均冠以ISO字样。

2）IEC（International Electronical Commission）——国际电工委员会。该委员会是世界上成立最早的非政府性的制定电工、电子、通信及其相关技术领域国际标准的组织。

以上两个国际组织经常联合制定并发布有关计算机领域的标准。这些标准的名称前均冠以ISO/IEC及相关的标准号。例如：ISO/IEC 12207 Systems and Software Engineering-Software Life Cycle Processes。

对于国际标准，我国技术管理部门一贯以积极态度对待，重视它的发展，并以不同的方式采用，包括：

1）等同采用（在标准号后记为IDT）：全文采用国际标准。

2）等效采用（在标准号后记为EQV）：选择采用其主要内容。

3）参照使用（在标准号后记为NEQ）：参考国际标准的内容制定我国的标准。

（2）国家标准

国家标准是由政府或国家机构组织制定和发布，适用于全国范围的标准。如：

1）GB标准——由中华人民共和国国家质量监督检验检疫总局发布，适用于全国范围，简称国标。

表14-1给出了现行的软件工程国家标准，共有56个（此表为2013年9月作者收到的最新信息，此后如有更新变动请读者及时跟踪）。表中标准分为五类，即软件工程术语及表示法标准、软件生存期过程标准、软件产品质量标准、软件文档编制及文档管理标准及CASE工具的采用与评价标准。

表 14-1　现行的软件工程国家标准（至 2013 年）

| 分类 | 标准号 | 发布年 | 标准名称 |
|---|---|---|---|
| 术语及表示法 | GB/T 11457 | 2006 | 软件工程术语 |
| | GB/T 13502 | 1992 | 信息处理　程序构造及其标识的约定 |
| | GB/T 14085 | 1993 | 信息处理系统　计算机机系统配置图符号及其约定 |
| | GB/T 1526 | 1989 | 信息处理　数据流程图、程序流程图、系统流程图、程序网络图和系统资源图的文件编制符号及约定 |
| | GB/T 15535 | 1995 | 信息处理　单命中判定表规范 |
| 软件或系统的过程 | GB/T 8566 | 2007 | 信息技术　软件生存周期过程 |
| | GB/Z 18493 | 2001 | 信息技术　软件生存周期过程指南 |
| | GB/Z 2056 | 2006 | 软件工程　软件生存周期过程用于项目管理的指南 |
| | GB/T 20157 | 2006 | 软件工程　软件维护 |
| | GB/T 20158 | 2006 | 信息技术　软件生存周期过程　配置管理 |
| | GB/T 20917 | 2007 | 软件工程　测量过程 |
| | GB/T 20918 | 2007 | 信息技术　软件生存周期过程　风险管理 |
| | GB/T 22032 | 2008 | 系统工程　系统生存周期过程 |
| | GB/T 25644 | 2010 | 信息技术　软件工程　可复用资产规范 |
| | GB/T 26223 | 2010 | 信息技术　软件重用　重用库互操作性的数据模型　基本互操作性数据模型 |
| | GB/T 26224 | 2010 | 信息技术　软件生存周期过程　重用过程 |
| | GB/T 26236. 1 | 2010 | 信息技术　软件资产管理　第 1 部分：过程 |
| | GB/T 26239 | 2010 | 软件工程　开发方法元模型 |
| | GB/Z 26247 | 2010 | 信息技术　软件重用　互操作重用库的操作概念 |
| 文档 | GB/T 8567 | 2006 | 计算机软件文档编制规范 |
| | GB/T 9385 | 2008 | 计算机软件需求规格说明规范 |
| | GB/T 9386 | 2008 | 计算机软件测试文件编制规则 |
| | GB/T16680 | 1996 | 软件文档管理指南 |
| 系统 | GB/T 26240 | 2010 | 系统工程　系统工程过程的应用和管理 |
| | GB/T 28173 | 2011 | 嵌入式系统　系统工程过程应用和管理 |
| | GB/T 28035 | 2011 | 软件系统验收规范 |
| | GB/T 29264 | 2012 | 信息技术服务　分类与代码 |
| | GB/T 28827. 1 | 2012 | 信息技术服务　运行维护　第 1 部分：通用要求 |
| | GB/T 28827. 2 | 2012 | 信息技术服务　运行维护　第 2 部分：交付规范 |
| | GB/T 28827. 3 | 2012 | 信息技术服务　运行维护　第 3 部分：应急响应规范 |
| 管理 | GB/T 18491. 1 | 2001 | 信息技术　软件测量　功能规模测量　第 1 部分：概念定义 |
| | GB/T 18491. 2 | 2010 | 信息技术　软件测量　功能规模测量　第 2 部分：软件规模　测量方法对 GB/T 18491. 1—2001 的符合性评价 |
| | GB/T 18491. 3 | 2010 | 信息技术　软件测量　功能规模测量　第 3 部分：功能规模　测量方法的验证 |
| | GB/T 18491. 4 | 2010 | 信息技术　软件测量　功能规模测量　第 4 部分：基准模型 |
| | GB/T 18491. 5 | 2010 | 信息技术　软件测量　功能规模测量　第 5 部分：功能域确定 |
| | GB/T 18491. 6 | 2010 | 信息技术　软件测量　功能规模测量　第 6 部分：GB/T 18491 系列标准和相关标准的使用指南 |
| | GB/T 24405. 1 | 2009 | 信息技术　服务管理　第 1 部分：规范 |
| | GB/T 24405. 2 | 2010 | 信息技术　服务管理　第 2 部分：实践规则 |

（续）

| 分类 | 标准号 | 发布年 | 标准名称 |
| --- | --- | --- | --- |
| 测试与质量 | GB/T 14394 | 2008 | 计算机软件可靠性和维护性管理 |
| | GB/T 16260.1 | 2006 | 软件工程　产品质量　第1部分：质量模型 |
| | GB/T 16260.2 | 2006 | 软件工程　产品质量　第2部分：外部度量 |
| | GB/T 16260.3 | 2006 | 软件工程　产品质量　第3部分：内部度量 |
| | GB/T 16260.4 | 2006 | 软件工程　产品质量　第4部分：使用质量的度量 |
| | GB/T 18492 | 2001 | 信息技术　系统及软件完整性级别 |
| | GB/T 18905.1 | 2002 | 软件工程　产品评价　第1部分：概述 |
| | GB/T 18905.2 | 2002 | 软件工程　产品评价　第2部分：策划与管理 |
| | GB/T 18905.3 | 2002 | 软件工程　产品评价　第3部分：开发者用的过程 |
| | GB/T 18905.4 | 2002 | 软件工程　产品评价　第4部分：需方用的过程 |
| | GB/T 18905.5 | 2002 | 软件工程　产品评价　第5部分：评价者的过程 |
| | GB/T 18905.6 | 2002 | 软件工程　产品评价　第6部分：评价模块的文档编制 |
| | GB/T 25000.1 | 2010 | 软件工程　产品质量要求和评价（SQuaRE）　SQuaRE指南 |
| | GB/T 25000.5 | 2010 | 软件工程　产品质量要求和评价（SQuaRE）　商业现货软件产品的质量要求和测试细则 |
| | GB/T 28172 | 2011 | 嵌入式软件质量保证要求 |
| | GB/T 15532 | 2008 | 计算机软件测试规范 |
| 工具 | GB/T 18234 | 2000 | 信息技术　CASE工具的评价与选择指南 |
| | GB/Z 18914 | 2002 | 信息技术　软件工程　CASE工具的采用指南 |

注：表中标准号一栏中，GB/T表示推荐性国家标准，GB/Z表示指导性国家标准。

这些国家标准多数是等同采用了国际标准。

2）ANSI（American National Standards Institute）——美国国家标准协会，这是美国一些民间标准化组织的领导机构，具有一定的权威性。

3）FIPS（NBS）[Federal Information Processing Standards（National Bureau of Standards）]——美国商务部国家标准局联邦信息处理标准，它所公布的标准均冠有FIPS字样。如，1987年发表的FIPS PUB 132—87 Guideline for Validation and Verification Plan of Computer Software（软件确认与验证计划指南）。

4）BS（British Standards）——英国国家标准。

5）DIN（Deutsches Institut für Normung）——德国标准协会。

6）JIS（Japanese Industrial Standards）——日本工业标准。

（3）行业标准

行业标准是由行业组织、学术团体或国防机构制定，适用于特定业务领域的标准。如：

1）SJ标准——我国信息行业标准，由国家工业和信息化部批准和发布。例如近期发布的SJ/T 11463—2013《软件研发成本度量规范》。

2）IEEE标准——美国电气与电子工程师学会制定和发布的标准。IEEE的软件标准分技术委员会（SESS）专门从事软件标准化活动，受到软件界的广泛关注。IEEE公布的标准在经过ANSI审批后，使其具有国家标准的性质，并以ANSI/IEEE Str冠名。

3）GJB标准——中华人民共和国军用标准。这是由中国人民解放军总装备部批准和发布的标准，适用于国防部门和军队内部。表14-2列出了现行的软件工程军用标准清单。

表 14-2 现行的软件工程军用标准（至 2013 年）

| 标准号 | 发布年 | 标 准 名 称 | 说 明 |
|---|---|---|---|
| GJB 438B | 2009 | 军用软件开发文档编制要求 | |
| GJB 439A | 2013 | 军用软件质量保证通用要求 | |
| GJB 1267 | 1991 | 军用软件维护 | |
| GJB 1268A | 2004 | 军用软件验收 | |
| GJB 1419 | 1992 | 军用计算机软件摘要 | 修订，报批中 |
| GJB 2014 | 1994 | 军用软件接口设计要求 | |
| GJB 2115 | 1994 | 军用软件项目管理规程 | 修订，报批中 |
| GJB 2434A | 2004 | 军用软件产品评价 | |
| GJB 2694 | 1996 | 军用软件支持环境 | |
| GJB 2786A | 2009 | 军用软件开发通用要求 | |
| GJB 3181 | 1998 | 军用软件支持环境选用要求 | |
| GJB 5000A | 2007 | 军用软件研制能力成熟度模型 | |
| GJB 5234 | 2004 | 军用软件验证和确认（代替 GJB/Z 117《军用软件验证和确认计划指南》） | |
| GJB 5235 | 2004 | 军用软件配置管理 | |
| GJB 5236 | 2004 | 军用软件质量度量 | |
| GJB 5716 | 2006 | 军用软件开发库、受控库和产品库通用要求 | |
| GJB 6143 | 2008 | 军用软件评审 | |
| GJB 6921 | 2009 | 军用软件定型测评大纲编制要求 | |
| GJB 6922 | 2009 | 军用软件定型测评报告编制要求 | |
| GJB 8000 | 2013 | 军用软件研制能力等级要求 | |
| GJB 8114 | 2013 | C/C++语言编程安全子集 | |
| GJB/Z 102A | 2012 | 军用软件安全性设计指南 | |
| GJB/Z 141 | 2004 | 军用软件测试指南 | |
| GJB/Z 142 | 2004 | 军用软件安全性分析指南 | |
| GJB/Z 157 | 2011 | 军用软件安全保证指南 | |
| GJB/Z 161 | 2012 | 军用软件可靠性评估指南 | |

4）DOD-STD（Department Of Defense-STanDards）——美国国防部标准，适用于美国国防部门。

5）MIL-S（MILitary-Standards）——美国军用标准，适用于美军内部。

（4）地区标准

地区标准是由地区的技术管理机构组织制定和发布，适用于本地区的标准，简称“地标”（DB）。例如，于近期发布的北京市地方标准 DB11/T 1010—2013《信息化项目软件开发费用测算规范》。

（5）企业标准（或企业技术规范）

企业标准是由一些规模较大的企业，由于软件工程标准化工作的需要而制定的适用于本组织的标准，简称“企标”（QB）。

（6）项目标准（或项目技术规范）

某些重要的系统或项目，常常需要组织多个单位或部门联合完成，此时需要根据系统或项目需要制定共同遵循的项目标准或规范。

### 14.1.4　软件工程标准的制定与实施

标准的制定是为了贯彻实施，涉及标准的全部活动被称为标准化工作。标准化工作分步骤开展，通常要经历一个环状的生命周期，如图 14-1 所示。一项标准在最初仅仅是初步设想，提出建议后，开始起草，进而沿着环状生命期顺时针进行，逐步展开。

1）建议——拟订初步的建议标准方案；

2）开发——制定标准具体内容的草稿；

3）咨询——征求并吸取有关人员的意见；

4）审批——由管理部门决定能否推出；

5）公布——公开发布，使标准生效；

6）培训——为推行标准准备人员条件；

7）实施——投入使用，需经历相当期限；

8）审核——检验实施效果，决定修改还是撤销；

9）修订——修改其中不适当的部分，形成标准的新版本，进入新的周期。

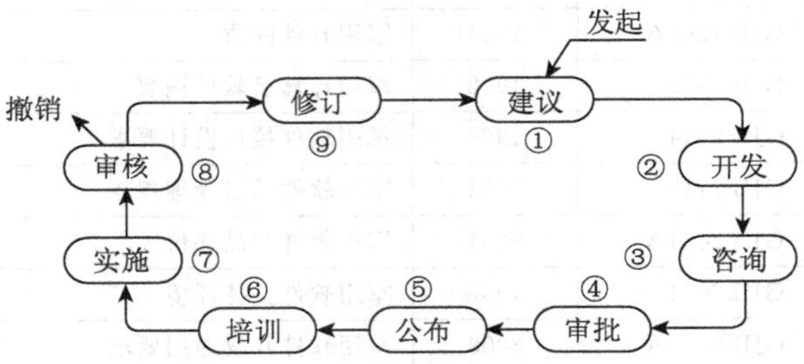

图 14-1　软件工程标准的环状生命期

为使标准逐步成熟，可能在环状生命周期上循环若干圈，需要做大量的工作。事实上，软件工程标准在制定和推行的过程中还会遇到许多实际问题。其中影响软件工程标准顺利实施的一些不利因素应当特别引起重视。这些影响因素可能有：

1）标准制定得有缺陷，或是存在不够合理、不够恰当的部分；

2）标准文本编写得有缺点，如文字叙述可读性差，难于理解，或缺少实例供读者参阅；

3）主管部门未能坚持大力推行，在实施的过程中遇到问题又未能及时加以解决；

4）未能及时做好宣传、培训和实施指导；

5）未能及时修订和更新。

由于标准化的方向是无可置疑的，应当努力克服困难，排除各种障碍，坚定不移地推动软件工程标准化快速发展。

### 14.1.5　软件组织内的标准化工作

软件组织是实施软件工程标准的基层单位，软件工程标准最终要体现在软件工程项目的各项活动中。因此，软件组织应该重视标准化工作。当前，这一点恰恰被许多软件组织忽视。不少软件工程项目启动时，在项目策划阶段并没有考虑采用标准的问题，工程实施中也就不可能按标准要求开展工作。加之，组织也未制定应遵循的工作规范，这就势必形成软件开发人员因人而异和随心所欲的状态，其后果必然是付出代价。有的软件项目在验收时为了过关，声称项目符合某某标准，其实该标准已经作废；还有一些项目虽然也考虑采用标准，但软件工程师却把贯彻标准看作是自己工作的额外负担；有的则只是为了对付管理人员才提到标准；有的以标准内容不完全适用为托词而远离标准。这些现象表明，有些软件组织和软件工程师并不真正理解软件工程标准工作的意义，不懂得标准化是工程化的基石，标准的正确使用会帮助他们工作，会给他们的项目带来好处。

为了在软件组织内开展好标准的实施工作，建议考虑以下几点：

1）安排专人负责标准或规范工作。他们关注软件工程国际标准和国家标准的发展动态，这包括哪些标准是现行有效的；哪些已有修订或更新版本；哪些是不可再用已经作废的版本。

将这些信息及时向项目组通报。

2）参考国际标准、国家标准或行业标准，制定适用于本组织的规范或企业标准，编制本组织的软件工程标准化手册。所谓“参考”前述三标准，其含义是：遵循这些标准的原则，可对其做适当的剪裁，但所制定的组织内部使用的规范或企业标准不应与前述三项标准的内容相冲突。

3）制定本组织的软件工程规范或标准时最好吸收有经验的软件工程师参加，让他们充分理解开发和实施标准的意义，以及他们在贯彻实施标准中的责任。

4）适时组织有关软件工程标准化工作的培训，让相关的技术人员和管理人员不仅了解标准或规范中那些应当遵循的要求，还要让他们理解为什么要这样要求。

5）为适应软件工程发展的形势，软件组织所制定的标准或规范需要及时地加以审查和更新。企业标准或规范一经制定出来便列入标准手册，如果经多年使用却未予更新，就无法反映环境和技术发展的情况，这自然给它的实施带来困难，并且会引起一些人的偏见，甚至由于不完全适用而导致人们否定标准的指导作用。

6）贯彻标准时一个值得提倡的做法是以辅助工具相支持。在制定本组织的标准或规范时，最好同时规划和配备工具。其目的在于提高贯彻标准的效率，减少某些烦琐的工作，这样做标准就更加容易被软件人员接受。

## 14.2 软件文档

### 14.2.1 软件文档的作用和分类

（1）什么是文档

文档（document）是指某种数据媒体和其中所记录的数据。它具有永久性，并可以由人或机器阅读，通常仅用于描述人工可读的东西。在软件工程中，文档常常用来表示对活动、需求过程或结果进行描述、定义、规定、报告或认证的任何书面或图示的信息。它们描述和规定了软件设计和实现的细节，说明使用软件的操作命令。文档也是软件产品的一部分，没有文档的软件就不能称其为软件。软件文档的编制在软件开发工作中占有突出的地位和相当大的工作量。高质量、高效率地开发、分发、管理和维护文档对于转让、变更、修正、扩充和使用文档，对于充分发挥软件产品的效益有着重要的意义。

然而，在实际工作中，文档在编制和使用中存在着许多问题，尚有待于解决。软件开发人员中较普遍地存在着对编制文档不感兴趣的现象。从用户方面来看，他们又常常抱怨：文档售价太高，文档不够完整，文档编写得不好，文档已经陈旧，或者文档太多、难于使用等。究竟应当怎样要求文档——写哪些内容、说明什么问题、起什么作用等，这里将给出简要的介绍。

（2）软件文档的作用

在软件的生产过程中，总是伴随着大量的信息要记录、要使用。因此，软件文档在产品的开发生产过程中起着重要的作用。

1）提高软件开发过程的能见度。把开发过程中发生的事件以某种可阅读的形式记录在文档中，管理人员可把这些记载下来的材料作为检查软件开发进度和开发质量的依据，实现对软件开发的工程管理。

2）提高开发效率。软件文档的编制，使得开发人员能对各个阶段的工作都进行周密思考、全盘权衡，从而减少返工。并且可在开发早期发现错误和不一致性，便于及时加以纠正。

3）作为开发人员在一定阶段的工作成果和结束标志。

4）记录开发过程中的有关信息，便于协调以后的软件开发、使用和维护。

5）提供对软件运行、维护和培训的有关信息，便于管理人员、开发人员、操作人员、用户之间的协作、交流和了解，使软件开发活动更科学、更有成效。

6）便于潜在用户了解软件的功能、性能等各项指标，为他们选购符合自己需要的软件提供依据。

文档在各类人员、计算机之间的多种桥梁作用可从图 14-2 中看出。

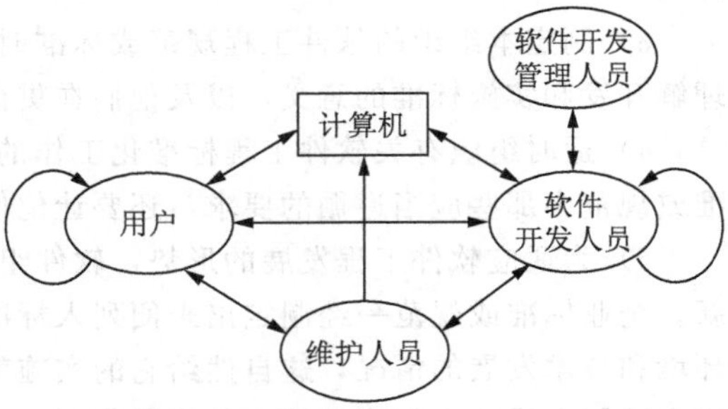


图 14-2　文档的桥梁作用

既然软件已经从手工艺人的开发方式发展到工业化的生产方式，文档在开发过程中就起到关键作用。从某种意义上来说，文档是软件开发规范的体现和指南。按规范要求生成一整套文档的过程，就是按照软件开发规范完成一个软件开发的过程。所以，在使用工程化的原理和方法来指导软件的开发和维护时，应当充分注意软件文档的编制和管理。

（3）文档的分类

软件文档从形式上来看，大致可分为两类：一类是开发过程中填写的各种图表，可称之为工作表格；另一类是应编制的技术资料或技术管理资料，可称之为文档或文件。

可以用自然语言、特别设计的形式语言、介于两者之间的半形式语言（结构化语言）、各类图形表示和表格来编制软件文档。文档可以书写，也可以在计算机支持系统中产生，但它必须是可阅读的。

按照文档产生和使用的范围，软件文档大致可分为三类：

1）开发文档：这类文档是在软件工程活动中，作为软件工程人员的阶段工作成果和后继阶段工作的依据形成的文档。例如，软件需求规格说明、软件设计说明、接口设计说明、可行性分析（研究）报告等。

2）管理文档：这类文档是在软件工程活动中，为配合项目管理工作而编制的一些管理性文件，使管理人员能够根据这些文档更好地了解和控制项目的进程、工作的质量、成果以及资源的使用等。例如，软件（项目）开发计划、测试计划、软件配置管理计划、软件质量保证计划、软件测试报告、开发进度月报、项目开发总结报告等。

3）用户文档：这类文档是软件工程人员为用户准备的有关该软件使用、操作、维护的参考文件。包括用户手册、操作手册、软件需求规格说明、接口需求规格说明、软件产品规格说明以及软件版本说明等。

（4）文档的内容

在中华人民共和国国家质量监督检验检疫总局和中国国家标准化委员会联合发布的 GB/T 8567—2006《计算机软件文档编制规范》中给出了 25 种软件文档编制要点。一般而言，在软件的生存周期中应该产生其中的 17 种基本文档，它们是：可行性分析（研究）报告；软件（或项目）开发计划；软件需求规格说明；接口需求规格说明；系统/子系统设计（结构设计）说明；软件（结构）设计说明；接口设计说明；数据库设计说明；用户手册；测试计划；测试报告；软件配置管理计划；软件质量保证计划；开发进度月报；项目开发总结报告；软件产品规格说明；软件版本说明。

## 14.2.2　软件基本文档的内容要求

以下对 17 种基本文档的内容要求进行简要说明：

1）可行性分析（研究）报告：该报告是项目初期所做项目策划的结论，报告应注重分析项目的要求、项目的目标和环境，阐述几种可供选择的方案，并从经济可行性、技术可行性以及可能涉及的法律问题（如知识产权）等方面进行分析，用其作为项目决策的依据。同时，该报告也可作为项目建议书、投标书等文件的基础。

2）软件开发计划：它描述的是软件开发人员要实施的开发工作计划。这里所谓的“软件开发”可能是新开发、修改、重用、再工程、维护以及由软件产品引起的其他相关活动。

软件开发计划为软件的需方或监理方提供了解和监督软件开发过程所使用的方法、每项活动的途径、项目的安排、组织及资源的手段。在有的软件项目中它还包括了软件配置管理计划、软件质量保证计划和文档编制计划等。

3）软件需求规格说明：该说明描述的是对软件配置项的需求，其目的在于每项需求均在项目实施中得到满足。软件需求可能包括：功能需求、性能需求（如响应时间、容量、精度等）、接口需求、内部数据需求、环境需求、资源需求（涉及相关的硬件、软件、通信等）、质量（如可靠性、可维护性等）、设计和实现的约束、对人员的需求、合格性检验方式以及实现需求可追踪性的要求等。

4）接口需求规格说明：该文档描述为实现一个或多个系统、子系统、硬件配置项、软件配置项、手工操作、其他系统部件之间的一个或多个接口而施加在这些实体上的需求。

该文档还可用以补充系统/子系统需求规格说明及软件需求规格说明作为系统和软件配置项设计与合格性测试的基础。

5）系统/子系统设计（结构设计）说明：该文档描述的是系统与子系统的系统级或子系统级设计与体系结构设计，有些内容还可能需要用接口设计说明和数据库设计说明加以补充。

该文档连同上述的另外两个文档是进一步实现系统的基础。

6）软件（结构）设计说明：该说明应描述软件配置项的设计，包括软件配置项的设计考虑，它的体系结构设计（概要设计）和详细设计。该文档还可用接口设计说明和数据库设计说明加以补充。

该文档连同上述另两项文档是实现软件的依据，它向软件的需方提供了设计的可视性，为软件支持提供了所需的信息。另两项文档是否单独成册或与该文档合为一份资料，由项目的具体情况决定。

7）接口设计说明：该文档描述的是一个或多个系统或子系统、硬件配置项、人工操作或其他系统部件的接口特性。

该文档可用于补充系统/子系统设计（结构设计）说明、软件（结构）设计说明及数据库设计说明。它与接口需求规格说明用于沟通和控制接口的设计决策。

8）数据库设计说明：该文档提到的数据库是指存储在一个或多个文件中的相关数据集合，其数据可由用户或计算机程序通过数据库管理系统（DBMS）访问。该文档还应描述存取或操纵数据所使用的软件配置项，它是实现数据库及相关软件配置项的基础，向需方提供了设计的可视性，为软件支持提供了所需的信息。

9）用户手册：该文档描述手工操作该软件的用户应如何安装和使用单个软件配置项、一组软件配置项、一个软件系统或子系统，给出软件使用时的特定操作，包括某些指令、联机输入以及对输出显示的指示。若开发的软件是嵌入系统的，已开发了系统的用户手册，则无须单独给出软件的用户手册。

10）测试计划：该计划描述的是软件配置项、系统或子系统进行合格性测试的计划安排，内容可包括测试环境、测试工作的标识及测试工作的时间安排等。

11）测试报告：该报告是对所开发的软件配置项、软件系统或子系统执行合格性测试的记录。软件的需方可通过该报告了解测试实施的情况，评估测试工作及其测试结果。

12）软件配置管理计划：该计划描述软件开发中配置管理是如何实施的。

13）软件质量保证计划；该计划规定软件开发中采用的软件质量保证的措施、方法和步骤。

14）开发进度月报：月报提交的目的是及时向相关的管理者汇报项目开发的进展情况，以便及时发现和处理开发过程中出现的问题。通常进度月报是软件项目组每月编写的，若项目规模较大，也可由分项目组按月编写上报。

15）项目开发总结报告：编写此报告的目的在于总结项目开发工作的经验，说明实际取得的开发结果以及对整个开发工作的评价。

16）软件产品规格说明：该说明文档含有或引用可执行软件、源文件以及软件支持的信息，包括已完成的设计信息和编辑、构造及修改的过程等。该说明文档用于订购可执行软件或对应于该软件配置项的源文件，它是该软件配置项的基本软件支持文档。

17）软件版本说明：该说明描述的是由单个或多个软件配置项组成的版本信息，用于发行、追踪以及控制软件的版本。

以上这些软件文档是在软件生存期中随着各个阶段工作的开展适时编制的。基中，有的仅反映一个阶段的工作，有的则需跨越多个阶段。表 14-3 给出了各种文档应在软件生存期中哪个阶段编写。

**表 14-3　软件生存期各阶段的文档编制工作**

| 阶段<br>文档 | 可行性研究与策划 | 需求 | 设计 | 实现 | 测试 | 试运行 | 运行与维护 |
|---|---|---|---|---|---|---|---|
| 可行性分析（研究）报告 | ■ | | | | | | |
| 软件开发计划 | ■ | ■ | | | | | |
| 软件需求规格说明 | | ■ | | | | | |
| 接口需求规格说明 | | ■ | | | | | |
| 系统/子系统设计（结构设计）说明 | | | ■ | | | | |
| 软件（结构）设计说明 | | | ■ | | | | |
| 接口设计说明 | | | ■ | | | | |
| 数据库设计说明 | | | ■ | | | | |
| 用户手册 | | ■ | ■ | ■ | ■ | ■ | |
| 测试计划 | | ■ | ■ | ■ | | | |
| 测试报告 | | | | | ■ | | |
| 软件配置管理计划 | ■ | ■ | | | | | |
| 软件质量保证计划 | ■ | ■ | | | | | |
| 开发进度月报 | ■ | ■ | ■ | ■ | ■ | ■ | ■ |
| 项目开发总结报告 | | | | | ■ | ■ | |
| 软件产品规格说明 | | | | | | ■ | |
| 软件版本说明 | | | | | | ■ | |

上述所有 17 个文档，最终要向软件管理部门或用户回答：要满足哪些需求，即回答“做什么?”（What）；所开发的软件在什么环境中实现，所需信息从哪里来，即回答“从何处?”（Where）；开发工作的时间如何安排，即回答“何时做?”（When）；开发（或维护）工作打算“由谁来做”（Who）；需求如何实现，即回答“怎样干?”（How）；以及“为什么?”（Why）要进行这些软件开发或修改工作。具体在哪个文档要回答哪些问题，以及哪些人与哪些文档的编制有关，参见表 14-4 和表 14-5。

**表 14-4　各项基本文档回答的软件开发问题**

| 文档＼回答 | 什么 What | 何处 Where | 何时 When | 谁 Who | 如何 How | 为何 Why |
|---|---|---|---|---|---|---|
| 可行性分析（研究）报告 | √ | | | | | √ |
| 软件开发计划 | √ | | √ | √ | √ | |
| 软件需求规格说明 | √ | √ | | | | |
| 接口需求规格说明 | √ | √ | | | | |
| 系统/子系统设计（结构设计）说明 | | | | | √ | |
| 软件（结构）设计说明 | | | | | √ | |
| 接口设计说明 | | | | | √ | |
| 数据库设计说明 | | | | | √ | |
| 用户手册 | | | | | √ | |
| 测试计划 | | | √ | √ | | |
| 测试报告 | √ | | | | | |
| 软件配置管理计划 | | | | | √ | |
| 软件质量保证计划 | | | | | √ | |
| 开发进度月报 | √ | | √ | | | |
| 项目开发总结报告 | √ | | | | | |
| 软件产品规格说明 | √ | | | | | |
| 软件版本说明 | √ | | | | | |

**表 14-5　各类人员与基本文档相关性**

| 文档＼人员 | 管理人员 | 开发人员 | 维护人员 | 软件用户 |
|---|---|---|---|---|
| 可行性分析（研究）报告 | √ | √ | | |
| 软件开发计划 | √ | √ | | |
| 软件需求规格说明 | | √ | √ | √ |
| 接口需求规格说明 | | √ | √ | |
| 系统/子系统设计（结构设计）说明 | | √ | √ | |
| 软件（结构）设计说明 | | √ | √ | |
| 接口设计说明 | | √ | √ | |
| 数据库设计说明 | | √ | √ | |
| 用户手册 | | | | √ |
| 测试计划 | | √ | √ | |
| 测试报告 | | √ | | |
| 软件配置管理计划 | √ | | | |
| 软件质量保证计划 | √ | | | |

（续）

| 文档 \ 人员 | 管理人员 | 开发人员 | 维护人员 | 软件用户 |
|---|---|---|---|---|
| 开发进度月报 | √ | | | |
| 项目开发总结报告 | √ | | | |
| 软件产品规格说明 | | | | √ |
| 软件版本说明 | | | | √ |

### 14.2.3 对文档编制的质量要求

为使软件文档能起到多种桥梁的作用，使它有助于程序员编制程序，有助于管理人员监督和管理软件的开发，有助于用户了解软件的工作和应做的操作，有助于维护人员进行有效的修改和扩充，文档的编制必须保证一定的质量。

如果不重视文档编写工作，或是对文档编写工作安排不当，就不可能得到高质量的文档。质量差的文档不仅使读者难于理解，给使用者造成许多不便，而且会削弱对软件的管理（难以确认和评价开发工作的进展情况），提高软件成本（一些工作可能被迫返工），甚至造成更加有害的后果（如误操作等）。

高质量文档应当体现以下几方面：

1）针对性：文档编制以前应分清读者对象。按不同类型、不同层次的读者，决定怎样适应他们的需要。例如，管理文档主要是面向管理人员的，用户文档主要是面向用户的，这两类文档不应像开发文档（面向开发人员）那样过多使用软件的专用术语。

2）精确性：文档的行文应当十分确切，不能出现多义性的描述。同一课题几个文档的内容应当是协调一致、没有矛盾的。

3）清晰性：文档编写应力求简明，如有可能，配以适当的图表，以增强其清晰性。

4）完整性：任何一个文档都应当是完整的、独立的，它应自成体系。例如，前言部分应做一般性介绍，正文给出中心内容，必要时还有附录，列出参考资料等。

同一课题的几个文档之间可能有些部分内容相同，这种重复是必要的。不要在文档中出现转引其他文档内容的情况。例如，一些段落没有具体描述，而用“见××文档××节”的方式，这将给读者带来许多不便。

5）灵活性：各个不同的软件项目，其规模和复杂程度有着许多实际差别，不能一概而论。

6）可追溯性：由于各开发阶段编制的文档与各个阶段完成的工作有密切的关系，前后两个阶段生成的文档，随着开发工作的逐步延伸，具有一定的继承关系，在一个项目各开发阶段之间提供的文档必定存在着可追溯的关系。例如，某一项软件需求，必定在设计说明书、测试计划甚至用户手册中有所体现，必要时应能做到跟踪追查。

要想编制高质量的文档，应该注意以下方面：

1）应根据具体的软件开发项目，决定编制的文档种类。软件开发的管理部门应该根据本单位承担的应用软件的专业领域和本单位的管理能力，制定一个对文档编制要求的实施规定。主要是：在不同条件下，应该形成哪些文档？这些文档的详细程度如何？该开发单位每一个项目负责人都应当认真执行这个实施规定。

对于一个具体的应用软件项目，项目负责人应根据上述实施规定，确定一个文档编制计划。其中包括：

- 应该编制哪几种文档，详细程度如何。

- 各个文档的编制负责人和进度要求。
- 审查、批准的负责人和时间进度安排。
- 在开发时期内各文档的维护、修改和管理的负责人，以及批准手续。

有关的开发人员必须严格执行这个文档编制计划。

2）当所开发的软件系统非常大时，一种文档可以分成几卷编写。例如：

- 项目开发计划可分写为：质量保证计划、配置管理计划、用户培训计划、安装实施计划等。
- 系统设计说明书可分写为：系统设计说明书、子系统设计说明书。
- 程序设计说明书可分写为：程序设计说明书、接口设计说明书、版本说明。
- 操作手册可分写为：操作手册、安装实施过程。
- 测试计划可分写为：测试计划、测试设计说明、测试规程、测试用例。
- 测试分析报告可分写为：综合测试报告、验收测试报告。
- 项目开发总结报告可分写为：项目开发总结报告、资源环境统计。

3）应根据任务的规模、复杂性、项目负责人对该软件的开发过程及运行环境所需详细程度的判断，确定文档的详细程度。

4）对国标 GB8567—2006《计算机软件文档编制规范》所建议的所有条款都可以扩展和进一步细分，以适应需要；反之，如果条款中有些细节并非必需，也可以根据实际情况压缩合并。

5）程序的设计表现形式可以使用程序流程图、判定表、程序描述语言（PDL）或问题分析图（PAD）等。

6）文档的表现形式没有严格规定或限制，可以使用自然语言，也可以使用形式化的语言。

7）当国标《计算机软件文档编制规范》中所规定的文档种类不能满足某些应用部门的特殊需要时，可以建立一些特殊的文档种类要求。这些要求可以包含在本单位的文档编制实施规定中。

《计算机软件文档编制规范》中给出了一个例子，利用求和法综合衡量 12 种考虑因素，以此来确定应编制文档的种类。使用这个方法的具体过程如下：

1）针对表 14-6 中所列的 12 种衡量因素，考察所开发的软件。对每一种因素给出一个分值，其范围从 1 到 5。

2）把衡量各个因素所得的值相加，得总和之值。

3）根据总和之值，对表 14-7 进行查找，确定应编制的文档的种类。

**表 14-6　关于文档编制的 12 项衡量因素**

| 编号 | 因　素 | 因素取值 | | | | |
|---|---|---|---|---|---|---|
| | | 1 | 2 | 3 | 4 | 5 |
| 1 | 创新程度 | 没有——在不同设备上重编程序 | 有限——只是具有更严格的要求 | 很多——具有新的接口 | 大量——应用新的现代开发技术 | 重大——应用先进的开发和管理技术 |
| 2 | 通用程度 | 很强的限制——单一目标 | 有限制——功能的范围是参量化的 | 有限的灵活性，允许格式上有某些变化 | 多用途、灵活的格式，有一个主题领域 | 很灵活——能在不同的设备上处理范围广泛的主题 |
| 3 | 应用范围 | 局部单位 | 本地应用 | 行业推广 | 全国推广 | 国际项目 |
| 4 | 应用环境的变化 | 没有 | 很少 | 偶尔有 | 经常 | 不断 |
| 5 | 设备复杂性 | 单机，常规处理 | 单机，常规处理，扩充的外设系统 | 多机，标准的外设系统 | 多机，复杂的外设系统和显示 | 主机控制系统，多机自动 I/O |

（续）

| 编号 | 因素 | 因素取值 | | | | |
|---|---|---|---|---|---|---|
| | | 1 | 2 | 3 | 4 | 5 |
| 6 | 参加开发的人数 | 1～2人 | 3～5人 | 6～13人 | 11～18人 | 19人以上 |
| 7 | 开发投资（人月） | 6以下 | 6～36 | 36～120 | 120～360 | 360以上 |
| 8 | 重要程度 | 一般数据处理 | 常规过程控制 | 人身安全 | 单位成败 | 国家安危 |
| 9 | 完成程序修改的平均时间 | 2周以上 | 1～2周 | 3～7天 | 1～3天 | 24小时以内 |
| 10 | 从数据输入到输出的平均时间 | 2周以上 | 1～2周 | 1～7天 | 1～24小时 | 1小时以内 |
| 11 | 编程语言 | 高级语言 | 高级语言带少量的汇编 | 高级语言带相当多的汇编 | 汇编语言 | 机器语言 |
| 12 | 并行软件开发 | 没有 | 有限 | 中等程度 | 很多 | 全部 |

**表 14-7 因素值总和与文档编制种类的关系**

| 因素值总和 \ 文档的种类 | 可行性研究报告 | 项目开发计划 | 软件需求说明书 | 数据要求说明书 | 概要设计说明书 | 详细设计说明书 | 测试计划 | 用户手册 | 操作手册 | 测试分析报告 | 开发进度月报 | 项目开发总结 | 程序维护手册 |
|---|---|---|---|---|---|---|---|---|---|---|---|---|---|
| 12～18 | | √ | | | | | | √ | | * | | √ | |
| 16～26 | | √ | √ | ** | | | √ | √ | | √ | √ | √ | √ |
| 24～38 | √ | √ | √ | ** | | | √ | √ | √ | √ | √ | √ | √ |
| 36～50 | √ | √ | √ | ** | √ | | √ | √ | √ | √ | √ | √ | √ |
| 48～60 | √ | √ | √ | ** | √ | √ | √ | √ | √ | √ | √ | √ | √ |

表中，数据要求说明书栏用**，表示应当根据所开发软件的实际需要来确定是否需要编制这个文档。测试分析报告栏用*，表示这个文档应该编写，但不必很正规。

## 14.2.4 文档的管理和维护

在整个软件生存期中，各种文档作为半成品或最终成品，会不断生成、修改或补充。为了最终得到高质量的产品，达到上文提出的质量要求，必须加强对文档的管理。以下几个方面是应当做到的：

1）软件开发小组应设一位文档保管员，负责集中保管本项目已有文档的两套主文本。这两套主文本的内容完全一致，其中的一套可按一定手续办理借阅。

2）软件开发小组的成员可根据工作需要在自己手中保存一些个人文档。这些一般都应是主文本的复制件，并注意与主文本保持一致，在做必要的修改时，也应先修改主文本。

3）开发人员个人只保存着主文本中与本人工作有关的部分文档。

4）在新文档取代旧文档时，管理人员应及时注销旧文档。在文档的内容有更改时，管理人员应随时修订主文本，使其及时反映更新了的内容。

5）项目开发结束时，文档管理人员应收回开发人员的个人文档。发现个人文档与主文本有差别时，应立即着手解决。这往往是开发过程中没有及时修订主文本造成的。

6）在软件开发过程中，有时可能需要修改已完成的文档，特别是规模较大的项目，主文本的修改必须特别谨慎。修改以前要充分估计修改可能带来的影响，并且按照提议—评议—审核—批准—实施的步骤加以严格控制。

事实上，软件产品（包括文档和程序）在开发的不同时期具有不同的组合。这个组合，随着软件开发工作的进展而在不断变化，这就是软件配置的概念。

软件文档，作为一类配置项，必须纳入配置管理的范围。在整个软件生存期内，通过软件配置管理，控制这些配置项的投放和更改，记录并报告配置的状态和更改要求，验证配置项的完全性和正确性以及系统级上的一致性。上面所提及的文档保管员，可能就是软件配置管理员。可通过软件配置信息数据库，对配置项（主要是文档）进行跟踪和控制。

## 习题

14.1 标准和标准化有何不同？

14.2 软件开发工作遵循了标准是否会束缚软件人员的思维，影响其创造性的发挥，为什么？

14.3 你认为软件人员在完成自己的项目时应该怎样对待有关的标准，可有以下不同的选择，说明选择某一条的理由。

(1) 由于标准是针对各种各类项目的，因此标准的内容过于宽泛，无法遵循。

(2) 正是因为标准的制定照顾到各种项目，所以自己的项目也应遵循。

(3) 可以参考标准来制定自己所在软件组织的规范，并在项目中实施。

若以上三条都不能符合你的想法，试说明自己的观点和理由。

14.4 列举软件文档质量不高的一些现象，说明其可能造成的影响。

14.5 结合实际项目说明怎样才能编制出高质量的文档。

CHAPTER 15

# 第 15 章 软件人员的职业道德和社会责任

软件人员在自己的业务活动中必须掌握和运用好软件工程相关的知识和技能，例如软件工程实施所涉及的概念、原则、方法、工具、规范等。这些在本书的前面章节都已详尽地讨论过。这些知识和技能大多属于技术方面的要求，除此之外，我们还必须注意另外一个非技术方面的素养和要求，这主要涉及软件人员在工作中应体现出的职业道德和社会责任方面。

在我们的软件工程实践中，技术性要求往往受到重视，而非技术性方面的要求常被人们忽视。但是必须承认，这后一个方面的要求也是十分重要的。如果长期忽视，不仅会影响个人的业绩和前途，还会影响项目的成败、个人所在组织机构的声誉，甚至会影响社会公众的安全和国家声誉、国家利益。

软件人员的职业道德和社会责任常常表现在软件人员个人的业务活动中，同时也渗透到软件机构的企业文化中。这就像国民的品德修养、行为标准和是非标准（如对事物好坏、美丑、善恶的判定）往往体现了国家和民族的文化水平，而国家和民族的文化又对国民起到了教化作用一样，许多典型事例的教训告诫我们必须重视软件人员的职业道德和社会责任问题。正因为如此，我们主张将本章的内容纳入软件工程课程的教学范围。

## 15.1 当前软件产品和软件产业的社会地位

1）软件产业自 20 世纪后半期出现以后发展十分迅速，软件产品至今已无处不在。特别是当它和互联网结合以后的近 20 多年来，许多行业的各种系统实现了自动化、智能化、可视化、可移动、高效率和高可靠性，推动了许多产业的发展。

2）计算机软件的广泛运用和普及为相关领域开辟了全新的业务功能，比如大数据、云计算、物联网、3D 打印、网购等等。

3）软件业的发展正在推动着整个社会面貌迅速改变。当前我们社会中的生产方式、生活方式、工作方式以及商业模式、产业形态都在改变着，这在几十年前，甚至十年前都是不可想象的。

4）软件业正在推动着社会的发展，当今它已经成为社会发展的动力和社会信息化的主角。

5）社会面貌的变化和软件社会地位的提高，对软件从业人员的素质相应地提出了更高的要求。这和整个社会对软件产品质量提出更高要求是相适应的。特别是那些应用于航空、航天、核工业、国防等领域的关键软件，其质量是至关重要的。

6）软件业和传统制造业不同，在软件业的发展中，从业人员的地位和作用更加突出。传统产业在其发展和运行中，必须考虑和安排好原材料、设备、运输、仓储、厂房等多种设施和条件，然而在软件业中几乎不需要考虑和安排这些条件，却应主要考虑的是人员，这包括人员的选聘、培训、组织和安排，还要特别重视在职人员非技能方面素质的培养和提高。

本书 1.7 节所介绍的软件工程知识体系指南 SWEBOK 中的软件工程专业实践知识域中已涉及这方面的内容，包括软件工程人员的职业道德、团结协作能力以及学习和交流沟通能力的培养。可见在 20 多年前国际上已经开始注意到软件人员的非技能素质要求。

## 15.2 软件人员不良行为表现的实例

(1) 人员矛盾造成不良影响

某对日承包软件开发项目的企业，在一个项目中工作的两名员工闹意见，互相攻击。其中一人匿名发信给日本客户，诉说对方品质恶劣，请求日方以客户名义要求该公司辞退另一名员工。日方公司为查找该信为何人所发，请求北京市保密局协助追查。本来是软件公司内部个别员工间的问题，却把外国客户牵扯进来，客户只能认为该公司内部管理混乱，事件造成了恶劣的影响。

(2) 恶意攻击网站

北京市为防止小客车发展过快而造成严重道路拥堵，几年前开始采用“摇号购车”（即抽签购车）政策。但在 2012 年摇号网站遭到恶意攻击，事件是黑客张某制造的。

张某有某知名大学计算机专业硕士研究生学历，曾先后在几家知名公司任软件工程师。2012 年 8 月，张某发现摇号网站有系统漏洞，适逢他由于种种原因对摇号购车政策不满，于是就动了歪心思。他设法用自己开发的软件在网站上抓取参加摇号购车者的手机号，并向这些手机发送自编的短信，收到短信的人都以为中签了，严重扰乱了摇号购车工作。

案发后，检方指控，仅 2012 年 12 月 23 日 3 时至 13 时，张某在家中利用计算机网络远程控制技术和自编软件恶意访问就达 3000 余万次，非法获取网站注册申请人的手机号码 92 万余个，造成网站向注册申请人的手机号码发送误导信息，使北京市交通委短信资费损失 4 万余元。张某已被依法追究刑事责任。

(3) 自编程序盗取汽车加油费

顾某毕业于名校，获硕士学位，现任北京一家 IT 公司总经理。几年前，他的公司曾参与中石油公司的油品智能卡系统开发业务，在合作中他对中石油未能及时且少付自己合作款不满。为此他伺机报复，决定利用自己公司开发的系统进行犯罪活动。他购买大量加油卡，虚假充值后骗取中石油公司油费 700 万元。此案曝光后法院依法给予顾某刑事处罚。

(4) 隐藏在手机里的流氓软件

近来一些手机用户遇到了预想不到的问题，明明是新买的手机，却发现里面预装了几十个软件。这些软件占内存、耗流量、暗扣费、泄隐私而且删不掉。此外，还有浏览器劫持、频繁弹出广告、恶意收集用户信息、恶意下载、恶意捆绑等，所有这些都让用户遭到流氓软件的折磨。

(5) 被非法利用的机器人犯罪

据英国《每日邮报》报道，最近一项研究结果发出警告：要警惕机器人犯罪。这包括：

- 人工智能技术的发展使机器人学习能力逐渐提高，但也有可能被非法分子利用，使机器人具有自编程序实施犯罪活动的能力。
- 有人预测到 2040 年机器人犯罪率将会大大超过人类。
- 有人统计，2015 年欧洲网络犯罪已占所有犯罪案件的 53%，并且这个数字仍在上升。

事实上，无须怀疑，机器人犯罪的背后必定隐藏着坏人或不良软件开发人员在作案。

# 15.3　软件工程人员的职业道德修养

## 15.3.1　职业道德和社会责任

社会上如建筑、食品、医疗卫生、交通运输等许多行业中的工作都和人们日常生活密切相关，会涉及人们生活的健康、安全和幸福。因此，这些行业的从业人员要有高度责任感，避免因自身工作的疏忽、差错而造成事故，导致社会公众的不幸和灾难。

为履行从业人员的社会责任，应该在这些行业中为从业人员制定与社会责任相关的职业道德规范，明确在工作中应该怎么做，不应该怎么做。

制定规范是必要的，除了提倡和相应的宣传之外，更重要的是要在从业人员中建立相应的制度，作为手段有效地推动和实施。

软件工程项目和软件产品的质量涉及社会公众的健康、安全和利益，要比其他行业涉及的面更为广泛。因此，软件行业从业人员的职业道德和社会责任就更加不容忽视。

为了推动职业道德的实施，在国外有的行业制定了具体的措施。比如美国公共会计师和律师必须通过职业道德考试，取得合格证书以后才能上岗工作。也有对将要参加工作的人员给予预警的做法：加拿大某工程学院为每名毕业生——这些未来的工程师，配发一枚铁戒指，让他们时刻不忘肩负的责任（这枚铁戒指是一次倒塌的铁桥材料制作的，在那次铁桥事故中曾有57人不幸遇难）。

## 15.3.2　软件工程人员职业道德修养的若干方面

**1. 面对社会与公众**

- 荣誉感和自豪感：为能用自己的专业技能服务于社会与公众的利益而感到荣幸和自豪，并以此激励自己做好本职工作。
- 树立责任意识：自己所参与的软件产品项目应是对社会公众有益的。
- 安全意识：工作中对于涉及使用安全的产品开发应加倍精心。当某些环节超出了自己岗位的职责范围时，应及时向有关权威机构或人员报告，防范事故发生。自己绝不当破坏系统的黑客，还应尽力防止外界黑客的攻击。
- 普惠意识：应考虑所开发的软件产品能为更广泛的用户群体使用和受益，包括环境、资源受限条件下的使用。
- 风险意识：软件产品在开发前应做充分的风险分析，并采取有效的避险措施，包括采用备用方案、容错技术等。

**2. 面对客户与雇主**

- 量力而行：努力完成所承担的任务，并且坦诚地谢绝承担那些过分超出个人能力和毫无把握的软件项目。
- 信息保密：在符合公众利益和遵守法律的条件下，为雇主和客户保守机密信息。
- 信息通报：在自己的工作过程中，若发现项目可能遇到重大风险，甚至项目可能失败、花费过高或可能违反知识产权相关法律，应及时报告，以利采取有效措施，防止风险发生而造成损失。
- 忠贞服务：工作中不接受对雇主不利的其他工作，不支持与雇主或客户利益相冲突的利益方，除非有必要服从一个更高的道德准则。

**3. 对待团队和同事**

- 重视沟通：做好与团队成员及与其他团队的沟通，在相互尊重和理解的基础上建立良好的协作关系。
- 尊重对方：公正、客观地看待别人的工作，不轻易否定别人的劳动和劳动成果。
- 虚心倾听：虚心听取对方的意见甚至抱怨，理解对方的想法和做法。
- 耐心解释：工作配合中耐心向对方说明自己的工作原则、遵循的规程和自己所做的工作。
- 热心帮助：用建议的口气指出所发现的对方问题，不以追究责任的方式或斥责和指责的口气批评对方。
- 去除偏见、协调矛盾：冷静、耐心地借助证据和事实来分析矛盾，不持偏见、实事求是地处理问题和认识分歧，争取妥善解决。

**4. 对待自己**

- 提高业务能力：随时注意积累和充实自己的专业知识和工作经验。
- 培养洞察能力：训练自己敏捷而严密的思维、分析能力。特别是软件测试人员要学会以侦查人员的眼光和素质对待工作，发掘产品中隐藏的问题。
- 遵纪守法：工作中自觉服从工作纪律和相关法规。
- 负责的态度：对自己完成的工作全面负责。所有对内、外提交的文稿、资料和工作成果均应经过认真审阅。若发现问题，应尽快纠正或解决；若已有扩散，应主动承担责任，尽快消除不利影响。
- 健康的心理状态：培养自己良好的心理素质，不以做出的成绩为骄傲的资本，不被他人的误解困扰。
- 软件工程人员的职业道德中很重要的一条就是“要以公众的利益为自己工作的目标”，为此应给自己设定道德底线，做到七个“决不”：

  ① 决不将数据据为己有。

  ② 决不散布或出售在软件项目中所接触到的私有信息。

  ③ 决不恶意毁坏或修改别人的程序、文件或数据。

  ④ 决不侵犯他人、小组或组织的隐私。

  ⑤ 决不闯入别人的系统任意干扰或牟取利益。

  ⑥ 决不制造或传播计算机病毒。

  ⑦ 决不使用计算机技术去助长偏见或制造麻烦。

## 15.4 在软件业中组织职业道德规范的贯彻实施

为了使职业道德规范不是停留在字面或口头上，而是落实到软件工程人员的业务活动中，国外已有一些切实的做法。

**1. 许可（Permit）**

美国电气和电子工程师学会（IEEE）和美国计算机协会（ACM）于 1994 年联合制定了“软件工程职业活动及道德准则”（Software Engineering Code of Ethics and Professional Practice）。

准则中提出了 8 条要求，提倡软件工程人员自愿遵守，但并不强制实施。

对于该准则是否应作为软件人员获取职业资格的条件，引起了不同的争论。ACM 强烈反对将其作为许可制度推行。据了解，到目前为止只有美国的个别州将其作为许可制度实施。

**2. 认证（Certification）**

- 对软件工程人员的教育水平、工作年限等进行审查，用以表明其从业资格。
- 目前已有一些公司如微软、Novell、Sun 等针对准则进行了认证实施，尚有一些企业持有保留意见。

**3. 评估（Assessment）**

- 美国网络安全协会（SANS Institute）制定了软件安全国家计划，其中包含对软件开发人员在安全方面知识的评定。
- 一些组织联合制定了“安全编程技能评估”（Secure Programming Skills Assessment）方案，用其对软件人员进行评估、定级，以此推动软件人员逐级提高安全软件开发的水平。

**4. 企业内部实施**

部分软件企业以职业道德规范的相关内容对企业员工进行教育，或者将其作为企业内部的纪律，要求员工遵守执行。

# 近年国内外软件引起的系统重大事故

| 序号 | 时间 | 国家/地区 | 事件概况 | 造成的影响 |
|---|---|---|---|---|
| 1 | 20世纪70年代 | 美国 | 空间飞行控制软件的FORTRAN程序中“,”误为“.”，即“DO 5 I＝1，3”误为“DO 5 I＝1.3”，编译系统将循环语句误认为赋值语句 | 空间发射失败 |
| 2 | 1983年 | 苏联 | 因防空系统错误识别引发误报。由于程序错误，判断为美国发射五枚导弹来袭，后幸被发现为误报 | 在当时美苏紧张对峙的国际形势下险些引发第三次世界大战 |
| 3 | 20世纪80年代 | 美国 | 加拿大原子能公司（AECL）生产的线性加速器用于医治肿瘤患者的X射线治疗仪，因其控制软件缺陷导致严重医疗事故 | 射线打入患者的健康组织，致使6位患者受害身亡 |
| 4 | 1987年 | 美国 | 华尔街股票交易市场崩盘。由于软件漏洞和错误使证券交易系统给出的道琼斯平均指数大跌 | 投资者大量抛售股票，人们对股市失去信心，市场恐慌情绪致使交易系统陷入崩溃状态 |
| 5 | 1990年 | 美国 | 美国电报电话公司网络瘫痪，为排除该公司的114个交换中心的部分机械故障，控制系统发出了误码信息 | 错误信息使其电话系统线路大面积关闭，持续达9小时 |
| 6 | 1991年 | 美国 | 海湾战争中用于作战的美国爱国者导弹控制系统发生故障 | 导弹发射远离目标，击中自己军营，使28名士兵丧生，上百人受伤 |
| 7 | 1993年 | 美国 | 英特尔芯片中运算程序漏洞，有500万个有误芯片被安装在用户系统中 | 在广大公众中引起恐慌，该公司被迫为所有客户更换具有更高准确度的芯片 |
| 8 | 1993年 | 英国 | 核反应堆温度控制系统失灵，后查明原因为软件测试不充分 | 险些造成核泄漏事故 |
| 9 | 1996年 | 美国 | 波音757飞机的飞行控制系统软件缺陷使飞机航行方向失控 | 致使飞机坠入太平洋，造成70人丧生 |
| 10 | 1996年 | 欧洲（宇航局） | 阿丽亚娜5型火箭发射控制软件设计缺陷，引起系统故障，使火箭发射升空40秒后爆炸 | 发射场两名法国士兵当场丧生，欧洲宇航计划被迫推迟 |
| 11 | 1997年 | 中国香港 | 赤鱲角新机场航管系统故障 | 飞机无法起降 |
| 12 | 1998年 | 美国 | 火星气候探测器导航系统发生故障 | 发射失败 |
| 13 | 1999年 | 英国 | 西门子计算机系统故障 | 致使50万英国居民办理新护照推迟 |

（续）

| 序号 | 时间 | 国家/地区 | 事件概况 | 造成的影响 |
|---|---|---|---|---|
| 14 | 2000年 | 全球 | 千年虫问题。多年来全球范围内各种软件都习惯于用两位数字计年，但到20世纪末才发现2000年若用“00”表示，其值小于“99”将会造成混乱。问题的严重性在于发现得太晚 | 软件内纠正起来难度大（例如存储空间受限），并且涉及的软件范围太广，不得不付出极大代价。有统计表明，全世界要花费数千亿美元的代价来消除千年虫问题 |
| 15 | 2000年 | 巴拿马 | 美国一公司提供的γ射线治疗仪中的软件被3位巴拿马人做了有误修改，之后用于对28位癌症患者做照射治疗时造成医疗事故 | 造成5名患者照射过量而身亡，15名导致严重并发症。事件引发跨国刑事诉讼案 |
| 16 | 2003年 | 美国 | 供电系统软件运行故障 | 造成美国历史上最严重的大面积停电，影响到美国1/4国土面积和部分加拿大地区 |
| 17 | 2004年 | 美国 | 洛杉矶机场空中交通管制系统因软件缺陷而失灵 | 致使400架飞机失去联系，航管人员无法指挥飞机安全起降 |
| 18 | 2004年 | 英国 | EDS CS2计算机系统故障 | 英国纳税人损失10亿英镑 |
| 19 | 2005年 | 美国 | 联邦调查局Trilogy项目开发中断，该系统十分庞大，开发历时5年，有大约500名程序员参与 | 最终因需求变更及软件缺陷且未实施有效的质量控制，项目开发被迫中断 |
| 20 | 2006年 | 欧洲 | 空客A380飞机控制与导航系统的软件项目庞大，开发团队来自德、英、法及西班牙等国，分别采用了不同版本的CAD软件包和开发工具 | 最终因整个项目的组织协调和管理工作未能达到预期要求，致使系统被迫延期交付 |
| 21 | 2007年 | 美国 | 洛杉矶机场航管系统软件故障 | 17 000名乘客滞留机场 |
| 22 | 2008年 | 英国 | 伦敦机场新航站楼行李分拣系统故障 | 丢失、积压1.5万件旅客行李 |
| 23 | 2008年 | 日本 | 日立公司研制的核反应堆计算软件，运行中发现71处计算错误 | 成为安全隐患，幸未造成事故 |
| 24 | 2011年 | 俄罗斯 | “福布斯土壤”火星探测器发射失败，程序员的错误使探测器上安装的电脑的两条运行信道同时启动 | 未能实现从火星取回土壤研究用样本 |
| 25 | 2012年 | 多个国家 | 软件问题引起多国汽车生产企业召回产品。汽车中许多部件如油门、刹车、发动机、导航系统等配有相关的控制软件，然而这些软件的故障使得许多大型汽车生产企业的产品难于达到设计要求 | 这些汽车生产企业不得已多次召回自己的产品，几年中召回汽车总数约有1000万辆，严重影响了用户的使用 |
| 26 | 2014年 | 英国 | 国家航空交通服务公司（NATS）由于计算机系统故障使英国各地14个机场的飞机起降运行发生混乱 | 约有300个航班被取消、延误或转场，其中最繁忙的希斯罗机场有100多个航班被迫取消，数以万计乘客出行受到影响 |
| 27 | 2015年 | 美国 | 美国航空管理计算机系统故障。地处弗吉尼亚州利斯堡的航空管理ERAM计算机系统发生故障，影响了全美20个空中交通管制中心的正常运行 | 对进出华盛顿杜勒斯机场及纽约肯尼迪机场的航班造成严重影响，延误了数万旅客的行程，有400个航班延误或取消 |

（续）

| 序号 | 时间 | 国家/地区 | 事件概况 | 造成的影响 |
| --- | --- | --- | --- | --- |
| 28 | 2019 年 | 埃塞俄比亚 | 美国波音 737 MAX-8 型飞机因航行控制软件缺陷造成飞行中失控而坠毁 | 机上乘客和机组人员共 157 人全部遇难，其中包括 8 名中国乘客。此前半年在印尼同一型号飞机也发生同样空难，造成 189 人丧生 |
| 29 | 2019 年 | 印度 | 印度特伦甘纳邦全邦的统一考试中负责处理考务的软件公司因其开发的软件在判卷和录入中发生错误，使得有 100 万学生参加的考试竟有超过三分之一的人不及格 | 在印度，这种标准化考试被认为是学生进入社会、出人头地的重要渠道。这次考试的结果完全超出人们的预料，考试成绩公布后引发 20 人因深感受挫而自杀 |

# 参考文献


[1] IEEE 计算机分会和 ACM 计算教程 2001 联合任务组．计算教程 2001 [S]. 2000，USA.

[2] 殷人昆，郑人杰，马素霞，白晓颖．实用软件工程 [M]. 3 版．北京：清华大学出版社，2010.

[3] Roger S Pressman，Bruce R Maxim. 软件工程：实践者的研究方法（原书第 8 版）[M]. 郑人杰，马素霞，等译．北京：机械工业出版社，2016.

[4] Ian Sommerville. 软件工程（原书第 10 版）[M]. 彭鑫，赵文耘，等译．北京：机械工业出版社，2019.

[5] Stephen R Schach. 面向对象与传统软件工程（原书第 5 版）[M]. 韩松，等译．北京：机械工业出版社，2003.

[6] Stephen R Schach. 面向对象与传统软件工程：统一过程的理论和实践（原书第 6 版）[M]. 韩松，等译．北京：机械工业出版社，2006.

[7] Shari Lawrence Pfleeger. 软件工程——理论与实践 [M]. 2 版，影印版．北京：高等教育出版社，2001.

[8] Shari Lawrence Pfleeger. 软件工程：理论与实践（原书第 2 版）[M]. 史丹，等译．北京：清华大学出版社，2003.

[9] Software Engineering Body of Knowledge（SWEBOK）v3. 2013.

[10] Frank Tsui，Orlando Karam，Barbara Bernal. 软件工程导论（原书第 4 版）[M]. 崔展齐，潘敏学，王林章，译．北京：机械工业出版社，2018.

[11] Fowler. Patterns of Enterprise Application Architecture [M]. Addison-Wesley，2003.

[12] Craig，Kaskiel. Systematic Software Testing [M]. Artech House，2002.

[13] 张海藩．软件工程 [M]. 2 版．北京：人民邮电出版社，2007.

[14] Pardee. To Satisfy and Delight Your Customer [M]. Dorset House，1996.

[15] Ambler. Agile Modeling [M]. Wiley，2002.

[16] Hull. Requirements Engineering [M]. Springer-Verlag，2002.